Spektroskopische Methoden
in der organischen Chemie

4. Auflage

Spektroskopische Methoden in der organischen Chemie

Manfred Hesse · Herbert Meier · Bernd Zeeh

4., überarbeitete Auflage

243 Abbildungen, 96 Tabellen

1991
Georg Thieme Verlag Stuttgart · New York

Prof. Dr. MANFRED HESSE
Organisch-chemisches Institut,
Universität Zürich
Winterthurerstraße 190,
CH-8057 Zürich

Prof. Dr. HERBERT MEIER
Institut für Organische Chemie,
Johannes-Gutenberg-Universität,
Johann-Joachim-Becher-Weg 18–20,
D-6500 Mainz

Dr. BERND ZEEH
BASF Aktiengesellschaft,
Landwirtschaftl. Versuchsstation
D-6703 Limburgerhof

Die Deutsche Bibliothek – CIP-Einheitsaufnahme

Spektroskopische Methoden in der organischen Chemie /
Manfred Hesse ; Herbert Meier ; Bernd Zeeh. – 4., überarb.
Aufl. – Stuttgart ; New York : Thieme, 1991
NE: Hesse, Manfred; Meier, Herbert; Zeeh, Bernd

1. Auflage 1979
2. Auflage 1984
3. Auflage 1987

Printed in Germany
Satz und Druck: Tutte Druckerei GmbH, Salzweg-Passau (gesetzt auf Monotype Lasercomp)
ISBN 3-13-576104-5 1 2 3 4 5 6

Vorwort zur 4. Auflage

Noch vor wenigen Jahren wäre es unvorstellbar gewesen, eine wäßrige Lösung einer organischen Substanz in ein Präzisionsinstrument wie ein Massenspektrometer zu spritzen, um die rel. Molekülmassen zu bestimmen. Aber genau das ist durch Anwendung einer speziellen Technik möglich geworden und führte zu höchst spektakulären Resultaten, nämlich rel. Molekülmassenbestimmungen bis 300 000. Im massenspektrometrischen Teil wurde in erster Linie diesen Neuerungen Rechnung getragen.
Im Kapitel UV/VIS-Spektren fanden neuere Ergebnisse aus der Zweiphotonenspektroskopie Eingang. Außerdem wurden die Molekülparameter elektronisch angeregter Zustände (TICT-Zustände etc.) stärker berücksichtigt.
Im Kapitel Kernresonanz-Spektren wurden Ergänzungen vor allem im Bereich neuer Pulsfolgen und ihrer Anwendungen zur Bestimmung der Konnektivitäten durch die Bindungen oder durch den Raum vorgenommen (1D und 2D). Ferner wurde ein Abschnitt über die Festkörper-NMR-Spektroskopie eingebaut. Auch findet die Moleküldynamik stärkere Berücksichtigung hinsichtlich ihrer Auswirkungen auf chemische Verschiebung, Kopplung und Relaxationszeiten. Die Zahl der Substanzbeispiele mit NMR-Daten wurde vergrößert und etwas auf den Bereich von Makromolekülen ausgedehnt.
Auch die Zahl der Übungsbeispiele wurde erweitert, wobei dem Wunsch nach einem GC/MS-Experiment Rechnung getragen wurde.
Wiederum waren wir in der glücklichen Lage, auf die Hilfe hervorragender Mitarbeiter zählen zu können. Besonderer Dank gebührt den Herren Dr. N. Hanold und H. Kolshorn (Mainz) und A. Guggisberg, F. Hadj-Abo und Dr. M.V. Kisakürek (Zürich). Nicht unbedankt bleiben soll schließlich die meßtechnische Unterstützung durch Herrn Dr. R. Schubert, Finnigan MAT, Bremen.

September 1991

Manfred Hesse
Herbert Meier
Bernd Zeeh

Vorwort zur 1. Auflage

Es ist kein einfaches Unterfangen, die in den letzten Jahren angesammelten Untersuchungsergebnisse in der UV-, IR-, NMR- und Massen-Spektrometrie in einem Taschenbuch zu komprimieren. Um dies zu erreichen, muß man Kompromisse schließen und Schwerpunkte setzen. Demgemäß wurde versucht, die zum Verständnis der einzelnen Methoden notwendigen Grundlagen und das für Anwendung in der täglichen Praxis des Organikers Wesentliche in leicht verständlicher Form zusammenzufassen. Soweit es möglich war, wurden spezielle Techniken der einzelnen Methoden erwähnt und anhand von Beispielen erläutert. In anderen Fällen sind ergänzende Hinweise auf die einschlägige Fachliteratur gegeben. Am Schluß des Buches sind einige ausgearbeitete, integrierende Beispiele angeführt. Diese Beispiele sollen einerseits das methodische Vorgehen bei der Lösung von Problemen aus der Struktur-Analytik aufzeigen und andererseits anschaulich belegen, daß die kombinierte Anwendung verschiedener spektroskopischer Methoden erfolgversprechender und zuverlässiger ist als die Anwendung nur einer Methode. Die weitaus größte Zahl aller Strukturaufklärungen werden heute in Hochschule und Industrie auf diese Weise schnell und einfach bewältigt.

Es wäre jedoch übertrieben zu behaupten, daß alle Strukturprobleme allein mit spektroskopischen Methoden lösbar sind, es sei denn, eine Röntgen-Strukturanalyse wird durchgeführt. Chemische Umwandlungen oder Abbau-Reaktionen müssen auch heute teilweise noch zur exakten Strukturaufklärung herangezogen werden.

Wir hoffen, daß der angehende Chemiker durch dieses Buch das notwendige Rüstzeug für die Anwendung der spektroskopischen Methoden in der organischen Chemie erhält und die Erfolgsaussichten jeder einzelnen Methode bei der Lösung von Strukturproblemen richtig einzuschätzen lernt.

Für die Anfertigung von Spektren und die Durchsicht des Textes im NMR-Kapitel sei den Herren *H. Kolshorn*, *H. Petersen* und *U. Plücken*, Tübingen, besonders gedankt und für die Durchsicht des Textes des Massenspektrometrie-Kapitels sowie für wertvolle Anregungen den Herren *N. Bild, A. Guggisberg, H. Kühne* und *H. Süess*, Zürich.

Zürich, im Mai 1979

Manfred Hesse
Herbert Meier
Bernd Zeeh

Inhaltsverzeichnis

Kapitel 4

Massenspektren 201

Kapitel 5

Kombinierte Beispiele . . . .

UV/VIS-Spektren

Kapitel **1**

1. Theoretische Einführung

1.1 Elektronenübergänge

Elektromagnetische Strahlung wird durch die **Wellenlänge** λ oder die **Frequenz** ν charakterisiert. Diese Größen sind durch die Gleichung

$$\nu \cdot \lambda = c$$

miteinander verknüpft. c ist die **Lichtgeschwindigkeit** (im Vakuum $\approx 2{,}99 \cdot 10^{10}$ cm · s^{-1}). Ein Lichtquant der Frequenz ν hat die *Energie*

$$E = h\nu .$$

Das Planck-Wirkungsquantum h beträgt $\approx 6{,}63 \cdot 10^{-34}$ Js. Die Wechselwirkung zwischen elektromagnetischen Wellen und Molekülen führt bei der Absorption im Bereich des ultravioletten und sichtbaren Lichtes zur Anregung von Elektronen, im allgemeinen Valenzelektronen. Abb. 1.1 veranschaulicht diesen Sektor des elektromagnetischen Spektrums. Die Wellenlänge wurde früher häufig in Ångström angegeben, heute verwendet man Nanometer, nm (0,1 Å = 1 nm = 10^{-7} cm). Anstelle der Frequenzangabe in s^{-1} ist es üblich, die **Wellenzahl** $\tilde{\nu}$ in cm^{-1} anzugeben.

$$\tilde{\nu} = \frac{1}{\lambda} = \frac{\nu}{c}$$

Bezieht man die Energie auf ein Lichtquant oder einen einzelnen atomaren oder molekularen Prozeß, so ist als Einheit 1 eV (Elektronenvolt) gebräuchlich. Bei einem Mol, nämlich $6{,}02 \cdot 10^{23}$ Lichtquanten, wird die Energie in kJ angegeben. Energie und Wellenzahl sind direkt proportional zueinander. Zur Umrechnung empfiehlt sich als Faustregel:

$$1 \text{ eV} \mathrel{\hat{=}} 23 \text{ kcal} \cdot \text{mol}^{-1} = 96{,}5 \text{ kJ} \cdot \text{mol}^{-1}$$
$$\mathrel{\hat{=}} 8066 \text{ cm}^{-1}$$
$$1000 \text{ cm}^{-1} \mathrel{\hat{=}} 12 \text{ kJ} \cdot \text{mol}^{-1}$$
$$1 \text{ kJ} \cdot \text{mol}^{-1} \mathrel{\hat{=}} 84 \text{ cm}^{-1}$$

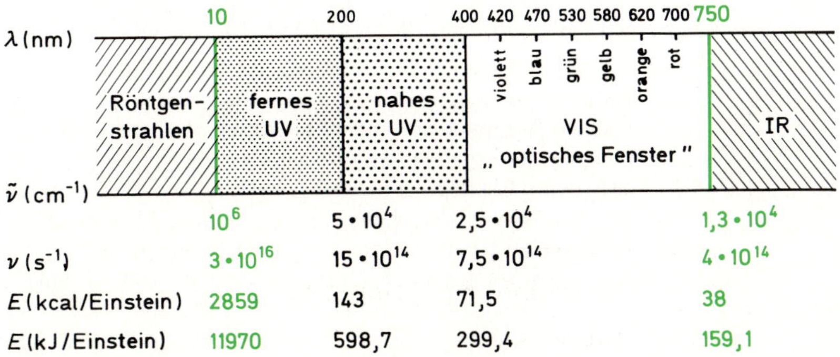

Abb. 1.1 UV/VIS-Sektor des elektromagnetischen Spektrums (1 Einstein = 1 mol Lichtquanten)

Trifft Licht mit geeigneter Frequenz ν auf ein Molekül im **Grundzustand** ψ_1, dann kann es **absorbiert** werden und das Molekül in einen **elektronisch angeregten Zustand** ψ_2 anheben. Durch **spontane Emission** bzw. durch zusätzlich unter dem Einfluß der Lichtwelle **stimulierte Emission** kann das System in den Grundzustand zurückkehren. Das Wort „kann" drückt dabei die **Übergangswahrscheinlichkeiten** für die beiden Strahlungsprozesse Absorption und Emission aus (Abb. 1.2).

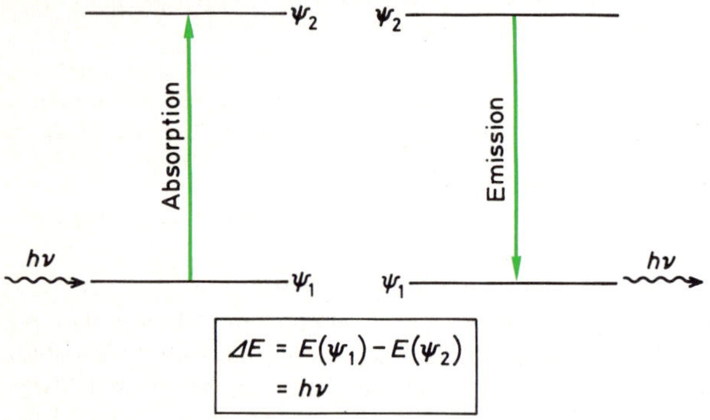

Abb. 1.2 Elektronenübergänge und Strahlungsprozesse

Der Zusammenhang mit den beim Elektronenübergang beteiligten Orbitalen ist aus Abb. 1.3 ersichtlich. Die Energiedifferenz zwischen dem untersten leeren Orbital (LUMO) und dem höchsten doppelt besetzten Orbital (HOMO) ist erheblich größer als die Anregungsenergie A für den Übergang vom Singulett-Grundzustand S_0 in den ersten elektronisch angeregten Singulettzustand S_1. Die Differenz geht auf die unterschiedliche Elektronenwechselwirkung (Coulomb-Term J, Austausch-Term 2K) zurück. Die Singulett-Triplett-Aufspaltung ist in dieser Näherung gleich 2K. Wegen $K > 0$ liegt der unterste Triplettzustand T_1 stets unter S_1. Als Folge der Konfigurationswechselwirkung braucht der HOMO-LUMO-Übergang nicht der energieärmste Übergang $S_0 \rightarrow S_1$ zu sein.

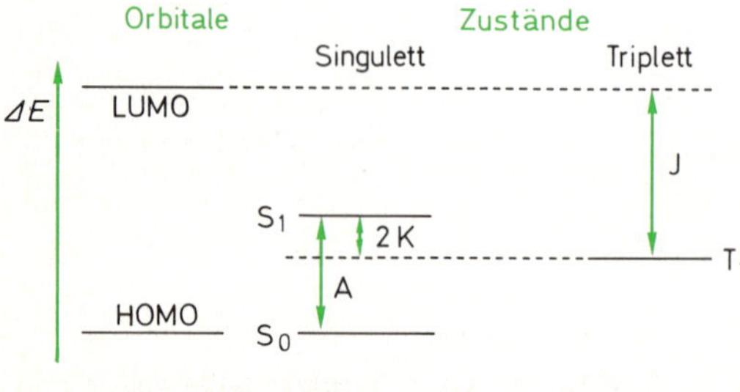

Abb. 1.3 Energieschema für den Elektronenübergang zwischen HOMO und LUMO

Ein Maß für die Übergangswahrscheinlichkeit ist die dimensionslose **Oszillatorstärke** f_{12}, die klassisch den effektiven Bruchteil von negativen Ladungseinheiten (Elektronen) wiedergibt, die den betreffenden Übergang vollziehen (oszillieren). Das quantenmechanische Gegenstück zu f ist der Vektor des **Übergangsmoments** $\boldsymbol{M_{12}}$, der die Veränderung des **Dipolmoments** während des Übergangs repräsentiert. Die **Dipolstärke** $D_{12} = |\boldsymbol{M_{12}}|^2$ ist direkt proportional zu f_{12}. Bei $D_{12} = \boldsymbol{M_{12}} = f_{12} = 0$ ist trotz erfüllter **Resonanzbedingung** $\Delta E = h\nu$ ein Übergang nicht möglich. Bei kleinen f-Werten spricht man von einem **verbotenen Übergang**, bei f-Werten nahe an 1 von einem **erlaubten Übergang.**

Bei zweiatomigen oder linearen mehratomigen Molekülen kann man wie bei Atomen aufgrund des Satzes von der Erhaltung des Drehimpulses **Auswahlregeln** für die erlaubten Übergänge zwischen zwei verschiedenen elektronischen Zuständen aufstellen. Diese Regeln münden für die übrigen Moleküle, die natürlich das weitaus überwiegende Kontingent darstellen, in **Übergangsverbote** ein.

Das **Spin-Verbot** besagt, daß sich der **Gesamtspin** S bzw. die **Multiplizität** $M = 2S + 1$ während des Übergangs nicht ändern darf, daß also z. B. Singulettzustände bei der Absorption oder Emission in Singulettzustände, nicht aber in Triplettzustände übergehen können. $\boldsymbol{M_{12}}$ kann auch aufgrund der Symmetrie der Orbitale (die durch die Wellenfunktion φ_1 und φ_2 beschrieben werden und den elektronischen Anteil der Gesamtfunktionen ψ_1 und ψ_2 darstellen) verschwinden. Man spricht vom **Symmetrie-Verbot**. Ein einfach verständlicher Spezialfall davon liegt in den zentrosymmetrischen Molekülen vor, deren Wellenfunktionen bezüglich der Inversion am Symmetriezentrum symmetrisch (gerade) oder antisymmetrisch (ungerade) sind. Das Symmetrie-Verbot besagt hier, daß Elektronenübergänge zwischen Orbitalen gleicher **Parität** (Paritätsverbot, Regel von Laporte) untersagt sind.

erlaubt:	$g \longrightarrow u$	verboten:	$g \not\longrightarrow g$
	$u \longrightarrow g$		$u \not\longrightarrow u$

Durch Kernbewegungen kann die Symmetrie erniedrigt werden, so daß symmetrie-verbotene Übergänge doch zu beobachten sind. (Als Beispiel für einen vibronisch erlaubten Übergang sei die langwellige Absorptionsbande des Benzols genannt; vgl. S. 15).

Eine weitere Möglichkeit für das Verschwinden des elektronischen Übergangsmoments ist durch das sog. **Überlappungsverbot** gegeben. Es wird wirksam, wenn sich die beiden beim Elektronenübergang beteiligten Orbitale nicht oder nur wenig räumlich überlappen. Das ist ganz offensichtlich bei einem **Charge-Transfer-Übergang** der Fall, bei dem im Komplex der Elektronenübergang vom Donator- auf das Akzeptor-Molekül erfolgt. Es gibt auch zahlreiche intramolekulare Beispiele für das Überlappungsverbot.

(Vgl. den $n \rightarrow \pi^*$-Übergang bei Carbonyl-Verbindungen, S.17)

Spielt man die Zahl der Möglichkeiten für die Elektronenübergänge zwischen je zwei Orbitalen eines Moleküls durch, so stellt man fest, daß die Verbote die Regel und die erlaubten Übergänge die Ausnahme sind. Häufig treten jedoch auch verbotene Übergänge auf, allerdings mit geringerer Übergangswahrscheinlichkeit, d.h. kleinem f-Wert ($10^{-1} \geq f \geq 10^{-6}$). Am striktesten gilt das Spin-Verbot. Bei wirksamer Spin-Bahn-Kopplung (z.B. durch Schweratome) oder bei der Anwesenheit paramagnetischer Spezies beobachtet man jedoch auch spin-verbotene Übergänge.

Denkt man sich das untersuchte Molekül in einem kartesischen Koordinatensystem, dessen Achsen man z.B. mit Hilfe der Molekülachsen festlegt, so kann man den Vektor $\boldsymbol{M}_{12}$ in seine räumlichen Komponenten $\boldsymbol{M}_x$, $\boldsymbol{M}_y$ und $\boldsymbol{M}_z$ zerlegen. Bei $\boldsymbol{M}_{12} \neq 0$ muß wenigstens eine der drei Komponenten ungleich 0 sein. Bei $\boldsymbol{M}_x = \boldsymbol{M}_y = 0$ und $\boldsymbol{M}_z \neq 0$ ist die absorbierte bzw. emittierte Strahlung in z-Richtung **polarisiert**. Diese optische Anisotropie der Moleküle läßt sich jedoch normalerweise nicht beobachten, da die Moleküle unorientiert vorliegen. Polarisationsmessungen werden an Einkristallen oder an verstreckten Kunststoff-Folien durchgeführt.

Das in Kap. 1.1 Gesagte gilt für Einphotonenübergänge. Mit Hilfe der Lasertechnik wurde die **Zweiphotonen-Spektroskopie** entwickelt. Hohe Photonendichten ermöglichen die gleichzeitige Absorption von zwei Photonen. Das führt zu veränderten Auswahlregeln; so sind z.B. Übergänge zwischen Zuständen gleicher **Parität** erlaubt (g → g, u → u) und Übergänge zwischen Zuständen unterschiedlicher Parität verboten. Der **Polarisationsgrad** kann auch in Lösung ermittelt werden. Die Zweiphotonen-Spektroskopie liefert somit wertvolle Ergänzungen bei der Untersuchung elektronisch angeregter Moleküle.

Am Ende dieses Abschnitts sind die photophysikalischen Prozesse bei Elektronenübergängen in einem modifizierten Jablonski-Termschema zusammengefaßt. Vom Grundzustand, der im allgemeinen ein Singulettzustand S_0 ist, kommt man durch Absorption in die höheren Singulettzustände S_1, S_2 usw. Die Rückkehr zu S_0 kann von S_1 und selten von höheren Singulettzuständen S_n aus durch Emission von Strahlung, genannt **Fluoreszenz**, oder durch strahlungslose Desaktivierung (**internal conversion**) erfolgen. Strahlungslose Spin-Umkehrprozesse (**intersystem crossing**) führen zu Triplettzuständen T, die entgegen dem Spin-Verbot durch Strahlungsemission, genannt **Phosphoreszenz**, oder durch erneutes Intersystem crossing nach S_0 zurückkehren können (Abb. 1.4).

Von den „echten" Zweiphotonenabsorptionen sind Prozesse zu unterscheiden, bei denen nacheinander zwei Photonen absorbiert werden. Mit hohen Lichtintensitäten können Populationen von elektronisch angeregten Zuständen erreicht werden, die eine weitere Anregung ermöglichen; auf den Prozess $S_0 \rightarrow S_1 \rightsquigarrow T_1$ kann z.B. eine Triplett-Triplett-Absorption $T_1 \rightarrow T_2$ folgen.

Die verschiedenen elektronischen Molekülzustände haben im Gegensatz zu den Atomen durch überlagerte Schwingungs- und Rotationsniveaus relativ breite Energiebereiche. Jeder Term der Abb. 1.4 ist also, wie Abb. 1.5 schematisch zeigt, energetisch aufgespalten. Ein bestimmtes Energieniveau ($E_{ges.}$) entspricht dann einem bestimmten elektronischen Schwingungs- und Rotationszustand des Moleküls.

In erster Näherung kann man die drei Energieanteile trennen

$$E_{ges.} = E_{elektr.} + E_{vibr.} + E_{rot.}.$$

Für einen Elektronenübergang gilt demgemäß

$$\Delta E_{ges.} = \Delta E_{elektr.} + \Delta E_{vibr.} + \Delta E_{rot.}.$$

Der elektronische Anteil ist stets sehr viel größer als der Schwingungsanteil und dieser wieder sehr viel größer als der Rotationsanteil. Zu den im Jablonski-Termschema eingezeichneten Prozessen kommt die **Relaxation** R (s. Abb. 1.5) als strahlungslose Desaktivierung innerhalb eines elektronischen Zustandes hinzu. Weiter sei darauf hingewiesen, daß außer den hier beschriebenen monomolekularen Prozessen noch **bimolekulare photophysikalische Prozesse** (Energietransfer: **Sensibilisierung**, **Quenching**) und **photochemische Primärprozesse** eine Rolle spielen können.

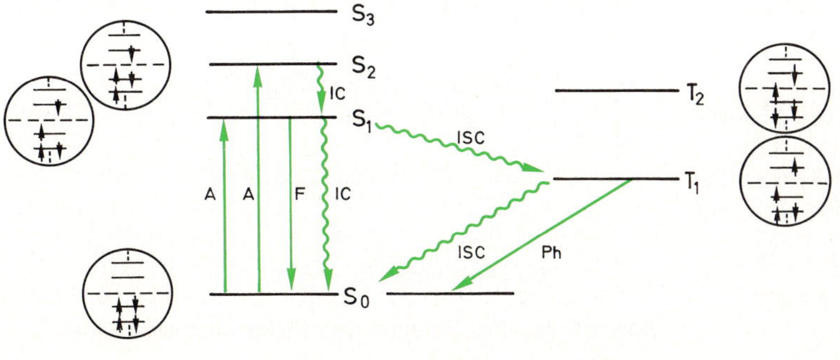

Abb. 1.4 Jablonski-Termschema mit einer Veranschaulichung der Elektronenkonfigurationen

Strahlungsprozesse: →
A Absorption
F Fluoreszenz
Ph Phosphoreszenz

Strahlungslose Prozesse: ⇝
IC internal conversion (innere Konversion)
ISC intersystem crossing (Interkombination)

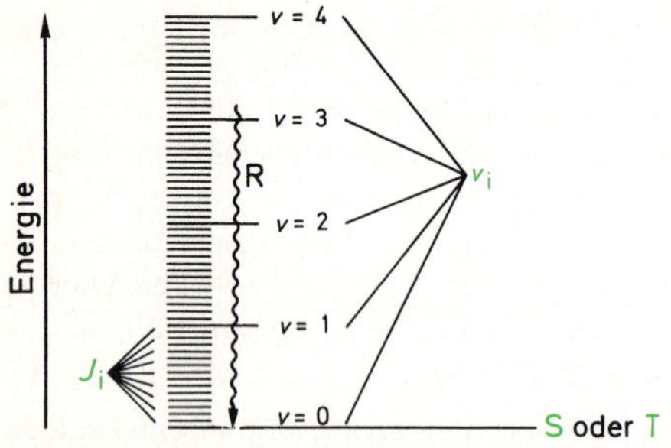

Abb. 1.5 Schematische Darstellung der Überlagerung von elektronischen Schwingungs- und Rotationszuständen; v_i Schwingungsquantenzahlen, J_i Rotationsquantenzahlen

1.2 Lichtabsorption und Spektrum

Fällt ein Lichtstrahl der Intensität I_0 auf ein homogenes, isotropes Medium der Schichtdicke d, dann kann er abgesehen von Reflexions- und Streuungsverlusten durch die Absorption geschwächt werden. Für die Intensität I des austretenden Strahls (Transmission) gilt dann:

$$I = I_0 - I_{\text{abs.}}.$$

Aus dem differentiellen Ansatz für die Abnahme der Intensität $\mathrm{d}I$ bei einem Inkrement $\mathrm{d}x$ für die Schichtdicke

$$\mathrm{d}I = -\alpha \cdot I\mathrm{d}x$$

erhält man durch Auswertung des Integrals

$$\int_{I_0}^{I} \frac{\mathrm{d}I}{I} = -\int_0^d \alpha \mathrm{d}x$$

die Funktion

$$I = I_0 \cdot \mathrm{e}^{-\alpha d}.$$

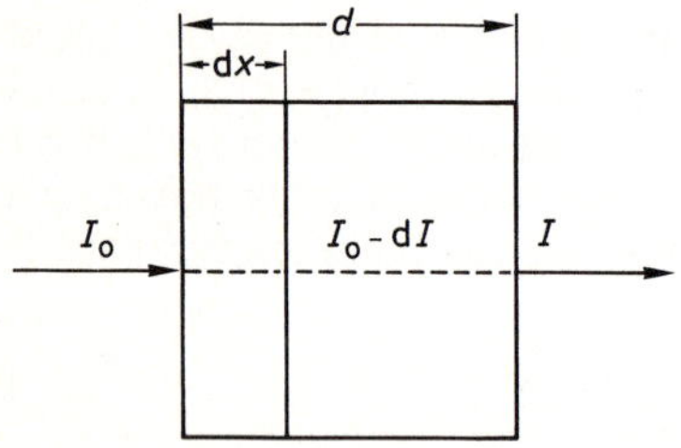

α ist dabei ein für das Medium charakteristischer Absorptionskoeffizient. Bezieht man sich auf verdünnte Lösungen, bei denen ausschließlich der gelöste Stoff der Konzentration c absorbiert, dann ersetzt man α durch $2{,}303 \cdot \varepsilon \cdot c$ und hat

$$\ln \frac{I_0}{I} = 2{,}303 \cdot \varepsilon \cdot c \cdot d \quad \text{oder} \quad E = \log \frac{I_0}{I} = \varepsilon \cdot c \cdot d.$$

Die **Extinktion** E (optische Dichte, **absorbance**) ist dimensionslos. Die Schichtdicke d wird in cm eingesetzt, die Konzentration c in $\mathrm{mol} \cdot \mathrm{l}^{-1}$. Der molare **Extinktionskoeffizient** ε hat die Dimension $1000\ \mathrm{cm}^2 \cdot \mathrm{mol}^{-1}$, wird aber im allgemeinen ohne Dimension angegeben. Dieses auf Bouguer (1728), Lambert (1760) und Beer (1852) zurückgehende Gesetz gilt für monochromatisches Licht und verdünnte Lösungen ($c \leqq 10^{-2}\ \mathrm{mol} \cdot l^{-1}$). Die Extinktion ist, von Ausnahmen abgesehen, eine additive Eigenschaft. Für n absorbierende Spezies gilt demgemäß:

$$E_{\text{ges.}} = \log \frac{I_0}{I} = \mathrm{d} \sum_{i=1}^{n} \varepsilon_i c_i$$

Besondere Vorsicht ist beim Einsetzen der Konzentrationswerte gegeben, wenn eine Verbindung dissoziiert, dimerisiert etc., also beim Lösungsvorgang eine chemische Veränderung eintritt.

Bestimmt man nach dem Lambert-Beer-Gesetz für alle λ bzw. $\tilde{\nu}$ die Extinktion und daraus die substanzspezifische Größe ε, so gewinnt man die Absorptionskurve $\varepsilon(\tilde{\nu})$ bzw. $\varepsilon(\lambda)$ und damit das UV- bzw. UV/VIS-Spektrum. Aufgrund der Energiebreite der elektronischen Niveaus ist es ein **Bandenspektrum**. Die einzelnen Banden werden durch ihre Eigenschaften **Lage**, **Intensität**, **Gestalt** und **Feinstruktur** charakterisiert.

Eine Klassifizierung der Elektronenübergänge (Banden) läßt sich mit Hilfe der beteiligten Molekülorbitale (MO) treffen. Aus besetzten **bindenden** σ- oder π-Orbitalen oder aus den **nichtbindenden** n-Orbitalen (einsame Elektronenpaare) kann ein Elektron in die leeren, **antibindenden** π^*- oder σ^*-Orbitale angehoben werden. Entsprechend werden die Elektronenübergänge (Banden) kurz mit $\sigma \rightarrow \sigma^*$, $\pi \rightarrow \pi^*$, $n \rightarrow \pi^*$, $n \rightarrow \sigma^*$ usw. bezeichnet (Abb. 1.6).

Außer dieser Nomenklatur auf einer vereinfachten MO-Basis gibt es zur Kennzeichnung von Elektronenzuständen

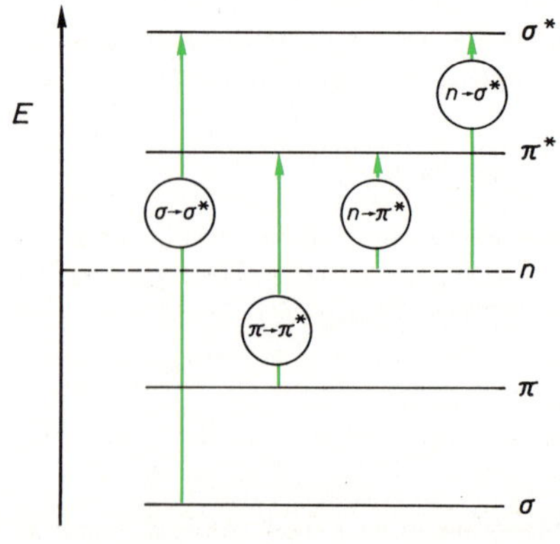

Abb. 1.6 Molekülorbitale und Elektronenübergänge

Tab. 1.1 Nomenklatur der Elektronenübergänge (Absorption)

System	Zustandssymbole	Zustand	Beispiele für Elektronenübergänge
enumerativ	S_0	Singulett-Grundzustand	$S_0 \rightarrow S_1$
	$S_1, S_2, S_3, \ldots$	höhere Singulettzustände	$S_0 \rightarrow S_2$ $S_0 \rightarrow S_3$
	$T_1, T_2, T_3, \ldots$	Triplettzustände	$T_1 \rightarrow T_2$
nach Mulliken	N	Grundzustand	$V \leftarrow N$
	Q, V, R	Anregungszustände	$Q \leftarrow N$
nach Platt	A	Grundzustand	$B \leftarrow A$
	B, C, L	Anregungszustände	$C \leftarrow A$ $L \leftarrow A$
nach Kasha	σ, π, n	Ausgangsorbitale	$\sigma \rightarrow \sigma^*$
	σ^*, π^*	Orbitale der angeregten Elektronen	$\pi \rightarrow \pi^*$ $n \rightarrow \pi^*$ $n \rightarrow \sigma^*$
nach der Gruppentheorie	Symbole d. Symmetrieklassen* A: sym. } bez. Drehung um B: antisym. } die Drehachse(n) C_n maximaler Zähligkeit E: 2-fach entarteter Zustand T: 3-fach entarteter Zustand Indizes: g: sym. } bez. Inversion u: antisym. } 1: sym. } bez. C_2-Achsen, 2: antisym. } die senkrecht zu C_n sind ′: sym. } bez. Symmetrie- ″: antisym. } ebene σ_h (senkrecht zu C_n)		${}^1A_2 \leftarrow {}^1A_1$ ${}^1B_{1u} \leftarrow {}^1A_{1g}$ ${}^1B_{2u} \leftarrow {}^1A_{1g}$ ${}^1E_{1u} \leftarrow {}^1A_{1g}$

* dazu z. B. Jaffé, H. H., Orchin, M. (1973), Symmetrie in der Chemie, Alfred Hüthig Verlag, Heidelberg.

und den zwischen ihnen möglichen Übergängen noch weitere gebräuchliche Systeme, von denen insbesondere das letzte der Tab. 1.1 hervorzuheben ist.

Die Lage der Absorptionsbanden hängt, wie bereits aus Abb. 1.6 hervorgeht, von der Natur des Elektronenübergangs ab. Für isolierte Chromophore gibt Tab. 1.2 (s. S. 9) einen Überblick. Durch sterische, induktive und mesomere Effekte – zu den letzteren zählt insbesondere der Einbau in ein größeres konjugiertes System – wird die Absorptionslage allerdings stark beeinflußt (Abb. 1.7).

Bei bestimmten Chromophoren hat auch das Lösungsmittel einen charakteristischen Einfluß (s. Abb. 1.25).

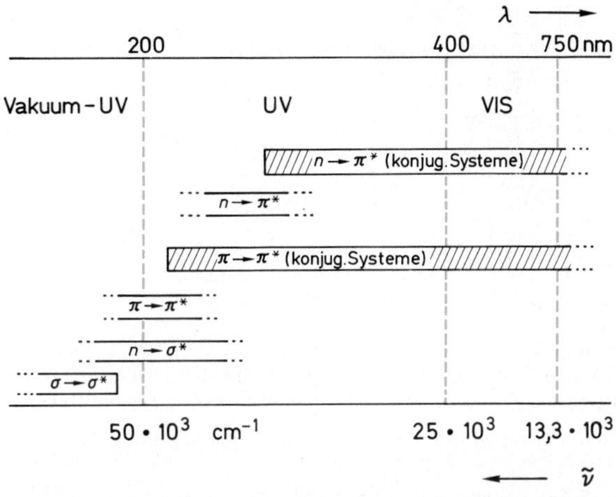

Abb. 1.7 Absorptionsbereiche der verschiedenen Elektronenübergänge

Eine langwellige Verschiebung (Rotverschiebung) eines Übergangs heißt **bathochromer Effekt**, eine kurzwellige Verschiebung (Blauverschiebung) **hypsochromer Effekt**.

Unter **hyperchromem Effekt** versteht man eine Intensitätserhöhung. **Hypochrom** bedeutet das Gegenteil, die Intensitätserniedrigung.

Wie oben beschrieben, ist das Übergangsmoment $|\boldsymbol{M}|$ bzw. die Oszillatorstärke f ein Maß für die Intensität eines Übergangs. Als Intensität der entsprechenden Absorptionsbande hat man andererseits die Fläche S

$$S = \int_{(-\infty)}^{(+\infty)} \varepsilon \, \mathrm{d}\tilde{\nu}$$

Der Zusammenhang ist bei einer Brechzahl von $n \approx 1$ gegeben durch:

$$f \approx \frac{m \cdot c^2}{N_A \pi e^2} 10^3 \, (ln\, 10) S$$

$$f \approx 4{,}32 \cdot 10^{-9} \, S$$

m Elektronenmasse
e Elementarladung
N_A Avogadro-Konstante
c Lichtgeschwindigkeit

S läßt sich oft durch graphische Integration bestimmen oder ganz grob durch Näherungsgleichungen abschätzen, z. B.

$$S = \varepsilon_{max} \cdot b .$$

Dabei ist b die Halbwertsbreite der Bande (Abb. 1.8).

Je größer die Übergangswahrscheinlichkeit ist, desto geringer ist die Strahlungslebensdauer τ_0 eines angeregten Zu-

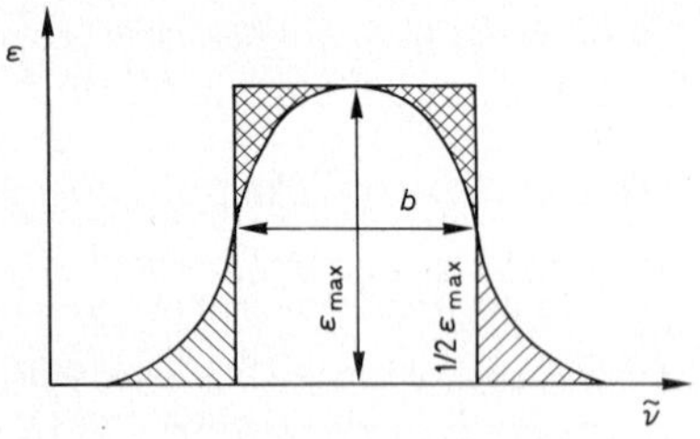

Abb. 1.8 Wahre und angenäherte Fläche einer Absorptionsbande

standes. τ_0 läßt sich aus f und damit aus S berechnen

$$\tau_0 = \frac{c^3 m}{8\pi^2 \nu^2 e^2} \cdot \frac{1}{f}.$$

Näherungsweise gilt für τ_0 in Sekunden

$$\tau_0 \approx \frac{1}{10^4 \cdot \varepsilon_{max}}.$$

In der Regel wird die Bandenintensität pauschal an Hand von ε_{max} beurteilt. Es hat sich folgende Abstufung eingebürgert:

$\varepsilon \leq 10$	Übergang:	verboten
$10 < \varepsilon < 1000$		schwach erlaubt
$1000 < \varepsilon < 100\,000$		erlaubt
$\varepsilon \geq 100\,000$		stark erlaubt

Weitere wichtige Eigenschaften von Absorptionsbanden sind Gestalt und Feinstruktur. Selbst wenn man von der unterschiedlichen kinetischen Energie einzelner Moleküle absieht, hat ein elektronischer Zustand nicht eine einheitliche Energie. Es müssen vielmehr, wie oben ausgeführt, die überlagerten Molekülschwingungen und Rotationen berücksichtigt werden. Mit Hilfe der **Boltzmann-Statistik** erkennt man, daß im Grundzustand S_0 praktisch ausschließlich das unterste Schwingungsniveau ($v = 0$) besetzt ist. Für das Populationsverhältnis (N) zweier Zustände mit der Energiedifferenz ΔE gilt:

$$\frac{N_i}{N_j} = e^{-\Delta E/kT}$$

Mit der Boltzmannkonstante $k = 1{,}38 \cdot 10^{-23}\ \mathrm{JK^{-1}}$ erhält man für Raumtemperatur in der Wellenzahlskala $kT \approx 200\ \mathrm{cm^{-1}}$. Für eine typische, im IR-Bereich gelegene Schwingung mit $\tilde{\nu} = 1000\ \mathrm{cm^{-1}}$ ergibt sich dann

$$\frac{N_i}{N_j} = e^{-1000/200} = e^{-5} = 0{,}0067$$

Der energetisch höhere Schwingungszustand ist also nicht einmal zu 1% besetzt. Höhere Rotationsniveaus werden dagegen populiert. Für Rotationsschwingungen um Einfachbindungen mit $\tilde{\nu} = 50\ \mathrm{cm^{-1}}$ liefert die Boltzmann-Verteilung bei Raumtemperatur

$$\frac{N_i}{N_j} = e^{-50/200} = 0{,}78 = 44 : 56$$

Bei dem Übergang nach S_1 (Absorption) kommt man in ein Schwingungsniveau $v' = 0, 1, 2, 3\ldots$ Infolge der sehr raschen Relaxation nach $v' = 0$ geht die Fluoreszenz von $v' = 0$ aus und führt nach S_0 mit $v = 0, 1, 2\ldots$

Abb. 1.9 veranschaulicht die Verhältnisse schematisch.

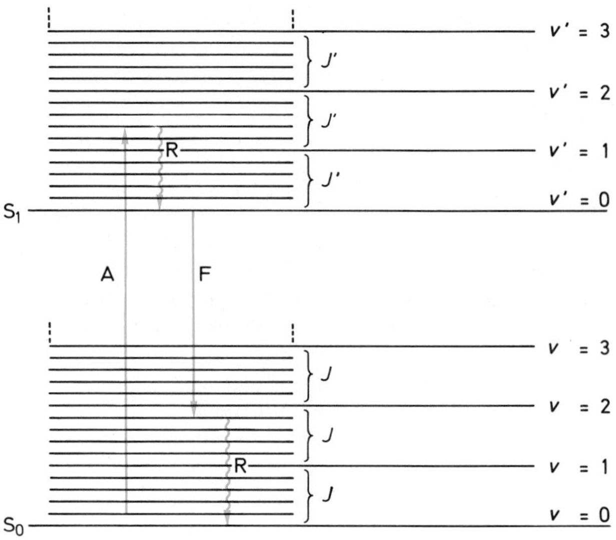

Abb. 1.9 Absorption und Fluoreszenz als Übergänge zwischen elektronischen Schwingungs- und Rotationsniveaus

Bei Aufnahmen in Lösung machen sich die Rotationslinien nicht bemerkbar – die Elektronenbanden setzen sich aus **Schwingungsbanden** zusammen. Substanzspezifisch sind die gemessenen Absorptionen mehr oder weniger strukturiert. Eine Schwingungsfeinstruktur ist vor allem bei starren Molekülen zu erwarten. Bei vielatomigen Molekülen liegen in der Regel die Schwingungsniveaus sehr dicht beieinander. Behinderte Rotation in Lösung und Linienverbreiterungen als Folge lokaler Inhomogenitäten bei der Solvatation ergeben unstrukturierte Banden. Auch die Meßbedingungen können eine entscheidende Rolle spielen. Abb. 1.10 zeigt die Abnahme der Struktur mit zunehmender Wechselwirkung mit dem Solvens und den Einfluß der Temperatur.

Die Lichtabsorption erfolgt in ca. 10^{-15} s. In dieser Zeit können die Atomkerne nicht ihre gegenseitige Lage ändern. Nach diesem sog. **Franck-Condon-Prinzip** ist die Absorption ein **vertikaler** Übergang von der Energie-Hyperfläche des Grundzustandes in die des elektronisch angeregten Zu-

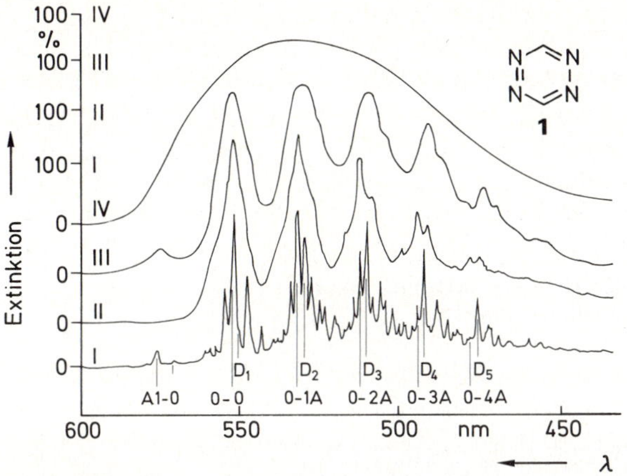

Abb. 1.10 Schwingungsstruktur der $n \rightarrow \pi^*$-Absorption von 1,2,4,5-Tetrazin **1** (nach Mason, S. F. (1959), J. Chem. Soc., 1263)

I Dampfspektrum bei Raumtemperatur (mit Schwingungsmoden)
II Spektrum bei 77 K in einer Isopentan/Methylcyclohexan-Matrix
III Spektrum in Cyclohexan bei Raumtemperatur
IV Spektrum in Wasser bei Raumtemperatur
Die λ-Skala bezieht sich auf I; II ist um 150 cm^{-1}; III um 250 cm^{-1} zu höheren Wellenzahlen verschoben; IV um 750 cm^{-1} zu niedrigeren Wellenzahlen

standes, d.h., alle Molekülparameter (Bindungslängen, -winkel, Konformation, Solvatationskäfig etc.) bleiben während des Übergangs erhalten.

Der Schwingungsanteil des Übergangsmoments ***M*** zeigt an, daß die Übergänge vom untersten Schwingungsniveau des Grundzustandes ($v = 0$) zu verschiedenen Schwingungsniveaus des elektronisch angeregten Zustandes ($v' = 0, 1, 2, \ldots$) nicht gleich wahrscheinlich sind. Für die Überlagerung von Schwingungsbanden zur Elektronenbande lassen sich zwei Grenztypen herausstellen, die an der Gestalt der Absorption erkannt werden können. In Abb. 1.11 ist dies für ein zweiatomiges Molekül veranschaulicht, bei dem sich die multidimensionale Energie-Hyperfläche zur sog. Morse-Kurve $E_{pot} = f(r)$ vereinfacht. Entscheidend für die Bandenform ist, ob die Morse-Funktion des angeregten Zustandes gegenüber der des Grundzustandes nur vertikal verschoben oder zusätzlich zu anderen r-Werten versetzt ist (Abb. 1.11 a bzw. 1.11 b).

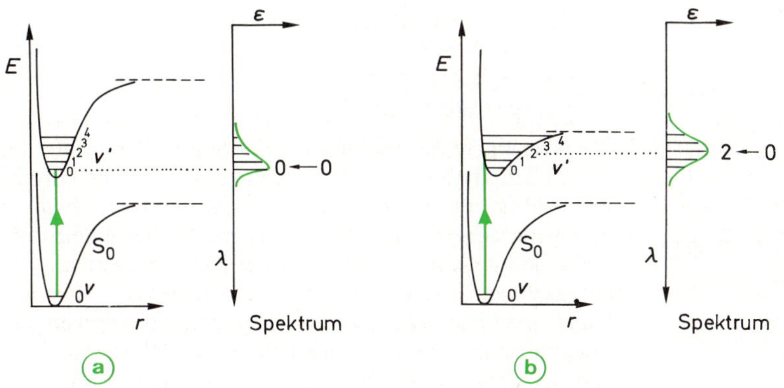

Abb. 1.11 Zusammensetzung einer Absorptionsbande aus Schwingungsbanden bei einem zweiatomigen Molekül; r Atomabstand; E Energie

a unsymmetrische Bande mit intensivem 0 ← 0-Übergang
b symmetrische Bande mit intensivem 2 ← 0-Übergang

2. Probenvorbereitung und Aufnahme der Spektren

Zu analytischen Zwecken werden UV/VIS-Absorptionsspektren gewöhnlich in Lösung aufgenommen. Dazu werden im Handel erhältliche **optisch reine Lösungsmittel** verwendet und erlaubte Übergänge bei einer **Konzentration** von rund 10^{-4} mol · l^{-1} gemessen. Bei den intensitätsschwachen Banden der verbotenen Übergänge muß die Konzentration entsprechend größer sein. (Zur Orientierung setzt man die Extinktion $E \approx 1$. Bei einer Schichtdicke – Länge des Strahlengangs in der Meßküvette aus Quarz – von 1 cm folgt dann aus dem Lambert-Beer-Gesetz: $c \cdot \varepsilon \approx 1$. Bei $\varepsilon_{max} = 10^n$ sollte man also bei einer Konzentration $c \approx 10^{-n}$ messen.)

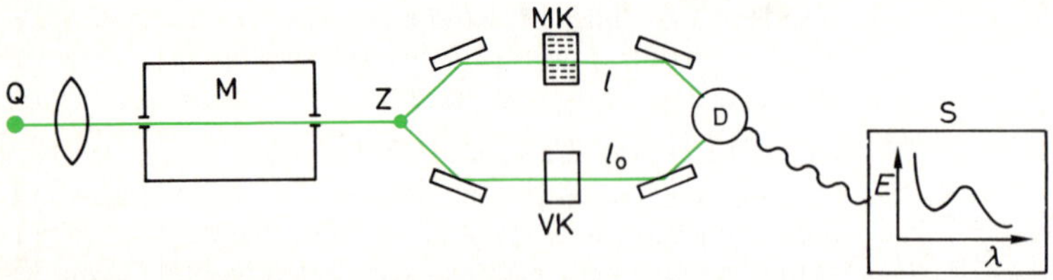

Abb. 1.12 Schematischer Aufbau eines Zweistrahl-Spektrometers

Q Strahlungsquelle (UV: Wasserstoff- oder Deuteriumlampe, VIS: Wolfram-Halogen-Lampe)
M (Doppel-)Monochromator aus Prisma und/oder Gitter zur spektralen Dispersion
Z Zerlegung in zwei Strahlengänge (rotierender Spiegel)
Mk Meßküvette mit Lösung
Vk Vergleichsküvette mit reinem Lösungsmittel
D Detektor (Photoelektronenvervielfacher)
S Schreiber, der die Transmission oder die Extinktion registriert

Lösungsmittel mit Eigenabsorptionen im Meßbereich sind ungeeignet. Die beste Durchlässigkeit bis hinein in den Vakuum-UV-Bereich haben perfluorierte Alkane wie Perfluoroctan. Ausreichend durchlässig bis herunter zu 195 nm (bei $d = 1$ cm) bzw. 180 nm (bei $d = 1$ mm) sind die gesättigten Kohlenwasserstoffe **Pentan**, **Hexan**, **Heptan** oder **Cyclohexan** und die polaren Lösungsmittel **Wasser** und **Acetonitril**. Bis ca. 210 nm verwendbar sind **Methanol**, **Ethanol** und **Diethylether**. In der Reihenfolge zunehmender unterer Meßgrenze folgen dann **Dichlormethan** (220 nm), **Chloroform** (240 nm) und **Tetrachlormethan** (250 nm). **Benzol**, **Toluol** und **Tetrahydrofuran** kommen meist nur oberhalb von 280 nm in Frage. Eine verstärkte Wechselwirkung zwischen der untersuchten Verbindung und dem Lösungsmittel führt zum Verlust von Feinstruktur. Es empfiehlt sich daher, nach Möglichkeit auf unpolare Lösungsmittel zurückzugreifen. Die Auswirkung der Lösungsmittel-Polarität auf die Lage der Absorptionsbanden wird im Abschn. 3.4 (s. S. 17) am Beispiel der Ketone diskutiert. In den üblichen Zweistrahl-Spektrometern wird in den einen Lichtstrahl die Küvette mit der Meßlösung und in den parallelen Strahl eine Küvette mit dem reinen Lösungsmittel gebracht. Die Intensitäten werden dann im gesamten Meßbereich verglichen. Abb. 1.12 gibt schematisch den Aufbau eines Zweistrahl-Spektrometers wieder.

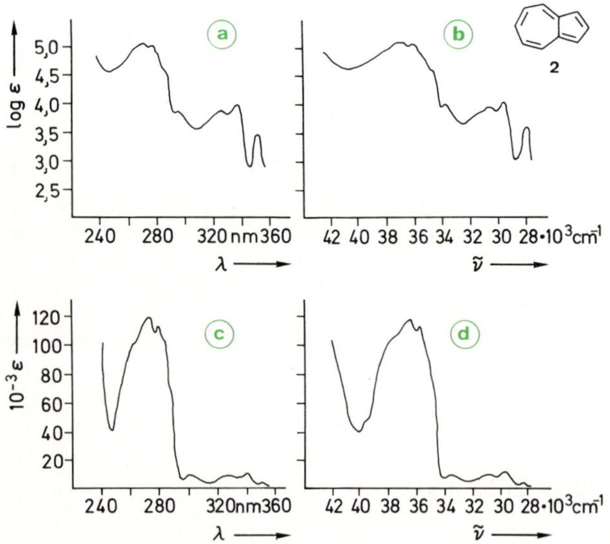

Abb. 1.13 UV-Spektrum von Azulen (**2**) in Cyclohexan
a log $\varepsilon = f(\lambda)$ **b** log $\varepsilon = f(\tilde{\nu})$ **c** $\varepsilon = f(\lambda)$ **d** $\varepsilon = f(\tilde{\nu})$
Die blaue Farbe dieses Kohlenwasserstoffs geht auf die nicht abgebildete Absorption im sichtbaren Spektralbereich zurück

Die meisten Geräte zeichnen die Extinktion E als Funktion der Wellenlänge λ auf. Im Gegensatz zu E ist der Extinktionskoeffizient ε substanzspezifisch. Man trägt deshalb im Spektrum ε gegen λ oder besser noch gegen die Wellenzahl $\tilde{\nu}$ auf. $\tilde{\nu}$ ist im Gegensatz zu λ proportional zur Energie. Im langwelligen Bereich werden Spektren, denen eine lineare λ-Skala zugrunde liegt, gedehnt, im kurzwelligen gestaucht. Treten in einem Spektrum intensive neben schwachen Banden auf, dann empfiehlt es sich, auf der Ordinate log ε aufzutragen. Abb. 1.13 dient zum Vergleich der vier gebräuchlichen Versionen für die Wiedergabe von UV/VIS-Spektren.

Eine besondere Art der Messung ist die Registrierung der Fluoreszenz in Abhängigkeit von der Anregungswellenlänge. Die so erhaltenen **Anregungsspektren** stimmen allerdings nicht immer mit den Absorptionsspektren überein. Selbst bei einer ganz reinen Verbindung kann die Beteiligung von verschiedenen Rotationsisomeren Unterschiede bewirken. Bei der Zweiphotonen-Spektroskopie wird oft nach dieser Methode verfahren.

3. Chromophore

3.1 Einzelne chromophore Gruppen und ihre Wechselwirkung

Wie aus Abschn. 1.2 hervorgeht, hängt die Lage einer Absorptionsbande von der Natur des betreffenden Elektronenübergangs ab. Tab. 1.2 gibt eine Zusammenstellung für die Anregung von σ-, π- und n-Elektronen isolierter **chromophorer Gruppen**.

Besitzt ein Molekül mehrere π- oder n-Orbitale, die nicht miteinander in Wechselwirkung stehen, so ist im allgemeinen ein Spektrum zu erwarten, das sich additiv aus den Absorptionen der einzelnen isolierten Chromophore zusammensetzt. Aufgrund sterischer Effekte, Ringspannungen usw. existieren jedoch Ausnahmen. Auch nichtkonjugierte Chromophore können dann bei räumlicher Nachbarschaft in Wechselwirkung treten, so daß eine Bandenverschiebung oder -aufspaltung (Davidov-Aufspaltung) eintritt. Bei zwei gleichen Chromophoren werden dann häufig statt der erwarteten Bande zwei Banden gefunden, von denen eine energieärmer, die andere energiereicher ist als die Absorption der isolierten Chromophore. Das sei am Beispiel des 1,4-Pentadiens (**3**) und des Norbornadiens (**4**) erläutert.

3 (λ_{max} = 178 nm, ε_{max} = 17000)

4 (λ_{max} = 205 nm, ε_{max} = 2100)

Die Homokonjugation in **3** macht sich kaum bemerkbar. Die Absorptionsbande beginnt bei 200 nm und erstreckt sich (wie bei einem Monoolefin) ins Vakuum-UV mit einem Maximum bei λ = 178 nm (ε_{max} = 17000). Das Norbornadien (**4**) beginnt dagegen bereits bei 270 nm zu absorbieren, hat eine Schulter bei 230 nm und eine strukturierte Absorption zwischen 226 und 199 nm mit einem Maximum bei 205 nm (ε_{max} = 2100). Die beiden nichtkonjugierten π-Bindungen in **4** zeigen also im Gegensatz zu **3** eine starke Wechselwirkung.

Von besonderer Bedeutung für die UV/VIS-Spektroskopie sind konjugierte Chromophore. Als Faustregel gilt: Je größer das konjugierte System ist, desto längerwellig und intensiver ist der energieärmste $\pi \rightarrow \pi^*$-Übergang. Ein bathochromer und hyperchromer Effekt wird im allgemeinen auch beobachtet, wenn Atome oder Atomgruppen mit n-Orbitalen (—ŌH, —ŌR, —N̄H$_2$, —N̄HR, —N̄R$_2$, —S̄H,

---

[a] Die λ_{max}- und in geringerem Umfang auch die ε_{max}-Werte variieren in Abhängigkeit vom verwendeten Solvens (s. Abschn. 3.4, S.17).

Tab. 1.2 Absorptionen isolierter chromophorer Gruppen (energieärmste Elektronenübergänge)

Chromophor	Übergang	Beispiel	λ_{max} [a] (nm)	ε_{max} [a]
C–H	$\sigma \rightarrow \sigma^*$	CH_4	122	intensiv
C–C	$\sigma \rightarrow \sigma^*$	$H_3C—CH_3$	130	intensiv
–Ō–	$n \rightarrow \sigma^*$	H_2O	167	1500
	$n \rightarrow \sigma^*$	$H_3C—OH$	183	200
	$n \rightarrow \sigma^*$	$C_2H_5—O—C_2H_5$	189	2000
–S̄–	$n \rightarrow \sigma^*$	$H_3C—SH$	235	180
	$n \rightarrow \sigma^*$	$H_3C—S—CH_3$	228	620
	$n \rightarrow \sigma^*$	$C_2H_5—S—S—C_2H_5$	250	380
–N̄– (mit |)	$n \rightarrow \sigma^*$	NH_3	194	5700
	$n \rightarrow \sigma^*$	$C_2H_5—NH_2$	210	800
	$n \rightarrow \sigma^*$	$C_2H_5—NH—C_2H_5$	193	3000
	$n \rightarrow \sigma^*$	$(C_2H_5)_3N$	213	6000
–Hal	$n \rightarrow \sigma^*$	$H_3C—Cl$	173	200
	$n \rightarrow \sigma^*$	$H_3C—Br$	204	260
	$n \rightarrow \sigma^*$	$H_3C—I$	258	380
	$n \rightarrow \sigma^*$	CHI_3	349	2170
>C=C<	$\pi \rightarrow \pi^*$	$H_2C=CH_2$	165	16000
	$\pi \rightarrow \pi^*$	$C_2H_5—CH=CH—C_2H_5$	185	7940
–C≡C–	$\pi \rightarrow \pi^*$	$HC≡CH$	173	6000
	$\pi \rightarrow \pi^*$	$H—C≡C—C_2H_5$	172	2500
>C=Ō	$n \rightarrow \pi^*$	$H_3C—CH=O$	293	12
	$\pi \rightarrow \pi^*$	$H_3C—C(=O)—CH_3$	187	950
	$n \rightarrow \pi^*$	$H_3C—C(=O)—CH_3$	273	14
>C=S̄	$n \rightarrow \pi^*$	$H_3C—C(=S)—CH_3$	460	schwach
>C=N̄–	$\pi \rightarrow \pi^*$	$H_3C—CH=N—OH$	190	8000
	$n \rightarrow \pi^*$	$H_3C—CH=N—OH$	279	15
–N̄=N̄–	$n \rightarrow \pi^*$	$H_3C—N=N—CH_3$ (cis)	353	240
		$H_3C—N=N—CH_3$ (trans)	343	25
–N̄=Ō	$n \rightarrow \pi^*$	$(H_3C)_3C—NO$	300	100
		$(H_3C)_3C—NO$	665	20
–NO$_2$	$\pi \rightarrow \pi^*$	$H_3C—NO_2$	210	10000
	$n \rightarrow \pi^*$		278	10

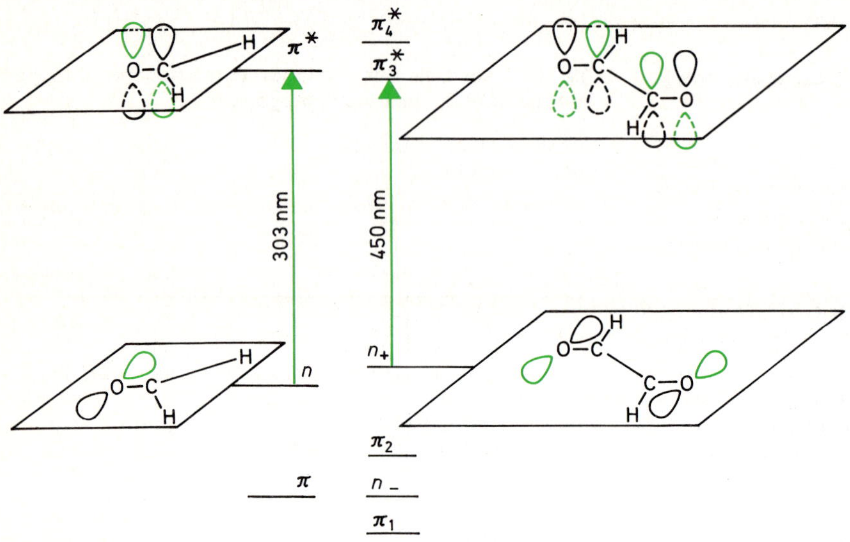

Abb. 1.14 Langwellige Elektronenübergänge $S_0 \rightarrow S_1$ in Formaldehyd und *s-trans*-Glyoxal

—$\overline{\text{S}}$R, —H$\overline{\text{a}}$l| u.a.) direkt an eine chromophore Gruppe gebunden sind. Man spricht in diesem Zusammenhang von **auxochromen Gruppen**.

Wechselwirkungen zwischen mehreren Chromophoren oder Chromophoren und Auxochromen werden in den folgenden Kapiteln mehrfach diskutiert. Als explizite Beispiele seien hier Formaldehyd (**5**) und Glyoxal (**6**) diskutiert.

Der verbotene $n \rightarrow \pi^*$-Übergang des Formaldehyds liefert eine im Gaszustand stark strukturierte Bande mit einem Maximum bei 303 nm.

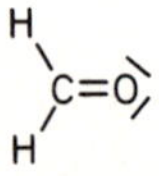

λ_{max} = 303 nm
ε_{max} = 18

5

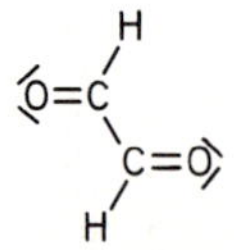

λ_{max} = 450 nm
ε_{max} = 5

6

Das im Gegensatz zum farblosen Formaldehyd (**5**) im Gaszustand gelbgrüne Glyoxal (**6**) zeigt eine um ca. 150 nm verschobene Absorption bei 450 nm. In dem dafür verantwortlichen $n_+ \rightarrow \pi_3^*$-Übergang ist weder das n- noch das π-Orbital mit den Formaldehyd-Orbitalen vergleichbar. Die beiden konjugierten π-Bindungen im Glyoxal werden durch die bindenden Orbitale π_1 und π_2 und die im Grundzustand leeren, antibindenden Orbitale π_3^* und π_4^* beschrieben. Auch die beiden freien Elektronenpaare (mit p-Charakter) treten in Wechselwirkung und spalten auf zu n_+ und n_-, wobei die symmetrische Kombination n_+ energetisch höher liegt (Abb. 1.14).

3.2 Olefine, Polyene

Der $\pi \rightarrow \pi^*$-Übergang des Ethylens liegt im Vakuum-UV mit einer intensiven Bande bei $\lambda_{max} = 165$ nm (ε_{max} = 16000). Substituiert man ein Wasserstoff-Atom durch eine auxochrome Gruppe, so beobachtet man eine bathochrome Verschiebung. Ein freies Elektronenpaar der auxochromen Gruppe tritt dabei in Wechselwirkung mit der π-Bindung. Bei Berücksichtigung von mesomerem und induktivem Effekt erhält man, wie Abb. 1.15 zeigt, drei neue Orbitale π_1 bis π_3^*. Die langwellige Verschiebung der Ab-

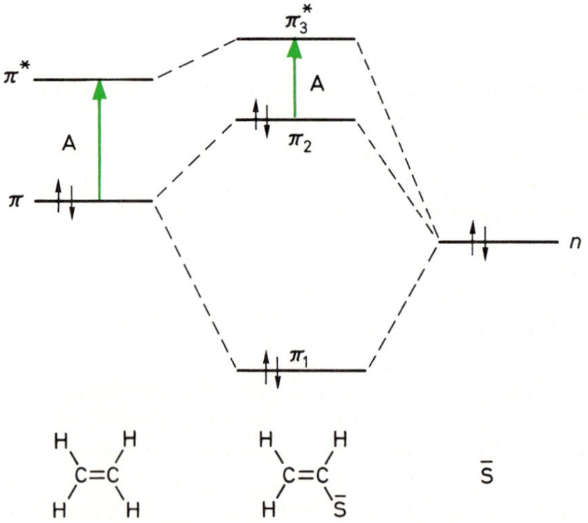

Abb. 1.15 Schematisches Energiediagramm zur bathochromen Verschiebung des $\pi \rightarrow \pi^*$-Übergangs bei Ethylenen mit auxochromen Gruppen S

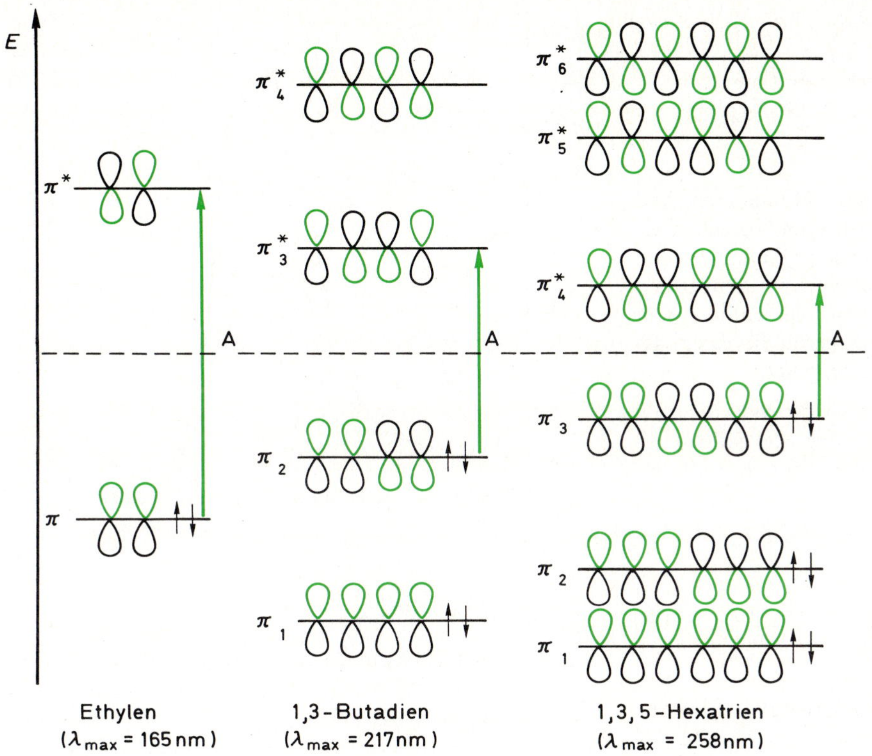

Abb. 1.16 HOMO-LUMO-Übergänge in Ethylen, 1,3-Butadien und 1,3,5-Hexatrien. Parallel mit λ_{max} wachsen die Extinktionskoeffizienten ε_{max}

sorption resultiert dabei aus der Verkleinerung der Energiedifferenz ΔE zwischen dem HOMO und dem LUMO.

Auch die Einführung von Alkyl-Gruppen bewirkt eine langwellige Verschiebung der $\pi \rightarrow \pi^*$-Absorption. Zur Erklärung wird dafür häufig die Hyperkonjugation herangezogen.

Bei der Konjugation zweier oder mehrerer olefinischer Doppelbindungen sinkt zwar der Schwerpunkt der π-Orbitale infolge der Mesomerie ab, aber die Energiedifferenz zwischen HOMO und LUMO wird, wie Abb. 1.16 und Tab. 1.3 zeigen, mit zunehmender Kettenlänge kleiner.

Genauere Rechnungen zeigen in Übereinstimmung mit der Messung, daß λ_{max} einem endlichen Grenzwert zustrebt ($n \rightarrow \infty$).

Bemerkenswert ist, daß bei linearen *all-trans*-Polyenen nicht der optisch erlaubte ^1B_u-Zustand, der durch den HOMO-LUMO-Übergang erreicht wird, sondern ein verbotener ^1A_g-Zustand der unterste elektronisch angeregte Zustand S_1 ist. An diesem Zustand ist eine doppelt angeregte Konfiguration wesentlich beteiligt. Die auf quantenmechanischen Rechnungen bei Berücksichtigung der Konfigurationswechselwirkung basierende Vorhersage konnte

Tab. 1.3 Längstwellige Absorptionen in konjugierten *all-trans*-Polyenen R—(CH=CH)$_n$—R

n	R=CH$_3$		R=C$_6$H$_5$	
	λ_{max}[a]	ε_{max}	λ_{max}[b]	ε_{max}
1	174	24000	306	24000
2	227	24000	334	48000
3	275	30200	358	75000
4	310	76500	384	86000
5	342	122000	403	94000
6	380	146500	420	113000

[a] aufgenommen in Petrolether bzw. Ether
[b] aufgenommen in Benzol

durch Zweiphotonen-Spektroskopie experimentell bestätigt werden.

Es gibt Fälle, bei denen sich die langwellige Absorption bis hinein in das Gebiet des **nahen Infrarots** (NIR) verschiebt. Dotiert man z. B. ein Poly(phenylvinylen)-System (PPV) mit einem Oxidans, dann kann ein Elektronentransfer stattfinden, der zu polymeren Radikalionen und zweifach geladenen Ionen (Polaronen, Bipolaronen) führt. Aus dem Isolator **7** wird dadurch ein elektrischer Halbleiter **8**.

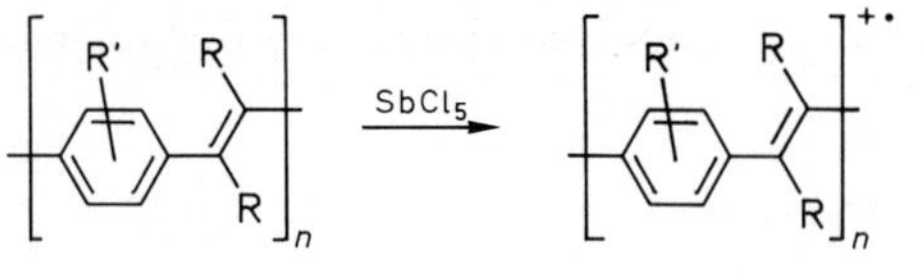

Bei der Absorptionsmessung in Lösung stellt man fest, daß jenseits der Absorptionskante, die im Grenzbereich zwischen UV und VIS liegt, durch die Dotierung neue Banden auftreten. Der energieärmste Übergang kann weit über den sichtbaren Wellenlängenbereich hinaus verschoben sein ($\lambda_{max} \approx 2000$ nm); er läßt sich nur mit speziell für das NIR-Gebiet ausgerüsteten Spektrometern erfassen.

Auch die Konfiguration der Olefine ist für die Lage und Intensität der Absorption von Bedeutung. (*Z*)-Stilben absorbiert etwas kürzerwellig und weniger intensiv als das (*E*)-Isomere (Abb. 1.17).

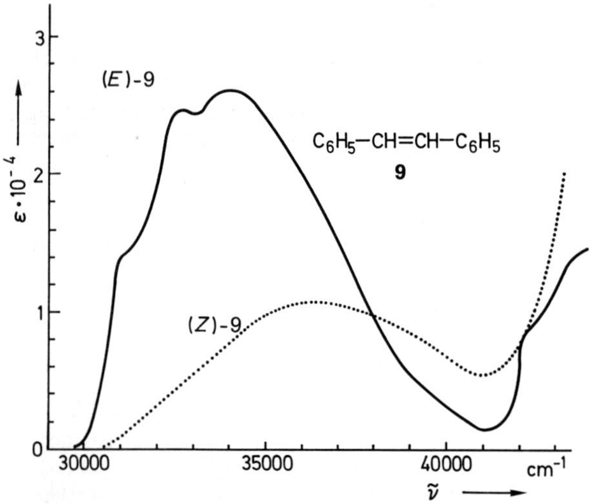

Abb. 1.17 UV-Spektrum von (*Z*)- und (*E*)-Stilben **9** bei 295 K in Methylpentanen (nach Dyck, R.H. und McClure, D.S. (1962), J. Chem. Phys. **36**, 2336)

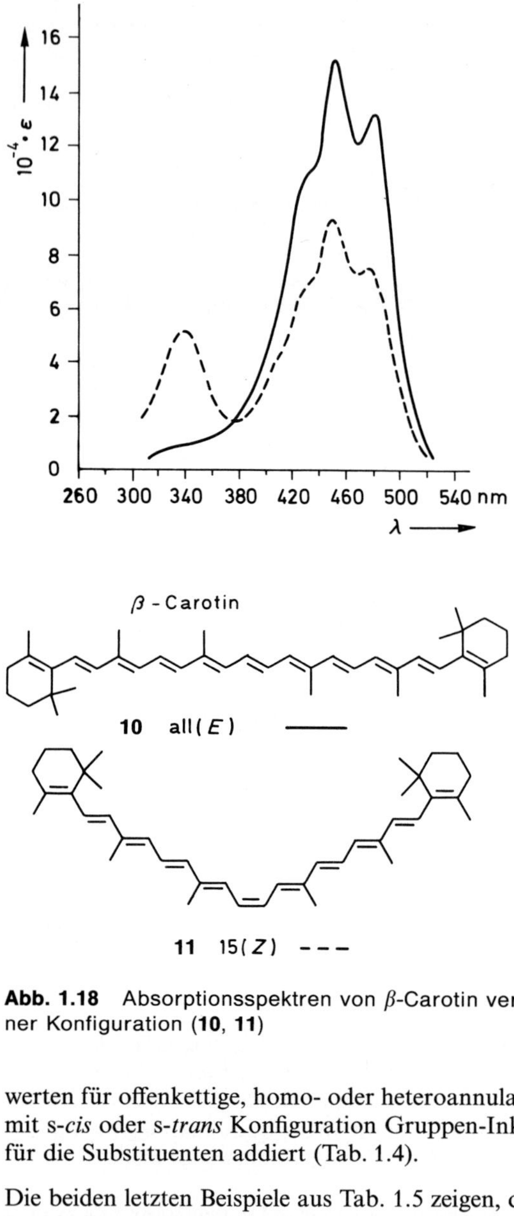

Abb. 1.18 Absorptionsspektren von β-Carotin verschiedener Konfiguration (**10**, **11**)

Besonderen Einfluß hat die (*Z*)- bzw. (*E*)-Konfiguration auf die energiereicheren Elektronenübergänge in Polyolefinen. Der erste Oberton liegt beim β-Carotin bei 340 nm. Bei der *all*-(*E*)-Konfiguration ist er symmetrie-verboten (vgl. Paritätsregel). Durch Einbau einer (*Z*)-Konfiguration ändert sich die Symmetrie. Der Übergang wird erlaubt und führt zum sog. (*Z*)-Peak der Carotine (Abb. 1.18).

Für Diene und Triene wurden von Woodward 1942 und später unabhängig von Fieser und Scott empirische Regeln für die Absorptionsmaxima der längstwelligen $\pi \rightarrow \pi^*$-Übergänge aufgestellt. Dabei werden zu bestimmten Basiswerten für offenkettige, homo- oder heteroannulare Diene mit s-*cis* oder s-*trans* Konfiguration Gruppen-Inkremente für die Substituenten addiert (Tab. 1.4).

Die beiden letzten Beispiele aus Tab. 1.5 zeigen, daß diese Regeln ihre Gültigkeit verlieren, wenn starke sterische Effekte vorliegen. Ein schönes Beispiel für sterische Einflüsse auf den 1,3-Dien-Chromophor bietet die Reihe der (*Z, Z*)-1,3-Cycloalkadiene (Tab. 1.6).

Keine Anwendung können die Inkrementregeln außerdem beim Vorliegen besonderer elektronischer Verhältnisse finden, wie sie die Reihe der Annulene zeigt (Tab. 1.7). Hier hat man es mit **aromatischen** $(4n + 2)$-π-Elektronen-Systemen, **antiaromatischen** $4n$-π-Elektronen-Systemen und nichtebenen Molekülen mit sog. **nichtaromatischem** (olefinischem) Charakter zu tun. Die Ähnlichkeit des

Tab. 1.4 Inkrement-System zur Berechnung des langwelligen Absorptionsmaximums von Dienen und Trienen

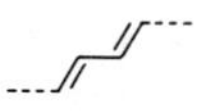		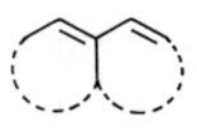
bevorzugt *s-trans* (z. B. acyclisch) 217 nm	*s-cis* (homoannular) 253 nm	*s-trans* (heteroannular) 214 nm

Inkremente:

pro weitere konjugierte Doppelbindung		+ 30 nm
pro exocyclische Lage einer Doppelbindung		+ 5 nm
pro C-Rest		+ 5 nm
pro auxochrome Gruppe:	O-Alkyl	+ 6 nm
	O-Acyl	± 0
	S-Alkyl	+ 30 nm
	$N(Alkyl)_2$	+ 60 nm
	Cl	+ 5 nm
	Br	+ 5 nm

Tab. 1.5 Beispiele zur Berechnung von λ_{max}-Werten konjugierter Diene und Triene

Verbindung	λ_{max} (nm) beobachtet	berechnet
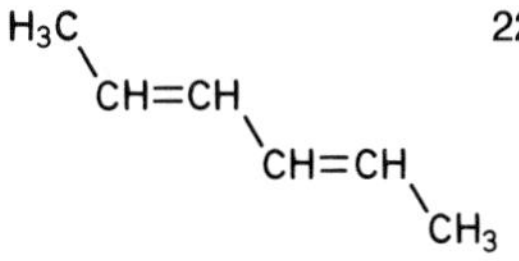	227	217 + 2 · 5 = 227
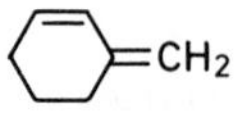	231	214 + 2 · 5 + 5 = 229
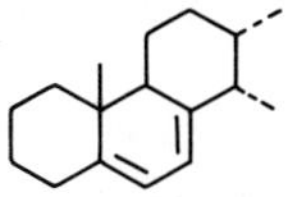	282	253 + 4 · 5 + 2 · 5 = 283
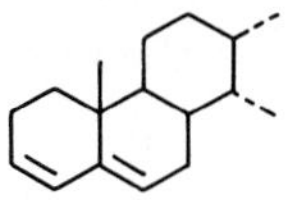	234	214 + 3 · 5 + 5 = 234
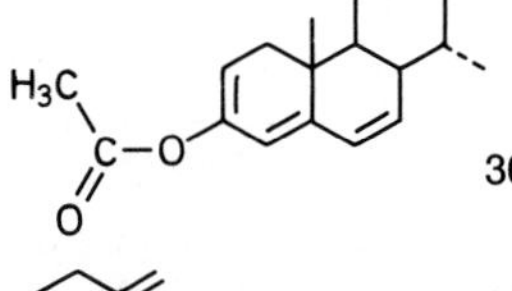	306	253 + 30 + 3 · 5 + 5 = 303
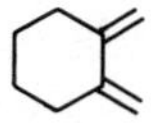	220	253 + 2 · 5 + 2 · 5 = 273
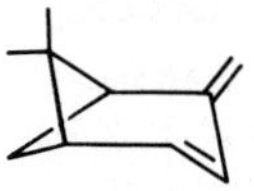	246	214 + 2 · 5 + 5 = 229

Tab. 1.6 Langwellige UV-Absorptionen homoannularer 1,3-Diene

Verbindung	λ_{max} (nm)	ε_{max}
 Cyclopentadien	238	3400
 1,3-Cyclohexadien	256	8000
 1,3-Cycloheptadien	248	7500
 1,3-Cyclooctadien	228	5600

Tab. 1.7 Absorptionen von Annulenen

Verbindung	λ_{max}	lg ε	Lösungsmittel	Farbe der Lösung	Charakter
 Cyclobutadien	≈ 305	≈ 2.0			antiaromatisch
 Benzol	262 208 189	2.41 3.90 4.74	Hexan	farblos	aromatisch
 Cyclooctatetraen	285	2.3	Chloroform	gelb	nichtaromatisch
[10]Annulen	265 257	4.30 4.46	Methanol	gelb	nichtaromatisch
[14]Annulen	374 314	3.76 4.84	Isooctan	rotbraun	aromatisch
[16]Annulen	440 282	2.82 4.91	Cyclohexan	rot	antiaromatisch
[18]Annulen	764 456 379	2.10 4.45 5.5	Benzol	gelbgrün	aromatisch
[24]Annulen	530 375 360	3.23 5.29 5.26	Benzol	violett	(antiaromatisch)

UV/VIS-Spektrum etwa des aromatischen [18]Annulens mit dem [6]Annulen(≡Benzol) leitet direkt zum folgenden Kapitel über.

3.3 Benzol und benzoide Aromaten

Im Gegensatz zu 1,3,5-Hexatrien (s. S. 11) bilden π_2/π_3 und π_4^*/π_5^* beim **Benzol** Paare von entarteten, d. h. energiegleichen Orbitalen. Die vier denkbaren $\pi_{2/3} \rightarrow \pi_{4/5}^*$-Elektronenübergänge führen, wie sich theoretisch ableiten läßt, vom Grundzustand $^1A_{1g}$ des Benzols zu den angeregten Singulettzuständen $^1B_{2u}$, $^1B_{1u}$ und $^1E_{1u}$. (Der letztere ist, wie das Symbol E ausdrückt, ein entarteter Zustand.) Aufgrund der Elektronenkorrelation sind die drei angeregten Zustände und damit die drei Übergänge energetisch verschieden (Abb. 1.19 a und b).

Im UV-Spektrum des Benzols (Abb. 1.20) entsprechen die stark strukturierte α-Bande und die *p*-Bande symmetrieverbotenen Übergängen. Die als Schulter auftretende *p*-Bande „borgt" sich Intensität von dem benachbarten erlaubten Übergang (*β*-Bande). Infolge des Symmetrie-Verbots fehlt der 0 ← 0-Übergang in der α-Bande. Die Schwingung ν'_A stört die hexagonale Symmetrie und führt zur längstwelligen Schwingungsbande. Weitere Schwingungsbanden folgen im Abstand der symmetrischen Pulsationsschwingung ν'_B (Abb. 1.20).

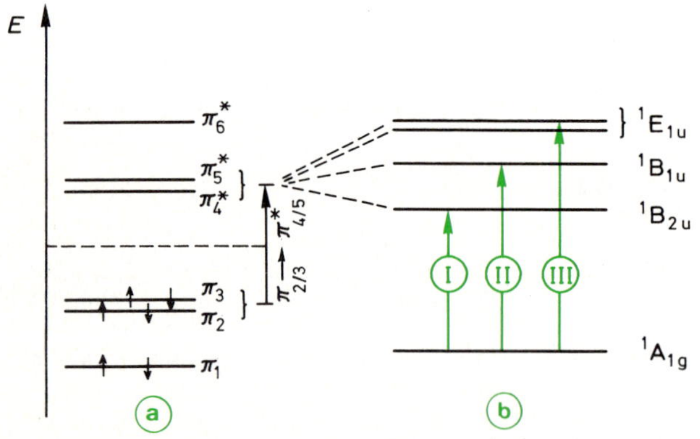

Abb. 1.19 **a** Energieschema der π-Orbitale des Benzols **b** Elektronenanregungen beim Benzol

I $^1B_{2u} \leftarrow {}^1A_{1g}$ λ_{max}: 256 nm ε_{max}: 204
nach Platt: $^1L_b \leftarrow {}^1A$, nach Clar: α-Bande

II $^1B_{1u} \leftarrow {}^1A_{1g}$ 203 nm 7400
nach Platt: $^1L_a \leftarrow {}^1A$, nach Clar: *p*-Bande

III $^1E_{1u} \leftarrow {}^1A_{1g}$ 184 nm 60000
nach Platt: $^1B \leftarrow {}^1A$, nach Clar: *β*-Bande

Die Einführung eines Substituenten erniedrigt die Symmetrie des Benzols, vergrößert das chromophore System und verändert die Orbitalenergien und damit die Absorptionen, wobei die *p*-Bande die α-Bande überholen kann. Die α-Bande, gelegentlich auch B-Bande genannt, gewinnt an Intensität und verliert häufig an Feinstruktur; ihr 0 ← 0-Übergang wird infolge der Symmetrieerniedrigung sichtbar.

Einen Überblick über **monosubstituierte Benzole** gibt Tab. 1.8.

Tab. 1.8 UV-Absorptionen monosubstituierter Benzole C_6H_5—R

Substituenten R	langwelliger, intensiver Übergang		langwelliger (verbotener) Übergang		Solvens
	λ_{max} (nm)	ε_{max}	λ_{max} (nm)	ε_{max}	
H	204	7400	254	204	Wasser
	198	8000	255	230	Cyclohexan
CH_3	207	9300	260	300	Ethanol
C_2H_5	200	31600	259	158	Ethanol
$CH(CH_3)_2$			251	250	Hexan
F			259	1290	Ethanol
Cl	210	7400	264	190	Wasser
Br	210	7900	261	192	Wasser
I	207	7000	257	700	Wasser
OH	211	6200	270	1450	Wasser
O^-	235	9400	287	2600	Wasser
OCH_3	217	6400	269	1480	Wasser
OC_6H_5	255	11000	272	2000	Wasser
			278	1800	
NH_2	230	8600	280	1430	Wasser
NH_3^+	203	7500	254	160	Wasser
$N(CH_3)_2$	251	12900	293	1590	Ethanol
NO_2			269	7800	Wasser
$CH{=}CH_2$	244	12000	282	450	Ethanol
C≡CH	236	12500	278	650	Hexan
C≡N	224	13000	271	1000	Wasser
CH=O	242	14000	280	1400	Hexan
			330	60	
CO—CH_3	243	13000	278	1100	Ethanol
			319	50	
COOH	230	11600	273	970	Wasser
COO^-	224	8700	268	560	Wasser
SO_3H	213	7800	263	290	Ethanol

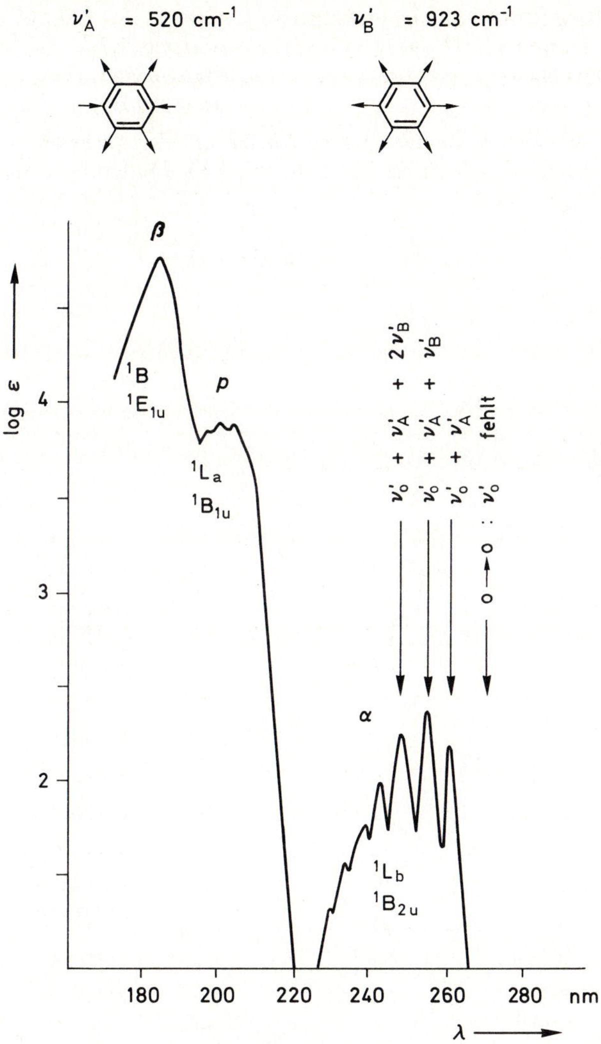

Abb. 1.20 Absorptionsspektrum von Benzol

Die Einführung von zwei oder mehr Substituenten am Benzol-Kern bewirkt insbesondere dann eine starke Veränderung gegenüber den Spektren der entsprechenden monosubstituierten Benzol-Derivate, wenn ein elektronenziehender mit einem elektronenschiebenden Rest kombiniert wird (Tab. 1.9).

In diesem Fall ist die Vergrößerung des Chromophors mit der Möglichkeit eines **intramolekularen Charge-Transfers** verbunden:

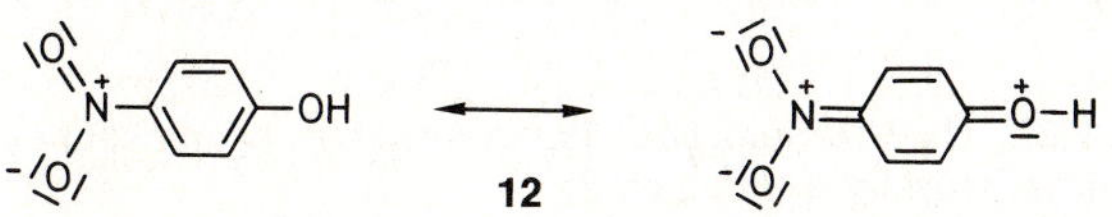

12

Tab. 1.9 Langwellige Absorptionen λ_{max} (nm) einiger *para*-disubstituierter Benzole X^1—C_6H_4—X^2 (in Wasser)

	$X^2 = H$		OH		NH_2		NO_2	
X^1	λ_{max}	$\log\varepsilon$	λ_{max}	$\log\varepsilon$	λ_{max}	$\log\varepsilon$	λ_{max}	$\log\varepsilon$
H	254	2.31						
OH	270	3.16	293	3.43				
NH_2	280	3.16	294	3.30	315	3.30		
NO_2	269	3.89	310	4.00	375	4.20	267	4.16

Noch ausgeprägter als beim *p*-Nitrophenol (**12**; Abb. 1.21 a) sollte der Effekt beim *p*-Nitrophenolat-Anion sein. Abb. 1.21 b belegt das, zeigt jedoch außerdem, daß unabhängig von der Beteiligung chinoider Grenzstrukturen auch bei der *m*-Substitution ein solcher Effekt auftritt.

Das Lösungsmittel kann in diesen Fällen einen besonderen Einfluß ausüben und sogar die energetische Reihenfolge

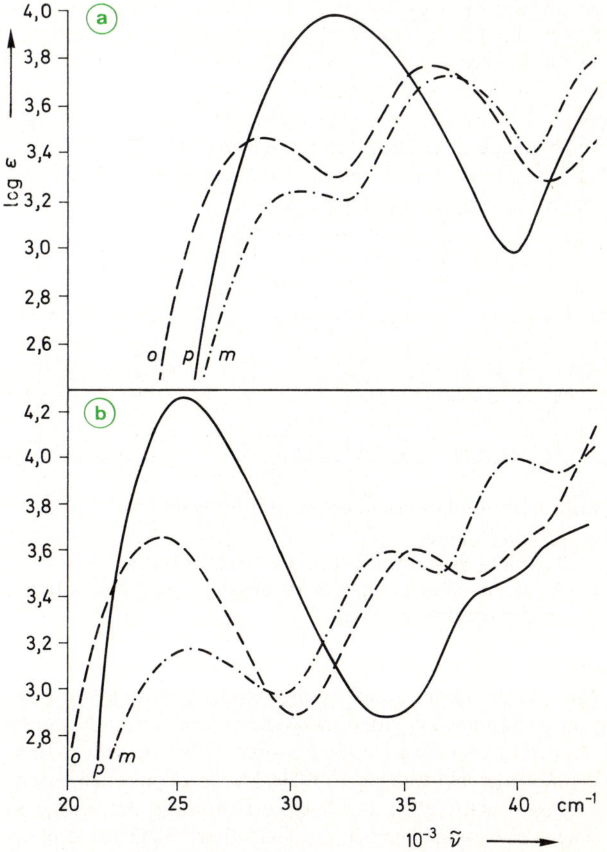

Abb. 1.21 UV/VIS-Spektren von *o*-, *m*- und *p*-Nitrophenol: **a** in 10^{-2} molarer Salzsäure, **b** in $5 \cdot 10^{-3}$ molarer Natronlauge (nach Kortüm, G. (1941), Ber. Dtsch. Chem. Ges. **74**, 409)

der Zustände verändern. Ein schönes Beispiel dafür ist 4-Dimethylaminobenzonitril **13**.

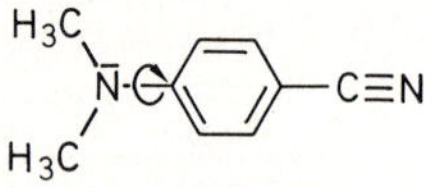

13

Der intramolekulare Ladungstransfer kann durch Verdrillung um die CN-Bindung stabilisiert werden. Der so gebildete **TICT-Zustand** (twisted intramolecular charge transfer) besitzt ein hohes Dipolmoment ($\mu = 12$ D) und wird von polaren Solvenzien so weit energetisch abgesenkt, daß er der tiefste elektronisch angeregte Singulettzustand wird. Die Fluoreszenz erfolgt damit in polaren und unpolaren Medien von verschiedenen Singulettzuständen aus.

In den Spektren von **kondensierten benzoiden Aromaten** findet man interessante Gemeinsamkeiten. Die beiden höchsten besetzten Orbitale π_{n-1} und π_n und die beiden untersten leeren π^*_{n+1} und π^*_{n+2} sind nicht mehr entartet wie bei Benzol. Zwischen ihnen sind vier Elektronenübergänge möglich (Abb. 1.22).

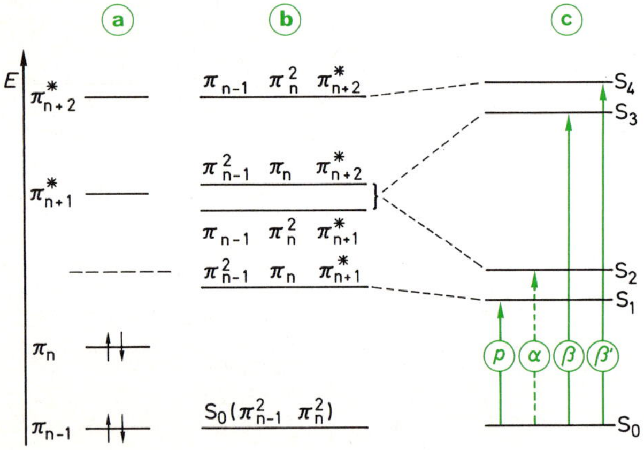

Abb. 1.22 Elektronenübergänge in Polyacenen

- **a** Orbitalschema
- **b** Zustandsdiagramm (nach der HMO-Theorie)
- **c** Elektronenübergänge bei Berücksichtigung der Konfigurationswechselwirkung

Mit zunehmender Anellierung verschieben sich die α-, *p*- und β-Banden zu längeren Wellen. Bei den Polyacenen überholt dabei die *p*-Bande die intensitätsschwache α-Bande und überdeckt sie (Abb. 1.23). Die Intensität der *p*-Bande bleibt dabei etwa gleich. (Die Erhöhung der Ringzahl macht sich nicht bemerkbar, weil dieser Elektronenübergang parallel zu der kurzen Achse polarisiert ist.) Der bathochrome Shift in der Reihe der Acene führt vom Tetracen an zum Auftreten von Farbe:

Benzol, Naphthalin, Anthracen	farblos
Tetracen	orangegelb
Pentacen	blauviolett
Hexacen	dunkelgrün

Weicht man von der linearen Anellierung der Acene ab, so treten in den Spektren charakteristische Veränderungen auf

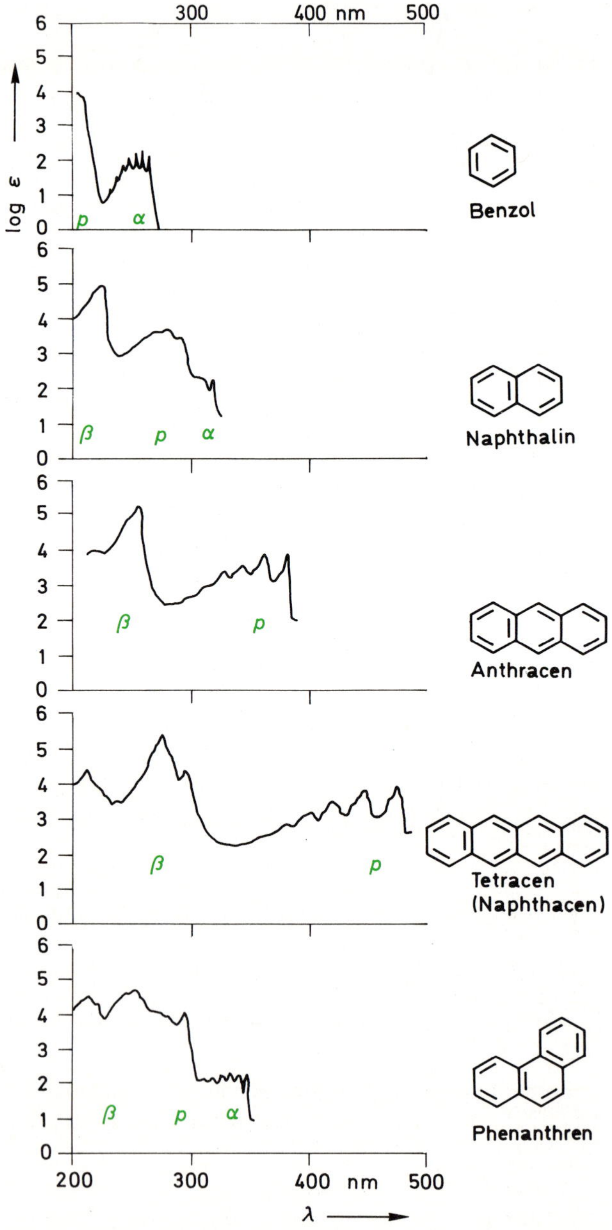

Abb. 1.23 UV/VIS-Spektren kondensierter aromatischer Kohlenwasserstoffe (in Heptan)

(vgl. z. B. Anthracen und Phenanthren, Abb. 1.23). Für die Kondensation von vier Benzol-Kernen gibt es neben dem linearen Tetracen vier angulare Systeme: Benz[*a*]anthracen, Benzo[*c*]phenanthren, Chrysen und Triphenylen und das *peri*-kondensierte System Pyren. Davon absorbiert lediglich das Tetracen im Tageslichtbereich; die anderen sind farblos, zeigen allerdings farbige Fluoreszenzen. Die starke Bandenstruktur bei praktisch allen benzoiden aromatischen Kohlenwasserstoffen ist zur Identifizierung einzelner Vertreter von besonderem analytischen Wert.

3.4 Carbonyl-Verbindungen

In der Carbonyl-Funktion sind σ-, π- sowie *n*-Elektronen mit *s*-Charakter und *n*-Elektronen mit *p*-Charakter enthalten. Dieses einfache Bild geht von einem nichthybridisierten Sauerstoff-Atom aus. Auch eine detailliertere Betrachtung der delokalisierten Gruppenorbitale zeigt, daß das HOMO weitgehend den Charakter eines *p*-Orbitals am Sauerstoff besitzt. Die Anregung eines Elektrons kann in die antibindenden π^*- bzw. σ^*-Orbitale erfolgen. Bei gesättigten Aldehyden und Ketonen liegen die erlaubten $n \rightarrow \sigma^*$- und $\pi \rightarrow \pi^*$-Anregungen im Vakuum-UV. Der verbotene $n(p) \rightarrow \pi^*$-Übergang fällt in den Bereich von 275 bis 300 nm. Die Intensität der $n \rightarrow \pi^*$-Bande liegt normalerweise bei $\varepsilon = 15–30$. (In β, γ-ungesättigten Ketonen kann sie jedoch um den Faktor 10 bis 100 anwachsen.)

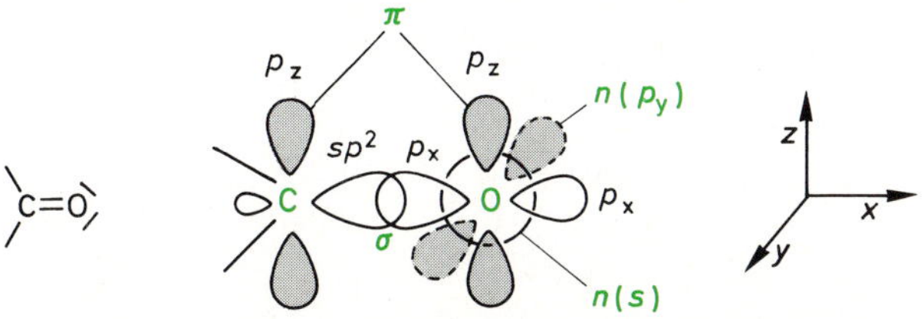

Direkt an die CO-Gruppe gebundene **Auxochrome** wie OH, OR, NH_2, NHR, NR_2, Hal usw. erhöhen als π-Donatoren die Energie des π^*-Orbitals und erniedrigen als σ-Akzeptoren das *n*-Niveau. Daraus resultiert eine kurzwellige Verschiebung der $n \rightarrow \pi^*$-Übergänge in den **Carbonsäuren** und ihren **Derivaten** (Tab. 1.10).

Tab. 1.10 $n \rightarrow \pi^*$-Übergänge in gesättigten Carbonyl-Verbindungen

Verbindung	λ_{max} (nm)	ε_{max}	Solvens
Acetaldehyd	293	12	Hexan
Aceton	279	15	Hexan
Acetylchlorid	235	53	Hexan
Acetanhydrid	225	50	Isooctan
Acetamid	205	160	Methanol
Essigsäure-ethylester	207	70	Petrolether
Essigsäure	204	41	Ethanol

Durch Konjugation der Carbonyl-Gruppe mit einer (C=C)-Bindung werden die π-Niveaus stark verschoben; das *n*-Orbital bleibt in erster Näherung unbeeinflußt (Abb. 1.24).

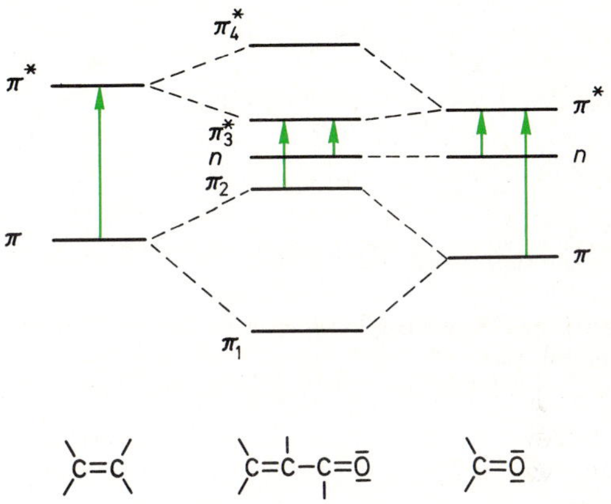

Abb. 1.24 Energiediagramm zu den Elektronenübergängen in konjugierten Enonen im Vergleich zu Alkenen und gesättigten Carbonyl-Verbindungen

Mit zunehmender Länge der konjugierten Kette von **Enonen** verschiebt sich der längstwellige $\pi \rightarrow \pi^*$-Übergang immer stärker in den sichtbaren Bereich, holt die $n \rightarrow \pi^*$-Bande ein und verdeckt sie wegen seiner wesentlich größeren und mit der Konjugation ebenfalls stark ansteigenden Intensität (Tab. 1.11).

Tab. 1.11 Absorptionsmaxima des langwelligen $\pi \rightarrow \pi^*$-Übergangs in der vinylogen Reihe C_6H_5—(CH=CH)$_n$—CO—R (in Methanol)

n	R = H		R = C_6H_5	
	λ_{max} (nm)	ε_{max}	λ_{max} (nm)	ε_{max}
0	244	12000	254	20000
1	285	25000	305	25000
2	323	43000	342	39000
3	355	54000	373	46000
4	382	51000	400	60000

Zur Abschätzung der λ_{max}-Werte der $\pi \rightarrow \pi^*$-Übergänge von α,β-ungesättigten Carbonyl-Verbindungen dienen die erweiterten Woodward-Regeln (Tab. 1.12).

Die Übereinstimmung von experimentellen und nach dem Inkrement-System berechneten Absorptionsmaxima wird aus Tab. 1.13 ersichtlich.

Tab. 1.12 Inkrement-System zur Berechnung der Absorptionsmaxima von α,β-ungesättigten Carbonyl-Verbindungen

δ–C=C–C=C–C=O (in Methanol oder Ethanol)
δ γ β α X

Basiswerte	X = H	207 nm
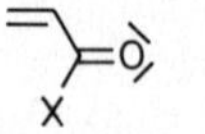	X = Alkyl (bzw. 6-Ring)	215 nm
	X = OH, OAlkyl	193 nm

Inkremente

pro weitere konjugierte (C=C)-Bindung	+ 30 nm
pro exocyclische Lage einer (C=C)-Bindung	+ 5 nm
pro homoannulare Dien-Komponente	+ 39 nm
pro Substituenten in	

	Stellung			
	α	β	γ	δ und höher
Alkyl (oder Ringrest)	10	12	18	18
Cl	15	12		
Br	25	30		
OH	35	30		50
O-Alkyl	35	30	17	31
O-Acyl	6	6	6	6
$N(Alkyl)_2$		95		

Die Basiswerte beziehen sich auf die Messung in Alkoholen. Für andere Medien müssen Lösungsmittel-Korrekturen berücksichtigt werden:

Wasser	+ 8 nm
Chloroform	− 1 nm
Dioxan	− 5 nm
Ether	− 7 nm
Hexan	− 11 nm
Cyclohexan	− 11 nm

Tab. 1.13 Gemessene und berechnete $\pi \rightarrow \pi^*$-Absorptionen einiger Enone (in Ethanol)

Verbindung	gemessen λ_{max} (nm)	gemessen ε_{max}	berechnet λ_{max} (nm)
$H_3C{-}CH{=}CH{-}C({=}O){-}CH_3$ 3-Penten-2-on	224	9750	215 + 12 = 227
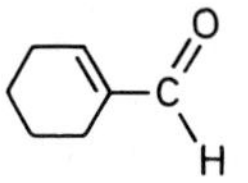 1-Cyclohexen-1-carboxaldehyd	231	13180	207 + 10 + 12 = 229
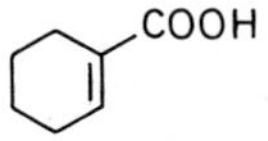 1-Cyclohexen-1-carbonsäure	217	10230	193 + 10 + 12 = 215
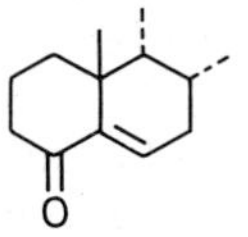 Steroid-Typ	241	—	215 + 10 + 12 + 5 = 242
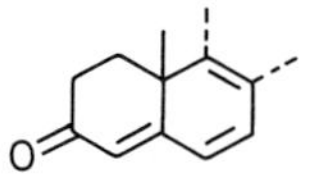 Steroid-Typ	388	—	215 + 2 · 30 + 5 + + 39 + 12 + 3 · 18 = 385
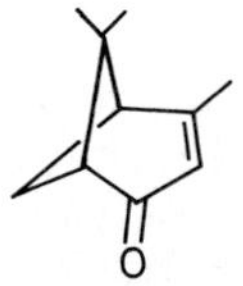 4,6,6-Trimethyl-bicyclo[3.1.1]-hept-3-en-2-on	253[a]	6460	215 + 2 · 12 = 239[a]

[a] Abweichung des experimentellen Wertes infolge der Ringspannung

Wie bereits in Abschn. 3.1 (s. S. 9) bemerkt, sind gewisse Absorptionen stark lösungsmittelabhängig. Besonders gründlich untersucht wurde dieser Effekt bei den Ketonen. Abb. 1.25 zeigt das Beispiel des Benzophenons (**14**).

Die elektronischen Zustände des Benzophenons werden durch die Solvatation erniedrigt, wobei die Wasserstoff-Brückenbildung in polaren, protischen Medien als besonders wirksam anzusehen ist. Am stärksten macht sich der Effekt bei dem Zustand größter Polarität, nämlich dem π,π^*-Singulettzustand bemerkbar. Da für die Wasserstoff-Brückenbildung das doppelt besetzte *n*-Orbital am Sauerstoff maßgeblich ist, hat der n,π^*-Singulettzustand der Ketone viel schlechtere Solvatisierungsbedingungen (Abb. 1.26).

Ähnliche Lösungsmitteleffekte treten bei bestimmten Heterocyclen, Azo-Verbindungen, Nitroso-Verbindungen, Thioketonen usw. auf. Zur Charakterisierung von $n \rightarrow \pi^*$- und $\pi \rightarrow \pi^*$-Übergängen sollte die Lösungsmittelabhängigkeit jedoch nur bei Ketonen und Aldehyden herangezogen werden.

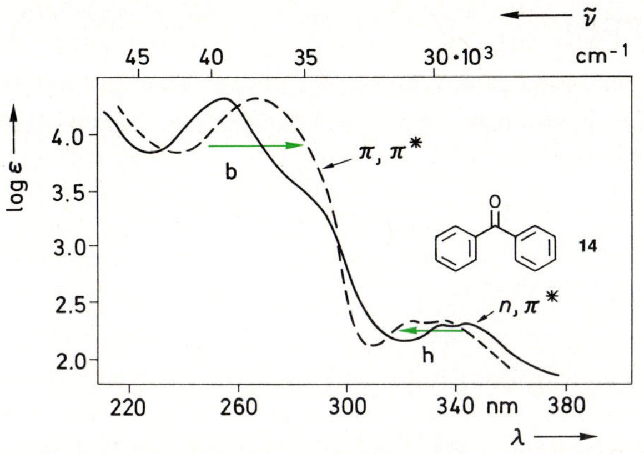

Abb. 1.25 Absorptionsspektrum von Benzophenon (**14**)
——— in Cyclohexan
– – – – – in Ethanol
b bathochromer Solvens-Effekt (bei Erhöhung der Polarität)
h hypsochromer Solvens-Effekt (bei Erhöhung der Polarität)

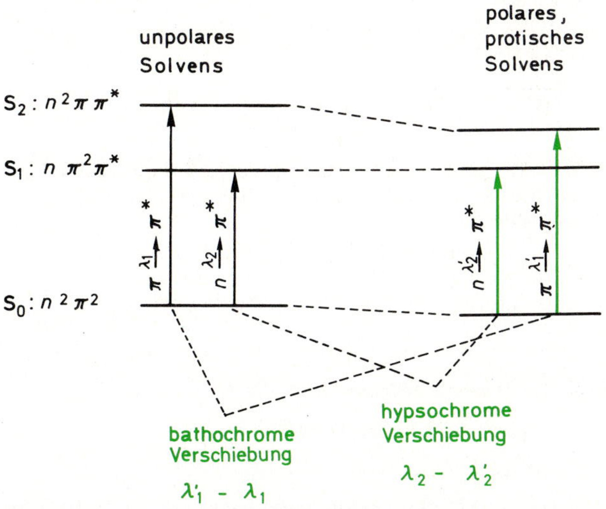

Abb. 1.26 Zum bathochromen bzw. hypsochromen Shift von $\pi \to \pi^*$- bzw. $n \to \pi^*$-Übergängen von Ketonen bei Erhöhung der Solvenspolarität (*Solvatochromie*)

Besondere „Enon"-Chromophore stellen die **Chinone** dar. Wie die Gegenüberstellung von 1,4-(**15**) und 1,2-Benzochinon (**16**) zeigt, absorbieren die *o*-Chinone langwelliger als die entsprechenden *p*-Isomeren:

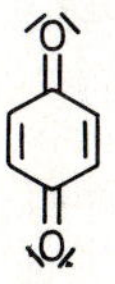

15

1,4-Benzochinon (gelb)

λ_{max} (nm)	ε_{max} (in Benzol)
242	24300 (erl. $\pi \to \pi^*$)
281	400 ($\pi \to \pi^*$)
434	20 (verb. $n \to \pi^*$)

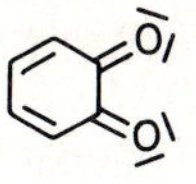

16

1,2-Benzochinon (rot)

λ_{max} (nm)	ε_{max} (in Benzol)
390	3020
610	20 (verb. $n \to \pi^*$)

Der Grund dafür ist, daß das unterste π^*-Orbital beim linear konjugierten *o*-Chinon tiefer liegt als beim gekreuzt konjugierten *p*-Chinon. Durch die Wechselwirkung der $n(p)$-Orbitale der beiden Sauerstoff-Atome ist mit zwei $n \to \pi^*$-Übergängen zu rechnen, die für die Farbe der Chinone verantwortlich sind. Im allgemeinen fallen sie sehr dicht zusammen.

Die *p*- und *o*-chinoiden Gruppierungen spielen eine entscheidende Rolle bei vielen **organischen Farbstoffklassen**. Als Beispiel sei der Säure-Base-Indikator Phenolphthalein besprochen. Die Lacton-Form **17** enthält ausschließlich isolierte Benzol-Systeme und ist daher farblos. Bei pH = 8,4 bildet sich durch Abspaltung der beiden phenolischen Protonen das Dianion **18**, das unter Öffnung des Lacton-Rings einen roten Farbstoff **19** bildet (λ_{max} = 552 nm; ε_{max} = 31 000). Mit überschüssigem Alkalihydroxid entsteht das Carbinol **20**, ein Trianion, bei dem das **merichinoide** System als Farbträger wieder verschwunden ist.

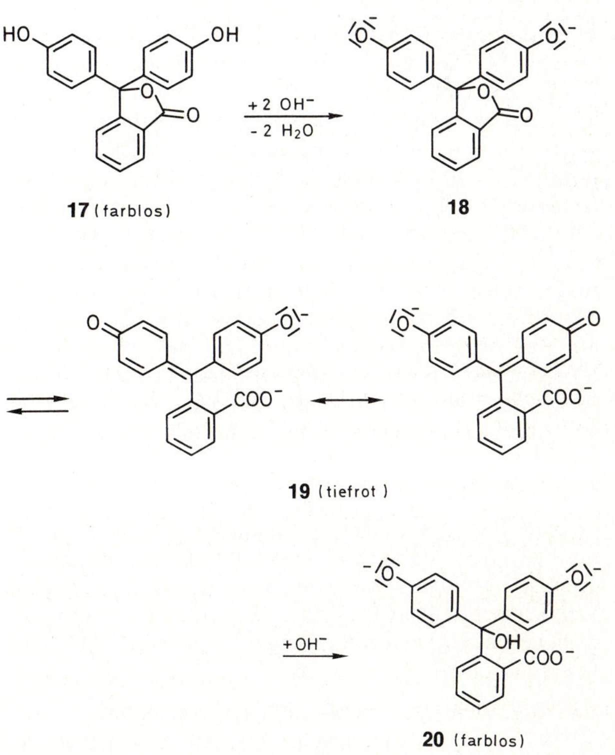

4. Anwendungen der UV/VIS-Spektroskopie

In Verbindung mit anderen spektroskopischen Untersuchungen kann die UV/VIS-Spektroskopie eine wertvolle Methode für die qualitative Analyse und Strukturbestimmung sein. Mit der in den letzten Jahren sprunghaft angewachsenen Chemie der elektronisch angeregten Zustände (Photochemie) ist ein neues Feld für die UV/VIS-Spektroskopie erschlossen worden.

Quantitative Analyse (Kolorimetrie, Photometrie), photometrische Titration, Bestimmung von Gleichgewichten und Dissoziationskonstanten stellen weitere wichtige Anwendungsgebiete dar. Auch in der zunehmend an Bedeutung gewinnenden Spurenanalyse ist die UV/VIS-Spektroskopie eine bewährte Methode. Als Beispiel einer Photometrie sei die auf diese Weise mögliche Bestimmung des Blutalkohols genannt. Dabei wird Ethanol enzymatisch zu Acetaldehyd dehydriert. Der Wasserstoff wird von NAD (Nicotinamid-adenin-dinucleotid) aufgenommen. Dieser Übergang läßt sich durch Absorptionsmessungen quantitativ sehr genau auswerten. Bei chromatographischen Verfahren wie HPLC (Hochleistungsflüssigkeitschromatographie) ist die Messung der UV-Absorption die gebräuchlichste Detektionsmethode. Neben Festwellenlängenphotometern verwendet man Photo-Dioden-Array-Detektoren, mit deren Hilfe man zu jedem Zeitpunkt des Chromatogramms ein vollständiges UV-Spektrum erhalten kann.

Eine besondere Rolle spielt die UV/VIS-Spektroskopie als analytisches Hilfsmittel für kinetische Untersuchungen. Während bei langsamen Reaktionen die Registrierung der Spektren zu bestimmten Reaktionszeitpunkten unproblematisch ist und mit einem Lichtleitersystem sogar im Reaktionsgefäß stattfinden kann, erfordert die Messung schneller Kinetiken besondere Maßnahmen. Das Gesamtspektrum sollte möglichst rasch erfaßt und digital abgespeichert werden. Dazu verwendet man optische Vielkanalanalysatoren (OMA: optical multichannel analyzer). Der Meßstrahl fällt auf einen Gittermonochromator und von dort auf eine zweidimensionale Anordnung von Photodioden (Diodenarray). Ein bestimmter Ort dieser Anordnung entspricht einer bestimmten Wellenzahl. Die Information aus den einzelnen „Kanälen" liefert dann das gesamte Spektrum.

Eine noch schnellere Spektroskopie ist bei den Laser-Blitz-Apparaturen gefragt. Dem Anregungsblitz kann man rasch hintereinander Meßblitze folgen lassen und so die photochemisch erzeugten Zwischenstufen erfassen. Auf diese Weise lassen sich mittlere Lebensdauern im ns- und ps-Bereich bestimmen; neuerdings dringt man damit sogar in den fs-Bereich (1 fs = 10^{-15} s) vor.

Im folgenden sind zwei einfache Anwendungen der UV/VIS-Spektroskopie beschrieben. Zur **Bestimmung des pK-Wertes** einer mittelstarken Säure wie 2,4-Dinitrophenol (**21**) kann man die UV/VIS-Spektren heranziehen (Abb. 1.27).

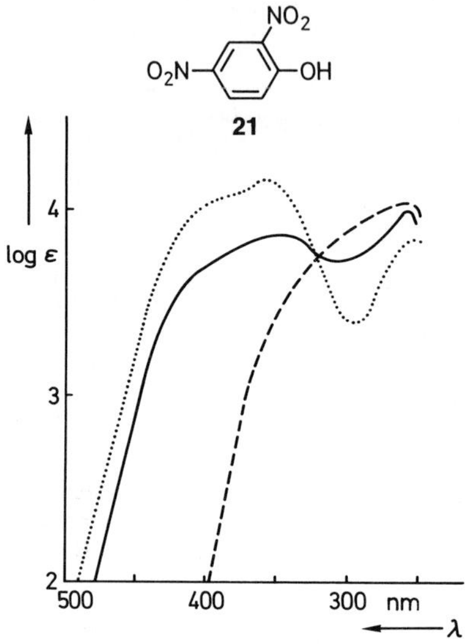

Abb. 1.27 p*K*-Wert-Bestimmung von 2,4-Dinitrophenol **21**; (nach Flexer, L. A., Hammett, L. P., Dingwall, A. (1935), J. Am. Chem. Soc. **57**, 2103)

.... Lösung von **21** in 0,1 molarer Natronlauge
----- Lösung von **21** in 0,1 molarer Salzsäure
——— Lösung von **21** in einem Acetatpuffer von pH = 4,02

Für das **Dissoziationsgleichgewicht** gilt:

$$\text{Säure} + H_2O \rightleftharpoons H_3O^+ + \text{Anion}^-$$
$$E_{\text{ges.}} = d\,(\varepsilon_s \cdot c_S + \varepsilon_a \cdot c_{A^-}) = d \cdot \varepsilon \cdot c$$

Die Gesamtextinktion mit einem formalen ε und der Einwaagekonzentration $c = c_S + c_{A^-}$ läßt sich auf die absorbierenden Spezies S und A mit den Extinktionskoeffizienten ε_s und ε_a zurückführen. Durch Umformung ergibt sich

$$\frac{c_S}{c_{A^-}} = \frac{\varepsilon - \varepsilon_a}{\varepsilon_s - \varepsilon} \qquad \varepsilon_s \neq \varepsilon .$$

ε_s und ε_a gewinnt man aus den Absorptionen verdünnter Lösungen in stark saurem bzw. stark alkalischem Medium, wo die Konzentrationen von A^- bzw. S vernachlässigbar klein sind. Zur Bestimmung von ε eignen sich dann z. B. Pufferlösungen mit dazwischen liegendem pH-Wert.

Abb. 1.27 zeigt drei entsprechende Meßkurven. Sie schneiden sich in einem **isosbestischen Punkt**. Bei dessen Wellenlänge λ_i haben die beiden ineinander umwandelbaren und dort absorbierenden Spezies S und A^- denselben ε-Wert. Mit dem bekannten pH-Wert der Pufferlösung erhält man:

$$pK = -\log \frac{c_{H_3O^+} \cdot c_{A^-}}{c_S}$$

$$pK = pH + \log \frac{c_S}{c_{A^-}}$$

$$pK = pH + \log \frac{\varepsilon - \varepsilon_a}{\varepsilon_s - \varepsilon}$$

Zur Auswertung sollten die bei verschiedenen Wellenlängen bestimmten pK-Werte gemittelt werden. Für 2,4-Dinitrophenol (**21**) ergibt sich auf diese Weise pK = 4,10 ± 0,04.

Das zweite Beispiel zeigt ein **Reaktionsspektrum** für die Photofragmentierung des heterocyclischen Spirans **22**. In Acetonitril erhält man quantitativ und mit einer Produktquantenausbeute von 57% Cyclopentanon (**23**).

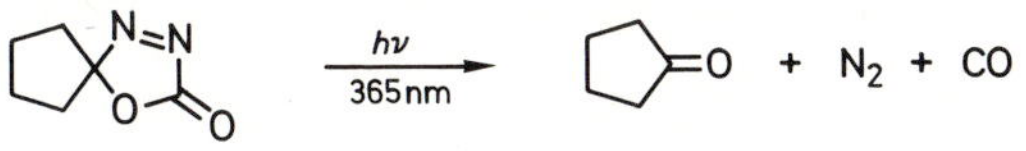

22 **23**

Die Einstrahlung erfolgt monochromatisch bei λ = 365 nm, also ganz in der Nähe des langwelligen Absorptionsmaximums von **22** (λ_{max} = 367 nm, lg ε = 2,50). Das Reaktionsspektrum in Abb. 1.28a zeigt, daß diese Bande im Verlauf der Einstrahlung abnimmt, also die **Transmission** dort zunimmt. Bei $\lambda_1 = 317$ nm dreht sich dieses Verhalten um. Die Transmission wird im Bereich $\lambda_1 = 317 > \lambda > 283 = \lambda_2$ im Verlauf der Belichtung kleiner, da dort die $n \rightarrow \pi^*$-Absorption des Produktes **23** aufgebaut wird. Bei λ_2 erfolgt eine erneute Umkehr. λ_1 und λ_2 kennzeichnen die **isosbestischen Punkte** dieser irreversiblen Reaktion. Das Auftreten isosbestischer Punkte zeigt die Einheitlichkeit der Reaktion an. Insbesondere kann man dadurch ausschließen, daß die Fragmentierung über eine Zwischenstufe verläuft, die sich anreichert und selbst wieder Licht absorbiert. Die Einheitlichkeit der Reaktion ist oft noch deutlicher durch **Extinktionsdifferenzen-Diagramme** zu beweisen. $E(\lambda_m)$ muß in einem solchen Fall eine lineare Funktion von $E(\lambda_n)$ sein; λ_m und λ_n sind dabei beliebige Wellenlängen aus dem Absorptionsbereich. Anstelle eines solchen **E-Diagramms** kann man auch ein **ED-Diagramm** gewinnen.

Dabei werden die **Extinktionsdifferenzen** $E(\lambda_m, t) - E(\lambda_m, t = 0)$ gegen die Differenzen $E(\lambda_n, t) - E(\lambda_n, t = 0)$ aufgetragen. In Abb. 1.28 b sind ED (λ = 340, 300 und 260) als lineare Funktionen von ED (λ = 360) dargestellt. Als Parameter hat man die Reaktionszeit t. Bei zwei oder mehr unabhängigen (thermischen oder photochemischen) Teilreaktionen erhält man kein lineares E- oder ED-Diagramm.

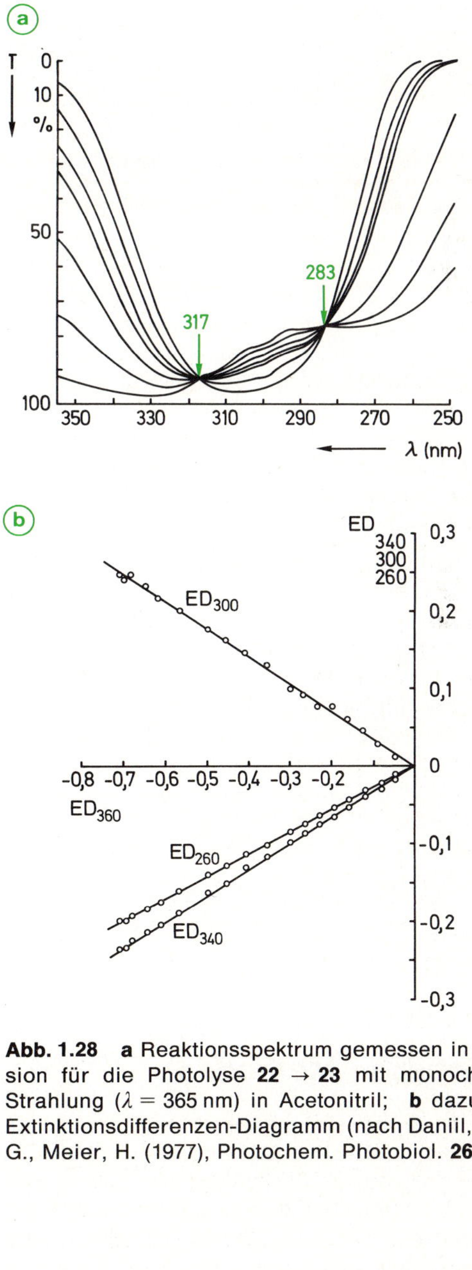

Abb. 1.28 **a** Reaktionsspektrum gemessen in % Transmission für die Photolyse **22** → **23** mit monochromatischer Strahlung (λ = 365 nm) in Acetonitril; **b** dazugehörendes Extinktionsdifferenzen-Diagramm (nach Daniil, D., Gauglitz, G., Meier, H. (1977), Photochem. Photobiol. **26**, 225)

5. Derivativ-Spektroskopie

Die Registrierung der ersten, zweiten oder *n*-ten Ableitung einer Absorptionskurve ist ein relativ junges analytisches Hilfsmittel, das durch die Entwicklung der elektronischen Differenzierung stark an Bedeutung gewonnen hat. Aus der Mathematik der ebenen Kurven ergeben sich folgende Zusammenhänge:

Extinktion $E(\lambda)$	Maximum/Minimum ↕	Wendepunkt ↕
1. Ableitung $\frac{dE(\lambda)}{d\lambda}$	Nulldurchgang	Maximum/Minimum ↕
2. Ableitung $\frac{d^2E(\lambda)}{d\lambda^2}$		Nulldurchgang

Abb. 1.29 zeigt den langwelligen Teil ($n \rightarrow \pi^*$-Übergang) des UV-Spektrums von Testosteron (**24**). Die Überlagerung der Schwingungsbanden führt dabei zu einer nur andeutungsweise erkennbaren Struktur der Bande. Darüber ist die 1. Ableitung gezeichnet. Die gestrichelte Linie verbindet das Absorptionsmaximum mit dem Nulldurchgang der 1. Ableitung. Die punktierten Linien verbinden die Wendepunkte im linken Teil der Absorptionskurve mit den Extrema (Maxima oder Minima) der 1. Ableitung. Die Struktur der Kurve der 1. Ableitung ist wesentlich ausgeprägter. Der Effekt verstärkt sich noch beim Graph der 2. Ableitung, wo man jeweils Nulldurchgänge an den Positionen hat, bei denen in der 1. Ableitung Extrema auftreten. Kleine Veränderungen an einem Spektrum, wie z. B. eine Schulter, können also durch die Derivativ-Spektroskopie eindeutig herausgearbeitet werden. Daneben bewährt sich die Derivativ-Spektroskopie auch zur Lösung schwieriger quantitativer Probleme, z. B. in der Spurenanalyse, und bei der Verfolgung von Reaktionsabläufen.

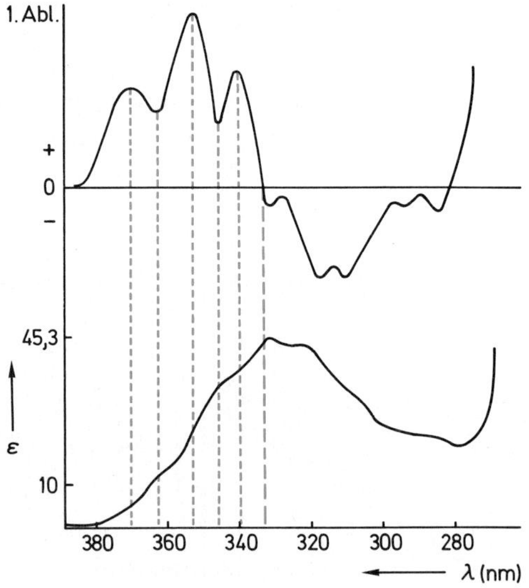

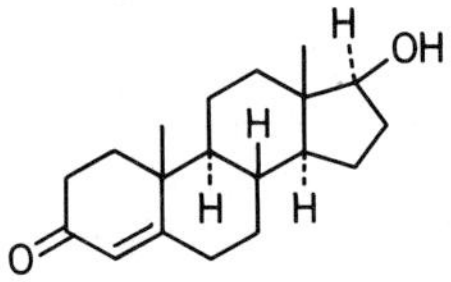

24

Abb. 1.29 Langwellige Absorption von Testosteron (**24**) in Diethylenglykoldimethylether und 1. Ableitung der Absorptionskurve (nach Olson, E. C., Alway, C. D. (1960), Anal. Chem. **32**, 370)

6. Chiroptische Methoden

Chiroptische Methoden sind optische Messungen, die auf der **Chiralität** der untersuchten Stoffe basieren. Ein Stoff ist optisch aktiv, wenn er die Ebene des **linear polarisierten Lichtes** dreht. Wie aus Abb. 1.30 zu sehen ist, entspricht das der Drehung der Schwingungsrichtung des elektrischen Vektors ***E*** der Lichtwelle.

Der optischen Rotation liegt entweder ein chiraler Kristallbau, wie z. B. bei Quarz oder Zinnober, oder die Chiralität von Molekülen (oder Ionen) zugrunde. Ein Molekül (Körper) ist chiral, wenn es (er) mit seinem Spiegelbild nicht zur Deckung gebracht werden kann. Diese Eigenschaft ist nur dann gegeben, wenn das Molekül asymmetrisch ist oder als

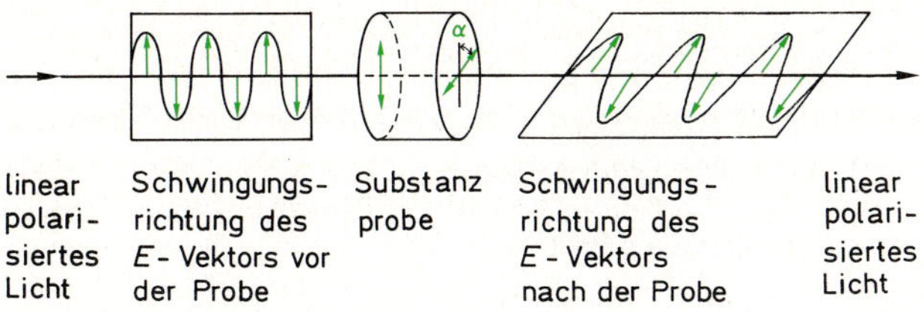

Abb. 1.30 Schematische Darstellung der optischen Rotation

Symmetrieelemente allenfalls **Symmetrieachsen** C_n besitzt. **Symmetrieebenen** σ oder **Drehspiegelachsen** S_n, einschließlich des **Symmetriezentrums** $S_2 \equiv i$, dürfen also nicht vorhanden sein.

Für den in Lösung mit einem **Polarimeter** gemessenen **Drehwinkel** α einer chiralen Verbindung gilt die Beziehung

$$\alpha = [\alpha]_\lambda^T \cdot l \cdot c$$

α in Grad
l Schichtdicke in dm
c Konzentration in $g \cdot ml^{-1}$

Zum Vergleich verschiedener optisch aktiver Verbindungen eignet sich oft besser der auf die molare Masse M bezogene Drehwert

$$[\phi]_\lambda^T = \frac{100\,\alpha}{l \cdot c} = \frac{[\alpha]_\lambda^T \cdot M}{100}$$

ϕ, α in Grad
l Schichtdicke in cm
c Konzentration in mol/l

Der **spezifische Drehwinkel** $[\alpha]_\lambda^T$ hängt nicht nur von der gemessenen Verbindung, sondern auch von der Wellenlänge λ der verwendeten monochromatischen Strahlung und von der Temperatur T ab. α und $[\alpha]_\lambda^T$ erhalten positive Vorzeichen, wenn die Verbindung **rechtsdrehend** ist, d. h., wenn beim Blick gegen den Lichtstrahl $\boldsymbol{E}$ im Uhrzeigersinn gedreht wird. Das Spiegelbild-Isomere (Enantiomere) ist dann **linksdrehend** (Gegenuhrzeigersinn) und hat einen **negativen spezifischen Drehwinkel** vom selben Betrag.

Die gemessenen Drehwerte können damit zur Bestimmung der Enantiomerenreinheit verwendet werden. Dominiert z. B. in einem Enantiomerengemisch die rechtsdrehende Form, dann definiert man

den **Enantiomerenüberschuß (enantiomeric excess):**

$$ee = E(+) - E(-)$$

die **Enantiomerenreinheit als Quotient**

$$\frac{E(+) - E(-)}{E(+) + E(-)}$$

und die **optische Reinheit**

$$P = \frac{[\alpha]}{[\alpha]_{max}}$$

mit $[\alpha]_{max}$ als Drehwert des reinen E(+). Das Verhältnis E(+)/E(−) ist $1 + P/1 - P$, wenn sich die beiden Enantiomeren bei der polarimetrischen Messung additiv verhalten, sonst stimmen optische Reinheit und Enantiomerenreinheit nicht überein. Abweichungen vom additiven Verhalten werden z. B. bei der Assoziation über Wasserstoff-Brücken beobachtet.

Tab. 1.14 gibt eine Zusammenstellung einiger spezifischer Drehwerte, die sich auf die Messung in Lösung bei 20 °C mit der Natrium-D-Linie (589,3 nm) beziehen.

Die **optisch aktiven Verbindungen** zugrundeliegende Chiralität klassifiziert man nach **Chiralitätselementen** (Zentren, Achsen, Ebenen) – s. ein Lehrbuch der Stereochemie. Das häufigste Chiralitätselement ist das asymmetrische Kohlenstoff-Atom mit vier verschiedenen Liganden.

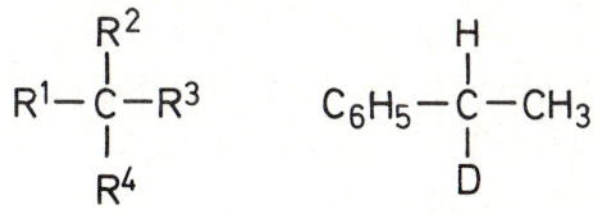

25

Der H/D-Isotopeneffekt reicht dabei prinzipiell für eine meßbare optische Aktivität aus; so hat 1-Deuterio-1-phenylethan (**25**) einen spezifischen Drehwinkel von 0,5°.

Tab. 1.14 Spezifische Drehwinkel einiger optisch aktiver Verbindungen

Verbindung	Lösungsmittel	$[\alpha]_D^{20}$
R-Milchsäure (D-Milchsäure)	Wasser	− 2,3°
S-Alanin (L-Alanin)	Wasser	+ 2,7°
S-Leucin (L-Leucin)	6 molare Salzsäure	+ 15,1°
	Wasser	− 10,8°
	3 molare Natronlauge	+ 7,6°
α-D-Glucose	Wasser	+ 112,2°
β-D-Glucose	Wasser	+ 17,5°
D-Glucose im Lösungsgleichgewicht (Mutarotation)	Wasser	+ 52,7°
Rohrzucker	Wasser	+ 66,4°
(1*R*, 4*R*)-Campher (D-Campher)	Ethanol	+ 44,3°
Cholesterin	Ether	− 31,5°
Vitamin D_2	Ethanol	+ 102,5°
	Aceton	+ 82,6°
	Chloroform	+ 52,0°
(P)-Hexahelicen	Chloroform	+ 3707°

Dennoch gibt es chirale Verbindungen mit $[\alpha] = 0$. Ein Beispiel ist das enantiomerenreine 1-Lauryl-2,3-dipalmitylglycerid (**26**). Obwohl **26** im Gegensatz zum achiralen 2-Lauryl-1,3-dipalmitylglycerid keine Symmetrieebene besitzt, ist der Unterschied von 1-Lauryl- und 3-Palmityl-Rest in bezug auf das Chiralitätszentrum C-2 zu gering, um zu einem nachweisbaren Drehwinkel zu führen!

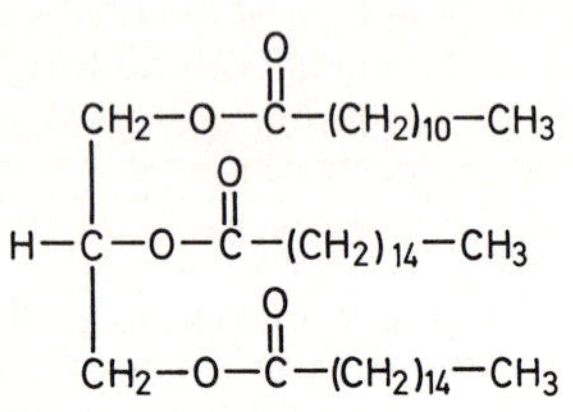

26

Zum Verständnis der optischen Rotation denkt man sich das linear polarisierte Licht zerlegt in eine **rechts-** und eine **linkscircular polarisierte Welle** gleicher Amplitude und Phase (Abb. 1.31). In einem optisch aktiven Medium haben die beiden Wellen mit entgegengesetztem Drehsinn verschiedene Geschwindigkeiten c und in Absorptionsbereichen zusätzlich verschiedene Extinktionskoeffizienten ε. Der Fall $c_l \neq c_r$ führt zu einer Phasendifferenz der beiden Lichtstrahlen und damit zu einer Drehung des ***E***-Vektors des bei der Überlagerung der circular polarisierten Wellen wieder entstehenden linear polarisierten Lichtes (Abb. 1.31).

Der Drehwinkel hängt von der verwendeten Wellenlänge ab.

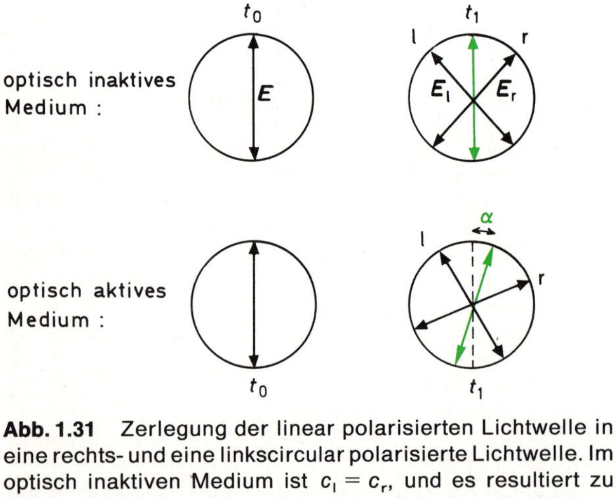

Abb. 1.31 Zerlegung der linear polarisierten Lichtwelle in eine rechts- und eine linkscircular polarisierte Lichtwelle. Im optisch inaktiven Medium ist $c_l = c_r$, und es resultiert zu jedem Zeitpunkt t die ursprüngliche Schwingungsrichtung des ***E***-Vektors. Ist dagegen in einem optisch aktiven Medium $c_r > c_l$, dann hat sich $\boldsymbol{E}_r$ der rechtscircularen Welle zu einem Zeitpunkt t_1 um einen größeren Winkelbetrag gedreht als $\boldsymbol{E}_l$. Die resultierende Schwingungsrichtung zeigt dann einen positiven Drehwinkel α an

$$\alpha = \frac{180\,(n_l - n_r)\,l}{\lambda_0}$$

α Drehwinkel in Grad,
l Schichtdicke und
λ_0 Vakuum-Wellenlänge in denselben Längeneinheiten
n_l, n_r Brechzahlen

Die **normale optische Rotationsdispersion** (ORD) $\alpha(\lambda)$ bzw. $\phi(\lambda)$ ist in Abb. 1.32 für einige Steroide dargestellt. Charakteristisch ist der monotone Kurvenverlauf.

Im Bereich von Absorptionsbanden überlagert sich der

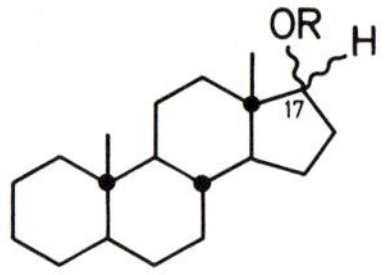

27

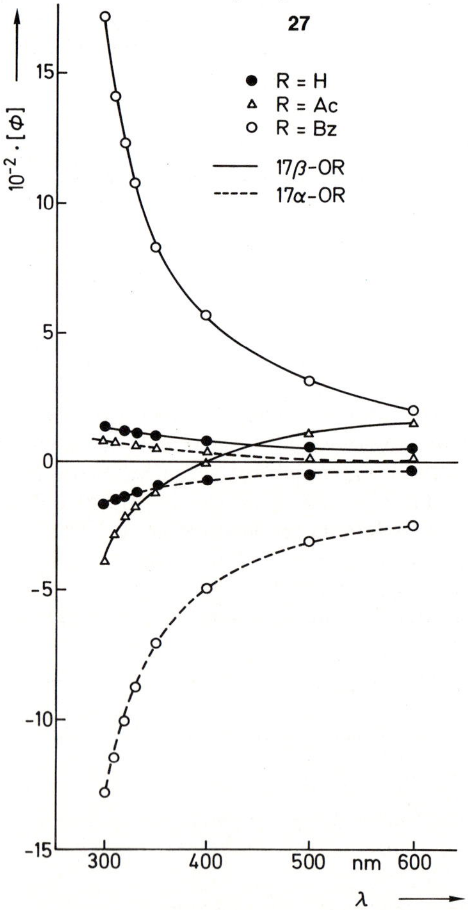

Abb. 1.32 Normale ORD-Kurve von C-17-Atom substituierten 5α-Androstanen **27** (nach Jones, P. M., Klyne, W., (1960), J. Chem. Soc., 871)

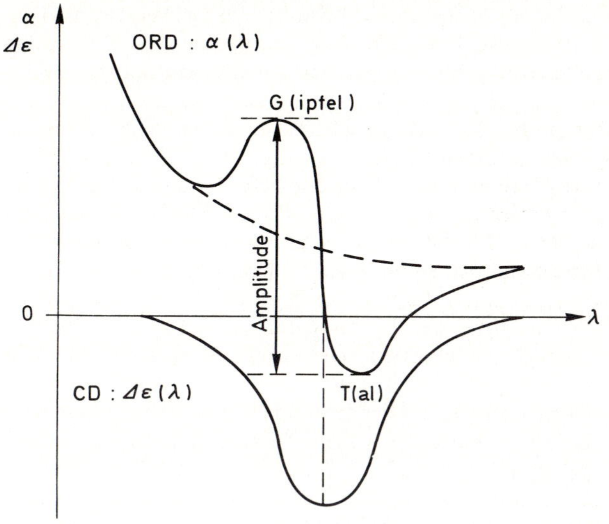

Abb. 1.33 Cotton-Effekt – Zusammenhang zwischen ORD- und CD-Kurve; in diesem Beispiel ist CD negativ und die normale ORD (gestrichelte Kurve) positiv

normalen ORD-Kurve ein S-förmiger Anteil zur sog. **anomalen ORD-Kurve** (Abb. 1.33).

$|\boldsymbol{E}_l| \neq |\boldsymbol{E}_r|$ bedeutet, daß die ***E***-Vektoren der beiden entgegengesetzt circular polarisierten Lichtstrahlen nach dem Durchgang durch das optisch aktive Medium infolge unterschiedlicher Schwächung unterschiedliche Länge haben. Dadurch resultiert bei ihrer Überlagerung keine linear polarisierte Welle mehr, sondern das Vektordiagramm wird elliptisch. Durchläuft die Spitze des ***E***-Vektors die Ellipse im Uhrzeigersinn, so spricht man von einem **positiven**, andernfalls von einem **negativen Circulardichroismus** (CD) $\Delta\varepsilon(\lambda)$. Anomale optische Rotationsdispersion und Circulardichroismus bilden zusammen den **Cotton-Effekt**.

Durch die Kombination von positiver oder negativer normaler ORD-Kurve mit positivem oder negativem Cotton-Effekt gibt es vier Typen von anomalen ORD-Kurven.

$\lambda_{Gipfel} < \lambda_{Tal}$ (Abb. 1.33) gilt stets bei negativem, $\lambda_G > \lambda_T$ bei positivem Cotton-Effekt.

Das Extremum (Maximum bzw. Minimum) der CD-Kurve liegt beim selben λ-Wert wie der Schnittpunkt von anomaler und interpolierter normaler ORD-Kurve (in etwa der Wendepunkt, Abb. 1.33).

In einfachen Fällen entspricht dieser λ_{max}-Wert ungefähr dem Maximum der gewöhnlichen UV/VIS-Absorption (Abb. 1.34).

An Stelle von $\Delta\varepsilon(\lambda)$ wird häufig die **molare Elliptizität** $[\Theta]_M$ in Abhängigkeit von der Wellenlänge aufgetragen:

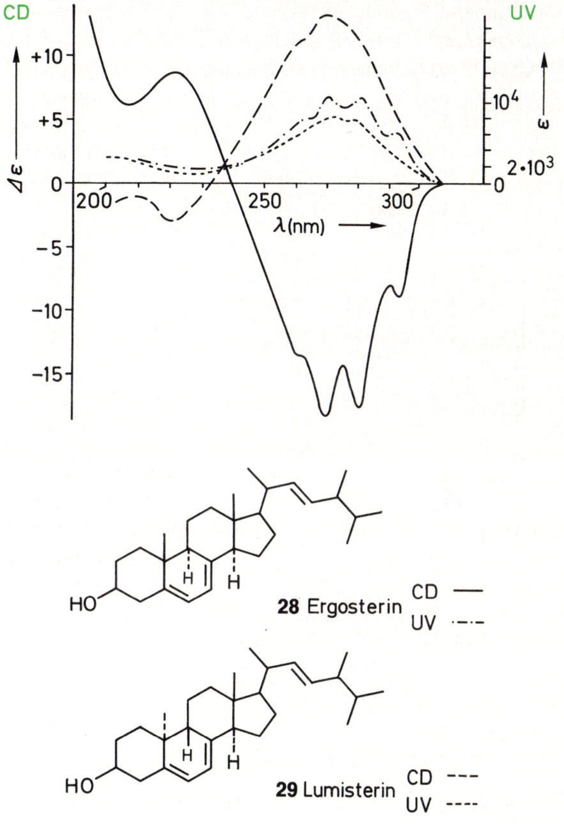

Abb. 1.34 CD-Kurven und UV-Absorptionen von Ergosterin **28** und Lumisterin **29**

$$[\Theta]_M = \frac{\Theta \cdot M}{100 \cdot c \cdot l} = 3{,}3 \cdot 10^3 \cdot \Delta\varepsilon$$

$$[\Theta]_M = 10^{-2} \cdot [\Theta] \cdot M$$

$$[\Theta] = \frac{\Theta}{c \cdot l} \qquad \text{spezifische Elliptizität}$$

Elliptizität Θ in Grad
Konzentration c in g/ml
Schichtdicke l in dm
Molgewicht M

Zur analytischen Auswertung des Cotton-Effekts gibt es eine Reihe von theoretischen, halbempirischen und rein empirischen Ansätzen. Erwähnt sei hier die Oktantenregel für gesättigte Ketone, deren $n \rightarrow \pi^*$-Übergang bei ca. 280 nm liegt. Durch die drei Knotenflächen von n- und π^*-Orbitalen wird der Raum in acht Oktanten aufgeteilt, die man als die Oktanten eines kartesischen x, y, z-Koordinatensystems auffassen kann. In Abb. 1.35a sind die vier Oktanten mit positiven y-Werten gezeichnet.

Die xy-Ebene sei die σ-Bindungsebene der Carbonyl-Funktion und das Carbonyl-C-Atom liege auf der positiven Seite der y-Achse. In den beiden grau dargestellten Oktanten hat dann der Cotton-Effekt positives Vorzeichen (beim Blick von O auf C links oben und rechts unten), in den beiden anderen negatives Vorzeichen. Denkt man sich ein Cyclohexanon-Gerüst wie in Abb. 1.35 b in dieses Koordinatensystem gelegt, dann fallen beide Substituenten an C-4 in die yz-Ebene und die *äquatorialen* Substituenten an C-2 und C-6 ungefähr in die xy-Ebene und liefern somit keinen Beitrag zum Cotton-Effekt. Positive Cotton-Effekte werden von *axialen* C-2-Substituenten und von *axialen* und *äquatorialen* C-5-Substituenten bewirkt, negative Cotton-Effekte dagegen von *axialen* C-6- und *axialen* oder *äquatorialen* C-3-Substituenten. Es sei daran erinnert, daß selbstverständlich nur chirale Cyclohexanon-Derivate in Betracht kommen. Für andere Substanzklassen wurden ähnliche Regeln aufgestellt. Hier sei auf die in der Bibliographie aufgezählte Literatur verwiesen. Zusammenfassend kann festgestellt werden, daß die **Polarimetrie** im allgemeinen zu Konzentrations- und Reinheitsbestimmungen oder wie in der Zuckerchemie zur Verfolgung von Umwandlungsprozessen (Mutarotation, Inversion) dient. **ORD- und CD-Spektren** liefern dagegen insbesondere in der Naturstoffchemie wertvolle Informationen zur Struktur (Charakterisierung der absoluten Konfiguration).

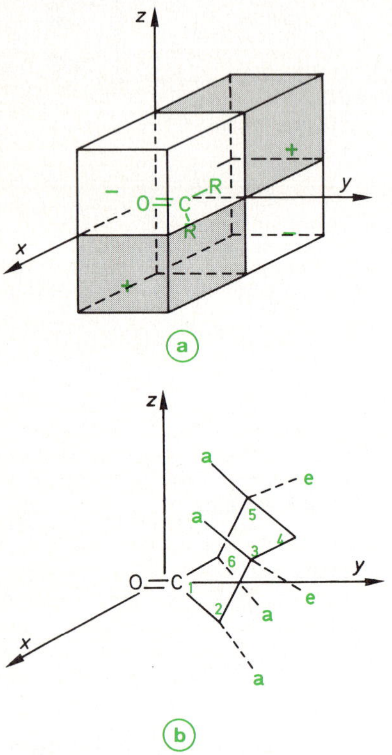

Abb. 1.35 Veranschaulichung der Oktantenregel an einem gesättigten Keton (Cyclohexanon-Derivat)

Am Ende dieses Abschnitts sei vermerkt, daß Materie in einem äußeren Magnetfeld stets optisch aktiv wird (**Faraday-Effekt**). Die Schwingungsebene von linear polarisiertem Licht, das sich parallel zu den Magnetfeldlinien ausbreitet, wird dann also auch durch Substanzen gedreht, die normalerweise optisch inaktiv sind. Den **ORD**- und **CD**-Messungen sind **MORD**- und **MCD**-Messungen an die Seite zu stellen. Zur genaueren Information sei auf die Literaturangaben verwiesen.

Literatur

UV/VIS-Spektroskopie

Bibliographie

Barrow, G.R. (1962), Introduction to Molecular Spectroscopy, McGraw-Hill, New York.

Dyer, J.R. (1965), Applications of Absorption Spectroscopy of Organic Compounds, Prentice-Hall, Englewood Cliffs.

Ewing, G.W. (1975), Instrumental Methods of Chemical Analysis, McGraw-Hill Book Comp., New York.

Fabian, J., Hartmann, H. (1980), Light Absorption of Organic Colorants, Springer Verlag, Berlin.

Foerst, W. (1966), Optische Anregung organischer Systeme, Verlag Chemie, Weinheim.

Gauglitz, G. (1983), Praxis der UV/VIS-Spektroskopie, Attempto Verlag, Tübingen.

Gillam, A.E., Stern, E.S. (1957), Electronic Absorption Spectroscopy, Arnold, London.

Griffiths, J. (1976), Colour and Constitution of Organic Molecules, Academic Press, New York, London.

Hampel, B. (1962), Absorptionsspektroskopie im ultravioletten und sichtbaren Spektralbereich, Vieweg Verlag, Braunschweig.

Jaffé, H.H., Orchin, M. (1962), Theory and Applications of Ultraviolet Spectroscopy, Wiley, New York.

Klessinger, M., Michl, J. (1989), Lichtabsorption und Photochemie organischer Moleküle, Verlag Chemie, Weinheim.

Maass, D.H. (1973), An Introduction to Ultraviolet Spectroscopy with Problems, in An Introduction to Spectroscopic Methods for the Identification of Organic Compounds (Scheinmann, F., Herausgeb.), Bd. 2, Pergamon Press, New York.

Murell, J.N. (1967), Elektronenspektren organischer Moleküle, Bibliographisches Institut 250/250a*, Mannheim.

Olsen, E.D. (1975), Modern Optical Methods of Analysis, McGraw-Hill, Book Comp., New York.

Parikh, V.M. (1974), Absorption Spectroscopy of Organic Molecules, Addison-Wesley, Reading.

Parker, C.A. (1968), Photoluminescence of Solutions, Elsevier, Amsterdam.
Perkampus, H.-H. (1986), UV-VIS-Spektroskopie und ihre Anwendungen, Springer Verlag, Berlin.
Rao, C.N.R. (1961), Ultraviolet and Visible Spectroscopy, Butterworth, London.
Sandorfy, C. (1964), Electronic Spectra and Quantum Chemistry, Prentice-Hall, Englewood Cliffs.
Scott, A.I. (1964), Interpretation of the Ultraviolet Spectra of Natural Products, Pergamon Press, New York.
Snatzke, G. (1973), Elektronen-Spektroskopie, in Methodicum Chimicum (Korte, F.), Bd. 1/1, Georg Thieme Verlag, Stuttgart.
Staab, H.A. (1970), Einführung in die theoretische organische Chemie, Verlag Chemie, Weinheim.
Thompson, C.C. (1974), Ultraviolet-Visible Absorption Spectroscopy, Willard Grant Press, Boston.

Datensammlungen/Spektrenkataloge

Hershenson, H.M., Ultraviolet and Visible Absorption Spectra, Academic Press, New York.
A.P.I. Research Project 44: Ultraviolet Spectral Data, Carnegie Institute and U.S. Bureau of Standards.
Phillips, J.P., Feuer, H., Thyagarajan, B.S. (u.a.), Organic Electronic Spectral Data, Wiley, New York.
Pestemer, M., Correlation Tables for the Structural Determination of Organic Compounds by Ultraviolet Light Absorptiometry, Verlag Chemie, Weinheim.
Lang, L., Absorption Spectra in the Ultraviolet and Visible Region, Academic Press, New York.
UV-Atlas organischer Verbindungen, Verlag Chemie, Weinheim.
Sadtler Standard Spectra (Ultraviolet), Heyden, London.

Chiroptische Methoden

Übersichtsartikel

Foss, J.G. (1963), J. Chem. Educ. *40*, 592.
Velluz, L., Legrand, M. (1965), Angew. Chem. *77*, 842.
Eyring, H., Liu, H.-Ch., Caldwell, D. (1968), Chem. Rev. *68*, 525.
Snatzke, G. (1968), Angew. Chem. *80*, 15.
Snatzke, G. (1973), in Methodicum Chimicum (Korte, F., Herausgeb.), Bd. 1/1, Georg Thieme Verlag, Stuttgart, S. 426.
Schellman, J.A. (1975), Chem. Rev. *75*, 323.

Monographien

Djerassi, C. (1964), Optical Rotary Dispersion, McGraw-Hill, Book Comp., New York.
Velluz, L., Legrand, M., Grosjean, M. (1965), Optical Circular Dichroism, Verlag Chemie, Weinheim.
Snatzke, G. (1967), Optical Rotary Dispersion and Circular Dichroism in Organic Chemistry, Heyden, Canada.
Crabbé, P. (1971), An Introduction to the Chiroptical Methods in Chemistry, Syntex, Mexiko City.
Crabbé, P. (1972), ORD and CD in Chemistry and Biochemistry – An Introduction, Academic Press, New York, London.
Olsen, E.D. (1975), Modern Optical Methods of Analysis, McGraw-Hill Book Comp., New York.
Thulstrup, E.W. (1980), Aspects of Linear and Magnetic Circular Dichroism of Planar Organic Molecules, Lecture Notes in Chemistry 14, Springer Verlag, Berlin.
Mason, S.F. (1982), Molecular Optical Activity and the Chiral Discriminations, University Press, Cambridge.
Harada, N., Nakanishi, K. (1983), Circular Dichroic Spectroscopy, University Science Books, New York.
Michl, J., Thulstrup, E.W. (1986), Spectroscopy with Polarized Light, VCH, Weinheim.

Infrarot- und Raman-Spektren

Kapitel **2**

1. Einführung

Molekül**schwingungen** und **-rotationen** werden durch Absorption von Strahlung im infraroten Bereich des elektromagnetischen Spektrums angeregt. Dieser schließt sich an den sichtbaren Bereich nach längeren Wellen an. Die Infrarot-Strahlung wird auch als Wärmestrahlung bezeichnet, da sie von der Haut als Wärme empfunden wird.

Es gibt zwei Möglichkeiten, solche Molekülschwingungen oder -rotationen zu messen:

- direkt als Absorption im Infrarot-Spektrum oder
- indirekt als Streustrahlung im Raman-Spektrum (s. Abschn. 15, S. 64)

Die Lage einer Absorptionsbande im IR-Spektrum kann in Einheiten der Wellenlänge λ (in μ oder µm) des absorbierten Lichtes ausgedrückt werden. Die für die Strukturaufklärung organischer Moleküle besonders nützlichen Banden liegen im Bereich von

$$\lambda = 2{,}5\ \mu m - 15\ \mu m\ (10^{-3}\ mm = 1\ \mu m = 10^4\ Å).$$

Heute hat sich jedoch die Angabe in Einheiten der reziproken Wellenlänge, der sogenannten Wellenzahl $\tilde{\nu}$ (cm^{-1}) durchgesetzt. Der Zahlenwert von $\tilde{\nu}$ (gemessen in cm^{-1}) gibt an, wie viele Wellen der Infrarot-Strahlung auf einen Zentimeter kommen.

$$\text{Wellenzahl:}\quad \tilde{\nu} = \frac{1}{\lambda}$$

Zur Umrechnung von Wellen**zahlen** in Wellen**längen** gilt also bei Verwendung der gebräuchlichen Maßeinheiten:

$$\text{Wellenzahl } \tilde{\nu}\,(cm^{-1}) = \frac{10^4}{\text{Wellenlänge } \lambda\ (\mu m)}$$

Wellenzahlen $\tilde{\nu}$ haben den Vorteil, daß sie der Frequenz ν der absorbierten Strahlung und damit auch der Energie ΔE direkt proportional sind. Es gilt:

$$\lambda \cdot \nu = c$$

$$\nu = \frac{c}{\lambda} = c \cdot \tilde{\nu}$$

$$\Delta E = h \cdot \nu = \frac{h \cdot c}{\lambda} = h \cdot c \cdot \tilde{\nu}$$

c Lichtgeschwindigkeit ($3 \cdot 10^{10}\ cm \cdot s^{-1}$)
h Plancksche Konstante ($6{,}626 \cdot 10^{-34}\ J \cdot s$)
ν Frequenz (Hz oder s^{-1})
λ Wellenlänge (cm)
$\tilde{\nu}$ Wellenzahl (cm^{-1})

Der normale Bereich eines Infrarot-Spektrums liegt zwischen den Wellenzahlen 4000 und 400 cm^{-1}.

Viele funktionelle Gruppen von organischen Molekülen zeigen nun charakteristische Schwingungen, denen Absorptionsbanden in definierten Bereichen des IR-Spektrums entsprechen. Diese Molekülschwingungen sind weitgehend auf die funktionelle Gruppe lokalisiert und erfassen nicht den Rest des Moleküls. Dadurch können solche funktionellen Gruppen durch ihre Absorptionsbande identifiziert werden. Diese Tatsache, verbunden mit einer unkomplizierten Aufnahmetechnik, macht die IR-Spektroskopie zum einfachsten, schnellsten und oft zuverlässigsten Mittel, um eine Substanz ihrer Verbindungsklasse zuzuordnen. Meist läßt sich schon auf den ersten Blick entscheiden, ob ein Alkohol, ein Amin oder Keton, eine aliphatische oder aromatische Verbindung vorliegt. Bei genauer Betrachtung von Lage und Intensität einer Bande lassen sich jedoch sehr viel detailliertere Aussagen machen, z. B. über den Substitutionstyp eines Aromaten, über das Vorliegen von Carbonsäure, -ester oder -amid u. ä. Außerdem stehen heute zahlreiche Vergleichsspektren in Katalogen oder Datenbanken zur Verfügung. Damit gelingt es häufig, eine unbekannte Substanz allein durch das IR-Spektrum eindeutig zuzuordnen. Die Anzahl der katalogisierten sowie in der Literatur veröffentlichten IR-Spektren beträgt gegenwärtig ca. 100000. Dieser immense Umfang an Vergleichsmaterial wird zunehmend durch die EDV-Technik nutzbar gemacht.

2. Grundlagen und Auswahlregeln

Um die Vorgänge bei der Entstehung eines IR-Spektrums verständlich zu machen, läßt sich ein einfaches Modell aus der klassischen Mechanik heranziehen. Wenn Atome wie Punktmassen betrachtet werden, kann man Schwingungen in einem zweiatomigen Molekül (z. B. HCl) wie in Abb. 2.1 beschreiben. Das Molekül besteht aus den Massen m_1 und m_2, die durch eine elastische Feder verbunden sind (**a**). Wird der Gleichgewichtsabstand r_0 der beiden Massen um den Betrag $x_1 + x_2$ gedehnt (**b**), entsteht die rücktreibende Kraft K. Beim Loslassen schwingt das System um die Gleichgewichtslage.

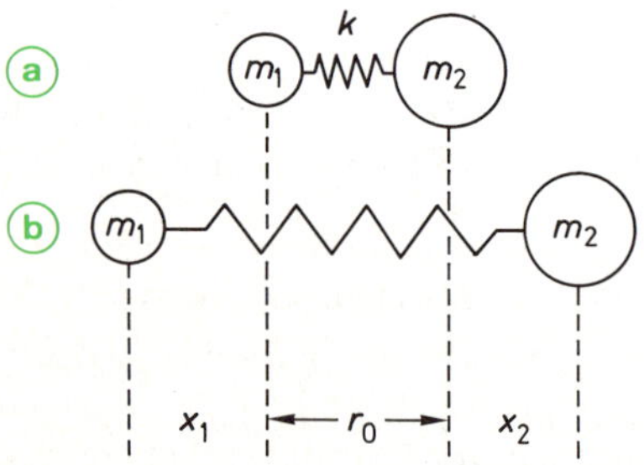

Abb. 2.1 Mechanisches Modell eines schwingenden zweiatomigen Moleküls (Auslenkung $\Delta r = x_1 + x_2$)

Nach dem Hookschen Gesetz ist die rücktreibende Kraft in erster Näherung proportional der Auslenkung Δr

$$K = -k \cdot \Delta r.$$

Da die Kraft der Auslenkung entgegengerichtet ist, tritt ein negatives Vorzeichen auf. Proportionalitätsfaktor k ist im mechanischen Modell die Federkonstante. Im Molekül ist k (Kraftkonstante) ein Maß für die Bindungsstärke zwischen den Atomen.

Zur Energie der Schwingung kommt man mit dem Modell des harmonischen Oszillators (Abb. 2.2). Seine potentielle

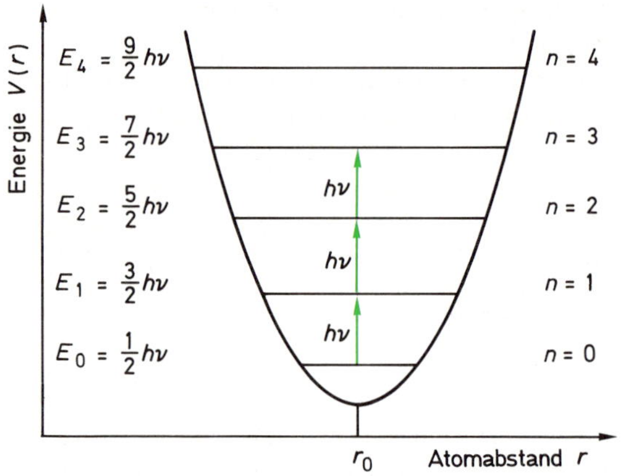

Abb. 2.2 Potentialkurve des harmonischen Oszillators mit diskreten Schwingungsniveaus E_i

Energie ist eine Funktion des Kernabstandes r*

$$V(r) = \tfrac{1}{2}k \cdot x^2 = 2\pi^2 \mu \nu_{osc}^2 \cdot x^2$$

V potentielle Energie
k Kraftkonstante
x Auslenkung

$\mu = \dfrac{m_1 \cdot m_2}{m_1 + m_2}$ = reduzierte Masse

ν_{osc} Schwingungsfrequenz des Oszillators

Aus obiger Gleichung läßt sich die Schwingungsfrequenz eines zweiatomigen Moleküls nach dem mechanischen Modell ausrechnen

$$\nu_{osc} = \frac{1}{2\pi}\sqrt{\frac{k}{\mu}}.$$

* s. Lehrbücher der Physik

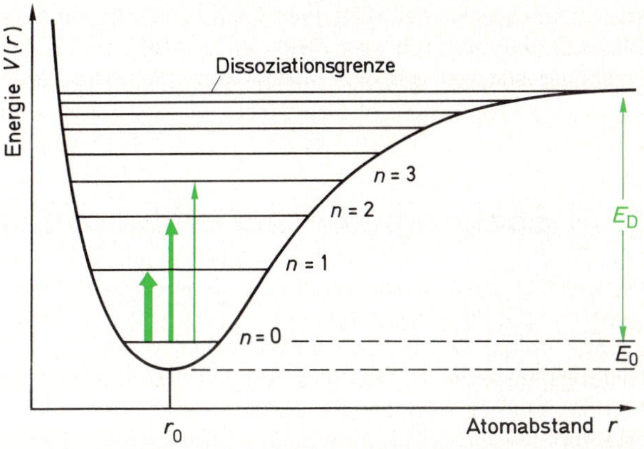

Abb. 2.3 Potentialkurve des anharmonischen Oszillators (E_0 Nullpunktsenergie; E_D Dissoziationsenergie; die unterschiedliche Pfeilstärke entspricht unterschiedlichen Übergangswahrscheinlichkeiten)

Die Schwingungsfrequenz ν ist danach um so höher, je größer die Kraftkonstante k ist, d.h. je stärker die Bindung ist. Und weiter folgt: Je kleiner die schwingenden Atommassen sind, um so höher liegt die Frequenz ν.

Dieser Zusammenhang ist nützlich für die Spektreninterpretation. So gilt z.B. für Bindungsstärken zwischen Kohlenstoff-Atomen (s. auch S. 36):

$$k_{c \equiv c} > k_{c = c} > k_{c - c}$$

Daraus läßt sich qualitativ auf die Absorptionsfrequenz im IR-Spektrum schließen.

Beim Übergang vom mechanischen Modell zum zweiatomigen Molekül sind einige Phänomene nicht mehr erklärbar, z.B. die Dissoziation des Moleküls bei Einstrahlung genügend hoher Energie. Eine bessere Beschreibung ist das Modell des anharmonischen Oszillators (Abb. 2.3). Seine Potentialkurve hat einen asymmetrischen Verlauf, und die Schwingungsniveaus haben nicht mehr gleiche Abstände.

Schließlich ist noch die Quantentheorie zu berücksichtigen, da im molekularen Bereich Energie- bzw. Strahlungsabsorption stets in Quanten erfolgt. Für den anharmonischen Oszillator ergeben sich daraus weitere Regeln.

Es gibt nur diskrete Energie- und damit Schwingungszustände. Den zur Quantenzahl $n = 0$ gehörenden Schwingungszustand nennt man den Grundzustand, für den die Energie nicht 0 ist, sondern endlich bleibt (sog. Nullpunktsenergie). Der absorbierte Energiebetrag für einen Schwingungsübergang ΔE_{VIB} ist die Differenz zweier benachbarter Energieeigenwerte $E_{n=1}$ und E_n.

Mit der Schrödinger-Gleichung ergibt sich

$$E_{\text{VIB}} = h\nu_{\text{osc}}\left(n + \frac{1}{2}\right) = \frac{h}{2\pi}\sqrt{\frac{k}{\mu}}\left(n + \frac{1}{2}\right)$$

$$n = 0, 1, 2, \ldots$$

$$\Delta E_{\text{VIB}} = E_{n+1} - E_n = h\nu_{\text{osc}}$$

n Schwingungsquantenzahl
h Planck-Wirkungsquantum
E_{VIB} Schwingungsenergie (VIB von Vibration)

Die Anregung einer Schwingung kann man sich anschaulich so vorstellen, daß das Molekül unter Absorption eines Lichtquants vom Schwingungszustand mit der Quantenzahl n in einen höheren, z.B. mit $n + 1$, übergeht. Die Energiedifferenz der beiden Zustände entspricht dabei der Energie des Lichtquants (Resonanzbedingung). Der Abstand zwischen benachbarten Schwingungsniveaus wird mit wachsendem n immer kleiner, bis schließlich die Dissoziationsgrenze erreicht ist (Abb. 2.3).

Der Übergang von $n = 0$ nach $n = 1$ ist die Grundschwingung, von $n = 0$ nach $n = 2$ handelt es sich um die erste Oberschwingung, die ungefähr die doppelte Frequenz aufweist. Die Wahrscheinlichkeit dieser Übergänge und damit die Intensität der Absorptionsbanden nimmt mit zunehmender Größe des Quantensprunges stark ab.

Außer von Quantenbedingungen hängen Auftreten und Intensität von Absorptionsbanden noch vom Dipolmoment eines Moleküls ab. Infrarotes Licht wird nur dann absorbiert, wenn das Dipolmoment mit dem elektrischen Vektor des Lichtes in Wechselwirkung tritt. Eine einfache Regel erlaubt es zu unterscheiden, wann diese Wechselwirkung auftreten kann: Das Dipolmoment des Moleküls muß in einem Extrem der Schwingung verschieden sein von dem im anderen Extrem der Schwingung. Im Unterschied dazu tritt beim Raman-Effekt eine Wechselwirkung zwischen dem eingestrahlten Licht und der Polarisierbarkeit des Moleküls auf. Dies hat andere Auswahlregeln zur Folge (s. S. 65).

Als wichtigste Konsequenz dieser Auswahlregeln folgt, daß in einem Molekül mit Symmetriezentrum alle Schwingungen, die symmetrisch zum Symmetriezentrum erfolgen, IR-inaktiv (d.h. verboten) sind, da sich dabei das Dipolmoment nicht ändert. Diese Schwingungen sind jedoch Raman-aktiv, weil sich dabei die Polarisierbarkeit ändert. Umgekehrt sind jene Schwingungen, die nicht symmetrisch zum Symmetriezentrum erfolgen, Raman-inaktiv und aktiv im IR. Raman- und IR-Spektrum können sich also ergänzen. Das leichter erhältliche IR-Spektrum liefert dem organischen Chemiker jedoch mehr Information, da die meisten funktionellen Gruppen kein Symmetriezentrum besitzen. Daher besitzt die IR-Spektroskopie bei der Strukturbestimmung auch ungleich größere Bedeutung als die Raman-Spektroskopie.

Die Symmetrieeigenschaften eines im Kristall eingebauten Moleküls können sich von denen eines Moleküls in der Gasphase oder im gelösten Zustand unterscheiden. Entsprechend unterscheidet sich dann auch ein Festkörperspektrum von dem der Gasphase oder dem Spektrum in Lösung.

3. IR-Spektrometer und Probenzubereitung

Obwohl seit den achtziger Jahren die klassischen IR-Spektrometer (mit Beugungsgittern oder Prismen) entscheidend an praktischer Bedeutung verloren haben zugunsten der leistungsfähigeren FT-IR-Spektrometer (s. S. 37), wird hier das Funktionsprinzip aus didaktischen Gründen kurz erläutert.

Das Spektrometer (Abb. 2.4) enthält eine Lichtquelle, die ständig den gesamten Frequenzbereich des Instrumentes emittiert. Häufig verwendete Lichtquellen sind z. B. ein weißglühender **Nernst-Stift** (Zirkonoxid mit Zusätzen an Seltenen Erden) oder der sog. **Globar** aus Siliciumcarbid (Brenntemperatur 1500 K). Die kontinuierliche Strahlung wird in zwei Lichtbündel gleicher Intensität aufgeteilt, von denen eines durch die zu messende Probe tritt. Das zweite Lichtbündel dient als Vergleichsstrahl und durchläuft z. B. bei Lösungen eine Küvette mit dem reinen Lösungsmittel (Abb. 2.5). Im Photometer findet der optische Nullabgleich beider Lichtbündel statt. Der Monochromator (ein Prisma oder Beugungsgitter) zerlegt die resultierende Strahlung. Ein Strahlungsempfänger (Detektor) registriert schließlich die optischen Signale und wandelt sie in elektrische um. Nach Verstärkung werden die elektrischen Signale von einem Schreiber als Spektrum aufgezeichnet.

Das IR-Spektrum ist meist ein Diagramm mit der Wellenzahl als Abszisse (von rechts nach links ansteigend) und als Ordinatenmaßstab „% Durchlässigkeit" (**Transmittance**) wie in Abb. 2.6 (S. 34).

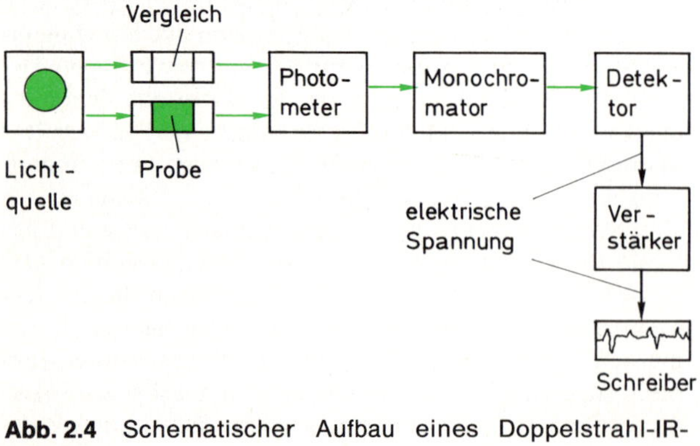

Abb. 2.4 Schematischer Aufbau eines Doppelstrahl-IR-Gerätes

Es gilt

$$D = \frac{I}{I_0};$$

für 100 % Durchlässigkeit ist $D = 1$, bei 80 % ist $D = 0{,}8$.

$$E_\lambda = \lg\frac{I_0}{I} = \lg\frac{1}{D}$$

I_0 und I sind die Licht-Intensitäten vor und nach dem Probendurchgang und E_λ die Extinktion bei der Wellenlänge λ.

IR-Spektren lassen sich von Substanzen in allen drei Aggregatzuständen (gasförmig, flüssig und fest) sowie im gelösten Zustand aufnehmen. Die Wahl der geeigneten Methode richtet sich nach der Beschaffenheit und den physikalischen Eigenschaften der Probe wie Schmelzpunkt und Löslichkeit.

3.1 Messung in der Gasphase

Das Gas wird in eine Spezialzelle eingeführt, die meist 10 cm lang ist und direkt in den Strahlengang gebracht wird. Die beiden Enden der Zelle sind gewöhnlich mit Natriumchlorid-Platten verschlossen, die für infrarotes Licht durchlässig sind. Die meisten organischen Verbindungen haben jedoch zu geringe Dampfdrücke, um in der Gasphase gemessen werden zu können.

3.2 Messung als Flüssigkeit

Ein Tropfen der Flüssigkeit wird zwischen flache Natriumchlorid-Platten gepreßt (durchlässig im Bereich 4000 bis 667 cm^{-1}). Dies ist die einfachste aller Methoden.

Handelt es sich um schwach absorbierende Flüssigkeiten, so kann man Abstandhalter zwischen die beiden Natriumchlorid-Platten legen, um die Schichtdicke zu erhöhen.

Störend sind bei dieser Technik Wasser-Gehalte über 2 %, da sie die Oberfläche der Natriumchlorid-Platten beschädigen; außerdem stören Trübungen in der Flüssigkeit, da sie durch Beugung und Reflexion der IR-Strahlung zu einer starken Untergrund-Absorption führen.

3.3 Messung in Lösung

Die Verbindung wird in Tetrachlormethan oder – wegen des besseren Lösungsvermögens – in alkoholfreiem Chloroform (etwa 1 bis 5%ige Lösung) gelöst. Diese Lösung wird in eine spezielle Natriumchlorid-Zelle mit einer inneren Weite von 0,1 bis 1 mm gegeben. Eine zweite Zelle gleicher Dicke, die nur Lösungsmittel enthält, wird in den Weg des anderen Lichtbündels im Spektrometer gebracht, um die Lösungsmittel-Absorption auszugleichen. Es ist allgemein empfehlenswert, Spektren von diesen verdünnten Lösungen in unpolaren Lösungsmitteln aufzunehmen, da zwischenmolekulare Wechselwirkungen – wie sie besonders stark im kristallinen Zustand auftreten – auf ein Minimum herabgesetzt sind. Andererseits sind viele Verbindungen in unpolaren Lösungsmitteln unlöslich, und alle Lösungsmittel absorbieren selbst im Infrarot; wenn das Lösungsmittel mehr als 65% des einfallenden Lichtes absorbiert, kann kein Spektrum aufgenommen werden. In diesem Fall reicht die durchgelassene Lichtmenge nicht aus, um den Detektor wirksam arbeiten zu lassen. Glücklicherweise absorbieren Tetrachlormethan und Chloroform nur in **den** Bereichen stark (s. Abb. 2.5 und 2.15), die von geringem Interesse für die Auswertung sind. Natürlich können auch andere Lösungsmittel verwendet werden. Man sollte jedoch immer den Anwendungsbereich unter Berücksichtigung der Schichtdicke in der Meßzelle prüfen. In Ausnahmefällen sind auch wäßrige Lösungen von Nutzen, wobei man spezielle Calciumfluorid-Zellen verwenden muß.

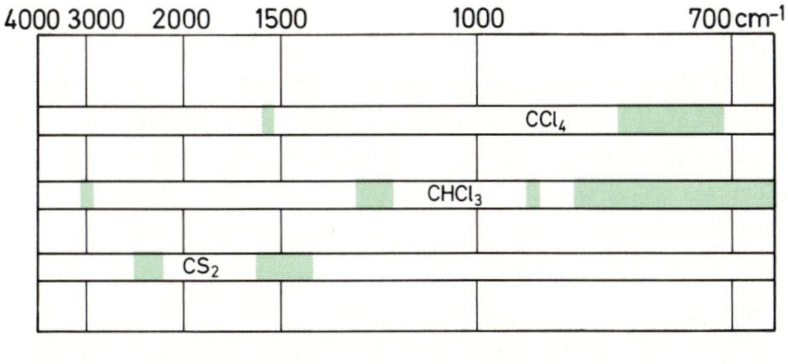

Abb. 2.5 In den markierten Wellenzahl-Bereichen absorbiert das betreffende Lösungsmittel selbst (vgl. Abb. 2.15, Spektrum von $CHCl_3$)

3.4 Messung im festen Zustand

a) Als **Suspension in Öl.** Etwa 1 mg der Festsubstanz wird mit einem Tropfen Paraffinöl (z. B. Nujol) in einem kleinen Achat-Mörser fein zerrieben. Die entstandene Paste wird dann so zwischen zwei Natriumchlorid-Platten gepreßt, daß sich ein blasenfreier Film bildet. Wenn (C—H)-Schwingungen gemessen werden sollen, ersetzt man das Paraffinöl durch Hexachlor- oder Hexafluorbutadien.
Diese Methode ist einfach und hat den Vorteil, daß man im völlig unpolaren Paraffinöl nicht mit Störungen zu rechnen hat, wie sie beim stark polaren Kaliumbromid auftreten können. Vor allem luft- und feuchtigkeitsempfindliche Substanzen können auf diese Weise gut präpariert werden.

b) Als **KBr-Preßling.** Die Festsubstanz wird mit der 10- bis 100fachen Menge Kaliumbromid in einer kleinen Achat-Reibschale innig vermischt und anschließend in einer hydraulischen Presse unter Vakuum komprimiert. Dabei sintert das Material **unter kaltem Fluß** zu einer durchsichtigen, einkristall-ähnlichen Tablette.

Diese Technik wird bei Feststoffen am häufigsten angewendet. Sie hat den Vorteil, daß Kaliumbromid keine zusätzlichen IR-Banden erzeugt und auch bessere Spektren als nach Methode a) erhalten werden. Kaliumbromid ist allerdings hygroskopisch, und beim Verreiben und Pressen sind Feuchtigkeitsspuren kaum auszuschließen. Daher findet man meist eine schwache OH-Bande bei 3450 cm^{-1}.

Durch zwischenmolekulare Wechselwirkungen ist die Lage von Banden in Festkörper-Spektren oft verschieden von solchen, die mit dem gleichen Stoff in Lösung aufgenommen werden. Dies gilt insbesondere für funktionelle Gruppen, die an Wasserstoff-Brückenbindungen teilnehmen. Andererseits ist die Zahl der aufgelösten Banden in Festkörper-Spektren häufig größer. Wenn man z. B. die Identität eines synthetischen Stoffes mit einem aus der Natur isolierten Stoff feststellen will, so wird die Messung der Spektren am besten im festen Zustand ausgeführt, vorausgesetzt, es liegt die gleiche Kristallmodifikation vor. Hingegen sollte ein synthetisches Racemat mit einem optisch aktiven Naturprodukt **in Lösung** verglichen werden.

4. IR-Spektrum

In Abb. 2.6 ist das einfache Spektrum von Nujol, einem Paraffin, als Muster abgebildet. Nujol wird zur Probenpräparierung bei Messung in Suspension (s. oben) verwendet; seine Absorptionsbanden sind dann dem Substanzspektrum überlagert. Abb. 2.6 zeigt, wie IR-Spektren aufgezeichnet werden. Als Ordinatenmaßstab wird die Durchlässigkeit in Prozenten (% *D*) angegeben. Das entspricht dem prozentualen Strahlungsanteil, der von der Probe bei der jeweiligen Wellenlänge durchgelassen wird. Als Bezugswert dient stets der Vergleichsstrahl. Seltener wird als Ordina-

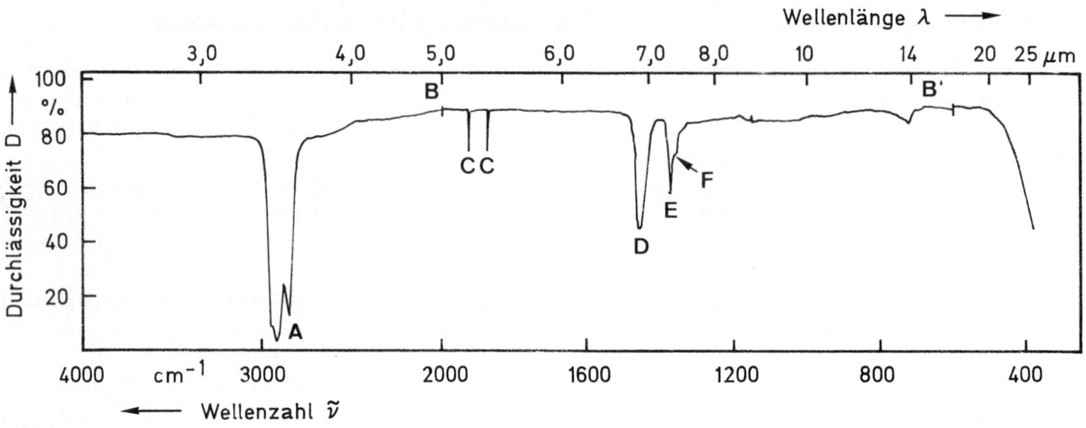

Abb. 2.6 IR-Spektrum eines Paraffins (Nujol als Film gemessen)

A Absorptionsbande, d. h., bei dieser Wellenlänge nimmt das Molekül maximale Strahlungsenergie auf. In diesem Fall sind es die (C—H)-Valenzschwingungen von CH_3- und CH_2-Gruppen.

B, **B'** Umschaltstellen; bei bestimmten Wellenzahlen (hier 2000 und 600 cm^{-1}) besitzen große Geräte Umschaltstellen für Gitter-, Filter- oder Skalenwechsel; dabei setzt der Papiervorschub für die Zeit des Umschaltens aus. Die Umschaltstelle kann als Kontrolle dienen, ob das Papier präzis eingelegt wurde.

C sog. Spikes; das sind Schreiberausschläge, die durch unkontrollierte Spannungsschwankungen entstehen und an der kleinen Halbwertbreite erkennbar sind.

D (C—H)-Deformationsschwingungen von CH_2- und CH_3-Gruppen. Bei CH_3-Gruppen absorbiert hier die asymmetrische (C—H)-Deformationsschwingung (abgekürzt: δ_{as} (CH_3)), bei CH_2-Gruppen die symmetrische (abgekürzt: δ_s (CH_2)). Diese Begriffe sind weiter unten erläutert.

E symmetrische (C—H)-Deformationsschwingung von CH_3-Gruppen (δ_s (CH_3)).

F sog. Schulter; entsteht durch Überlagerung zweier oder mehrerer Banden.

tenmaßstab die prozentuale Absorption (% A) angegeben. Es gilt

$$\% D = 100 - \% A$$

Die Abszisse ist sowohl in µm (Wellenlänge λ) als auch in cm^{-1} (Wellenzahl $\tilde{\nu}$) kalibriert. In bezug auf die Wellenzahlen (unten) ist die Einteilung linear. Dies hat den Vorteil, daß die Banden symmetrisch werden. Energiedifferenzen können leicht erkannt werden.

Im kurzwelligen Gebiet (links) ist der Abszissenmaßstab (ab 2000 cm^{-1}) im allgemeinen kleiner. Diese Form der Spektrendarstellung setzt sich mehr und mehr bei den modernen Gitter-Spektrometern durch. Die zur Wellenlänge λ (µm) lineare Skala findet man vor allem noch bei älteren Prismengeräten. Solche Spektren erscheinen zwar übersichtlicher, die Banden sind jedoch unsymmetrisch, Energieunterschiede sind nicht ohne weiteres ablesbar, und die Auflösung im kurzwelligen Bereich ist schlechter.

Das Spektrum dieses Kohlenwasserstoffes lehrt außerdem, daß die (C—C)-Kette nicht zu nennenswerten Absorptionsbanden führt. Erst bei größeren Schichtdicken treten diese zwischen 1350 und 750 cm^{-1} auf. Bei cyclischen Kohlenwasserstoffen treten in der Regel intensivere Banden auf, die von Schwingungen des Ringes herrühren.

Ein komplexes Molekül besitzt viele Schwingungsmöglichkeiten. Diese lassen sich mit einer einfachen Beziehung bestimmen: Ein Molekül aus N Atomen hat wegen der drei unabhängigen Raumkoordinaten jedes Atoms $3 \cdot N$ Freiheitsgrade. Davon entfallen drei Freiheitsgrade auf die Translationsbewegung des Moleküls längs der x, y- und z-Richtung und drei weitere auf Rotationen um die drei Hauptträgheitsachsen. Bei linearen Molekülen entfällt ein Freiheitsgrad, da das Trägheitsmoment der Molekülachse 0 ist. Die Zahl der eigentlichen Schwingungsfreiheitsgrade n reduziert sich damit:

Freiheitsgrade linearer Moleküle	$n = 3N-5$
Freiheitsgrade nichtlinearer Moleküle	$n = 3N-6$

(N = Zahl der Atome)

Die auf diese Weise zu berechnenden Schwingungen eines Moleküls nennt man Normal- oder Grundschwingungen.

Je nach **Schwingungsform** unterscheidet man zwischen:

- Valenzschwingungen: dabei ändern sich die Bindungslängen und
- Deformationsschwingungen (ebene oder nichtebene): dabei ändern sich die Bindungswinkel, während die Bindungsabstände annähernd konstant bleiben.

Eine Einteilung nach dem **Symmetrieverhalten** unterscheidet zwischen

– symmetrischen Schwingungen (Index s): verlaufen unter vollständigem Erhalt der Molekülsymmetrie;
– antisymmetrischen Schwingungen (Index as): unter Verlust eines oder mehrerer Symmetrieelemente;
– entarteten Schwingungen (Index e): unterschiedliche Schwingungen, die wegen gleichen Energieinhaltes bei der gleichen Frequenz absorbieren und daher nur zu **einer** Absorptionsbande führen.

Für die Spektreninterpretation sind vor allem solche Schwingungen nützlich, die sich in erster Näherung auf Einzelbindungen oder funktionelle Gruppen eines Moleküls beschränken, d. h. die lokalisierten Schwingungen. Die aus drei Atomen bestehende Methylen-Gruppe besitzt z. B. folgende lokalisierte Schwingungen:

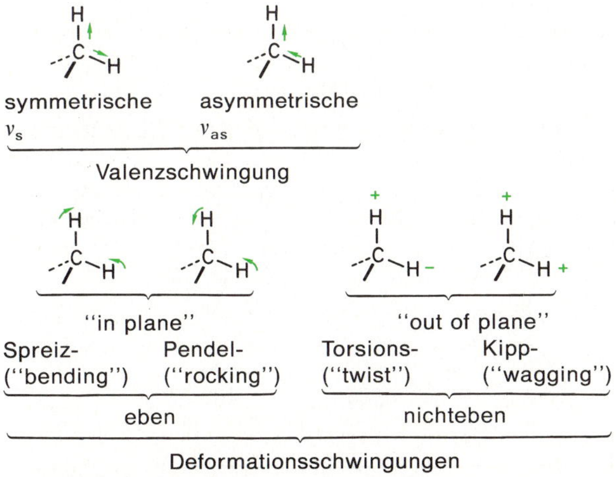

+ = Schwingung vor die Papierebene
– = Schwingung hinter die Papierebene

Zur Kennzeichnung von lokalisierten Schwingungen benutzt man Symbole wie

ν = Valenzschwingungen (auch Streckschwingungen genannt)
δ = Deformationsschwingungen (auch Beugeschwingungen genannt)
γ = Deformationsschwingungen aus der Ebene (**out of plane**)
τ = Torsionsschwingungen (Änderung des Torsionswinkels)
⋮ usw.; zum Beispiel
$\nu_s(CH_2)$ und $\nu_{as}(CH_2)$
= symmetrische und asymmetrische (C—H)-Valenzschwingung einer CH_2-Gruppe
$\delta_s(CH_3)$ und $\delta_{as}(CH_3)$
= symmetrische und asymmetrische (C—H)-Deformationsschwingung einer CH_3-Gruppe

Viele lokalisierte Schwingungen dienen der Identifizierung von funktionellen Gruppen.

Die Gerüstschwingungen eines Moleküls verursachen Absorptionsbanden bei relativ niederer Energie (unterhalb 1500 cm^{-1}), deren Lage charakteristisch für das Molekül als Einheit ist. Diese Banden erschweren die Zuordnung von lokalisierten Schwingungen unterhalb 1500 cm^{-1}, da Überschneidungen der Banden auftreten. Häufig werden Banden unterhalb 1500 cm^{-1} beobachtet, die man nicht auf Normalschwingungen zurückführen kann, sondern die durch Ober- und Kombinationsschwingungen entstehen. Oberschwingungen treten beim doppelten, dreifachen usw. Frequenzwert der entsprechenden Normalschwingung auf. Kombinationsschwingungen treten bei Frequenzen auf, die einer Kombination von zwei oder mehreren Normalschwingungen entsprechen. Die von den Ober- und Kombinationsschwingungen herrührenden Banden sind meist wesentlich intensitätsschwächer als die von Normalschwingungen. Gelegentlich haben diese Banden diagnostischen Wert, im allgemeinen sind sie jedoch von geringem Nutzen. Ein Sonderfall ist dabei die sog. **Fermi-Resonanz**: Wenn eine Ober- oder Kombinationsschwingung zufällig die gleiche Frequenz wie eine Normalschwingung hat, so rücken beide Frequenzen auseinander. Man beobachtet zwei Banden ähnlicher Intensität. Die Zuordnung dieser Banden zu einer Schwingung ist dann nicht mehr möglich.
Ein IR-Spektrum besteht demnach aus zwei großen Bereichen: Oberhalb 1500 cm^{-1} befinden sich Absorptionsbanden, die einzelnen funktionellen Gruppen zugeordnet werden können, während der Bereich unterhalb 1500 cm^{-1} viele Banden enthält und das Molekül als Ganzes charakterisiert. Dieser Bereich wird deshalb als "fingerprint"-Region bezeichnet. Die Verwendung dieses fingerprint-Bereiches zur Feststellung der Identität einer Substanz mit einer authentischen Probe ist in den meisten Fällen wesentlich zuverlässiger als z. B. Mischschmelzpunkt oder dünnschichtchromatographischer Vergleich. Die innerhalb der fingerprint-Region liegenden Banden, die von funktionellen Gruppen herrühren, können zur Deutung herangezogen werden; solche Identifizierungen sollten jedoch nur als Hilfe betrachtet werden und sind keinesfalls beweiskräftig.
Die Bereiche, in denen bestimmte funktionelle Gruppen absorbieren, seien am Beispiel des IR-Spektrums von Aceton erläutert (Abb. 2.7): Die Valenzschwingungen von Einfachbindungen mit Wasserstoff (wie C—H, O—H, N—H) absorbieren bei den höchsten Frequenzen, was eine Folge der kleinen Masse des Wasserstoff-Atoms ist (ganz linker Bereich in Abb. 2.7). Mit größer werdender Atommasse wird die Absorptionsbande nach kleineren Wellenzahlen verschoben, wie die folgende Reihe verdeutlicht.

Bindung	$\tilde{\nu}$(C—X) (cm^{-1})	Atommasse von X
C—H	≈3000	1
C—D	≈2100	2
C—C	≈1000	12
C—Cl	≈ 700	35

(vgl. mit Abschn. 2; Wellenzahl $\tilde{\nu}$ und Frequenz ν sind einander proportional!)

Ansonsten folgen die Frequenzen der Valenzschwingungen der Regel: Je größer die Bindungsstärke zwischen zwei Atomen ist, um so höher liegt die Schwingungsfrequenz. Dreifachbindungen absorbieren also bei höheren Wellenzahlen als Doppel- und Einfachbindungen:

$\tilde{\nu}$(C≡C)	≈2200 cm^{-1}
$\tilde{\nu}$(C=C)	≈1640 cm^{-1}
$\tilde{\nu}$(C—C)	≈1000 cm^{-1}

Bei den Deformations- und Beugeschwingungen werden nur Bindungswinkel verändert, aber nicht die Bindungsabstände. Diese Schwingungen treten bei tieferen Wellenzahlen auf, gewöhnlich im fingerprint-Bereich unterhalb 1500 cm^{-1}. Eine Ausnahme bildet die (N—H)-Deformationsschwingung, die im Bereich um 1600 cm^{-1} erscheint (Abb. 2.7).

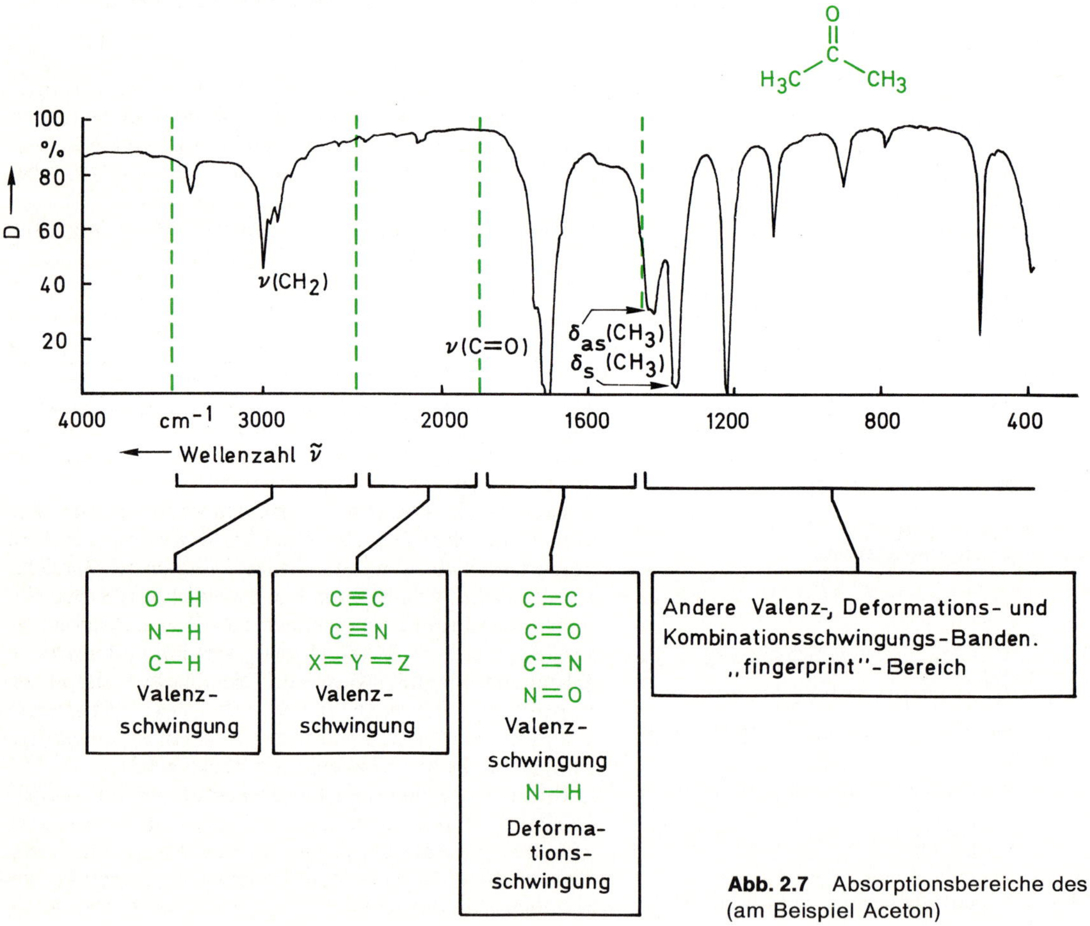

Abb. 2.7 Absorptionsbereiche des IR-Spektrums (am Beispiel Aceton)

5. Fourier-Transform-IR-Spektroskopie (FT-IR)

Eine entscheidende Weiterentwicklung der IR-Spektroskopie ist durch die Anwendung der Fourier-Transform-Technik möglich geworden. Etwa seit Mitte der achtziger Jahre haben sich diese FT-IR-Spektrometer endgültig durchgesetzt. Seit kurzem werden kompakte und preiswerte Geräte angeboten, die sich durch leichte Bedienung und bequeme Handhabung auszeichnen. Bei dieser Technik wird das Spektrum völlig anders generiert als beim Gitter-Spektrometer mit direkter Absorptionsmessung. Grundlage dieser FT-IR-Spektroskopie ist die Erfassung des gesamten Spektrums über ein Interferogramm. Sie ist also eine Interferenzmethode, und ihr Prinzip ist in Abb. 2.8 dargestellt (sog. Michelson-Anordnung).

Die gesamte Strahlung der Lichtquelle durchläuft die Probe und trifft auf eine halbdurchlässige Interferometerplatte. Diese fungiert als Strahlenteiler und reflektiert eine Hälfte der Strahlung zum Spiegel S_f. Die andere Hälfte trifft auf den beweglichen Spiegel S_b. Die rücklaufende Strahlung interferiert bei IP, so daß der Detektor eine Überlagerung aller im Spektrum auftretenden Wellenlängen aufzeichnet, das sog. Interferogramm.

Das Interferogramm (Abb. 2.9) hat zunächst nichts mit der Wellenlänge der IR-Strahlung zu tun (sog. Zeitdomäne). Erst durch die Fourier-Transformation wird das Interferogramm in die Frequenzen der einzelnen Schwingungen zerlegt. Das Ergebnis dieses rechenintensiven Vorganges ist ein konventionelles IR-Spektrum (Frequenzdomäne). Die mathematische Transformation bewältigt bequem ein Kleinrechner.

Was sind nun die Vorteile dieser Methode? Während der Messung wird die ganze Intensität der Lichtquelle ausgenutzt (günstiges Signal-Rausch-Verhältnis). Im Unterschied dazu erfassen Gitter-Spektrometer immer nur einen kleinen Wellenlängenausschnitt für kurze Zeit, der Rest geht verloren. Ein konventionelles Spektrometer benötigt zur Aufnahme eines Spektrums etwa 10 bis 15 min, während das gleiche Spektrum beim FT-IR-Verfahren in Sekundenschnelle im Rechner vorliegt. Bei einer Geschwindigkeit von 1 cm $\cdot$ s^{-1} für den sich bewegenden Spiegel und einer Rechenzeit von etwa 30 s für die Fourier-Transformation kann das Spektrum in weniger als einer Minute am Bildschirm erscheinen oder ausgedruckt werden.

Insgesamt zeichnen die FT-IR-Spektroskopie drei Vorteile aus: hohe Empfindlichkeit, Schnelligkeit und Wellenzahlenpräzision. Dies hat eine für den organischen Chemiker sehr nützliche Anwendung ermöglicht, die Kopplung von Gaschromatographie und IR-Spektroskopie. Die aus der GC-Säule austretenden Fraktionen können direkt als Gasphasen-Spektren aufgenommen werden. Damit ist die GC-FT-IR-Spektroskopie für viele Anwendungen zu einer echten Alternative oder Ergänzung der GC-MS-Kopplung (s. S. 245) geworden.

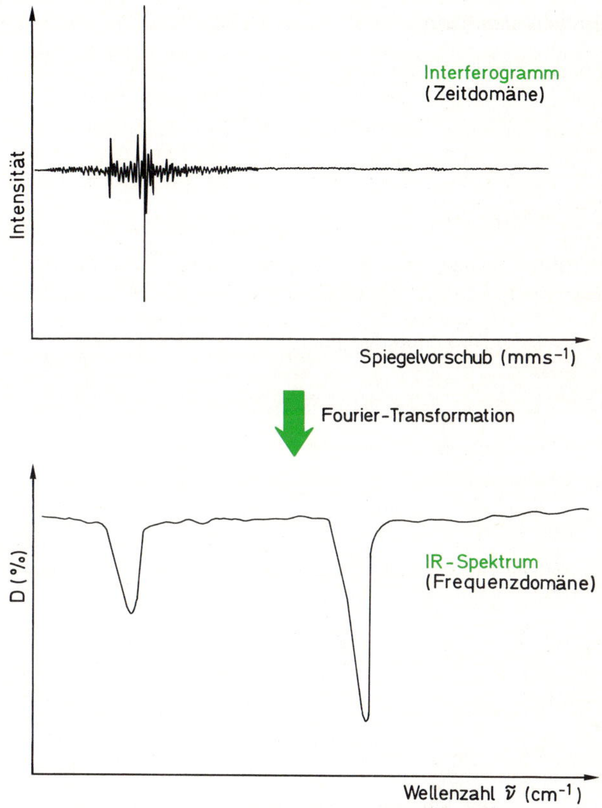

Abb. 2.9 Vom Interferogramm zum IR-Spektrum durch Fourier-Transformation

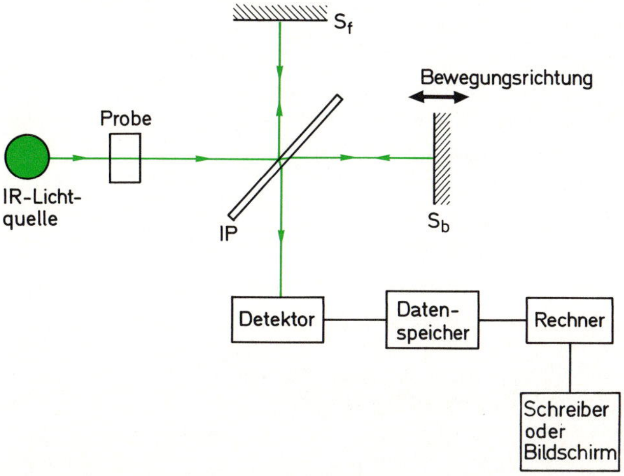

Abb. 2.8 Interferometer (schematisch) mit EDV-Einheit (S_f feststehender Spiegel, S_b beweglicher Spiegel, IP Interferometerplatte)

Gruppe	Tabelle	Seite
Einfachbindungen		
C—H	2.1 bis 2.3	42–43
O—H	2.4	43
N—H	2.5, 2.6	44
S—H	2.7	44
P—H	2.7	44
Dreifachbindungen		
C≡C	2.8	45
X≡Y	2.8	45
kumulierte Doppelbindungen		
C=C=C	2.9	45–46
N=C=O	2.9	45
X=Y=Z	2.9	45

Gruppe	Tabelle	Seite
Doppelbindungen		
C=O	2.10	47–50
C=N	2.11	50
N=N	2.12	50
C=C	2.13	50
N=O	2.16	51
Aromaten		
Benzolring–X_n	2.14	51
	2.15	51
fingerprint-Bereich		
S-Derivate	2.17	52
P-Derivate	2.18	52
Ether	2.19	52
Halogen-Verbindungen	2.20	52
anorganische Ionen	2.21	52

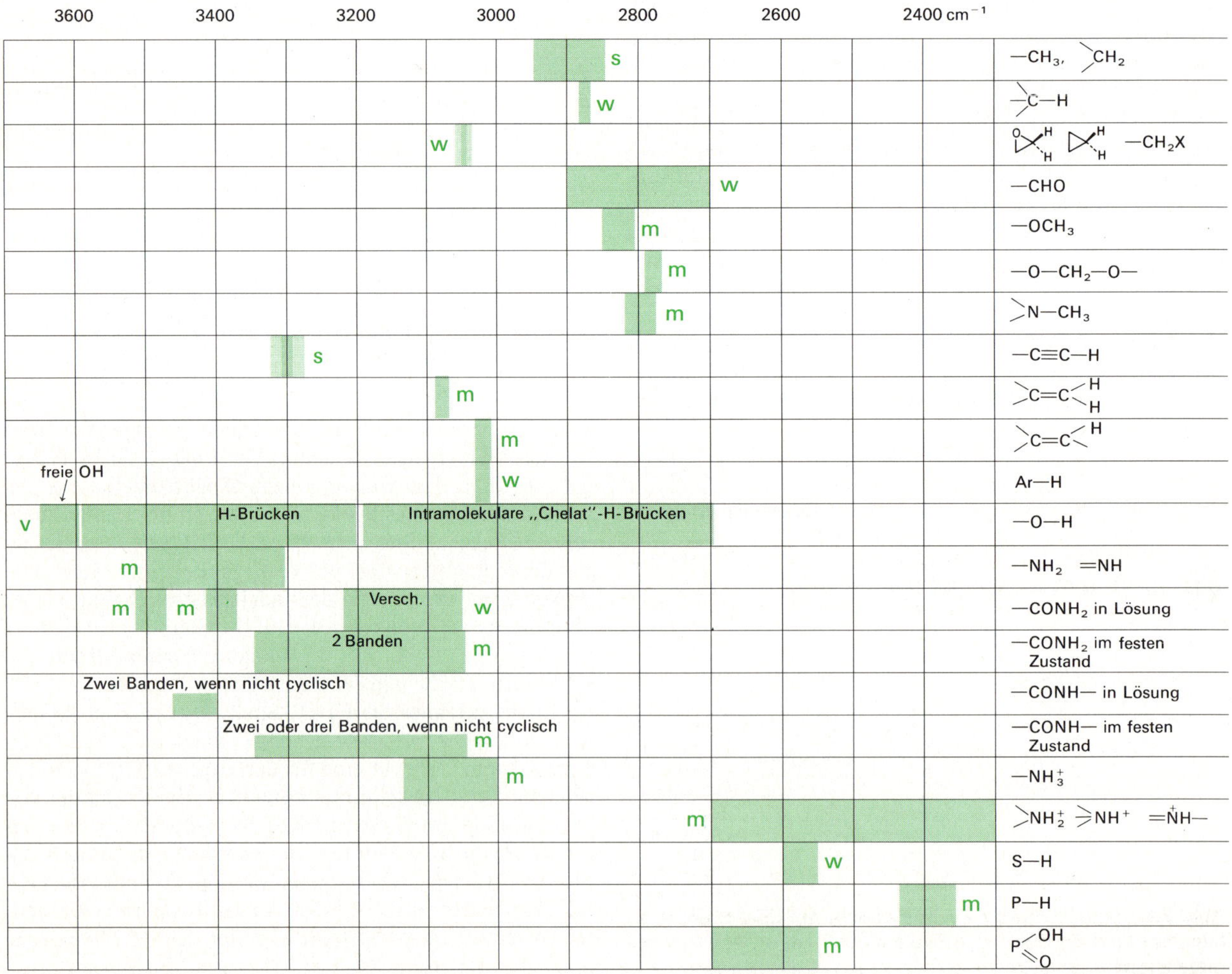

Abb. 2.10 Lage der Valenzschwingungen von Wasserstoff (in den schraffierten Bereichen sind die Grenzen weniger genau definiert); Bandenintensität: **s** stark, **m** mittel, **w** wenig intensiv, **v** variierend

6. Charakteristische Absorptionen - Übersicht

In Abb. 2.7 ist das Spektralgebiet oberhalb 1500 cm^{-1} in drei Bereiche unterteilt, die in den nächsten vier Zuordnungsübersichten (Abb. 2.10–2.13) genauer aufgeschlüsselt sind. Für eine bestimmte funktionelle Gruppe sind jeweils Bereiche der Wellenzahlen angegeben, in denen eine Absorptionsbande auftreten kann. Die im fingerprint-Gebiet auftretenden Banden, die funktionellen Gruppen zugeordnet werden können, sind in Abb. 2.14 zusammengefaßt; diese sind gelegentlich nützlich, wenn sie entweder als starke Banden auftreten oder infolge ihrer Abwesenheit inkorrekte Strukturen ausschließen. Anschließend sind in den Tab. 2.1 bis 2.21, s. S. 42–52, die charakteristischen Banden von funktionellen Gruppen in der folgenden Reihe angegeben:

Zur **Interpretation** des IR-Spektrums einer unbekannten Verbindung könnte wie folgt vorgegangen werden: Man prüft zunächst jeden der drei Hauptbereiche des Spektrums, die den Abb. 2.10 bis 2.13 entsprechen; danach sollten gewisse Strukturen ausgeschlossen sowie einige Schlüsse auf andere gezogen werden können. Wo noch Zweideutigkeiten bestehen, können dann die Tabellen, welche die vermuteten Gruppen enthalten, zu Rate gezogen werden. Es sollte dabei auch auf die Intensität einer zugeordneten Bande geachtet werden. Zur Hilfe sind am Ende des Kapitels einige IR-Spektren abgebildet, in denen charakteristische Banden auftreten. Intensitäten werden im IR-Spektrum weniger häufig angegeben und sind schwieriger zu messen als bei UV-Spektren. Gewöhnlich charakterisiert man die Banden mit subjektiven Prädikaten wie stark (s), mittelstark (m), weniger intensiv (w) und variierend (v). Alle Bandenlagen sind hier als Wellenzahlen in cm^{-1} angegeben.

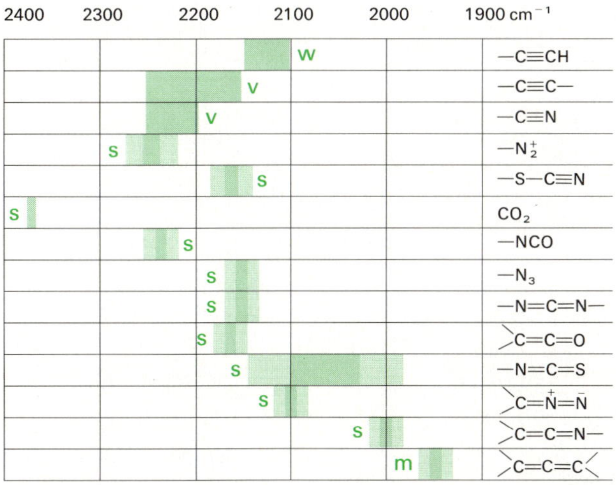

Abb. 2.11 Lage der Valenzschwingungen von Dreifachbindungen und kumulierten Doppelbindungen (**s** stark, **m** mittel, **w** wenig intensiv, **v** variierend)

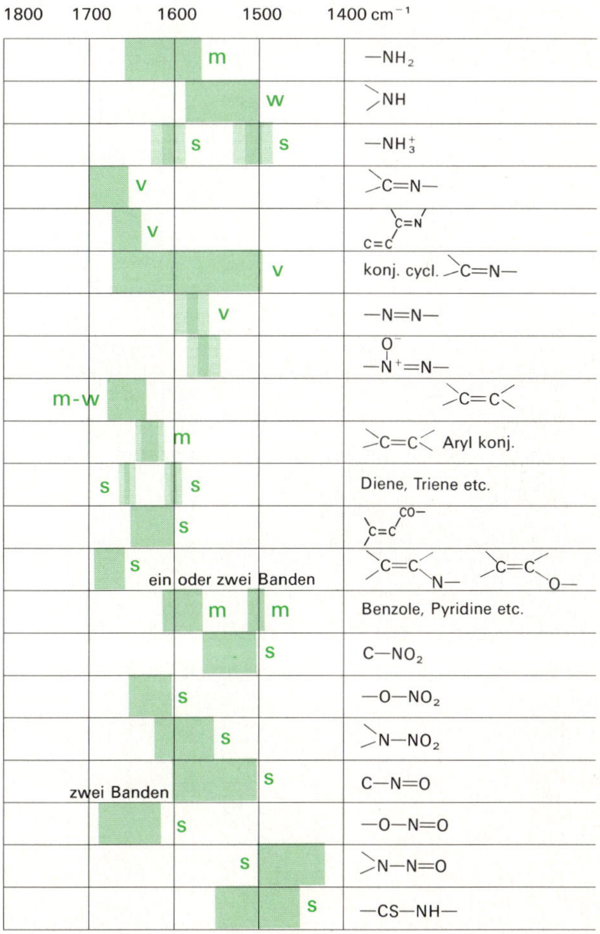

Abb. 2.12 Lage der Doppelbindungs-Valenzschwingung und (N—H)-Spreizschwingung (Carbonyl-Gruppen s. Abb. 2.13); **s** stark, **m** mittel, **w** wenig intensiv, **v** variierend

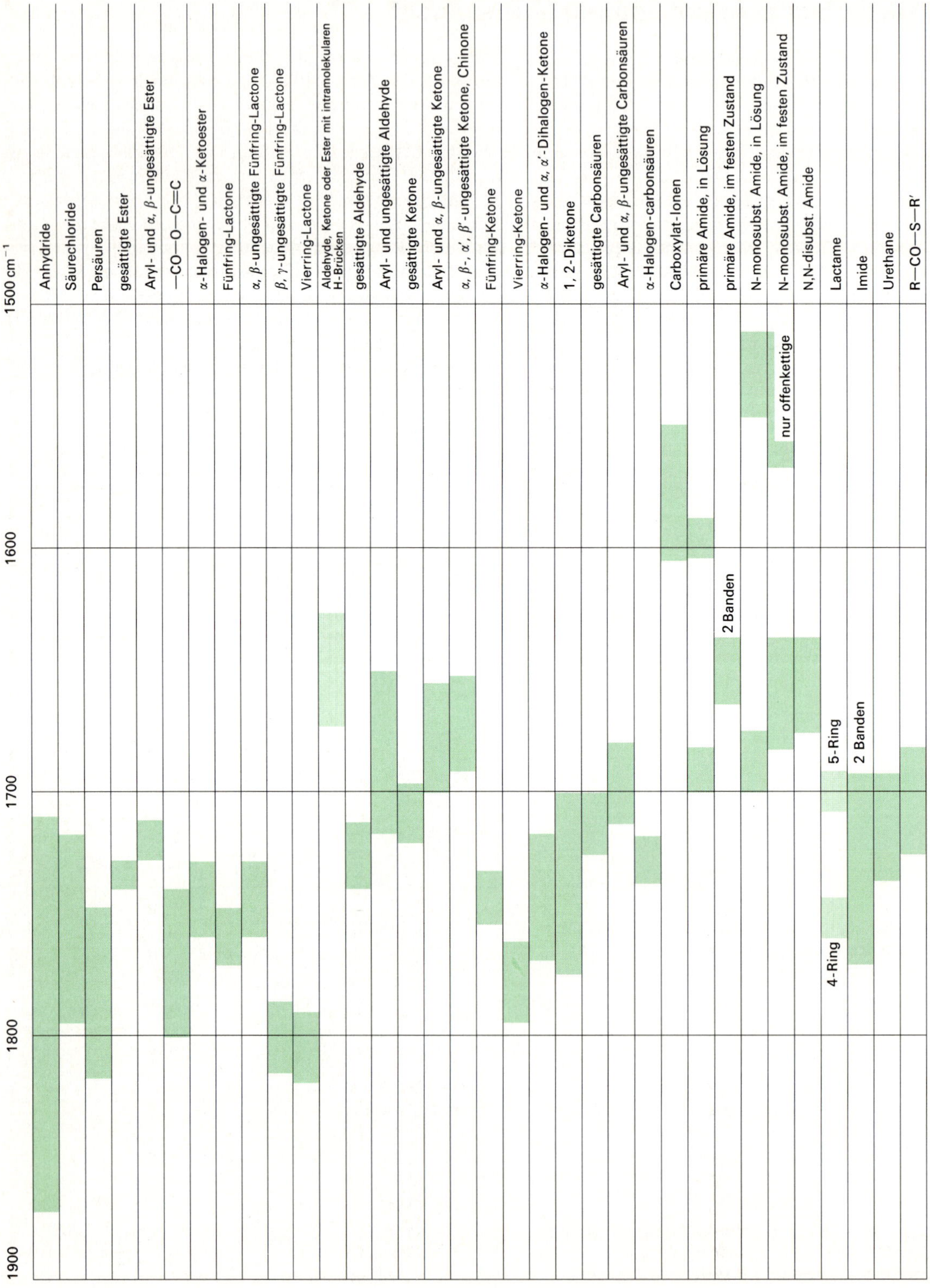

Abb. 2.13 Lage der Carbonyl-Valenzschwingungen (alle Banden sind stark; Wellenzahlen s. Tab. 2.10)

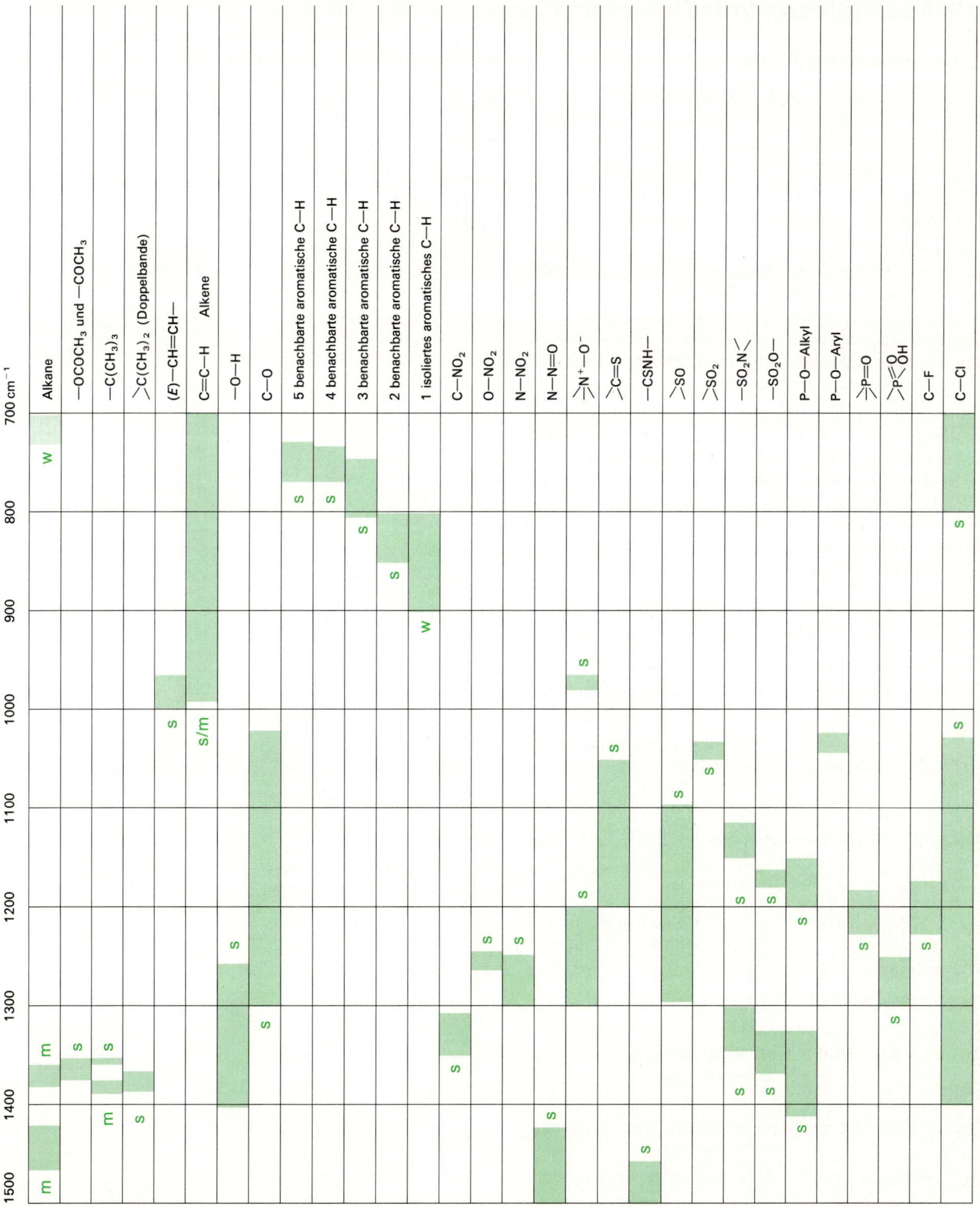

Abb. 2.14 Charakteristische Absorptionen im *fingerprint*-Gebiet (s = stark, m = mittel, w = wenig intensiv)

7. IR-Absorptionen von Einfachbindungen zu Wasserstoff

7.1 (C—H)-Absorptionen

Die chemisch einfach gebauten Alkane (Paraffine) zeigen auch ein einfaches IR-Spektrum (s. Abb. 2.6, S. 34). Das hat verschiedene Gründe:

- einige Absorptionen sind „symmetrie-verboten";
- viele Absorptionsbanden fallen zusammen;
- viele Absorptionen sind zu intensitätsschwach.

Die lokalisierten Schwingungen der CH_2-Gruppe sind bereits auf S. 35 beschrieben worden. In Tab. 2.1 sind die Absorptionsbereiche von Methyl-, Methylen- und Methin-Gruppen zusammengefaßt. Da sich diese Gruppen nicht an Wasserstoff-Brücken beteiligen, werden die Bandenlagen kaum von der chemischen Umgebung oder dem Zustand, in dem die Substanz gemessen wird, beeinflußt.

Da die meisten organischen Moleküle (C—H)-Bindungen vom Alkan-Typ enthalten, sind deren Absorptionsbanden von geringem diagnostischen Wert. Die Abwesenheit einer (C—H)-Bande im Spektrum ist natürlich beweiskräftig für das Fehlen dieser Teilstruktur in der untersuchten Verbindung. Ungesättigte und aromatische (C—H)-Valenzschwingungen können von der (C—H)-Absorption in gesättigten Strukturen gut unterschieden werden:

gesättigtes C—H: Wellenzahl $\tilde{\nu} < 3000\ cm^{-1}$
C═C—H: Wellenzahl $\tilde{\nu} > 3000\ cm^{-1}$

Die Absorption ungesättigter und aromatischer (C—H)-Valenzschwingungen tritt dabei mit viel geringerer Intensität auf.

In den folgenden Tabellen sind die Bandenlagen von (C—H)-Schwingungen zusammengefaßt.

Tab. 2.1 (C—H)-Absorptionsbanden

Gruppe	Bande	Bemerkungen
>CH_2 —CH_3	2960–2850 (s)	normalerweise 2–3 Banden; (C—H)-Valenzschwingungen
—CH (Methin)	2890–2880 (w)	
>CH_2 —CH_3	1470–1430 (m)	(C—H)-Deformationsschwingungen
—CH_3	1390–1370 (m)	symmetrische Deformationsschwingungen
>CH_2	≈720 (w)	CH_2-rocking-Schwingungen

Tab. 2.2 Spezielle (C—H)-Absorptionen

Gruppe	Bande	Bemerkungen
Cyclopropan C—H Epoxid C—H —CH_2-Halogen	≈3050 (w)	(C—H)-Valenzschwingungen, s. Alkene
—CHO	2900–2700 (w)	zwei Banden, eine nahe 2720 cm^{-1}; die (C—H)-Valenzschwingung der Aldehyd-Gruppe hat ungefähr die gleiche Frequenz wie die erste Oberschwingung der (H—C═O)-Deformation; infolge Fermi-Resonanz (s. S. 35) beobachtet man daher 2 Banden ähnlicher Intensität; diese Doppelbande kann allgemein zur Identifizierung von Aldehyden benutzt werden.
—O—CH_3	2850–2810 (m)	
—O—CH_2—O—	2790–2770 (m)	
>N—CH_3	2820–2780 (m)	NCH_2-Gruppen können ebenfalls in diesem Bereich auftreten
—C$(CH_3)_3$	1395–1385 (m) 1365 (s)	s. Abb. 2.16
>C$(CH_3)_2$	≈1380 (m)	ein annähernd symmetrisches Dublett
—O—CO—CH_3 —CO—CH_3	1385–1365 (s) 1360–1355 (s)	die hohe Intensität der Banden beherrscht oft diesen Bereich des Spektrums

Tab. 2.3 C—H bei Alkenen, Alkinen und Aromaten (s. auch die Absorption der (C=C)-Bindung in Tab. 2.13 und 2.14, S. 50 u. 51).

Gruppe	Bande	Bemerkungen
−C≡C−H	≈3300 (s)	
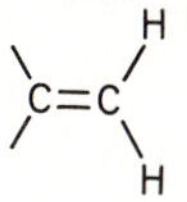	3095–3075 (m)	(C—H)-Valenzschwingung, manchmal durch die viel stärkeren Banden der gesättigten (C—H)-Absorption überdeckt, die unterhalb 3000 cm^{-1} liegen
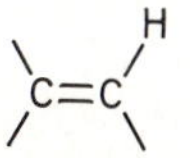	3040–3010 (m)	
Aryl-H	3100–3000 (w)	oft verdeckt
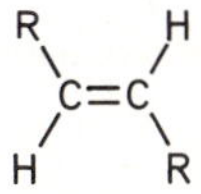	970–960 (s)	(C—H)-"out-of-plane"-Deformationsschwingung. Wenn die Doppelbindung z. B. mit einer C=O-Gruppe in Konjugation steht, wird sie nach 990 cm^{-1} verschoben
$R-CH=CH_2$	995–985 (s) und 940–900 (s)	
$R_2C=CH_2$	895–885 (s)	
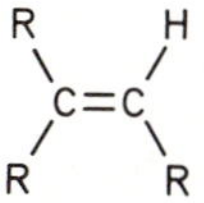	840–790 (m)	
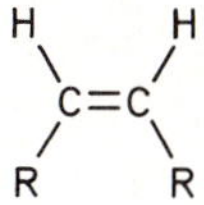	730–675 (m)	

Tab. 2.4 Alkoholisches und phenolisches O—H

Gruppe	Bande	Bemerkungen
Wasser in Lösung	3710	
freies —OH	3650–3590 (v)	scharf; (O—H)-Valenzschwingung
—OH in H-Brücke (im festen, flüssigen oder gelösten Zustand)	3600–3200 (s)	oft breit, kann aber bei einigen intramolekularen H-Brücken scharf sein; je tiefer die Frequenz, um so stärker die H-Brükke
—OH in intramolekularen Chelat-H-Brücken (s. auch Tab. 2.10, Carbonsäuren)	3200–2500 (v)	breit; je tiefer die Frequenz, um so stärker die H-Brückenbindung; die Bande kann manchmal so breit sein, daß sie übersehen wird
Kristallwasser (Festkörperspektren)	3600–3100 (w)	oft auch eine schwache Bande bei 1640–1615 cm^{-1}; Wasserspuren in KBr-Preßlingen zeigen eine breite Bande bei 3450 cm^{-1}
—O—H	1410–1260 (s)	(O—H)-Deformationsschwingung
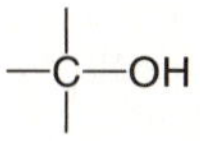	1150–1040 (s)	(C—O)-Valenzschwingung

7.2 (O—H)- und (N—H)-Absorptionen

Die Lage der (O—H)-Valenzschwingungsfrequenz wird seit langem als Kriterium und Maß für die Stärke von Wasserstoff-Brücken verwendet. Je stärker eine Wasserstoff-Brükke ist, um so länger ist die (O—H)-Bindung, um so tiefer die Schwingungsfrequenz und um so breiter und intensiver die Absorptionsbande. Die scharfe, freie „monomere" Bande im Bereich 3650 bis 3590 cm^{-1} kann in der Gasphase beobachtet werden sowie in verdünnter Lösung oder wenn solche Faktoren wie sterische Hinderung die Wasserstoff-Brücke unmöglich machen. Reine Flüssigkeiten, Kristalle und viele Lösungen zeigen nur die breite, „polymere" Bande im Bereich 3600 bis 3200 cm^{-1}. Häufig findet man in den Spektren der flüssigen Phase auch beide Banden.

Intramolekulare Wasserstoff-Brücken des nichtchelaten Typs (z. B. in 1,2-Diolen) zeigen eine scharfe Bande im Bereich 3570 bis 3450 cm^{-1}, wobei die genaue Lage wieder ein Maß für die Stärke der Wasserstoff-Brücke ist. Eine ähnliche, obwohl weit weniger scharfe Bande wird beobachtet, wenn die Wasserstoff-Brücke lediglich Dimerisation verursacht. Die „polymere" Bande ist allgemein wesentlich breiter. Unterscheidungen zwischen den verschiedenen Möglichkeiten kann man durch Verdünnungsversuche erreichen; **intramolekulare** Wasserstoff-Brücken werden dadurch nicht angegriffen, und die Absorptionsbande bleibt deshalb unbeeinflußt; **intermolekulare** Wasserstoff-Brücken werden dagegen mit steigender Verdünnung gebrochen, d. h., die Absorptionsbande der betreffenden (O—H)-Brückenbindung nimmt ab, während gleichzeitig die Absorption von freiem O—H zunimmt oder neu auftaucht.

Tab. 2.5 Amin-, Imin-, Ammonium- und Amid-(N—H)-Valenzschwingung

Gruppe	Bande	Bemerkungen
Amine und Imine $>N-H$ $=N-H$	3500–3300 (m)	primäre Amine zeigen zwei Banden in diesem Bereich, die unsymmetrische und symmetrische Valenzschwingung, sekundäre Amine absorbieren schwächer. Die (N—H)-Banden von Pyrrol und Indol sind scharf (s. Abb. 2.30, S. 62)
$-\overset{+}{N}H_3$ in Aminosäuren	3130–3030 (m)	Werte für den festen Zustand; breit; Banden auch (aber nicht immer) bei 2500 und 2000 cm^{-1} (s. Text S. 62, unter Abb. 2.30)
in Ammonium-Salzen	≈3000 (m)	
$>\overset{+}{N}H_2$ $-\overset{+}{N}H-$ $=\overset{+}{N}H-$	2700–2250 (m)	Werte für den festen Zustand; breit, infolge Anwesenheit von Oberschwingungsbanden
unsubstituierte Amide $-CO-NH_2$	≈3500 (m) ≈3400 (m)	um ≈150 cm^{-1} erniedrigt im festen Zustand und wenn H-Brücken vorliegen; oft mehrere Banden bei 3200–3050 cm^{-1}
N-monosubstituierte Amide $-CO-NH-$	3460–3400 (m)	zwei Banden; erniedrigt bei H-Brückenbindung und im festen Zustand (s. Abb. 2.28a); nur eine Bande bei Lactamen
	3100–3070 (m)	eine schwache Extrabande im festen Zustand und bei H-Brücken

Tab. 2.6 (N—H)-Deformationsschwingung (vgl. auch Tab. 2.10 für Amid-Absorptionen in diesem Bereich)

Gruppe	Bande	Bemerkungen
$-NH_2$	1650–1560 (m)	s. Abb. 2.26
$>NH$	1580–1490 (w)	oft zu schwach, um bemerkt zu werden
$-\overset{+}{N}H_3$	1600 (s) 1500 (s)	sekundäre Ammonium-Salze zeigen die Bande bei 1600 cm^{-1}

Tab. 2.7 Verschiedene R—H

Gruppe	Bande	Bemerkungen
$-S-H$	2600–2550 (w)	schwächer als O—H; wird durch H-Brücken weniger beeinflußt.
$>P-H$	2440–2350 (m)	scharf
$-P(=O)(-)-OH$	2700–2560 (m)	assoziiertes OH
R—D	die korrespondierende (R—H)-Frequenz muß durch 1,37 dividiert werden	nützlich bei vermuteten (R—H)-Banden, da Deuterierung zu einer bekannten Verschiebung nach tieferen Frequenzen führt

Spektren, die von Proben im festen Zustand aufgenommen werden, zeigen nur eine breite, starke Bande im Gebiet 3400 bis 3200 cm^{-1}.

Die Absorptionsbanden der (N—H)-Valenzschwingung (Tab. 2.5) können manchmal mit denen von O—H in Wasserstoff-Brücken verwechselt werden. Infolge ihrer weit schwächeren Tendenz, Wasserstoff-Brücken zu bilden, ist die N—H-Absorption aber gewöhnlich schärfer; überdies besitzt die (N—H)-Bande geringere Intensität, und in verdünnten Lösungen liegt die Frequenz niemals so hoch wie die des freien O—H um 3600 cm^{-1}. Schwache Banden, die von Oberschwingungen der starken Carbonyl-Absorption bei 1800 bis 1600 cm^{-1} herrühren, erscheinen ebenfalls im Gebiet 3600 bis 3200 cm^{-1} wie im Beispiel Cyclohexanon (s. Abb. 2.17, S. 54).

Der Einfluß von Wasserstoff-Brücken macht sich auch bemerkbar, wenn eine Carbonyl-Gruppe als Acceptor fungiert, da deren Valenzschwingungsfrequenz ebenfalls erniedrigt wird (vgl. Tab. 2.10).

Die charakteristischen Bandenserien im Gebiet 3000 bis 2500 cm^{-1}, die von den meisten Carbonsäuren erzeugt werden, sind in Abb. 2.19 (s. S. 55) zu sehen. Die Bande mit der höchsten Frequenz entspricht einer (O—H)-Valenzschwingung, die anderen Absorptionen entstehen durch Kombinationsschwingungen. Deren Banden liegen gewöhnlich als eine gezähnte Serie unterhalb der (C—H)-Absorption. Zusammen mit einer Carbonyl-Absorption an der entsprechenden Stelle (s. Tab. 2.10) sind diese Serien sehr nützlich für die Identifizierung von Carbonsäuren.

Bei der (N—H)-Absorption in Amiden treten zwei Banden auf, die den Formen **1** und **2** zugeschrieben werden. Im

Carbonyl-Bereich vieler Amide (s. Tab. 2.10) treten ebenfalls zwei Banden auf.

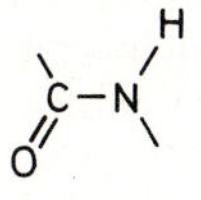

1

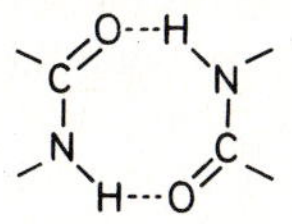

2

Wasserstoff-Brückenbindung erniedrigt und verbreitert die Frequenzen der (N—H)-Valenzschwingung weniger als im Falle der (O—H)-Gruppen. Die Intensität der (N—H)-Absorption ist im allgemeinen geringer als die der (O—H)-Absorption.

8. IR-Absorptionen von Dreifachbindungen und kumulierten Doppelbindungen

Tab. 2.8 Dreifachbindungen X≡Y

Gruppe	Bande	Bemerkungen
—C≡C—H	3300 (s)	(C—H)-Valenzschwingung
	2140–2100 (w)	(C≡C)-Valenzschwingung
—C≡C—	2260–2150 (v)	in Polyacetylen-Verbindungen treten oft mehr Banden auf, als (C≡C)-Bindungen vorhanden sind[a, b]
—C≡N	2260–2200 (v)	(C≡N)-Valenzschwingung; stärker und zum unteren Ende des Bereiches verschoben, wenn konjugiert; gelegentlich sehr schwach oder abwesend, z. B. zeigen einige Cyanhydrine keine N-Absorption
Isocyanide		
$-\overset{+}{N}\equiv\overset{-}{C}$	2165–2110	
Nitriloxide		
—C≡N→O	2300–2290	
Diazonium-Salze		
$R-\overset{+}{N}\equiv N$	≈ 2250 ± 20	
Thiocyanate		
R—S—C≡N	2175–2160 (s)	aromatisches R
	2140 (s)	aliphatisches R

[a] Konjugation mit (C=C)-Bindungen und (C≡C)-Bindungen erniedrigt die Frequenz und erhöht die Intensität. Konjugation mit Carbonyl-Gruppen hat gewöhnlich einen geringen Einfluß auf die Lage der Bande

[b] Symmetrische und annähernd symmetrische Substitution macht die (C≡C)-Valenzschwingung IR-inaktiv; sie erscheint jedoch im Raman-Spektrum

Tab. 2.9 Kumulierte Doppelbindungen X=Y=Z

Gruppe	Bande	Bemerkungen
Kohlendioxid		
O=C=O	2349 (s)	erscheint oft in Spektren von Doppelstrahlgeräten infolge unterschiedlicher Weglängen der beiden Lichtstrahlen
Isocyanate		
—N=C=O	2275–2250 (s)	sehr hohe Intensität; Lage wird durch Konjugation nicht beeinflußt
Azide		
$-N_3$	2160–2120 (s)	
Carbodiimide		
—N=C=N—	2155–2130 (s)	sehr hohe Intensität; spaltet zu einem unsymmetrischen Dublett auf bei Konjugation mit Aryl-Gruppen
Ketene		
$>$C=C=O	≈ 2150 (s)	
Isothiocyanate		
—N=C=S	2140–1990 (s)	breit und sehr intensiv
Diazoalkane		
$R_2C=\overset{+}{N}=\overset{-}{N}$	≈ 2100 (s)	
Diazoketone		
$-CO-CH=\overset{+}{N}=\overset{-}{N}$	3100–2090	
$-CO-CR=\overset{+}{N}=\overset{-}{N}$	2070–2060	
Ketenimine		
$>$C=C=N—	≈ 2000 (s)	

Tab. 2.9 Fortsetzung

Gruppe	Bande	Bemerkungen
Allene		
$>C=C=C<$	≈ 1950 (m)	zwei Banden, wenn terminale Allene oder wenn elektronenziehende Gruppen (z. B. —COOH) vorliegen

Die Identifizierung von Dreifachbindungen und kumulierten Doppelbindungen ist mit Hilfe des IR-Spektrums relativ einfach, weil sie in einem Bereich absorbieren, in dem praktisch keine anderen starken Banden auftreten.

Die ungewöhnlich hoch liegenden Doppelbindungsfrequenzen in Systemen X=Y=Z werden vermutlich durch starke Kopplung zweier separater Valenzschwingungen verursacht, wobei die asymmetrischen und symmetrischen Valenzschwingungen weit getrennt werden. Dieser Typ von Kopplung kommt nur dann vor, wenn zwei Gruppen mit ähnlich hohen Schwingungsfrequenzen und gleicher Symmetrie einander benachbart sind. Andere Beispiele, bei denen eine solche Kopplung gefunden wird, sind die Amid-Gruppen und das Carboxylat-Ion (Tab. 2.10).

9. Das Gebiet der aromatischen Ober- und Kombinationsschwingungen (2000–1600 cm^{-1})

Aromatische Verbindungen sind durch eine schwache Valenzschwingungsbande bei 3030 cm^{-1} (s. Tab. 2.3, S. 43) sowie durch Banden um 1600 und 1500 cm^{-1} (s. Tab. 2.14, S. 51) charakterisiert. Gelegentlich kann die Art der Substitution am Benzol-Ring aus den starken Banden der (C—H)-"out-of-plane"-Schwingungen unterhalb 900 cm^{-1} (s. Tab. 2.15, S. 51) abgeleitet werden. Zusätzlich zu diesen Absorptionen treten Banden bei 1225 bis 950 cm^{-1} auf, die nur von geringem Nutzen sind, sowie eine Gruppe von schwachen Ober- und Kombinationsschwingungen im Gebiet 2000 bis 1600 cm^{-1}. In Spektren, die mit konzentrierteren Lösungen aufgenommen wurden, fand man, daß die Form und die Anzahl (zwei bis sechs) der in diesem Bereich gefundenen Banden eine Funktion des Substitutionsgrades am Benzol-Ring ist. Dies ist allerdings nur dann von Nutzen, wenn keine anderen Banden in diesem Bereich auftreten. Die charakteristischen Muster für verschieden substituierte Benzole sind in Abb. 2.23 bis 2.28 angegeben.

10. IR-Absorptionen von Doppelbindungen

Die Carbonyl-Absorption führt zu den stärksten Banden im IR-Spektrum und liegt in einem von anderen Gruppenschwingungen kaum beanspruchten Gebiet (1650 bis 1800 cm^{-1}). Für die Banden**intensität** gilt folgende Abstufung:

Carbonsäure > Ester > Ketone ≈ Aldehyde ≈ Amide.

Die Amid-Gruppe ist ein kompliziertes Schwingungsgebilde, und ihre Banden zeigen große Intensitätsschwankungen.

Die Carbonyl-Gruppe ist wegen ihrer Neigung zu **intra- und intermolekularen Wechselwirkungen** besonders interessant. Aus der Lage der Carbonyl-Absorption im Spektrum lassen sich vielfältige Einflüsse ihrer molekularen Umgebung ablesen. Es gelten folgende Regeln:

- Je stärker elektronenziehend eine Gruppe X im System R—CO—X ist, um so höher liegt die Wellenzahl (Frequenz).
- In α,β-ungesättigten Verbindungen ist die (C=O)-Frequenz um 15 bis 40 cm^{-1} erniedrigt (ausgenommen Amide, wo nur geringe Verschiebungen eintreten).
- Weitere Konjugation hat einen relativ geringen Einfluß.
- Ringspannung in cyclischen Verbindungen verursacht eine relativ große Verschiebung nach höheren Frequenzen. Dieses Phänomen dient als bemerkenswert zuverlässiger Test auf die Ringgröße, mit dem eindeutig zwischen Vierring-, Fünfring- und größeren Ring-Ketonen, Lactonen und Lactamen unterschieden werden kann. Sechsring- und größere Ring-Ketone zeigen eine normale (C=O)-Frequenz, wie sie auch bei entsprechenden offenkettigen Verbindungen gefunden wird.
- Wasserstoff-Brückenbindung zu einer Carbonyl-Gruppe verursacht Verschiebung zu tieferen Frequenzen um 40 bis 60 cm^{-1}. Diesen Effekt zeigen Carbonsäuren, Amide, enolisierte β-Oxocarbonyl-Verbindungen sowie *o*-Hydroxy- und *o*-Aminophenyl-carbonyl-Verbindungen.

Tab. 2.10 Carbonyl-Absorption C═O (alle angeführten Banden sind intensitätsstark)

Gruppen	Bande	Bemerkungen
Carbonsäure-anhydride 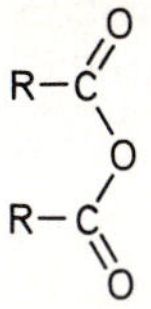		
gesättigte	1850–1800 1790–1740	zwei gewöhnlich durch ca. 60 cm^{-1} getrennte Banden; die Bande mit der höheren Frequenz ist in acyclischen Anhydriden intensiver, die mit der tieferen Frequenz ist in cyclischen Anhydriden intensiver
Aryl- und α,β-ungesättigte	1830–1780 1770–1710	
gesättigter Fünfring	1870–1820 1800–1750	
alle Klassen	1300–1050	ein oder zwei starke Banden infolge (C—O)-Valenzschwingung
Carbonsäurechloride (Acylchloride) 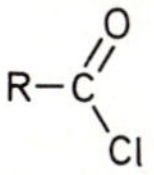		
gesättigte	1815–1790	
Aryl- und α,β-ungesättigte	1790–1750	
Diacyl-peroxide 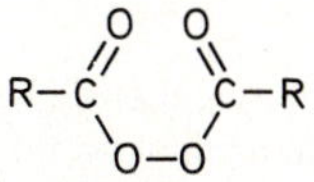		
gesättigte	1820–1810 1800–1780	
Aryl- und α,β-ungesättigte	1805–1780 1785–1755	
Ester Lactone 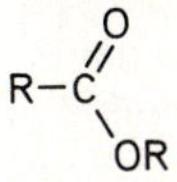		
gesättigte	1750–1735	
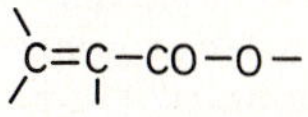	1725–1750	
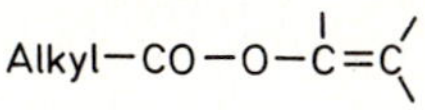	1800–1750	die (C═C)-Valenzschwingungsbande verschiebt sich ebenfalls nach höheren Frequenzen
Ester mit elektronegativen α-Substituenten, z. B. 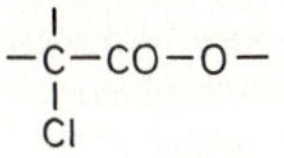	1770–1745	
α-Ketoester	1755–1740	
Lactone (spannungsfreie Lactone wie offenkettige Ester)		
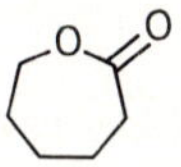	1730	
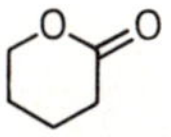	1750	
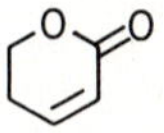	1720	
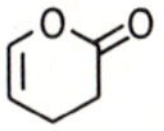	1760	
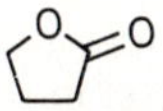	1775	
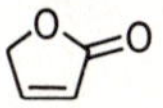	1770–1740	
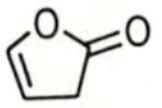	≈ 1800	
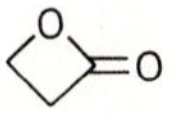	1840	
β-Ketoester in der Enolform mit H-Brückenbindung 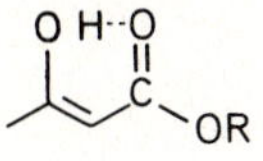	≈ 1650	Keto-Form normal; H-Brückenbindung vom Chelat-Typ verursacht Verschiebung nach tieferen Frequenzen (vgl. mit normalen Estern); die (C═C)-Bande liegt gewöhnlich bei 1630 cm^{-1} (s)
alle Klassen	1300–1050	gewöhnlich zwei starke Banden infolge (C—O)-Valenzschwingung

Tab. 2.10 Fortsetzung

Aldehyde

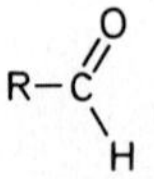

(vgl. auch Tab. 2.2 für C—H). Alle angegebenen Werte um ca. 10–20 cm^{-1} erniedrigt, wenn die Spektren mit Flüssigkeitsfilmen oder im festen Zustand aufgenommen werden. Bei Aufnahmen der Gasphase werden die Werte um ≈ 20 cm^{-1} erhöht.

Gruppen	Bande	Bemerkungen
gesättigte	1740–1720	
Aryl—CHO	1715–1695	*o*-Hydroxy- oder -Amino-Gruppen verschieben diese Werte infolge intramolekularer H-Brückenbindung nach 1655–1625 cm^{-1}.
α,β-ungesättigte	1705–1680	
α,β-; γ,δ-ungesättigte	1680–1660	
β-Ketoaldehyde in der Enol-Form	1670–1645	Erniedrigung bei H-Brücken vom Chelat-Typ

Ketone

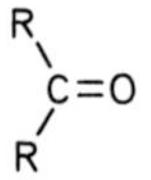

Alle angegebenen Werte um ≈ 10–20 cm^{-1} erniedrigt, wenn die Spektren mit Flüssigkeitsfilmen oder im festen Zustand aufgenommen werden. In den Spektren der Gasphase erhöhen sich die Werte um ≈ 20 cm^{-1}.

Gruppen	Bande	Bemerkungen
gesättigte	1725–1705	
Aryl-	1700–1680	
α,β-ungesättigte	1685–1665	
α,β-; α′,β′-ungesättigte und Diaryl-	1670–1660	
Cyclopropyl-	1705–1685	
Sechsring- und größere Ring-Ketone	Ähnliche Werte wie bei den korrespondierenden offenkettigen Ketonen	(vgl. Abb. 2.17)
Fünfring-Ketone	1750–1740	Konjugation mit (C═C)-Bindungen usw. beeinflußt diese Werte ähnlich wie bei offenkettigen Ketonen
Vierring-Ketone	≈ 1780	
α-Halogenketone	1745–1725	wird von der Konformation beeinflußt; die höchsten Werte treten auf, wenn beide Halogene in der gleichen Ebene mit C═O liegen
α,α′-Dihalogenketone	1765–1745	
1,2-Diketone s-*trans* (z. B. offenkettige)	1730–1710	antisymmetrische Valenzschwingungsfrequenz beider C═O-Gruppen; die symmetrische Schwingung ist IR-inaktiv, jedoch Raman-aktiv
1,2-Diketone s-*cis*, Sechsring	1760 und 1730	
1,2-Diketone s-*cis*, Fünfring	1775 und 1760	
o-Amino-oder *o*-Hydroxyarylketone	1655–1635	tief infolge intramolekularer H-Brücken; andere Substituenten sowie sterische Hinderung usw. beeinflussen die Lage der Bande
Chinone	1690–1660	C═C gewöhnlich bei 1600 cm^{-1} (s)
Tropone	1650	nahe 1600 cm^{-1}, wenn H-Brücken wie in Tropolonen auftreten

Carbonsäuren

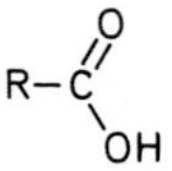

Gruppen	Bande	Bemerkungen
alle Typen	3000–2500	(O—H)-Valenzschwingung; eine charakteristische Gruppe von schmalen Banden infolge Kombinationsschwingungen usw.
gesättigte	1725–1700	das Monomere absorbiert nahe 1760 cm^{-1}, wird jedoch selten beobachtet; bei Spektren von Lösungen können gelegentlich beide Banden gesehen werden: die des freien Monomeren und die des Dimeren mit der H-Brückenbindung; Lösungen in Ether geben eine Bande bei 1730 cm^{-1}

Tab. 2.10 Fortsetzung

Gruppen	Bande	Bemerkungen
α,β-ungesättigte Carbonsäuren	1715–1690	
Arylcarbonsäuren	1700–1680	
α-Halogencarbonsäuren	1740–1720	
Carboxylat-Ionen		
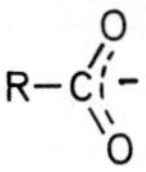		
für Aminosäuren s. Text unter Abb. 2.30		
meiste Typen	1610–1550 1420–1300	antisymmetrische und symmetrische Valenzschwingung
Amide		
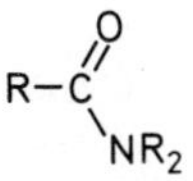		
(vgl. auch Tab. 2.5 und 2.6 für (N—H)-Valenz- und bending-Schwingungen)		
Primäre Amide $-CO-NH_2$		
in Lösung im festen Zustand	≈ 1690 ≈ 1650	Amid I (C=O)-Valenzschwingung)
in Lösung im festen Zustand	≈ 1600 ≈ 1640	Amid II (meist (N—H)-bending-Schwingung); Amid I ist gewöhnlich intensiver als Amid II; im festen Zustand können beide überlappen
N-monosubstituierte Amide —CO—NH—		
in Lösung im festen Zustand	1700–1670 1680–1630	Amid I (Abb. 2.28)
in Lösung im festen Zustand	1550–1510 1570–1515	Amid II; wird nur in offenkettigen Amiden gefunden Amid I ist gewöhnlich intensiver als Amid II
N,N-disubstituierte Amide	1670–1630	da keine H-Brücken auftreten, sind sich Spektren von Lösungen und vom Festkörper sehr ähnlich

Gruppen	Bande	Bemerkungen
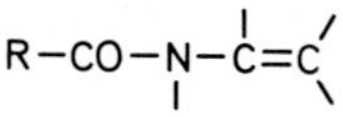		durch die zusätzliche Doppelbindung um $+15\ cm^{-1}$ verschoben
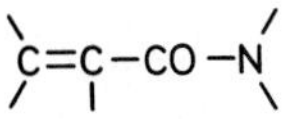		ebenfalls um $+15\ cm^{-1}$ verschoben; dies ist ein ungewöhnlicher Effekt der Doppelbindung; man nimmt an, daß gegenüber dem —I-Effekt der Doppelbindung auf das mesomere CO—N-System der gewöhnliche Konjugationseffekt hier untergeordnet ist.
Lactame		
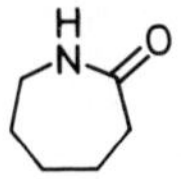	1669	im festen Zustand nach tieferen Werten verschoben (Abb. 2.22)
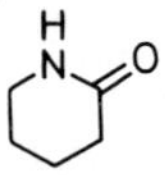	1670	
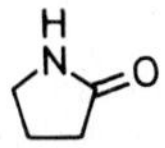	1717	
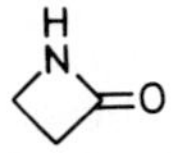	1750	
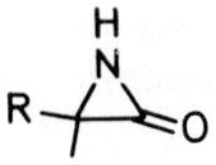	1850	
Imide		
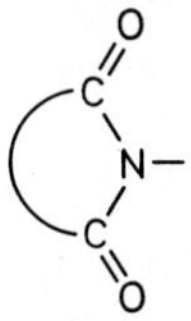		
Sechsringe	≈ 1710 und ≈ 1700	Verschiebung um $+15\ cm^{-1}$ bei Konjugation mit Mehrfachbindungen
Fünfringe	≈ 1770 und ≈ 1700	
Harnstoffe		
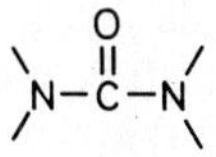	≈ 1660	

Tab. 2.10 Fortsetzung

Gruppen	Bande	Bemerkungen
Sechsring	≈ 1640	
Fünfring	≈ 1720	
Urethane		
R–O–C(=O)–N<	1740–1690	Amid-II-Bande tritt auf, wenn mindestens ein H am Stickstoff sitzt
Thioester und -säuren		
R–CO–SH	1720	
R–CO–SR	1690	
R–CO–SAr	1710	
Ar–CO–SR	1665	
Ar–CO–SAr	1685	

Tab. 2.11 Imine, Oxime etc. >C=N–

Gruppe	Bande	Bemerkungen
>C=N–	3400–3300 (m)	(N—H)-Valenzschwingung; erniedrigt bei H-Brücken
>C=N–H	1690–1640 (v)	schwer zu identifizieren infolge großer Intensitätsunterschiede und Nähe des (C=C)-Valenzschwingungs-Bereiches; Oxime geben allgemein sehr schwache Banden
α,β-ungesättigte	1660–1630 (v)	
konjugierte cyclische Systeme	1660–1480 (v)	

Tab. 2.12 Azo-Verbindungen –N=N–

Gruppe	Bande	Bemerkungen
–N=N–	≈ 1575 (v)	sehr schwach oder inaktiv im IR; ab und zu im Raman vertreten
$-\overset{+}{N}(O^-)=N-$	≈ 1570	

Tab. 2.13 Alkene >C=C<

Gruppe	Bande	Bemerkungen
nicht-konjugierte		
>C=C<	1680–1620 (v)	kann sehr schwach sein, wenn mehr oder weniger symmetrisch substituiert
konjugiert mit aromatischen Ringen	≈ 1625 (m)	intensiver als bei nicht-konjugierten Doppelbindungen
Diene, Triene usw.	1650 (s) und 1600 (s)	die Bande mit der tieferen Frequenz ist gewöhnlich intensiver und kann die Bande mit der höheren Frequenz verdecken oder überlappen
α,β-ungesättigte Carbonyl-Verbindungen	1640–1590 (s)	gewöhnlich viel schwächer als die (C=O)-Bande
Enolester, Enolether und Enamine	1690–1650 (s)	

Die Spektren aller Carbonyl-Verbindungen zeigen bei Aufnahme im festen Zustand leicht erniedrigte Werte für die Valenzschwingungsfrequenz, verglichen mit solchen von verdünnten Lösungen.

- Wenn mehr als **ein** struktureller Einfluß auf die Carbonyl-Gruppe wirkt, so entspricht der Gesamteffekt in den meisten Fällen annähernd der Summe der Einzeleffekte.

Die am stärksten substituierten Doppelbindungen haben die Tendenz, am höheren Ende des Frequenzbereiches zu absorbieren, die am wenigsten substituierten am tieferen Ende. Die Absorption kann sehr schwach sein, wenn die Doppelbindung mehr oder weniger **symmetrisch** substituiert ist. In diesen Fällen ist es möglich, die Schwingungsfrequenz aus dem Raman-Spektrum zu ermitteln. Aus dem gleichen Grund absorbieren (*E*)-Doppelbindungen im allgemeinen weniger stark als (*Z*)-Doppelbindungen. Tab. 2.3 enthält Angaben über die =C—H-Schwingungsfrequenzen, aus denen zusätzliche strukturelle Informationen gewonnen werden können.

Die Valenzschwingungsfrequenz von Doppelbindungen wird durch Ringspannungen beeinflußt. Eine zu einem Ring exocyclische Doppelbindung zeigt das gleiche Verhalten wie cyclische Ketone; die Frequenz wächst, wenn der Ring kleiner wird. Eine Doppelbindung **innerhalb** des Ringes zeigt einen entgegengesetzten Trend: Die Frequenz nimmt ab, wenn der Ring kleiner wird. Die (C—H)-Valenzschwingungsfrequenz nimmt mit wachsender Ringspannung wenig zu.

Identifizierung aromatischer Verbindungen. Aromaten zeigen in mehreren Bereichen charakteristische Absorptionen, an denen sie meist eindeutig erkannt werden können:

3100–3000 cm^{-1} Aryl-H-Valenzschwingung (s. Tab. 2.3, S. 43),

2000–1600 cm^{-1}	mehrere schwache Banden von Ober- und Kombinationsschwingungen,
1600–1500 cm^{-1}	(C=C)-Valenzschwingungen; zwei oder drei Banden, die eine wertvolle Möglichkeit zur Identifizierung darstellen (Tab. 2.14); auch polycyclische Verbindungen und Pyridine zeigen diese Absorptionen,
1225– 950 cm^{-1}	fingerprint-Banden, die von geringerem diagnostischen Wert sind,
unterhalb 900 cm^{-1}	(C—H)-Deformationsschwingung (out of plane); Lage ist abhängig vom Substitutionsgrad.

Die letzte Gruppe von Schwingungen ist von der Zahl der benachbarten Wasserstoff-Atome am Ring abhängig. Mit ihrer Hilfe kann daher der Substitutionsgrad bestimmt werden (Tab. 2.15). Dies ist in der Praxis oft schwierig, da diese Banden nicht immer die einzigen oder stärksten in dieser Region sind. Es stören z.B. Halogene [(C-Hal)-Schwingungen], so daß Zuordnungen mit Vorsicht behandelt werden sollten. In zweideutigen Fällen kann natürlich die NMR-Spektroskopie weiterhelfen.

In Abb. 2.23 bis 2.24c (s. S. 57 u. 58) sind zur Veranschaulichung die IR-Spektren von Toluol und den drei isomeren Xylolen angegeben. Das Spektrum von Tryptophan (s. S. 62) zeigt ebenfalls die für 1,2-Disubstitution charakteristischen Banden.

Die Werte der Tab. 2.15 gelten angenähert auch für kondensierte Ringsysteme und Pyridine (s. Abb. 2.29, S. 62). Stark elektronenziehende Substituenten verschieben die Werte im allgemeinen nach höheren Frequenzen.

Tab. 2.14 Aromatische Verbindungen (C=C-Valenzschwingungen)

Gruppe	Bande	Bemerkungen
aromatische Ringe	≈1600 (m)	
	≈1580 (m)	stärker, wenn weitere Konjugation zum Aryl-Ring vorliegt
	≈1500 (m)	gewöhnlich die stärkste der zwei oder drei Banden

Tab. 2.15 Substitutionsmuster des Benzol-Ringes  X_n

Gruppe	Bande	Substitutionsgrad
fünf benachbarte H	770–735 (s) 710–685 (s)	Monosubstitution; gewöhnlich zwei Banden (s. Toluol, S. 57)
vier benachbarte H	760–740 (s)	1,2-Disubstitution (s. 1.2-Dimethylbenzol, S. 57)
drei benachbarte H	800–770 (s)	1,3-Disubstitution, 1,2,3-Trisubstitution
zwei benachbarte H	840–800 (s)	1,4-Disubstitution, 1,3,4-Trisubstitution usw.
isoliertes H	900–800 (w)	1,3-Disubstitution usw.; gewöhnlich nicht intensiv genug, um von Nutzen zu sein

Tab. 2.16 Nitro-, Nitroso-Gruppen, Nitrate, Nitrite (N=O-Valenzschwingung)

Gruppe	Bande	Bemerkungen
$-\overset{\vert}{\underset{\vert}{C}}-NO_2$	≈1560 (s) ≈1350 (s)	asymmetrische und symmetrische Valenzschwingung der NO-Bindung; bei Konjugation mit Mehrfachbindungen ≈30 cm^{-1} erniedrigt (s. Abb. 2.27)
Nitrate		
$R-O-NO_2$	1640–1620 (s) 1285–1270 (s)	asymmetrische und symmetrische Valenzschwingung
Nitramine		
$>N-NO_2$	1630–1550 (s) 1300–1250 (s)	asymmetrische und symmetrische Valenzschwingung
Nitrite		
$R-O-NO$	1680–1650 (s) 1625–1610 (s)	die beiden Banden werden der s-*trans*- und s-*cis*-Form in der Nitrit-Gruppe zugeschrieben
monomer	1600–1500 (s)	
dimer *E*	1290–1190	
Z	1425–1370	
$-\overset{\vert}{\underset{\vert}{C}}-NO$		
Nitrosamine		
$>N-NO$	1460–1430 (s)	
N-Oxide		
aromatische	1300–1200 (s)	Pyridin-*N*-oxid absorbiert bei 1250 cm^{-1} in unpolaren Lösungsmitteln; elektronenziehende Substituenten im Ring erhöhen die Frequenz und umgekehrt
aliphatische $R_3\overset{+}{N}-O^-$	970– 950 (s)	
NO_3^-	1410–1340 860– 800	

11. „Fingerprint“-Bereich

Tab. 2.17 Schwefel-Verbindungen S

Gruppe	Bande	Bemerkungen
−S−H	2600–2550 (w)	(S—H)-Valenzschwingung; schwächer als O—H und wird weniger durch H-Brücken beeinflußt. Diese Absorption ist stark im Raman-Spektrum
>C=S	1200–1050 (s)	
>C(=S)−N<	≈3400	(N—H)-Valenzschwingung; im festen Zustand bis auf 3150 cm^{-1} erniedrigt.
	1550–1460 (s)	Amid II
	1300–1100 (s)	Amid I
>S=O	1060–1040 (s)	
Sulfone		
$>SO_2$	1350–1310 (s) 1160–1120 (s)	
Sulfonamide		
$R-SO_2-N<$	1370–1330 (s) 1180–1160 (s)	
Sulfonate		
$R-SO_2-OR'$	1420–1330 (s) 1200–1145 (s)	
Sulfate		
$RO-SO_2-OR'$	1440–1350 1200–1145	

Tab. 2.18 Phosphor-Verbindungen P

Gruppe	Bande	Bemerkungen
P−H	2400–2350 (s)	scharf
P-Phenyl	1440 (s)	scharf
P−O-Alkyl	1050–1030 (s)	
P−O-Aryl	1240–1190 (s)	
P=O	1300–1250 (s)	
P−O−P	970– 910	breit
−P(=O)(−)−OH	2700–2560 1240–1180 (s)	O—H in H-Brücken (P=O)-Valenzschwingung

Tab. 2.19 Ether R—O—R

Gruppe	Bande	Bemerkungen
−C(−)(−)−O−C(−)(−)−	1150–1070 (s)	(C—O)-Valenzschwingung
=C<−O−C(−)(−)−	1275–1200 (s) 1075–1020 (s)	s. Abb. 2.18 (S. 54)
$-C(-)(-)-O-CH_3$	2850–2810 (m)	(C—H)-Valenzschwingung; Arylether absorbieren am höheren Ende des Bereiches
	≈ 1250 ≈ 900 ≈ 800	

Tab. 2.20 Halogen-Verbindungen C—Hal

Gruppe	Alkyl-Hal	Aryl-Hal
C—F	1365–1120 (s)	1270–1100
C—Cl	830– 560 (s)	1100–1030
C—Br	680– 515 (s)	1075–1030
C—I	≈500 (s)	≈1060

Tab. 2.21 Anorganische Ionen

Gruppe	Bande	Bemerkungen
Ammonium	3300–3030	alle Banden sind stark
Cyanide, Thiocyanate, Cyanate	2200–2000	
Carbonate	1450–1410	
Sulfate	1130–1080	
Nitrate	1380–1350	
Nitrite	1250–1230	
Phosphate	1100–1000	

12. Beispiele von IR-Spektren

Die folgenden Spektren zeigen Lage, Aussehen und relative Intensität von Absorptionsbanden bei typischen Vertretern einiger Verbindungsklassen. Die Vielfalt der sog. **fingerprint**-Banden macht die Nützlichkeit dieses IR-Bereiches zur Identifizierung von Verbindungen deutlich.

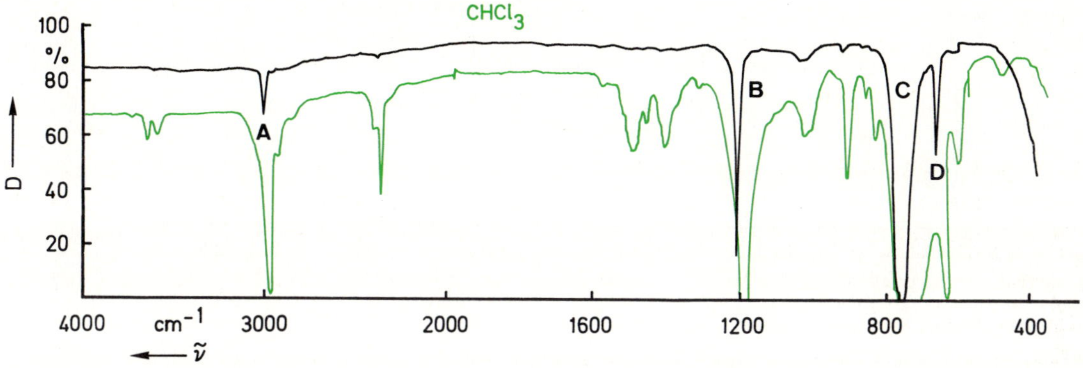

Abb. 2.15 Chloroform (als Film); schwarze Kurve: 9 µm Schichtdicke, grüne Kurve: 100 µm. Die Abbildung zeigt die Abhängigkeit der Bandenstärke von der Schichtdicke bei einem häufig verwendeten Lösungsmittel. In den Bereichen starker Absorption reicht bei dicken Meßzellen (> 0,2 mm Schichtdicke) die Durchlässigkeit meist nicht mehr aus, um den Detektor arbeiten zu lassen

A 3020 cm^{-1} (C—H)-Valenzschwingung ν (CH)
B 1215 cm^{-1} (C—H)-Deformationsschwingung δ (CH)
C 760 cm^{-1} asymmetrische (C—Cl)-Valenzschwingung
D 670 cm^{-1} symmetrische (C—Cl)-Valenzschwingung

Alle anderen Banden sind Kombinations- und Oberschwingungen.

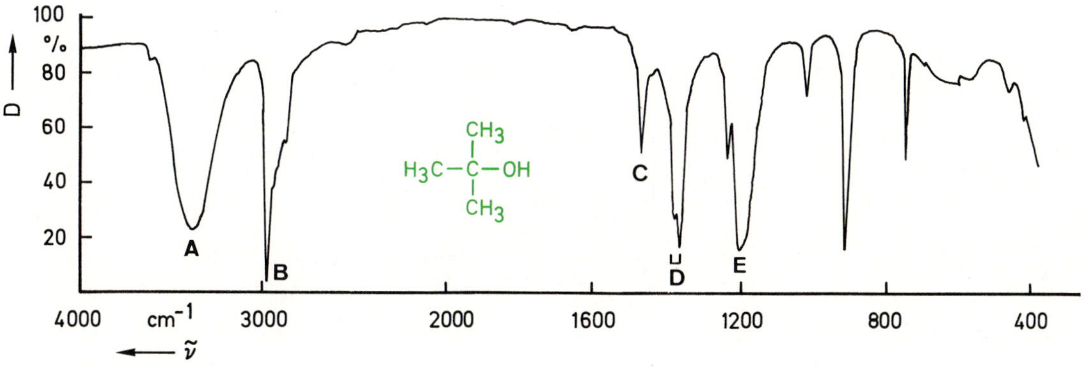

Abb. 2.16 *tert*-Butanol (als Film)
Alkohole sind durch die starke OH-Bande (A) und eine intensive und breite Absorption zwischen 1250–1000 cm^{-1} (E) gut identifizierbar

A ≈3400 cm^{-1} (O—H)-Valenzschwingung in H-Brücken; die vorgelagerte Schulter bei 3605 cm^{-1} wird vermutlich von nicht assoziiertem O—H hervorgerufen
B 2975 cm^{-1} (C—H)-Valenzschwingung $\nu_{as,s}$ (CH_3)
C 1470 cm^{-1} asymmetrische (C—H)-Deformationsschwingung δ_{as} (CH_3)
D 1380 cm^{-1} charakteristische Doppelbande für *t*-Butyl-Gruppen
1365 cm^{-1} δ_s ($C(CH_3)_3$)
E 1200 cm^{-1} (C—O)-Valenzschwingung ν (C—O)

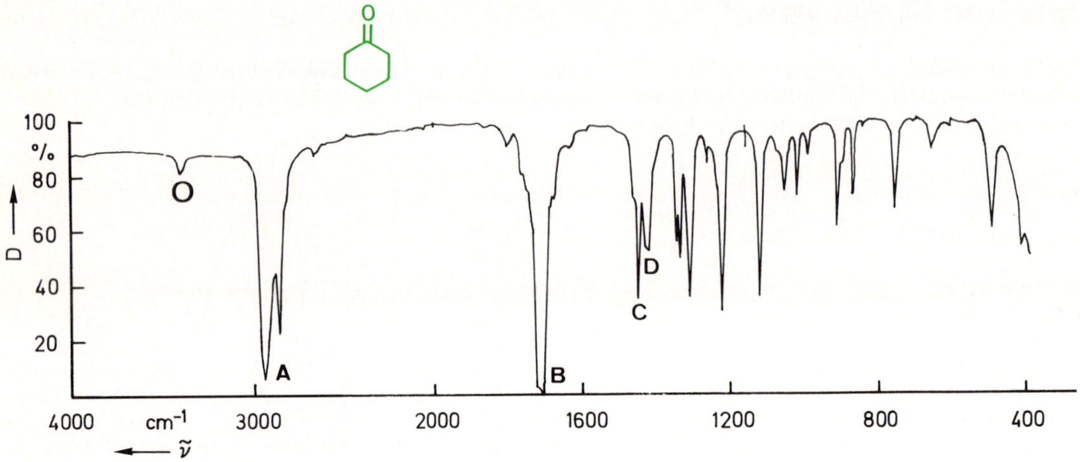

Abb. 2.17 Cyclohexanon (als Film)

O 3400 cm^{-1} Oberschwingung der Carbonyl-Gruppe (s. auch Abb. 2.20 und 2.7, S. 55 u. 36)
A (C—H)-Valenzschwingung $\nu_{as,s}$ (CH_2)
B 1710 cm^{-1} (C=O)-Valenzschwingung ν (C=O)
C 1450 cm^{-1} (C—H)-Deformationsschwingung δ (CH_2)
D 1420 cm^{-1} (C—H)-Deformationsschwingung benachbart zu C=O

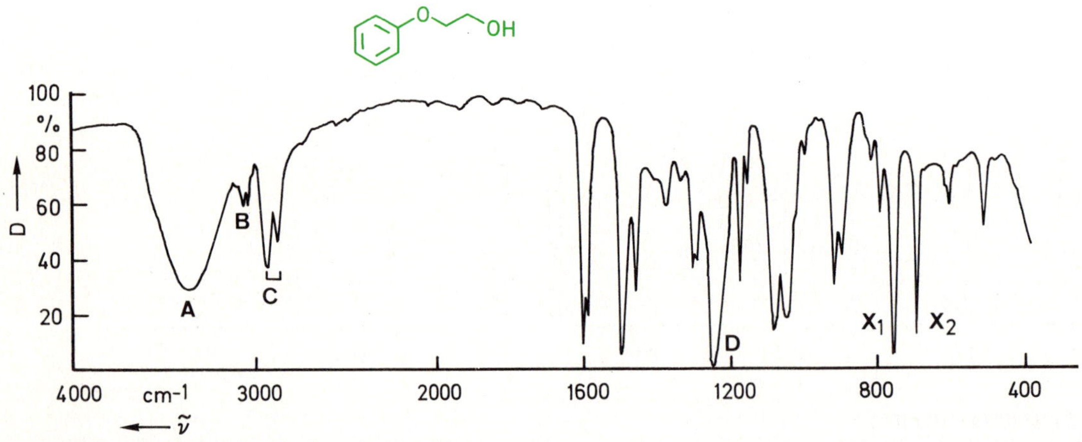

Abb. 2.18 2-Phenoxyethanol (als Film)
Dieses Beispiel zeigt charakteristische Banden für einen Alkohol, Ether und monosubstituierten Aromaten

A ≈3350 cm^{-1} (O—H)-Valenzschwingung in H-Brücken
B (C—H)-Valenzschwingungen des Benzol-Ringes
C (C—H)-Valenzschwingungen der CH_2-Gruppen
D 1250 cm^{-1} (C—O)-Valenzschwingung in Arylalkylethern; Dialkylether-Banden liegen kürzerwellig (Tab. 2.19)
X_1 760 cm^{-1} monosubstituierter Aromat, d.h. fünf benachbarte H-Atome
X_2 695 cm^{-1} (vgl. mit Toluol, Abb. 2.23)

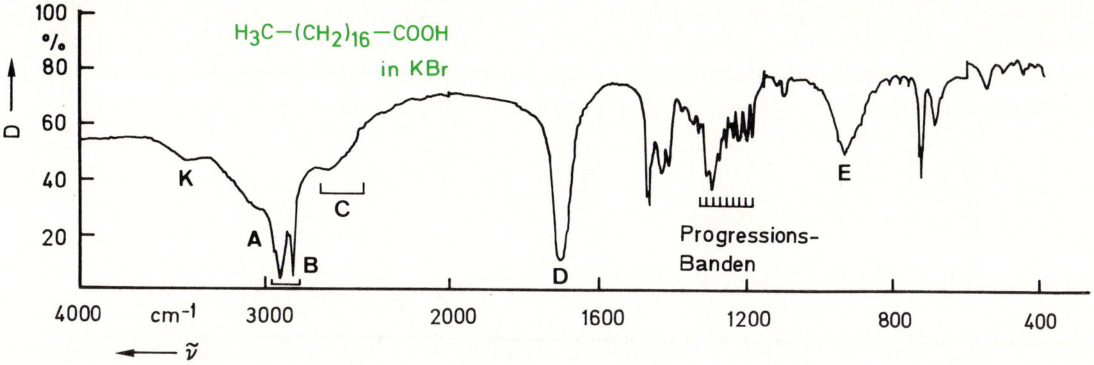

Abb. 2.19 Octadecansäure (Stearinsäure; in KBr)
Carbonsäuren assoziieren durch Bildung von Wasserstoff-Brückenbindungen (breite Bande der dimeren Form um 3000 cm^{-1}). Charakteristisch ist auch die Deformationsschwingung (—OH----O=C) des H-Brückenkomplexes um 930 cm^{-1}. Bei längeren Ketten ($> C_{12}$) findet man im festen Zustand sog. **Progressionsbanden**; das sind äquidistante Banden zwischen 1350 und 1200 cm^{-1}, die von den (*E*)-orientierten CH_2-Gruppen herrühren (**twisting-** und **rocking-**Schwingungen)

A	$\approx$3000 cm^{-1}	sehr breite OH-Bande in Wasserstoff-Brücken
B		überlagerte (C—H)-Valenzschwingungen $\nu_{as,s}$ (CH_2, CH_3)
C	2700 bis 2500 cm^{-1}	charakteristische Schultern, die von Ober- und Kombinationsschwingungen herrühren
D	1700 cm^{-1}	(C=O)-Valenzschwingung
E	930 cm^{-1}	(O—H)-Deformationsschwingung in Wasserstoff-Brückenbindungen O—H von Wasserspuren im KBr-Preßling

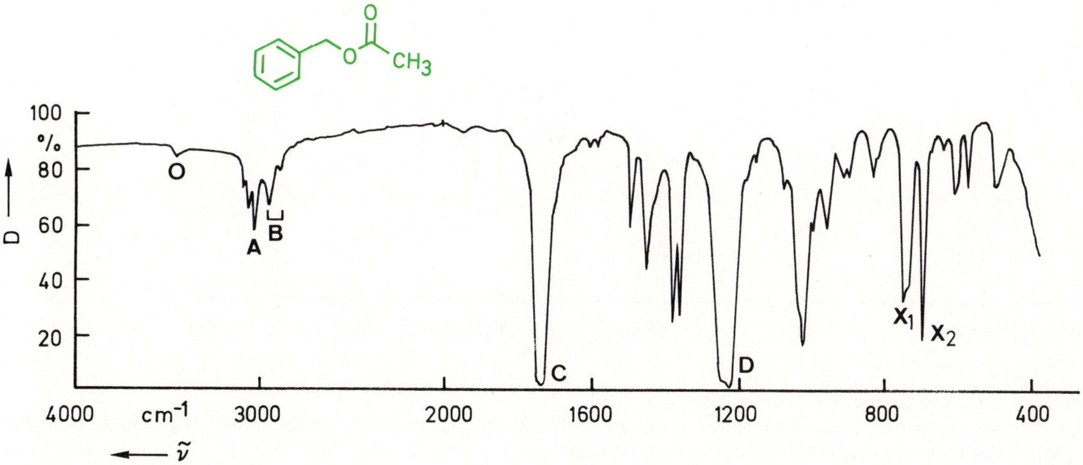

Abb. 2.20 Essigsäure-benzylester (als Film)

O	3450 cm^{-1}	vermutlich keine Wasserspuren, sondern Oberschwingung der Carbonyl-Gruppe (vgl. Abb. 2.17)
A	3050 bis 3020 cm^{-1}	(C—H)-Valenzschwingungen des Benzol-Ringes
B	2960 bis 2880 cm^{-1}	(C—H)-Valenzschwingungen der CH_3-Gruppe
C	1740 cm^{-1}	(C=O)-Valenzschwingung
D	1230 cm^{-1}	(C—O)-Valenzschwingung; Lage ist charakteristisch für die Acetyl-Gruppe
X_1	750 cm^{-1}	monosubstituierter Aromat
X_2	700 cm^{-1}	(vgl. Toluol, Abb. 2.23)

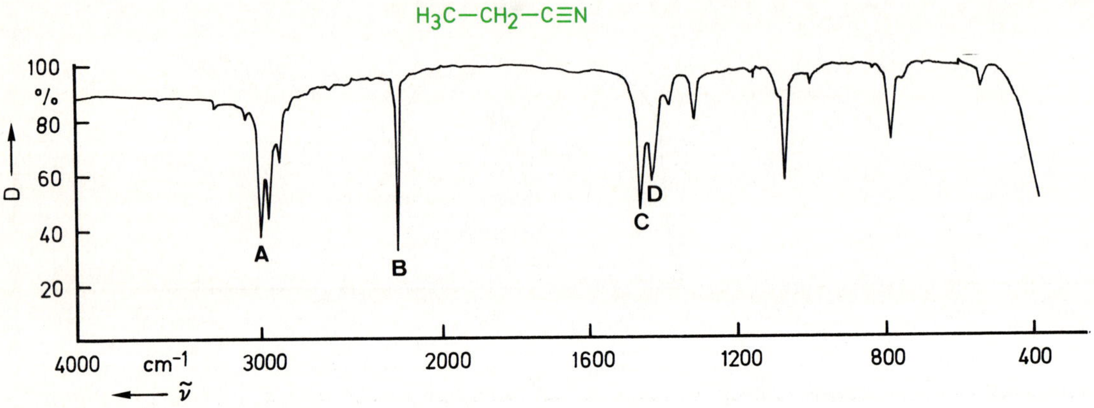

Abb. 2.21 Propannitril (Propionsäurenitril) (als Film)
Absorptionsbanden im Bereich 2300–2000 cm^{-1} zeigen meist mit großer Sicherheit Dreifachbindungen an (s. Tab. 2.8, S. 45).

A (C—H)-Valenzschwingungen $\nu_{s,as}$ (CH_2, CH_3)
B 2250 cm^{-1} (C≡N)-Valenzschwingung
C 1460 cm^{-1} (C—H)-Deformationsschwingung
D 1430 cm^{-1} (C—H)-Deformationsschwingung neben C≡N

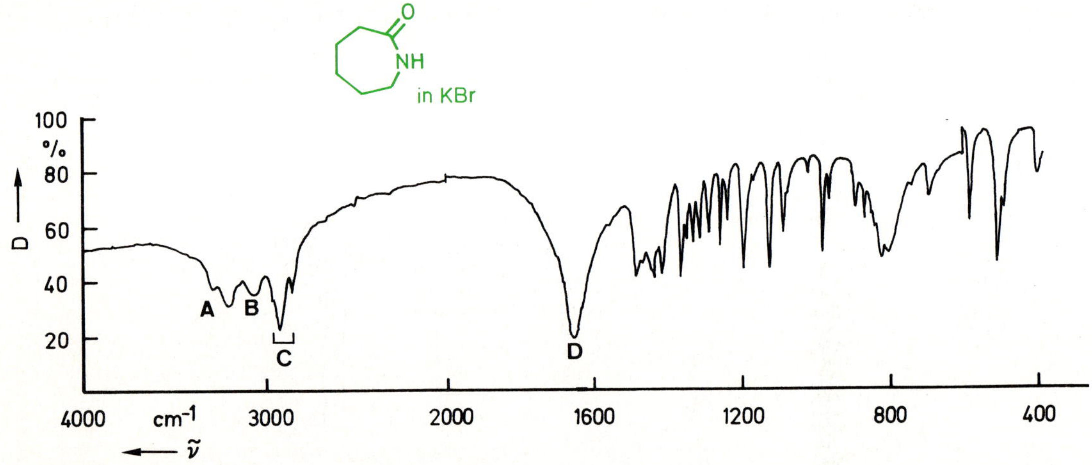

Abb. 2.22 ε-Caprolactam (Hexahydro-2*H*-azepin-2-on) (in KBr)
Beispiel eines cyclischen Carbonsäureamids mit fehlender Amid-II-Bande (vgl. mit Abb. 2.28a, S. 60). Die vielen scharfen Banden im *fingerprint*-Bereich sind typisch für aliphatische Ringe

A 3295 cm^{-1} (N—H)-Valenzschwingung in N-monosubstituierten Amiden
3210 cm^{-1}
B 3100 cm^{-1} Kombinationsbande ν (C═O) + δ (N—H)
C (C—H)-Valenzschwingungen $\nu_{as,s}$ (CH_2)
D 1660 cm^{-1} (C═O)-Valenzschwingung

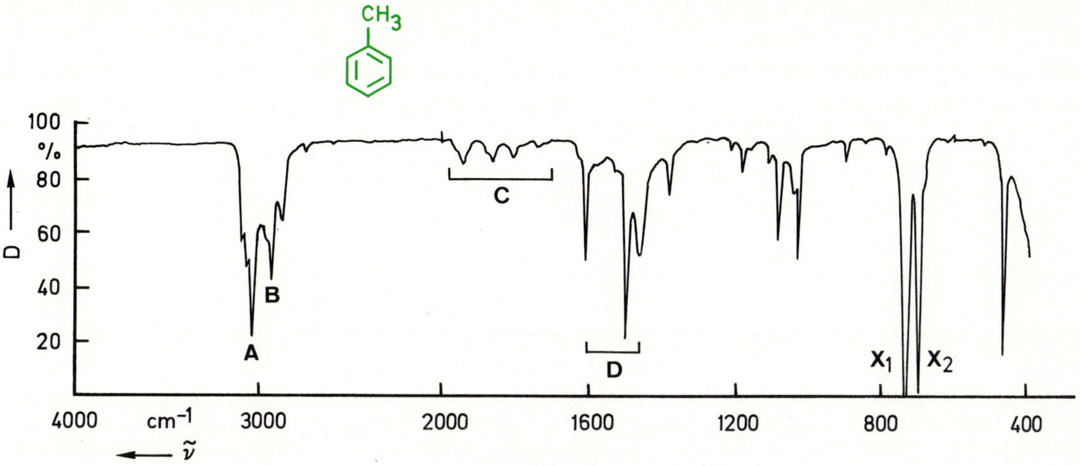

Abb. 2.23 Toluol (als Film)

A aromatische (C—H)-Valenzschwingungen
B aliphatische (C—H)-Valenzschwingungen
C Ober- und Kombinationsschwingungen bei Aromaten
D (C=C)-Valenzschwingungen, die für Aromaten typisch sind
X_1 730 cm^{-1} monosubstituierter Aromat (fünf benachbarte H-Atome); H-Deformationsschwingung (*out of plane*); s. Tab. 2.15, S. 51)
X_2 695 cm^{-1} Ringdeformationsschwingung, die ebenfalls auf ein monosubstituiertes Benzol hindeutet

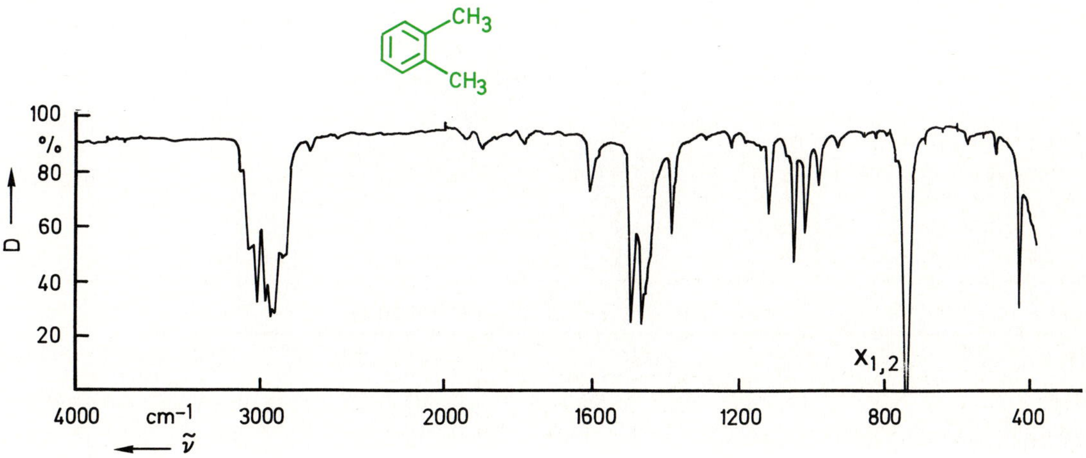

Abb. 2.24a 1,2-Dimethylbenzol (*o*-Xylol) (als Film)

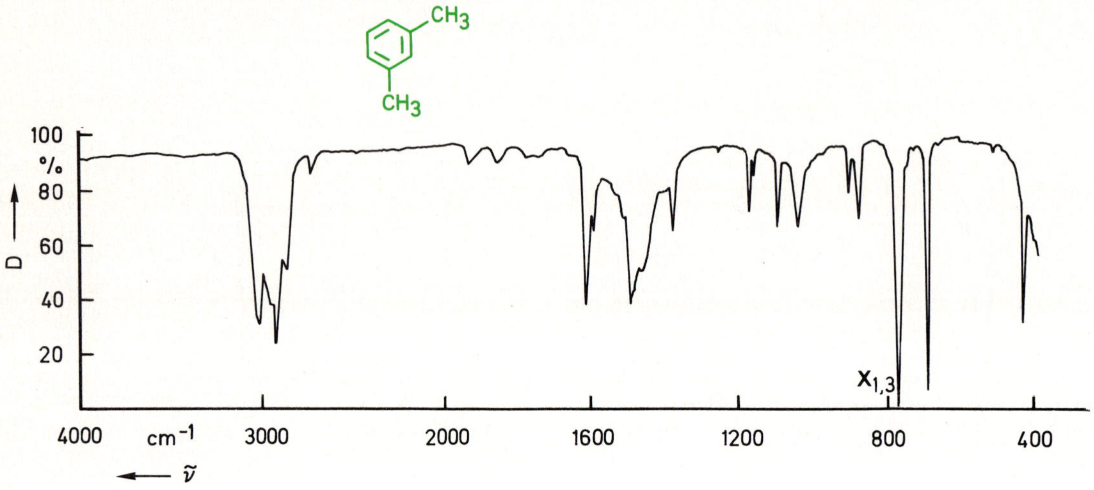

Abb. 2.24b 1,3-Dimethylbenzol (*m*-Xylol) (als Film)

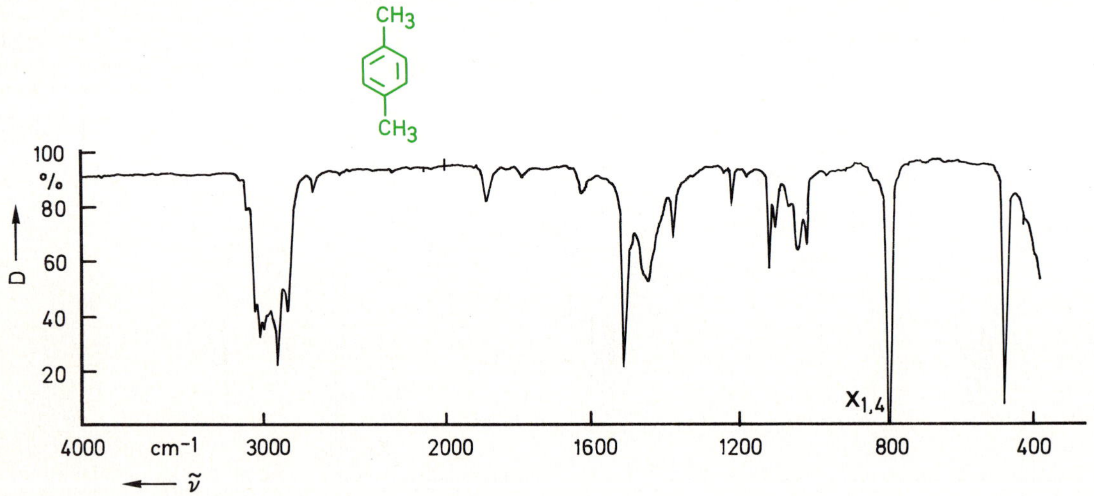

Abb. 2.24c 1,4-Dimethylbenzol (*p*-Xylol) (als Film)

Bestimmung des Substitutionsgrades nach Tab. 2.15 (S. 51):

$\mathbf{X}_{1,2}$ 740 cm^{-1} typisch für vier benachbarte H am Aromaten (1,2-Disubstitution)
$\mathbf{X}_{1,3}$ 770 cm^{-1} drei benachbarte H (1,3-Disubstitution)
$\mathbf{X}_{1,4}$ 800 cm^{-1} zwei benachbarte H (1,4-Disubstitution)
Zwecks Zuordnung weiterer Banden vergleiche mit dem Spektrum von Toluol (s. Abb. 2.23)

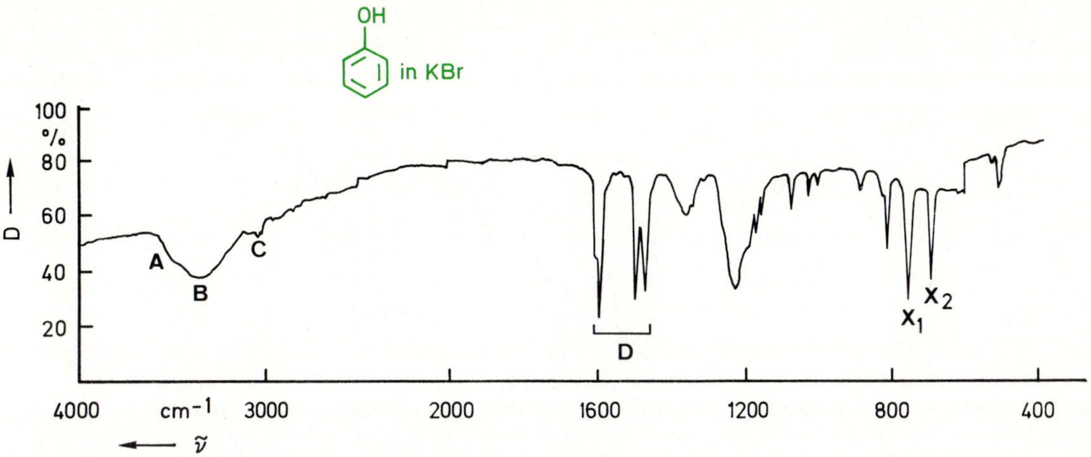

Abb. 2.25 Phenol (in KBr)

A 3500 cm^{-1} (O—H)-Valenzschwingung in dimeren H-Brücken
B 3360 cm^{-1} (O—H)-Valenzschwingung in polymeren H-Brücken
C 3040 cm^{-1} (C—H)-Valenzschwingung bei Aromaten
D (C=C)-Valenzschwingungen, typisch für Aromaten (vgl. Toluol, Abb. 2.23)
X_1 755 cm^{-1}
X_2 690 cm^{-1} monosubstituierter Aromat (s. Tab. 2.15, S. 51):

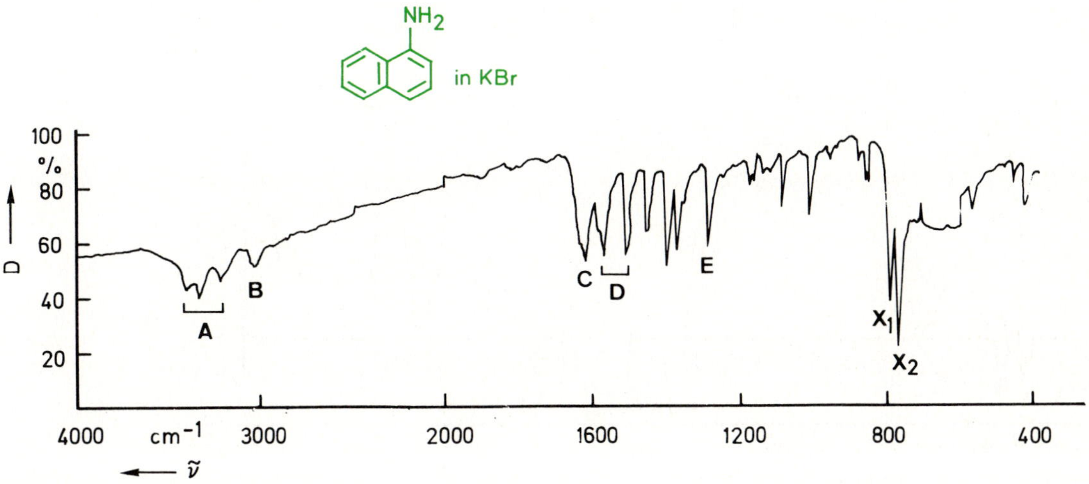

Abb. 2.26 1-Naphthylamin (in KBr)

A (N—H)-Valenzschwingungen (unterschiedlich assoziierte Spezies)
B 3040 cm^{-1} (C—H)-Valenzschwingung bei Aromaten
C 1620 cm^{-1} (N—H)-Deformationsschwingung
D 1570 cm^{-1}, 1510 cm^{-1} (C=C)-Valenzschwingungen bei Aromaten
E 1290 cm^{-1} (C—N)-Valenzschwingung
X_1 795 cm^{-1} monosubstituierter Aromat (die Werte der Tab. 2.15 gelten angenähert auch für
X_2 770 cm^{-1} Naphthaline)

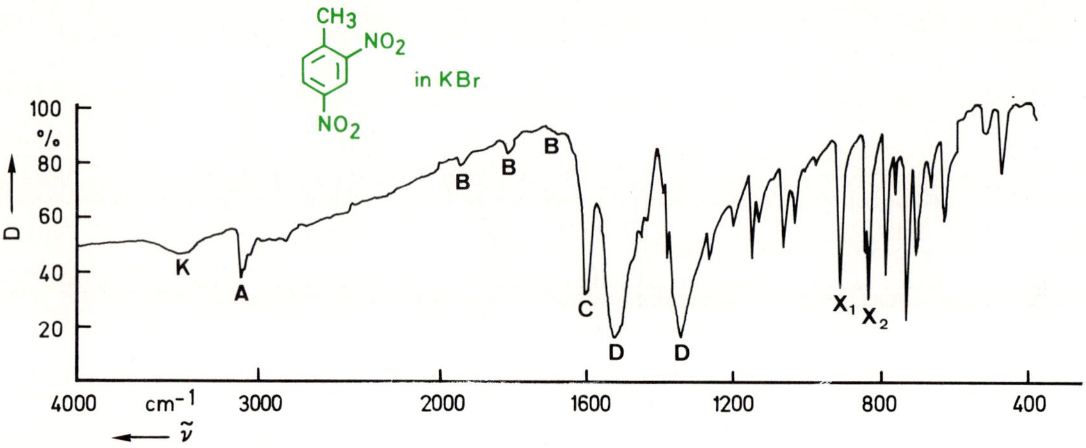

Abb. 2.27 2,4-Dinitrotoluol (in KBr)

A 3100 cm^{-1} (C—H)-Valenzschwingungen des Aromaten
B Oberschwingungen bei Aromaten
C 1600 cm^{-1} (C=C)-Valenzschwingung des Aromaten
D 1520 cm^{-1} asymmetrische und symmetrische N=O-Valenzschwingung
1340 cm^{-1} (konjugiert mit dem Aromaten)
X_1 915 cm^{-1} vermutlich die beiden Banden der (C—H)-Deformationsschwingung (*out of plane*),
X_2 840 cm^{-1} die bei 1,2,4-Trisubstitution auftreten
K Wasserspuren im KBr-Preßling

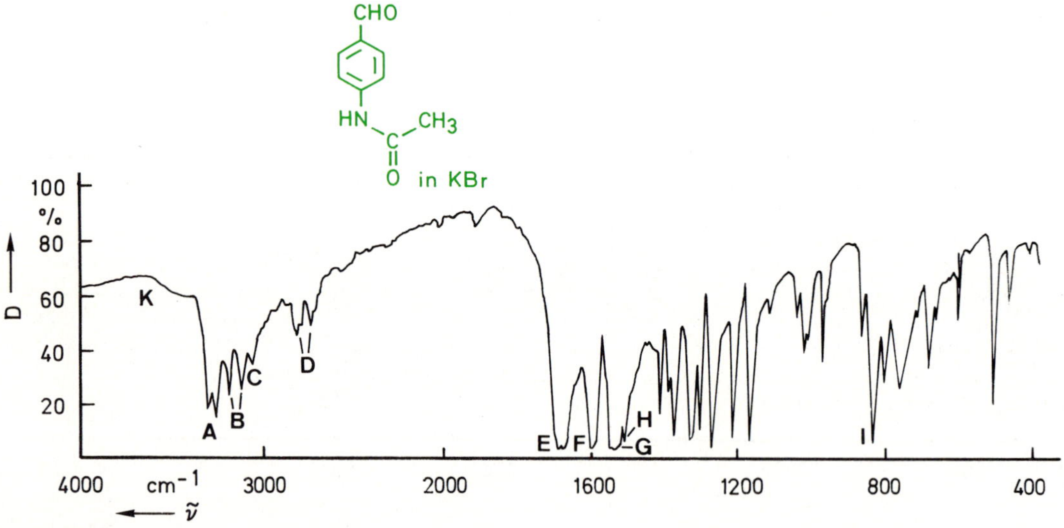

Abb. 2.28a 4-Acetylaminobenzaldehyd (in KBr)

A 3300 und 3260 cm^{-1} N—H in N-monosubstituierten Amiden
B 3190 und 3110 cm^{-1} Amid-Basen unbekannten Ursprungs
C 3060 cm^{-1} aromatisches C—H
D 2810 und 2730 cm^{-1} C—H in Aldehyden
E 1690 und 1670 cm^{-1} Aldehyd-Carbonyl und Amid I
F 1600 cm^{-1} Benzol-Ring
G 1535 cm^{-1} Amid II
H 1510 cm^{-1} Benzol-Ring
I 835 cm^{-1} *p*-disubstituierter Benzol-Ring
K Schulter einer OH-Bande von Wasserspuren im KBr-Preßling

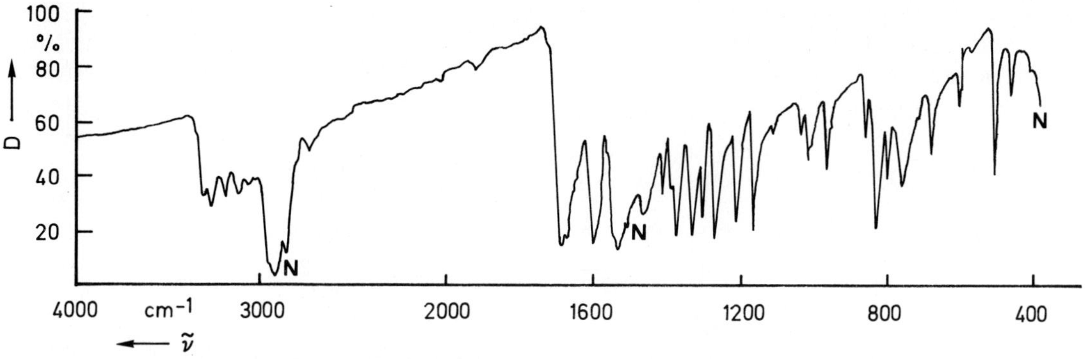

Abb. 2.28b 4-Acetylaminobenzaldehyd (in Nujol)

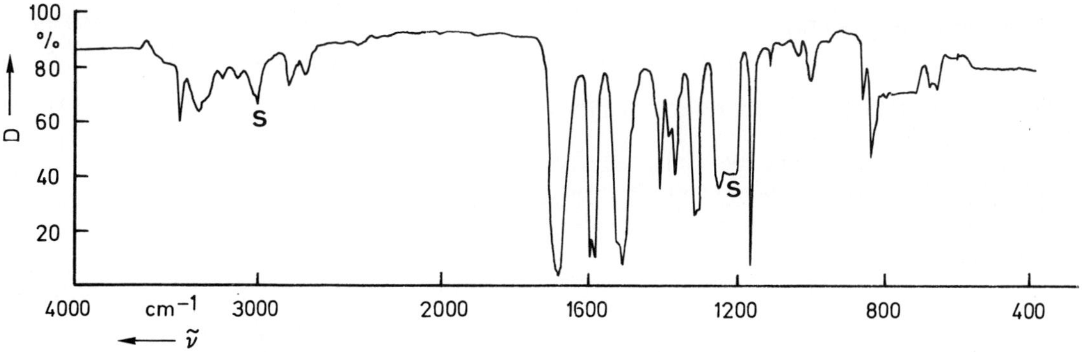

Abb. 2.28c 4-Acetylaminobenzaldehyd (in $CHCl_3$)

Das Spektrum Abb. 2.28 a zeigt eine Bandenvielfalt, wie sie bei N-monosubstituierten Amiden gefunden werden. Das Auftreten so vieler Banden in den Spektren von Amiden ist vermutlich auf die zahlreichen Assoziierungs-Möglichkeiten zurückzuführen, von denen auf S. 45 lediglich eine gezeigt ist.

Das Spektrum Abb. 2.28b wurde im Unterschied zu Abb. 2.28a in Nujol aufgenommen. Dadurch wird die Aldehyd-(C—H)-Bande (**D** in Abb. 2.28 a) von der starken Nujol-Bande (mit N markiert) verdeckt. Andererseits ist die mit **K** gekennzeichnete Absorption verschwunden, da sie von Feuchtigkeit im Kaliumbromid-Preßling herrührte.

Das Spektrum Abb. 2.28c wurde wieder von der gleichen Verbindung aufgenommen, jedoch in Lösung. Dadurch treten einige Veränderungen auf: Der Bereich der (N—H)-Valenzschwingung differiert stark, und die Amid-I-Bande ist etwas nach höherer Frequenz verschoben. Dies führt zur Überlagerung mit der Aldehyd-(C=O)-Absorption. Derartige Unterschiede sind beim Übergang vom kristallinen in den gelösten Zustand zu erwarten, da hiermit ein Auflösen der **inter**molekularen Wechselwirkungen einhergeht.

Von dem Wechsel werden vor allem die Schwingungsfrequenzen der an der Assoziierung beteiligten funktionellen Gruppen betroffen.

Die Benzol-Absorption bei 1600 cm^{-1} ist jetzt in zwei getrennte Banden aufgelöst, d. h., Spektren von Lösungen sind oft besser aufgelöst als Festkörper-Spektren. Andererseits findet man bei Festkörper-Spektren wesentlich mehr Banden in der *fingerprint*-Region.

Die mit **S** markierten Banden rühren teilweise vom Lösungsmittel her, das im Strahlengang nicht vollständig ausbalanciert wurde.

Aminosäuren (Abb. 2.30) zeigen das Spektrum von zwitterionischen Gruppen. Die (N—H)-Absorption der primären Ammonium-Gruppe (NH_3^+) erscheint unter den Banden des gesättigten C—H. Die zwei Banden bei 2500 und 2000 cm^{-1} werden häufig gefunden, wenn eine —NH_3^+-Gruppe vorhanden ist, und sind auf Ober- und Kombinationsschwingungen zurückzuführen. Im Doppelbindungsbereich liegen verschiedene Banden, von denen wenigstens eine von der ionisierten Carboxy-Gruppe herrührt.

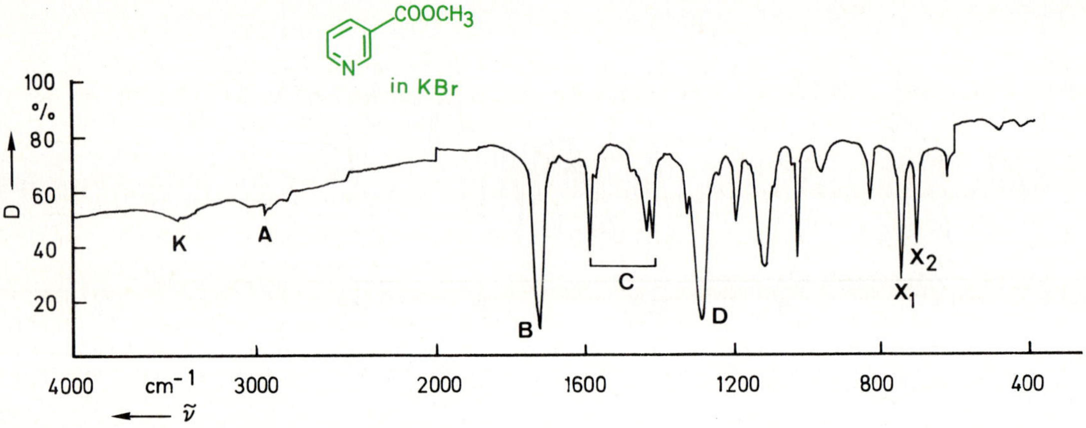

Abb. 2.29 Nicotinsäuremethylester (in KBr)

A 2950 cm^{-1} (C—H)-Valenzschwingung ν (CH_3); die aromatische (C—H)-Valenzschwingung ist nur schwach sichtbar (oberhalb 3000 cm^{-1})
B 1725 cm^{-1} (C=O)-Valenzschwingung; (C=C)- und (C=N)-Valenzschwingungen
D 1290 cm^{-1} (C—O)-Valenzschwingung
X_1 745 cm^{-1} monosubstituierter Aromat; die Werte der Tab. 2.15 gelten angenähert auch für
X_2 705 cm^{-1} Pyridine; **K** Wasserspuren im KBr-Preßling

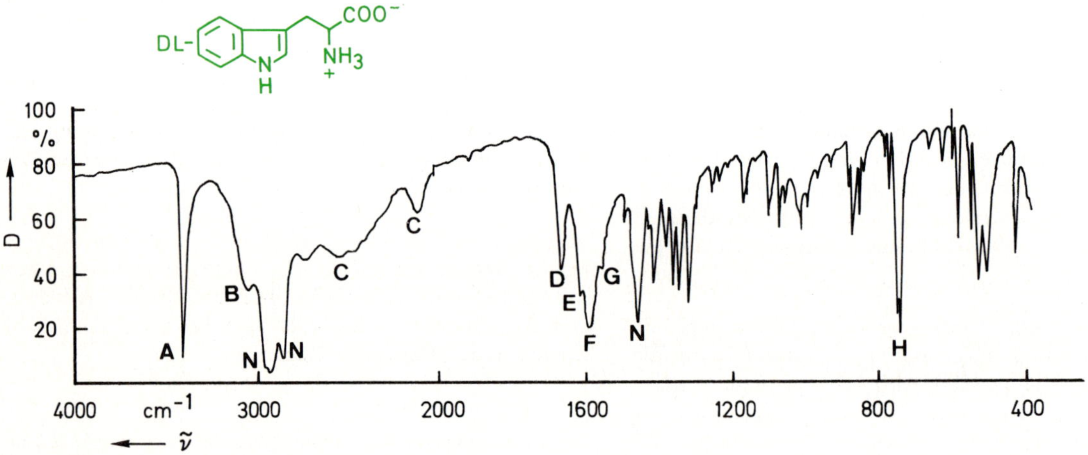

Abb. 2.30 D,L-Tryptophan (in Nujol)

A 3400 cm^{-1} Indol-(N—H)-Valenzschwingung
B 3030 cm^{-3} breite „Ammonium"-Bande von $—NH_3^+$
C ≈ 2500 und ≈ 2100 cm^{-1} zwei Banden, sehr häufig bei Aminosäuren, treten auch bei primären Ammonium-Salzen auf
D 1665 cm^{-1} Aminosäure I; ungewöhnlich stark
E 1610 cm^{-1} wahrscheinlich Aryl-Gruppe
F 1585 cm^{-1} Aminosäure II; ionisierte Carboxylat-Gruppe $—COO^-$
G 1555 cm^{-1} $—NH_3^+$-Deformationsschwingung
H 755 oder 745 cm^{-1} (C—H)-*out-of-plane*-Schwingungen eines 1,2-disubstituierten Benzol-Ringes
N Nujol-Banden

13. Datenverarbeitung

Neue Impulse erhält die IR-Spektroskopie ebenso wie Kernresonanz und Massenspektroskopie durch Anwendung und Kombinationen mit EDV-Techniken.

Im sog. **On-line**-Betrieb ist das IR-Spektrometer direkt mit Rechner und Datenspeicher verbunden. Dies gestattet z. B. die Aufzeichnung eines Differenzspektrums aus dem aufgenommenen Spektrum durch Subtraktion der Lösungsmittel-Banden (mathematische Kompensation).

Der entscheidende Vorteil solcher Kombinationen liegt jedoch im Vergleich von gemessenen Spektren mit Spektrendateien (rechnerunterstützte Recherchen): Die Identifizierung einer unbekannten Probe wird außerordentlich erleichtert und beschleunigt, wenn ihr IR-Spektrum durch den Rechner automatisch mit einer möglichst umfangreichen Sammlung gespeicherter Spektren verglichen werden kann. Der Übereinstimmungsgrad der Absorptionsbanden in bezug auf Lage und Intensität zwischen gemessenen und gespeicherten Spektren läßt sich dann ausdrucken und auflisten.

Allerdings benötigt die rechnerunterstützte IR-Spektrensuche einige Voraussetzungen, um erfolgreich arbeiten zu können. Diese liegen beispielsweise im Codiervorgang (möglichst vollständige digitale Speicherung des Gesamtspektrums), im Such- und Bewertungsvorgang sowie im Umfang der Vergleichsspektren-Datei. Die Erstellung von Spektrensammlungen ist bereits bei einigen tausend Spektren zeitaufwendig und kostspielig. In Anbetracht von ca. 4 Millionen bekannter Verbindungen in der organischen Chemie zielen daher Weiterentwicklungen auf die **Interpretation** von IR-Spektren (z. B. Pattern-Recognition-Methoden) und schließlich auf die **Kombination** mit NMR-, MS- und UV-Spektren unter dem Schlagwort „artificial intelligence", d. h. die menschliche Weise der Schlußfolgerungen per Rechenprogramm nachzuvollziehen. Dieses ganze Gebiet befindet sich in vollem Fluß und kann im Rahmen dieses Kapitels nicht vertiefend behandelt werden (s. Bibliographie, z. B. Günzler/Böck, 2. Aufl.).

14. Quantitative IR-Spektroskopie

Mit Hilfe des IR-Spektrums lassen sich auch quantitative Aussagen über die Konzentration eines Stoffes in einer Lösung oder Mischung machen. Wie in der UV-Spektroskopie beschreibt das Lambert-Beer-Gesetz (s. S. 4) den Zusammenhang zwischen absorbiertem Licht und Stoffkonzentration:

$$\lg \frac{I_0}{I} = \varepsilon \cdot c \cdot d = E_\lambda$$

Die Absorption ist bei einer bestimmten Wellenlänge proportional der Konzentration c und der durchstrahlten Schichtdicke d. Meßgröße ist das Intensitätsverhältnis I_0/I des Lichtes **vor** und **nach** seinem Durchgang durch die Probe. Die Größe $\lg I_0/I$ nennt man Extinktion E_λ (engl.: Absorbance) und ε den Extinktionskoeffizienten. In obiger Gleichung sind drei Größen veränderlich – nämlich c, d, E_λ – und ε ist eine Stoffkonstante. Die quantitative IR-Analyse besteht also darin, die Konzentration c mit Hilfe von E_λ anhand einer charakteristischen Absorptionsbande zu bestimmen; d ergibt sich aus der Länge der Küvette.

Die strenge Gültigkeit des Lambert-Beer-Gesetzes ist allerdings nur für **kleine** Konzentrationen gegeben, z. B. bei den stark verdünnten Lösungen der UV-Spektroskopie. Als Störfaktoren bei der Bestimmung von I_0/I kommen außerdem Reflexionen und Streuungen des eingestrahlten Lichtes hinzu. Daher eignen sich Preßlinge nur für **halb**quantitative IR-Messungen.

Die quantitative Bestimmung einer Probe mittels IR-Spektroskopie setzt praktisch eine empirische **Eichkurve** voraus: Man stellt einige Konzentrationen des zu bestimmenden Stoffes in einem Lösungsmittel her und trägt graphisch die resultierenden Extinktionen einer charakteristischen Absorptionsbande gegen die Konzentration auf. Da für die

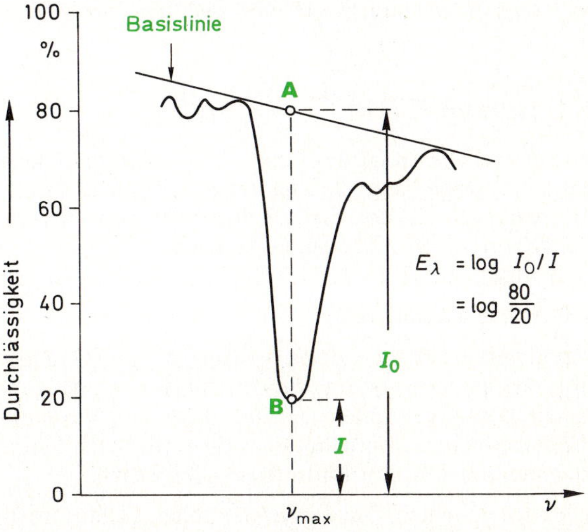

Abb. 2.31 Basislinien-Verfahren zur Ermittlung der Extinktion E_λ

genaue Bestimmung der Extinktion zunächst die Bezugsgrundlinie fehlt, wird vielfach das Basislinien-Verfahren (Grundlinien-Verfahren) angewendet. Es besteht darin, daß die Grundlinie, d. h. die Kurve ohne Absorption, durch eine willkürliche Gerade ersetzt wird, die man z. B. wie in Abb. 2.31 als Tangente über die Absorptionsbande legen kann. Das Verhältnis I_0/I läßt sich dann leicht ablesen und wird für jede weitere Konzentration in gleicher Weise bestimmt.

Zur Erstellung der Eichkurve werden die so erhaltenen Extinktionen (E_λ-Werte) in ein Koordinatensystem mit der Konzentration als Abszisse eingetragen (Abb. 2.32). Aus der Eichkurve lassen sich dann durch Bestimmung von E_λ unbekannte Konzentrationen c_x ablesen.

Praktische Anwendung findet die quantitative IR-Analyse heute im Kunststoff-Bereich sowie in der Qualitätskontrolle von Pharmaka und Pflanzenschutzmitteln.

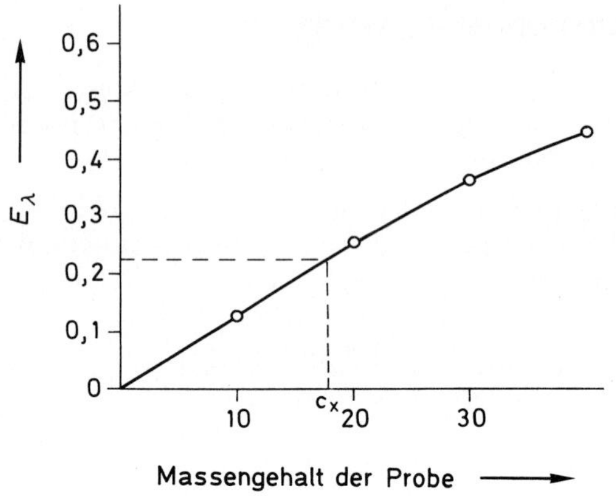

Abb. 2.32 Eichkurve

15. Raman-Spektroskopie

Der Raman-Effekt wurde 1923 von **A. Smekal** theoretisch vorausgesagt und fünf Jahre später von **C. V. Raman** experimentell nachgewiesen.

Raman-Spektren werden im allgemeinen nicht routinemäßig aufgenommen, und der organisch orientierte Chemiker benutzt die Raman-Spektroskopie selten zur Strukturermittlung. Trotzdem kann ein Raman-Spektrum bei speziellen Problemen eine nützliche Ergänzung zur IR-Spektroskopie sein, z. B. für die Messung von wäßrigen Lösungen, Einkristallen und Polymeren. Die Anwendbarkeit der Raman-Spektroskopie ist außerdem durch die Einführung der **Laser-Technik** wesentlich einfacher und schneller geworden.

15.1 Raman-Effekt

Wenn man eine Flüssigkeit oder die konzentrierte Lösung einer Substanz mit monochromatischem Licht (z. B. mit einem Argon-Laser, der eine Wellenlänge von 488 nm $= 20492\ \mathrm{cm}^{-1}$ besitzt) bestrahlt, so wird:

- der größte Teil des Lichtes ungehindert durch die Probe treten (Durchstrahlung);
- ein geringer Teil des Lichtes (Faktor 10^{-4}) wird in alle Raumrichtungen gestreut, besitzt jedoch noch die Frequenz des eingestrahlten Lichtes; diese sog. **Rayleigh-Streuung** kann man sich durch elastische Stöße der Lichtquanten mit den Molekülen entstanden denken;
- ein noch geringerer Teil des eingestrahlten Lichtes (Faktor 10^{-8}) tritt ebenfalls als Streustrahlung in alle Raumrichtungen aus, besitzt jedoch eine Frequenzverteilung; sie entsteht durch Absorption und Re-emission verbunden mit Schwingungsanregung oder -löschung. Diese Streustrahlung läßt sich spektral zerlegen und mit Hilfe eines photoelektronischen Detektors registrieren. Die Differenz zwischen der Frequenz der eingestrahlten Linie und einer Raman-Linie ist die Frequenz der dazugehörigen Schwingung.

Der Raman-Effekt ist also eine Folge der Wechselwirkung zwischen Materie und elektromagnetischer Strahlung. Das Raman-Spektrum ist ein **Emissions-Spektrum**. Die Frequenzen der Raman-Linien oder -Banden können größer oder kleiner sein als die Anregungsfrequenz ν_0 (Rayleigh-Linie). Charakteristisch für ein Molekül sind die **Differenzen** der Raman-Frequenzen von der Anregungsfrequenz ν_0. Sie sind unabhängig von ν_0 und können auch im IR-Spektrum als Absorptionsbande wiedergefunden werden (s. Auswahlregeln).

Die Entstehung des Raman-Effektes läßt sich wie folgt erklären: Wenn der Laser-Strahl auf Moleküle der Probe trifft (und die Anregungsenergie nicht für einen Elektronensprung ausreicht), so tritt bei Wechselwirkung entweder elastische Streuung (Rayleigh-Streuung) auf, oder ein Teil der Lichtenergie wird zur Erhöhung der Schwingungsenergie des Moleküls aufgenommen, d. h., das Streulicht ist **energieärmer** (längerwellig). Trifft der Anregungsstrahl ein Molekül im angeregten Schwingungszustand, so tritt bei gleicher Wechselwirkung **energiereicheres** Streulicht (kürzerwellig) aus. Die Raman-Linien auf der langwelligen Seite der Rayleigh-Frequenz nennt man **Stokes**-Linien, diejenigen auf der kurzwelligen Seite **anti-Stokes**-Linien.

15.2 Auswahlregeln

Wie in Abschn. 2 (s. S. 31) erläutert, ist zur Erzeugung einer IR-Absorption eine Änderung des **Dipolmomentes** während der Schwingung erforderlich. Für das Auftreten des Raman-Effektes hingegen muß sich die **Polarisierbarkeit** des Moleküls während der Schwingung ändern. Die Polarisierbarkeit ist ein Maß für die Deformierbarkeit der Elektronenwolke um ein Atom oder Molekül, z. B. bei I^- größer als bei Br^- und Cl^-.

Diese Auswahlregeln haben eine wichtige Konsequenz: In symmetrischen Molekülen sind Schwingungen, die symmetrisch zum Symmetriezentrum erfolgen, IR-inaktiv (keine Dipolmoment-Änderung), jedoch Raman-aktiv. Umgekehrt sind Schwingungen, die nicht symmetrisch zum Symmetriezentrum erfolgen, im Raman-Spektrum inaktiv (verboten) und im IR gewöhnlich aktiv (erlaubt). Dies sei an einem einfachen Beispiel, dem Kohlendioxid-Molekül, erläutert (Abb. 2.33). Bei der symmetrischen Valenzschwingung mit den Amplituden **a** und **b** ändert sich das Dipolmoment offensichtlich nicht. Diese Schwingung ist daher IR-inaktiv, sie führt zu keiner Absorptionsbande. Die Polarisierbarkeit im gestauchten Zustand **a** ist dagegen eine andere als im gestreckten Zustand **b**, d. h., diese Schwingung ist Raman-aktiv. Dies unterstreicht die Bedeutung der Raman-Spektroskopie für symmetrische Moleküle. Bei der asymmetrischen Valenzschwingung (**c**, **d**) sind die Verhältnisse genau umgekehrt: Die Polarisierbarkeit bleibt gleich, während sich das Dipolmoment ändert. Diese Schwingung tritt also im Raman-Spektrum nicht auf. Die Änderung von Polarisierbarkeit α und Dipolmoment μ bei den Valenzschwingungen des CO_2-Moleküls ist in Abb. 2.33 auch graphisch dargestellt.

Zur Veranschaulichung sind in Abb. 2.34 und 2.35 IR- und Raman-Spektrum von (*E*)-Dichlorethylen gegenübergestellt, d. h. von einem symmetrischen Molekül. Hier zeigt

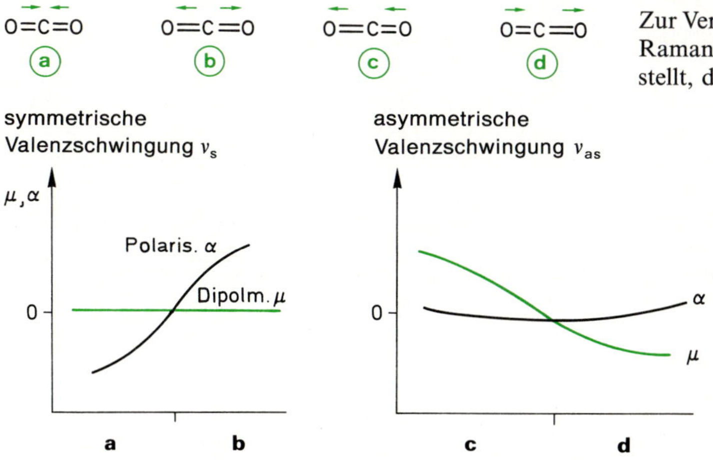

Abb. 2.33 Valenzschwingungen des CO_2-Moleküls und die Änderung von Polarisierbarkeit α und Dipolmoment μ

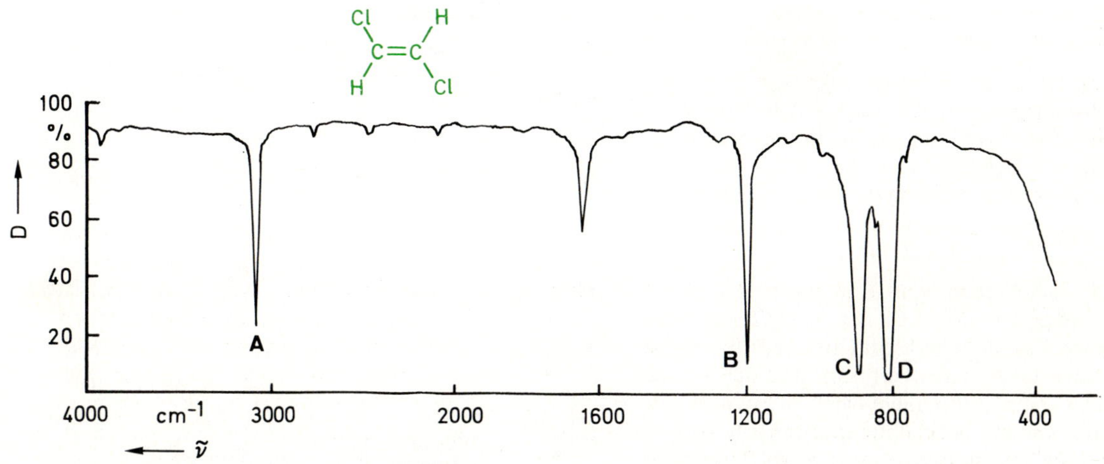

Abb. 2.34 IR-Spektrum von (*E*)-Dichlorethylen

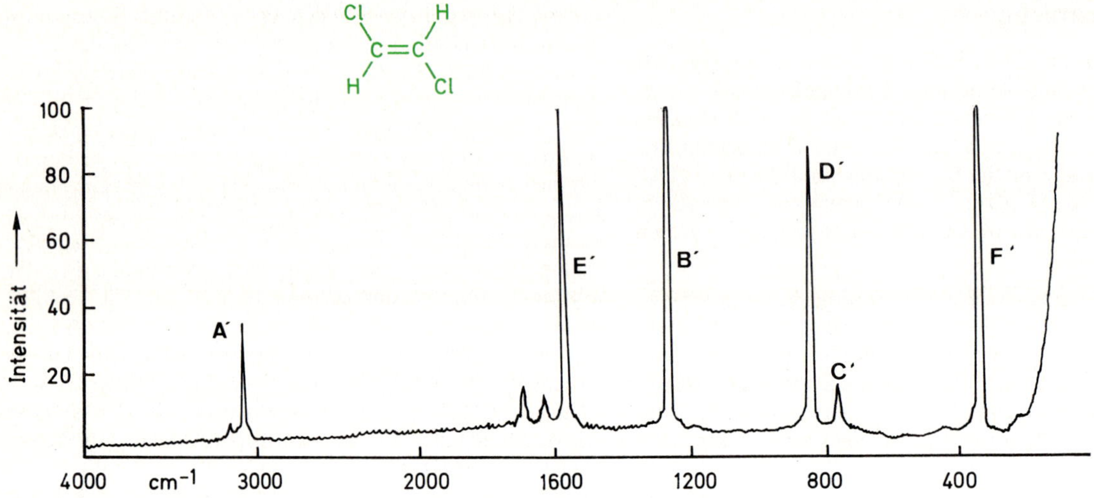

Abb. 2.35 Laser-Raman-Spektrum von (*E*)-Dichlorethylen

sich deutlich, wie IR- und Raman-Spektroskopie komplementäre Bilder von den Schwingungen im Molekül liefern: Im IR-Spektrum treten die Absorptionen der **asymmetrischen** Molekülschwingungen auf, während das Raman-Spektrum die Emissionsbanden der **symmetrischen** Molekülschwingungen zeigt. In Tab. 2.22 sind die einzelnen Schwingungen mit der zugehörigen Bande angegeben.

15.3 Raman-Spektrometer

Zur Messung des Raman-Spektrums benötigt man monochromatisches Licht aus einer sehr intensiven Lichtquelle, dessen Wellenlänge zwischen dem UV- und IR-Gebiet liegen muß, da dort mit wenig Störabsorptionen zu rechnen ist. Allerdings können Fluoreszenz-Strahlungen aus Verunreinigungen der zu untersuchenden Probe das intensitätsschwache Raman-Streulicht vollkommen überdecken.

Die Einführung des Lasers in den sechziger Jahren hat die benötigten Substanzmengen auf wenige Milligramm reduziert, die Registrierzeit von Stunden auf Minuten verkürzt und gleichzeitig das Signal-Rausch-Verhältnis verbessert. Ursache ist die enorme Steigerung der Bestrahlungsdichte (ca. 10 Größenordnungen) gegenüber dem leistungsschwachen Quecksilber-Niederdruck-Brenner.

In Abb. 2.36 ist der Aufbau eines Raman-Spektrometers schematisch angegeben. Das aus der Laser-Lichtquelle kommende monochromatische Licht tritt durch die Probe und wird vom Spiegel S_1 reflektiert, um die Intensität zu verdoppeln. Das Raman-Streulicht wird meist **quer** zur Durchstrahlungsrichtung beobachtet und mit einer Linse auf den Eintrittsspalt 1 fokussiert. Der Spiegel S_2 verdoppelt die Intensität des Streulichtes. Am Gitter wird die

Tab. 2.22 Zuordnung der Banden von Abb. 2.34 und 2.35

Schwingungsart	asymmetr. Schwingung (IR-aktiv)	IR-Bande Abb. 2.34 (cm⁻¹)	symmetr. Schwingung (Raman-aktiv)	Raman-Bande Abb. 2.35 (cm⁻¹)
ν (C—H)	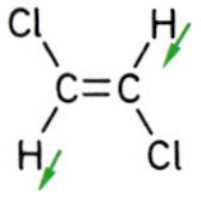	3090 (**A**)	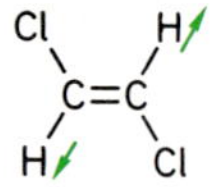	3070 (**A′**)
ν (C—Cl)	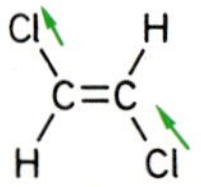	817 (**D**)	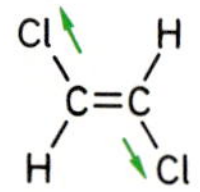	844 (**D′**)
δ (C—H)	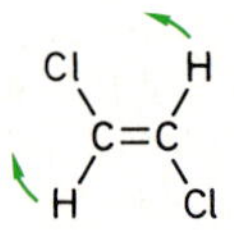	1200 (**B**)	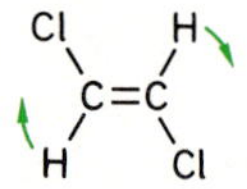	1270 (**B′**)
γ (C—H)	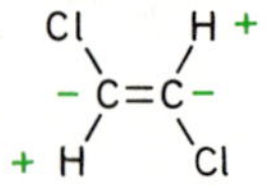	895 (**C**)	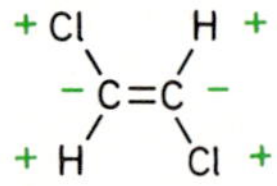	760 (**C′**)
ν (C=C)	–	–	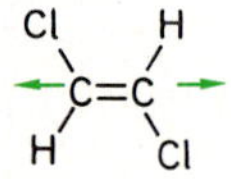	1576 (**E′**)
δ (C—Cl)	im IR unterhalb 300 cm⁻¹	–	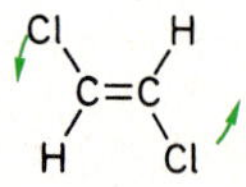	350 (**F′**)

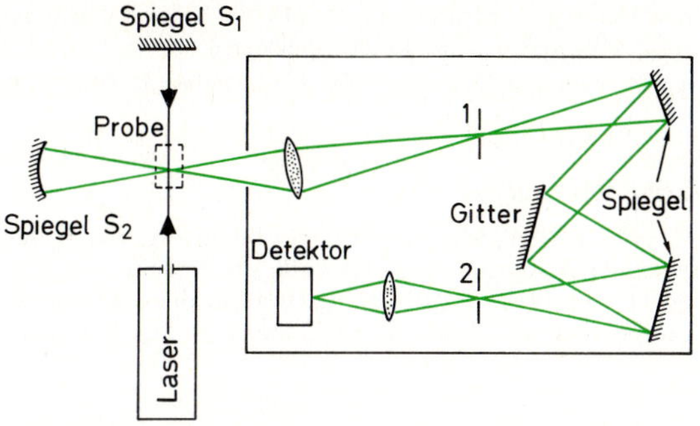

Abb. 2.36 Schematischer Aufbau eines Raman-Spektrometers (Streulicht grün)

Streustrahlung spektral zerlegt und nach Durchgang des Austrittsspaltes 2 auf den photoelektrischen Detektor fokussiert.

15.4 Anwendungen

Die Raman-Spektroskopie eignet sich besonders zur Charakterisierung unpolarer oder wenig polarer Bindungen, wie z. B. C≡C, C=C, N=N, C—C, O—O, S—S sowie von Ringen. Die Gerüstschwingungen von (C—C)-Bindungen in Ringen sind im Raman-Spektrum meist wesentlich stärker als im IR-Spektrum. Dadurch lassen sich die Strukturen von Molekülgerüsten zuordnen. Umgekehrt sind die starken und charakteristischen IR-Banden polarer Gruppen wie C=O und O—H im Raman-Spektrum nur schwach vertreten.

Ein Vorteil der Raman-Spektroskopie liegt in der Möglichkeit, auch Wasser als Lösungsmittel zu verwenden. In der IR-Spektroskopie ist Wasser wegen seiner starken Eigenabsorption und wegen der Verwendung von Natriumchlorid-Küvetten ein ungeeignetes Lösungsmittel. Dagegen können von wäßrigen Lösungen ohne weiteres Raman-Spektren aufgenommen werden, da in Glasküvetten gearbeitet wird und Wasser ein linienarmes, wenig intensives Raman-Spektrum besitzt.

Der größte Anwendungsbereich der Raman-Spektroskopie liegt allerdings nicht bei der Strukturaufklärung, sondern bei Interpretations- und Zuordnungsproblemen. Zur Analyse von Schwingungsspektren gehört letztlich die eindeutige Zuordnung der IR- oder Raman-Banden. Dies bedeutet genau genommen die Zuordnung einer **Bande** zur entsprechenden **Schwingung**, während zur Strukturaufklärung eines Moleküls der einfachere Ansatz von Zuordnung einer **Bande** zu einem **Strukturelement** ausreicht.

Für die genaue Zuordnung müssen neben Bandenlage, -intensität und -form oft weitere Eigenschaften zu Hilfe genommen werden. Eine solche ist die Bestimmung des **Depolarisationsgrades** ϱ der Raman-Banden. Sie ermöglicht die Zuordnung von Raman-Banden zu bestimmten Symmetrietypen von Schwingungen, allerdings nicht die Bestimmung von Strukturelementen eines Moleküls.

Die Polarisierbarkeit eines Moleküls ist – wie auch sein Dipolmoment – eine Vektorgröße. Das heißt, Energieaufnahme aus elektromagnetischer Strahlung kann nur dann erfolgen, wenn Richtung des elektrischen Vektors und Komponenten der Polarisierbarkeit übereinstimmen. Mit der Einführung der Laserlichtquelle wurde gleichzeitig die Verwendung linear polarisierten Lichtes üblich. Als Konsequenz läßt sich der Depolarisationsgrad bestimmen. Er wird definiert als Quotient aus zwei Strahlungsintensitäten unterschiedlicher Polarisierung:

$$\varrho = \frac{I_\perp}{I_\parallel}$$

In dieser Gleichung bedeutet $I_\perp$ die Intensität der Streustrahlung senkrecht zur eingestrahlten Polarisation des Lasers und $I_\parallel$ parallel dazu. Praktisch wird zur Bestimmung von ϱ das Raman-Spektrum zweimal vermessen, wobei die Polarisationsebene des eingestrahlten Lasers um 90° gedreht wird. Für jede Bande hängt ϱ vom Symmetrieverhalten der zugehörigen Schwingung ab.

Literatur

Lehrbücher

Bellamy, L. J. (1966), Ultrarot-Spektrum und chemische Konstitution, D. Steinkopff Verlag, Darmstadt.

Brügel, W. (1969), Einführung in die Ultrarotspektroskopie, D. Steinkopff Verlag, Darmstadt.

Cross, A. D. (1964), Introduction to Practical Infrared Spectroscopy, Butterworth, London.

Fadini, A., Schnepel, F. M. (1985), Schwingungsspektroskopie, Georg Thieme Verlag, Stuttgart

Günzler, H., Böck, H. (1983), IR-Spektroskopie, Verlag Chemie, Weinheim.

Hediger, H. J. (1971), Infrarotspektroskopie, Akademische Verlagsgesellschaft, Frankfurt/M.

Kemmner, G. (1968), Infrarot-Spektroskopie, Grundlagen, Anwendung, Methoden, Franckh'sche Verlagsbuchhandlung, Stuttgart.

Nakamoto, K. (1963), Infrared Spectra of Inorganic and Coordination Compounds, Wiley, New York.

Nakanishi, K. (1962), Infrared Absorption Spectroscopy, Holden Day, San Francisco.

Parker, F. S. (1971), Applications of Infrared Spectroscopy in Biochemistry, Biology and Medicine, Hilger, London.

Rao, C. (1963), Chemical Applications of Infrared Spectroscopy, Academic Press, New York.
Van der Maas, J. H. (1972), Basic Infrared Spectroscopy, Heyden, London.
Volkmann, H. (1972), Handbuch der Infrarot-Spektroskopie, Verlag Chemie, Weinheim.
Weidlein, J., Müller, U., Dehnicke, K. (1982), Schwingungsspektroskopie, Georg Thieme Verlag, Stuttgart, New York.
Weitkamp, H. (1973), IR-Spektroskopie, in Methodicum Chimicum (Korte, F.), Bd. 1, Georg Thieme Verlag, Stuttgart.
Williams, D. H., Fleming I. (1991), Spektroskopische Methoden in der organischen Chemie, Georg Thieme Verlag, Stuttgart.

Spektrenkataloge

Hershenson, H. M., Infrared Absorption Spectra, Academic Press, New York. Index für 1945–1957 (1959); Index für 1958–1962 (1964).
An Index of Published Infrared Spectra (1960), Bd. 1 und 2, H. M. S. O., London.
Dokumentation der Molekülspektroskopie, Verlag Chemie, Weinheim. (Eine Spektrensammlung auf verschlüsselten Karteikarten, DMS-Kartei.)
Sadtler Standard Spectra (1970), Heyden, London. (Eine Sammlung von ca. 60 000 Spektren mit jährlichen Ergänzungen.)
The Aldrich Library of Infrared Spectra (1975), Aldrich Chemical Company, Milwaukee. (Ca. 10 000 Spektren.)
Schrader, B., Raman/Infrared Atlas of Organic Compounds (1989), VCH Verlagsgesellschaft, Weinheim.

Quantitative IR-Analyse

Kössler, I. (1961), Methoden der Infrarot-Spektroskopie in der chemischen Analyse, Akademische Verlagsgesellschaft, Leipzig.
Weitkamp, H., Barth, R. (1976), Einführung in die quantitative Infrarot-Spektrophotometrie, Georg Thieme Verlag, Stuttgart.

Raman-Spektroskopie

Brandmüller, J., Moser, H. (1962), Einführung in die Raman-Spektroskopie, D. Steinkopff Verlag, Darmstadt.
Freeman, S. K. (1974), Applications of Laser Raman Spectroscopy, Wiley, New York.
Gilson, T. R., Hendra, P. J. (1970), Laser Raman Spectroscopy, Wiley, London.
Loader, J. (1970), Basic Laser Raman Spectroscopy, Heyden, London.
Schrader, B. (1973), Raman-Spektroskopie, in Methodicum Chimicum (Korte, F.), Bd. 1, Georg Thieme Verlag, Stuttgart.

Kernresonanz-Spektren Kapitel 3

1. Physikalische Grundlagen

1.1 Resonanzphänomen

Die meisten Atomkerne besitzen einen Eigendrehimpuls $\boldsymbol{p}$ (**Kernspin**) und damit ein **magnetisches Moment** $\boldsymbol{\mu} = \gamma \cdot \boldsymbol{p}$. Das **magnetogyrische Verhältnis** γ ist eine für die einzelnen Kernarten charakteristische Konstante. Nach der Quantentheorie gilt

$$\boldsymbol{p} = \sqrt{I(I+1)} \cdot \frac{h}{2\pi}$$

und

$$\boldsymbol{\mu} = \gamma \cdot \sqrt{I(I+1)} \cdot \frac{h}{2\pi}.$$

I ist die **Kerndrehimpuls-** oder **Kernspin-Quantenzahl** des betreffenden Atomkerns und kann ganz- oder halbzahlige Werte haben (Tab. 3.1).

$$I = 0,\ 1/2,\ 1,\ 3/2,\ 2,\ 5/2,\ 3,\ \ldots$$

Im **homogenen, statischen Magnetfeld** $\boldsymbol{B}_0$ nimmt der Drehimpuls-Vektor $\boldsymbol{P}$ bestimmte ausgewählte Winkel zum $\boldsymbol{B}_0$-Vektor ein (**Richtungsquantelung**). In diesen Stellungen beträgt die Komponente von $\boldsymbol{p}$ in Feldrichtung

$$p_B = m \cdot \frac{h}{2\pi}.$$

Für die **Orientierungs-** oder **magnetische Quantenzahl** m gilt dabei

$$m = +I,\ I-1,\ I-2,\ \ldots,\ -I+1,\ -I$$

Die insgesamt $(2I+1)$ Eigenzustände sind energetisch aufgespalten. Diese sogenannten Kern-Zeeman-Niveaus haben die Energie:

$$E_m = -\mu_B \cdot \boldsymbol{B}_0 = -\gamma \cdot p_B \cdot \boldsymbol{B}_0 = -\gamma \cdot m \cdot \frac{h}{2\pi} \cdot \boldsymbol{B}_0$$

$$(m = +I, \ldots, -I)$$

Für den Wasserstoff-Kern, das Proton, ist $I = 1/2$ und somit $m = \pm 1/2$.

Man erhält das in Abb. 3.1 wiedergegebene Energieniveauschema. Im energieärmeren Zustand präzediert $\boldsymbol{\mu}$ mit der Larmor-Frequenz $\nu_0 = |\gamma| \cdot \boldsymbol{B}_0/2\pi$ um $\boldsymbol{B}_0$, im energiereicheren Zustand entgegengesetzt um $-\boldsymbol{B}_0$. (Definiert man E_m mit positivem Vorzeichen, dann müssen in Abb. 3.1 die magnetischen Quantenzahlen m vertauscht werden.)

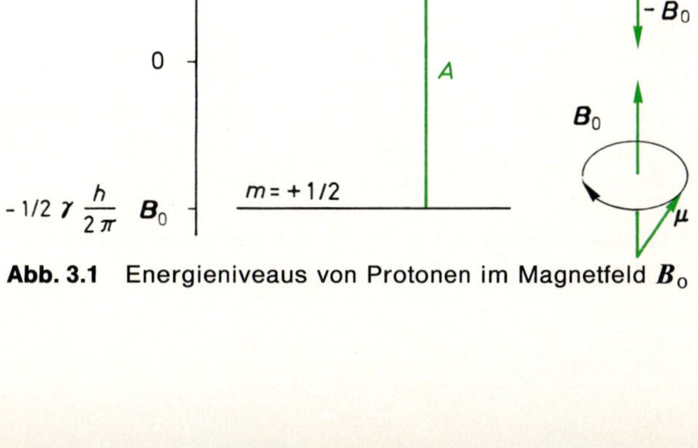

Abb. 3.1 Energieniveaus von Protonen im Magnetfeld $\boldsymbol{B}_0$

Im thermischen Gleichgewicht gehen die ^{1}H-Kerne eine **Boltzmann-Verteilung** ein. Da die Energiedifferenz

$$\Delta E = \gamma \cdot \frac{h}{2\pi} \boldsymbol{B}_0$$

im Vergleich zur mittleren thermischen Energie sehr klein ist, wird der energieärmere Zustand nur ganz geringfügig stärker besetzt.

Für das Verhältnis der Besetzungszahlen gilt:

$$\frac{N_{(m=-1/2)}}{N_{(m=+1/2)}} = e^{-\frac{\Delta E}{kT}}$$

Eingestrahlte Energiequanten vom Betrag ΔE bewirken die Spin-Inversion. Infolge des Besetzungsunterschieds dominiert die Absorption A*. Als **Resonanzbedingung** erhält man die Beziehung:

$$h\nu = \Delta E = \gamma \frac{h}{2\pi} \cdot \boldsymbol{B}_0$$

Die Resonanzfrequenz für Protonen $\nu = f(\boldsymbol{B}_0)$ liegt bei einem Magnetfeld von 1,4 T bei 60 MHz, was einer Radiowelle mit $\lambda = 5$ m entspricht. Bei erfüllter Resonanzbedingung würde durch die Absorption der Besetzungsunterschied der beiden Kern-Zeeman-Niveaus bald aufgehoben; man sagt, das System würde gesättigt, wenn nicht in ausreichendem Umfang der rückläufige Prozeß, die **Relaxation**, stattfände.

Die beim Übergang eines Kerns vom höheren ins tiefere Niveau freiwerdende Energie kann in Form von Wärme an die Umgebung abgegeben werden (**Spin-Gitter-Relaxation**). Dieser Prozeß vollzieht sich mit einer Geschwindigkeitskonstante $1/T_1$. Man nennt T_1 die **longitudinale Relaxationszeit**, weil dabei die Magnetisierung der Kerne in Feldrichtung geändert wird. Auch die transversale Magnetisierung unterliegt durch die Wechselwirkung der Kernmomente untereinander einer zeitlichen Änderung (**Spin-Spin-Relaxation**). Dementsprechend definiert man eine **transversale Relaxationszeit** T_2.

Wie oben ausgeführt, ist ein magnetisches Moment $\boldsymbol{\mu} \neq 0$ die Voraussetzung, um mit einer Kernsorte Kernresonanz-Experimente durchzuführen. (Das magnetische Moment $\boldsymbol{\mu} = 0$ haben lediglich die g,g-Kerne mit gerader Massen- und Ordnungszahl.) Darüber hinaus ist es vorteilhaft, wenn $I = 1/2$ ist, da Kerne mit größerer Spin-Quantenzahl zusätzlich ein elektrisches **Kern-Quadrupolmoment** besitzen, das sich störend bemerkbar macht (Signalverbreiterungen).

* Beim CIDKP-Effekt (chemisch-induzierte dynamische Kernpolarisation, englisch: CIDNP) kennt man jedoch auch Kernresonanz-Emissionen, s. dazu NMR-Lehrbücher der bibliographischen Auswahl.

Tab. 3.1 Eigenschaften der für die NMR-Spektroskopie organischer Verbindungen relevanten Kerne

Isotop	Spin-Quantenzahl I	magnetogyrisches Verhältnis γ [10^7 rad/Ts]	magnetisches Moment $\boldsymbol{\mu}$ (in Einheiten von μ_N)	natürliche Häufigkeit (%)	relative Empfindlichkeit eines Kernes	absolute Empfindlichkeit unter Berücksichtigung der natürlichen Häufigkeit	Resonanzfrequenz ν_0 (MHz) bei einem Feld von 2,3488 T
^{1}H	1/2	26,752	2,793	99,985	1,000	1,000	100,000
^{2}H≡D	1	4,107	0,857[b]	0,015	0,010	$1{,}45 \cdot 10^{-6}$	15,351
^{6}Li	1	3,937	0,822[b]	7,42	0,009	$6{,}31 \cdot 10^{-4}$	14,716
^{7}Li	3/2	10,396	3,256[b]	92,58	0,294	0,27	38,862
^{10}B	3	2,875	1,801[b]	19,6	0,020	$3{,}90 \cdot 10^{-3}$	10,747
^{11}B	3/2	8,584	2,688[b]	80,4	0,165	0,13	32,084
^{13}C	1/2	6,728	0,702	1,10	0,016	$1{,}76 \cdot 10^{-4}$	25,144
^{14}N	1	1,934	0,404[b]	99,634	0,001	$1{,}01 \cdot 10^{-3}$	7,224
^{15}N	1/2[a]	−2,712	0,283	0,366	0,001	$3{,}85 \cdot 10^{-6}$	10,133
^{17}O	5/2[a]	−3,628	1,893[b]	0,038	0,029	$1{,}08 \cdot 10^{-5}$	13,557
^{19}F	1/2	25,181	2,627	100,0	0,833	0,833	94,077
^{29}Si	1/2[a]	−5,319	0,555	4,67	0,008	$3{,}69 \cdot 10^{-4}$	19,865
^{31}P	1/2	10,841	1,132	100,0	0,066	0,066	40,481
^{33}S	3/2	2,053	0,643[b]	0,76	0,003	$1{,}72 \cdot 10^{-5}$	7,670
^{77}Se	1/2	5,101	0,532	7,6	0,007	$5{,}25 \cdot 10^{-4}$	19,067

[a] In diesen Fällen ist $\gamma < 0$, d. h., magnetisches Moment und Kernspin sind entgegengerichtet

[b] Zusätzliches elektrisches Quadrupolmoment

In der organischen Chemie kommen vor allem die Kerne ^{1}H, ^{7}Li, ^{11}B, ^{13}C, ^{15}N, ^{19}F, ^{29}Si, ^{31}P, ^{77}Se in Frage. Bei ^{13}C, ^{15}N, ^{29}Si und ^{77}Se ist die geringe natürliche Häufigkeit ein Handicap.

Ein großes magnetisches Moment der Kernsorte ist günstig, da es bei konstanter Feldstärke mit der dritten Potenz in die Signalempfindlichkeit eingeht. In Tab. 3.1 sind die wesentlichen Eigenschaften der für die NMR-Spektroskopie in der organischen Chemie relevanten Kerne zusammengefaßt.

Das Energieniveauschema (Abb. 3.1) ist bei Kernen mit $I > 1/2$ entsprechend der Gleichung für E_m zu verändern. Wegen $\Delta m = 1$ ist die Resonanzbedingung jedoch dieselbe. Bei konstantem Feld $\boldsymbol{B}_0$ stehen die Resonanzfrequenzen ν verschiedener Kerne im Verhältnis der γ-Werte. Aus $\gamma(^{1}H)/\gamma(^{13}C) = 2{,}675/0{,}673 = 3{,}975$ folgt, daß einer ^{1}H-Resonanzfrequenz von z. B. 90 MHz eine ^{13}C-Resonanzfrequenz von $90/3{,}975 \approx 22{,}6$ MHz entspricht.

In den folgenden Abschn. 1.2 bis 1.5 werden die wesentlichen Eigenschaften von Kernresonanzbanden behandelt:

- ihre **Lage** (Resonanzfrequenz) im Kapitel chemische Verschiebung, S. 71,
- ihre **Feinstruktur** im Abschnitt Spin-Spin-Kopplung, S. 72,
- ihre **Linienbreite**, S. 81 und
- ihre **Intensität**, S. 82.

1.2 Chemische Verschiebung

Die exakte **Resonanzfrequenz** einer bestimmten Kernsorte hängt in charakteristischer Weise von der Kernumgebung ab. Die am Kernort **effektive Magnetfeldstärke** unterscheidet sich von $\boldsymbol{B}_0$ um das induzierte Feld $\sigma \boldsymbol{B}_0$

$$\boldsymbol{B}_{\text{eff}} = \boldsymbol{B}_0 - \sigma \boldsymbol{B}_0 .$$

Die dimensionslose **Abschirmungskonstante** σ geht in die Resonanzbedingung ein

$$\nu = \frac{\gamma}{2\pi} \boldsymbol{B}_0 (1 - \sigma) .$$

Je stärker ein Kern abgeschirmt ist, je größer also σ ist, desto kleiner wird $\boldsymbol{B}_{\text{eff}}$; d. h. desto größer muß bei konstanter Frequenz das angelegte Feld $\boldsymbol{B}_0$ sein, um den Kern in Resonanz zu bringen. Eine analoge Überlegung besagt, daß bei konstantem $\boldsymbol{B}_0$-Feld ν mit wachsender Abschirmung abnehmen muß.

Die Lage der Kernresonanz-Absorptionen läßt sich wegen $\nu = f(\boldsymbol{B}_0)$ nicht durch eine absolute Skala von ν oder $\boldsymbol{B}_0$ angeben. Statt dessen bezieht man die Signallage auf eine **Referenzverbindung**. Bei der ^{1}H- und ^{13}C-NMR-Spektroskopie hat sich dafür **Tetramethylsilan (TMS**, $Si(CH_3)_4$) eingebürgert. Bei der Meßfrequenz ν ergibt sich für die Differenz der Signallagen von untersuchtem Kern X und TMS

$$\Delta \boldsymbol{B} = \boldsymbol{B}(\text{X}) - \boldsymbol{B}(\text{TMS})$$

und entsprechend auf der Frequenzskala in Hz

$$\Delta \nu = \nu(\text{X}) - \nu(\text{TMS}) = \frac{\gamma}{2\pi} \cdot \Delta \boldsymbol{B}$$

Zur Bestimmung der Signallage definiert man als chemische **Verschiebung (chemical shift)** δ des Kernes X den Zahlenwert

$$\delta(\text{X}) = 10^6 \frac{\Delta \nu}{\nu} \quad \text{mit} \quad \delta(\text{TMS}) = 0 .$$

δ ist eine dimensionslose, von Meßfrequenz bzw. Magnetfeldstärke unabhängige, für den betrachteten Kern in seiner Umgebung charakteristische Größe. (In der ^{1}H-Resonanz war früher außerdem noch die τ-Skala in Gebrauch; dabei gilt $\tau = 10 - \delta$.) Da $\Delta\nu$ im Vergleich zu ν sehr klein ist, hat man den Faktor 10^6 eingeführt und gibt δ in **ppm (parts per million)** an. Der Umfang der δ-Skala beträgt bei der ^{1}H-Resonanz rund 10, bei der ^{13}C-Resonanz rund 200 ppm. Bezieht man Extremfälle mit ein, so kommt man zu Bereichen von 40 bzw. 350 ppm. Die exakten Resonanzfrequenzen schwanken also um ν_0 (Tab. 3.1) im ppm-Bereich.

Abb. 3.2 zeigt als Beispiel das ^{1}H-NMR- und das ^{13}C-NMR-Spektrum von Essigsäure (**1**). Man registriert jeweils zwei Absorptionen, wobei die des H- und C-Atoms der Carboxy-Gruppe bei tieferem Feld liegen; diese Atome (Kerne) sind somit weniger abgeschirmt als die Methyl-Protonen bzw. das Methyl-C-Atom. Die Berechnung der δ-Werte erfolgt nach der oben stehenden Definition der chemischen Verschiebung.

Nehmen wir als Beispiel das Methyl-Signal in der ^{1}H-Resonanz. Es liegt bei einer Meßfrequenz von 60 MHz um 126 Hz gegenüber dem TMS-Signal tieffeld-verschoben. Das entspricht 2,10 ppm. Nach heutiger Konvention schreibt man $\delta = 2{,}10$.

$$\delta_{\text{H}}(\text{CH}_3) = 10^6 \frac{126}{60 \cdot 10^6} = 2{,}10$$

Die positive δ-Skala erstreckt sich in der Richtung zunehmender Resonanzfrequenzen.

Die Empfindlichkeit der **chemischen Verschiebung** gegenüber Veränderungen in der Umgebung der gemessenen Kerne ist für die Strukturaufklärung organischer Verbindungen von herausragender Bedeutung. Die für die Resonanzlage maßgebende **Abschirmungskonstante** zerfällt in drei Teilbeträge:

$$\sigma = \sigma_{\text{dia}} + \sigma_{\text{para}} + \sigma'$$

Der diamagnetische Anteil σ_{dia} bezieht sich auf das in der

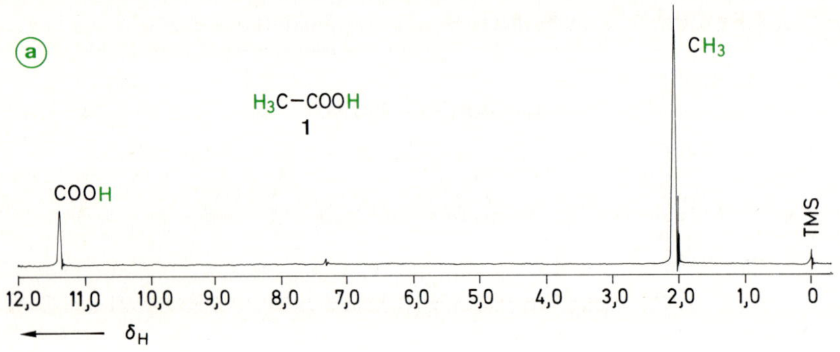

Abb. 3.2 a ^{1}H-NMR-Spektrum von Essigsäure **1** in $CDCl_3$

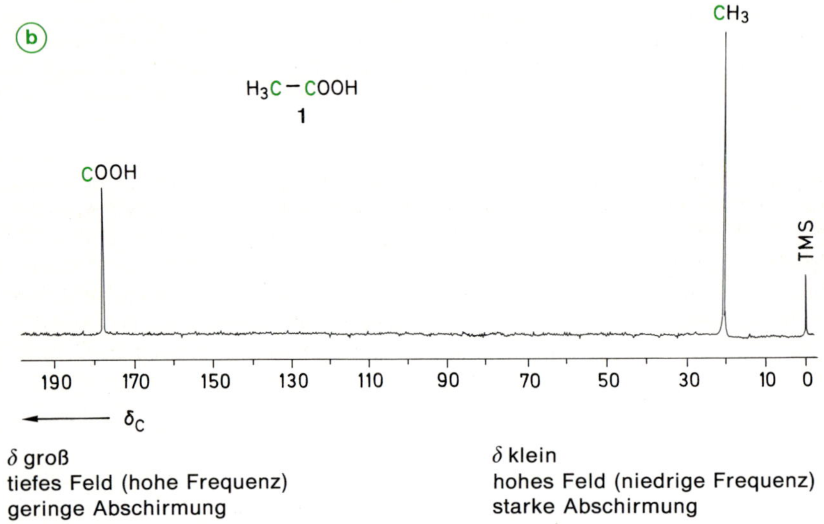

Abb. 3.2 b ^{13}C-NMR-Spektrum von Essigsäure in $CDCl_3$ (^{1}H-breitband-entkoppelt, d.h. ohne Berücksichtigung der ^{13}C,^{1}H-Kopplungen, s. Abschn. 1.3)

Elektronenhülle des betreffenden Kerns durch das äußere Magnetfeld induzierte Gegenfeld. Kernnahe Elektronen schirmen stärker ab als kernferne. Der paramagnetische Term σ_{para} bezieht sich auf die Anregung von *p*-Elektronen im Magnetfeld und wirkt der diamagnetischen Abschirmung entgegen. Da beim Wasserstoff nur *s*-Orbitale auftreten, ist für die ^{1}H-Resonanz σ_{dia} wichtig. Bei höheren Kernen wie ^{13}C dominiert der paramagnetische Anteil. Der Term σ' gibt den Einfluß von Nachbargruppen wieder, die das Feld am Kernort schwächen oder verstärken können. Schließlich ist σ noch abhängig von intermolekularen Wechselwirkungen, was man mit einem zusätzlichen σ_{Medium} ausdrücken kann.

1.3 Spin-Spin-Kopplung

Die in der Kernresonanz gemessenen Signale zeigen häufig eine Feinstruktur. Nach der Anzahl der Teilbanden spricht man von einem Singulett, Dublett, Triplett, Quadruplett usw., allgemein: Multiplett. Ursache ist die Wechselwirkung mit Nachbarkernen, die ein magnetisches Moment besitzen. Diese **Spin-Spin-Kopplung** tritt zwischen Kernen derselben Sorte (**homonuklear**) und zwischen Kernen verschiedener Elemente (**heteronuklear**) auf und bedeutet, daß die Orientierung des Spins eines Kerns A das lokale Magnetfeld am koppelnden Kern X beeinflußt und umgekehrt. Für zwei Kerne A und X, die beide den Kernspin 1/2 haben, existieren entsprechend den vier möglichen Spin-Einstellungen grundsätzlich vier Energieniveaus. Ohne Spin-Spin-Wechselwirkung ($J = 0$) ergeben sich für A und X jeweils zwei energiegleiche Absorptionen (Abb. 3.3, Mitte). Durch die **Kopplung** J wird diese Entartung aufgehoben. Definitionsgemäß hat J ein positives Vorzeichen, wenn bei gleicher Spin-Ausrichtung der beiden Kerne im äußeren Feld $\boldsymbol{B}_0$ die Energie eines Niveaus durch die Kopplung wächst. Bei entgegengerichteter Spin-Einstellung nimmt die Energie dann um denselben Betrag ab. Das umgekehrte Verhalten gilt für $J < 0$. Beide Fälle führen dazu, daß die beiden Singulettsignale der A- bzw. X-Resonanz jeweils in Dubletts aufspalten (Abb. 3.3).

Die Größe der Kopplung wird durch die **Kopplungskonstante** J beschrieben, die hier direkt aus dem Abstand der

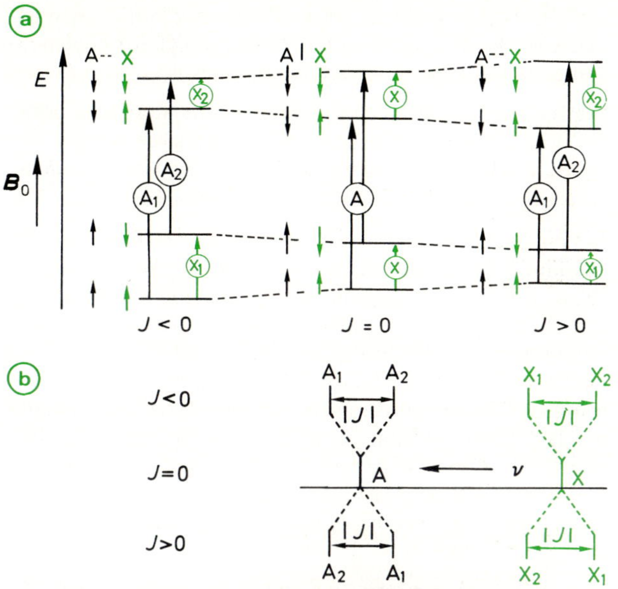

Abb. 3.3 **a** Die vier möglichen Spin-Einstellungen und Energieniveaus eines Zwei-Spin-Systems ($m = \pm 1/2$) und die zugehörigen Kernresonanz-Übergänge bei $J \lesseqgtr 0$: ↑ A-Resonanzen, ↑ X-Resonanzen
b Strichspektren der Kopplungsfälle $J < 0$, $J = 0$, $J > 0$

beiden X-Linien bzw. dem gleichgroßen Abstand der beiden A-Linien entnommen werden kann. Für Protonen-Protonen-Kopplung liegen die Konstanten etwa zwischen −20 und +20 Hz. Bei anderen Kernen können sehr viel höhere Werte auftreten. So beträgt im Acetylen die ^{13}C-^{13}C-Kopplung 171,5 Hz und die (C—H)-Kopplung 250 Hz.

Von besonderer Bedeutung ist, daß die Kopplungskonstanten unabhängig vom äußeren Magnetfeld $\boldsymbol{B}_0$ sind. Zwei in einem Spektrum auftretende Resonanzlinien können die Singulettsignale zweier nicht koppelnder Kerne mit unterschiedlicher chemischer Verschiebung sein oder ein Dublett, das auf einen einzigen Kern zurückgeht, der mit einem anderen, koppelnden Kern ein AX-System bildet. Eine Unterscheidung ist ganz einfach durch die Aufnahme von zwei Spektren mit unterschiedlicher Meßfrequenz möglich (s. Abschn. 3.8, S. 120). Bleibt der Linienabstand gleich, so handelt es sich um ein Kopplungsphänomen; wächst der Abstand (in Hz) mit zunehmender Meßfrequenz, dann liegen zwei Singulettabsorptionen vor. (In der δ-Skala ist der Abstand grundsätzlich von der Meßfrequenz unabhängig.)

Die Kopplung zweier Kerne A und X erfolgt im allgemeinen in einer nichtorientierten flüssigen Phase durch die Bindungen des Moleküls (**skalare Kopplung**).

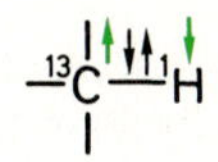

Bei **einer** dazwischenliegenden Bindung wollen wir von einer **direkten Kopplung** ^1J sprechen, z. B. ^{1}H—^{19}F, ^{1}H—^{13}C usw. Diese Bezeichnung sollte nicht verwechselt werden mit der **direkten**, durch den Raum gehenden **Dipol-Dipol-Kopplung**, die bei orientierten Phasen (flüssig-kristalline Zustände, Festkörper) auftritt. Bei isotropen Flüssigkeiten mitteln sich diese nichtskalaren Kopplungen durch die thermische Bewegung der Moleküle heraus.

Bei zwei bzw. drei die Kopplung vermittelnden Bindungen spricht man von einer ***geminalen*** **Kopplung** ^2J und einer ***vicinalen*** **Kopplung** ^3J, z. B.:

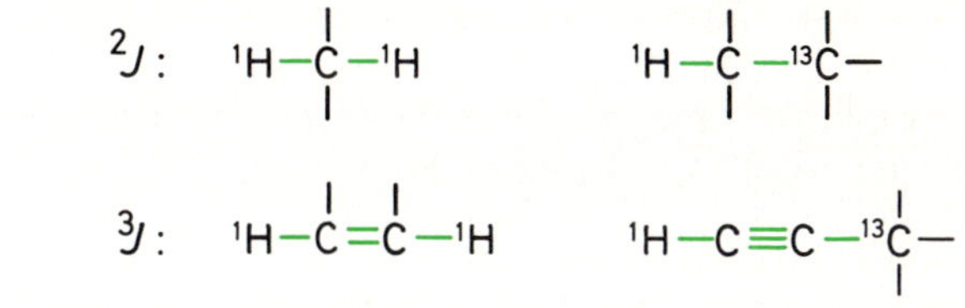

Mit zunehmender Zahl der Bindungen zwischen A und X nimmt $J_{H,H}$ im allgemeinen ab. Bei Kopplungen mit schweren Kernen hat man häufig keine monotone Abnahme von $|J|$ mit der Zahl der Bindungen, sondern es wird zwischendurch ein Maximum durchlaufen. Für die Erkennung von **Fernkopplungen** ^nJ (long range coupling) ist das Auflösungsvermögen des Spektrometers von entscheidender Bedeutung.

Die Komplexität der Kopplungsmuster wächst mit der Zahl der koppelnden Kerne. Kennt man für alle Kerne i einer Verbindung die chemischen Verschiebungen δ_i und für alle möglichen Kernpaar-Kombinationen i,j die Kopplungskonstanten $^nJ_{i,j}$, so kann das Kernresonanz-Spektrum berechnet werden. Umgekehrt lassen sich die δ- und J-Werte aus einfachen Spektren direkt bestimmen.

Um das Kopplungsphänomen für komplexere Systeme als den oben beschriebenen AX-Fall zu behandeln, braucht man eine für **Spin-Systeme** allgemein anwendbare **Nomenklatur**.

n **isochrone Kerne**, d. h. *n* Kerne, die zufällig oder infolge ihrer **chemischen Äquivalenz** (vgl. Abschn. 2.1, S. 83) dieselbe chemische Verschiebung haben, bilden das System A_n. Hat man zusätzlich einen Satz von *m* wiederum untereinander isochronen Kernen, die mit A_n koppeln, so bezeichnet man das Spin-System mit A_nB_m, A_nM_m oder A_nX_m, je nachdem, ob die für den zweiten Satz auftretende Resonanzfrequenz ν wenig, mittelmäßig oder stark von ν_A verschieden ist. Diese Bezeichnung beinhaltet außerdem die wesentliche Einschränkung, daß für jede Kernkombination A_iB_j (bzw. A_iM_j oder A_iX_j) ($i = 1, \ldots, n; j = 1, \ldots, m$) dieselbe Kopplung auftritt.

Man nennt isochrone Kerne A_i, die nur **eine** Spin-Spin-Wechselwirkung mit den Kernen einer Nachbargruppe besitzen, **magnetisch äquivalent**. Dasselbe gilt für die Kerne B, M bzw. X. (Da die Spin-Spin-Kopplung eine gegenseitige Beziehung ist, können nicht z. B. die A-Kerne eines $A_n B_m$-Systems magnetisch äquivalent sein und die B-Kerne nicht.) Bei mehr als zwei Kernsätzen, z. B. im System $A_n B_m X_l$, beinhaltet die Definition der magnetischen Äquivalenz, daß jeweils nur eine Kopplung J_{AB}, J_{AX} und J_{BX} auftritt. **Isochronie** ist für magnetische Äquivalenz eine notwendige, aber nicht hinreichende Bedingung, und umgekehrt ist magnetische Äquivalenz für die Isochronie zwar hinreichend, aber nicht notwendig. Zum besseren Verständnis sei das an zwei Beispielen erörtert. Difluormethan (**2**) hat je zwei isochrone H- und F-Kerne. Jede Kopplung ^2J(H, F) ist gleich. Die beiden H-Kerne und die beiden F-Kerne sind also untereinander jeweils chemisch und magnetisch äquivalent. CH_2F_2 bildet ein A_2X_2-System. In 1,1-Difluorethylen (**3**) sind die H-Kerne und die F-Kerne untereinander auch chemisch äquivalent, aber es gibt zwei ^3J(H,F)-Kopplungen (von einem Wasserstoff aus betrachtet, koppeln (*Z*)- und (*E*)-ständiges Fluor unterschiedlich). Isochrone Kerne, die magnetisch nicht äquivalent sind, werden mit einem Strich gekennzeichnet. 1,1-Difluorethylen (**3**) bildet also ein AA′XX′-System.

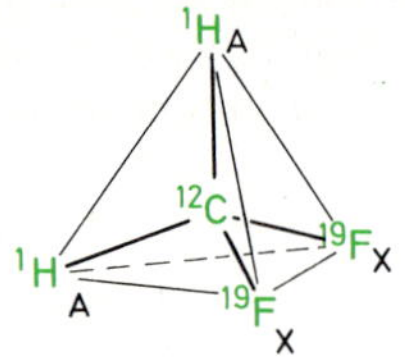

2

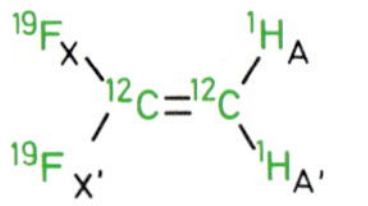

3

Bei beiden Molekülen beobachtet man in der ^1H- bzw. ^{19}F-Resonanz jeweils die Hälfte des gesamten Spektrums: In der ^1H-Resonanz den A-Teil und in der ^{19}F-Resonanz den X-Teil. Denkt man sich den spinlosen Kohlenstoff ^{12}C durch ^{13}C ersetzt, dann erhält man zusätzlich im gekoppelten ^{13}C-NMR-Spektrum beim Difluormethan (**2**) den M-Teil eines A_2MX_2-Systems und beim 1,1-Difluorethylen (**3**) den MN-Teil eines AA′MNXX′-Systems.

Für die Interpretation eines Kopplungsmusters ist wichtig, daß die **Spin-Spin-Wechselwirkung zwischen magnetisch äquivalenten Kernen im Spektrum n i c h t in Erscheinung tritt,** obwohl natürlich auch solche Kerne koppeln.

Ein einziger Kernsatz, wie er etwa in der ^1H-Resonanz bei Methan, Ethan, Ethylen, Acetylen oder Benzol vorkommt, führt also jeweils zu Singulettabsorptionen. (Die Kopplung zwischen ^1H und ^{13}C macht sich in Routinespektren nicht bemerkbar, weil der natürliche ^{13}C-Gehalt klein ist: 1,1 %.) In diesen Beispielen sind die Protonen aufgrund ihrer chemischen Äquivalenz isochron; aber auch bei einer zufälligen Isochronie ist keine Kopplung zu beobachten. Ein Beispiel ist in Abb. 3.4 wiedergegeben. 3-Cyanopropansäuremethylester (**4**) zeigt für die chemisch nichtäquivalenten Methylen-Gruppen eine einzige, unaufgespaltene Absorption bei $\delta = 2{,}68$.

Einfach zu interpretieren sind Spin-Systeme des Typs $A_n X_m$ oder $A_n M_m$ mit 2 Sätzen von magnetisch äquivalenten Kernen, wobei $|\nu_A - \nu_M|$ mindestens um einen Faktor von ≈ 10 größer sein soll als $J_{A,M}$. Die Anzahl der Linien, die sog. **Multiplizität der Bande**, ist dann

$$\text{für A:}\quad m \cdot 2I_X + 1$$
$$\text{für X:}\quad n \cdot 2I_A + 1$$

I_X und I_A sind dabei die Spins der Kerne X und A. Für $I_X = I_A = 1/2$ erhält man ein sog. **Spektrum erster Ordnung** mit

$(m + 1)$ Linien im A-Teil und

$(n + 1)$ Linien im X-Teil.

Betrachten wir als Beispiel das ^1H-NMR-Spektrum des Ethylbromids (**5**; Abb. 3.5). Es stellt ein A_3M_2-System dar. Das lokale Feld am Ort der drei chemisch und magnetisch

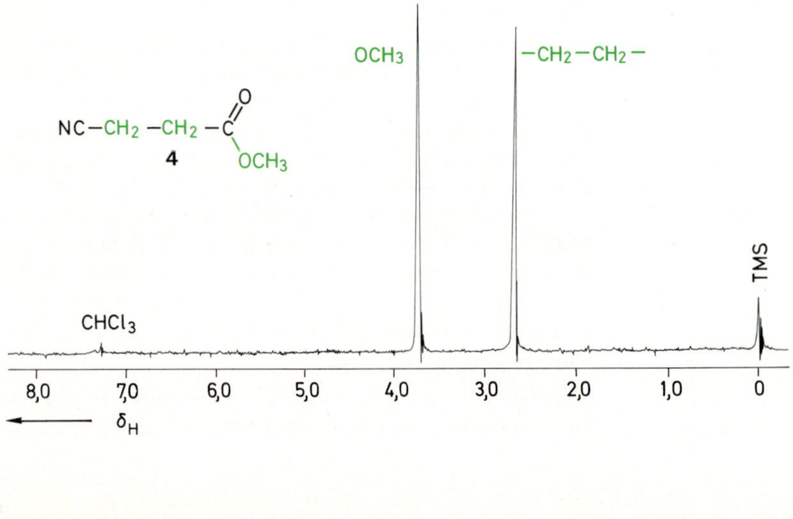

Abb. 3.4 ^1H-NMR-Spektrum von 3-Cyanopropansäuremethylester (**4**) in $CDCl_3$

äquivalenten Methyl-Protonen wird durch die Kernspins der beiden Methylen-Protonen beeinflußt. Diese können beide parallel, beide antiparallel oder einer parallel, der andere antiparallel zum äußeren Feld ausgerichtet sein. Daraus resultieren vier Energieniveaus, von denen die beiden mit entgegengesetzter Spin-Einstellung entartet sind. Aufgrund der gleichen Besetzungswahrscheinlichkeit für die einzelnen Spin-Zustände ergibt sich für die Methyl-Gruppe durch Kopplung mit der Methylen-Gruppe im Spektrum ein Triplett mit der Intensitätsverteilung 1 : 2 : 1. Als chemische Verschiebung wird der **Signalschwerpunkt** angegeben: $\delta = 1{,}67$. Ganz analog wird das lokale Feld am Ort der Methylen-Protonen durch die Spin-Spin-Wechselwirkung mit den Methyl-Protonen gestört. Für die drei Protonen der CH_3-Gruppe gibt es acht Spin-Kombinationen. Die energieärmste führt zum Gesamtspin $m = 3/2$, die energiereichste zu $m = -3/2$; dazwischen liegen drei entartete Zustände mit $m = +1/2$ und drei entartete Zustände mit $m = -1/2$. Die Methylen-Gruppe erzeugt also durch Kopplung mit der Methyl-Gruppe im Spektrum ein Quadruplett mit der Intensitätsverteilung 1 : 3 : 3 : 1 (Abb. 3.5). Der Mittelpunkt liegt bei $\delta = 3{,}43$ ppm. Die Linienabstände im Triplett und Quadruplett entsprechen jeweils der Kopplungskonstanten J.

In Tab. 3.2 ist die in Spektren erster Ordnung auftretende Signalaufspaltung für die Resonanz eines Kerns (oder einer Gruppe von magnetisch äquivalenten Kernen) in Abhän-

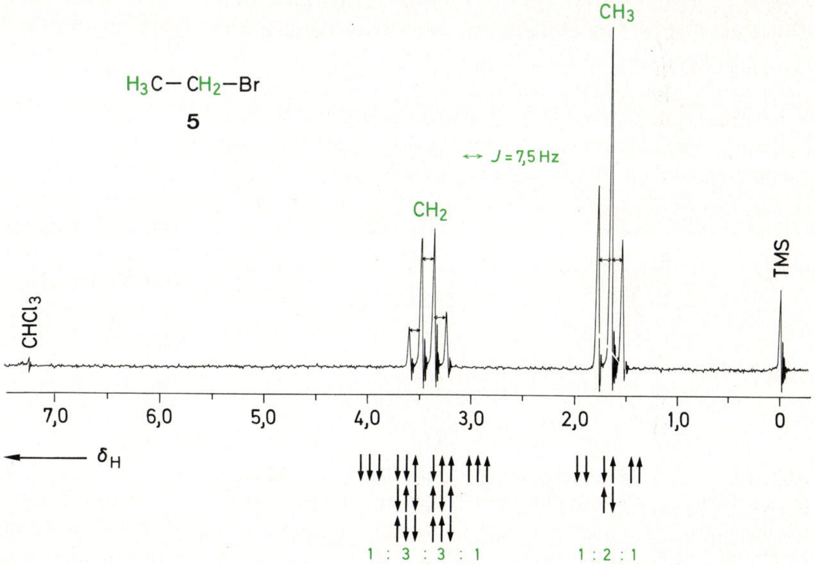

Abb. 3.5 ^{1}H-NMR-Spektrum von Ethylbromid (**5**) in $CDCl_3$. (Die Aufspaltung des Methyl-Signals in ein Triplett und des Methylen-Signals in ein Quadruplett wird anhand der Spin-Einstellung der koppelnden Protonen der Nachbargruppe erklärt.)

Tab. 3.2 Durch Spin-Spin-Wechselwirkungen auftretende Kopplungsmuster in Spektren erster Ordnung

Anzahl der koppelnden Nachbarkerne mit dem Spin $I = 1/2$	$I = 1$	Anzahl der Linien (Signalmultiplizität)	relative Intensitäten[a]
0		1 (Singulett)	1
1		2 (Dublett)	1 : 1
2		3 (Triplett)	1 : 2 : 1
3		4 (Quadruplett, Quartett)	1 : 3 : 3 : 1
4		5 (Quintuplett, Quintett)	1 : 4 : 6 : 4 : 1
5		6 (Sextett)	1 : 5 : 10 : 10 : 5 : 1
6		7 (Septett)	1 : 6 : 15 : 20 : 15 : 6 : 1
	0	1 (Singulett)	1
	1	3 (Triplett)	1 : 1 : 1
	2	5 (Quintuplett, Quintett)	1 : 2 : 3 : 2 : 1
	3	7 (Septett)	1 : 3 : 6 : 7 : 6 : 3 : 1

[a] Die relativen Intensitäten bei $I = 1/2$ entsprechen den Binomialkoeffizienten, die man mit Hilfe des Pascal-Dreiecks berechnen kann

gigkeit von der Anzahl der Kopplungspartner zusammengestellt.

Als **chemische Verschiebungen** bei einem A_nM_m-System gibt man jeweils die Mittelpunkte der Multipletts an. Die Kopplungskonstante J_{AM} kann direkt als in Hz gemessener Abstand zweier benachbarter Linien aus dem A-Teil oder dem M-Teil des Spektrums entnommen werden (vgl. Abb. 3.5). Als weitere Beispiele für Spektren erster Ordnung seien die ^{13}C-Spektren von Chloroform im Vergleich zum Deuterochloroform und von Dichlormethan CH_2Cl_2 im Vergleich zu $CDHCl_2$ und CD_2Cl_2 besprochen. Für $CHCl_3$ erhält man ein Dublett, für $CDCl_3$ ein Triplett (Abb. 3.6). Infolge des Isotopeneffekts unterscheiden sich die chemischen Verschiebungen geringfügig. Die Intensitätsverteilung ist bei $CHCl_3$ 1 : 1 und bei $CDCl_3$ 1 : 1 : 1. Diese Verhältnisse sind direkt aus Tab. 3.2 zu entnehmen, wenn man berücksichtigt, daß Wasserstoff den Kernspin 1/2 und Deuterium den Kernspin 1 besitzt. Ganz markant ist der Unterschied der Kopplungskonstanten. Die (C—H)-Kopplung ist um einen Faktor größer, der in guter Näherung dem Quotienten der magnetogyrischen Verhältnisse entspricht: $\gamma_H/\gamma_D \approx 6{,}5$.

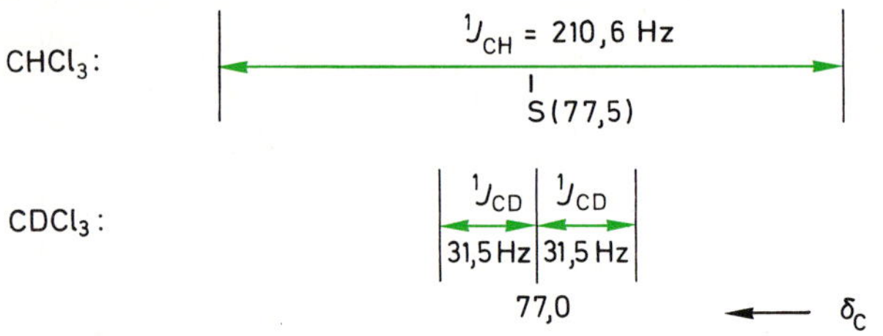

Abb. 3.6 ^{13}C-NMR-Strichspektren von $CHCl_3$ und $CDCl_3$ (unter Berücksichtigung der (C—H)- bzw. (C—D)-Kopplung)

Im gekoppelten ^{13}C-Spektrum liefert CH_2Cl_2 ein 1 : 2 : 1-Triplett ($\delta_C = 53{,}8$; $^1J_{CH} = 177{,}6$ Hz), CD_2Cl_2 ein 1 : 2 : 3 : 2 : 1-Quintett und $CHDCl_2$ schließlich ein Dublett von Tripletts mit sechs Linien gleicher Intensität. Es gilt nämlich:

Hat man einen Kern A oder einen Satz magnetisch äquivalenter Kerne A_n, die mit zwei Sätzen von Nachbarkernen M_m und X_l koppeln, dann ist die Multiplizität der Bande von A gleich dem Produkt der durch M und X erzeugten Multiplizitäten, also bei halbzahligen Spins gleich $(m+1)\cdot(l+1)$.

Aus dem Dublett im A-Teil eines AM-Spektrums wird z. B. durch eine zusätzliche AX-Kopplung ein Dublett von Dubletts. Ist zufällig $J_{AM} = J_{AX}$, dann fallen zwei der vier intensitätsgleichen Linien zusammen, und man erhält ein 1 : 2 : 1-Triplett (Abb. 3.7).

Allgemein wird aus den $(m+1)\cdot(l+1)$-Linien des A-Teils eines $A_nM_mX_l$-Systems bei $J_{AM} = J_{AX}$ ein $(m+l+1)$-Multiplett. Die A-Kerne verhalten sich demgemäß so, als

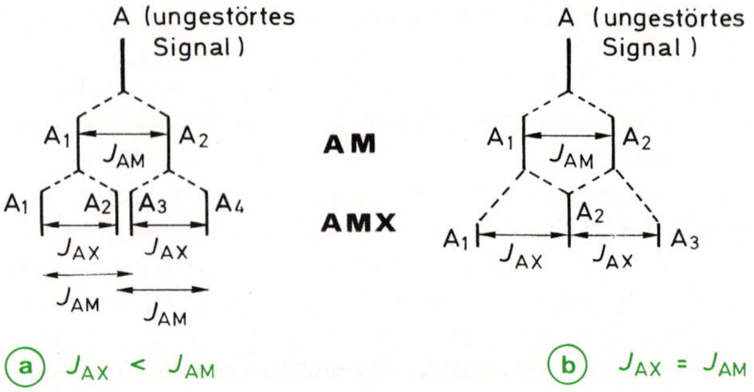

Abb. 3.7 Kopplungsmuster des A-Teils eines AMX-Spektrums

würden sie $(m+l)$ magnetisch äquivalente Nachbarkerne „sehen". Betrachten wir z. B. den Isopropyl- und den *n*-Propyl-Rest in den strukturisomeren Nitropropanen (**6**) und (**7**).

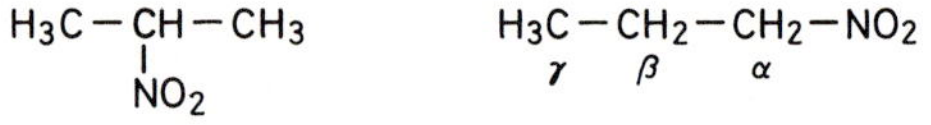

6 **7**

Das 2-Nitropropan (**6**) stellt ein A_6X-System dar. Die sechs Methyl-Protonen sind chemisch und magnetisch äquivalent. Durch Kopplung mit dem Methin-Proton spaltet ihre Absorption in ein Dublett auf. Das Methin-Proton selbst erscheint als Septett bei tieferem Feld (Abb. 3.8).

Die Protonen im 1-Nitropropan (**7**) bilden ein $A_3M_2X_2$-System, falls die magnetische Äquivalenz innerhalb jedes Kernsatzes von *geminalen* Protonen gegeben ist (vgl. dazu aber Abschn. 2.2, S. 85). Die Methyl-Protonen A und die α-CH_2-Protonen X haben jeweils die beiden Protonen der β-Methylen-Gruppe als Nachbarn. Für A- und X-Resonanz ist also jeweils ein Triplett zu erwarten, für die M-Protonen ein Dodezett $(12 = (3+1)\cdot(2+1))$. Da die Kopplungskonstanten $^3J_{AM}$ und $^3J_{XM}$ jedoch praktisch gleich groß sind, erhält man für die β-Methylen-Gruppe in (**7**) ein Sextett $(3+2+1 = 6)$ (s. Abb. 3.9).

Hat man zwei homonukleare koppelnde Kernsätze A_nB_m, bei denen der Quotient $|\nu_A - \nu_B|/J_{AB}$ kleiner als 10 ist, so verlieren die Regeln für Spektren **erster Ordnung** ihre Gültigkeit. Bereits in Abb. 3.9 erkennt man, daß die Intensitätsverteilung in den beiden Tripletts nicht mehr genau 1 : 2 : 1 ist. Die in Richtung des Signals des Kopplungspartners (β-CH_2-Gruppe) liegenden Linien sind intensiver als die davon abgewandten. Man nennt diese Erscheinung **Dacheffekt**. Wegen

$$\frac{|\nu_A - \nu_M|}{J_{AM}} < \frac{|\nu_X - \nu_M|}{J_{XM}}$$

macht sich der Dacheffekt im Methyl-Triplett stärker bemerkbar als im Methylen-Triplett. Aus demselben Grund

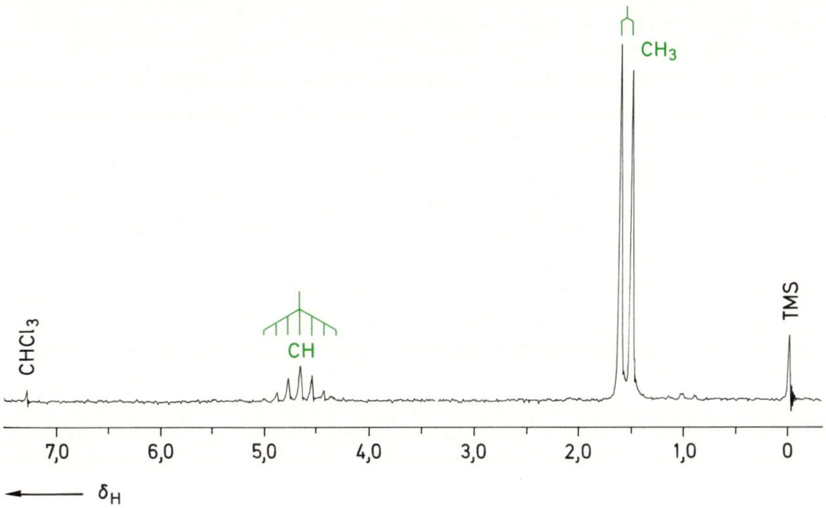

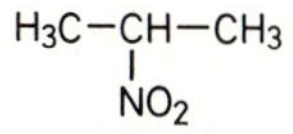

6

Abb. 3.8 ^{1}H-NMR-Spektrum von 2-Nitropropan (**6**) in $CDCl_3$

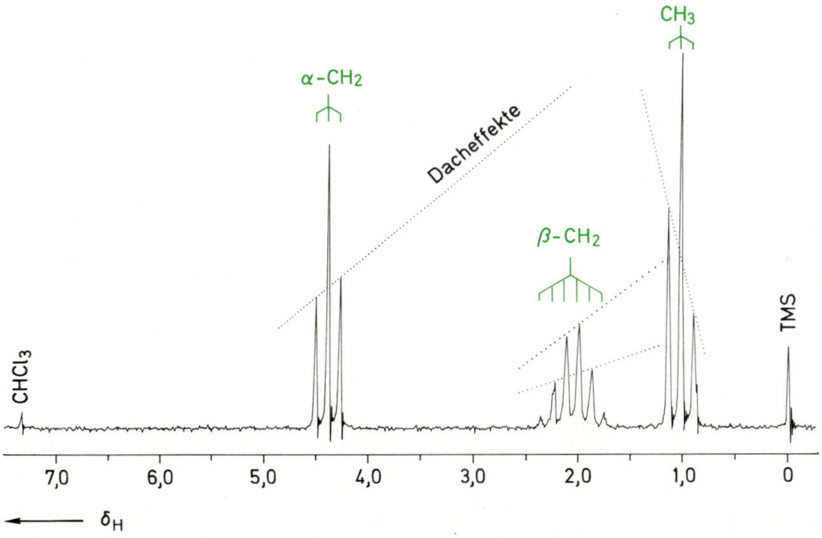

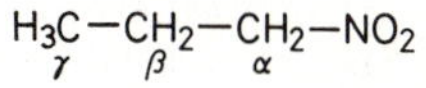

7

Abb. 3.9 ^{1}H-NMR-Spektrum von 1-Nitropropan (**7**) in $CDCl_3$

überwiegt im Signal der *β*-Methylen-Gruppe der Dacheffekt zum Methyl-Signal. Bei komplizierten Spektren kann der Dacheffekt dazu dienen, die Kopplungspartner zuzuordnen. Auch bei $\Delta\nu/J > 10$ liegen Spektren **höherer Ordnung** vor, wenn dabei Kernsätze beteiligt sind (wie z. B. AA′XX′), deren Kerne zwar chemisch, aber nicht magnetisch äquivalent sind. Generell unterscheidet man also zwischen Spektren **nullter Ordnung** (nur Singulett-Signale), **erster Ordnung** und **höherer Ordnung**.

Das einfachste Spektrum höherer Ordnung liefert das AB-System. Wie im AX-Fall hat man vier Linien (Abb. 3.10).

Die Symmetrie zum Mittelpunkt $\frac{1}{2}(\nu_A + \nu_B)$ bleibt genauso erhalten wie die Linienabstände der beiden A-Übergänge und der beiden B-Übergänge, die gemessen in Hz der Kopplungskonstanten J_{AB} entsprechen. In der Intensitätsverteilung unterscheiden sich jedoch AX- und AB-System grundlegend. Wie Abb. 3.10 zeigt, hängt das Aussehen des Spektrums vom Verhältnis $\Delta\nu/J$ ab. Für $\Delta\nu$ gegen 0 strebt das System gegen das Singulett eines A_2-Spektrums. Der umgekehrte Grenzfall, großes $\Delta\nu$, führt zum AX-Spektrum.

Die Auswertung eines AB-Spektrums sei am Beispiel der (*E*)-Zimtsäure (**8**) vorgeführt (Abb. 3.11). Die olefinischen Protonen bilden ein AB-System (Fernkopplungen zum Carboxy-Proton oder den Phenyl-Protonen sind bei dieser Auflösung nicht zu beobachten).

Aus

$\nu_1 - \nu_2 = \nu_3 - \nu_4 = 16$ Hz folgt unmittelbar $J_{AB} = 16$ Hz.

Aus dem Abstand

$\nu_1 - \nu_3 = \nu_2 - \nu_4 = \sqrt{(\nu_A - \nu_B)^2 + J^2} = 82$ Hz ergibt sich $\nu_A - \nu_B = 80$ Hz (bei 60 MHz).

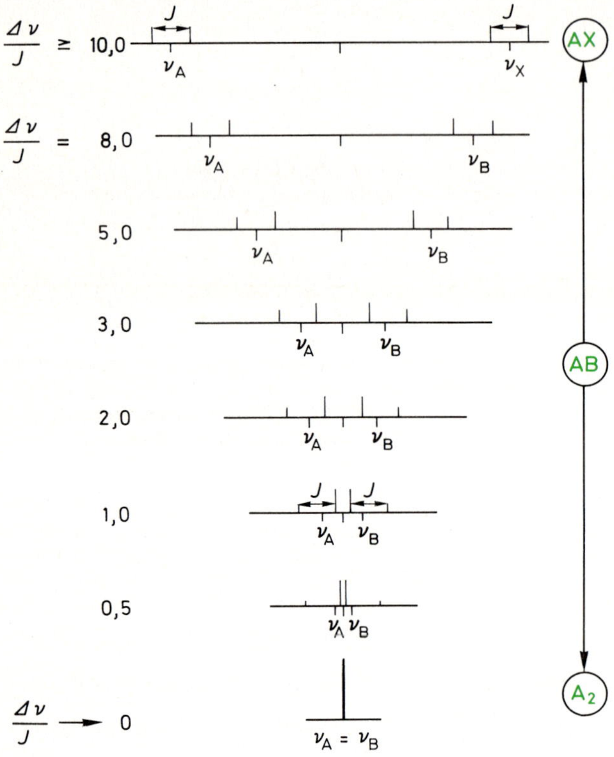

Abb. 3.10 Strichspektren eines AB-Systems bei festgehaltener Kopplung J_{AB} und variablem Verhältnis $\Delta\nu/J$

Mit Hilfe des Mittelpunkts

$\frac{1}{2}(\nu_A + \nu_B) = \frac{1}{2}(\nu_1 + \nu_4) = \frac{1}{2}(\nu_2 + \nu_3)$

kann man die Position von ν_A und ν_B ermitteln. In der δ-Skala erhält man $\delta_A = 7{,}82$ und $\delta_B = 6{,}47$ ppm. Die Zuordnung dieser beiden Signale zu den beiden olefinischen Protonen läßt sich aus dem Spektrum selbst nicht entnehmen; sie kann mit Hilfe eines Inkrement-Systems (s. S. 110) oder durch Heranziehen von Vergleichsverbindungen festgelegt werden.

Von den **Drei-Spin-Systemen** A_3, A_2X, A_2M, A_2B, AMX, ABX und ABC sind die Fälle A_2B, ABX und ABC nicht nach den Regeln für Spektren erster Ordnung zu behandeln. Die Maximalzahl der Übergänge (Linien) bei halbzahligen Spins beträgt dabei 9, 14 bzw. 15, wobei intensitätsschwache Übergänge in Routinespektren oft nicht erkennbar sind. (Spin-Systeme AXX′ oder ABB′ können nur auftreten, wenn zwei chemisch nichtäquivalente Kerne X bzw. B zufällig isochron sind, d. h. die gleiche chemische Verschiebung zeigen.)

Zur exakten Analyse von Drei- und Mehr-Spin-Systemen mit Spektren höherer Ordnung sei auf Kernresonanz-Lehrbücher verwiesen. Näherungsweise wird man in Grenzfällen versuchen, die Regeln für Spektren erster Ordnung anzuwenden. Als exemplarisches Beispiel sei hier das ^{1}H-NMR-Spektrum von Phenyloxiran (Styroloxid, **9**; Abb. 3.12) besprochen. Es stellt ein ABM-System dar. Behandelt man es als AMX-Fall, so erhält man einen Parametersatz aus chemischen Verschiebungen und Kopplungen, der nicht wesentlich von der exakten Analyse abweicht. (Die Analyse eines ABX-Spektrums wird an einem heteronuklearen Beispiel in Abschn. 6.2, S. 193f., beschrieben.)

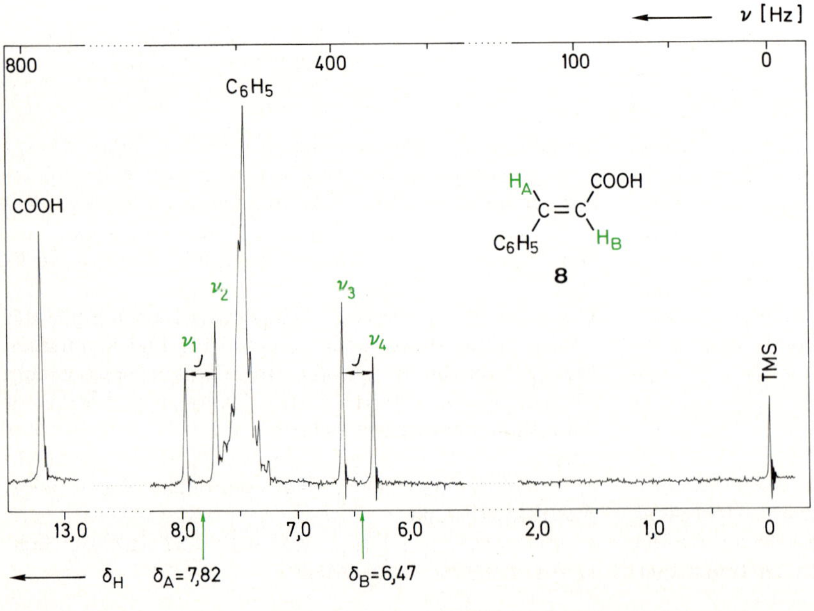

Abb. 3.11 60 MHz-^{1}H-NMR-Spektrum von (*E*)-Zimtsäure (**8**) in $CDCl_3$ (ν_1 = 478 Hz, ν_2 = 462 Hz, ν_3 = 396 Hz, ν_4 = 380 Hz, ν_A = 469 Hz, ν_B = 388 Hz)

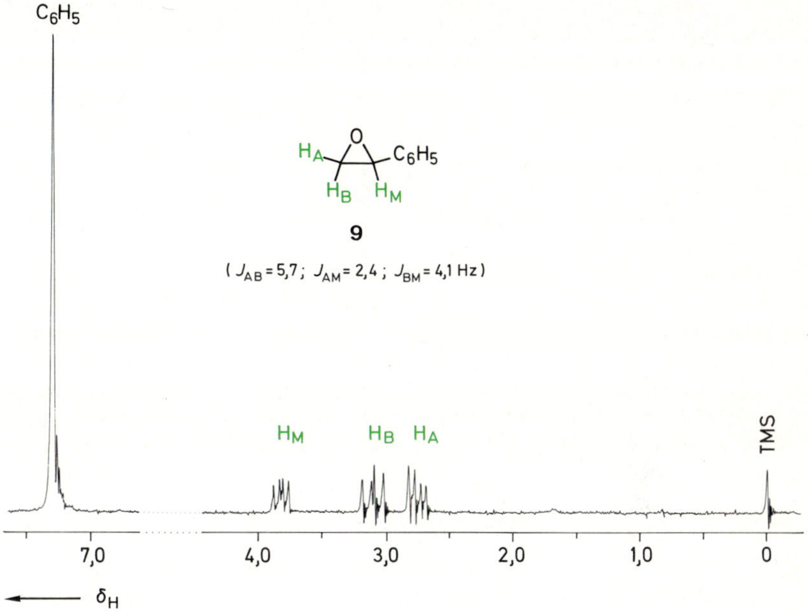

Abb. 3.12 ^{1}H-NMR-Spektrum von Phenyloxiran (**9**) in $CDCl_3$

Nach der Ableitung von S. 76 besteht ein AMX-Spektrum mit drei verschiedenen Kopplungskonstanten aus je vier Linien für A, M und X. (Im Idealfall müßten alle 12 Linien die gleiche Intensität besitzen.) Die Kopplungskonstanten lassen sich unmittelbar aus den Frequenzen der einzelnen Linien ablesen (s. Abb. 3.7).

Aus den **höheren Spin-Systemen** seien hier lediglich noch die folgenden symmetrischen **Vier-Spin-Systeme** herausgegriffen (Tab. 3.3).

Tab. 3.3 Symmetrische Vier-Spin-Systeme aus zwei Kernsätzen

System	chemische Verschiebungen		Kopplungen	Übergänge, max. Linienzahl[a]
1. Ordnung				
A_2X_2	ν_A	ν_X	J_{AX}	6 (zwei Tripletts)
höherer Ordnung				
AA'XX'	ν_A	ν_X	$J_{AA'}$, J_{AX}, $J_{AX'}$, $J_{XX'}$	20
A_2B_2	ν_A	ν_B	J_{AB}	16 (18)
AA'BB'	ν_A	ν_B	$J_{AA'}$, J_{AB}, $J_{AB'}$, $J_{BB'}$	24 (28)

[a] bei halbzahligen Spins

Zum besseren Verständnis dieser Spin-Systeme dienen die nachstehenden Beispiele, die so angeordnet sind, daß die Differenz der chemischen Verschiebungen von links nach rechts abnimmt.

(A_2X_2)

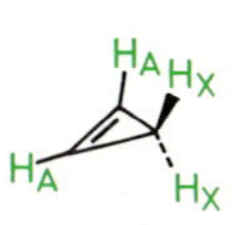

10

(A_2B_2)

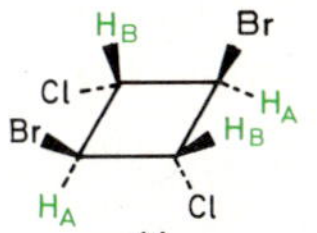

11

(A_4)

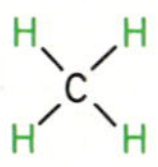

12

(AA'XX')

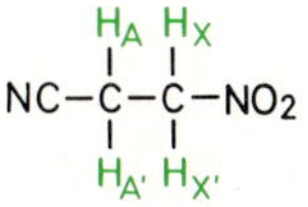

13

(AA'BB')

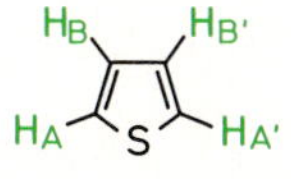

14

(AA'A''A''')

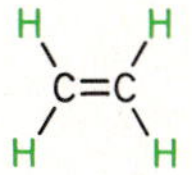

15

Besonderes Augenmerk verdienen dabei 1,2-disubstituierte Ethane wie 3-Nitropropionitril (**13**). Während die anderen Beispiele Cyclopropen (**10**), Methan (**12**), Thiophen (**14**) und Ethylen (**15**) „starre" Moleküle sind, muß man in 1,2-disubstituierten Ethanen bei Raumtemperatur eine Drehung um die C—C-Bindung annehmen. Dadurch werden die beiden Protonen A und die beiden Protonen X chemisch äquivalent. Die Rotation führt aber nicht notwendigerweise zur magnetischen Äquivalenz, d. h., $^3J_{AX}$ und $^3J_{AX'}$ können sich unterscheiden (s. Abschn. 2.2, S. 85).

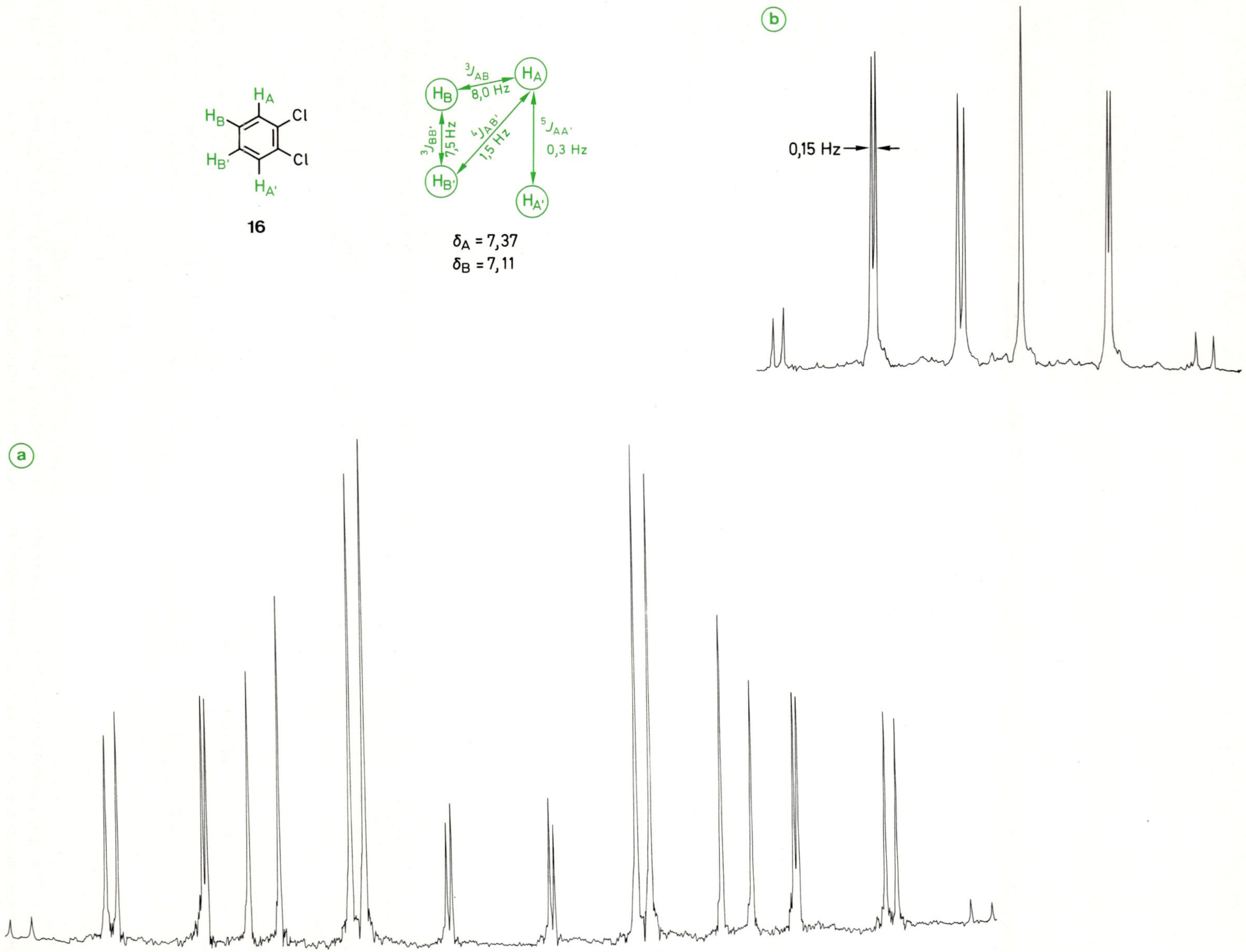

Abb. 3.13 Hochaufgelöstes ^{1}H-NMR-Spektrum von *o*-Dichlorbenzol (**16**); **a** AA′BB′-System mit 24 zum Mittelpunkt symmetrischen Linien, aufgenommen bei 90 MHz; **b** XX′-Teil des AA′XX′-Systems, aufgenommen bei 400 MHz

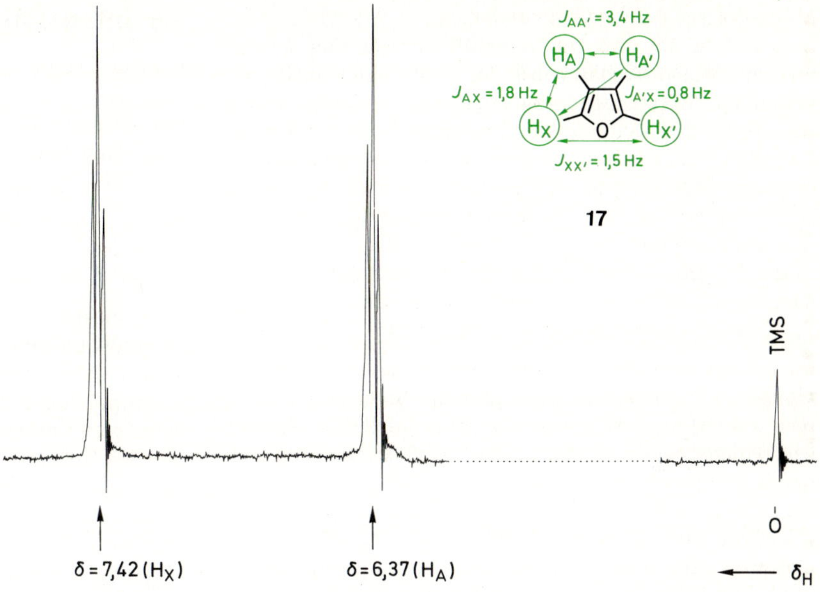

Abb. 3.14 ^{1}H-NMR-Spektrum von Furan (**17**) in $CDCl_3$ (AA'XX'-System, das scheinbar aus zwei Tripletts besteht)

Von der Differenz $|\nu_A - \nu_X|$ hängt es dann ab, ob (**13**) als AA'XX'- oder AA'BB'-System zu betrachten ist.

Abb. 3.13 gibt das hochaufgelöste AA'BB'-Spektrum von *o*-Dichlorbenzol (**16**) wieder. Man erkennt 24 Linien, die eine vollständige Ermittlung der Parameter ermöglichen.

In vielen Fällen erhält man von Vier-Spin-Systemen bei Routineaufnahmen erstaunlich linienarme Spektren. Ein Beispiel dafür ist Furan (**17**; Abb. 3.14), ein AA'XX'-System. Die Interpretation der beiden Tripletts als A_2X_2-Typ mit einer einzigen Kopplung J_{AX} wäre eine Mißdeutung. Die exakte Analyse ergibt $J_{AX} = J_{A'X'} = 1{,}8$ und $J_{AX'} = J_{A'X} = 0{,}8$ Hz.

Am Ende dieses Abschnitts sei vermerkt, daß die Aufspaltung eines Kernresonanz-Signals nicht nur von der Auflösung des Geräts abhängen kann, sondern auch von der Meßfrequenz (Magnetfeldstärke). Der für Spektren erster Ordnung entscheidende Quotient $\Delta\nu/J$ vergrößert sich z. B. beim Gang von 60 MHz (1,41 T) zu 360 MHz (8,45 T) um den Faktor 6; d. h., ein Spektrum erster Ordnung bei 360 MHz kann bei 60 MHz ein Spektrum höherer Ordnung sein und damit ein ganz anderes Aufspaltungsmuster besitzen! Ein Spinsystem mit magnetisch nicht äquivalenten Kernen gibt unabhängig von der Feldstärke stets ein Spektrum höherer Ordnung (s. Abb. 3.13), allerdings kann sich das Aussehen mit der Feldstärkeerhöhung auch beträchtlich ändern.

1.4 Linienbreite

Abb. 3.15 gibt die typische Form eines Kernresonanz-Signals wieder. Die bei halber Höhe gemessene **Linienbreite b** ist wesentlich größer als die auf der Heisenberg-Unschärferelation beruhende „natürliche Linienbreite". *b* hängt außer von Feldinhomogenitäten von Fernkopplungen und von den **Relaxationszeiten** T_1 und T_2 des betreffenden Kerns ab (s. Abschn. 1.1, S.69).

Kerne mit elektrischem Quadrupolmoment wie ^{14}N oder anwesende paramagnetische Verbindungen verkleinern die Spin-Gitter-Relaxationszeiten T_1 und verbreitern damit die Resonanzlinien. (Paramagnetische Verbindungen selbst sind für NMR-Untersuchungen aus diesem Grund schlecht geeignet.) Ganz analog bewirkt eine Verkleinerung der Spin-Spin-Relaxationszeit T_2, etwa durch Erhöhung der Viskosität der Meßlösung, eine Linienverbreiterung. Ein besonderer Effekt ist die auf **Austauschphänomene** zurückgehende **Linienverbreiterung**. Dabei ist zwischen **intermolekularen** und **intramolekularen Prozessen** zu unterscheiden. Als Beispiel für die ersteren kann der **Protonen-Transfer** bei Carbonsäuren, Alkoholen oder Aminen dienen. Nimmt man z. B. bei 0 °C das ^{1}H-NMR-Spektrum von wäßrigem

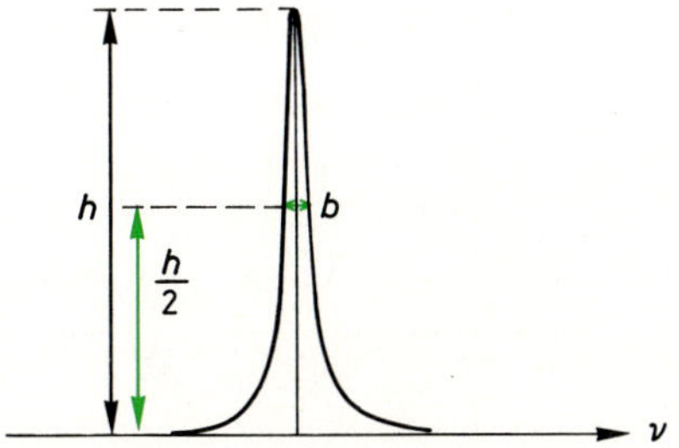

Abb. 3.15 Form eines Kernresonanz-Signals: Lorentz-Kurve, *h* Höhe, *b* Linienbreite

Methanol auf, dann erkennt man bei einer Wasser-Konzentration unter 5 % zwei getrennte OH-Signale. Durch einen höheren Wasser-Gehalt wird der Protonen-Transfer beschleunigt. Man registriert zunächst eine Verbreiterung der OH-Bande des Methanols und schließlich im Bereich des schnellen Austausches ein gemeinsames Resonanzsignal bei einem Mittelwert der chemischen Verschiebung. Gleichzeitig mit der Linienverbreiterung verschwindet im Spektrum die Kopplung der OH-Protonen mit den Methyl-Protonen. In reinem Methanol ist dieser Effekt durch Erwärmen von 0 °C auf +10 °C zu erreichen. (Beschleunigung des Protonen-Austausches durch Erwärmen.)

Intramolekulare Austauschphänomene gehen auf die **Flexibilität von Molekülen** (Rotationen, Inversionen usw.) oder auf chemische Umwandlungen (schnelle Umlagerungen, Valenzisomerisierungen usw.) zurück. Beispiele werden in Abschn. 2.2 (S. 85) besprochen. Allgemein läßt sich sagen, daß zwei Kerne, die ihre chemische Umgebung austauschen, zwei getrennte Signale ν_A und ν_B geben, wenn dieser Austausch im Sinn der NMR-Zeitskala langsam verläuft. Das ist der Fall, wenn für die mittlere **Lebensdauer** τ in diesen Zuständen gilt: $\tau \cdot |\nu_A - \nu_B| \gg 1$.

Bei $\tau \cdot |\nu_A - \nu_B| \ll 1$ erhält man dagegen ein einziges, gemitteltes Signal. Im Zwischenbereich $\tau \cdot |\nu_A - \nu_B| \approx 1/2\pi$ wird die **Koaleszenz** der Signale beobachtet. Hier ist die Linienform in hohem Maß von τ abhängig. Da τ eine Funktion der Temperatur ist, erhält man in diesem Bereich stark temperaturabhängige Spektren (s. Abschn. 2.2). Die Auswertung des Koaleszenzpunktes oder exakter die **Analyse der Linienform** erlaubt die Bestimmung der thermodynamischen Parameter solcher Prozesse.

1.5 Intensität

Die **Fläche unter der Absorptionskurve** eines Kernresonanz-Signals ist ein Maß für die Intensität des Übergangs. Die Integration wird von den NMR-Spektrometern in Form einer **Stufenkurve** geliefert.

In den ^{1}**H-Spektren** ist die durch die Höhe der Stufen gemessene Intensität proportional zu der Zahl der an dieser Stelle des Spektrums absorbierenden ^{1}H-Kerne des Moleküls (s. Abb. 3.16, *p*-Toluolsulfonsäureethylester, **18**).

Bei Routine-^{13}**C-Spektren** kann man keine exakten quantitativen Aussagen aufgrund des Intensitätsverhältnisses einzelner Absorptionen machen. Die Intensität eines Signals ist proportional zum effektiven Besetzungsunterschied der beteiligten Energiezustände und hängt damit entscheidend von den Relaxationszeiten ab. Die T_1-Zeiten von ^{13}C-Kernen liegen im Bereich von 10^{-1} bis $3 \cdot 10^{2}$ s. Besonders die direkt am betreffenden ^{13}C-Kern gebundenen Protonen verkürzen die T_1-Werte. Quartäre C-Atome besitzen die längsten T_1-Zeiten, dementsprechend sind ihre Signalintensitäten im Spektrum am kleinsten. Außerdem haben die Molekülgröße und die molekulare Beweglichkeit entscheidenden Einfluß auf die longitudinale Relaxation. Das wird an den Beispielen Toluol (**19**), Styrol (**20**) und Polystyrol (**21**) deutlich:

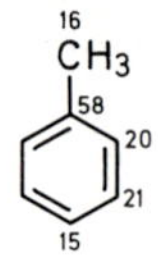

19

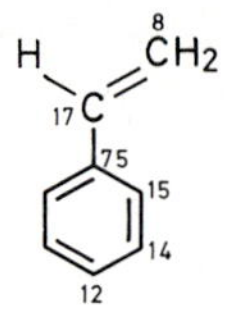

20

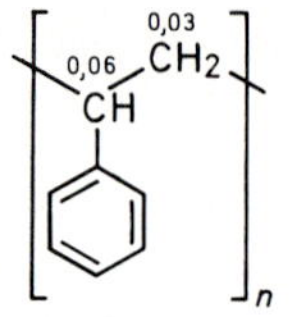

21

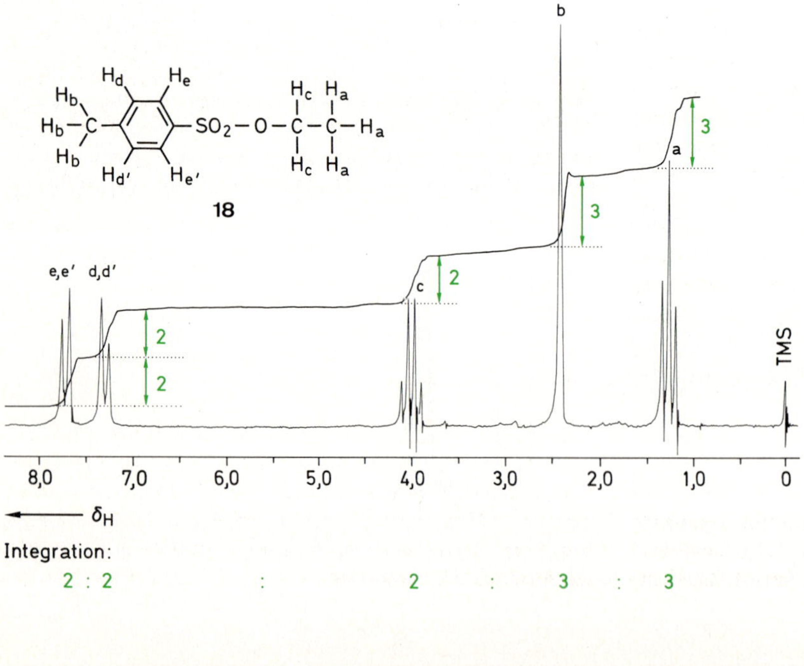

Abb. 3.16 ^{1}H-NMR-Spektrum von *p*-Toluolsulfonsäureethylester (**18**) (60 MHz, CCl_4) mit Integrationskurve

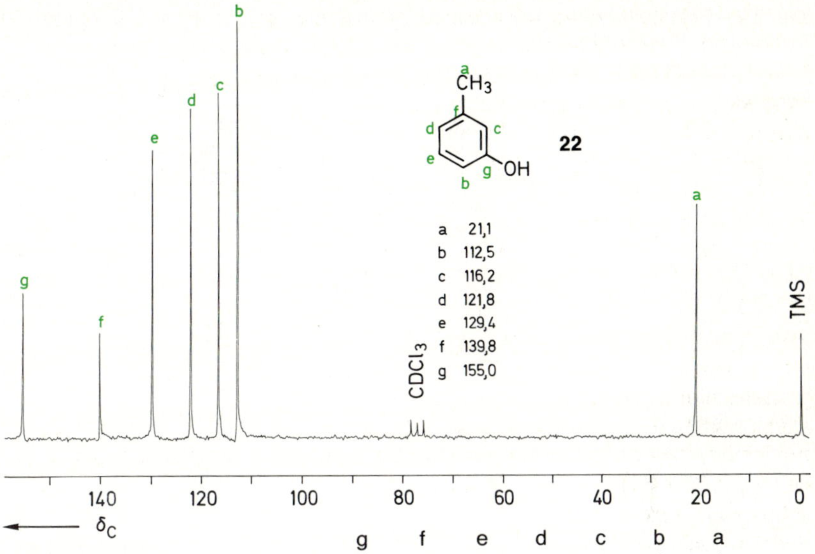

Abb. 3.17 ^{13}C-NMR-Spektrum von *m*-Kresol (**22**) (in $CDCl_3$, ^{1}H-breitband-entkoppelt) mit einer Auswertung der Signalintensitäten

	g		f		e		d		c		b		a
Kern-Verhältnis:	1	:	1	:	1	:	1	:	1	:	1	:	1
Verhältnis der Peakhöhen	34	:	25	:	69	:	79	:	81	:	100	:	69
Verhältnis der Peakflächen	30	:	24	:	69	:	77	:	78	:	100	:	64

Die in Sekunden angegebenen T_1-Zeiten zeigen markante Unterschiede zwischen großen und kleinen Molekülen und zwischen H-tragenden und quartären C-Atomen. Aber auch die Anisotropie der molekularen Beweglichkeit spielt eine Rolle. So haben die *p*-ständigen C-Kerne, die in der Achse der bevorzugten Rotation liegen, die kleinsten T_1-Werte. (In Spezialfällen kann damit eine Signalzuordnung vorgenommen werden.)

Das Zeitintervall zwischen zwei aufeinanderfolgenden Pulsen (vgl. S. 99) ist in der ^{13}C-NMR-Spektroskopie in der Regel zu kurz, um eine Relaxation des Spin-Systems bis zum Gleichgewichtszustand zu erlauben.

Abb. 3.17 gibt das Spektrum von 3-Methylphenol (*m*-Kresol, **22**) wieder. Für die sieben C-Kerne erhält man ganz unterschiedliche Intensitäten.

Durch Einstrahlung in den Frequenzbereich eines Kerns erfolgt ein Eingriff in die Relaxation räumlich benachbarter Kerne. Das führt naturgemäß zu einer Intensitätsänderung bei den Signalen der Nachbarkerne (**Kern-Overhauser-Effekt**). In der ^{1}H-Resonanz spielt dieser Effekt lediglich eine Rolle bei Doppelresonanz-Experimenten (s. S. 128ff.). In der ^{13}C-Resonanz mißt man dagegen Routinespektren mit einer ^{1}H-Breitband-Entkopplung. Dadurch fallen die durch die Kopplung mit den Protonen bewirkten Signalaufspaltungen weg – man erhält ein Spektrum aus einzelnen Singulett-Peaks (s. Abb. 3.2b, S. 72, oder 3.17). Der dabei auftretende heteronukleare Kern-Overhauser-Effekt bewirkt Intensitätszunahmen bis zu 200%. **Unterschiedliche Relaxationen und unterschiedliche Kern-Overhauser-Effekte sind also die Ursache für die Abweichungen zwischen gemessenen und theoretischen Intensitätsverhältnissen bei ^{13}C-Resonanz-Signalen.** Außerdem muß der große Einfluß der Meßbedingungen auf die Peakintensitäten erwähnt werden. Es besteht jedoch die Möglichkeit, diesen Nachteil der ^{13}C-NMR-Spektroskopie durch Ausschaltung der genannten Störfaktoren zu beseitigen und bei Bedarf zu integrierbaren Spektren zu kommen (s. Abschn. „Spektren-Integration", S. 164ff.).

2. NMR-Spektren und Molekülstruktur

2.1 Moleküle mit „festen" Kernpositionen

Die Zahl der in einem Spektrum auftretenden Kernresonanz-Signale wird durch die Symmetrie des untersuchten Moleküls bestimmt. **Zwei Kerne eines Moleküls sind chemisch äquivalent, wenn sie durch eine auf das Molekül anwendbare Symmetrieoperation ineinander übergeführt werden oder wenn sie durch eine schnelle innermolekulare Bewegung im Zeitmittel identisch werden.** Zum eingehenden Verständnis sei zunächst eine Reihe von Beispielen mit starrem C-Gerüst erläutert. In Tab. 3.4 ist die Anzahl der zu erwartenden ^{13}C- und ^{1}H-Resonanz-Signale bei einigen ausge-

Tab. 3.4 Feststellung der chemischen Äquivalenz von [1]H- bzw. ^{13}C-Kernen in ausgewählten Strukturen verschiedener Symmetrie (Punktgruppe)

Struktur	Punktgruppe	anzuwendende Symmetrieoperationen	Gruppen chemisch äquivalenter C-Kerne	Gruppen chemisch äquivalenter H-Kerne (Spin-System)
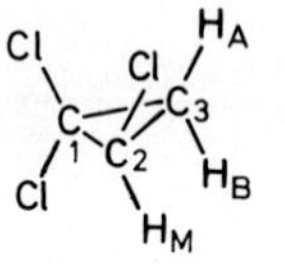 1,1,2-Trichlorcyclopropan	C_1	–	C–1 C–2 C–3	H_A H_B H_M (ABM)
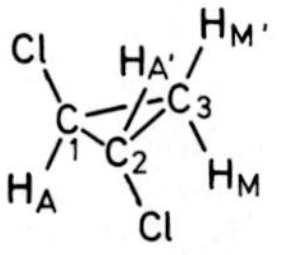 *trans*-1,2-Dichlorcyclopropan	C_2	C_2	C–1, C–2 C–3	H_A, $H_{A'}$ H_M, $H_{M'}$ (AA′MM′)
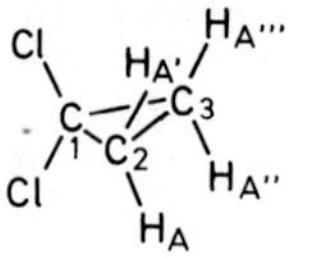 1,1-Dichlorcyclopropan	C_{2v}	2σ (σ, C_2)	C–1 C–2, C–3	H_A, $H_{A'}$, $H_{A''}$, $H_{A'''}$ (Singulett)
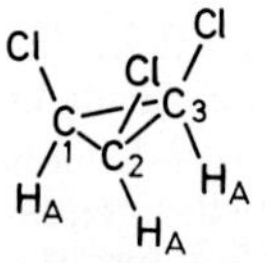 all-*cis*-1,2,3-Trichlorcyclopropan	C_{3v}	C_3 (3σ)	C–1, C–2, C–3	H_A, H_A, H_A (Singulett)
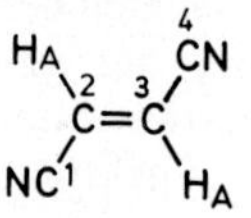 Fumarsäuredinitril	C_{2h}	$i \equiv S_2$ (C_2)	C–1, C–4 C–2, C–3	H_A, H_A (Singulett)
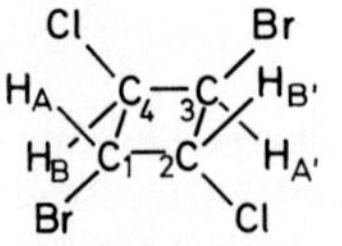 r-1,t-3-Dibrom-c-2,t-4-dichlorcyclobutan	C_i	$i \equiv S_2$	C–1, C–3 C–2, C–4	H_A, $H_{A'}$ H_B, $H_{B'}$ (AA′BB′)

Tab. 3.4 Fortsetzung

Struktur	Punktgruppe	anzuwendende Symmetrieoperationen	Gruppen chemisch äquivalenter C-Kerne	Gruppen chemisch äquivalenter H-Kerne (Spin-System)
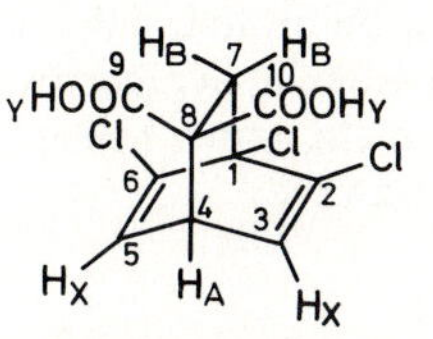 1,2,6-Trichlorbicyclo-[2,2,2]octa-2,5-dien-8,8-dicarbonsäure	C_s	σ	C-1 C-2, C-6 C-3, C-5 C-4 C-7 C-8 C-9, C-10	H_A H_x, H_x (AX_2) H_B, H_B (Singulett) H_y, H_y (Singulett) (Fernkopplungen nicht berücksichtigt)
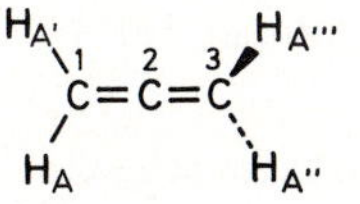 Allen	D_{2d}	2σ, S_4	C-1, C-3 C-2	H_A, $H_{A'}$, $H_{A''}$, $H_{A'''}$ (Singulett)
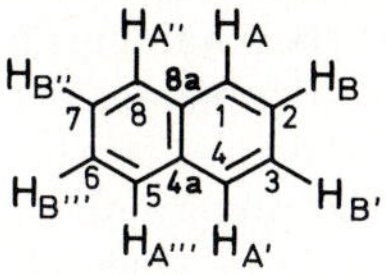 Naphthalin	D_{2h}	2σ ($3\,C_2$)	C-1, C-4, C-5, C-8 C-2, C-3, C-6, C-7 C-4a, C-8a	H_A, $H_{A'}$, $H_{A''}$, $H_{A'''}$ H_B, $H_{B'}$, $H_{B''}$, $H_{B'''}$ (AA'A''A'''-BB'B''B''')
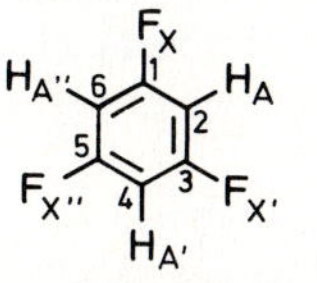 1,3,5-Trifluorbenzol	D_{3h}	C_3 (3σ, $3\,C_2$)	C-1, C-3, C-5 C-2, C-4, C-6	H_A, $H_{A'}$, $H_{A''}$ (A-Teil von AA'A''XX'X'')

wählten Strukturen verschiedener Symmetrie (Punktgruppe) zusammengestellt.

Wie wertvoll sich ^{1}H- und ^{13}C-NMR-Spektroskopie in der Strukturanalyse ergänzen, sei an disubstituierten Benzolen demonstriert (Tab. 3.5).

2.2 Innermolekulare Beweglichkeit

Wie zu Beginn dieses Abschnittes festgestellt, können auch Kerne, die sich nicht durch eine Symmetrieoperation ineinander überführen lassen, chemisch äquivalent sein, wenn sie durch eine schnelle innermolekulare Bewegung identisch werden. So sind z. B. die drei Protonen einer frei drehbaren Methyl-Gruppe chemisch äquivalent. Alanin (**23**) besitzt keinerlei Symmetrieelement, also gewiß keine durch das Methyl-C-Atom gehende C_3-Achse; trotzdem sind alle drei Protonen H_A infolge der Rotation der Methyl-Gruppe identisch. Das A_3X-System der an C-Atome gebundenen Protonen ergibt in D_2O ein Dublett bei $\delta = 1{,}48$ und ein Quadruplett bei $\delta = 3{,}78$.

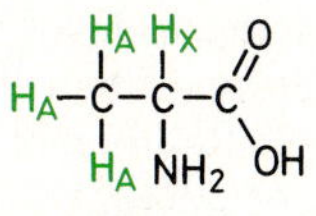

23

Tab. 3.5 Zahl der ^{13}C-Signale und Spin-Systeme in der ^{1}H-NMR-Spektroskopie bei disubstituierten Benzolen

Stellung	^{13}C-Signale (ohne Kopplung)		^{1}H-Signale (Spin-System)
gleiche Substituenten			
o	3 { $C_1 = C_2$ $C_3 = C_6$ $C_4 = C_5$	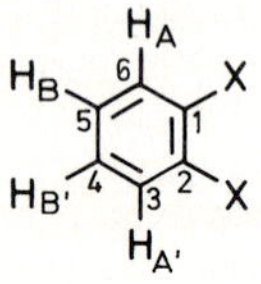	AA'BB'
m	4 { $C_1 = C_3$ C_2 $C_4 = C_6$ C_5	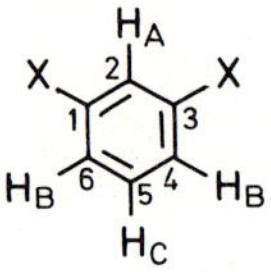	AB_2C
p	2 { $C_1 = C_4$ $C_2 = C_3 =$ $C_5 = C_6$	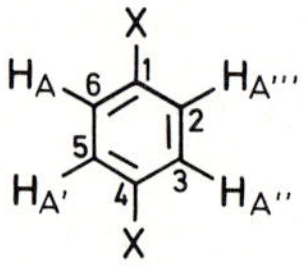	AA'A''A''' (Singulett)
verschiedene Substituenten			
o	6 verschiedene C	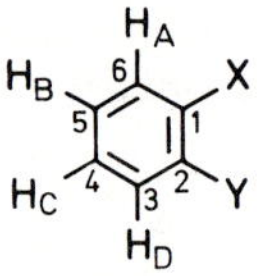	ABCD
m	6 verschiedene C	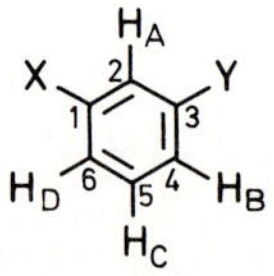	ABCD
p	4 { C_1 $C_2 = C_6$ $C_3 = C_5$ C_4	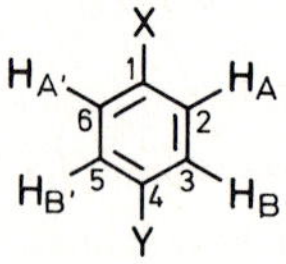	AA'BB'

Genauso registriert man normalerweise für die tertiäre Butyl-Gruppe einer Verbindung (**24**) ein einziges ^{1}H-Signal (Singulett) und zwei ^{13}C-Resonanzen für das quartäre und die drei primären C-Atome. Abweichungen davon treten auf, wenn die Rotation der *t*-Butyl-Gruppe eingeschränkt wird. Für das Einfrieren einer Methyl-Rotation gibt es nur wenige Beispiele; so zeigt 9-Methyltrypticen-1,4-chinon (**25**) bei −141 °C anisochrone Methyl-Protonen.

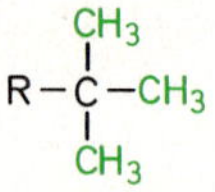

24

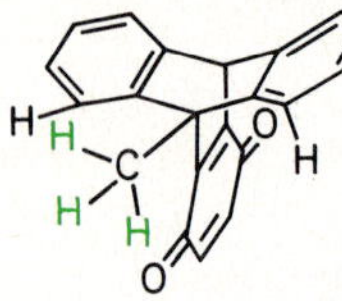

25

Bei CX_2-Gruppen (X = H, CH_3 usw.) liegen die Verhältnisse etwas komplizierter. Durch Rotation mitteln sich bei einer Methylen-Gruppe die Unterschiede in der chemischen Umgebung der beiden H-Atome nicht immer heraus. Betrachten wir z. B. die Verbindungen (**26**).

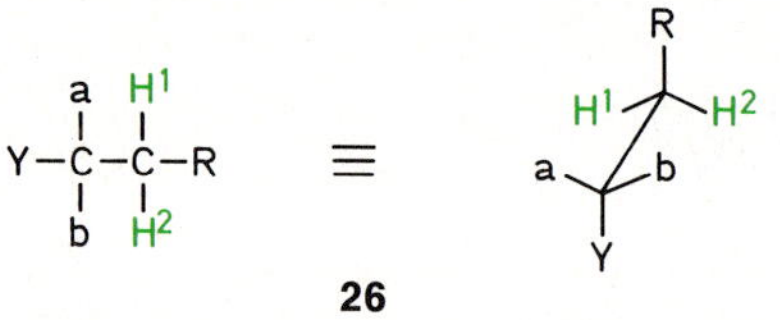

u. a. Rotamere

26

Für Y = a oder Y = b existieren Konformationen mit einer Symmetrieebene.

Dreht man die CH_2R-Gruppe, so wird die chemische Umgebung für die beiden Methylen-Protonen verschieden. Die Änderung für H^1 bei Drehung in einem bestimmten Drehsinn entspricht genau der Änderung für H^2 bei Drehung im umgekehrten Sinn. Unabhängig von der Population der verschiedenen Rotationsisomeren sind also H^1 und H^2 chemisch äquivalent und geben, wenn keine Kopplung auftritt, ein Singulettsignal. Für Y ≠ a, b ist das nicht möglich. H^1 und H^2 sind in keiner Konformation äquivalent und bilden ein AB-System. Man bezeichnet solche Wasserstoffe als **diastereotop**. Das gilt auch für den Fall Y = CH_2R. Die Nachbarschaft von **chiralen** oder **prochiralen** Zentren kann also zur Nichtäquivalenz der Protonen einer CH_2-Gruppe führen. (Werden jedoch zwei Methylen-Protonen durch eine auf das gesamte Molekül anwendbare Symmetrieoperation ineinander übergeführt, dann ändern auch chirale oder prochirale Zentren nichts an der chemischen Äquivalenz!) Dieselben Überlegungen gelten für die X-Resonanzen anderer CX_2-Gruppen, also z. B. für die ^{13}C- und ^{1}H-Resonanzen der beiden Methyl-Reste einer Isopropyl-Gruppe.

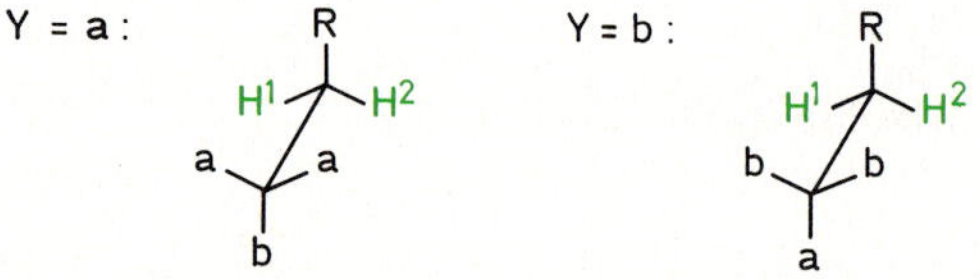

Generell unterscheidet man für zwei Gruppen X eines Moleküls die Fälle: **homotop, enantiotop** und **diastereotop**. Zur Feststellung der Beziehung denkt man sich jeweils ein X durch eine noch nicht im Molekül vorhandene achirale Testgruppe T ersetzt und vergleicht dann die beiden neu entstandenen Moleküle X|T und T|X:

X/X

homotop	enantiotop	diastereotop
falls X|T≡T|X	falls X|T und T|X Spiegelbild-isomere (Enantiomere)	falls X|T und T|X Diastereomere

– **Homotope Gruppen sind chemisch äquivalent und führen pro Kernsorte stets zu einem einzigen Signal.**

– **Enantiotope Gruppen geben im achiralen oder racemischen Medium isochrone Signale,** im chiralen Medium kann Anisochronie beobachtet werden.

– **Diastereotope Gruppen sind chemisch nicht äquivalent und können allenfalls zufällig isochron sein.**

Zum besseren Verständnis dieses Sachverhaltes seien einige Beispiele angeführt. Während die drei Methyl-Protonen im Alanin (**23**) chemisch äquivalent sind, bilden die beiden diastereotopen Methylen-Protonen im Phenylalanin (**27**) den AB-Teil eines ABC-Systems.

Bei Valin (**28**) und Leucin (**29**) bewirkt das asymmetrische C-Atom als Chiralitätszentrum die Nichtäquivalenz der Methyl-Gruppen in der ^{1}H- und ^{13}C-Resonanz. Mit zunehmender Entfernung zwischen Isopropyl-Gruppe und Chiralitätszentrum verringern sich die Unterschiede in der chemischen Verschiebung. So kann man bei Cholesterin (**30**) zwar in der ^{13}C-Resonanz noch zwei getrennte Methyl-Signale für die Isopropyl-Gruppe erkennen, in der ^{1}H-Resonanz dagegen nicht mehr.

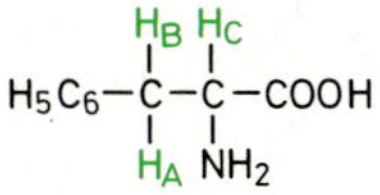

27

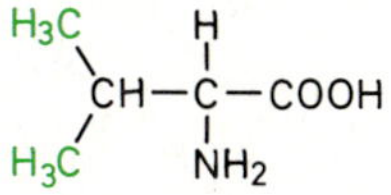

28

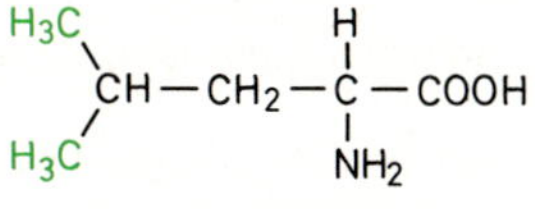

29

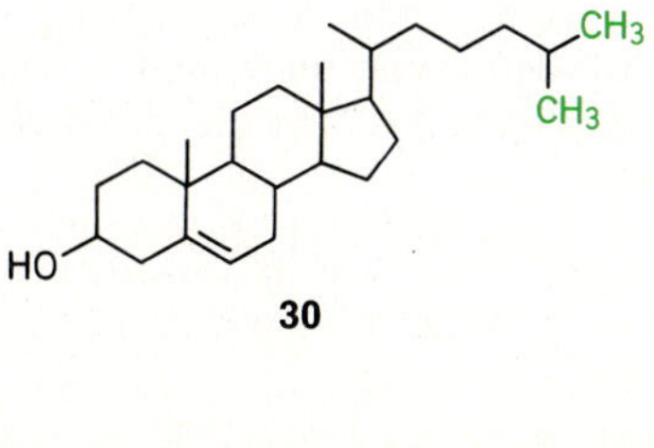

30

Für die 2,4-Diaminoglutarsäure (**31**) existieren zwei Enantiomere und eine achirale *meso*-Form. Die beiden chiralen Moleküle besitzen in der gezeichneten Konformation eine C_2-Achse, wodurch die beiden Methylen-Protonen chemisch äquivalent werden (homotop).

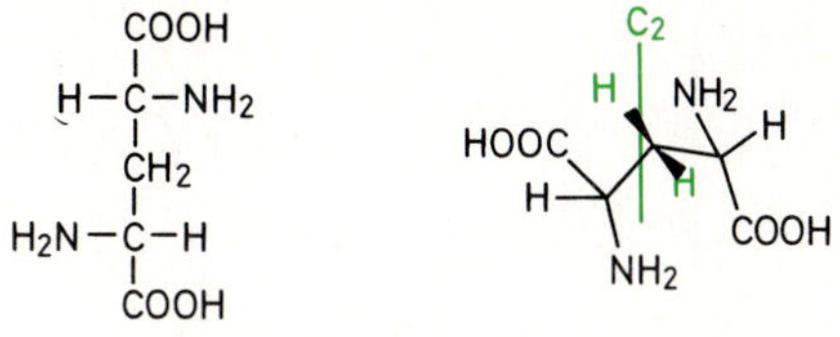

31

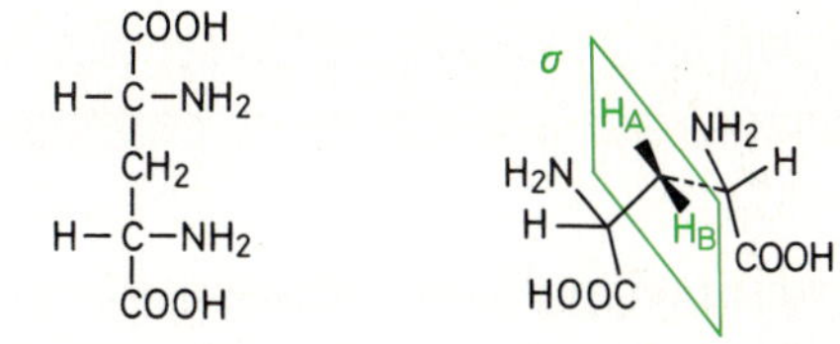

In der *meso*-Form stellt die CH_2-Gruppe dagegen den AB-Teil eines ABC_2-Systems dar. Schließlich sei noch ein prochiraler Fall diskutiert. Im Glycerin (**32a**) oder in der Zitronensäure (**32b**) sind z. B. die beiden CH_2-Gruppen enantiotop. Die beiden H-Atome einer Methylen-Gruppe sind jedoch diastereotop (AA'BB'C- bzw. AB-System).

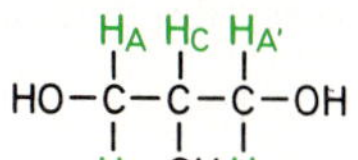

32a

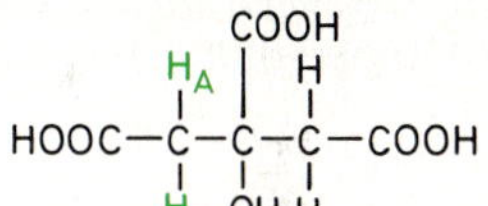

32b

Die ungehinderte Rotation von Phenyl-Resten führt grundsätzlich zur Äquivalenz der *o*- und *m*-Protonen. Das gilt auch in Anwesenheit chiraler Zentren. Als Beispiel ist das Spektrum der Verbindung (**33**) abgebildet.

Die beiden starr gebundenen H-Atome am Oxiran-Ring bilden ein AB-System mit dem Zentrum bei $\delta = 3{,}32$. Die rotierende CH_2Cl-Gruppe am Chiralitätszentrum gibt ebenfalls ein AB-System (Schwerpunkt $\delta = 4{,}00$). Der *p*-Nitrophenyl-Rest geht bei einer Rotation um 180° in sich selbst über, d.h., die entsprechenden Protonen und C-Kerne sind im Zeitmittel identisch. In der ^{13}C-Resonanz treten vier Signale für aromatische C-Atome auf und in der ^{1}H-Resonanz ein AA'BB'-Muster (Abb. 3.18).

Die Nichtäquivalenz der beiden H-Atome einer Methylen-Gruppe an einem chiralen oder geeigneten prochiralen Zentrum spielt auch bei Aminen eine Rolle. In einer „starren" Verbindung vom Typ (**34**) sind die beiden Protonen der Methylen-Gruppe diastereotop. Das gilt selbst für den Fall $R^2 = CH_2R^1$. Durch die schnelle **Inversion am N-Atom** werden sie jedoch chemisch äquivalent (enantiotop).

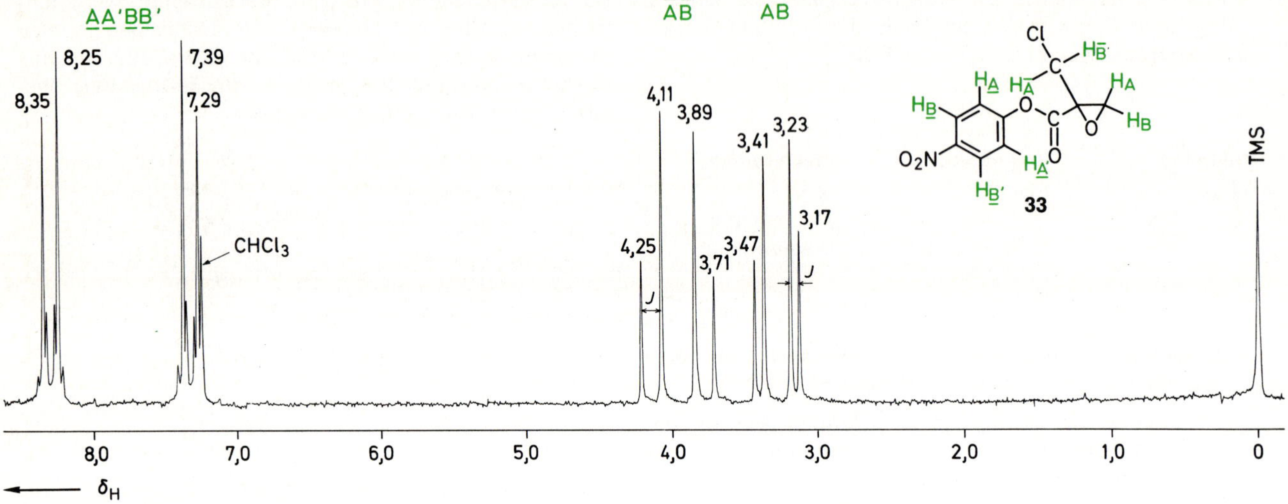

Abb. 3.18 ^{1}H-NMR-Spektrum von 1-Chlormethyloxiran-1-carbonsäure-*p*-nitrophenylester (**33**) in $CDCl_3$

Die Inversion kann durch Einbau des N-Atoms in ein Ringsystem verlangsamt werden. Ein typisches Beispiel ist 1-Ethylaziridin (**35**), dessen Ring-Protonen bei Raumtemperatur ein AA′BB′-System ergeben. Die Inversion am N-Atom führt erst oberhalb von 100 °C zur chemischen Äquivalenz (AA′A″A‴). (Die beiden Methylen-Protonen der Ethyl-Gruppe sind bereits vor der Inversion äquivalent!)

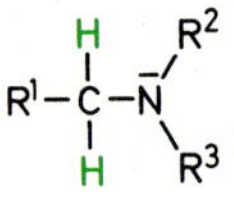

($R^1, R^2, R^3 \neq H$; $R^2 \neq R^3$)

34

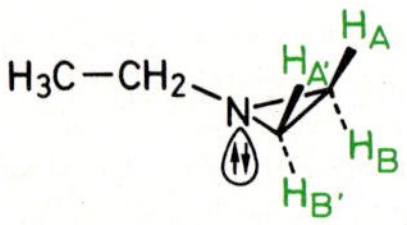

35

Eine weitere Möglichkeit, die Inversion an Amin-N-Atomen zu verlangsamen, besteht in der Protonierung.

Bei der Kopf-Schwanz-Polymerisation von Vinylmonomeren $RCH{=}CH_2$ bzw. $RR'C{=}CH_2$ entsteht eine Kette, in der jedes zweite Kohlenstoff-Atom ein Chiralitätszentrum ist. Man unterscheidet drei Fälle von **Taktizität**:

isotaktisch:	Abfolge gleicher Konfigurationen
syndiotaktisch:	regelmäßiges Alternieren der Konfiguration
ataktisch:	regellose (statistische) Abfolge

Weiter unten ist eine ataktische Polymerkette abgebildet, die isotaktische und syndiotaktische **Diaden D** und **Triaden T** enthält und heterotaktische Triaden **T**. In der syndiotaktischen Triade sind die Methylen-Protonen bei Betrachtung der lokalen Symmetrie homotop. In einem syndiotaktischen Polymer erhält man demgemäß für sie ein Singulett. Im isotaktischen Polymer bilden sie dagegen ein AB-System. Die Reste R bzw. R′ sind in beiden Fällen chemisch äquivalent. Bei ataktischen Polymeren genügt es in der Regel, bei R und R′ Triaden zu erfassen, bei den Methylen-Protonen muß man dagegen die lokale Symmetrie an Tetraden beurteilen. Das Spektrum setzt sich dann aus den Anteilen iso- und syndiotaktischer Triaden und deren „Übergangsstücken“, den heterotaktischen Triaden, zusammen. Insbesondere der Bereich der *geminalen* Protonen kann dadurch sehr komplex werden.

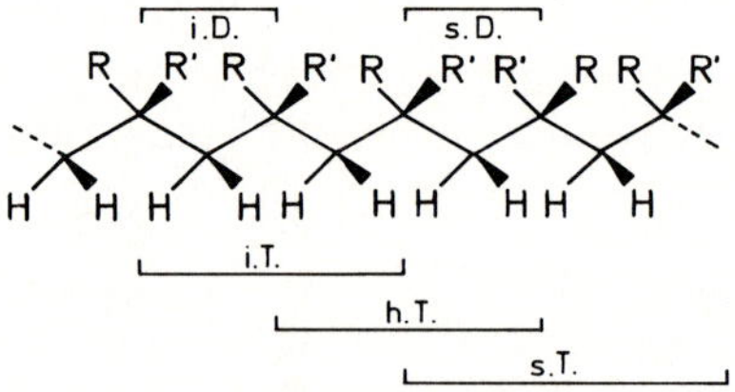

Nach der Erörterung der **chemischen Äquivalenz** der beiden Protonen einer Methylen-Gruppe wird im folgenden ihre **magnetische Äquivalenz** untersucht. Während Ethyl-Verbindungen (**36**) ohne sterische Hinderung, je nach dem Unterschied in den chemischen Verschiebungen von CH_3- und CH_2-Gruppe, A_3B_2-, A_3M_2- oder A_3X_2-Systeme darstellen, überrascht es auf den ersten Blick, daß 1,2-disubstituierte Ethane (**37**) AA′BB′-, AA′MM′- bzw. AA′XX′-Systeme bilden können.

$X{-}CH_2{-}CH_3$ **36** ($X \neq H$)

$X{-}CH_2{-}CH_2{-}Y$ **37** ($X \neq Y \neq H$)

Betrachten wir dazu die drei energetisch bevorzugten „staggered"-Konformationen (**37a**), (**37b**) und (**37c**) mit den relativen Populationen p_1, p_2 und p_3 ($p_1 + p_2 + p_3 = 1$).

In (**37a**) stehen die Substituenten X und Y in *anti*-Stellung. Diese Konformation hat eine Symmetrieebene. Die Protonen liefern ein AA′BB′-System mit zwei chemischen Verschiebungen ν_A und ν_B und vier Kopplungskonstanten. Die beiden Konformationen (**37b**) und (**37c**) bilden ein Enantiomerenpaar mit identischen Spektren (in achiralen Medien) vom Typ ABCD (vier chemische Verschiebungen, sechs Kopplungen). Außerdem ist $p_2 = p_3$, da (**37b**) und (**37c**) den gleichen Energieinhalt haben.

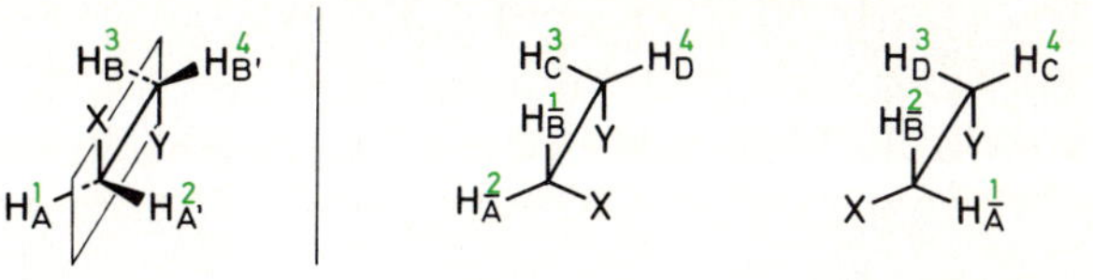

37a (p_1) **37b** (p_2) **37c** ($p_3 = p_2$)

Bei schneller Rotation bekommt man von (**37**) ein Spektrum mit gemittelten Verschiebungs- und Kopplungsparametern (die grünen Ziffern der H-Atome bleiben bei der Rotation erhalten). Man erhält z. B. für H^1 als gemittelte chemische Verschiebung

$$\nu_1 = p_1 \nu_A + p_2 \nu_{\bar{B}} + p_2 \nu_{\bar{A}}$$

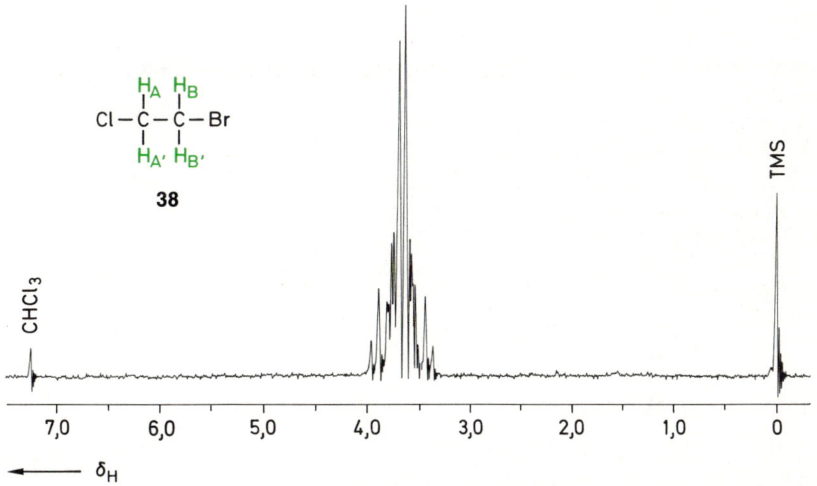

Abb. 3.19 ^{1}H-NMR-Spektrum von 1-Brom-2-chlorethan (**38**) in $CDCl_3$

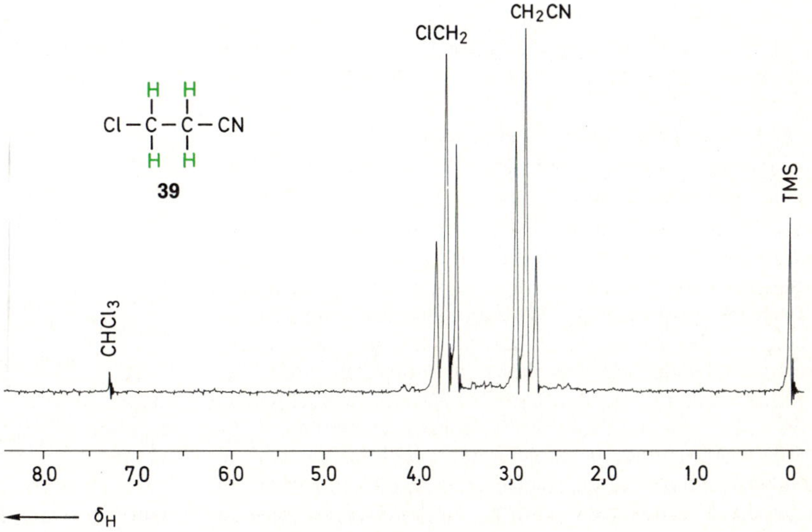

Abb. 3.20 ^{1}H-NMR-Spektrum von 3-Chlorpropionitril (**39**) in $CDCl_3$

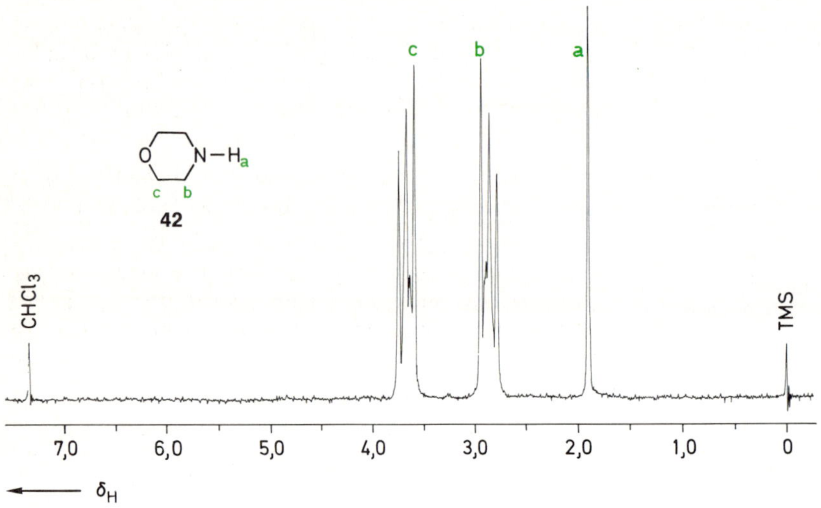

Abb. 3.21 ^{1}H-NMR-Spektrum von Morpholin (**42**) in $CDCl_3$ bei Raumtemperatur

und für H^2

$$\nu_2 = p_1 \nu_{A'} + p_2 \nu_{\bar{A}} + p_2 \nu_{\bar{B}}.$$

Wegen $\nu_A = \nu_{A'}$ (Symmetrieebene) ist $\nu_1 = \nu_2$. Ganz analog ergibt sich $\nu_3 = \nu_4$. Es ist nun die Frage, ob (**37**) durch ein A_2B_2-Spin-System mit **einer** Kopplungskonstanten $^3J_{AB}$ oder durch ein AA′BB′-System mit $^3J_{AB} \neq {}^3J_{AB'}$ repräsentiert wird. Dazu vergleichen wir die Kopplungen zwischen H^1 und H^3 bzw. H^1 und H^4.

$$^3J_{1,3} = p_1 J_{AB} + p_2 J_{\bar{B}C} + p_2 J_{\bar{A}D}$$
$$^3J_{1,4} = p_1 J_{AB'} + p_2 J_{\bar{B}D} + p_2 J_{\bar{A}C}$$

Im Gegensatz zur chemischen Verschiebung mitteln sich die *vicinalen* Kopplungskonstanten bei der Rotation nicht zwangsläufig zu einem einzigen Wert. $^3J_{1,3}$ kann sich von $^3J_{1,4}$ unterscheiden; d. h. man muß bei (**37**) von einem AA′BB′-Spin-Muster ausgehen. Ein schönes Beispiel ist das in Abb. 3.19 wiedergegebene Spektrum von 1-Brom-2-chlorethan (**38**). $^3J_{1,3}$ und $^3J_{1,4}$ können jedoch so übereinstimmen, daß man ein einfaches ^{1}H-NMR-Spektrum bekommt. Ein Beispiel dafür ist das 3-Chlorpropionitril (**39**) (Abb. 3.20). Man sollte sich aber davor hüten, aus dem 60-MHz-Routinespektrum abzuleiten, daß es sich bei (**39**) um ein A_2M_2-System handelt.

Bei Ringsystemen ist für die Beurteilung der chemischen Äquivalenz einzelner Kerne die temperaturabhängige **Ringinversion** zu berücksichtigen. Cyclohexan zeigt z. B. bei Raumtemperatur in der ^{1}H-Resonanz eine Singulett-Absorption bei $\delta = 1{,}43$. *Axiale* und *äquatoriale* Protonen sind infolge der schnellen Inversion äquivalent. Beim Abkühlen verlangsamt sich dieser Prozeß und friert schließlich ein. Bei monosubstituierten Cyclohexanen (**40**) führt das zum Auftreten von Isomeren mit *axialer* bzw. *äquatorialer* Substituentenposition. Analoge Überlegungen gelten z. B. für die ^{13}C-Resonanz von 7,7-Dimethylcycloheptatrien (**41**). Nur im Temperaturbereich der schnellen Ringinversion sind die Methyl-C-Atome chemisch äquivalent.

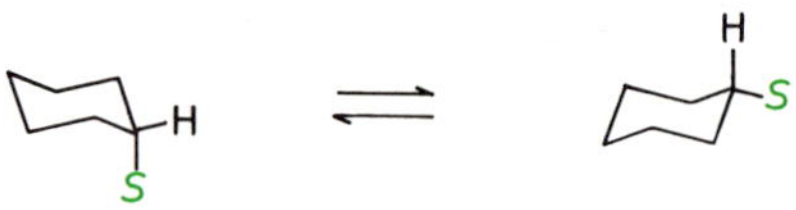

S = Substituent **40**

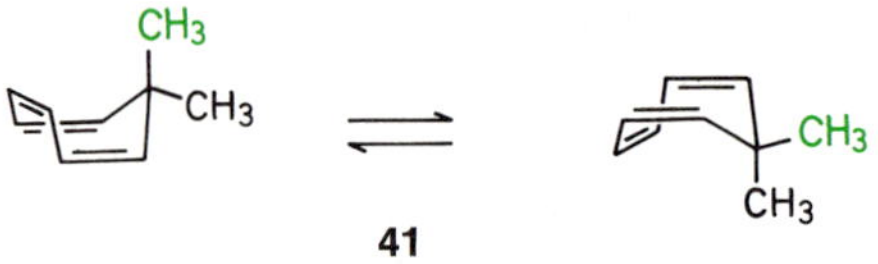

41

Chemische **und** magnetische Äquivalenz seien am Beispiel des Morpholins (**42**) diskutiert.

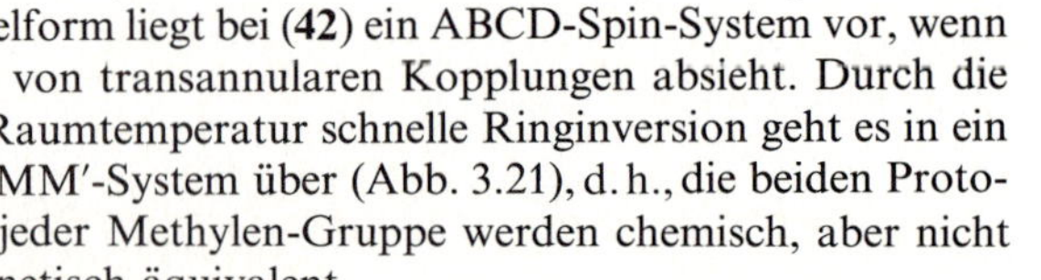

42

Hierbei läßt sich direkt an die oben stehenden Ausführungen über 1,2-disubstituierte Ethane (**37**) anknüpfen. In der Sesselform liegt bei (**42**) ein ABCD-Spin-System vor, wenn man von transannularen Kopplungen absieht. Durch die bei Raumtemperatur schnelle Ringinversion geht es in ein AA′MM′-System über (Abb. 3.21), d. h., die beiden Protonen jeder Methylen-Gruppe werden chemisch, aber nicht magnetisch äquivalent.

In den bisher diskutierten Fällen wird die bei Raumtemperatur schnelle Ringinversion durch Abkühlen verlangsamt, was die Aufnahme von Tieftemperatur-Spektren erforderlich macht. 3,4,7,8-Dibenzocyclooctin (**43**) liegt bei Raumtemperatur in der chiralen C_2-Konformation vor. Die

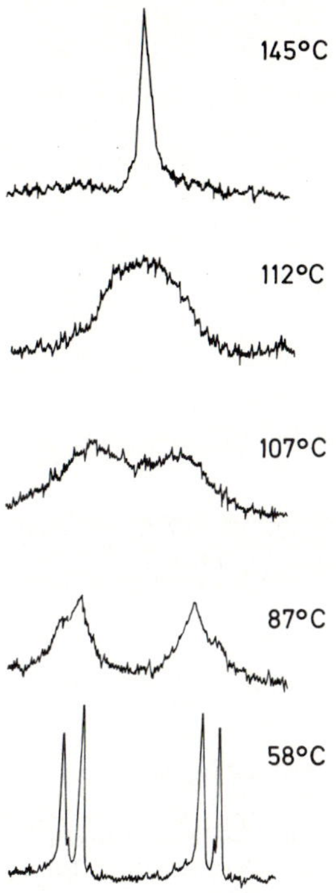

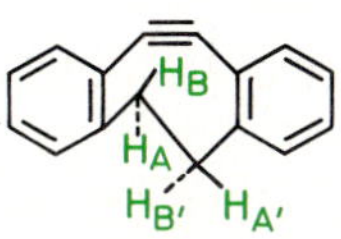

43

Abb. 3.22 Temperaturabhängige 90-MHz-^{1}H-NMR-Spektren von (**43**) in Deuterobromoform (nach Meier, H., Gugel, H., Kolshorn, H. (1976), Z. Naturforsch. B, **31**, 1270)

aliphatischen Protonen bilden ein AA'BB'-System (Abb. 3.22). Durch Erwärmen kommt die Ringinversion in Gang. Die Signale verbreitern sich zunächst, bei der **Koaleszenztemperatur** (112 °C) verschmelzen sie, und bei 145 °C im Gebiet der schnellen Ringinversion hat man schließlich ein Singulett. H_A und H_B tauschen dann so schnell aus, daß man im NMR-Spektrum ein einziges, gemitteltes Signal erhält. Die Kopplung der Protonen ist im Spektrum nicht mehr sichtbar. Die Ringinversion ist in diesem Fall gleichbedeutend mit der Racemisierung der Verbindung.

Weitere, sehr interessante Beispiele für die NMR-spektroskopische Untersuchung der Flexibilität von Ringen stellen die Annulene dar (s. S. 102).

Neben der „sterisch" behinderten Rotation um σ-Bindungen und den „Pseudorotationen" an Ringen ist die Einschränkung der **Rotation um Bindungen mit partiellem Doppelbindungscharakter** wichtig.

Typisch dafür sind die Gruppierungen

An einem Zentralatom (Z = C, N) sind ein Elektronenakzeptor (A = O, S) und ein Elektronendonator D gebunden. Durch die Beteiligung der dipolaren Grenzstruktur hat die (D⋯Z)-Bindung (N⋯C, C⋯C, O⋯C, C⋯N, N⋯N, O⋯N) eine behinderte Rotation.

Bereits bei Raumtemperatur sind z. B. bei Dimethylformamid (**44**) (Abb. 3.23 und 3.24) oder Dimethylnitrosamin (**45**) die beiden Methyl-Gruppen chemisch nichtäquivalent.

45

^{1}H-Resonanz	^{13}C-Resonanz
a: $\delta = 3{,}0$	a: $\delta = 32{,}6$
b: $\delta = 3{,}8$	b: $\delta = 40{,}5$

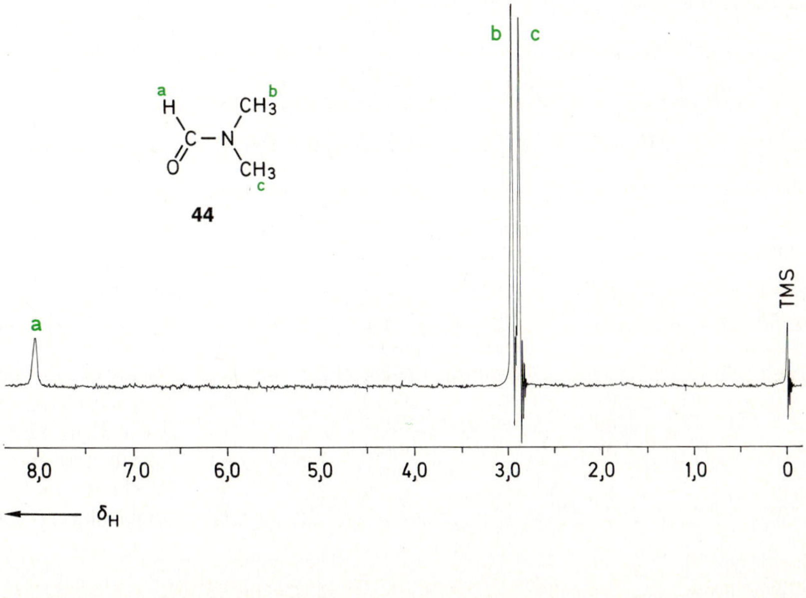

Abb. 3.23 ^{1}H-NMR-Spektrum von Dimethylformamid (**44**) bei Raumtemperatur (oberhalb von 120 °C erhält man für die beiden Methyl-Gruppen ein Singulett)

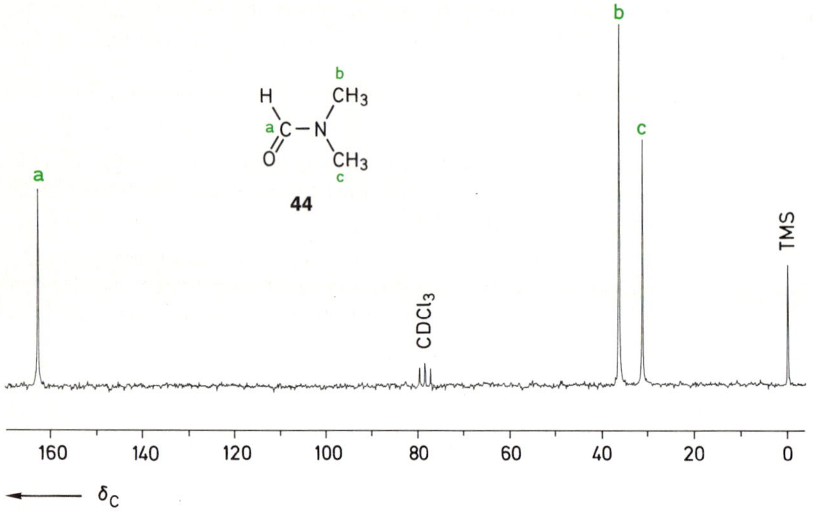

Abb. 3.24 ^{13}C-NMR-Spektrum von Dimethylformamid (**44**) in $CDCl_3$ (^{1}H-breitband-entkoppelt)

Amide mit nur einem Substituenten am N-Atom (z. B. *N*-Ethylacetamid, **46**) liegen überwiegend oder ausschließlich in der gezeichneten Konformation vor, bei der Substituent und Carbonyl-O-Atom (*Z*)-ständig angeordnet sind.

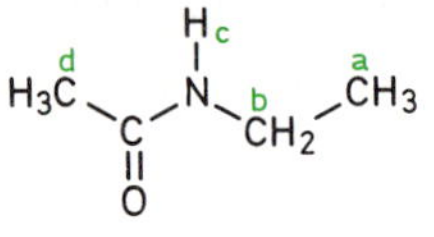

46

	^{1}H-Resonanz		^{13}C-Resonanz
a:	$\delta = 1{,}1$	a:	$\delta = 14{,}6$
b:	$\delta = 3{,}2$	b:	$\delta = 33{,}7$
c:	$\delta = 8{,}2$	CO:	$\delta = 169{,}5$
d:	$\delta = 2{,}0$	d:	$\delta = 22{,}5$

Auch in Enaminen kann die (C—N)-Rotation bei Raumtemperatur eingefroren sein, wie das Beispiel 3-Dimethylamino-1,2-dihydropentalen (**47**) zeigt:

47

Position	δ (^{1}H-Resonanz)	δ (^{13}C-Resonanz)
1	2,91	22,9
2	3,13	38,7
3	–	163,6
3a	–	122,4
4	6,21	107,3
5	6,68	129,4
6	5,91	106,3
6a	–	147,5
CH_3	3,20/3,32	41,1/41,5

2.3 Chemische Austauschprozesse

Neben der inneren Beweglichkeit von Molekülen spielen für die Feststellung der Äquivalenz von Kernen auch intramolekulare chemische Prozesse eine Rolle.

Umlagerungsreaktionen sind im Sinn der NMR-Zeitskala im allgemeinen so langsam, daß man beide Isomeren getrennt im Spektrum beobachten kann. Das gilt selbst für **Tautomerien**, wie das Beispiel des Acetylacetons (**48**) zeigt (Abb. 3.25a und b).

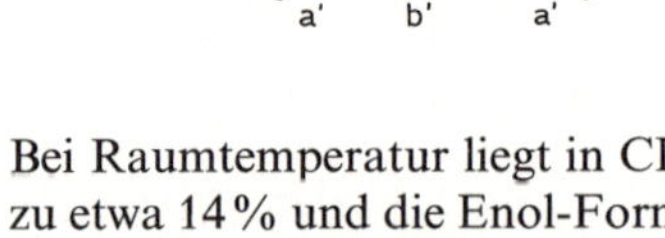

48a

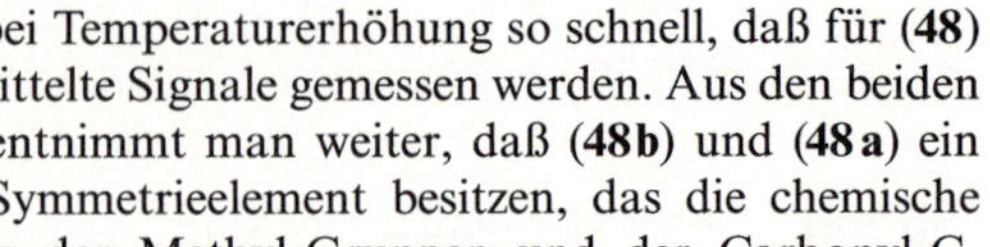

48b

Bei Raumtemperatur liegt in $CDCl_3$ die Keto-Form (**48a**) zu etwa 14% und die Enol-Form (**48b**) zu 86% im Gleichgewicht vor. Die reversible Prototropie zwischen C und O wird erst bei Temperaturerhöhung so schnell, daß für (**48**) lauter gemittelte Signale gemessen werden. Aus den beiden Spektren entnimmt man weiter, daß (**48b**) und (**48a**) ein analoges Symmetrieelement besitzen, das die chemische Äquivalenz der Methyl-Gruppen und der Carbonyl-C-Atome bewirkt. Dafür gibt es zwei Erklärungen. Der acide Wasserstoff könnte bei gleichzeitiger Doppelbindungsverschiebung zwischen den O-Atomen so schnell seinen Platz

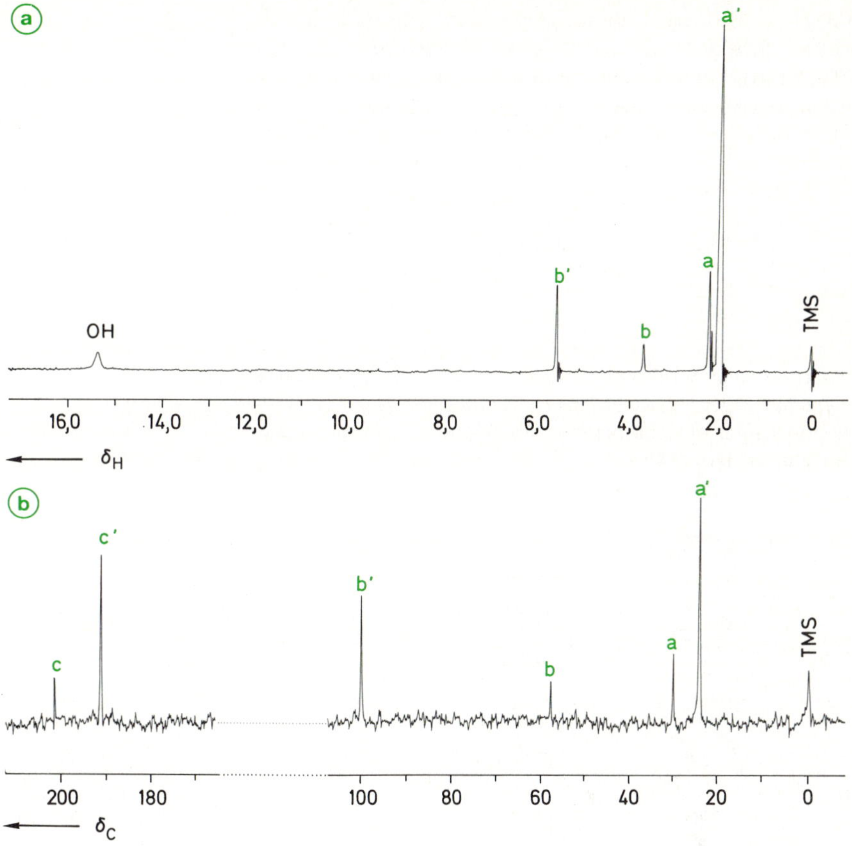

Abb. 3.25 NMR-Spektren von Acetylaceton (**48**) in $CDCl_3$ bei Raumtemperatur
a ^{1}H-NMR-Spektrum;
b ^{13}C-NMR-Spektrum

wechseln, daß die Enol-Form im Spektrum *de facto* symmetrisch erscheint. Die zweite Möglichkeit ist ein Wechsel der Koordinationsstelle des Protons am mesomeren β-Diketonat. Die Temperaturunabhängigkeit der ^{1}H-, ^{13}C- und ^{17}O-NMR-Spektren der Enol-Form (selbst in unsymmetrischen Fällen) spricht eher für das Mesomerie-Konzept, bei dem sich das dynamische Phänomen lediglich auf das Proton und nicht auf die Kette bezieht.

Eine ähnliche Problematik tritt bei Tropolon (**49**) auf. Es zeigt in der ^{1}H-Kernresonanz ein AA′BB′C-Spinmuster. Ersetzt man das mobile Proton durch eine nicht wanderungsfähige Methyl-Gruppe (**50**), so erhält man ein ABCDE-Spektrum.

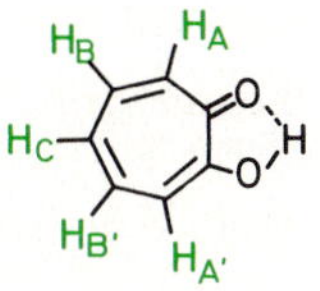

49

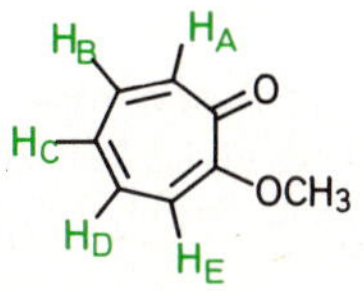

50

Die Messung von Tautomeren ist natürlich nicht auf die Gleichgewichtssituation beschränkt. Der Anteil von Vinylalkohol (**51 b**) im Acetaldehyd (**51 a**) liegt z. B. unter der NMR-spektroskopischen Nachweisgrenze. Über die selektive Erzeugung der metastabilen Spezies gelingt ihre NMR-Messung, wenn die Umlagerung unter den Meßbedingungen hinreichend langsam ist [$\delta(^{13}C)$ und $\delta(^{1}H)$]:

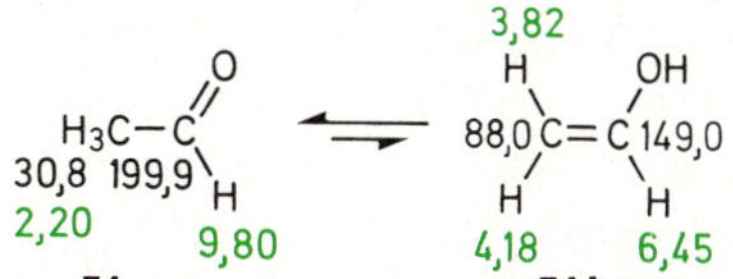

51 a **51 b**

Neben der reversiblen Protonen-Verschiebung, der **Tautomerie**, ist von ganz besonderem Interesse die reversible Elektronen-Verschiebung, die **Valenztautomerie**. Der „Höhenflug" dieses Reaktionstyps in den letzten Jahren wäre ohne die NMR-Spektroskopie undenkbar. Als klassisches Problem sei hier das Bullvalen (**52**) beschrieben. Es zeigt eine entartete thermische Cope-Umlagerung zwischen 10!/3 identischen Isomeren. Bei 120 °C geht dieser Prozeß so rasch, daß man für alle 10 Protonen und für alle 10 C-Kerne jeweils ein einziges scharfes Singulett erhält. Man spricht von einer **fluktuierenden Struktur**. Bei Temperaturen unter −60 °C ist man im Bereich des langsamen Austausches. Man erhält dann, gemäß der Symmetrie der fixierten Struktur, vier verschiedene ^{13}C-Signale. (Bei den ^{1}H-Absorptionen treten zufällige Isochronien auf.) Der **Koaleszenzbereich** liegt bei Raumtemperatur: Das ^{1}H-NMR-Spektrum zeigt bei 15 °C eine sehr breite Bande; in der ^{13}C-Resonanz geht das Signal im Rauschen unter (Abb. 3.26 und 3.27).

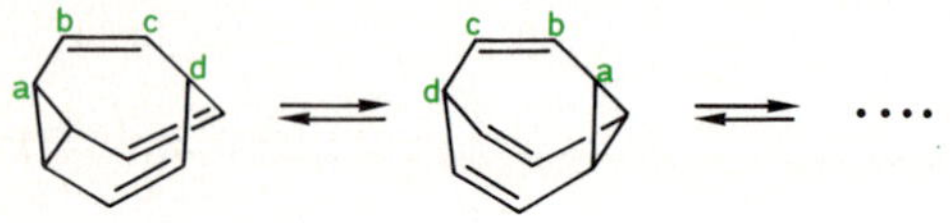

Fluktuierende Strukturen müssen scharf gegen **mesomere Systeme** abgegrenzt werden. Betrachten wir dazu ein monosubstituiertes Cyclooctatetraen (**53**) und ein monosubstituiertes Benzol (**54**):

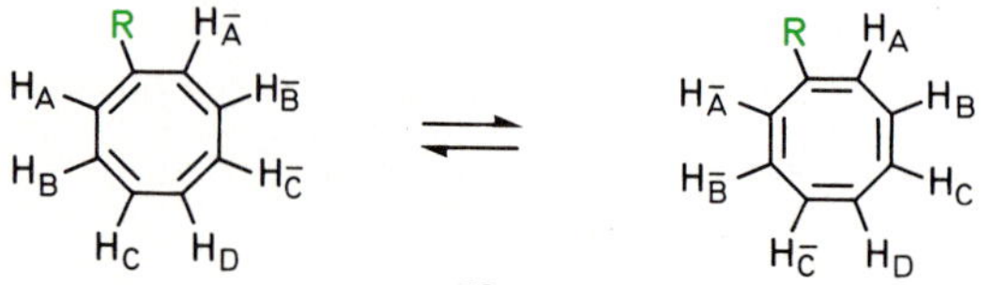

53

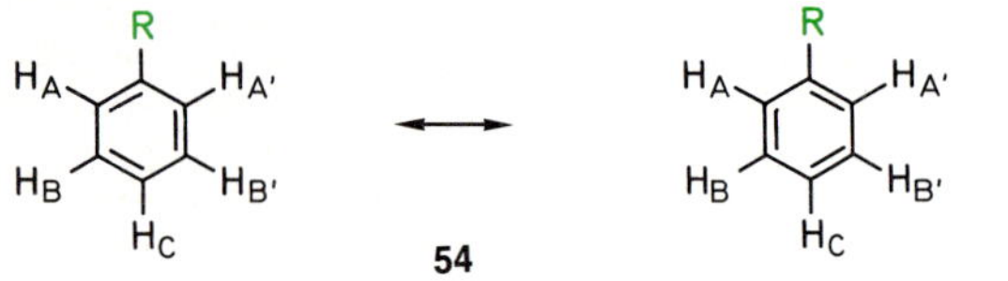

54

Bei Raumtemperatur oszillieren die Doppelbindungen im Cyclooctatetraen. Gleichzeitig findet eine Inversion des wannenförmigen Ringes statt. Beide Prozesse sind im Sinn der NMR-Zeitskala schnell, so daß man nicht acht verschiedene Ring-C-Atome und sieben verschiedene Ring-H-Atome beobachtet, sondern nur fünf ^{13}C-Signale und vier ^{1}H-Absorptionen ($H_A = H_{\bar{A}}$, $H_B = H_{\bar{B}}$, $H_C = H_{\bar{C}}$).

Im Benzol-Derivat (**54**) sind die zum Substituent R *o*-ständigen und die *m*-ständigen Protonen chemisch äquivalent. Dasselbe gilt für die entsprechenden C-Kerne. Hierbei handelt es sich um das **statische** Phänomen der Mesomerie dieses ebenen Moleküls und nicht wie beim Cyclooctatetraen um einen **dynamischen** Prozeß. Durch Abkühlen wird man bei (**53**) erreichen, daß die Doppelbindungsverschiebung und unabhängig davon auch die Ringinversion langsamer werden und schließlich einfrieren.

Bei (**54**) tritt eine solche Temperaturabhängigkeit der NMR-Spektren nicht auf. Zur Verdeutlichung dieses Unterschiedes dienen die Energiediagramme der Abb. 3.28.

Natürlich können außer H und C auch Heteroatome an chemischen Austauschprozessen beteiligt sein. Ein Beispiel dafür sind die Furoxane (**55**).

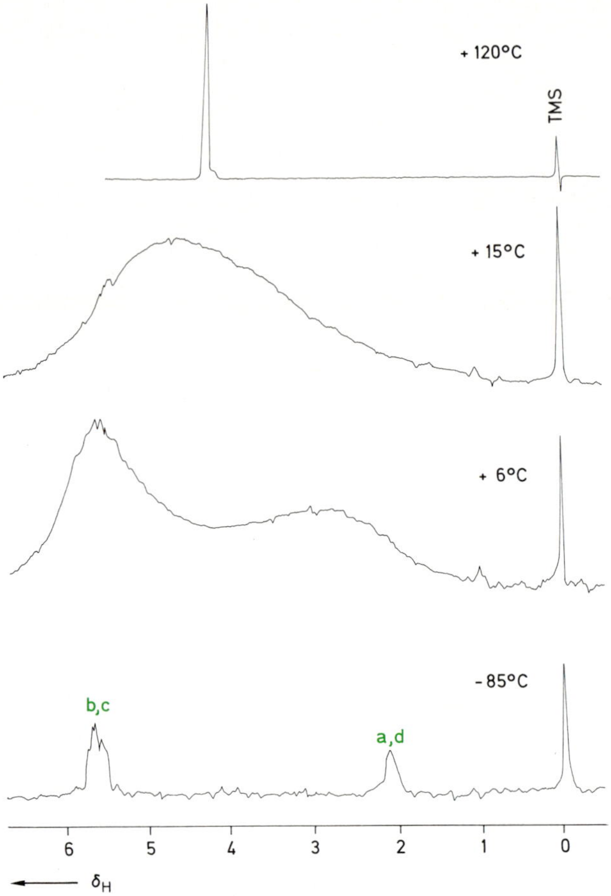

Abb. 3.26 Temperaturabhängige ^{1}H-NMR-Spektren von Bullvalen (**52**) in Schwefelkohlenstoff.
(Bei −85 °C erhält man das Signal der olefinischen Protonen b und c bei tiefem Feld (6 H) und ein Signal bei hohem Feld für die drei Protonen a am Dreiring und das Brückenkopf-Proton d (nach Schröder, G. et al. (1965), Angew. Chem. **77**, 774)

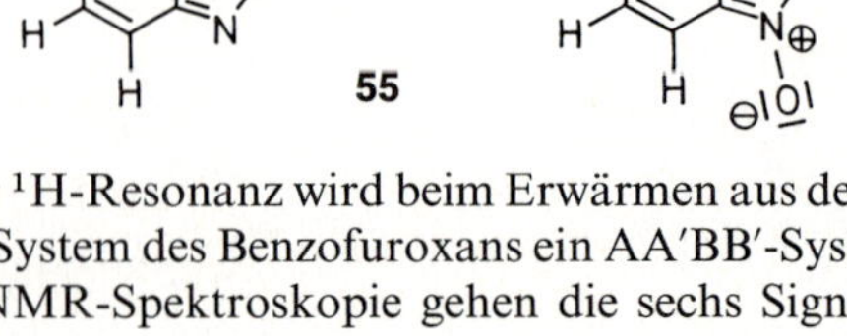

55

In der ^{1}H-Resonanz wird beim Erwärmen aus dem ABCD-Spin-System des Benzofuroxans ein AA′BB′-System; in der ^{13}C-NMR-Spektroskopie gehen die sechs Signale in drei über.

Auch in der Kernresonanzspektroskopie von metallorganischen Verbindungen und Metallkomplexen spielen intra- und intermolekulare Austauschprozesse eine wichtige Rolle.

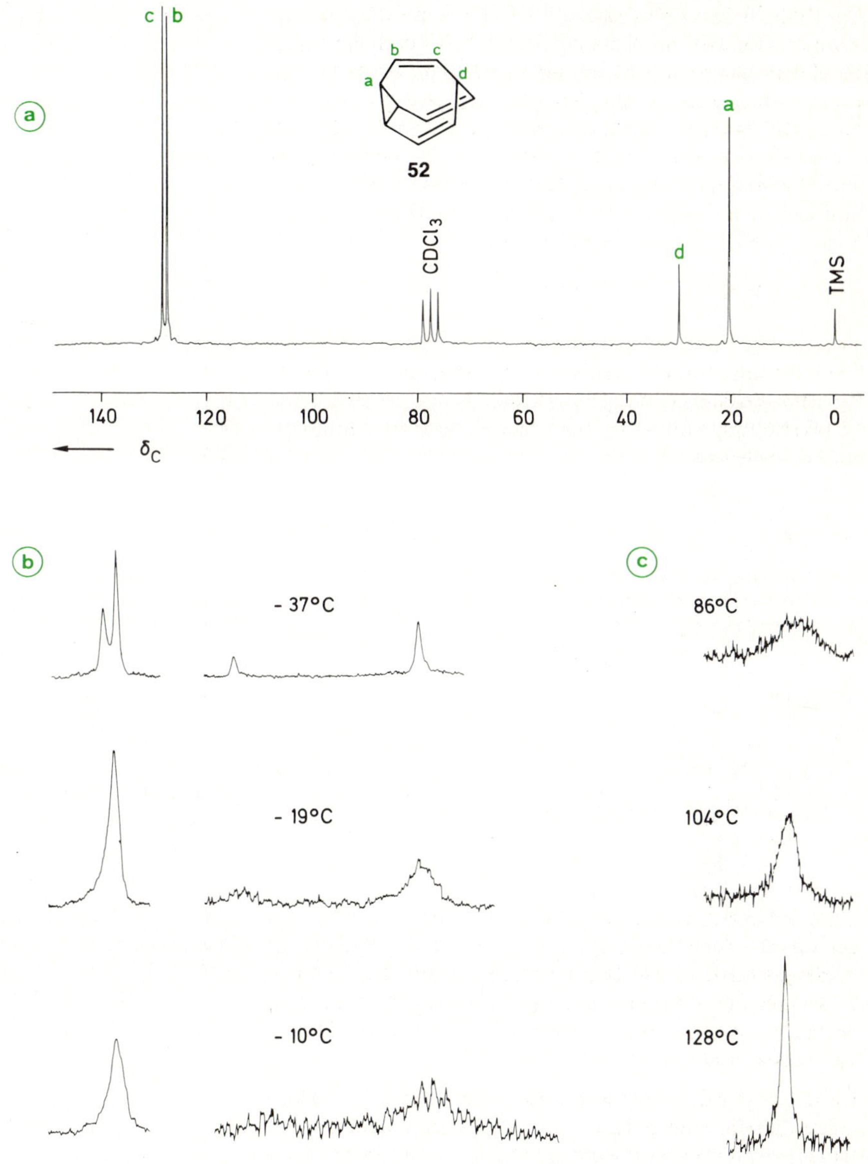

Abb. 3.27 Temperaturabhängige ^{13}C-NMR-Spektren von Bullvalen (**52**) (nach Günther, H., Ulmen, J. (1974), Tetrahedron **30**, 3781)

a Spektrum bei $-62\,^{\circ}C$ in $CDCl_3$, breitband-entkoppelt

b Aufnahmen im Gebiet des langsamen Austausches ($-37 \ldots -10\,^{\circ}C$)

c Aufnahmen im Gebiet des schnellen Austausches ($+86 \ldots +128\,^{\circ}C$)

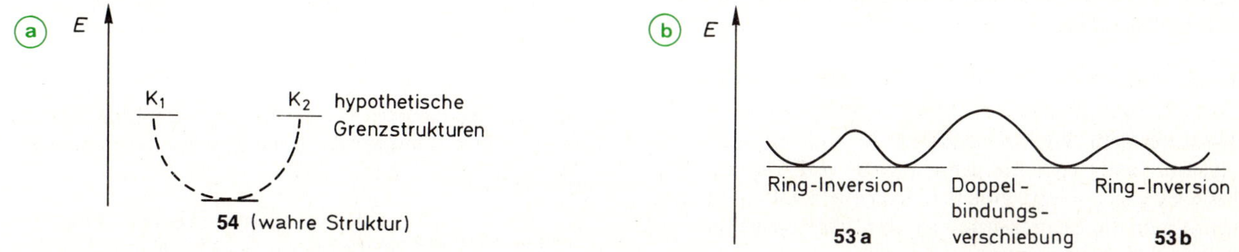

Abb. 3.28 **a** Schematisches Energiediagramm für das Benzol-Derivat (**54**) und seine beiden hypothetischen Kekulé-Strukturen **b** Schematisches Energiediagramm für das Cyclooctatetraen-Derivat (**53**) mit der Valenztautomerie zwischen den identischen Strukturen (**53a**) und (**53b**) (Automerisierung) und der Ringinversion

Am Ende dieses Abschnitts sei noch kurz auf die Anwendung der Temperaturabhängigkeit von NMR-Spektren in der **Kinetik** eingegangen. Bei den hier behandelten Prozessen der innermolekularen Beweglichkeit (Rotationen, Inversionen) und der intramolekularen Umwandlungen hat man **Gleichgewichte** zwischen zwei oder mehr **Konformeren** bzw. **Tautomeren** oder **Valenztautomeren**. Nehmen wir der Einfachheit halber eine reversible Umwandlung zwischen A und B mit Kinetik erster Ordnung an:

$$A \underset{k'}{\overset{k}{\rightleftarrows}} B$$

Die relativen Populationen seien n_A und n_B ($n_A + n_B = 1$). Bei verschiedenem Energieinhalt von A und B wird keine 1 : 1-Verteilung vorliegen, sondern ein temperaturabhängiges Gleichgewicht.

$$\frac{n_B}{n_A} = e^{-\frac{\Delta G}{RT}}$$

ΔG Differenz der freien Enthalpie
R universelle Gaskonstante
T absolute Temperatur

Für die Geschwindigkeitskonstante k gilt die **Eyring-Gleichung**

$$k = \frac{RT}{N_A \cdot h} e^{-\frac{\Delta G^{\#}}{RT}}.$$

$\Delta G^{\#}$ Freie Aktivierungsenthalpie
N_A Avogadro-Zahl
h Planck-Wirkungsquantum

Bei langsamen Umwandlungen A $\rightleftharpoons$ B beobachtet man in der Kernresonanz die Signale von A und B getrennt, bei schnellen Prozessen dagegen nur eine gemittelte Absorption der austauschenden Kerne. (Zu den Geschwindigkeitsbegriffen „langsam" und „schnell" vgl. die Abschätzung von k bzw. $\tau = 1/k$ in Abschn. 1.4, S. 81.)

Abb. 3.29 gibt den einfachen Fall wieder, daß A und B Singulettabsorptionen gleicher Intensität zeigen, die dann bei schnellem Austausch zu einem doppelt so intensiven Signal ν_m verschmelzen. Bei vernachlässigbarem Temperatureffekt auf ν_A und ν_B gilt

$$\nu_m = \frac{\nu_A + \nu_B}{2}.$$

Zwischen dem Bereich des schnellen und des langsamen Austausches treten breite Absorptionen auf. Die mit T_c gekennzeichnete Kurve gibt den Koaleszenzfall wieder. T_c nennt man die **Koaleszenztemperatur**. Näherungsweise gilt für k am Koaleszenzpunkt:

$$k_{T_c} = \frac{\pi}{\sqrt{2}} |\nu_A - \nu_B| \text{ also } k_{T_c} \approx 2{,}22\, \Delta\nu$$

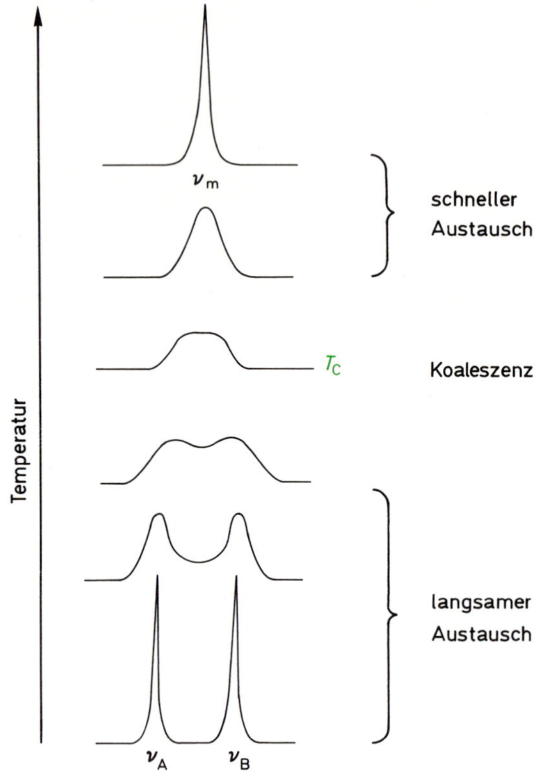

Abb. 3.29 Schematische Darstellung der temperaturabhängigen Kernresonanz-Spektren für einen Prozeß A$\rightleftharpoons$B mit austauschenden Kernen ohne Kopplung

Setzt man diese Beziehung in die Eyring-Gleichung ein, so ergibt sich

$$\frac{\pi}{\sqrt{2}} |\nu_A - \nu_B| = \frac{RT_c}{N_A \cdot h} e^{-\frac{\Delta G^{\#}}{RT_c}}$$

oder

$$\Delta G^{\#} = RT_c \cdot \ln \frac{RT_c\sqrt{2}}{\pi \cdot N_A \cdot h |\nu_A - \nu_B|}.$$

Mißt man T_c in K und die Absorptionen ν in Hz, dann erhält man für die freie Aktivierungsenthalpie (in kJ)

$$\Delta G^{\#} = 19{,}1 \cdot 10^{-3} \cdot T_c (9{,}97 + \log T_c - \log |\nu_A - \nu_B|).$$

Wesentlich exakter als die Näherungslösung auf der Basis der Koaleszenztemperatur ist die **Linienform-Analyse** (s. dazu die NMR-Literatur der bibliographischen Auswahl).

Nimmt man an

$$|\nu_A - \nu_B| \leq \begin{array}{l} 150 \text{ Hz (in der } ^1\text{H-Resonanz)} \\ 300 \text{ Hz (in der } ^{13}\text{C-Resonanz)}, \end{array}$$

so kann man mit dieser Methode die reversible Umwandlung von Zuständen verfolgen, die eine **Lebensdauer** τ

$= 1/k$ von ungefähr 10^{-1} bis 10^{-3} s besitzen. Diese Methode läßt sich modifiziert auch auf den Fall koppelnder Kerne ausdehnen (s. z. B. Abb. 3.22, S. 91).

Es gilt dann:

$$k_{T_c} \approx 2{,}22\sqrt{\Delta\nu^2 + 6J_{AB}^2}$$

Da $\Delta\nu$ mit der Meßfrequenz wächst, muß auch die Koaleszenztemperatur T_c mit B_0 zunehmen. Hat man in einem Molekül mehrere Paare austauschender Kerne mit unterschiedlichem $\Delta\nu$, dann müssen sich auch die T_c-Werte unterscheiden. Bei einer Angabe der **Koaleszenztemperatur** sind also stets die Meßfrequenz und das herangezogene Kernpaar A/B anzufügen.

Natürlich lassen sich mit der Kernresonanz auch Kinetiken langsamer Reaktionen durchführen. Zur Konzentrationsbestimmung integriert man über die Signale verschwindender oder sich bildender Komponenten.

Mit Hilfe der Gibbs-Helmholtz-Gleichung $\Delta G^{\neq} = \Delta H^{\neq} - T\Delta S^{\neq}$ lassen sich aus k auch die Aktivierungsenthalpie ΔH^{+} und die Aktivierungsentropie ΔS^{+} bestimmen. Dazu logarithmiert man die Eyring-Gleichung

$$\log\frac{k\cdot}{T} = 10{,}32 - \frac{\Delta H^{\neq}}{19{,}1}\cdot\frac{1}{T} + \frac{\Delta S^{\neq}}{19{,}1},$$

trägt $\log\frac{k}{T}$ gegen $\frac{1}{T}$ auf und berechnet $\Delta H^{\neq}$ aus der Steigung und ΔS^{+} aus dem Achsenabschnitt der resultierenden Gerade. Natürlich sollte man dazu möglichst viele Wertepaare k/T haben.

3. ^{1}H-Kernresonanz-Spektroskopie

3.1 Probenvorbereitung und Aufnahme der Spektren (CW- und PFT-Technik)

Kernresonanz-Spektren für analytische Zwecke werden üblicherweise in Lösung aufgenommen. Man bereitet dazu eine konzentrierte, aber nicht viskose Lösung in einem protonen-freien Solvens. Neben CCl_4 und CS_2 stehen eine Reihe käuflicher, deuterierter **Lösungsmittel** (Tab. 3.6) zur Verfügung. Am gebräuchlichsten ist $CDCl_3$. Da der Deuterierungsgrad stets etwas kleiner ist als 100%, muß man mit Lösungsmittel-Signalen geringer Intensität rechnen. Die δ-Werte dieser Lösungsmittel-Absorptionen sind in Tab. 3.6 zusammengestellt. Während die Verunreinigung von $CDCl_3$ mit $CHCl_3$ (0,2%) ein intensitätsschwaches Singulett bei $\delta = 7{,}24$ hervorruft, beobachtet man bei Lösungsmitteln mit CD_3-Gruppen durch die Anwesenheit von CHD_2-Gruppen ein der Kopplung mit Deuterium ($I = 1$) entsprechendes Quintett (vgl. S. 75).

Polare Lösungsmittel haben darüber hinaus oft einen geringen Wasser-Gehalt, der sich als H_2O- bzw. HDO-Signal bemerkbar macht.

Die Wahl des Lösungsmittels hat auf die gemessenen chemischen Verschiebungen einen gewissen Einfluß. Bei sich überdeckenden Signalen kann man sich den **Solvens-shift** zunutze machen. Besonders C_6D_6 mit seiner hohen magnetischen Anisotropie eignet sich dafür (s. z. B. Abb. 3.39, S. 123).

[D_6] Dimethylsulfoxid ([D_6]-DMSO) verlangsamt den Protonen-Austausch von OH-Gruppen und ist deshalb als Lösungsmittel zu empfehlen, wenn man das Kopplungsmuster von OH-Protonen sehen will (s. S. 106).

Als **Referenzsubstanz** zur Fixierung des Nullpunkts der δ-Skala verwendet man Tetramethylsilan (**TMS**), das man entweder der Meßlösung selbst zusetzt (**interner Standard**) oder in einer Extrakapillare in das Probenröhrchen einbringt (**externer Standard**). Bei Verwendung eines externen Standards müssen die δ-Werte für die chemischen Verschiebungen korrigiert werden:

$$\delta_{korr.} = \delta_{gem.} + 6{,}67\cdot 10^5\cdot\pi\cdot[\chi_V(\text{Standard}) - \chi_V(\text{Meßlösung})]$$

χ_V Volumensuszeptibilität

Die Verwendung von TMS erübrigt sich, wenn man z. B. das $CHCl_3$-Signal in $CDCl_3$ direkt als Bezugspunkt nehmen kann.

Normalerweise mißt man bei Raumtemperatur. **Tief-** oder **Hochtemperatur-Spektren** sind wichtig für die Untersuchung der innermolekularen Beweglichkeit (Rotationen, Inversionen usw.) und für die kinetische Verfolgung chemischer Reaktionen.

Abb. 3.30 gibt schematisch den Aufbau eines Kernresonanz-Spektrometers wieder. Das von einem Elektromagneten oder Permanentmagneten erzeugte Magnetfeld sollte möglichst homogen sein. Es bewirkt eine zu $\boldsymbol{B}_0$ proportionale Aufspaltung der Kern-Zeeman-Niveaus (s. Abschn. 1.1, S. 69). Die Probe befindet sich zwischen den Polschuhen in einem Meßröhrchen, das um seine Längsachse rotiert. Dadurch werden horizontale Feldinhomogenitäten herausgemittelt.

Die Anregung der Kerne wird mit einem Hochfrequenzsender hoher Stabilität erreicht. In der senkrecht zur Senderspule und zum Magnetfeld angeordneten Empfängerspule wird im Resonanzfall durch die in der Probe bei der Spin-

Tab. 3.6 Lösungsmittel für die ^{1}H-NMR-Spektroskopie

Lösungsmittel	^{1}H-NMR-Absorption δ	Schmp.* (°C)	Sdp.$_{760}$* (°C)
Tetrachlormethan (CCl_4)	–	– 23	77
Schwefelkohlenstoff (CS_2)	–	– 112 T	46
Hexachlor-1,3-butadien (C_4Cl_6)	–	– 21	215 H
Dichlordifluormethan (CCl_2F_2)	–	– 160 T	– 30
[D_1] Chloroform ($CDCl_3$)	7,24	– 64	61
[D_4] Methanol (CD_3OD)	3,35 4,78	– 98 T	64
[D_6] Aceton (CD_3COCD_3)	2,04	– 95 T	56
[D_6] Benzol (C_6D_6)	7,2	6	80
[D_8] Toluol ($C_6D_5CD_3$)	2,30 7,19	– 95	111
[D_5] Nitrobenzol ($C_6D_5NO_2$)	7,50 7,67 8,11	6	211 H
[D_2] Dichlormethan (CD_2Cl_2)	5,32	– 97 T	40
[D_1] Bromoform ($CDBr_3$)	6,8	8	150 H
[D_3] Acetonitril (CD_3CN)	1,93	– 45	82
[D_{10}] Diethylether ($C_4D_{10}O$)	1,07 3,34	– 116 T	35
[D_8] Tetrahydrofuran (C_4D_8O)	1,73 3,58	– 108 T	66
[D_8] Dioxan ($C_4D_8O_2$)	3,58	12	102
[D_6] Dimethylsulfoxid (CD_3SOCD_3)	2,49	19	189 H
[D_5] Pyridin (C_5D_5N)	7,19 7,55 8,71	– 42	115
[D_2] Wasser (D_2O)	4,65	0	100
[D_4] Essigsäure (CD_3COOD)	2,03 11,53	17	118
[D_1] Trifluoressigsäure (F_3CCOOD)	11,5	– 15	72
[D_{18}] Hexamethylphosphorsäuretriamid (HMPT) [$(CD_3)_2N)]_3PO$	2,53	7	233 H

* bezieht sich auf die undeuterierte Verbindung
T für Tieftemperatur-Messungen geeignet
H für Hochtemperatur-Messungen geeignet

Inversion induzierte Magnetisierung ein Strom erzeugt. Anstelle der zweiten Spule kann man auch eine Brückenschaltung verwenden. Das verstärkte Signal wird auf einen *x,y*-Schreiber gegeben, der das Spektrum aufzeichnet.

Zur Erfüllung der Resonanzbedingung (s. Abschn. 1.1) gibt es zwei Möglichkeiten. Entweder wird bei konstanter Feldstärke $\boldsymbol{B}_0$ die Frequenz ν variiert **(Frequenz-sweep)** oder bei konstanter Frequenz ν_0 das Magnetfeld $\boldsymbol{B}$ **(Feld-sweep)**. Bei beiden Methoden werden die einzelnen Resonanzen nacheinander durch kontinuierliche Veränderung von ν bzw. $\boldsymbol{B}$ erfaßt; man spricht daher von der **CW-Technik (continuous wave).**

Durch die Rotation des Meßröhrchens können Rotationsseitenbanden auftreten, die symmetrisch zum Hauptsignal liegen. Mit zunehmender Rotationsfrequenz wächst ihr Abstand zum Hauptsignal, und ihre Intensität wird so klein, daß eine Verwechslung mit einer eigentlichen Absorption ausgeschlossen werden kann.

Ebenfalls symmetrisch zu beiden Seiten eines intensiven Absorptionssignals können die sog. ^{13}C-Satelliten auftreten. Sie gehen auf die Kopplung mit ^{13}C-Kernen zurück. Da der natürliche ^{13}C-Gehalt nur 1,1 % beträgt, sind sie im allgemeinen zu intensitätsschwach, um in Routine-^{1}H-NMR-Spektren bemerkt zu werden (s. jedoch S. 126 ff.).

Abb. 3.31 faßt anhand des ^{1}H-NMR-Spektrums von Chloroform die möglichen „Störsignale" zusammen.

Für die Aufnahme von Routinespektren genügen im allgemeinen Kernresonanz-Spektrometer mit einer Betriebsfrequenz von 60, 80, 90 oder 100 MHz (1,41; 1,88; 2,11; 2,35 T). Bei höheren Anforderungen an das Auflösungsvermögen (spektrale Dispersion) und an das Signal-Rausch-Verhältnis (Empfindlichkeit) verwendet man Geräte mit 200, 220, 270, 360, 400 oder gar 500 MHz (4,70; 5,17; 6,34; 8,45; 9,39; 11,74 T). Dazu braucht man supraleitende Ma-

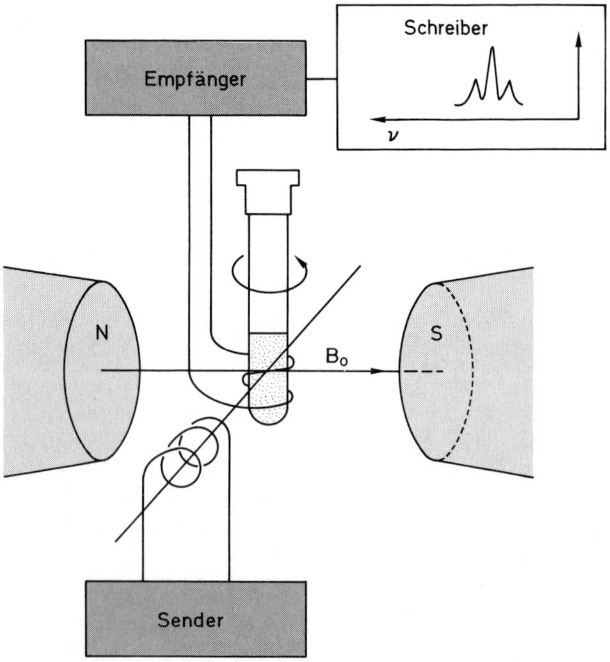

Abb. 3.30 Schematischer Aufbau eines Kernresonanz-Spektrometers

gneten, die mit flüssigem Helium gekühlt werden müssen. (Zur Verwendung von Hochfeldgeräten, s. S. 120ff.)

Stehen zu einer Messung weniger als ≈ 20 mg einer Verbindung zur Verfügung oder lösen sich in $\approx 0{,}5$ ml Lösungsmittel weniger als 20 mg, dann muß man auf andere Aufnahmeverfahren zurückgreifen. Um das schlechte Signal-Rausch-Verhältnis bei der Messung verdünnter Lösungen zu verbessern, kann man im sog. „time-averaging"-Verfahren viele Spektren hintereinander aufnehmen und mit einem Kleincomputer die akkumulierten Signale mitteln (CAT-Methode: computer averaged transients). Das statistische Rauschen wird dabei herausgemittelt. Das **Signal-Rausch-Verhältnis** S/N (signal/noise) verbessert sich mit $\sqrt{n}$, wobei n die Zahl der Einzelmessungen (scans) angibt. Durch den hohen Zeitaufwand sind dieser Methode Grenzen gesetzt.

Heute steht für solche Proben die **Puls-Fourier-Transform-Technik** (PFT-NMR-Spektroskopie) zur Verfügung. Damit kann man ^{1}H-NMR-Spektren von 1 mg einer Verbindung (oder noch weniger) erhalten.

Im Gegensatz zur **CW-Technik** werden durch eine Sequenz von intensiven Hochfrequenz-Impulsen, einem sog. Puls, alle Kerne einer Kernsorte, also z. B. alle Protonen, gleichzeitig angeregt. Nach den Ausführungen von Abschn. 1.1 (S. 69) präzedieren in einem äußeren Magnetfeld $\boldsymbol{B}_0$ nach der Boltzmann-Verteilung mehr Kerne um die $\boldsymbol{B}_0$-Achse als in der Gegenrichtung. Die Vektorsumme der magnetischen Momente ergibt also eine **Gleichgewichtsmagnetisierung** $\boldsymbol{M}_0$ in $\boldsymbol{B}_0$-Richtung (**longitudinale Magnetisierung**). Der Hochfrequenz-Impuls lenkt $\boldsymbol{M}$ aus dieser Richtung um einen **Pulswinkel** α aus und erzeugt damit eine **Quermagnetisierung** (**transversale Magnetisierung**). So steht z. B. bei $\alpha = 90°$ $\boldsymbol{M}$ senkrecht zu $\boldsymbol{B}_0$.

Die Dauer der Hochfrequenz-Impulse (**Impulsbreite**) liegt im μs-Bereich. Nach dieser kurzzeitigen Störung kehren die Kerne in den Gleichgewichtszustand zurück. Die Quermagnetisierung wird entsprechend der effektiven **Relaxationszeit** T_2^* abgebaut. (Unvermeidbare Feldinhomogenitäten führen dazu, daß die effektive Relaxationszeit T_2^* kleiner als T_2 ist.) Die longitudinale Magnetisierung steigt wieder bis zum Gleichgewichtswert an. Für die longitudinale Relaxation gilt $T_1 \geqq T_2$. (Zu den Relaxationszeiten s. Abschn. 1.1, S. 70.)

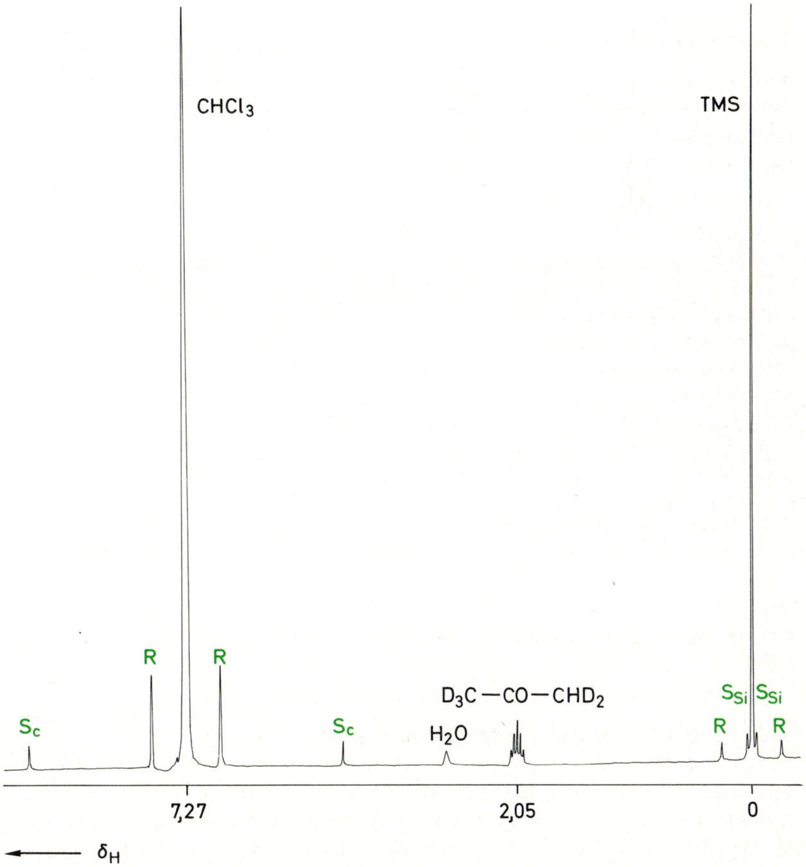

Abb. 3.31 ^{1}H-NMR-Spektrum von Chloroform in Hexadeuteroaceton mit „Störsignalen": $D_3C—CO—CHD_2$ (unvollständige Deuterierung), H_2O (Wassergehalt)

R Rotationsseitenbanden (durch zu langsame Rotation des Probenröhrchens)

S_C ^{13}C-Satelliten (^{13}C,^{1}H-Kopplung in $CHCl_3$)

S_{Si} ^{29}Si-Satelliten (^{29}Si,^{1}H-Kopplung in TMS)

Man mißt den nach dem Ende des Impulses auftretenden Abfall der Quermagnetisierung, genannt **FID (free induction decay)**. Der FID wird durch ein komplexes Interferogramm aus überlagerten gedämpften Schwingungen dargestellt. Durch eine mathematische Operation, die **Fourier-Transformation**, erhält man daraus ein normales Kernresonanz-Spektrum. Das Signal wird dabei aus der Zeitskala (Zeitdomäne) in die Frequenzskala (Frequenzdomäne) transformiert.

Die Zeit für einen Impuls und die Registrierung des FID ist so kurz, daß eine große Zahl von FID's akkumuliert werden, bevor die Fourier-Transformation in Angriff genommen wird. Die Erhöhung der Scan-Zahl ermöglicht eine ganz enorme Steigerung der Empfindlichkeit. Bei einem Pulswinkel von 90° muß man eine lange Wartezeit (pulse delay) von ca. 5 T_1 nach jedem Impuls haben, um die Gleichgewichtseinstellung zu erreichen. Man wählt daher in der Praxis **Impulsbreiten (pulse width)**, die zu $\alpha < 90°$ führen.

Ein verbessertes Signal-Rausch-Verhältnis wird durch eine mathematische Manipulation des FID erreicht. Man multipliziert dazu mit einer Exponentialfunktion e^{-ct}. Diese Empfindlichkeitssteigerung geht zu Lasten der Auflösung. Den gegenteiligen Effekt hat die Verwendung einer Funktion e^{+ct} oder einer Gauß-Funktion. Auf Kosten des S/N-Verhältnisses wird dann die Auflösung verbessert (**resolution enhancement**). Die einzelnen Resonanzlinien werden schärfer (kleinere Halbwertbreite), und häufig erkennt man mehr getrennte Linien eines komplexen Spinmusters.

An die Konstanz des Magnetfeldes werden sehr hohe Ansprüche gestellt. Man erreicht sie durch einen Abgleich des Magnetstroms, den man anhand der Messung von Deuterium-Resonanzfrequenzen bestimmt (**Lock**). Deuterierte Lösungsmittel haben also noch die zusätzliche Funktion des Locksignals. (Arbeitet man in einem undeuterierten Medium, dann kann man extern locken). Eine dritte Funktion besteht darin, das auf die unvollständige Deuterierung zurückgehende Lösungsmittelsignal als Fixpunkt der δ-Skala zu verwenden. Dann erübrigt sich der Zusatz von TMS.

Am Ende dieses Abschnitts sei erwähnt, daß der Ausdruck Kernresonanz-Absorption als Synonym zu Kernresonanz-Signal aus Gründen der Einheitlichkeit auch dann gebraucht werden soll, wenn wie bei der PFT-Technik keine direkte Absorptionsmessung stattfindet.

3.2 ^{1}H-chemische Verschiebungen

Von Medien-Einflüssen abgesehen wird die chemische Verschiebung eines Protons im wesentlichen von drei Faktoren bestimmt:

- von der Verteilung der Elektronendichte;
- von Anisotropieeffekten;
- von sterischen Effekten.

Elektronische Effekte

Die Elektronenhüllen eines Kerns und seiner direkten Nachbarn schirmen das äußere Magnetfeld $\boldsymbol{B}_0$ ab (s. Abschn. 1.2, S. 71). Durch den Einfluß von induktiven oder mesomeren Effekten ändert sich die Elektronendichte und damit auch die Abschirmungskonstante σ. Betrachten wir zunächst Element-Wasserstoff-Bindungen X—H. Mit steigender **Elektronegativität** von X verringert sich die Abschirmung des Protons, und die Absorption wird tieffeldverschoben. Als Beispiel seien Ethanol (**56**) und Ethanthiol (**57**) angeführt. Die OH-Protonen absorbieren unter vergleichbaren Meßbedingungen bei tieferem Feld als die SH-Protonen.

H_3C-CH_2-OH $\quad$ H_3C-CH_2-SH

δ: 1,24 3,71 2,56 $\quad$ 1,30 2,44 1,46

56 (in CCl_4) $\quad$ **57** (in CCl_4)

Während die α-ständigen Protonen bei dem Vergleich Ethanol/Ethanthiol denselben Trend widerspiegeln, ist für die β-Protonen die Elektronegativität von X nicht mehr allein ausschlaggebend.

Wie Tab. 3.7 zeigt, verstärkt sich der Tieffeld-Shift bei Anwesenheit mehrerer elektronegativer Substituenten ganz erheblich.

Tab. 3.7 ^{1}H-Resonanzen der Halogenmethane (δ-Werte)

	CH_3X	CH_2X_2	CHX_3
X = F	4,27	5,45	6,49
X = Cl	3,06	5,30	7,24
X = Br	2,69	4,94	6,85
X = I	2,15	3,90	4,91

Protonen, die an elektropositive Zentralatome gebunden sind, absorbieren dagegen bei sehr hohem Feld. (Bei Metallkomplexen, z. B. Tetracarbonyleisenhydrid (**58**), sind allerdings noch andere Effekte zu berücksichtigen.)

$HFe(CO)_4$ $\quad$ $\delta = -10{,}5$

58

Besonders markant macht sich die Änderung der Ladungsdichte bei der Bildung von **positiven** oder **negativen Ionen** bemerkbar:

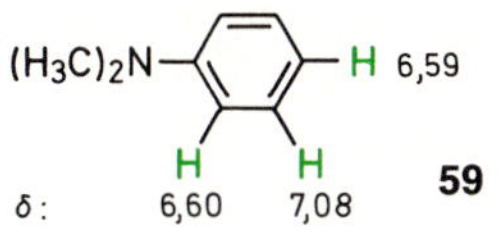

59

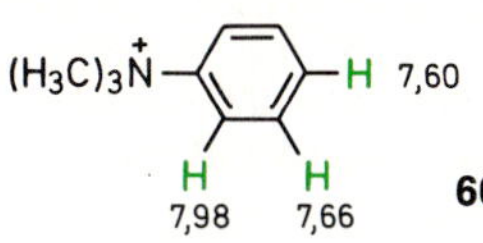

60

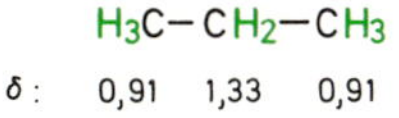

61

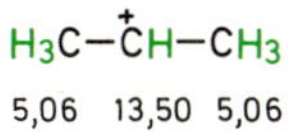

62

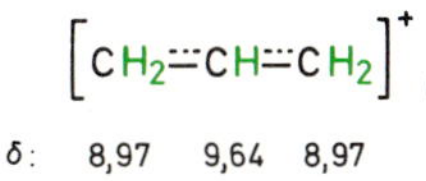

63

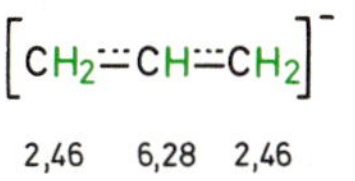

64

Anisotropieeffekte

Chemische Bindungen sind i. a. magnetisch anisotrop, d.h., die Suszeptibilität χ hängt von der Raumrichtung ab. Starke magnetische Anisotropien treten bei Doppel- und Dreifachbindungen, bei Dreiringen und bei cyclisch konjugierten Systemen auf. Abb. 3.32 veranschaulicht den Effekt anhand von Anisotropiekegeln. Im positiven, grün eingezeichneten Bereich ist die Abschirmung groß. Dort befindliche Protonen werden zu hohem Feld verschoben (kleine δ-Werte). Protonen im negativen Bereich absorbieren infolge der verminderten Abschirmung bei tiefem Feld (große δ-Werte).

An olefinische C-Atome gebundene Protonen haben δ-Werte zwischen ca. 4 und 8, absorbieren also bei wesentlich tieferem Feld als entsprechende Protonen am gesättigten C-Atom. Außer der Änderung der Hybridisierung ist dabei der Anisotropieeffekt zu berücksichtigen. Aldehyd-Protonen absorbieren etwa zwischen 9,3 und 10,7. Neben Hybridisierung und Anisotropie ist dabei noch der Elektronenzug des O-Atoms wichtig. Acetylenische H-Atome sollten infolge der Polarität der (C—H)-Bindung im Vergleich zu olefinischen H-Atomen stärker entschirmt sein. Der Anisotropieeffekt der (C≡C)-Bindung bewirkt jedoch das Gegenteil: Die Resonanz von Protonen am *sp*-Kohlenstoff ist zwischen $\delta = 1{,}8$ und 3,2 zu finden. Betrachtet man anstelle der H-Atome Methyl-Gruppen, so ergibt sich bei der Bindung an C=C- oder C=O-Bindungen ebenfalls eine Tieffeld-Verschiebung. Die Methyl-Protonen fallen also in den negativen Bereich der Anisotropiekegel (Abb. 3.32). Am *sp*-Kohlenstoff gebundene Methyl-Gruppen geben bedingt durch den kleinen Öffnungswinkel des Anisotropiekegels ebenfalls eine zu tieferem Feld verschobene Absorption. Die hier diskutierten Verschiebungseffekte lassen sich gut an den δ-Werten der nachfolgenden Verbindungen ablesen.

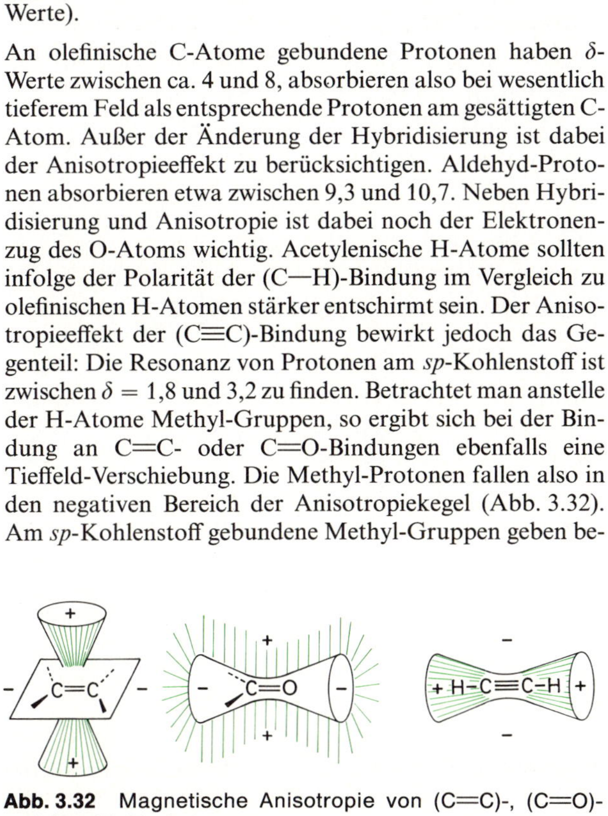

Abb. 3.32 Magnetische Anisotropie von (C=C)-, (C=O)- und (C≡C)-Bindungen

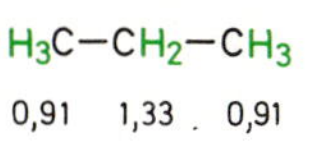

Propan **61**

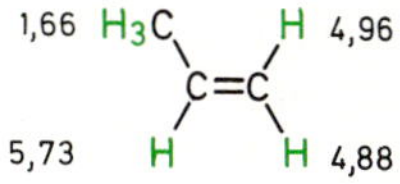

Propen **65**

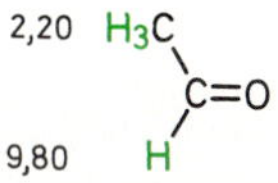

Acetaldehyd **66**

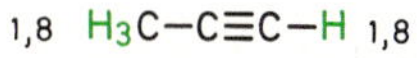

Propin **67**

Als weitere Beispiele betrachten wir die Bicyclen (**68**), (**69**) und (**70**).

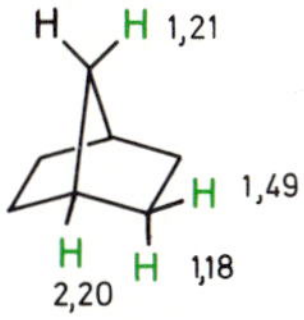

Norbornan **68**

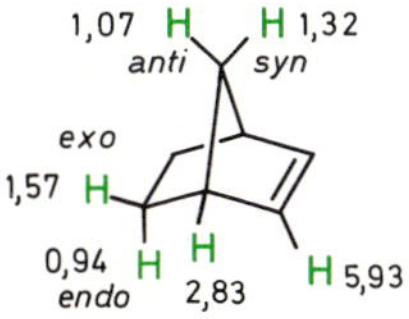

Norbornen **69**

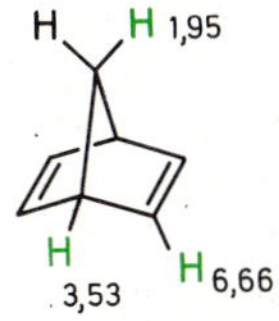

Norbornadien **70**

Im Norbornan (**68**) liegt die chemische Verschiebung der Brückenkopf-Protonen wie erwartet bei tiefstem Feld. Die Einführung von einer oder zwei (C=C)-Bindungen verschiebt sie sukzessive zu größeren δ-Werten. Ein ähnlicher Effekt ist bei den zur (C=C)-Bindung *syn*-ständigen H-Atomen der Methylen-Brücke zu beobachten; die Absorption des *anti*-ständigen H-Atoms in (**69**) ist dagegen zu höherem Feld verschoben. Genauso unterschiedlich wirkt sich die Einführung einer (C=C)-Bindung auf die *exo*- und *endo*-ständigen Protonen aus. Schließlich fällt auf, daß im Norbornadien (**70**) die olefinischen Protonen bei ungewöhnlich hohen δ-Werten absorbieren. Man sieht an diesen Beispielen, daß sich die Anisotropieeffekte einzelner Bindungen oder Strukturbausteine oft sehr komplex addieren. Die schematischen Darstellungen der Abb. 3.32 können nur zur groben Orientierung dienen.

Als besonders fruchtbar hat sich trotz gewisser theoretischer Probleme das **Ringstrom-Modell** zur Erklärung der Anisotropie von cyclisch konjugierten π-Elektronensystemen erwiesen. Wie Abb. 3.33 am Benzol-Ring veranschaulicht, stellt man sich vor, daß der magnetische Kraftfluß durch einen aromatischen Ring einen „Ringstrom" der Elektronen erzeugt. Das dadurch induzierte Gegenfeld wird durch die gestrichelt eingezeichneten Kraftlinien be-

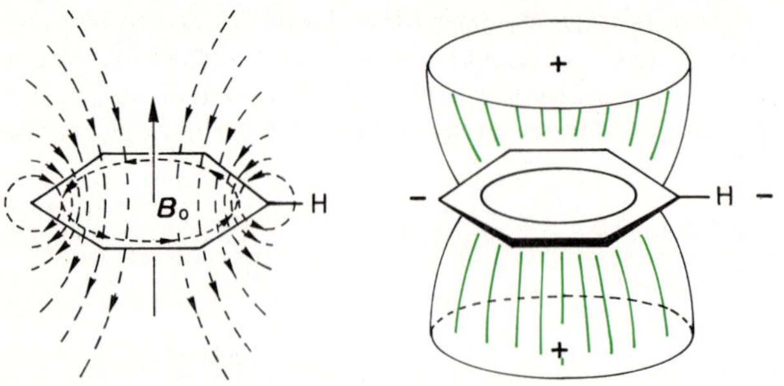

Abb. 3.33 Ringstrom-Modell für aromatische Systeme (Beispiel: Benzol)

schrieben. In der positiven Zone oberhalb, unterhalb und im Innern des Benzol-Kerns wird das $\boldsymbol{B}_0$-Feld geschwächt, also die Abschirmung verstärkt. Die Absorption von dort befindlichen Protonen erfährt eine Hochfeld-Verschiebung. Die Signale der Protonen in der negativen Außenzone werden dagegen im Vergleich zu olefinischen Protonen tieffeld-verschoben.

Die ^{1}H-Resonanzen der folgenden Beispiele bieten eine eindrucksvolle Bestätigung:

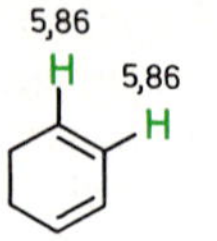

71

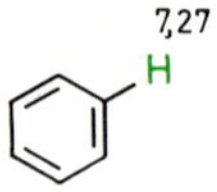

72

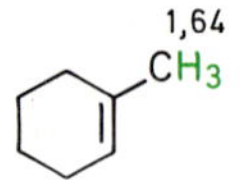

73

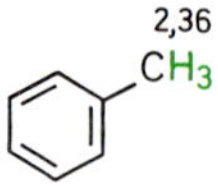

74

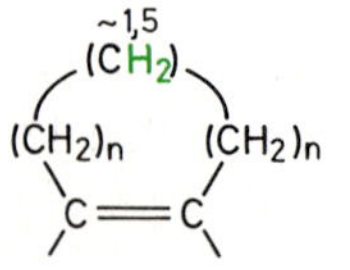

75

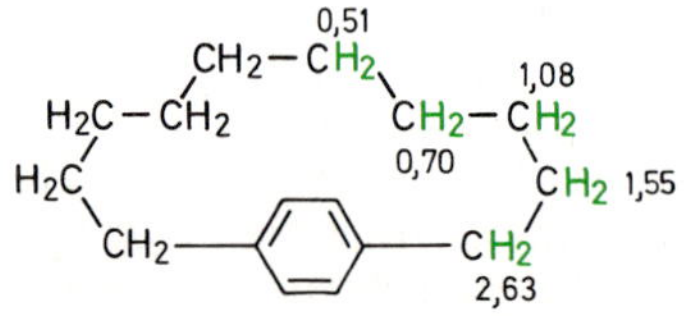

76

Überträgt man das Ringstrom-Modell auf kondensierte Arene, so muß man zur Abschätzung der chemischen Verschiebungen die Effekte der einzelnen Ringe summieren.

In der Reihe der Annulene dient der Ringstrom häufig als qualitatives Kriterium für die Aromatizität. Das in Abb. 3.33 für Benzol vorgestellte Modell gilt für ebene, cyclisch konjugierte $(4n+2)\pi$-Elektronensysteme. Die „äußeren" Protonen werden dabei entschirmt, die „inneren" abgeschirmt. Im Gegensatz zu diesem **„diamagnetischen" Ringstrom** ist bei den cyclisch konjugierten $4n-\pi$-Systemen ein **„paramagnetischer" Ringstrom** wirksam. Entschirmung und Abschirmung sind gerade vertauscht. Zum Vergleich dient uns das aromatische (diatrope) [18]Annulen (**77**) und das antiaromatische (paratrope) [16]Annulen (**78**).

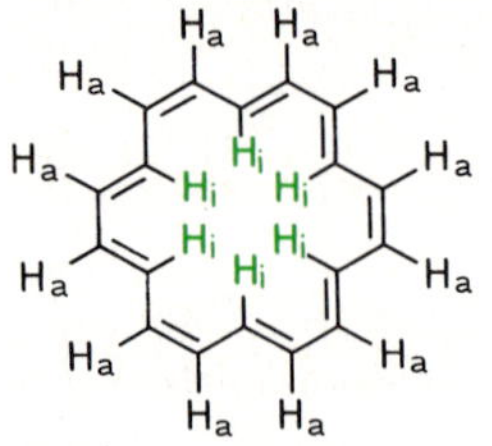

77

− 70 °C	12 H_a: δ = 9,28 6 H_i: δ = −2,99
+ 110 °C	18 H: δ = 5,45

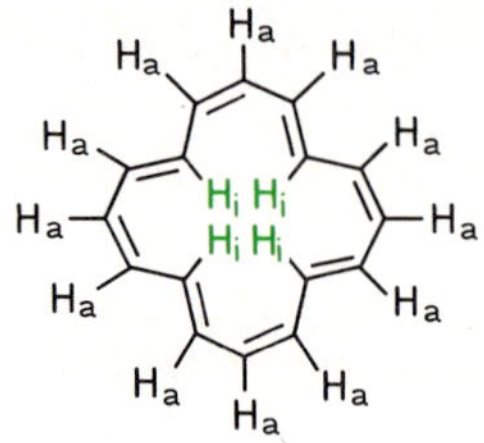

78

− 120 °C	12 H_a: δ = 5,2 4 H_i: δ = 10,32
+ 30 °C	16 H: δ = 6,70

Bei Erhöhung der Temperatur nimmt die Mobilität dieser Annulene so zu, daß innere und äußere Protonen ihren Platz tauschen und nur mehr ein gemitteltes Signal gemessen wird. Während beim [18]Annulen bei Raumtemperatur noch zwei chemisch nichtäquivalente Protonen-Sorten vorliegen, erhält man beim [16]Annulen infolge der wesentlich kleineren Aktivierungsbarriere bereits ein Singulett.

Das Ringstrom-Konzept als Modellvorstellung für den Anisotropieeffekt läßt sich auch auf Heteroarene anwenden (vgl. z. B. Tetrahydropyridin (**79**) und Pyridin (**80**).

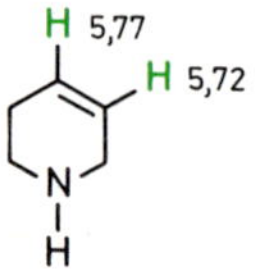

79

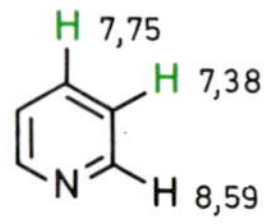

80

Ein schönes Beispiel stellt das Coproporphyrin (**81**) dar.

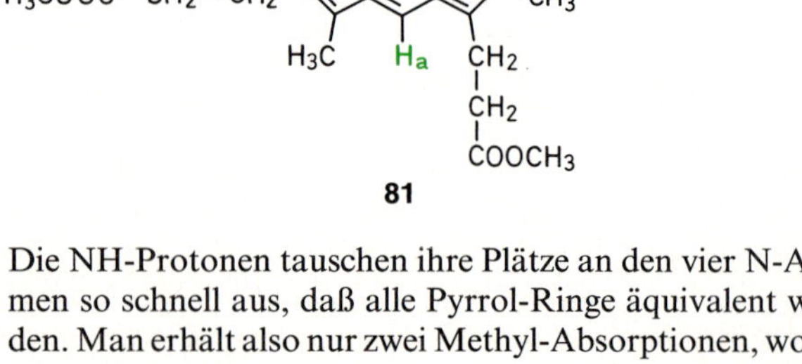

81

Die NH-Protonen tauschen ihre Plätze an den vier N-Atomen so schnell aus, daß alle Pyrrol-Ringe äquivalent werden. Man erhält also nur zwei Methyl-Absorptionen, wobei eine zur Ester-Gruppe gehört. Die Absorption der NH-Protonen liegt bei $\delta = -4$ ppm und ist gegenüber dem NH-Signal von Pyrrol um 11 ppm hochfeld-verschoben. Die Protonen der Methin-Brücken absorbieren dagegen bei $\delta = 10$ ppm, also bei sehr tiefem Feld.

Eine einfache Erklärung gibt die Anwendung des Ringstrom-Modells auf die Peripherie des Porphin-Skeletts, wobei die NH-Protonen innere und die Methin-Protonen äußere Ring-Protonen darstellen.

Bei den Absorptionen der quasiaromatischen Ionen **82** bis **86** übt zusätzlich zur Anisotropie die durch die Ladung veränderte Elektronendichte einen entscheidenden Einfluß aus.

δ:	11,1	4,0	5,5	7,7	5,7
	82	**83**	**84**	**85**	**86**

Im Dianion des [16]Annulens absorbieren die vier inneren Protonen bei sehr hohem Feld ($\delta = -8{,}17$) und die zwölf äußeren bei tiefem Feld. Dieser Gegensatz zur ungeladenen Verbindung ist charakteristisch für den Übergang zwischen 4n- und $(4n + 2)\pi$-Elektronensystemen.

Auch bei einer Reihe von anderen, nicht notwendigerweise cyclisch konjugierten Ringen spielen Anisotropieeffekte eine wichtige Rolle. Erwähnt sei hier der Cyclopropan-Ring, dessen Protonen eine starke Abschirmung erfahren (Tab. 3.8). Auch bei heterocyclischen Dreiringen beobachtet man diesen Effekt.

Cyclische π-Elektronensysteme, die infolge ihrer starken Abweichung vom ebenen Bau weder aromatische noch antiaromatische Eigenschaften aufweisen, dokumentieren ihre Analogie zu den offenkettigen Alkenen auch in der Lage ihrer Resonanzfrequenzen. So zeigt Cyclooctatetraen (**87**) ein Singulett bei $\delta = 5{,}69$. Hierbei ist zu berücksichtigen, daß bei Raumtemperatur dieses Signal durch zwei im Sinn der NMR-Zeitskala schnell ablaufende Prozesse gemittelt wird: die Ringinversion und die Doppelbindungsverschiebung (entartete Valenzisomerisierung, Automerisierung; s. S. 94ff.).

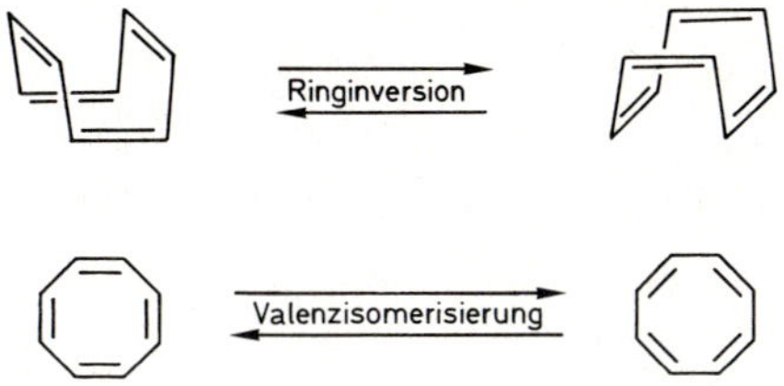

87

Tab. 3.8 ^{1}H-chemische Verschiebungen von Cycloalkanen und cyclischen Ethern (δ-Werte in $CDCl_3$ bzw. CCl_4)

	δ-Werte		δ-Werte (ppm)		
			α	β	γ
Cyclopropan	0,22	Oxiran	2,54	–	–
Cyclobutan	1,96	Oxetan	4,73	2,72	–
Cyclopentan	1,51	Tetrahydrofuran	3,75	1,85	–
Cyclohexan	1,44	Tetrahydropyran	3,56	1,58	1,58
Cyclodecan	1,51				
Cyclododecan	1,34				

3.3 ^{1}H,^{1}H-Kopplungen

Die magnetische Kopplung zweier Kerne in einem Molekül wird im allgemeinen durch die dazwischen liegenden Bindungen vollzogen. (Man kennt jedoch auch skalare Kopplungen durch den Raum.) Als quantitatives Maß dient die **Kopplungskonstante** ^nJ. n gibt dabei die Zahl der Bindungen an. In Tab. 3.9 sind die wichtigsten ^{1}H,^{1}H-Kopplungen zusammengefaßt.

Das **Vorzeichen der Kopplungskonstante** (s. Abschn. 1.3, S. 72) kann aus Spektren erster Ordnung nicht entnommen werden. Aus Spektren höherer Ordnung lassen sich nur relative Vorzeichen ermitteln. Zur eindeutigen Festlegung nimmt man für die Kopplung $^1J(^{13}C,^1H)$ ein positives Vorzeichen. ^2J(H,H)-Kopplungen sind meist negativ, ^3J(H,H)-Kopplungen positiv und long-range-Kopplungen positiv oder negativ.

Die Kopplung magnetisch äquivalenter Protonen macht sich in den ^{1}H-NMR-Spektren nicht bemerkbar. Ihre Ermittlung ist durch Deuterierung oder Messung von ^{13}C-Satelliten möglich (s. S. 121 und S. 126).

Mit steigendem n wird die Kopplung schwächer, d.h. $|J|$ kleiner.

H—H	H—CH_2—H	H—CH_2—CH_2—H	H—$(CH_2)_3$—H
88	**12**	**89**	**61**
276 Hz	12,4 Hz	8,0 Hz	<1 Hz

Geminale Kopplung

Die *geminale* Kopplung wächst mit dem *s*-Charakter der Hybridorbitale.

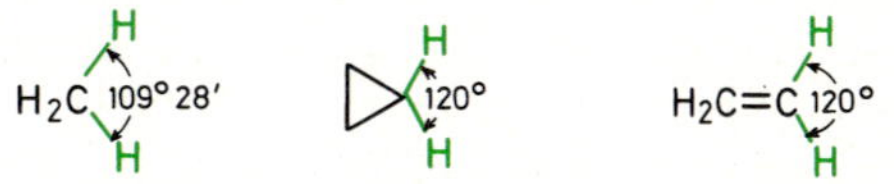

12	**90**	**15**
−12,4 Hz	−4,5 Hz	+2,5 Hz

Die folgende Aufstellung gibt die unterschiedlichen Substituenteneinflüsse wieder:

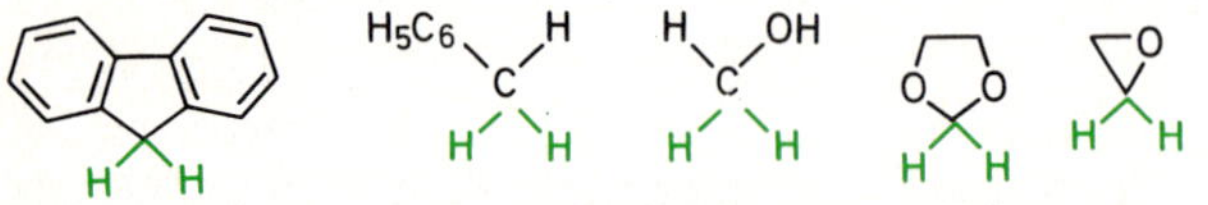

91	74	92	93	94
-22,3 Hz	-14,5 Hz	-10,8 Hz	±0 Hz	+5,5 Hz

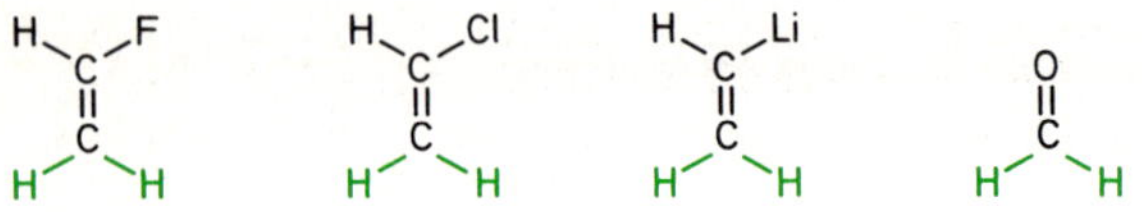

95	96	97	98
-3,2 Hz	-1,3 Hz	+7,1 Hz	+42,2 Hz

Als komplexere Beispiele seien die strukturisomeren Verbindungen (**99**) und (**100**) diskutiert. Die *geminale* Kopplungskonstante einer Methylen-Gruppe wird im Vergleich zum Methan (**12**) durch einen Sauerstoff-Nachbarn (infolge der Elektronegativität) vergrößert, durch eine benachbarte π-Bindung, hier die CO-Funktion, jedoch verkleinert.

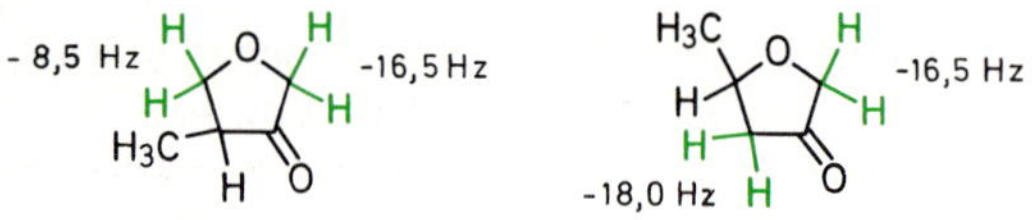

99 **100**

Vicinale Kopplung

Die grundsätzlich positive ^3J(H,H)-Kopplung hängt außer von Substituenteneinflüssen wesentlich vom Molekülbau ab. Dabei sind die Bindungslängen l, die Bindungswinkel α und die Torsionswinkel ϕ von Bedeutung.

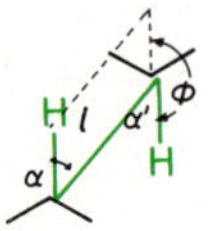

Besteht wie im Fall der Olefine und Aromaten keine Möglichkeit zur Torsion um die (C—C)-Bindung, dann nimmt ^3J mit wachsendem Bindungsabstand l und wachsenden Winkeln α ab.

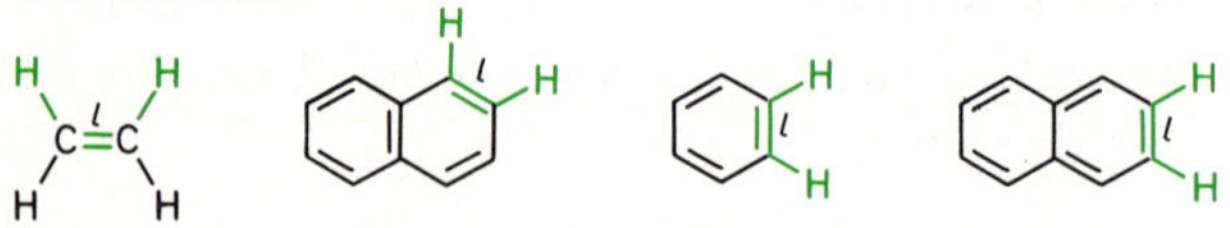

15	101	72	101
^3J: 11,6 Hz	8,3 Hz	7,54 Hz	6,9 Hz

zunehmender Abstand l →
(abnehmende π-Bindungsordnung)

Tab. 3.9 $^1H,^1H$-Kopplungen

Kopplungstyp	Kopplungskonstante ^nJ (Größenordnung)	Strukturelemente
direkt	^1J (276 Hz)	H–H
geminal	^2J (0 ... 30 Hz) meist negativ	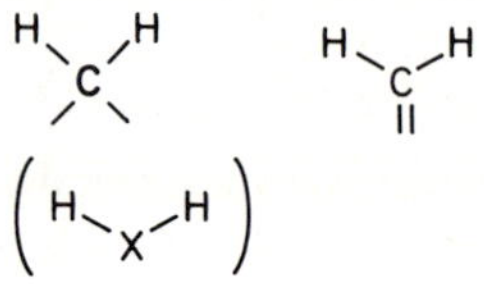
vicinal	^3J (0 ... 20 Hz) positiv	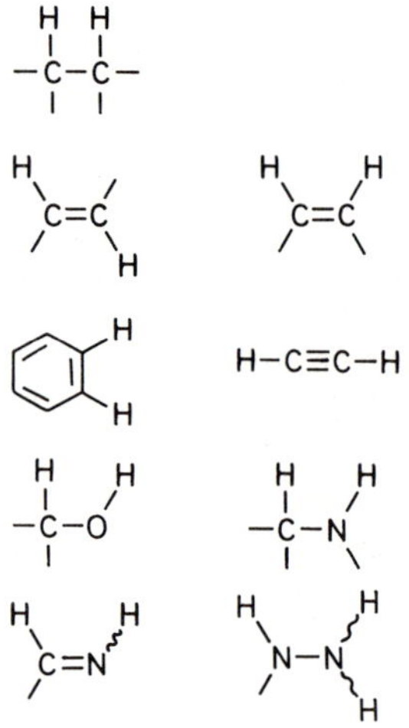
long-range	^4J (0 ... 3 Hz) positiv oder negativ	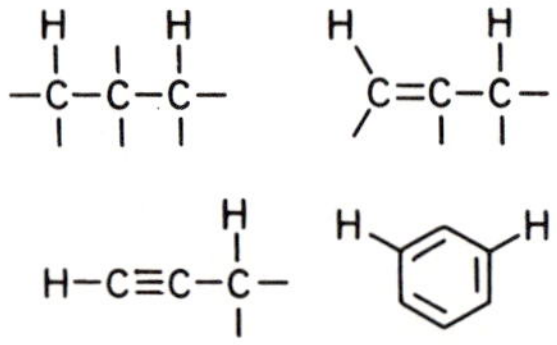
	^5J (0 ... 2 Hz) positiv	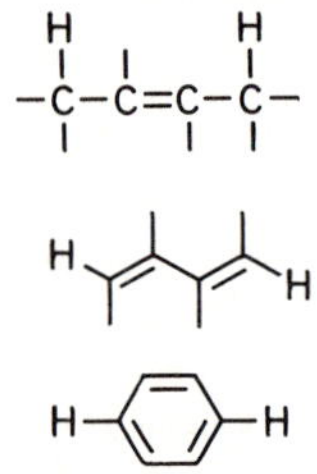

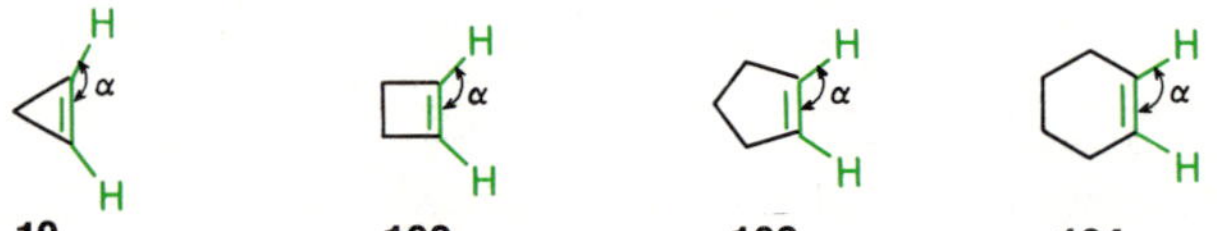

10	102	103	104
^3J: 1,3 Hz	2,8 Hz	5,1 Hz	8,8 Hz

← zunehmender Winkel α

$^3J(E)$ ($\phi = 180°$) ist stets größer als $^3J(Z)$ ($\phi = 0°$):

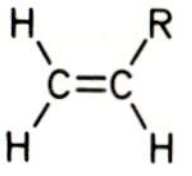

105

	^3J (Z)	^3J (E)	^2J (gem)
R = H	11,6	19,1	2,5
R = C_6H_5	11,5	18,6	1,1
R = OCH_3	6,7	14,0	−2,0
R = F	4,7	12,8	−3,2

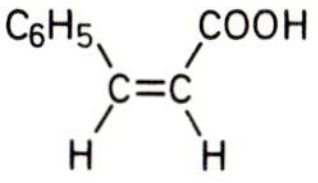

106

$^3J(Z)$ = 12,3 Hz

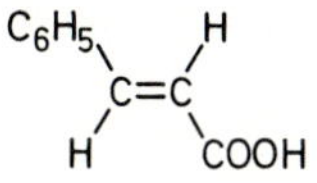

8

$^3J(E)$ = 15,8 Hz

Bei kleinen Ringen kann dagegen die ^3J-Kopplung *cis*-ständiger Protonen größer sein als die *trans*-ständiger. Bei Cyclopropan liegt $^3J_{cis}$ um 8 und $^3J_{trans}$ um 5 Hz.

Bei ^3J-Kopplungen an „frei" drehbaren (C—C)-Bindungen ändert sich die Größe der Kopplungskonstante mit dem Torsionswinkel ϕ. Eine quantitative Abschätzung $^3J(\phi)$ gibt die **Karplus-Kurve** und verwandte Beziehungen (Abb. 3.34). Die gemessenen Kopplungen sind insbesondere bei $\phi = 0°$ und $\phi = 180°$ meist etwas größer (schraffierter Bereich).

Bei schneller Rotation erhält man für ^3J einen Mittelwert. In erster Näherung kann man dabei von drei gleich stark populierten staggered-Konformeren ausgehen. Als Mittelwert ergibt sich dann:

$$^3J = \frac{^3J(60°) + {}^3J(180°) + {}^3J(300°)}{3}$$

$$\approx \frac{3{,}5 + 14 + 3{,}5}{3} \approx 7 \text{ Hz}$$

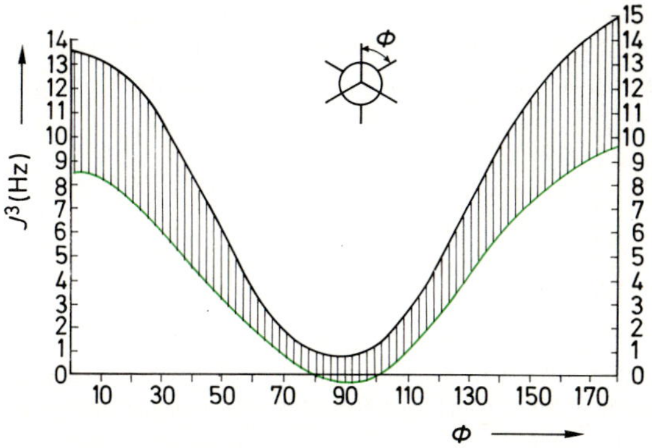

Abb. 3.34 Abhängigkeit der *vicinalen* Kopplungskonstante ^3J vom Diederwinkel ϕ

——— Karplus-Kurve:

$$^3J = \begin{cases} 8{,}5 \cos^2\phi - 0{,}28 & \text{für} \quad 0° \leqq \phi \leqq 90° \\ 9{,}5 \cos^2\phi - 0{,}28 & \text{für} \quad 90° \leqq \phi \leqq 180° \end{cases}$$

In der Tat schwanken die Kopplungskonstanten ^3J in Ethyl-Verbindungen (**36**) um diesen Betrag, wobei der Einfluß der Elektronegativität von R deutlich wird.

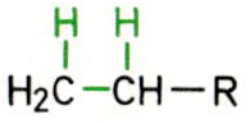

36

R = Li	^3J = 8,4 Hz
R = H	8,0 Hz
R = C_6H_5	7,6 Hz
R = CH_3	7,3 Hz
R = OC_2H_5	7,0 Hz

Auffallend klein sind die *vicinalen* Kopplungen von Aldehyd-Protonen mit Nachbarprotonen am gesättigten Kohlenstoff-Atom:

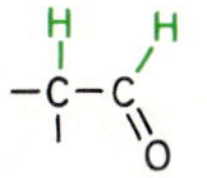

$^3J \approx$ 1.....3 Hz

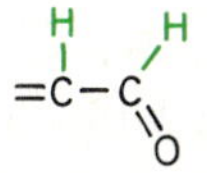

$^3J \approx$ 5....8 Hz

In der Sessel-Konformation des Cyclohexans (**107**) unterscheidet man drei *vicinale* Kopplungen:

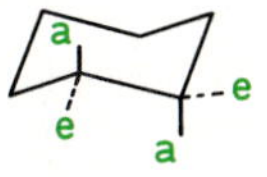

107

$^3J_{aa} \approx$ 7 ... 12 Hz (ϕ = 180°)
$^3J_{ee} \approx$ 2 ... 5 Hz (ϕ = 60°)
$^3J_{ae} \approx$ 2 ... 5 Hz (ϕ = 60°)

Als explizites Beispiel sei die D-Glucose (**108** ⇄ **109**) erwähnt. Eine wäßrige Lösung zeigt für die Protonen an C-1 zwei Dubletts bei δ = 5,22 und 4,63, wovon das bei tieferem Feld der α-D-Glucose (**108**) zuzuordnen ist, weil es die kleinere Kopplung zum Proton an C-2 zeigt ($^3J_{ae} < {}^3J_{aa}$).

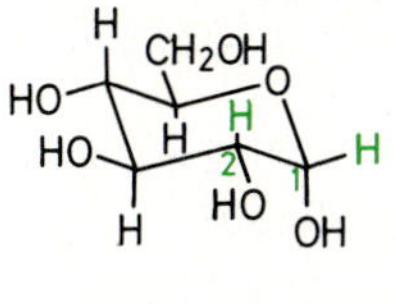

α-D-Glucose **108**

($^3J_{ae}$ = 3,5 Hz)

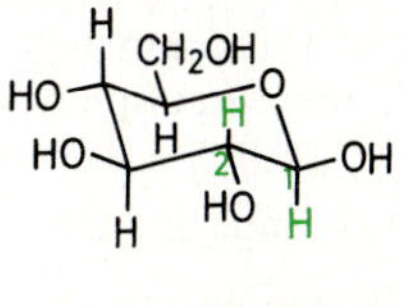

β-D-Glucose **109**

($^3J_{aa}$ = 7,7 Hz)

Trägt die für die ^3J-Kopplung maßgebliche (C—C)-Bindung einen elektronegativen Substituenten, so erniedrigt sich die Kopplungskonstante. Bei Organometall-Verbindungen erhöht sie sich dementsprechend. Dieser **Substituenteneffekt** ist bei gesättigten, ungesättigten und heteroaromatischen Verbindungen zu beobachten.

Für die Konformationsanalyse oft von Interesse ist die ^3J-Kopplung eines Protons H_x mit den beiden nichtäquivalenten Protonen H_A und H_M einer α-CH_2-Gruppe. Im Idealfall unterscheiden sich die Diederwinkel $\emptyset_1$ und $\emptyset_2$ um 120°.

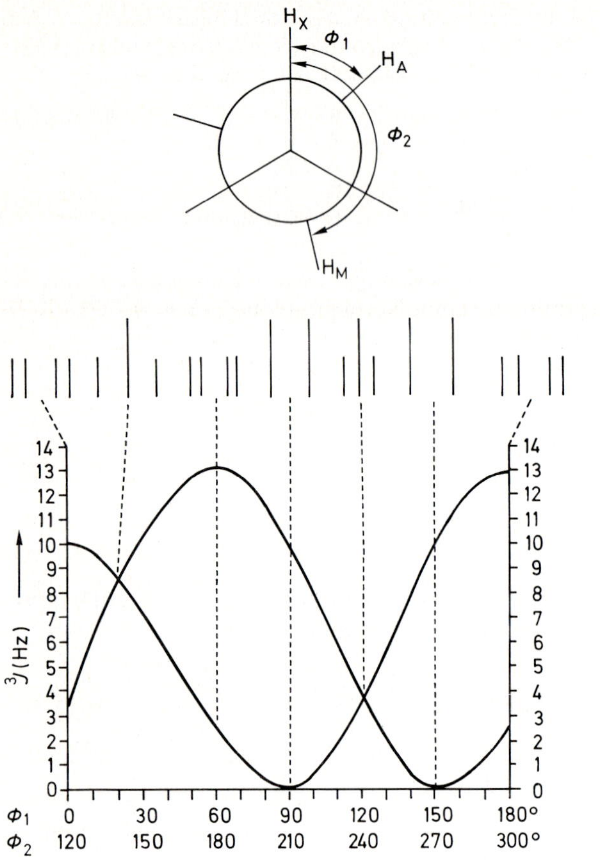

Abb. 3.35 *Vicinale* Kopplungskonstanten und Spinmuster der H_x-Resonanz für ein AMX-System >CH_x—CH_AH_M—.

Das führt zu den in Abb. 3.35 wiedergegebenen Kopplungskonstanten und Spinmustern.

Vicinale Kopplung mit austauschenden Protonen

Die Kopplung von OH-Protonen mit *vicinalen* CH-Protonen kann man nur bei ganz reinen, wasser- und säurefreien Alkoholen erkennen. Als Medium hat sich dabei Dimethylsulfoxid (DMSO) besonders bewährt, da der **Protonen-Austausch** in DMSO bei Raumtemperatur hinreichend langsam abläuft (vgl. S. 97).

Ganz ähnliche Verhältnisse trifft man bei NH-Protonen an. Die *vicinale* Kopplung ^3J(CH—NH) ist nur sichtbar, wenn der (basenkatalysierte) Protonen-Transfer langsam ist. Häufig ist das beim Strukturelement =C–NH–CH– gegeben (aromatische Amine, Enamine, Amide).

In Trifluoressigsäure liegen Ammonium-Ionen vor, deren Protonen-Austausch so langsam ist, daß die Kopplung ^3J(CH—$\overset{+}{N}$H) als Aufspaltung der (C—H)-Absorption sichtbar wird.

$$^3J(\text{–NH–CH–}) \approx {}^3J(\text{–}\overset{+}{N}\text{H–CH–})$$

Die Konformationsabhängigkeit der ^3J-Kopplungskonstanten bei Alkoholen, Aminen und Amiden erinnert an die *vicinale* CH—CH-Kopplung. Bei freier Drehbarkeit gilt:

^3J(CH—OH) ≈ 4-5 Hz

^3J(CH—NH) ≈ 5-6 Hz

^3J(CH—NH—C(=O)) ≈ 7 Hz

Bemerkenswert ist, daß z. B. bei Amiden die Aufspaltung am CH-Signal auftreten kann, auch wenn die NH-Protonen eine breite Absorption zeigen (Abb. 3.36).

Am Ende dieses Abschnitts sei noch kurz auf die direkte ^{14}N,^{1}H-Kopplung verwiesen. Im NH_4^+-Ion beträgt sie 52,8 Hz. ^{14}N mit dem Kernspin 1 hat ein elektrisches Quadrupol-Moment (s. Abschn. 1.1, S. 69). Abgesehen von den hochsymmetrischen NR_4^+-Ionen ist der Anteil der Quadrupol-Relaxation so groß, daß ^{14}N,^{1}H-Kopplungen nicht erkennbar sind. Immerhin liegt darin neben dem Austausch von NH-Protonen eine weitere Ursache für breite NH-Absorptionen begründet. Man kann sie durch zusätzliche Einstrahlung der Resonanzfrequenz des Stickstoffs beheben (s. Abb. 3.50, S. 130).

Fernkopplungen

Fern- oder **long-range-Kopplungen** gehen über vier oder mehr Bindungen. Bei offenkettigen, gesättigten Verbindungen sind sie meist kleiner als 1 Hz und spielen keine Rolle. Bei Bi- und Polycyclen ändert sich das, wenn eine starre W-Anordnung für die Bindungen der ^4J-Kopplung vorliegt.

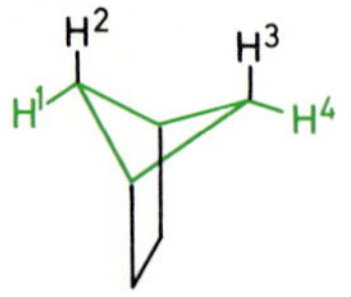

111

$^4J_{1,4} = +7$ Hz
$^4J_{1,3} = {}^4J_{2,4} \approx {}^4J_{2,3} \approx 0$ Hz

Ein extremes Beispiel ist das Bicyclo[1.1.1]pentan (**112**), bei dem die Brückenkopf-Protonen eine ^4J-Kopplung von 18 Hz aufweisen.

$^4J = 18$ Hz

112

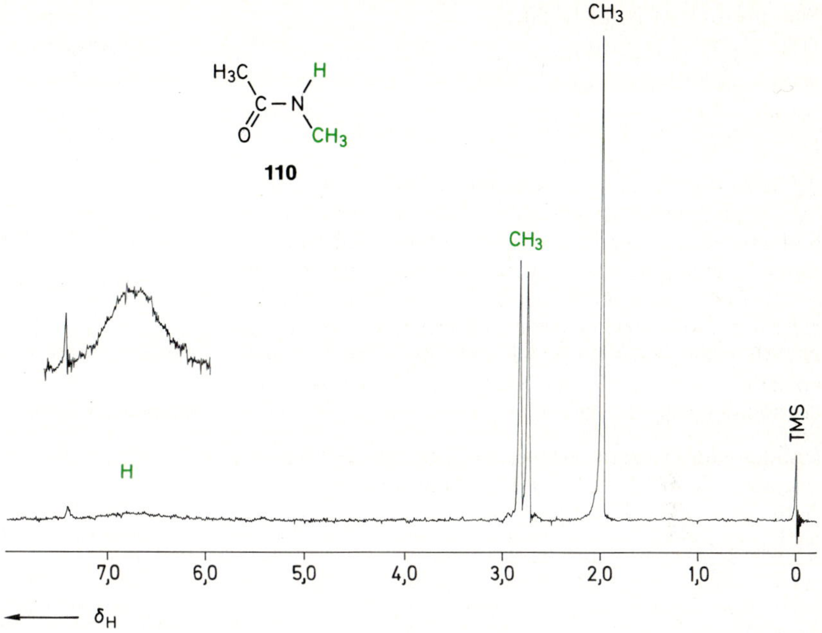

Abb. 3.36 ^{1}H-NMR-Spektrum von *N*-Methylacetamid (**110**) in $CDCl_3$
(Es liegt selektiv die Konformation mit s-*trans*-orientierten Methyl-Gruppen vor.)

Bei ungesättigten Verbindungen beobachtet man die **allylische** ^{4}J- und die **homoallylische** ^{5}J**-Kopplung:**

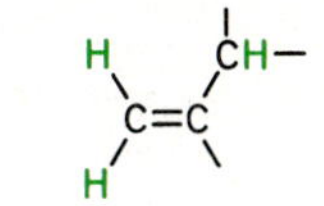

$^{4}J(Z) \approx -3$ bis $+2$ Hz
$^{4}J(E) \approx -3{,}5$ bis $+2{,}5$ Hz

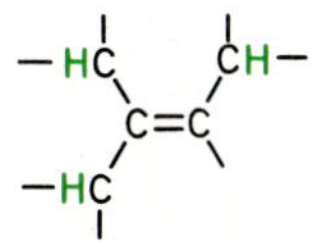

$^{5}J(Z) \approx {}^{5}J(E) \approx 0$ bis 2,5 Hz

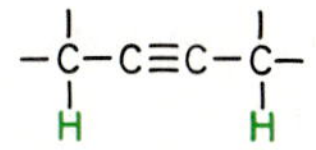

$^{5}J \approx 1$ bis 3,0 Hz

In Carbo- oder Heterocyclen können wesentlich größere ^{4}J- und ^{5}J-Werte auftreten:

$J \approx$ 0-7 Hz

113

Y = O, NH

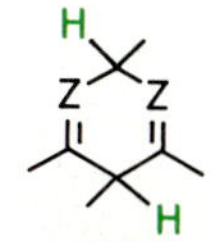

$^{5}J \approx$ 5-11 Hz

114

Z = CH, N

Zum besseren Verständnis sei an dieser Stelle noch das ^{1}H-NMR-Spektrum des 1,3-Butadiens (**115**) mit sämtlichen Kopplungen diskutiert. Das AA′BB′CC′-System zeigt entsprechend den drei chemisch nicht äquivalenten Protonen-Sorten drei Absorptionen und neun verschiedene Kopplungen.

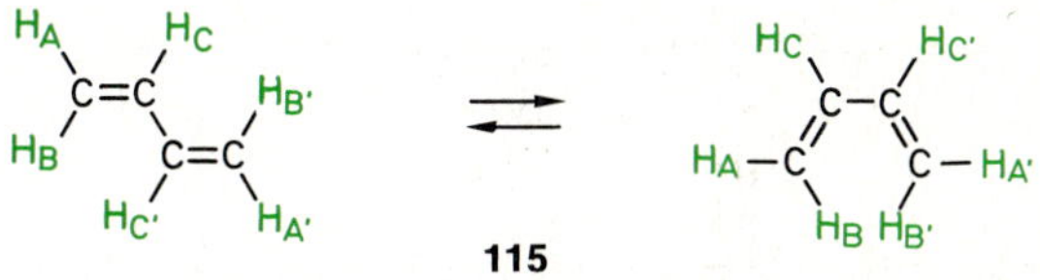

115

$\delta_A = \delta_{A'} = 5{,}06$ $\delta_B = \delta_{B'} = 5{,}16$ $\delta_C = \delta_{C'} = 6{,}27$

$^{2}J_{AB} = {}^{2}J_{A'B'} = 1{,}8$ Hz
$^{3}J_{AC} = {}^{3}J_{A'C'} = 10{,}2$ Hz
$^{3}J_{BC} = {}^{3}J_{B'C'} = 17{,}1$ Hz
$^{3}J_{CC'} = 10{,}4$ Hz
$^{4}J_{AC'} = {}^{4}J_{A'C} = -0{,}9$ Hz
$^{4}J_{BC'} = {}^{4}J_{B'C} = -0{,}8$ Hz
$^{5}J_{AA'} = 1{,}3$ Hz
$^{5}J_{AB'} = {}^{5}J_{A'B} = 0{,}6$ Hz
$^{5}J_{BB'} = 0{,}6$ Hz

Von besonderer Bedeutung sind die Fernkopplungen bei aromatischen und heteroaromatischen Ringen. Ein Vergleich von Benzol (**72**) und 1,3-Cyclohexadien (**71**) spiegelt den Einfluß der Bindungsordnungen wider.

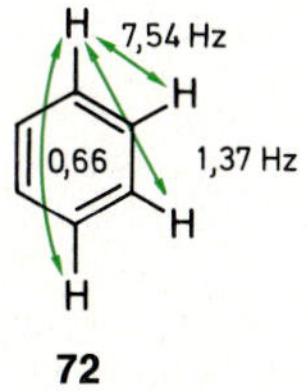

72

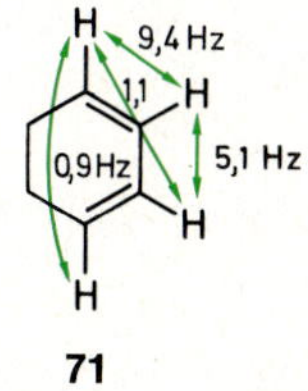

71

Für substituierte Benzole gilt:

$^3J_{ortho} = 6{,}0 \ldots 9{,}0$ Hz
$^4J_{meta} = 0{,}9 \ldots 3{,}0$ Hz
$^5J_{para} = 0 \quad \ldots 1{,}0$ Hz

Bei Benzol-Derivaten ist das Substitutionsmuster häufig schon am Spinmuster erkennbar. Das gilt selbst für den Fall übereinstimmender Spin-Systeme mit unterschiedlichem Kopplungsverhalten; so haben *o*-substituierte Benzole mit zwei gleichen Substituenten und *p*-substituierte Benzole mit zwei verschiedenen Substituenten jeweils ein AA′BB′- bzw. AA′XX′-Spin-System (vgl. Tab. 3.5). Dennoch ist, wie Abb. 3.37 zeigt, eine Unterscheidung aufgrund der Linienmuster möglich.

Kondensierte benzoide Arene, z. B. Naphthalin (**101**), haben ähnliche ^3J-, ^4J- und ^5J-Kopplungen wie Benzol.

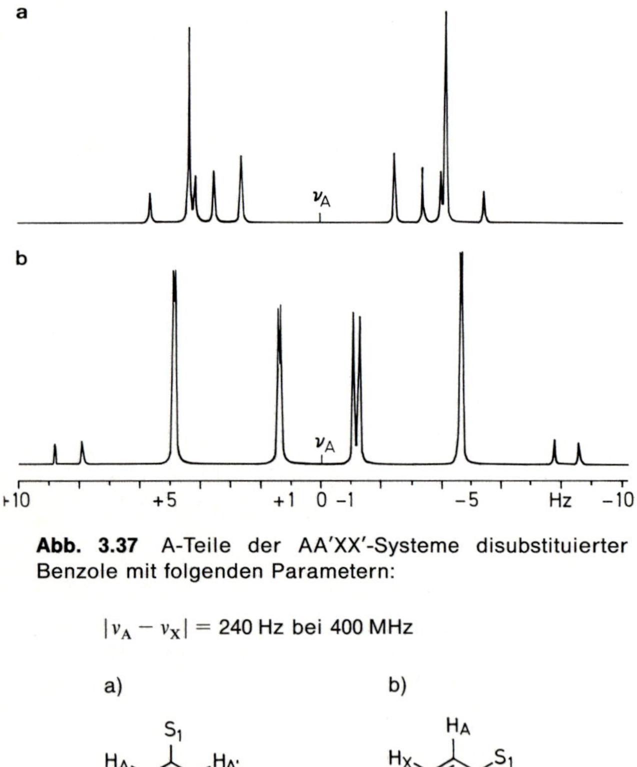

Abb. 3.37 A-Teile der AA′XX′-Systeme disubstituierter Benzole mit folgenden Parametern:

$|\nu_A - \nu_X| = 240$ Hz bei 400 MHz

a)

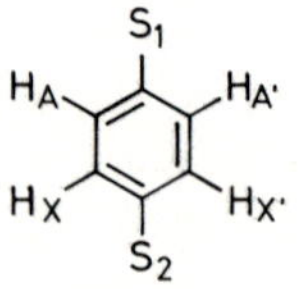

$^3J_{AX} = {^3J_{A'X'}} = 8{,}0$ Hz
$^4J_{AA'} = 1{,}2$ Hz
$^4J_{XX'} = 1{,}8$ Hz
$^5J_{AX'} = {^5J_{A'X}} = 0{,}5$ Hz

b)

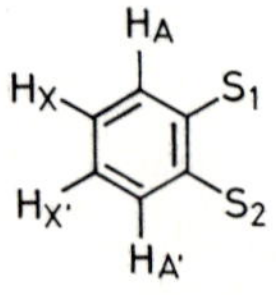

$^3J_{AX} = {^3J_{A'X'}} = 8{,}0$ Hz
$^3J_{XX'} = 7{,}0$ Hz
$^4J_{AX'} = {^4J_{A'X}} = 1{,}5$ Hz
$^5J_{AA'} = 0{,}5$ Hz

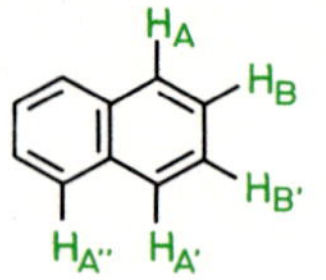

101

$\delta(H_A) = 7{,}66$
$\delta(H_B) = 7{,}30$

$^3J_{AB} = {^3J_{A'B'}} = 8{,}3$ Hz
$^3J_{BB'} = 6{,}9$ Hz
$^4J_{AB'} = {^4J_{A'B}} = 1{,}3$ Hz
$^5J_{AA'} = 0{,}7$ Hz
$^5J_{AA''} = 0{,}8$ Hz

Bei heterocyclischen Systemen ergeben sich oft größere Abweichungen, insbesondere können bestimmte ^3J-Kopplungskonstanten recht klein werden:

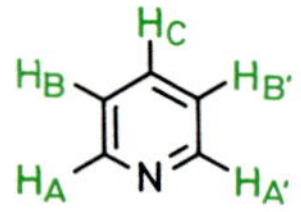

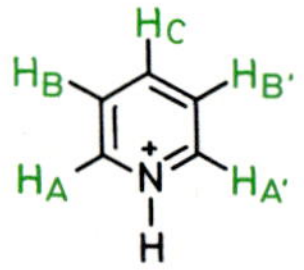

	80 Pyridin	**116** Pyridinium-Ion
$\delta(H_A)$	8,60	9,23
$\delta(H_B)$	7,25	8,50
$\delta(H_C)$	7,64	9,04
$^3J_{AB} = {^3J_{A'B'}}$	5,5 Hz	6,0 Hz
$^3J_{BC} = {^3J_{B'C}}$	7,6 Hz	8,0 Hz
$^4J_{AC} = {^4J_{A'C}}$	1,9 Hz	1,5 Hz
$^4J_{AA'}$	0,4 Hz	1,0 Hz
$^4J_{BB'}$	1,6 Hz	1,4 Hz
$^5J_{AB'} = {^5J_{A'B}}$	0,9 Hz	0,8 Hz

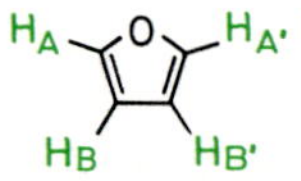

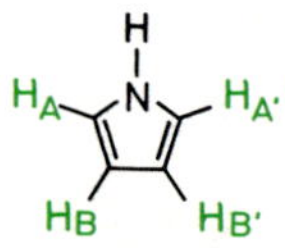

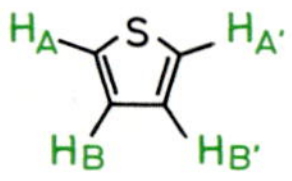

	17 Furan	**117** Pyrrol	**14** Thiophen
$\delta(H_A) = \delta(H_{A'})$	7,38	6,62	7,20
$\delta(H_B) = \delta(H_{B'})$	6,30	6,05	6,96
$^3J_{AB} = {^3J_{A'B'}}$	1,8	2,6	4,8
$^3J_{BB'}$	3,4	3,5	3,5
$^4J_{AB'} = {^4J_{A'B}}$	0,9	1,3	1,0
$^4J_{AA'}$	1,5	2,1	2,8

3.4 Kopplungen mit anderen Kernen

Bei der Kopplung von ^1H mit anderen Kernen ist die natürliche Häufigkeit dieser Kerne zu berücksichtigen. Neben 98,9% des spinlosen ^{12}C liegt das Isotop ^{13}C ($I = 1/2$) zu

1,1% im natürlichen Kohlenstoff vor. Die $^1H,^{13}C$-Kopplung führt daher zu Signalen, deren Intensität nur ca. 1% beträgt im Vergleich zur Intensität der entsprechenden ^{1}H-Absorptionen ohne ^{13}C-Kopplung. Die Messung dieser sog. **^{13}C-Satelliten** wird auf S. 126ff. behandelt. In ^{1}H-NMR-Routinespektren treten sie im allgemeinen nicht in Erscheinung.

Aus Tab. 3.1 entnimmt man, daß unter den für die organische Chemie wichtigen Kernsorten mit den zusätzlichen Bedingungen $I = 1/2$ und einer großen natürlichen Häufigkeit nur mehr ^{19}F und ^{31}P in Frage kommen. Diese beiden Kerne haben eine natürliche Häufigkeit von 100%; d.h., Protonen-Resonanzsignale von Fluor- oder Phosphor-Verbindungen zeigen jeweils eine der $^1H,^{19}F$- bzw. $^1H,^{31}P$-Kopplung entsprechende Aufspaltung. Einen Überblick über die Größe der auftretenden Kopplungskonstanten geben Tab. 3.10 und 3.11. (Zur ^{1}H,D- und $^1H,^{13}C$-Kopplung s. S. 121 und Abschn. 4.3, S. 144ff.)

Tab. 3.10 $^1H,^{19}F$-Kopplungskonstanten ausgewählter Fluor-Verbindungen

Verbindung	Kopplungstyp	|J| in Hz
$H-CH_2-F$ Fluormethan	^2J(H,F)	81
$H-CH_2-\underset{H}{C}H-F$ Fluorethan	^2J(H,F) ^3J(H,F)	47 25
$H-CH_2-CF_2-F$ 1,1,1-Trifluorethan	^3J(H,F)	13
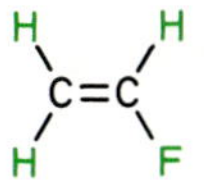 Fluorethylen	^2J(H,F) ^3J(Z-H,F) ^3J(E-H,F)	85 20 52
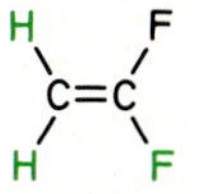 1,1-Difluorethylen	^3J(Z-H,F) ^3J(E-H,F)	≈1 34
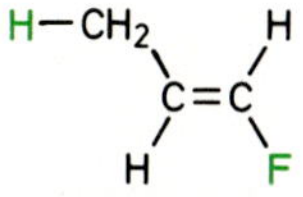 (*E*)-1-Fluorpropen	^4J(H,F)	3
$H-C\equiv C-F$ Fluoracetylen	^3J(H,F)	21
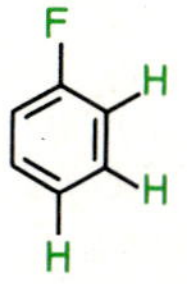 Fluorbenzol	^3J(H,F) ^4J(H,F) ^5J(H,F)	9,0 5,7 0,2

Tab. 3.11 $^1H,^{31}P$-Kopplungskonstanten ausgewählter Phosphor-Verbindungen

Verbindung	Kopplungstyp	|J| in Hz
$H-PH_2$ Phosphan	^1J(H,P)	179
$H-PH-C_6H_5$ Phenylphosphan	^1J(H,P)	201
$H-\underset{O}{\overset{\|}{P}}(OCH_3)_2$ Dimethylphosphit	^1J(H,P)	710
$H-\underset{O}{\overset{\|}{P}}(OC_2H_5)_2$ Diethylphosphit	^1J(H,P)	630
$(H-CH_2-\overset{H}{C}H-)_3P$ Triethylphosphin	^2J(H,P) ^3J(H,P)	0,5 14
$(H-CH_2-\overset{H}{C}H-)_4P^+Cl^-$ Tetraethylphosphoniumchlorid	^2J(H,P) ^3J(H,P)	13 18
$(H-CH_2-\overset{H}{C}H)_3P{=}O$ Triethylphosphinoxid	^2J(H,P) ^3J(H,P)	16 12
$(H-CH_2-\overset{H}{C}H-O-)_3P$ Triethylphosphit	^3J(H,P) ^4J(H,P)	8 1

3.5 Korrelation von ^{1}H-Verschiebungen mit Strukturelementen

Methyl-Protonen. Einen Überblick über die chemischen Verschiebungen von Methyl-Gruppen in Abhängigkeit von der Umgebung gibt Tab. 3.12. (Bei der Angabe der Absorptionen handelt es sich hier und im folgenden um Schwerpunktsbereiche. Extreme Verschiebungslagen sind dabei nicht berücksichtigt!)

Methylen-Protonen. Wie in Abschn. 2.2 (S. 85 ff.) ausgeführt, sind die beiden Protonen einer Methylen-Gruppe chemisch äquivalent, wenn sie durch ein Symmetrieelement des Moleküls ineinander übergeführt werden können. Dabei ist die innere Beweglichkeit von Molekülen zu berücksichtigen. Die magnetische Äquivalenz ist häufig auch dann nicht gegeben, wenn chemische Äquivalenz vorliegt. In Tab. 3.13 sind die Absorptionsbereiche von Methylen-Protonen in Abhängigkeit von der Substitution zusammengefaßt.

Methin-Protonen. Die Absorptionsbereiche für Methin-Protonen sind wesentlich breiter als die für Methyl- oder Methylen-Gruppen, was auf die höhere Zahl von Substitutionsmöglichkeiten zurückgeht. Die häufigsten Kombinationen von Substituenten sind in Tab. 3.14 zusammengefaßt.

Protonen an Doppel- und Dreifachbindungen. Tab. 3.15 gibt Auskunft über die Absorptionen von **Protonen an (C=C)-Bindungen.**

Der Resonanzbereich für **acetylenische Protonen** liegt gegenüber den olefinischen Protonen hochfeld-verschoben bei ca. $1{,}8 \leqq \delta \leqq 3{,}2$.

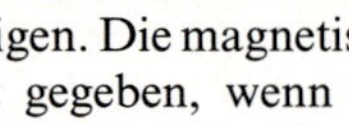

67

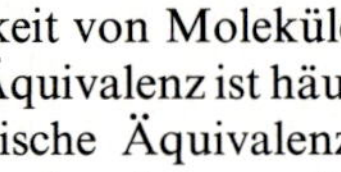

118

In Tab. 3.16 sind die chemischen Verschiebungen von Aldehyd- und Aldimin-Protonen zusammengestellt.

Protonen an aromatischen und heteroaromatischen Ringen. Protonen, die an C-Atome von aromatischen oder heteroaromatischen Ringen gebunden sind, absorbieren im Bereich zwischen $\delta = 6{,}0$ und 9,5, wobei der Schwerpunkt zwischen 7 und 8 liegt. Die Variationsfähigkeit innerhalb dieser Substanzklassen ist so groß, daß im Rahmen dieser Einführung auf Tabellen verzichtet werden muß. Ausgewählte Beispiele sind in Abschn. 5 (S. 181 ff.) zu finden.

OH-, SH- und NH-Protonen. Die chemische Verschiebung von **Protonen an Heteroatomen** wie O, S oder N hängt stark von den Aufnahmebedingungen (Konzentration, Temperatur, Lösungsmittel) ab. Häufig sind die Signale verbreitert und zeigen keine Kopplung. Ursache dafür ist der rasche intermolekulare **Protonen-Austausch** (s. auch S. 106). Erfolgt ein schneller Austausch zwischen zwei chemisch nichtäquivalenten Gruppen innerhalb eines Moleküls, so wird nur ein einziges, gemitteltes Signal beobachtet.

Zur Identifizierung der Absorptionen von XH-Protonen macht man sich den **Austausch mit D_2O oder mit Trifluoressigsäure** zunutze.

In Tab. 3.17 sind die Bereiche der chemischen Verschiebungen für XH-Protonen zusammengestellt. Die angegebenen δ-Werte beziehen sich auf Tetrachlormethan oder Deuterochloroform als Lösungsmittel. Die OH-Absorptionen von Alkoholen verschieben sich mit steigender Konzentration und sinkender Temperatur zu tieferem Feld; dabei wird nämlich die Assoziation der Alkohol-Moleküle und damit der entschirmende Effekt der Wasserstoff-Brückenbindung verstärkt. Das OH-Signal einer hochverdünnten Lösung von Ethanol in CCl_4 liegt bei $\delta \approx 0{,}9$. Mit wachsender Konzentration verschiebt es sich bis zu $\delta \approx 4{,}6$, dem Wert von reinem Ethanol. **Bei der Zuordnung von X—H-Signalen muß man also die starke Abhängigkeit von Konzentration, Temperatur und Lösungsmittel berücksichtigen.**

3.6 Inkrement-Systeme zur Abschätzung von ^{1}H-Verschiebungen

Auf der Basis der vielen bekannten ^{1}H-NMR-Daten lassen sich empirische Regeln für die Absorption von Protonen in Abhängigkeit von ihrer chemischen Umgebung aufstellen. Dabei wird die Additivität von Substituenteneinflüssen vorausgesetzt, die natürlich nicht streng gilt. Abgesehen von Fällen mit besonderen sterischen oder elektronischen Wechselwirkungen erhält man jedoch brauchbare Abschätzungen der δ-Werte.

Ein einfaches Inkrement-System für Methylen- und Methin-Protonen ist in Tab. 3.18 zusammengestellt.

Einige Beispiele sollen zum Vergleich zwischen berechneten und gemessenen Verschiebungswerten dienen (Tab. 3.19).

Auf einer ähnlichen Basis und mit vergleichbarer „Güte" kann man die chemische Verschiebung von olefinischen Protonen abschätzen (Tab. 3.20).

Besonders genau ist der Einfluß der Substituenten auf die chemische Verschiebung am Benzol untersucht worden. Die Grenzen des darauf basierenden Inkrement-Systems sind bei sterischer Wechselwirkung der Substituenten (1,2-disubstituierte, 1,2,3-trisubstituierte Benzole usw.) und bei besonderer elektronischer Wechselwirkung gegeben.

Tab. 3.12 Chemische Verschiebungen von Methyl-Protonen (δ-Werte gemessen in CCl_4 oder $CDCl_3$)

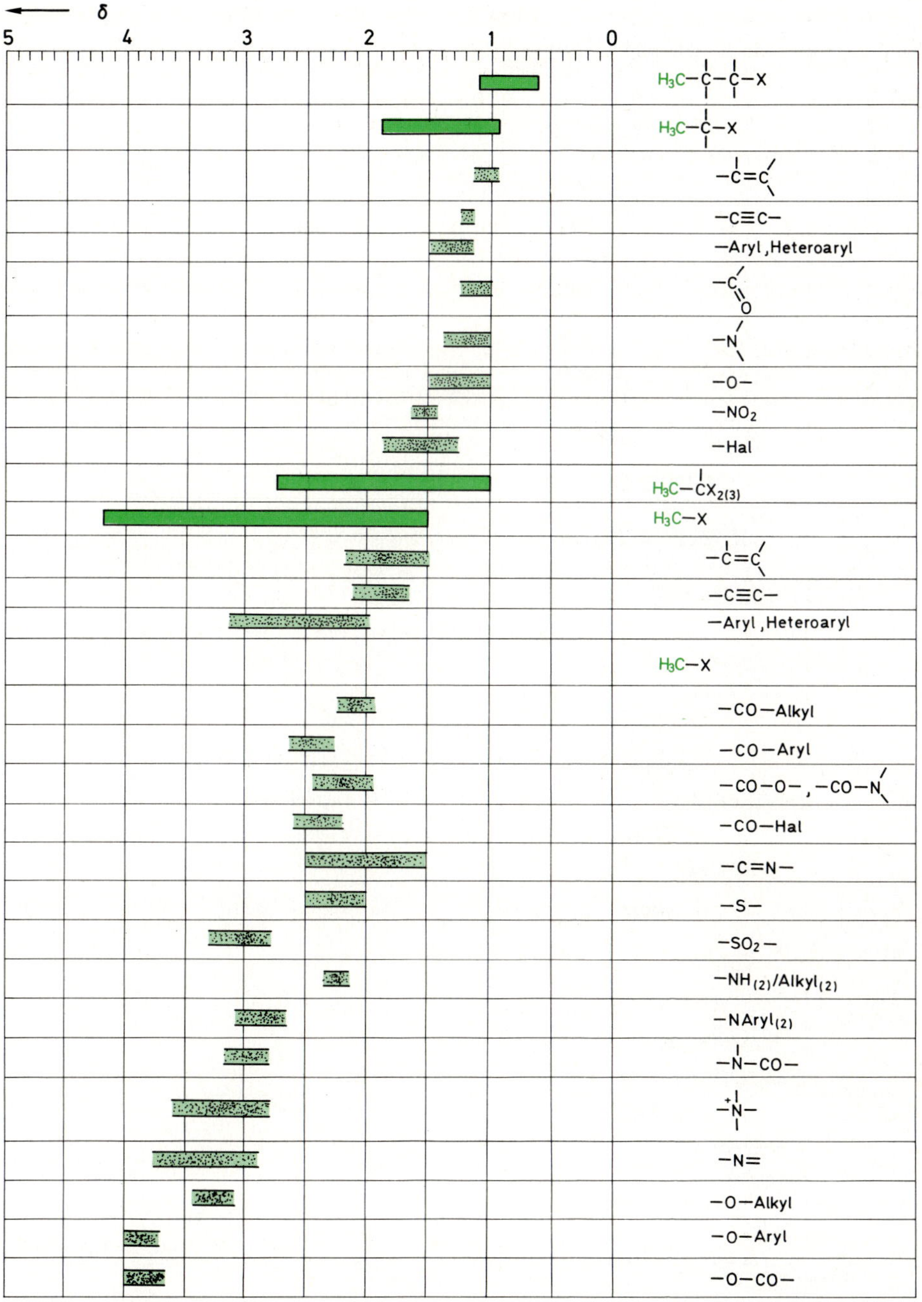

Tab. 3.13 Chemische Verschiebungen von Methylen-Protonen (δ-Werte gemessen in CCl_4 oder $CDCl_3$)

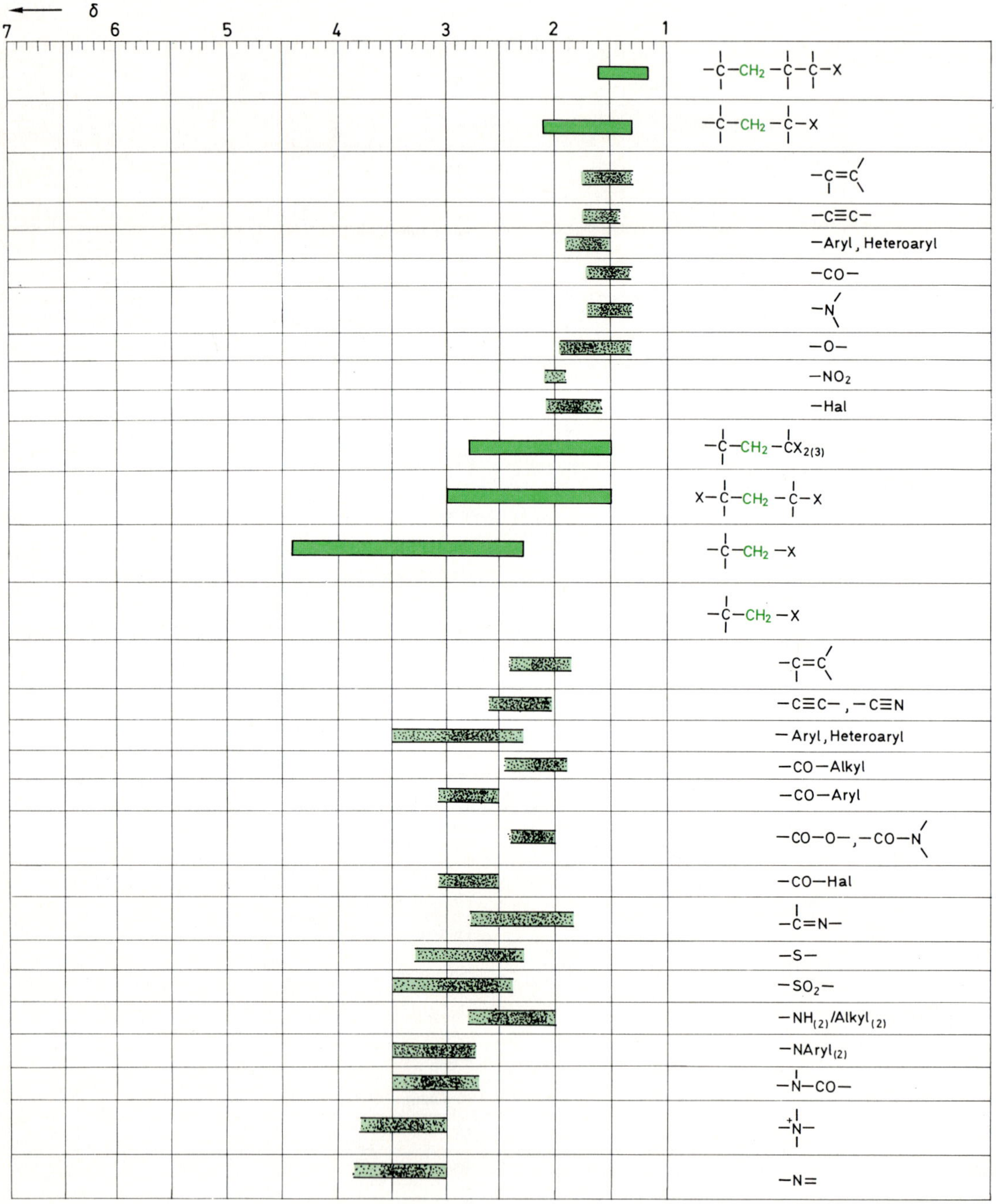

Tab. 3.13 Fortsetzung

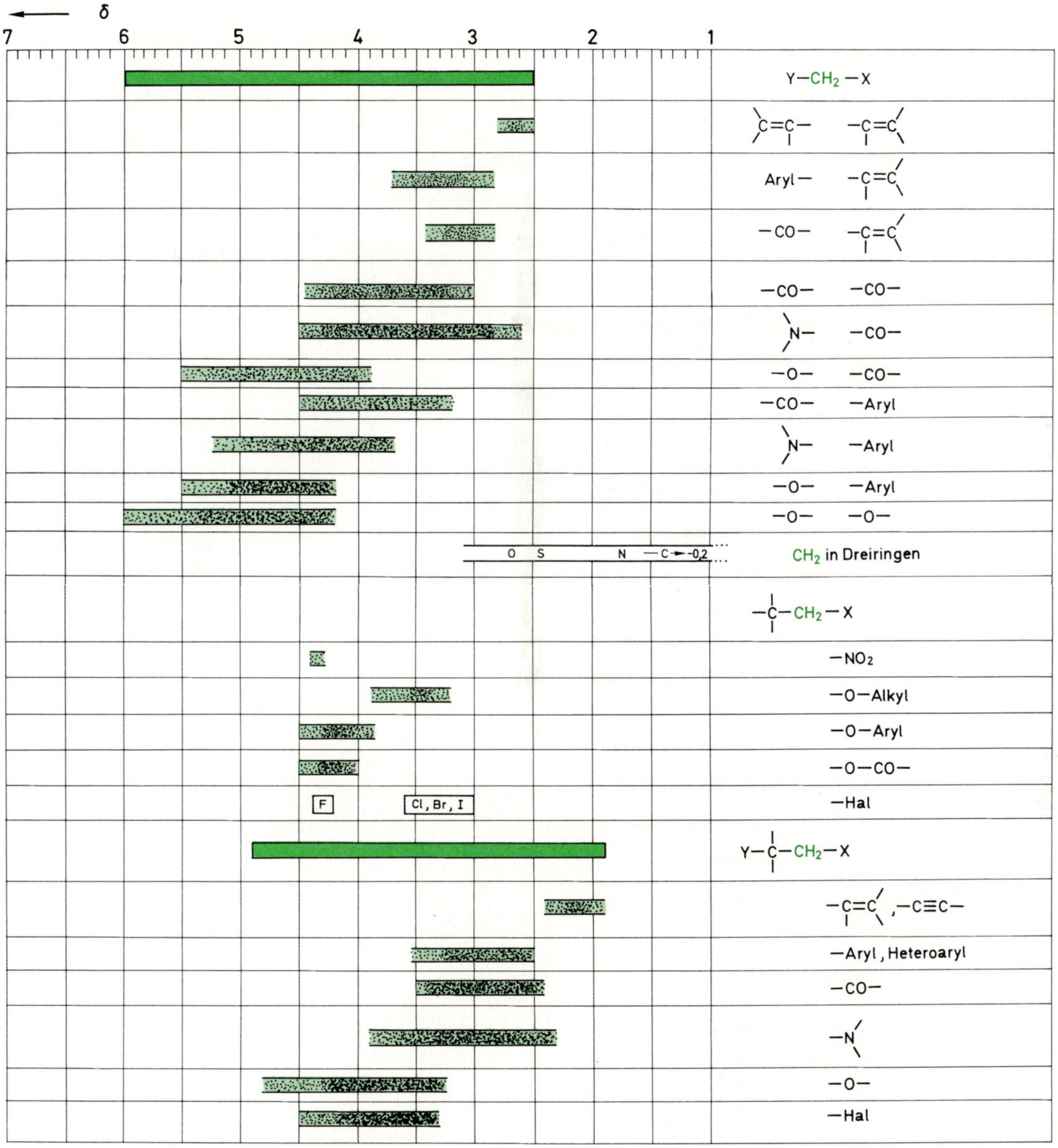

Tab. 3.14 Chemische Verschiebungen von Methin-Protonen (δ-Werte gemessen in CCl_4 oder $CDCl_3$)

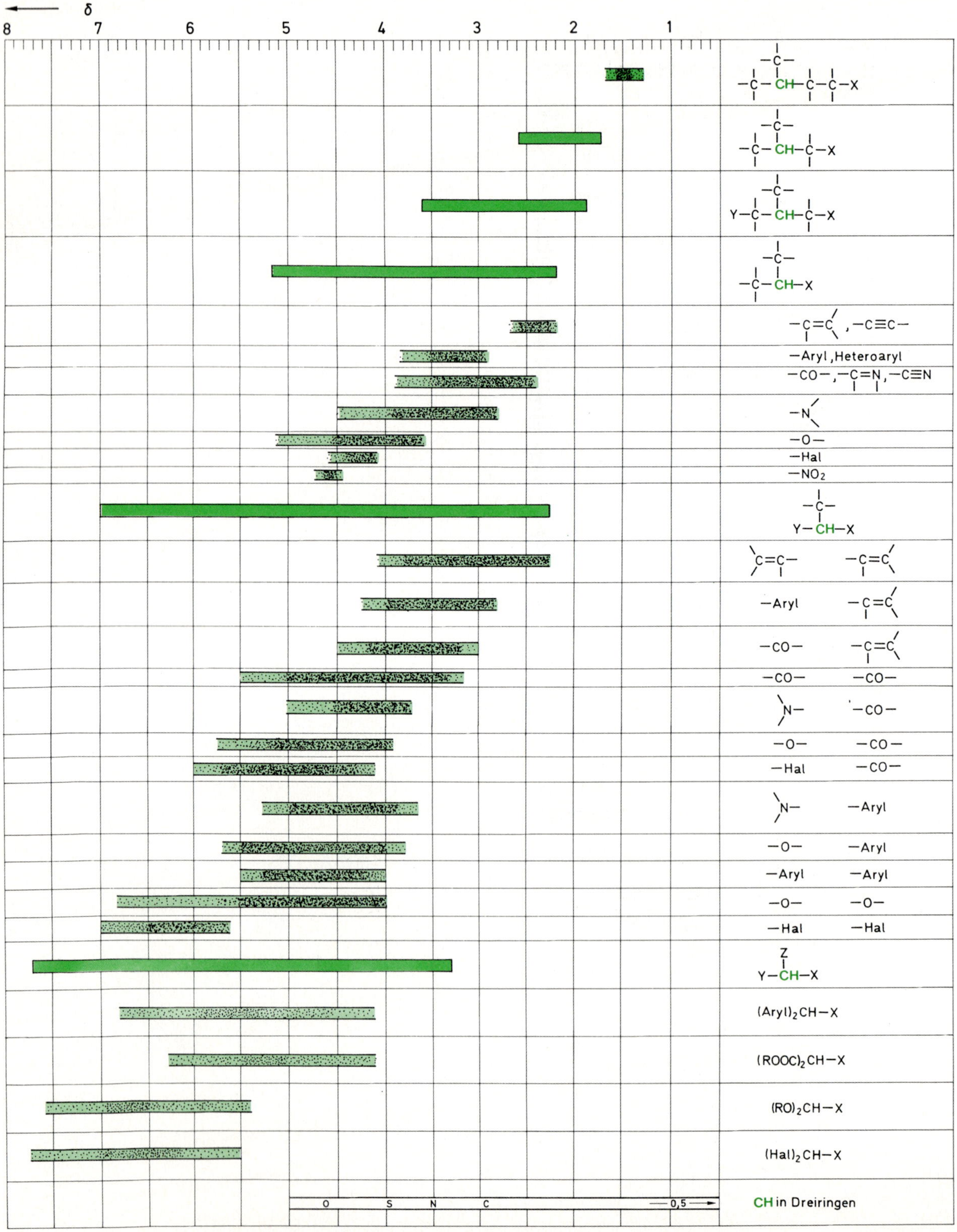

Tab. 3.15 Chemische Verschiebungen von olefinischen Protonen (δ-Werte gemessen in CCl_4 oder $CDCl_3$)

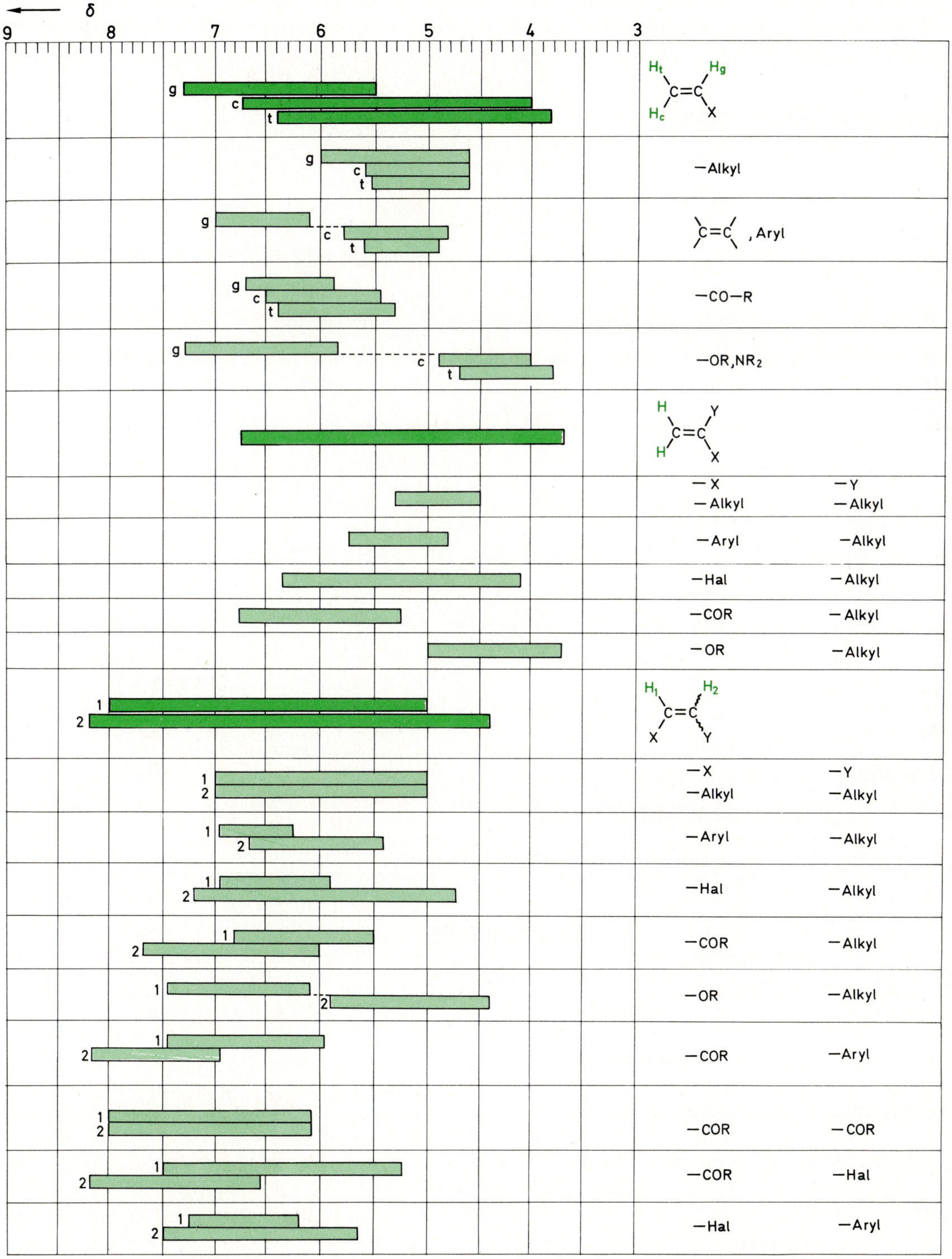

Tab. 3.15 Fortsetzung

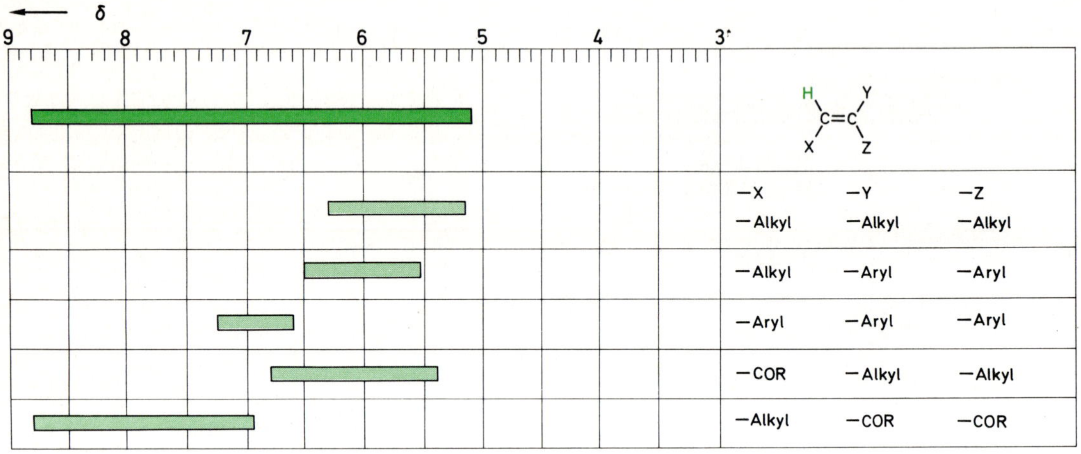

Tab. 3.16 Chemische Verschiebungen von Aldehyd- und Aldimin-Protonen (δ-Werte gemessen in $CDCl_3$ oder CCl_4)

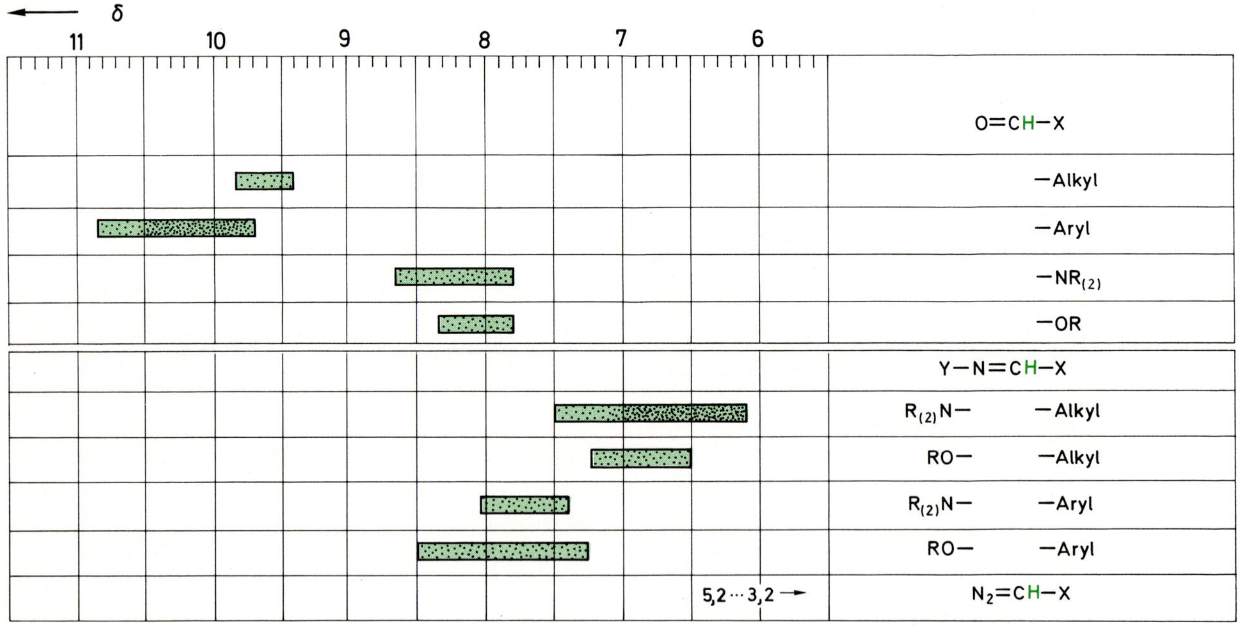

Tab. 3.17 Chemische Verschiebungen von OH-, SH- und NH-Protonen (gemessen in CCl_4 oder $CDCl_3$)

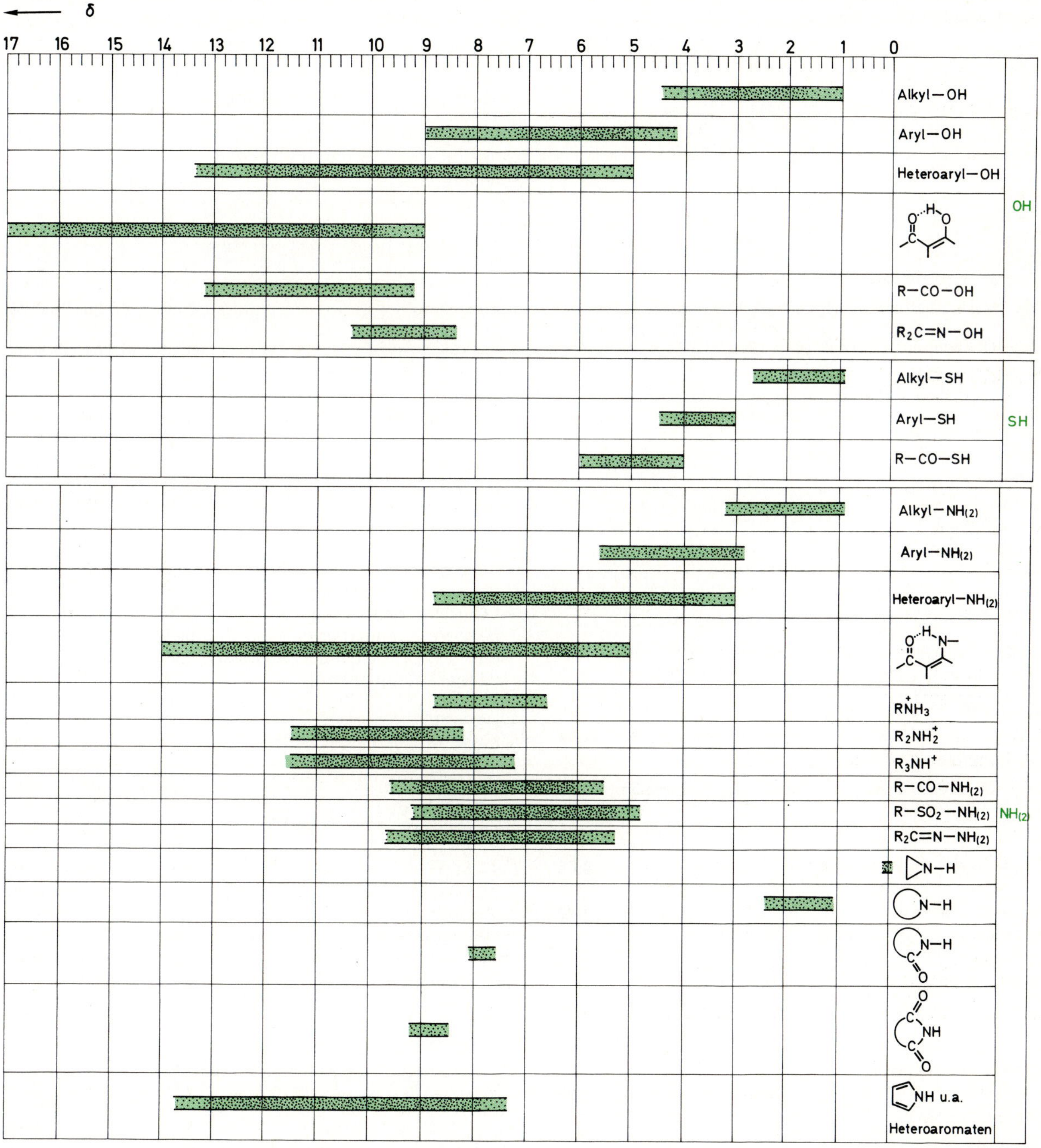

Tab. 3.18 Inkrement-System zur Abschätzung der chemischen Verschiebungen von Methylen- und Methin-Protonen (modifizierte Shoolery-Regel)

$R^1—CH_2—R^2$ $\qquad$ $R^1—CH(R^3)—R^2$

$\delta = 1{,}25 + I_1 + I_2$ $\qquad$ $\delta = 1{,}50 + I_1 + I_2 + I_3$

Substituent	Inkrement *I*
—Alkyl	0,0
—C=C—	0,8
—C≡C—	0,9
$—C_6H_5$	1,3
—CO—H, —CO-Alkyl	1,2
$—CO—C_6H_5$	1,6
—COOH	0,8
—CO—O-Alkyl	0,7
—C≡N	1,2
$—NH_2$, NH-Alkyl, $N(Alkyl)_2$	1,0
$—NO_2$	3,0
—SH, —S—Alkyl	1,3
—OH	1,7
—O-Alkyl	1,5
$—O—C_6H_5$	2,3
—O—CO-Alkyl	2,7
$—O—CO—C_6H_5$	2,9
—Cl	2,0
—Br	1,9
—I	1,4

Tab. 3.19 Berechnete und gemessene δ-Werte in der [1]H-Resonanz von Methylen- bzw. Methin-Protonen

Verbindung	$\delta_{berechnet}$	$\delta_{gemessen}$
CH_2Br_2 Dibrommethan	$1{,}25 + 2 \cdot 1{,}9 = 5{,}05$	4,94
$C_6H_5—O—CH_2—C_2H_5$ Phenylpropylether	$1{,}25 + 2{,}3 + 0 = 3{,}55$	3,86
$Cl—CH_2(a)—C(=O)—O—CH_2(b)—CH_3$ Chloressigsäure-ethylester	a: $1{,}25 + 2{,}0 + 0{,}7 = 3{,}95$	4,05
	b: $1{,}25 + 2{,}7 + 0 = 3{,}95$	4,25
$H_3C—CHCl_2$ 1,1-Dichlorethan	$1{,}50 + 2 \cdot 2{,}0 + 0 = 5{,}50$	5,75
$C_2H_5—CH(NO_2)—Cl$ 1-Chlor-1-nitropropan	$1{,}50 + 2{,}0 + 3{,}0 + 0 = 6{,}50$	5,80
$(C_6H_5)_3CH$ Triphenylmethan	$1{,}50 + 3 \cdot 1{,}3 = 5{,}40$	5,56
$H_3C—CH(OH)(b)—CH_2—CH_2(a)—OH$ 1,3-Butandiol	a: $1{,}25 + 1{,}7 + 0 = 2{,}95$	3,80
	b: $1{,}50 + 1{,}7 + 0 + 0 = 3{,}20$	4,03

Tab. 3.20 Inkrement-System zur Abschätzung der chemischen Verschiebungen von olefinischen Protonen (nach Matter, U.E. et al.)

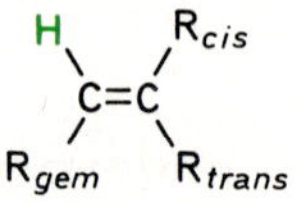

$\delta = 5{,}25 + I_{gem} + I_{cis} + I_{trans}$

Substituent	Inkremente I_{gem}	I_{cis}	I_{trans}
—H	0	0	0
—Alkyl	0,45	−0,22	−0,28
—Alkyl-Ring*	0,69	−0,25	−0,28
$—CH_2$-Aryl	1,05	−0,29	−0,32
$—CH_2OR$	0,64	−0,01	−0,02
$—CH_2NR_2$	0,58	−0,10	−0,08
$—CH_2—Hal$	0,70	0,11	−0,04
$—CH_2—CO—R$	0,69	−0,08	−0,06
$—C(R)=CR_2$ (Dien)	1,00	−0,09	−0,23
(längere Konjugation)	1,24	0,02	−0,05
—C≡C—	0,47	0,38	0,12
—Aryl	1,38	0,36	−0,07
—CHO	1,02	0,95	1,17
—CO—R (Enon)	1,10	1,12	0,87
(längere Konjugation)	1,06	0,91	0,74
—CO—OH (Encarbonsäure)	0,97	1,41	0,71
(längere Konjugation)	0,80	0,98	0,32
—CO—OR (α,β-ungesättigter Ester)	0,80	1,18	0,55
(längere Konjugation)	0,78	1,01	0,46
$—CO—NR_2$	1,37	0,98	0,46
—CO—Cl	1,11	1,46	1,01
—C≡N	0,27	0,75	0,55
—OR (gesättigt)	1,22	−1,07	−1,21
—OR (andere)	1,21	−0,60	−1,00
—O—CO—R	2,11	−0,35	−0,64
—S—R	1,11	−0,29	−0,13
$—SO_2—R$	1,55	1,16	0,93
$—NR_2$ (gesättigt)	0,80	−1,26	−1,21
$—NR_2$ (andere)	1,17	−0,53	−0,99
—N(—)—CO—R	2,08	−0,57	−0,72
$—NO_2$	1,87	1,32	0,62
—F	1,54	−0,40	−1,02
—Cl	1,08	0,18	0,13
—Br	1,07	0,45	0,55
—I	1,14	0,81	0,88

* Hierbei befindet sich die Doppelbindung in einem Fünf- oder Sechsring

Tab. 3.21 Berechnete und gemessene δ-Werte in der ^{1}H-Resonanz von olefinischen Protonen

Verbindung	$\delta_{berechnet}$*		$\delta_{gemessen}$*	
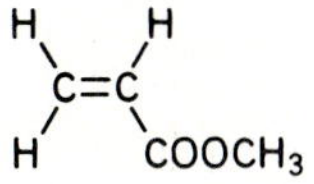	5,80	6,05	5,82	6,20
Acrylsäuremethylester	6,43	–	6,38	–
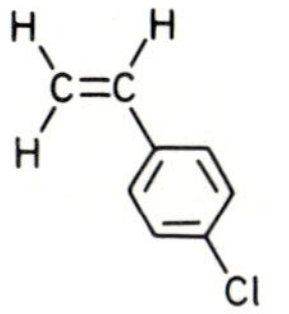	5,18	6,63	5,28	6,69
4-Chlorstyrol	5,61	–	5,73	–
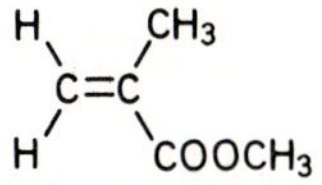	5,58	–	5,57	–
2-Methylacrylsäure-methylester	6,15	–	6,10	–
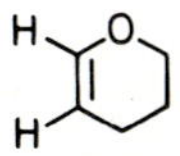	4,73	–	4,65	–
3,4-Dihydro-2*H*-pyran	6,19	–	6,37	–
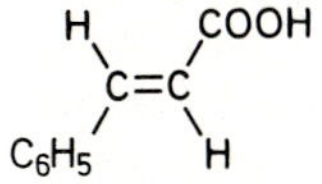	7,61	–	7,82	–
(*E*)-Zimtsäure	–	6,41	–	6,47
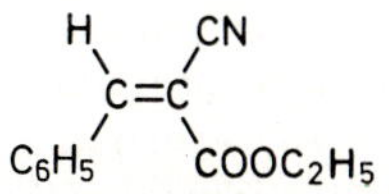	7,84	–	8,22	–
2-Cyano-(*Z*)-zimtsäure-ethylester	–	–	–	–

* Die Anordnung der Verschiebungswerte entspricht der Position der H-Atome in der Strukturformel

Tab. 3.22 Inkrement-System zur Abschätzung der chemischen Verschiebungen von Benzol-Protonen

$\delta = 7{,}26 + \Sigma I$

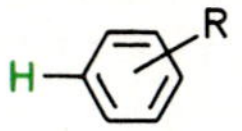

Substituent	I_{ortho}	I_{meta}	I_{para}
—H	0	0	0
—CH_3	−0,18	−0,10	−0,20
—CH_2CH_3	−0,15	−0,06	−0,18
—$CH(CH_3)_2$	−0,13	−0,08	−0,18
—$C(CH_3)_3$	0,02	−0,09	−0,22
—CH_2Cl	0,00	0,01	0,00
—CH_2OH	−0,07	−0,07	−0,07
—CH_2NH_2	0,01	0,01	0,01
—$CH{=}CH_2$	0,06	−0,03	−0,10
—$C{\equiv}CH$	0,15	−0,02	−0,01
—C_6H_5	0,30	0,12	0,10
—CHO	0,56	0,22	0,29
—CO—CH_3	0,62	0,14	0,21
—CO—CH_2—CH_3	0,63	0,13	0,20
—CO—C_6H_5	0,47	0,13	0,22
—COOH	0,85	0,18	0,25
—$COOCH_3$	0,71	0,11	0,21
—CO—O—C_6H_5	0,90	0,17	0,27
—CO—NH_2	0,61	0,10	0,17
—COCl	0,84	0,20	0,36
—CN	0,36	0,18	0,28
—NH_2	−0,75	−0,25	−0,65
—NH—CH_3	−0,80	−0,22	−0,68
—$N(CH_3)_2$	−0,66	−0,18	−0,67
—$N^+(CH_3)_3I^-$	0,69	0,36	0,31
—NH—$COCH_3$	0,12	−0,07	−0,28
—NO	0,58	0,31	0,37
—NO_2	0,95	0,26	0,38
—SH	−0,08	−0,16	−0,22
—SCH_3	−0,08	−0,10	−0,24
—S—C_6H_5	0,06	−0,09	−0,15
—SO_2—OH	0,64	0,26	0,36
—SO_2—NH_2	0,66	0,26	0,36
—OH	−0,56	−0,12	−0,45
—OCH_3	−0,48	−0,09	−0,44
—OCH_2—CH_3	−0,46	−0,10	−0,43
—O—C_6H_5	−0,29	−0,05	−0,23
—O—CO—CH_3	−0,25	0,03	−0,13
—O—CO—C_6H_5	−0,09	0,09	−0,08
—F	−0,26	0,00	−0,20
—Cl	0,03	−0,02	−0,09
—Br	0,18	−0,08	−0,04
—I	0,39	−0,21	−0,03

Tab. 3.23 Berechnete und gemessene δ-Werte in der [1]H-Resonanz von Benzol-Protonen

Verbindung	$\delta_{\text{berechnet}}$	δ_{gemessen}
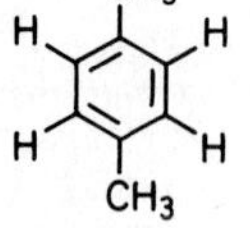 *p*-Xylol	– 6,98 6,98 6,98 6,98 –	– 6,97 6,97 6,97 6,97 –
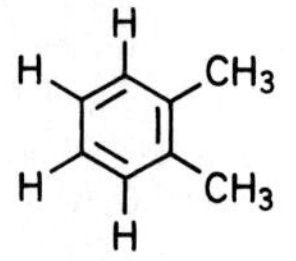 *o*-Xylol	6,98 6,96 – 6,96 – 6,98	7,05 7,05 – 7,05 – 7,05
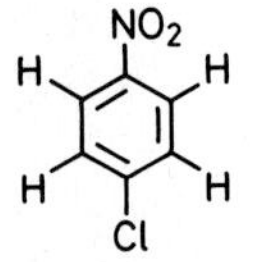 1-Chlor-4-nitrobenzol	– 8,19 8,19 7,55 7,55 –	– 8,17 8,17 7,52 7,52 –
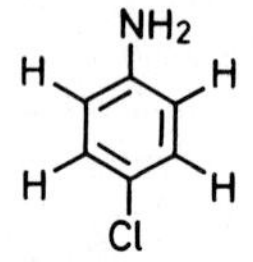 4-Chloranilin	– 6,49 6,49 7,04 7,04 –	– 6,57 6,57 7,05 7,05 –
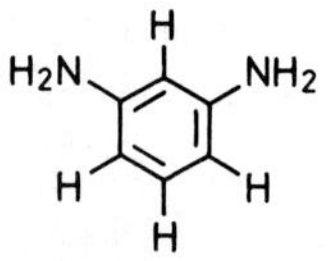 1,3-Diaminobenzol (*m*-Phenylendiamin)	5,76 – – 5,86 5,86 6,76	6,03 – – 6,11 6,11 6,93
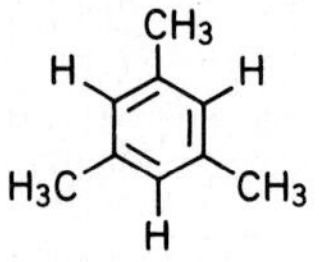 1,3,5-Trimethylbenzol (Mesitylen)	– 6,78 6,78 – – 6,78	– 6,78 6,78 – – 6,78
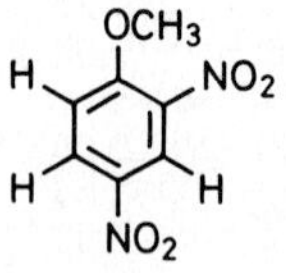 2,4-Dinitro-1-methoxybenzol	– 7,30 – 8,38 9,07 –	– 7,28 – 8,47 8,72 –

Tab. 3.23 Fortsetzung

Verbindung	$\delta_{\text{berechnet}}$	δ_{gemessen}
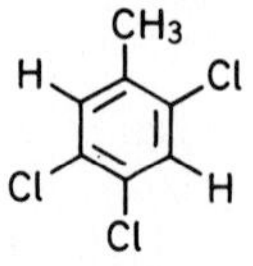 2,4,5-Trichlor-toluol	– 7,07 – – 7,20 –	– 7,19 – – 7,31 –
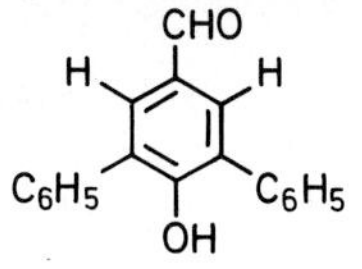 3,5-Diphenyl-4-hydroxy-benzaldehyd	– 8,10 8,10 – – –	– 7,83 7,83 – – –

3.7 ^{1}H-NMR-Daten exemplarischer Vertreter der wichtigsten Verbindungsklassen

Eine Sammlung von **^{1}H-NMR-Daten** in tabellarischer Form befindet sich zusammen mit den **^{13}C-NMR-Daten** ausgewählter Strukturbeispiele in Abschn. 5 (S. 178 ff.).

3.8 Besondere Methoden

Erhöhung der Meßfrequenz/Magnetfeldstärke

Wie in Abschn. 1.1 (S. 69) beschrieben, wächst die in Hz gemessene chemische Verschiebung linear mit dem Magnetfeld $\boldsymbol{B}_0$. Die Kopplungskonstanten J sind dagegen unabhängig von $\boldsymbol{B}_0$. Beobachtet man z. B. in einem 60-MHz-Routinespektrum Signalgruppen, die sich teilweise überlagern, dann empfiehlt sich zur genauen Analyse z. B. eine 400-MHz-Aufnahme. Dazu geeignete Geräte brauchen einen mit flüssigem Helium gekühlten **supraleitenden Magneten**, der ein sehr starkes und trotzdem homogenes Magnetfeld erzeugt. Das größere Auflösungsvermögen gewährleistet eine bessere Trennung von eng benachbarten Signalen; die erhöhte Empfindlichkeit erlaubt die Erkennung von sehr schwachen Linien. Von ganz entscheidendem Einfluß ist die Änderung des Verhältnisses $\Delta\nu/J$. In Abschn. 1.3 (S. 72) ist der Quotient $\Delta\nu/J$ als ein Kriterium für das Auftreten von Spektren erster bzw. höherer Ordnung angegeben. Durch die Vergrößerung dieses Verhältnisses bei Erhöhung der Meßfrequenz (Magnetfeldstärke) kann sich die Ordnung und damit das Aussehen des Spektrums drastisch ändern. Aus einem ABC-System kann z. B. ein AMX-Fall werden. Im allgemeinen ist das ein entscheidender Vorteil; es kann dabei jedoch auch Information verlorengehen: Aus dem AMX-Spektrum lassen sich die Vorzeichen der Kopplungskonstanten nicht mehr entnehmen.

In Abb. 3.38 ist das 60-MHz-^{1}H-NMR-Spektrum von Strychnin (**119**) wiedergegeben. Zum Vergleich sind darunter die Bereiche der aromatischen und der gesättigten aliphatischen Protonen aus einer 250-MHz-Aufnahme abgebildet.
Mit Hilfe weiterer in diesem Kapitel beschriebener Methoden, wie gezielte Deuterierungen, Doppelresonanz-Experimente usw., gelingt es selbst bei einem so komplizierten System wie Strychnin, im 250-MHz-^{1}H-NMR-Spektrum die einzelnen Protonen und ihre Kopplungen zu identifizieren.

^{1}H-NMR-Daten von Strychnin (**119**)

Position	δ ($\pm$0,004)	J (Hz) ($\pm$0,10)
2	3,846	$J_{2-16} = 10,47$
3	3,924	
5a	2,861	$J_{5a-5b} = 9,88$
5b	3,185	
6a	1,869	$J_{6a-6b} = 0,02$
		$J_{6a-5a} = 10,06$
		$J_{6a-5b} = 4,85$
6b	1,870	$J_{6b-5a} = 8,54$
		$J_{6b-5b} = 3,33$
9	7,145	$J_{9-10} = 7,41$
		$J_{9-11} = 1,18$
		$J_{9-12} = 0,45$
10	7,076	$J_{10-11} = 7,46$
		$J_{10-12} = 1,12$
11	7,230	$J_{11-12} = 8,10$
12	8,085	
14a	1,430	$J_{14a-14b} = 14,37$
		$J_{14a-3} = 1,82$
14b	2,338	$J_{14b-3} = 4,11$
15	3,126	$J_{15-14a} = 1,98$
		$J_{15-14b} = 4,58$
		$J_{15-18a} = 2,5$
16	1,252	$J_{16-15} = 3,10$
17	4,266	$J_{17-16} = 3,12$
18a	4,047	$J_{18a-18b} = 14,19$
18b	4,127	
19	5,881	$J_{19-18a} = 5,74$
		$J_{19-18b} = 6,88$
21a	2,712	$J_{21a-21b} = 14,83$
21b	3,691	$J_{21b-19} = 1,2$
23a	3,105	$J_{23a-23b} = 17,40$
		$J_{23a-17} = 8,44$
23b	2,657	$J_{23b-17} = 3,28$

Variation des Lösungsmittels

Lösungsmittel-Effekte kann man sich in der Kernresonanz gezielt zunutze machen. Bereits in den Abschnitten auf S. 97ff. und S. 106 wurde der Nachweis acider Protonen durch Austauschprozesse mit D_2O oder Trifluoressigsäure und andererseits die Verlangsamung des Protonen-Transfers in Dimethylsulfoxid als Lösungsmittel besprochen. Hier sei die Rede von der Verwendung aromatischer Lösungsmittel wie Hexadeuterobenzol oder Pentadeuteropyridin. Die Ausbildung von bevorzugten Stoßkomplexen bei der Solvatation der untersuchten Verbindungen führt durch die starken intermolekularen Anisotropieeffekte dieser Lösungsmittel häufig zu beträchtlichen Veränderungen der gemessenen δ-Werte im Vergleich zu CCl_4- oder $CDCl_3$-Lösungen. Ein anschauliches Beispiel stellt der Phenylthioessigsäure-*O*-methylester (**120**) dar (Abb. 3.39).

In $CDCl_3$ fallen die Absorptionen von Methyl- und Methylen-Protonen zusammen. Solche zufälligen Isochronien können bei Strukturanalysen leicht zu Fehlinterpretationen führen. Die Messung in C_6D_6 zeigt entsprechend der chemischen Nichtäquivalenz von Methyl- und Methylen-Protonen zwei getrennte Signale im Intensitätsverhältnis 3 : 2.

Am Ende dieses Abschnittes sei kurz auf die Verwendung von **chiralen Lösungsmitteln**, wie z. B. (*R*)- oder (*S*)-2,2,2-Trifluor-1-phenyl-ethanol eingegangen. Sie dienen zur Bestimmung der optischen Reinheit und liefern in günstigen Fällen Anhaltspunkte für die vorliegende absolute Konfiguration. Die NMR-Spektren von Enantiomeren (+)A und (−)A sind in optisch inaktiven Lösungsmitteln identisch. Im optisch aktiven Medium S können sich **diastereomere Solvatationskomplexe** ausbilden, die unterschiedliche Spektren liefern

$$(+)A \cdots (+)S \neq (-)A \cdots (+)S .$$

Grundsätzlich können auch enantiotope Protonen eines achiralen Moleküls im Komplex mit einem chiralen (Lösungsmittel-)Partner anisochron werden. Die Alternative bei chemischer Nicht-Äquivalenz ist die zufällige Isochronie. Lediglich homotope Gruppen sind auch in chiralen Medien chemisch äquivalent (s. Abschn. 2.2, S. 85).

Gezielte Deuterierungen

Zur Vereinfachung von ^{1}H-NMR-Spektren empfiehlt es sich gelegentlich, einzelne H-Atome durch Deuterium auszutauschen. **Acide Protonen** geben diese Substitution bereits beim Schütteln mit D_2O (s. S. 110). In allen anderen Fällen muß eine **gezielte Synthese der entsprechend deuterierten Verbindung** in Angriff genommen werden. Im ^{1}H-NMR-Spektrum der deuterierten Verbindung fehlt dann das Signal des substituierten Protons. Die übrigen Resonanzfrequenzen werden durch den Deuterium-Einbau

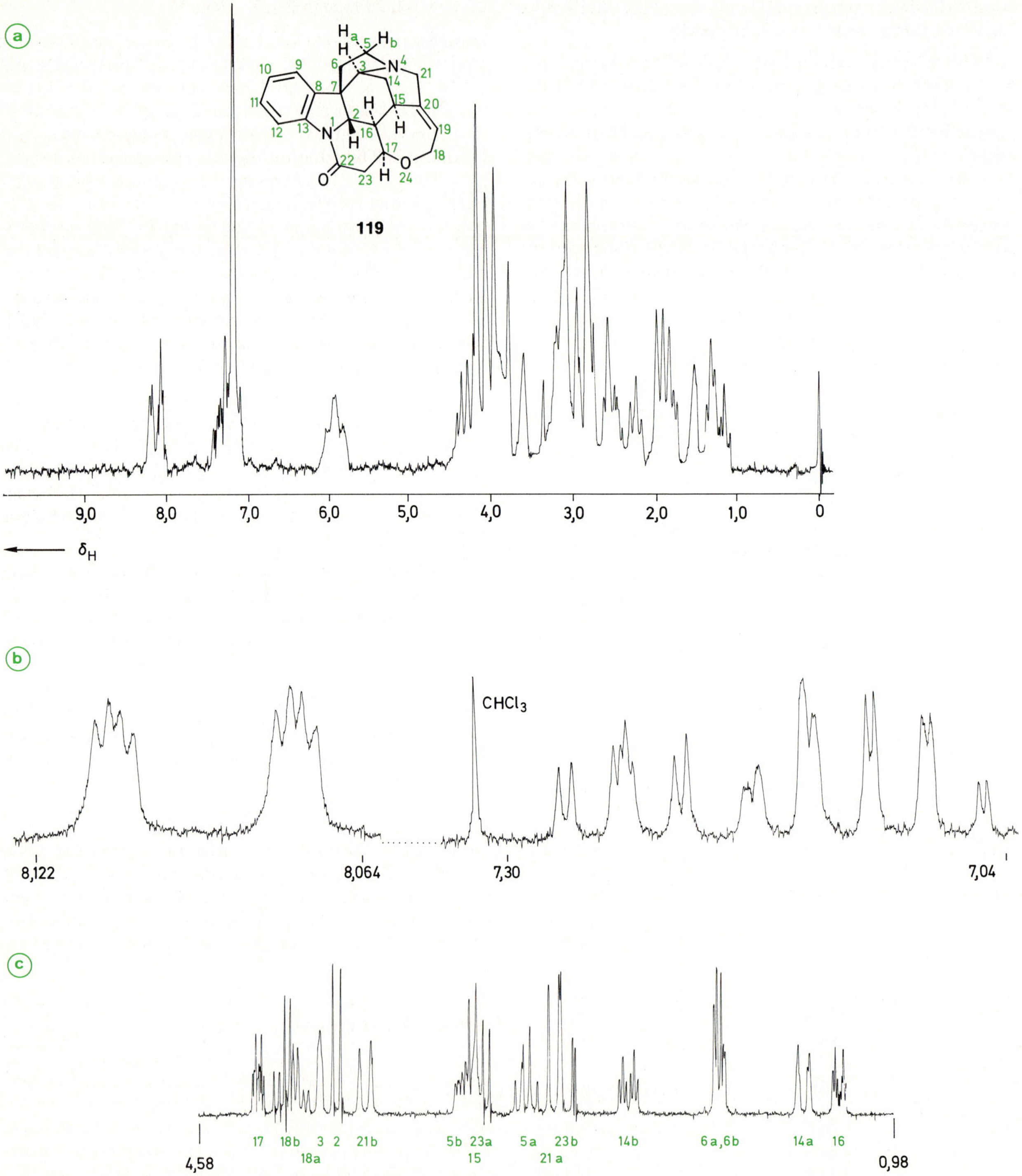

Abb. 3.38 ^{1}H-NMR-Spektren von Strychnin (**119**) in $CDCl_3$ **a** 60-MHz-Spektrum **b** und **c** Ausschnitte aus einer 250-MHz-Aufnahme (nach Carter, J.C., Luther, G.W., Long, T.C. (1974), J. Magn. Reson. **15**, 122)

praktisch nicht verändert. Zu berücksichtigen ist allerdings das unterschiedliche Kopplungsverhalten von ^{1}H und D. Deuterium hat den Kernspin $I = 1$, was sich auf die Linienzahl und das Intensitätsverhältnis der Kopplungsmuster auswirkt (s. Tab. 3.2, S. 75).

Außerdem sind die ^{1}H, D-Kopplungskonstanten wesentlich kleiner als die entsprechenden ^{1}H, ^{1}H-Kopplungen und werden daher im Spektrum oft nicht mehr erkannt.

$$J(\mathrm{H,H}) \approx 6{,}5\,J(\mathrm{H,D})$$

Außer zur Vereinfachung von Spektren kann die Deuterierung zur Bestimmung von Kopplungen zwischen magnetisch äquivalenten Protonen verwendet werden. Man ersetzt dazu ein Proton durch ein Deuteron, mißt die J(H, D)-Kopplung und berechnet daraus die J(H, H)-Kopplung.

Zum besseren Verständnis der Veränderung von ^{1}H-NMR-Spektren durch H/D-Austausch seien das Cyclopropen (**10**) und seine beiden Deuterium-Verbindungen (**121**) und (**122**) diskutiert (Abb. 3.40).

Aus $J_{MX} = {}^2J(\mathrm{H,D})$ in (**121**) kann man direkt die *geminale* Kopplung der beiden chemisch und magnetisch äquivalenten H_M-Protonen im Cyclopropen (**10**) berechnen.

Ersetzt man ein H_A-Proton durch Deuterium, so hat man ein AM_2X-Spin-System (**122**), das dem rechten Teil der Abb. 3.40 entspricht, wenn man A und M vertauscht. Ganz analog läßt sich daraus $^3J_{AA}$ bestimmen.

Eine weitere sehr interessante Anwendung des Deuterium-Einbaus besteht in der von Saunders entwickelten **Isotopenstörungsmethode**. Aufgrund der auch bei tieferen Tempera-

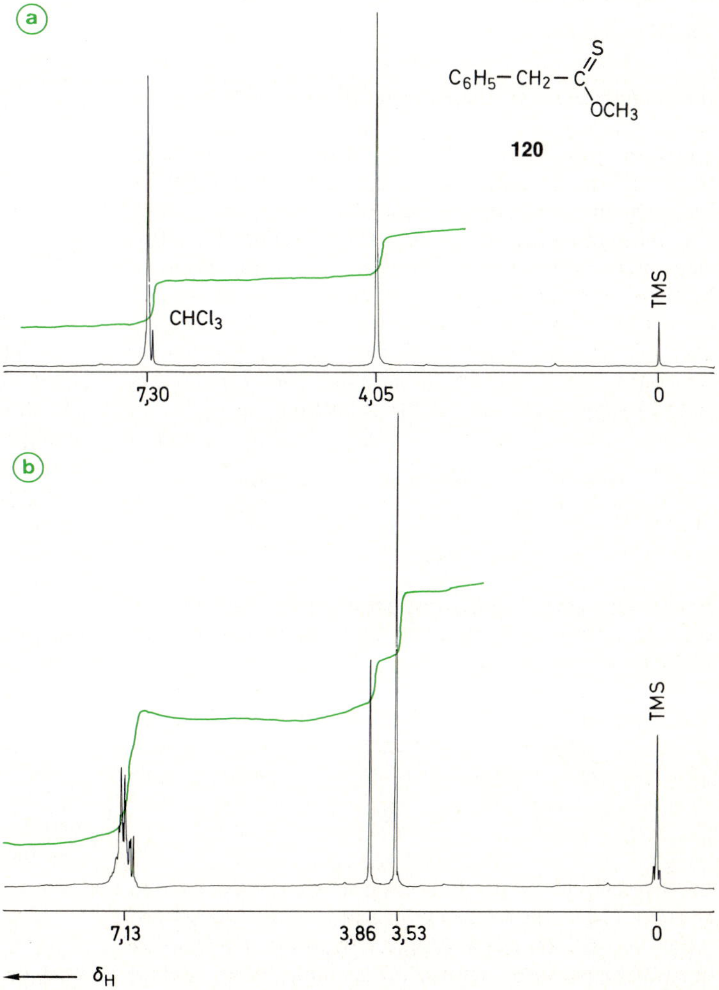

Abb. 3.39 ^{1}H-NMR-Spektrum von Phenylthioessigsäure-*O*-methylester (**120**) mit Integration **a** in $CDCl_3$; **b** in C_6D_6

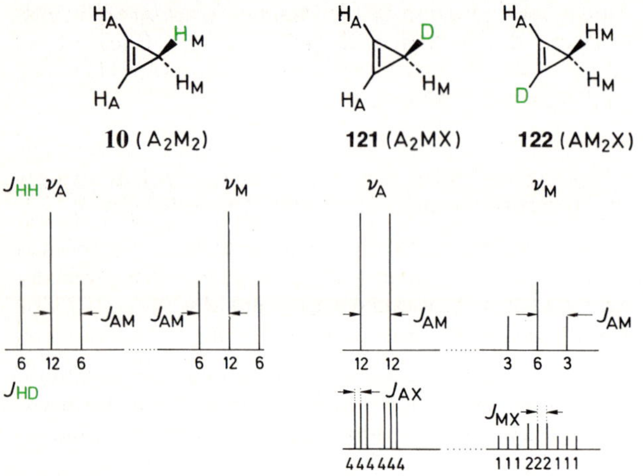

Abb. 3.40 ^{1}H-NMR-Strichspektren von Cyclopropen (**10**) und seinem Deuterium-Derivat (**121**)
(Die Zahlen am Fuß der Linien geben die relativen Intensitäten an.)

turen unveränderten Linienform läßt sich nicht zwischen einem entarteten Austauschprozeß mit genügend niedriger Aktivierungsschwelle und einer einzigen symmetrischen Struktur unterscheiden. Dem dynamischen Modell mit Doppelminimum-Potential steht ein statisches Modell mit Einzelminimum gegenüber. Als Beispiel sei das Dimethyl-isopropyl-Carbenium-Ion (**123**) betrachtet, für dessen 12 Methyl-Protonen man bei der Messung in SbF_5/SO_2ClF bei $-100\,°C$ ein einziges Dublett bei $\delta = 2{,}93$ beobachtet. Das läßt sich prinzipiell durch eine schnelle Hydrid-Verschiebung oder durch ein überbrücktes Ion erklären. Das erste Modell erwies sich hierbei als richtig.

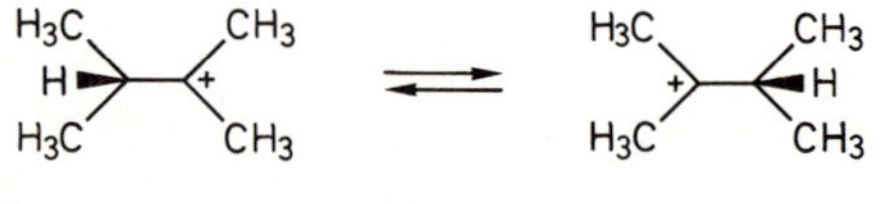

A **123** **B**

Ersetzt man einen Methylwasserstoff durch Deuterium, so wird die Entartung aufgehoben, und man beobachtet zwei Dubletts im Abstand ν.

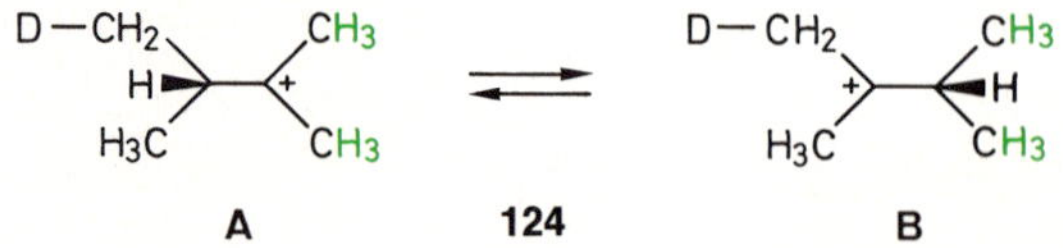

A **124** **B**

Bei tieferem Feld liegen die sechs grün gezeichneten Protonen von (**124 A**), die mit den grün gezeichneten Methyl-Protonen von (**124 B**) einen schnellen Austausch zeigen. Bei etwas höherem Feld liegt das auf die fünf übrigen Methyl-Protonen zurückgehende Dublett, bei dem natürlich auch ein schneller Austausch vorliegt.

Aus der Tatsache, daß das Methyl-Signal bei tieferem Feld liegt, folgt, daß (**124 A**) gegenüber (**124 B**) im Gleichgewicht bevorzugt ist. Für den Signalabstand und die Gleichgewichtskonstante K gilt

$$\nu = \frac{[\delta_1 c(\mathbf{124\,A}) + \delta_2 c(\mathbf{124\,B})] - [\delta_2 c(\mathbf{124\,A}) + \delta_1 c(\mathbf{124\,B})]}{c(\mathbf{124\,A}) + c(\mathbf{124\,B})}$$

$$K = \frac{c(\mathbf{124\,B})}{c(\mathbf{124\,A})} = \frac{\omega + \nu}{\omega - \nu}$$

ν Shift-Differenz zwischen den beobachteten Signalen (nach Isotopenstörung)

$\omega = \delta_2 - \delta_1$ hypothetische Shift-Differenz der Signale bei eingefrorenem Gleichgewicht (muß abgeschätzt werden!)

Im konkreten Fall ist bei $-56\,°C$ $K = 1{,}132 = 53:47$. Auch bei dem Modell eines einzigen überbrückten Carbenium-Ions wäre durch den Deuterium-Einbau eine Aufspaltung des Dublettsignals zu erwarten; sie sollte allerdings ganz klein sein, da der Einfluß des Deuteriums auf die [1]H-Verschiebung gering ist.

Verwendung von Verschiebungsreagenzien

Durch die Anwesenheit von paramagnetischen Ionen in der Meßprobe erfahren die Kernresonanz-Absorptionen nukleophiler Moleküle oft drastische Verschiebungen. **Verschiebungsreagenzien** nützen diesen Effekt systematisch aus. Besonders bewährt haben sich Eu(III) und Yb(III), die im allgemeinen einen Tieffeld-Shift bewirken, und Pr(III), das eine Hochfeld-Verschiebung induziert. Die Chelat-Komplexe dieser Ionen mit β-Diketonen sind relativ gut in organischen Lösungsmitteln löslich. Häufig verwendet werden:

$Eu(dpm)_3$ (125)
dpm: 2,2,6,6-Tetramethyl-3,5-heptandion (Dipivaloylmethan)

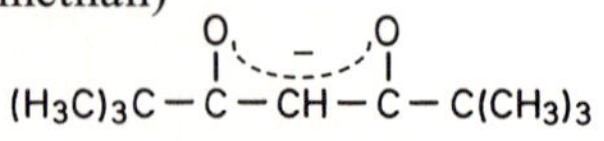

$Eu(fod)_3$ und $Eu(fod)_3$-d_{27} (126)
fod: 6,6,7,7,8,8,8-Heptafluor-2,2-dimethyl-3,5-octandion

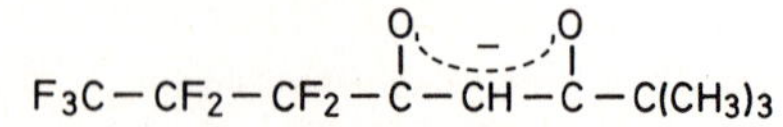

und die chiralen Shift-Reagenzien:

Eu(facam)$_3$ (127)
facam: 3-Trifluoracetyl-D-campher

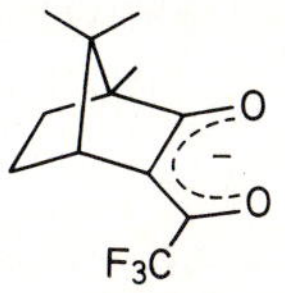

Eu(hfbc)$_3$ (128)
hfbc: 3-Heptafluorbutyryl-D-campher

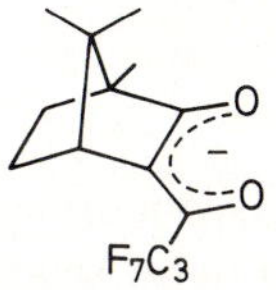

Verbindungen mit nukleophilen Gruppen komplexieren reversibel mit dem Lanthaniden-Zentralatom, z. B.

$$R-O-H \;+\; Eu(fod)_3 \;\rightleftharpoons\; R-\bar{O}(\cdots Eu(fod)_3)-H$$

Die darauf zurückgehenden Verschiebungen der NMR-Absorptionen wachsen mit der Stabilität der Komplexe und mit zunehmender Konzentration an Verschiebungsreagenz. In Abb. 3.41 ist das ^{1}H-NMR-Spektrum von Dibutylether (**129**) dargestellt. Mit steigendem Zusatz von Eu(fod)$_3$ werden die Signale auseinandergezogen.

Einen quantitativen Zusammenhang zwischen der für den Kern *i* induzierten chemischen Verschiebung $\Delta\nu_i$ und dem Ort dieses Kerns in einem sog. **Pseudokontakt-Komplex** gibt die **McConnell-Robertson-Beziehung**

$$\frac{\Delta\nu_i}{\nu_i} = K \cdot \frac{3\cos^2\Theta_i - 1}{r_i^3}.$$

Danach nimmt $\Delta\nu_i$ mit der dritten Potenz des Abstands r_i zwischen dem Kern *i* und dem Lanthaniden-Zentralatom ab. *K* ist ein Proportionalitätsfaktor und Θ_i der Winkel zwischen der magnetischen Hauptachse des Komplexes und der Verbindungslinie des Kerns *i* zum Lanthaniden-Ion. Gewöhnlich nimmt man an, daß die magnetische Hauptachse mit der Bindung zwischen dem Zentralatom und dem nukleophilen Zentrum zusammenfällt.

Der Winkelterm in der McConnell-Robertson-Beziehung darf keineswegs vernachlässigt werden: Im Bereich zwischen 0 und 55° ist er positiv, im Bereich zwischen 55 und 125° wird er negativ.

Die Feststellung, daß Europium Tieffeld-Verschiebungen induziert, gilt also nicht für den in Abb. 3.42 eingezeichneten dunklen Sektor. (Im Fall des Pseudokontakt-Komplexes mit Di-*n*-butylether liegt dort allerdings kein Proton.)

Wie wertvoll die Verwendung von Shift-Reagenzien zur Analyse von NMR-Spektren sein kann, zeigt das Beispiel des 2β-Androstanol (**130**, Abb. 3.43). Im normalen Spektrum sind lediglich die beiden Methyl-Gruppen und das Proton $H_{2\alpha}$ gut erkennbar. Die anderen Signale überlagern sich. Durch Zusatz von Eu(dpm)$_3$ können alle in der Nähe der Komplexierungsstelle liegenden Protonen identifiziert werden.

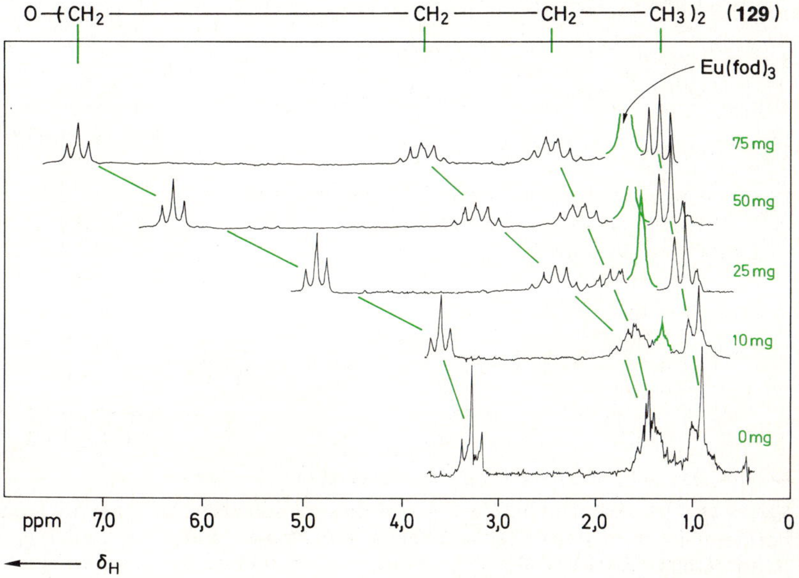

Abb. 3.41 ^{1}H-NMR-Spektren einer 10^{-4} molaren Lösung von Dibutylether (**129**) in 0,5 ml CCl_4 mit wachsendem Zusatz von Eu(fod)$_3$. Das grüne Signal entspricht der *t*-Butyl-Gruppe im Verschiebungsreagenz (nach Rondeau, R. E., Rievers, R. E. (1971), J. Am. Chem. Soc. **93**, 1522).

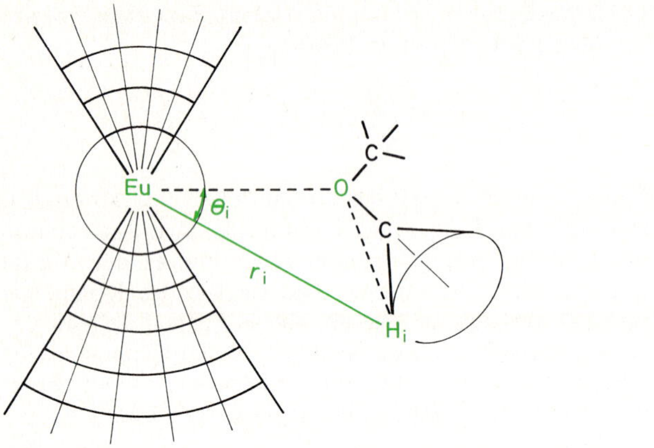

Abb. 3.42 Veranschaulichung der McConnell-Robertson-Beziehung beim Pseudokontakt-Komplex $(C_4H_9)_2O \cdots Eu(fod)_3$

Auf S. 121 wurde bereits darauf hingewiesen, daß man Enantiomeren-Bestimmungen (optische Reinheit) durch Messung eines NMR-Spektrums in einem optisch aktiven Lösungsmittel durchführen kann. Die Unterschiede in der chemischen Verschiebung entsprechender Protonen bei zwei Spiegelbild-Isomeren sind dabei jedoch sehr klein. Dieser Nachteil ist häufig durch Messung in CCl_4 oder $CDCl_3$ und Verwendung eines chiralen Verschiebungsreagenzes zu vermeiden. Abb. 3.44 zeigt die ^{1}H-NMR-Spektren eines Racemates von 2-Phenyl-2-butanol (**131**) in Gegenwart eines achiralen und eines chiralen Verschiebungsreagenzes. Aus der Aufspaltung der Methyl-Gruppe im unteren Spektrum erkennt man gut die 1 : 1-Verteilung der beiden Enantiomeren.

Messung von ^{13}C-Satelliten

Magnetisch äquivalente Kerne hinterlassen im Spektrum keine sichtbare Kopplung. Für (*E*)-1,2-Dichlorethylen (**132**) erhält man in der ^{1}H-Resonanz ein A_2-Singulett.

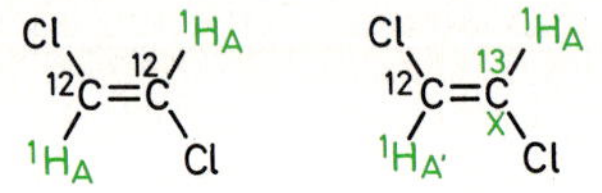

132 **133**

Berücksichtigt man jedoch den natürlichen ^{13}C-Gehalt von 1,1 %, dann liegen im (*E*)-1,2-Dichlorethylen neben 98 % (**132**) rund 2 % (**133**) vor. (**133**) ist ein AA′X-System. (Der Isotopen-Effekt auf die ^{1}H-Verschiebungen spielt keine Rolle.) Abb. 3.45 zeigt den A-Teil (^{1}H-Resonanz) des **Satelliten-Spektrums**, das symmetrisch zur Singulettabsorption von (**132**) ist und das entsprechende Intensitätsverhältnis aufweist. Da $^2J_{A'X}$ sehr klein ist, fallen die inneren Linien in den Fuß des Hauptsignals.

Aus dem Satelliten-Spektrum kann die Kopplungskonstante $^1J_{XA}$ für die direkte ^{13}C, ^{1}H-Kopplung entnommen werden. Denselben Wert erhält man natürlich, wenn man den X-Teil mißt, also ein gekoppeltes ^{13}C-Spektrum aufnimmt.

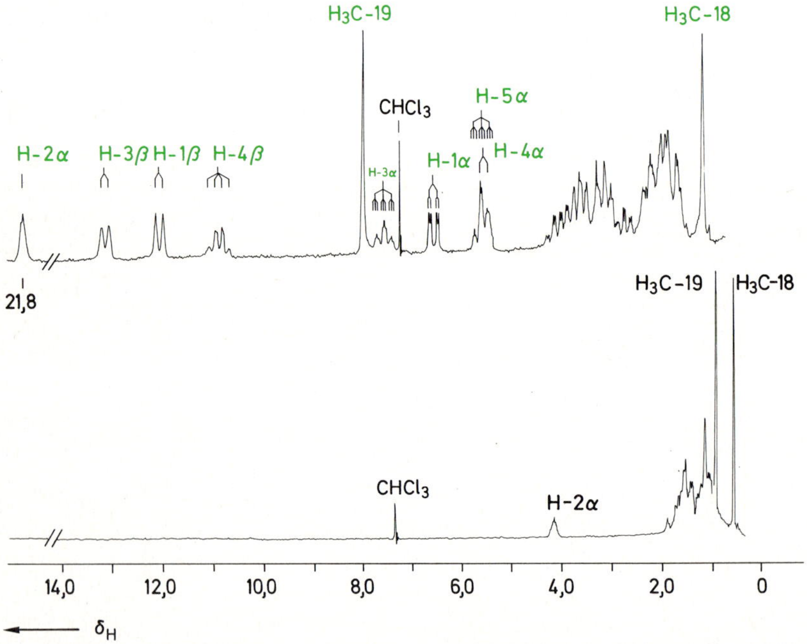

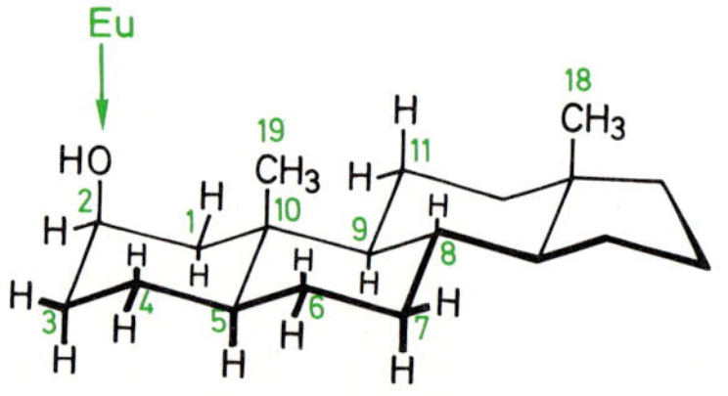

130

Abb. 3.43 ^{1}H-NMR-Spektren von 2β-Androstanol (**130**; $0{,}73 \cdot 10^{-4}$-molare Lösung in 0,4 ml $CDCl_3$). Der untere Teil gibt das normale Spektrum wieder; bei der oberen Aufnahme wurden 40 mg $Eu(dpm)_3$ zugesetzt (nach Demarco, P. V. et al. (1970), J. Am. Chem. Soc. **92**, 5737)

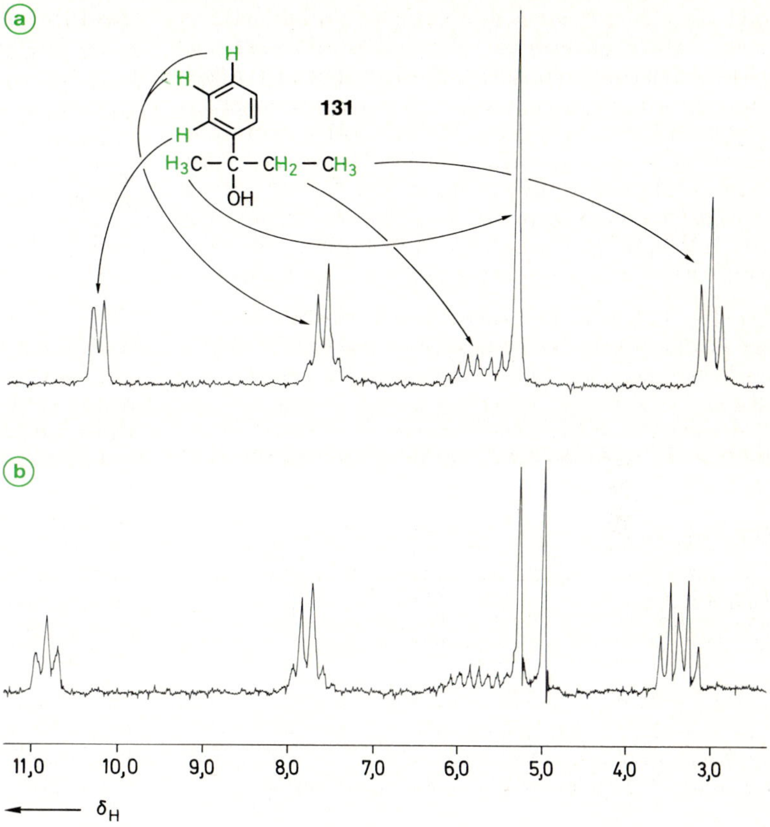

Abb. 3.44 ^{1}H-NMR-Spektren von 0,54molaren Lösungen von 2-Phenyl-2-butanol (**131**) in CCl_4 (nach Goering, H. L. et al. (1971), J. Am. Chem. Soc. **93**, 5913)
a mit einem Zusatz von $Eu(dpm)_3$ (0,13molar)
b mit einem Zusatz von $Eu(facam)_3$ (0,42molar)

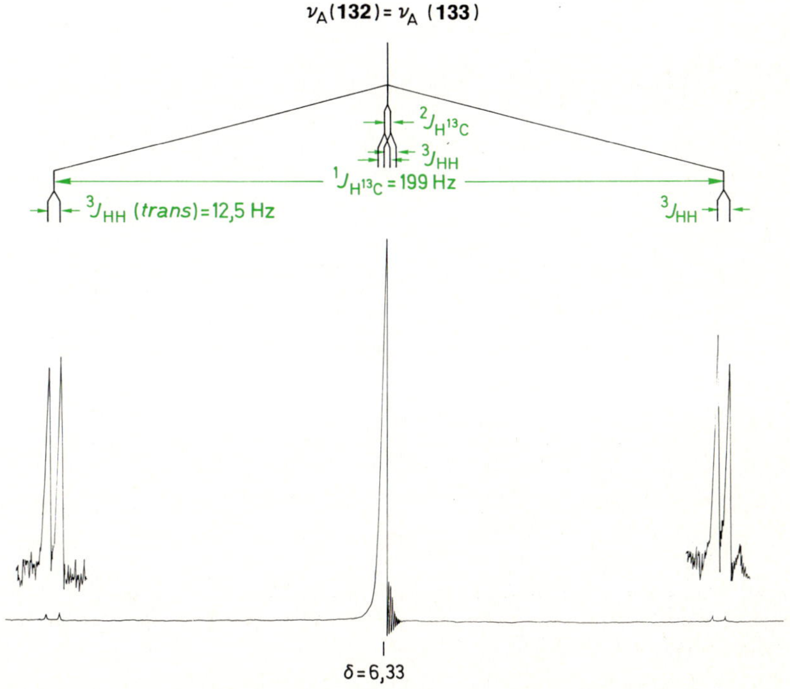

Abb. 3.45 ^{1}H-NMR-Spektrum von (*E*)-1,2-Dichlorethylen (**132**) mit den ^{13}C-Satelliten (**133**)

Außerdem kann man aus dem Satelliten-Spektrum direkt die $^{1}H,^{1}H$-Kopplung ablesen. Im Gegensatz zu (**132**) sind in (**133**) die beiden Protonen nicht mehr magnetisch äquivalent und haben damit eine aus dem Spektrum bestimmbare Kopplungskonstante. Für das Molekül (**132**) nimmt man – wieder unter Vernachlässigung eines Isotopeneffekts – denselben Wert an. Er beträgt in diesem Fall 12,5 Hz, was der (*E*)-Konfiguration entspricht. Auf diese Weise kann man also NMR-spektroskopisch die Konfiguration von symmetrischen 1,2-disubstituierten Ethylenen bestimmen.

Die Kopplung zwischen *geminalen*, magnetisch äquivalenten Protonen kann weder aus dem normalen ^{1}H-NMR-Spektrum noch aus den ^{13}C-Satelliten entnommen werden.

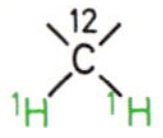

A_2- System

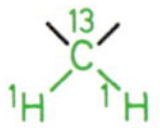

A_2X- System

Die ^{2}J(H, H)-Kopplung in Methyl- oder Methylen-Gruppen kann jedoch durch Deuterierung bestimmt werden (s. S. 121 ff.).

Spin-Entkopplung (Mehrfachresonanz)

Die Spin-Spin-Kopplung magnetisch nicht äquivalenter Kerne führt, wie in Abschn. 1.3 (S. 72) beschrieben, zur Aufspaltung der Resonanzsignale. Dabei entstehen oft komplexe Multipletts. Zur Vereinfachung solcher Spektren und zur Bestimmung von Kopplungspartnern kann man eine **Spin-Entkopplung** durch **Doppelresonanz** durchführen.

Nehmen wir als einfaches Beispiel ein AMX-System ($I = 1/2$). Das entsprechende Spektrum erster Ordnung besteht aus je vier intensitätsgleichen Linien für jeden Kern.

Strahlt man nun zusätzlich mit großer Intensität die Resonanzfrequenz ν_M ein, so „sehen" die Kerne A und X nicht mehr zwei verschiedene Spin-Zustände von M, weil die Spin-Orientierung in M sehr schnell wechselt. Der Mittelwert ist null, d. h., M koppelt nicht mehr mit A und X. An der Stelle der Absorption von M tritt eine Schwebung auf; im übrigen vereinfacht sich das Spektrum zu zwei Dubletts mit der Kopplungskonstante J_{AX}. Das AMX-Spektrum wird also zum AX-Spektrum reduziert (Abb. 3.46). Analog kann man natürlich in ν_X oder ν_A einstrahlen. Bei der **Tripel-**

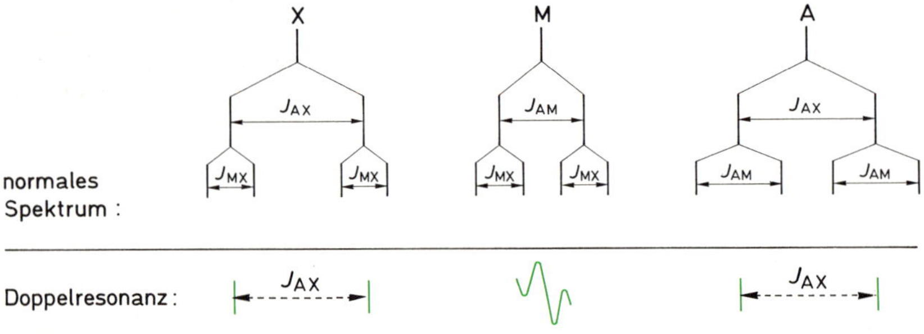

Abb. 3.46 Strichspektrum eines AMX-Systems und seine Vereinfachung durch zusätzliche Einstrahlung in ν_M

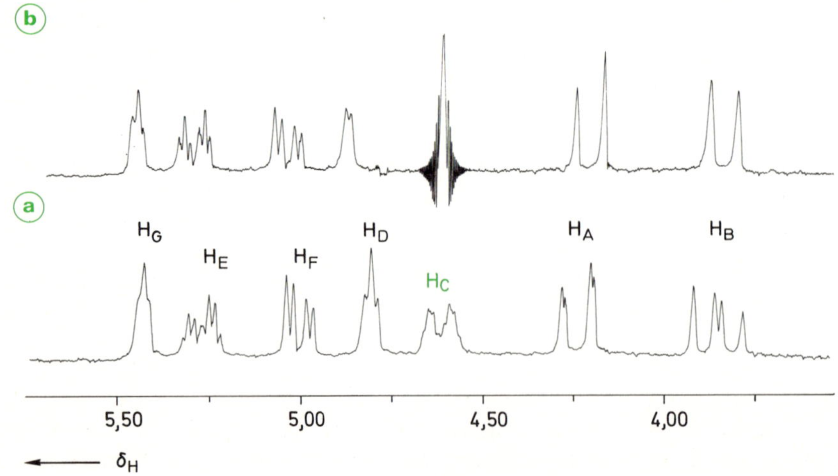

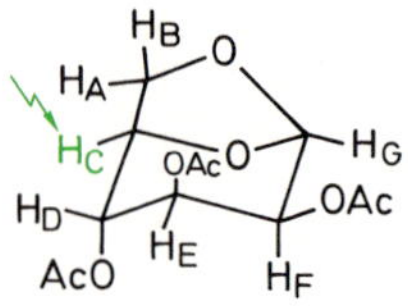

134

Abb. 3.47 **a** 100 MHz-^{1}H-NMR-Spektrum von Mannosantriacetat (**134**)
b Doppelresonanz-Spektrum nach der Frequenz-Sweep-Methode bei Einstrahlung von ν_{H_C} (nach L. F. Johnson, (1965), Varian Inform. Bull, 5)

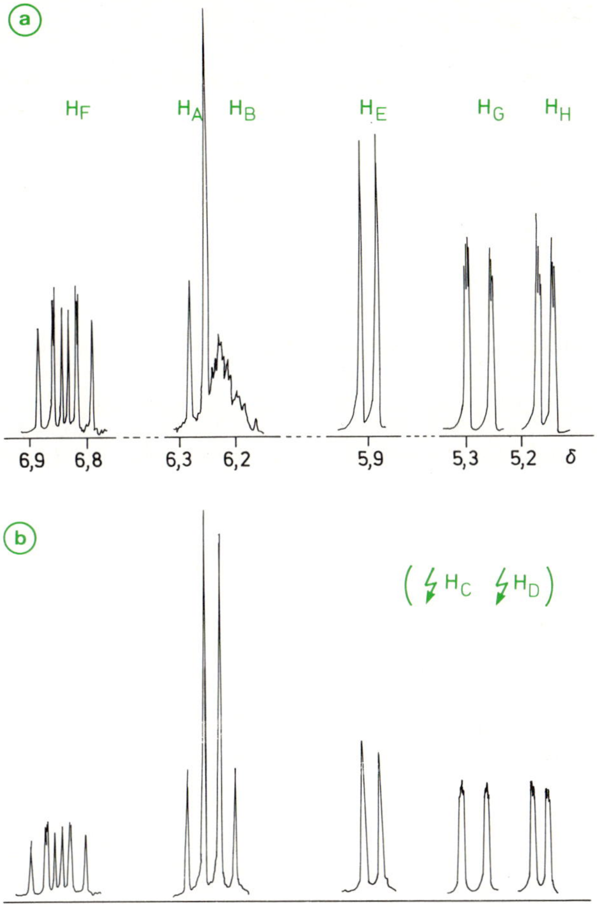

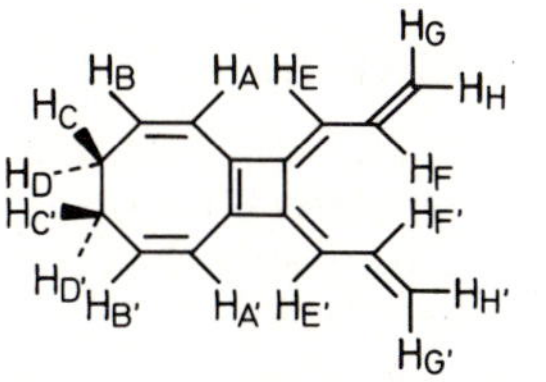

135

H_A	$\delta =$	6,27
H_B		6,23
H_C		$\approx$ 2,3
H_D		$\approx$ 2,3
H_E		5,90
H_F		6,84
H_G		5,28
H_H		5,17

Abb. 3.48 a 400 MHz-^{1}H-NMR-Spektrum (Olefinteil) von (**135**) in $CDCl_3$
b Tripelresonanz (Einstrahlung in H_C und H_D)

resonanz nimmt man **zwei** zusätzliche Frequenzen. Das AMX-Spektrum geht dann in ein Singulett über.

Wenn sich die Multipletts eng überlagern, kann man nicht gezielt in die Frequenz eines Kerns einstrahlen, ohne Übergänge anderer Kerne ebenfalls zu stören. Denken wir uns einen ABX-Fall. Verkleinert man die Amplitude des Störfeldes so, daß nicht der ganze X-Teil, sondern nur zwei der vier X-Linien erfaßt werden, so vereinfacht sich auch nur ein Teil des AB-Systems. Man spricht von **selektiver Entkopplung**.

Wird die Amplitude des Störsenders schließlich so gering gewählt, daß nur mehr eine einzige Linie (z. B. des X-Teils) erfaßt wird, dann werden alle Linien des Spektrums aufgespalten, die mit dem gestörten Übergang ein Energieniveau gemeinsam haben. Man nennt diesen Effekt **Spin-Tickling**. Zur genaueren Information über diese Methoden sei auf die bibliographische Auswahl verwiesen. Lediglich das normale Doppelresonanz-Experiment sei hier an einigen konkreten Beispielen erläutert.

Die Verbindung (**134**), das Mannosantriacetat, liefert das in Abb. 3,47 wiedergegebene ^{1}H-NMR-Spektrum. Abgesehen von den Acetatmethyl-Gruppen hat man sieben chemisch nichtäquivalente Protonensorten: H_A bis H_G. Durch zusätzliche Einstrahlung in die Frequenz H_C werden alle Kopplungen mit H_C eliminiert.

Aufgrund der Diederwinkel ist von den *vicinalen* Kopplungen J_{CB} am größten. Beim Signal von H_B ist somit der Effekt am deutlichsten. Aber auch die Absorptionen von H_A, H_D und H_E werden erkennbar vereinfacht. Das ABCDEFG-System verändert sich bei diesem Doppelresonanz-Experiment zu einem AB-System und einem DEFG-System. Am Ort von $\nu(H_C)$ tritt eine Schwebung auf, die durch Überlagerung der Zusatzfrequenz mit der das Spektrum überstreichenden Beobachtungsfrequenz entsteht.

In Abb. 3.47 fällt noch auf, daß die zusätzliche Einstrahlung leichte Verschiebungen der Resonanzlagen verursacht (**Bloch-Siegert-Effekt**).

Als weiteres Beispiel sei das Polyolefin (**135**) besprochen, das ein komplexes ^{1}H-NMR-Spektrum gibt. Im Tieffeld-Bereich erhält man bei einer 400 MHz-Aufnahme sechs Signalgruppen für die olefinischen Protonen H_A, H_B, H_E, H_F, H_G und H_H (Abb. 3.48). Strahlt man in die beiden Frequenzen der gesättigten Protonen H_C und H_D ein, dann bleiben alle Multipletts unverändert mit Ausnahme von H_A und H_B, aus deren Spinmuster (AB-Teil von ABCD) ein simples AB-System mit $^3J_{AB} = 11{,}0$ Hz wird. Zur Zuordnung der Signale der Protonen an den Seitenketten des Vierrings dienen die Doppelresonanz-Experimente der Abb. 3.49. Einstrahlung in H_H führt zum Verschwinden der Kopplungen $^2J_{G,H} = 1{,}8$ Hz, $^3J_{F,H} = 10{,}1$ Hz und $^4J_{E,H} = -0{,}8$ Hz; Einstrahlung in H_G eliminiert neben $^2J_{G,H}$ die Kopplungen $^3J_{F,G} = 16{,}6$ Hz und $^4J_{E,G} = -0{,}9$ Hz aus dem Spektrum; Einstrahlung in H_E löscht neben $^4J_{E,G}$ und $^4J_{E,H}$ die Kopplung $^3J_{E,F} = 11{,}3$ Hz. Die Anregung der Frequenz von H_F vereinfacht das Spektrum am stärksten und kann hier als Kontrollexperiment dienen.

In allen hier besprochenen Fällen handelt es sich ausschließlich um ^{1}H-Kernresonanzen. Neben solchen homo-

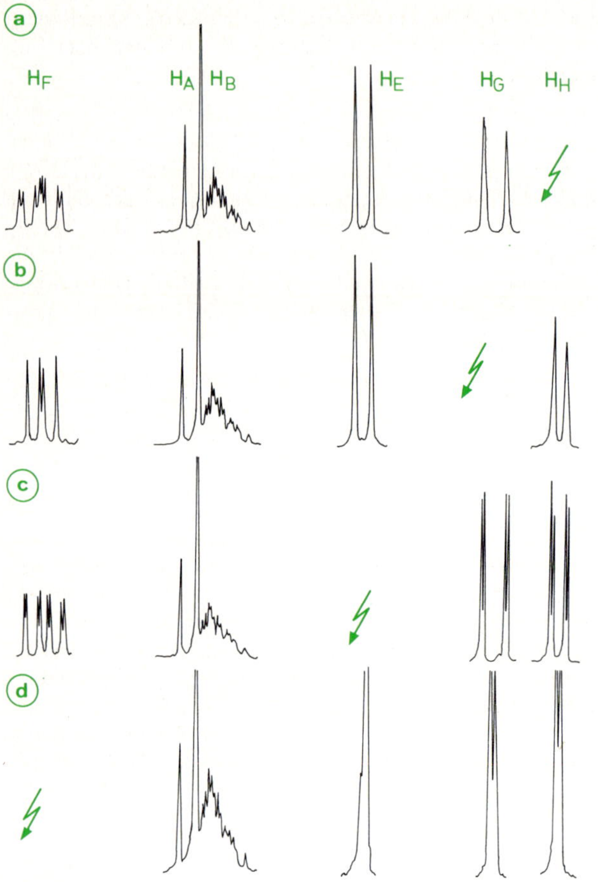

Abb. 3.49 Doppelresonanz-Messungen von (**135**) (400 MHz, $CDCl_3$)
Einstrahlungen:
a in H_H **b** in H_G **c** in H_E **d** in H_F

nuklearen Doppelresonanz-Experimenten gibt es auch die heteronukleare Doppelresonanz. In der ^{1}H-NMR-Spektroskopie macht man gelegentlich bei Verbindungen mit NH-Gruppen davon Gebrauch. Durch Einstrahlung in die ^{14}N-Resonanz-Frequenz kann man die Linienverbreiterung bei solchen Verbindungen vermeiden.

Ein schönes Beispiel zeigt das ^{1}H-NMR-Spektrum von Formamid (**136**) (Abb. 3.50).

136

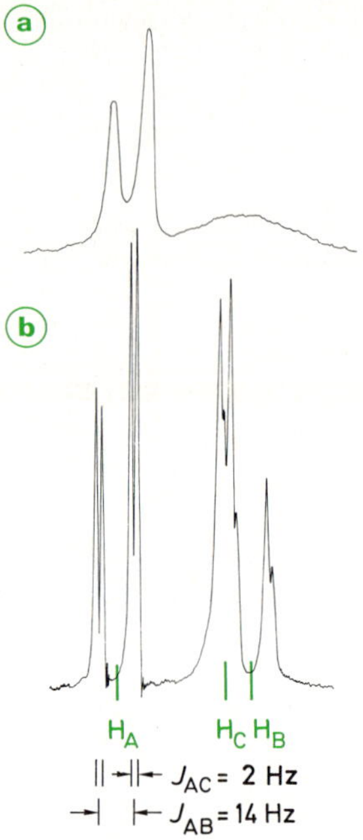

Abb. 3.50 ^{1}H-NMR-Spektrum von Formamid (**136**)
a normale Aufnahme
b Doppelresonanz-Experiment
(Einstrahlung in die ^{14}N-Absorptionsfrequenz)

Besonders wichtig ist die heteronukleare Doppelresonanz in der ^{13}C-NMR-Spektroskopie (s. Abschn. 4.1, S. 137, und S. 158 ff.).

NOE-Differenzspektroskopie und INDOR-Technik

Wie in Abschn. 1.5 (S. 82) erwähnt, macht sich der **Kern-Overhauser-Effekt (NOE: Nuclear Overhauser Effect)** in der ^{1}H-Resonanz bei Doppelresonanz-Experimenten bemerkbar. Die Intensität einer beobachteten ^{1}H-Absorption ν_A kann durch eine zusätzliche Einstrahlung in ν_B vergrößert werden. Voraussetzung dafür ist, daß der räumliche Abstand r der Kerne A und B klein ist, da die hierbei für die longitudinale Relaxation verantwortliche Dipol-Dipol-Wechselwirkung zu $1/r^6$ proportional ist.

Um z. B. zu entscheiden, ob die Verbindung (**137**) in der *exo*- oder in der *endo*-Konfiguration vorliegt, kann man in die Frequenz der Brückenkopf-Protonen H_e einstrahlen und die Intensitätsänderung der übrigen Signale untersuchen. In der *exo*-Verbindung (**137 a**) sollte (neben H_d) die Intensität von H_c bei der Einstrahlung zunehmen; in der *endo*-Verbindung sollte dagegen ein Intensitätszuwachs bei H_b auftreten. Da die Effekte klein sein können, empfiehlt es sich, **Differenzspektroskopie** zu betreiben; d. h., man subtrahiert das normale Spektrum vom Doppelresonanz-Spektrum. Abb. 3.51 zeigt eine Intensitätszunahme bei H_c und H_d, d. h. **137** liegt in der *exo*-Konfiguration vor.

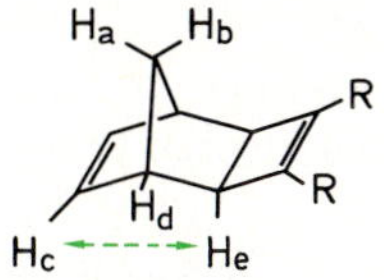

137 a
exo

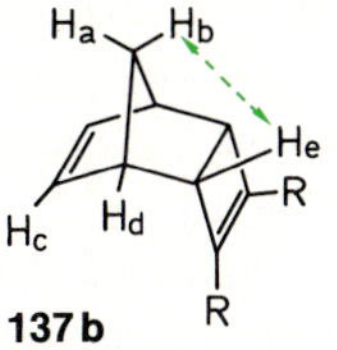

137 b
endo

Außer zu Konfigurationsbestimmungen können NOE-Messungen vorteilhaft zu Konformationsanalysen eingesetzt werden.

Als weitere Methode ist die **INDOR-Technik** zu erwähnen **(internuclear double resonance)**. Man mißt dabei die Intensität einer einzigen Linie (Monitorlinie), während ein zusätzliches Störfeld den übrigen Resonanzbereich abtastet. Immer wenn es auf eine Linie trifft, die im Energiediagramm mit der Monitorlinie einen gemeinsamen Eigenwert besitzt, erhält man infolge des **Generellen Overhauser-Effektes** eine Intensitätsänderung. Wird das untere Niveau (Ausgangsniveau) der Monitorlinie stärker populiert, so beobachtet man eine Intensitätszunahme; wird dagegen das obere Niveau stärker populiert, so beobachtet man eine Intensitätsabnahme. Das **„Spinpumpen"** führt bei **progressiver Verknüpfung** der Übergänge im Differenzspektrum zu einer positiven Linie, bei **regressiver Verknüpfung** zu einer negativen Linie. Hat ein Übergang mit der Monitorlinie weder das untere noch das obere Niveau gemeinsam, dann wird seine Linie im **INDOR-Differenzspektrum** nicht beobachtet. Zur Veranschaulichung nehmen wir ein ganz einfaches Beispiel, das AX-Spin-System. Die vier bei ihm möglichen Spin-Einstellungen sind mit den dazugehörigen Energieniveaus in Abb. 3.3 wiedergegeben. Greifen wir den Fall $J < 0$ heraus, dann verstärkt sich die A_2-Linie als Monitorlinie bei Einstrahlung in den X_1-Übergang, umgekehrt wird sie geschwächt bei Einstrahlung in den X_2-Übergang. Nimmt man X_2 als Monitorlinie, dann erhält man bei A_1 ein positives und bei A_2 ein negatives Signal (Abb. 3.52).

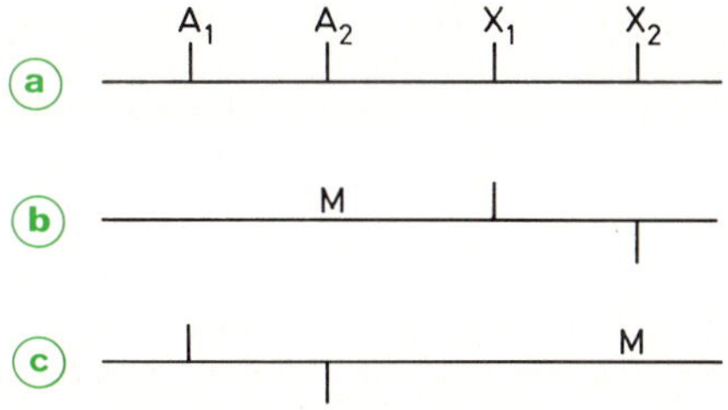

Abb. 3.52 Veranschaulichung der INDOR-Differenzspektroskopie an einem AX-Spinsystem mit $J < 0$

- **a** Vier-Linien-Spektrum
- **b** INDOR-Differenzspektrum bei Verwendung von A_2 als Monitorlinie
- **c** INDOR-Differenzspektrum bei Verwendung von X_2 als Monitorlinie

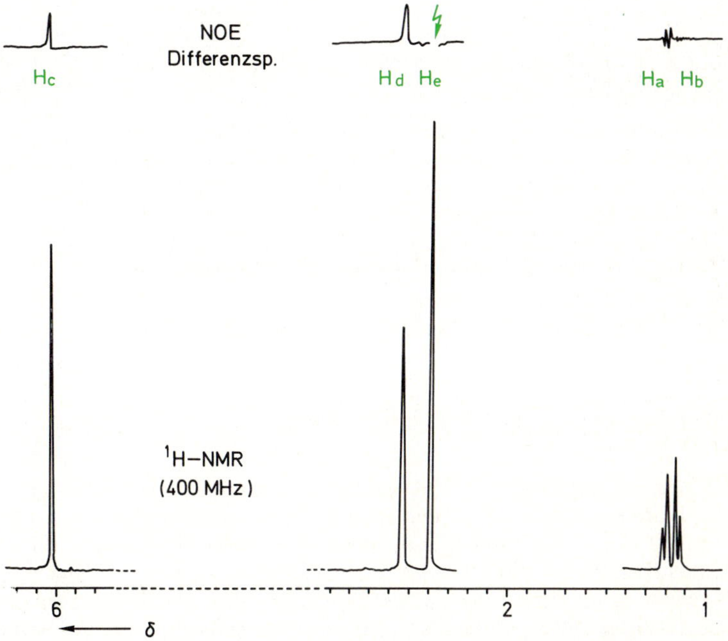

Abb. 3.51 400 MHz-^{1}H-NMR-Spektrum des Norbornen-Derivats (**137 a**) und NOE-Differenzspektrum in einer sauerstofffreien $CDCl_3$-Lösung

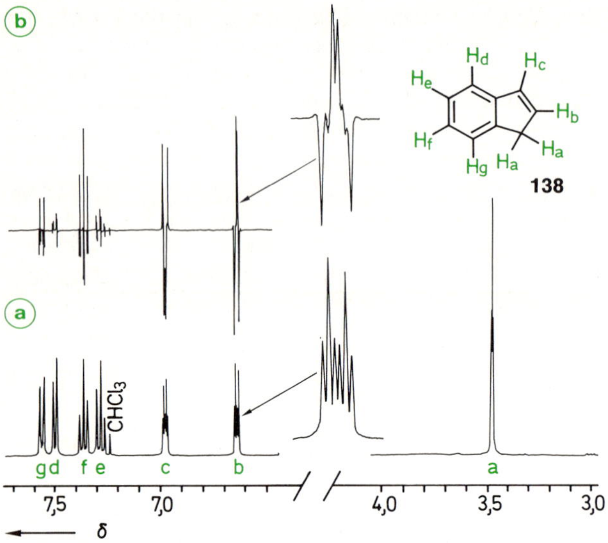

Abb. 3.53 400 MHz-^{1}H-NMR-Spektrum von Inden (**138**) in $CDCl_3$; **a** normale Aufnahme, **b** INDOR-Differenzspektrum

Um die Kopplungspartner eines Kerns A mit der Doppelresonanz zu ermitteln, muß man exakt die Resonanzfrequenz von A treffen. Bei komplexen, unsymmetrischen Signalen ist das wesentlich schwieriger, als bei einem INDOR-Experiment eine einzige Linie als Monitorlinie herauszugreifen. Auch bei stark überlagerten Signalen kann die INDOR-Technik der Doppelresonanz überlegen sein. Nach der oben gegebenen Beschreibung ist die INDOR-Spektroskopie an die CW-Methode gebunden; es gibt jedoch auch Pseudo-INDOR-Experimente mit der PFT-Technik, so daß die INDOR-Differenzspektroskopie heute zu den Routinemethoden zu zählen ist.

Als explizites Beispiel soll hier das INDOR-Spektrum von Inden (**138**) diskutiert werden. Die Methylen-Wasserstoffe geben ein komplexes, symmetrisches Multiplett bei $\delta = 3{,}48$. Benutzt man sein Maximum für das INDOR-Experiment, dann erhält man das in Abb. 3.53 wiedergegebene Spektrum. Hauptkopplungspartner der CH_2-Protonen sind die olefinischen Protonen ($^3J = +2{,}02$ Hz, $^4J = -1{,}98$ Hz); man erkennt aber auch Kopplungen zu den vier aromatischen Protonen, insbesondere zu H_f.

Zweidimensionale ^{1}H-NMR-Spektroskopie (2D-^{1}H-NMR)

Wie in Abschn. 3.1 (S. 97) ausgeführt, mißt man bei der PFT-Methode den Abfall der transversalen Magnetisierung (FID). Das Empfängersignal ist eine Funktion der **Detektionszeit** t_2. Wird die zwischen dem ersten Impuls der gewählten Impulssequenz und der Datenaufnahme liegende **Evolutionszeit** t_1 systematisch variiert, dann ist das Empfängersignal eine Funktion von t_1 und t_2. Die Fourier-Transformation beinhaltet dann auch zwei Frequenzvariable F_1 und F_2 – die Grundlage eines zweidimensionalen Spektrums.

Prinzipiell unterscheidet man zwischen ***J*-aufgelösten (*J*-resolved)** 2D-Spektren und **korrelierten (correlated) 2D-Spektren.**

Bei den **homonuklearen *J*-resolved 2D-Experimenten** hat man nach dem primären 90°-Impuls eine Evolutionszeit t_1, in deren Mitte ein 180°-Impuls liegt. Von Impulspaar zu Impulspaar nimmt t_1 um einen konstanten Betrag zu. In der Evolutionszeit t_1 wird nur die skalare Kopplung entwickelt, d. h., die F_1-Information enthält nur Kopplungen. Die F_2-Information enthält dagegen, wie üblich, das gesamte Spektrum. Nach entsprechender mathematischer Manipulation erhält man als graphische Darstellung ein **Konturdiagramm**, wie es die Abb. 3.54 für ein Triplett und ein Quartett veranschaulicht. Man blickt dabei sozusagen von oben auf die Spinmuster, die als Höhenlinien erscheinen.

Projektion auf die F_2-Achse liefert ein **vollständig entkoppeltes ^{1}H-NMR-Spektrum**. Jede Resonanz wird durch ein Singulett wiedergegeben. Es versteht sich, daß diese Methode besonders bei größeren Molekülen mit stark überlappenden Multipletts interessant ist. Die Projektion einzelner Signalgruppen auf die F_1-Achse (Querschnitte, cross-sections) erlaubt eine separate Aufzeichnung der entsprechenden Multipletts (Abb. 3.54, linker Teil).

Bei den **korrelierten 2D-NMR-Spektren** sind auf beiden Frequenzachsen chemische Verschiebungen aufgetragen. Ohne ins Detail zu gehen, sei erwähnt, daß es mehrere Verfahren gibt (COSY, SECSY, FOCSY, NOESY), die unterschiedliche Pulssequenzen verwenden und auch unterschiedliche graphische Darstellungen haben. Die mit diesen Methoden gewonnenen **homonuklearen ^{1}H-Shift-Korrelationen** zeigen sämtliche ^{1}H,^{1}H-Kopplungen eines Moleküls an. Ein solches Experiment ersetzt also eine Reihe von Doppelresonanz-Experimenten und hat darüber hinaus besondere Vorzüge bei der Erkennung von Fernkopplungen.

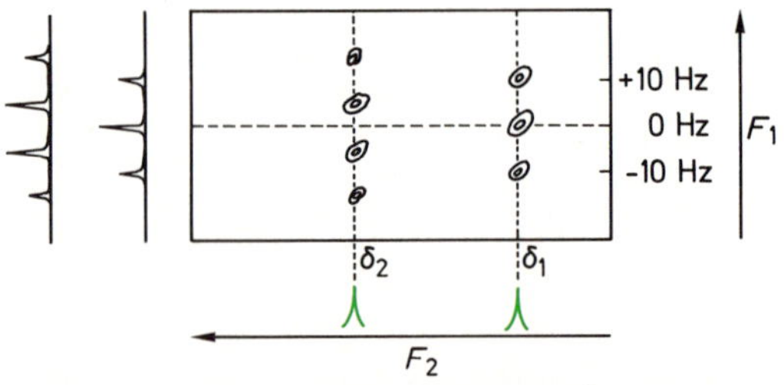

Abb. 3.54 Schematisches Konturdiagramm für ein *J*-aufgelöstes 2D-^{1}H-NMR-Spektrum mit den Projektionen auf die *F*-Achsen

Nehmen wir z. B. ein Drei-Spin-System. Im Konturdiagramm liegt das normale Spektrum auf der Diagonale: Konturen in den schwarzen Kreisen der Abb. 3.55.

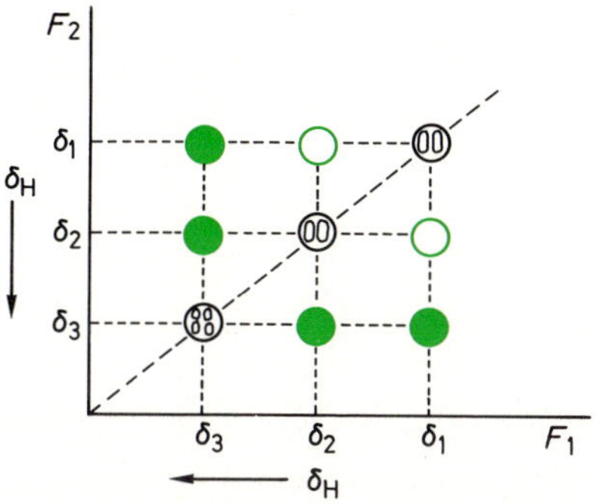

Abb. 3.55 Schematisches Konturdiagramm für ein ^{1}H-Shift-korreliertes 2D-NMR-Spektrum eines Drei-Spin-Systems mit zwei Kopplungen

Befinden sich z. B. weitere Konturen in den durch ausgefüllte grüne Kreise gekennzeichneten Kreuzungspunkten, dann bedeutet das, daß H_3 mit H_2 und H_1 koppelt. Die beiden freien Kreuzungspunkte (leere grüne Kreise) zeigen dagegen an, daß zwischen H_1 und H_2 keine erkennbare Kopplung auftritt.

Als explizites Beispiel für die zweidimensionale ^{1}H-NMR-Spektroskopie sei der Rohrzucker (**139**) besprochen. Abb. 3.56a zeigt das normale (eindimensionale) Spektrum. Darunter ist das *J*-aufgelöste 2D-Spektrum (Projektion auf die F_2-Achse) abgebildet. Für den α-D-Glucose-Teil G und den *β*-D-Fructose-Teil F erhält man insgesamt 11 Singuletts ($g_1 - g_6$ und $f_1, f_3 - f_6$). Die diastereotopen Wasserstoffe der Methylen-Gruppen sind praktisch isochron.

Das ^{1}H-Shift-korrelierte 2D-Spektrum in Abb. 3.57 gibt Aufschluß über das gesamte Kopplungsverhalten. Das Proton g_1 koppelt z. B. mit g_2 (^3J), g_3 (^4J), g_5 (^4J) und f_1 (^5J). Im normalen 400-MHz-Spektrum ist für g_1 nur ein Du-

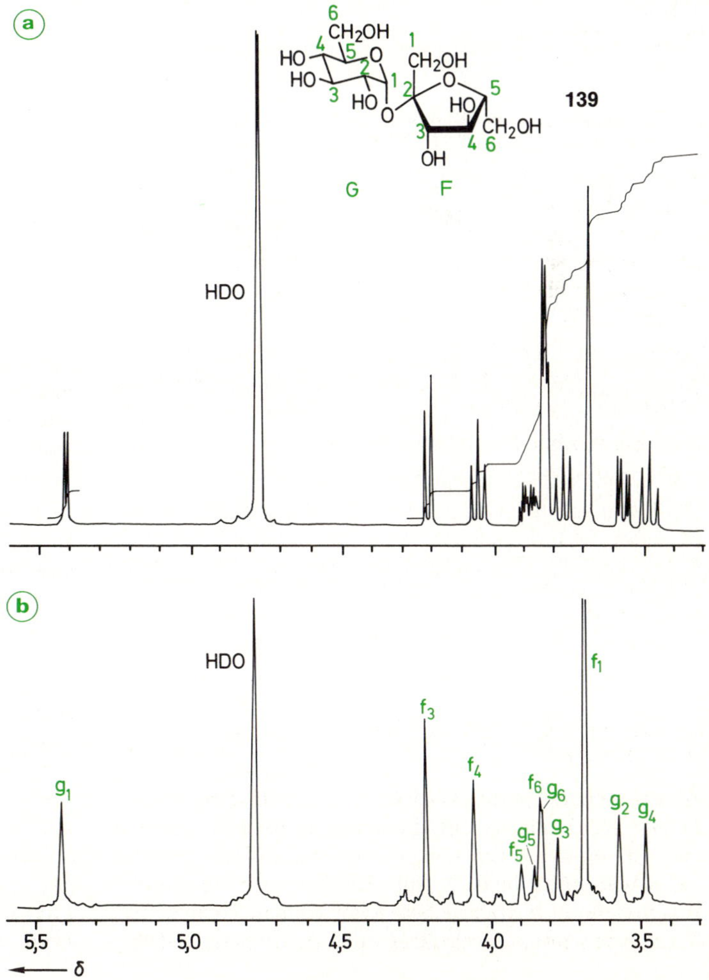

Abb. 3.56 400 MHz-^{1}H-NMR-Spektrum von Rohrzucker (**139**) in D_2O
a Normales (1D) Spektrum
b 2D-J-aufgelöste Projektion
(nach Bruker-Broschüre: Two-Dimensional NMR)

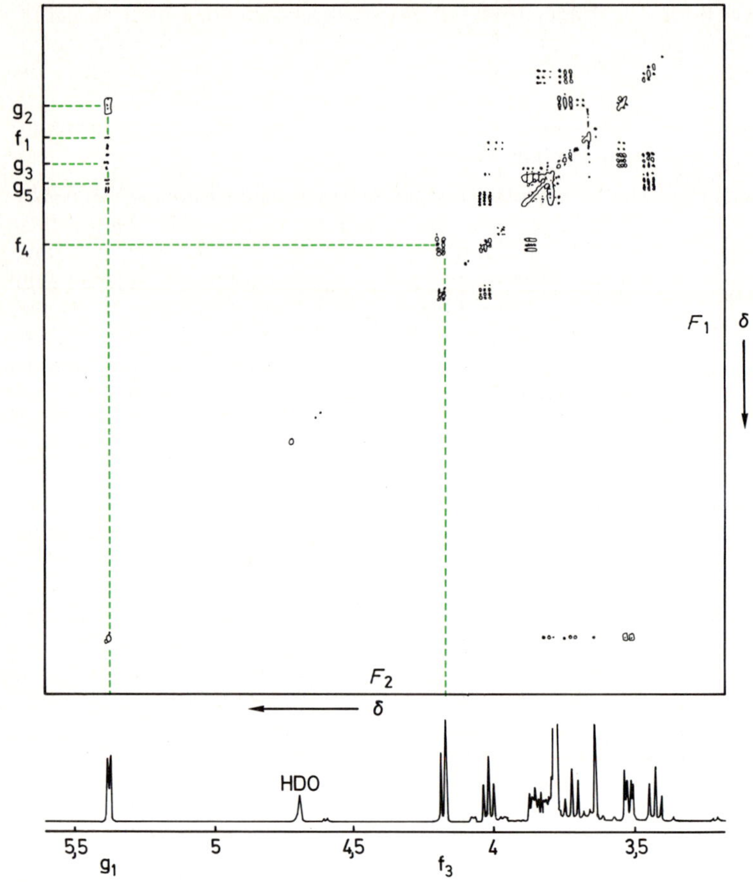

Abb. 3.57 500 MHz-^{1}H-Shift-korreliertes 2D-NMR-Spektrum von Rohrzucker (**139**) in D_2O (COSY-45 Experiment, nach Bruker-Broschüre: Two-Dimensional NMR)

blett, also die ^3J-Kopplung zu sehen. Das Dublett für f_3 ist dagegen „echt". Auch das ^{1}H-Shift-korrelierte 2D-Spektrum zeigt nur die ^3J-Kopplung zu f_4 und keine zusätzlichen Fernkopplungen (Abb. 3.57).

Das zweite Beispiel, L-Serin (**140**), ist zwar ein einfaches Molekül, sein Verhalten bei 2D-Experimenten ist jedoch komplizierter. Das trifft stets zu, wenn starke Kopplungen vorliegen, wie es für alle drei relevanten Spin-Spin-Wechselwirkungen beim L-Serin der Fall ist.

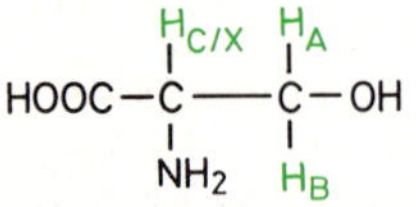

140

Bei 60 MHz fallen die Absorptionen von H_A, H_B und H_C praktisch zusammen (ABC-System). Bei 360 MHz hat man ein ABX-Spinmuster (Abb. 3.58a). Das 2D-J-aufgelöste-^{1}H-NMR-Spektrum ist in Abb. 3.58c in einer sog. Panoramadarstellung wiedergegeben. Man erkennt darin infolge der starken Kopplung mehr als drei Multipletts und entsprechend in der Projektion auf die δ-Achse (Abb. 3.58b) mehr als drei Singuletts. Die Projektionen einzelner Querschnitte (cross-sections) auf die J-Achse sind in Abb. 3.58d zu sehen. Trotz der durch die starken Kopplungen bedingten zusätzlichen Signale kann man die chemischen Verschiebungen und die Kopplungen eindeutig bestimmen.

Bei der sog. **Relayed-Technik** wird die Magnetisierung nicht wie beim normalen H,H-COSY von einem Kern auf die koppelnden Kerne übertragen, sondern ein dazwischen liegender Kern dient als „Relais". Die Polarisation läßt sich stufenweise auch über mehrere Kerne transferieren. Als Beispiel sei hier ein $^1H \curvearrowright {}^1H \curvearrowright {}^1H$-Fall diskutiert. Abb. 3.59a zeigt einen Ausschnitt des ^{1}H-Shift-korrelierten 2D-NMR-Spektrums von Rohrzucker (**139**). Darunter ist derselbe Ausschnitt, aufgenommen mit der Relayed-Technik, wiedergegeben. Man erkennt in Abb. 3.59b deutlich Korrelationspeaks, die bei a nicht vorhanden sind. Sie entsprechen den ^4J-Kopplungen f_3/f_5, f_4/f_6, g_2/g_4 und g_3/g_5; $^4J_{g_1/g_3}$ tritt ebenfalls auf, ist in dem Ausschnitt allerdings nicht erfaßt. $^4J_{f_1/f_3}$ kann sich dagegen nicht bemerkbar machen, da am C-2 der Fructose das „Relais-Proton" fehlt.

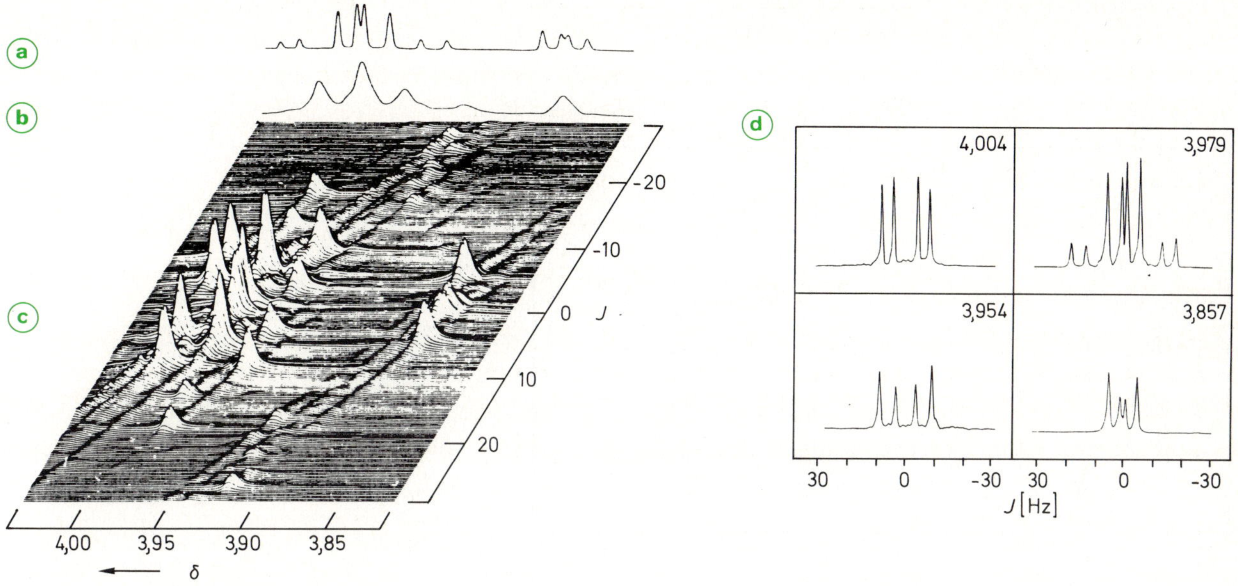

Abb. 3.58 360 MHz-^{1}H-NMR-Spektrum von L-Serin (**140**) in D_2O (nach Wider, G., Baumann, R., Nagayama, K., Ernst, R. R., Wüthrich, K. (1981), J. Magn. Res. **42**, 73)

a Normales (1 D) Spektrum
b 2 D-*J*-aufgelöstes Projektionsspektrum
c Panoramadiagramm des 2D-*J*-aufgelösten Spektrums
d Querschnitte (Projektionen der Multipletts auf die *J*-Achse) bei den angegebenen δ-Werten (z. B. $\delta_x = 3{,}857$)

Am Ende dieses Abschnitts sei bemerkt, daß die 2D-Spektroskopie wegen der gebotenen Informationsfülle einen Siegeszug angetreten hat. Gewisse 2D-Experimente zählen schon heute zu den Routine-NMR-Praktiken (s. auch S. 169ff.), und die 3D-Spektroskopie besteht gerade ihre ersten analytischen Bewährungsproben.

Spektren-Simulation

Zur Auswertung von Spektren komplizierter Spin-Systeme kann man von Computern berechnete, **„simulierte" Spektren** einsetzen. Auf der Basis von geschätzten Ausgangsparametern für die chemischen Verschiebungen und die Kopplungen der beteiligten Kerne iteriert man, um theoretisches und experimentelles Spektrum anzugleichen. Dafür wurden mehrere Rechenprogramme entwickelt (LAOCOON etc.). Stimmen das gemessene und das berechnete Spektrum in Lage und Intensität genau überein, dann kann man aus dem berechneten Spektrum direkt den gültigen Parametersatz entnehmen.

Als explizites Beispiel sei das ^{1}H-NMR-Spektrum des Kohlenwasserstoffs (**43**) diskutiert.

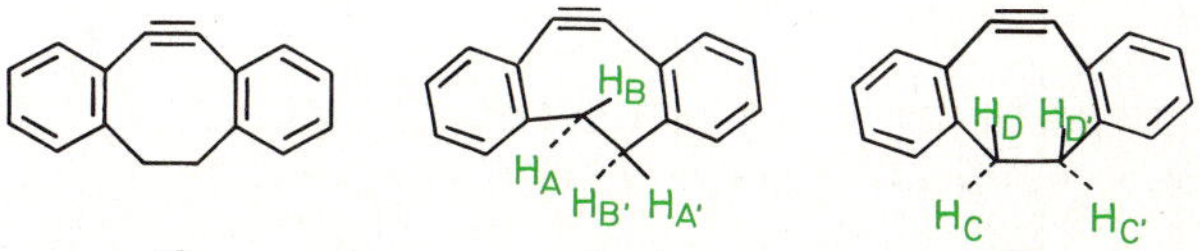

43 C_2 C_s

Bei Raumtemperatur erhält man für die aliphatischen Protonen ein AA'BB'-System. Aus der Nichtäquivalenz der vier Protonen folgt, daß das System starr ist und unter diesen Bedingungen keine schnelle Ringinversion stattfindet. Das Kopplungsmuster kann auf eine chirale C_2-Konformation oder auf eine achirale C_s-Konformation zurückgehen. Für diese beiden Konformationen liefert die Karplus-Gleichung oder eine modifizierte Form (s. S. 105ff.) ganz unterschiedliche *vicinale* Kopplungen. Aufgrund des durch Spektren-Simulation gewonnenen Parametersatzes kommt nur die C_2-Konformation in Frage (Abb. 3.60).

Kernresonanz-Spektren von orientierten Phasen und Festkörpern

Bei bestimmten Verbindungen bilden sich zwischen Schmelzpunkt und Klärpunkt flüssig-kristalline Phasen

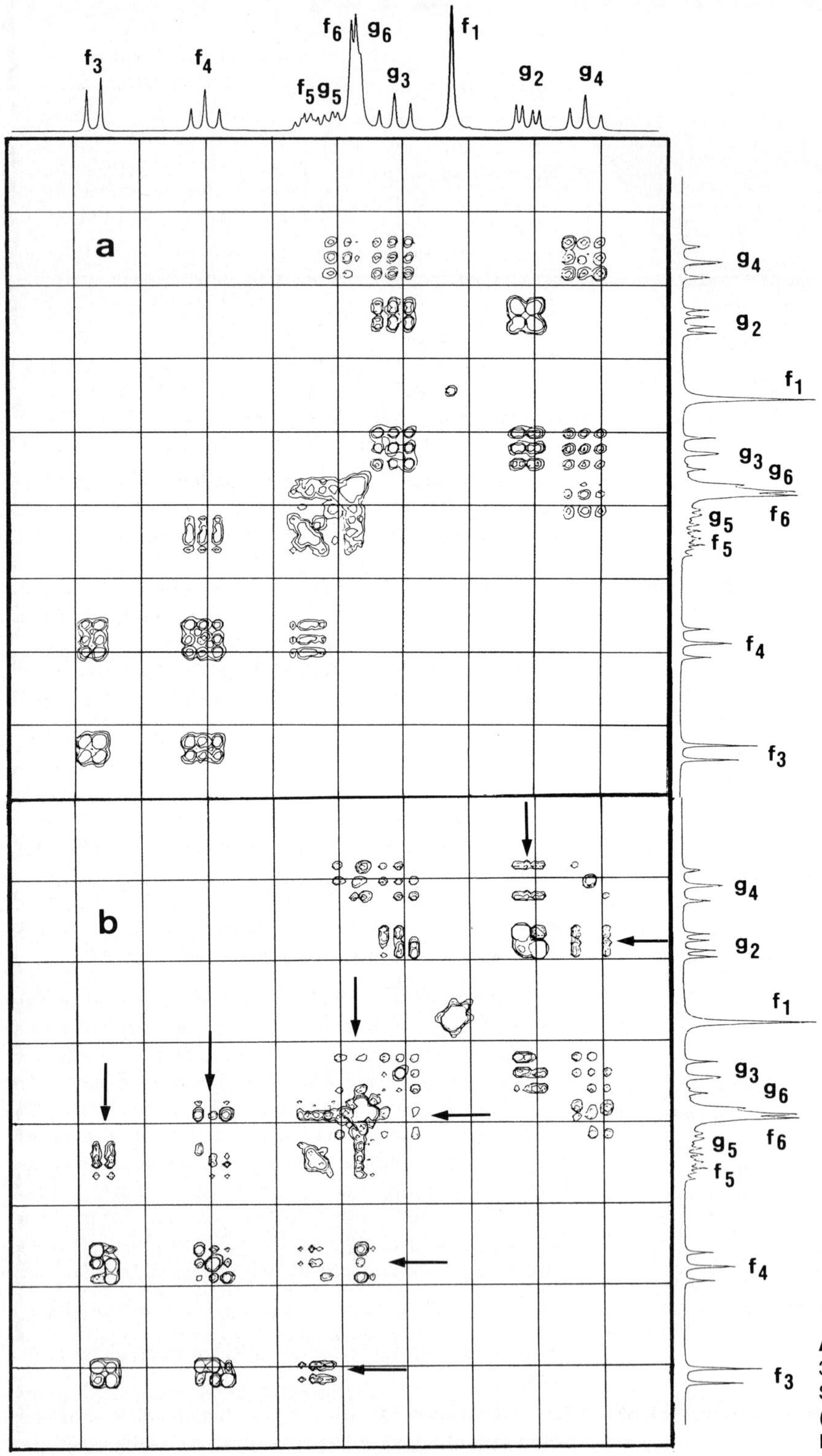

Abb. 3.59 a) Ausschnitt aus Abb. 3.57: ^{1}H-Shift-korreliertes 2D-NMR-Spektrum COSY-45 von Rohrzucker (**139**); b) äquivalenter Ausschnitt im H-Relayed-(H,H)-COSY-Spektrum.

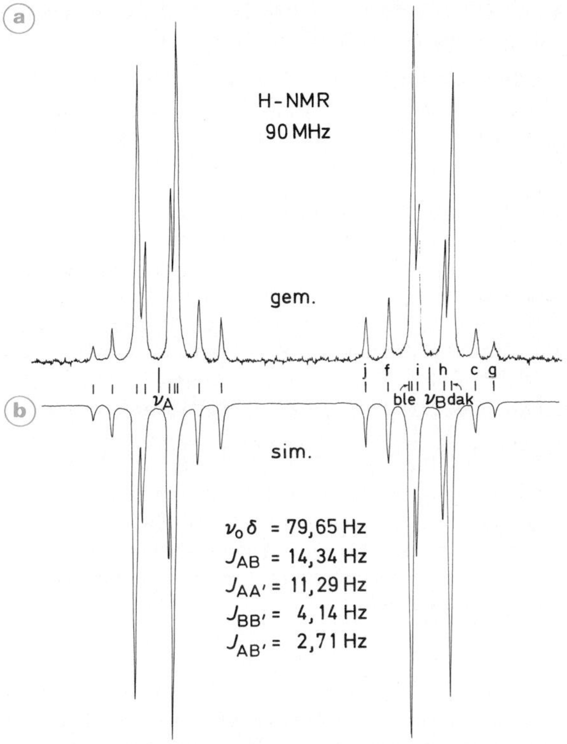

Abb. 3.60 ^{1}H-NMR-Spektrum von **43** (Aliphaten-Teil); **a** gemessenes, **b** simuliertes AA'BB'-System (nach Meier, H., Gugel, H., Kolshorn, H. (1976), Z. Naturforsch., Teil B, **31**, 1270)

(nematisch, smektisch oder cholesterisch) aus, bei denen die Moleküle eine bevorzugte Orientierung besitzen. Außer den **thermotropen flüssig-kristallinen Phasen** gibt es **lyotrope flüssig-kristalline Phasen**, die aus amphiphilen Verbindungen, z. B. Tensiden, und Wasser oder anderen Lösungsmitteln entstehen können.

Die nematischen Phasen bestehen häufig aus fadenförmigen Molekülen, deren Ordnungsgrad bezüglich einer Raumrichtung festgelegt ist. Eingebrachte Gastmoleküle können dann in ihrer Brownschen Molekularbewegung eingeschränkt werden und ebenfalls eine Vorzugsorientierung aufgezwungen bekommen. In den Kernresonanz-Spektren macht sich das durch die direkten dipolaren Wechselwirkungen zwischen den Kernspins des Gastmoleküls bemerkbar; die Folge ist eine zusätzliche Linienaufspaltung. Partiell orientierte Moleküle liefern demgemäß linienreiche Spektren, die mehrere kHz breit sind, weil die dipolaren Kopplungen viel größer sind als die auf skalaren Wechselwirkungen beruhenden Kopplungskonstanten. Durch die Auswertung solcher Spektren kann man wertvolle Informationen über Strukturdaten wie Bindungswinkel und Bindungslängen gewinnen, die sich auf die Molekülgeometrie in flüssiger Phase beziehen.

Geht man von partiell orientierten Phasen zu Festkörpern über, so nimmt die Zahl der direkten Spin-Spin-Wechselwirkungen noch weiter zu, und zwar um die **intermolekularen** Wechselwirkungen, die bei Gastmolekülen in orientierten flüssig-kristallinen Phasen infolge der Translations- und Rotationsbewegungen wegfallen. Die einzelnen Resonanzsignale werden sehr breit. In Abschn. 4.8 (s. S. 174ff.) ist beschrieben, wie man mit der **Magic angle-spinning-Technik** dennoch zu hochaufgelösten Spektren kommen kann.

Abschließend sei hier bemerkt, daß mit Hilfe der Kernresonanz nicht nur einzelne Moleküle oder Molekülverbände untersucht werden können, sondern daß man mit dem NMR-imaging bzw. der Kernspin-Tomographie eine Methode entwickelt hat, die es erlaubt, Bilder von makroskopischen Gegenständen zu erhalten. Für die Biologie und vor allem für die Medizin besitzt das Verfahren ungeheure Bedeutung, um ohne zerstörerischen Eingriff und ohne gefährliche Strahlung Aufnahmen (Querschnitte) vom Inneren von Organen zu erhalten.

4. ^{13}C-Kernresonanz-Spektroskopie

4.1 Probenvorbereitung und Spektren-Aufnahme

Zur Aufnahme eines ^{13}C-NMR-Spektrums bereitet man eine möglichst konzentrierte, aber nicht viskose Lösung der Probe. Als Faustregel gilt, daß man für ein Routinespektrum pro erwartetes ^{13}C-Signal mindestens 5 mg der Verbindung in 1 ml Lösungsvolumen haben sollte. Man mißt mit der PFT-Technik (s. Abschn. 3.1, S. 97).

Als **Lösungsmittel** ist Deuterochloroform am gebräuchlichsten. Einen Überblick über weitere gängige Lösungsmittel gibt Tab. 3.24. Der Gebrauch von deuterierten Lösungsmitteln geschieht dabei aus meßtechnischen Gründen. Man verwendet die entsprechende Deuterium-Resonanz als **„Locksignal"** zur Stabilisierung des Feldstärke-Frequenz-Verhältnisses im Spektrometer. Ein weiterer Vorteil deuterierter Lösungsmittel ist die auf die ^{13}C,D-Kopplung zurückgehende Multiplettaufspaltung (s. Tab. 3.24). Bei den nichtdeuterierten Lösungsmitteln im unteren Teil der Tab. 3.24 oder generell bei sehr verdünnten Proben können die ^{13}C-Signale des Lösungsmittels den Speicher des an das Spektrometer angeschlossenen Computers füllen, bevor die

Tab. 3.24 Lösungsmittel für die ^{13}C-NMR-Spektroskopie

Lösungsmittel	chemische Verschiebung δ	Multiplizität	$J(^{13}C,D)$ (Hz)	
[D] Chloroform	77,0	Triplett	32	
[D_4] Methanol	49,3	Septett	21	T
[D_6] Aceton	29,8	Septett	20	T
	206,3	Multiplett	< 1	
[D_6] Benzol	128,0	Triplett	24	
[D_2] Dichlormethan	53,5	Quintett	27	T
[D_3] Acetonitril	1,3	Septett	21	
	117,7	Multiplett	<1	
[D] Bromoform	10,2	Triplett	31,5	H
[D_8] Tetrahydrofuran	25,5	Quintett	21	
	67,7	Quintett	22	
[D_8] Dioxan	66,5	Quintett	22	
[D_6] Dimethylsulfoxid	39,7	Septett	21	
[D_5] Pyridin	123,5	Triplett	25	
	135,5	Triplett	24	
	149,5	Triplett	27	
[D_2] Wasser (D_2O)	–	–	–	
[D_4] Essigsäure	20,0	Septett	20	
	178,4	Multiplett	< 1	
[D_{18}] Hexamethylphosphorsäuretriamid (HMPT)	35,8	Septett	21	H
Tetrachlormethan	96,0	Singulett	–	
Schwefelkohlenstoff	192,3	Singulett	–	T
Trichlorfluormethan	117,6	Dublett	(^1J(C,F) = 337)	T
Trifluoressigsäure	116,5	Quartett	(^1J(C,F) = 283)	
	164,4	Quartett	(^2J(C,F) = 44)	

T zu Tieftemperatur-Messungen geeignet (s. Tab. 3.6)
H zu Hochtemperatur-Messungen geeignet (s. Tab. 3.6)

Signale der untersuchten Verbindung eine ausreichende Intensität erlangt haben. Mit den im Handel befindlichen ^{12}C-angereicherten Lösungsmitteln läßt sich das vermeiden. Der natürliche ^{13}C-Gehalt von 1,1 % ist bei ihnen auf ca. 0,1 % reduziert. (Daneben gibt es einige geräteseitige Methoden, um Lösungsmittelsignale zu unterdrücken: Sättigung der Signale, Redfield-Technik, usw.)

Als **Referenzsubstanz** zur Fixierung des Nullpunktes der δ-Skala kann man wie in der ^{1}H-Resonanz Tetramethylsilan (TMS) verwenden (interner bzw. externer Standard). An sich genügen jedoch als Referenz die ^{13}C-Signale des Lösungsmittels mit ihrer bekannten chemischen Verschiebung zur Bestimmung der δ-Werte der Meßprobe.

Der niedrige natürliche ^{13}C-Gehalt von 1,1 % und das kleine magnetische Moment bedingen eine geringe Empfindlichkeit des ^{13}C-Kerns für die NMR-Spektroskopie (s. Abschn. 1.1, insbesondere Tab. 3.1, S. 70).

Bei der Messung der ^{13}C-Resonanzen einer organischen Verbindung werden in der Regel Wasserstoff-Kerne vorhanden sein, die sich durch eine Spin-Spin-Kopplung bemerkbar machen; d.h., für einen Satz isochroner ^{13}C-Kerne ist durch direkte, *geminale*, *vicinale* oder Fern-Kopplungen mit Protonen ein Multiplett zu erwarten. Die Signalintensität wird dadurch auf mehrere Linien verteilt. In den ^{1}H-Resonanz-Spektren tritt diese ^{13}C,^{1}H-Kopplung infolge des geringen ^{13}C-Gehalts normalerweise nicht in Erscheinung (s. jedoch Abschn. 3.8, S. 126, über die ^{13}C-Satelliten). Bei der Aufnahme von ^{13}C-Spektren umgeht man diesen Nachteil durch die sog. **^{1}H-Breitband-Entkopplung**. Im Gegensatz zur **homonuklearen Spin-Entkopplung** (Abschn. 3.8, S. 128) handelt es sich hierbei um eine **heteronukleare Spin-Entkopplung**.

Um alle anwesenden ^{13}C,^{1}H-Kopplungen gleichzeitig aufzuheben, strahlt man mit großer Senderleistung ein Frequenzband ein, das den gesamten Protonen-Verschiebungsbereich erfaßt. Man moduliert dazu eine Entkopplerfrequenz mit niederfrequentem Rauschen. Das hat dem Verfahren neben dem Namen **^{1}H-Breitband-Entkopplung** auch die Bezeichnung **^{1}H-Rausch-Entkopplung** eingebracht **(proton noise decoupling)**.

Der Entkopplungseffekt beruht, wie auf S. 128 ff. beschrieben, darauf, daß der koppelnde ^{1}H-Kern durch die zusätzliche Einstrahlung seiner eigenen Resonanzfrequenz so schnell seine Präzessionsrichtung (Spin-Einstellung) ändert, daß alle Kopplungspartner (hier die koppelnden ^{13}C-Kerne) nur mehr den Mittelwert Null registrieren. Alle Linien eines Multipletts einer ^{13}C-Absorption fallen dadurch zu einem Singulett zusammen. Seine Intensität kann bis 300 % der Summe der Intensitäten der Multiplettlinien betragen. Der Intensitätsgewinn geht dabei auf den **heteronuklearen Kern-Overhauser-Effekt** zurück (s. Abschn. 1.5, S. 82).

Durch die ^{1}H-Breitband-Entkopplung vereinfachen sich also die ^{13}C-NMR-Spektren erheblich, und die einzelnen Signale gewinnen an Intensität. Diese Vorteile wiegen den Informationsverlust an ^{13}C,^{1}H-Kopplungskonstanten längst auf, so daß Routine-^{13}C-Spektren stets breitbandentkoppelt aufgenommen werden. Die ^{13}C,D-Kopplungen bleiben davon unberührt. Abb. 3.61 zeigt am Beispiel des Mesitylacetylens (**141**) einen Vergleich von gekoppeltem und ^{1}H-breitband-entkoppeltem ^{13}C-Spektrum.

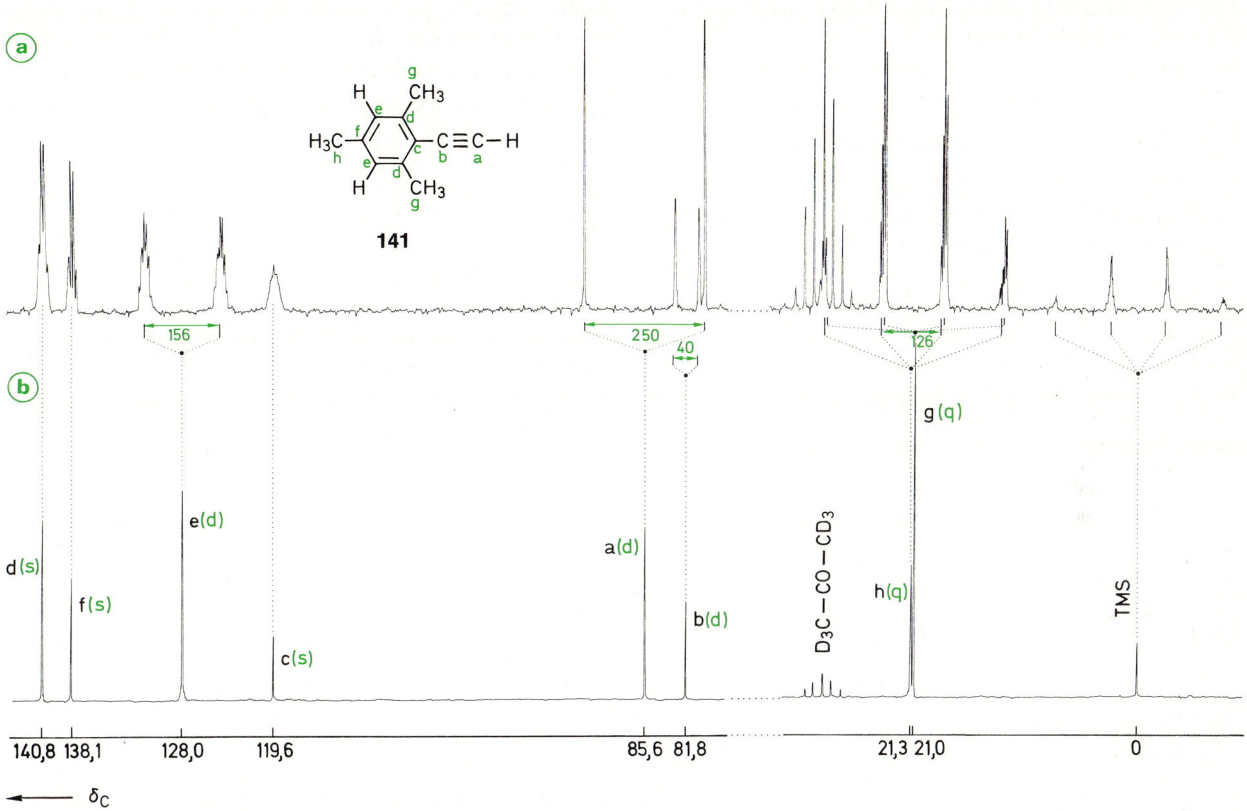

Abb. 3.61 ^{13}C-NMR-Spektren von Mesitylacetylen (**141**) in Hexadeuteroaceton
a gekoppelt **b** ^{1}H-breitband-entkoppelt

Im entkoppelten Spektrum 3.61 b behalten die Signale d, f und c ihre Positionen. Es handelt sich also bei ihnen um Singuletts (s). Die entsprechenden C-Atome tragen keine H-Atome. Im gekoppelten Spektrum 3.61 a sind sie lediglich durch Kopplungen mit entfernteren Protonen verbreitert. Die Signale e, a und b geben in der gekoppelten Aufnahme jeweils ein Dublett (d), d. h., die zugehörigen C-Kerne koppeln abgesehen von Fernkopplungen jeweils mit einem Proton. Die drei Kopplungskonstanten sind mit 156, 250 und 40 Hz (s. Abb. 3.61a) grundverschieden. Bei e und a handelt es sich um Kopplungen eines aromatischen bzw. acetylenischen C-Atoms mit einem direkt gebundenen H-Atom (^{1}J(C, H)-Kopplungen). Bei b tritt eine bemerkenswert große ^{2}J(C, H)-Kopplung auf (s. Abschn. 4.3, S. 144). Die Methyl-C-Kerne g und h geben durch Kopplung mit den drei Methyl-Protonen jeweils ein Quartett (q). Erst im entkoppelten Spektrum erkennt man richtig, daß es sich um zwei ^{13}C-Signale handelt, deren Intensitäten so unterschiedlich sind, daß man den höheren Peak den beiden C-Atomen g zuordnen kann. (Ein Triplett (t) einer CH_2-Gruppe ist nicht vorhanden.)

Zur Aufnahme des gekoppelten Spektrums wurden bei gleicher Konzentration von (**141**) rund zehnmal so viele Scans akkumuliert wie bei der breitband-entkoppelten Aufnahme. Man sieht das ganz deutlich am Anwachsen des Lösungsmittel-Signals (Septett von Hexadeuteroaceton bei $\delta = 29{,}8$. Auf die Wiedergabe des CO-Signals bei $\delta = 206{,}5$ wurde verzichtet). Die Messung gekoppelter Spektren erfordert also eine längere Meßdauer oder eine höhere Meßkonzentration. Für ein ^{1}H-breitband-entkoppeltes ^{13}C-Spektrum einer konzentrierten Lösung sind einige hundert oder tausend Scans notwendig. Um den Zeitfaktor der Spektren-Aufnahme einzukalkulieren, muß man berücksichtigen, daß das Signal-Rausch-Verhältnis $S:N$ mit $\sqrt{n}$ wächst, wenn n die Zahl der akkumulierten Scans ist. Das heißt in der Praxis, daß bei halber Konzentration nicht die doppelte, sondern die vierfache Meßzeit erforderlich ist, um dasselbe **Signal-Rausch-Verhältnis** zu bekommen.

Wendet man diese Überlegungen auf die Anfertigung voll gekoppelter Spektren an, so bedeutet das, daß man im Vergleich zu der ^{1}H-breitband-entkoppelten Aufnahme bei gleicher Konzentration etwa die 10fache Scan-Zahl, d. h. die 10fache Meßzeit benötigt.

4.2 ^{13}C-chemische Verschiebungen

Im einführenden Abschn. 1.2 (S. 71) ist der funktionelle Zusammenhang zwischen der **chemischen Verschiebung** eines Kerns und der **Abschirmungskonstante** σ beschrieben.

$$10^{-6} \cdot \delta(\mathrm{X}) = \sigma(\mathrm{TMS}) - \sigma(\mathrm{X})$$
$$\sigma = \sigma_{\mathrm{d}} + \sigma_{\mathrm{p}} + \sigma'$$

Im Gegensatz zur ^{1}H-Resonanz ist in der ^{13}C-Resonanz das σ_{para}-Glied besonders wichtig. Da in diesem Term die **Elektronenanregung** berücksichtigt wird, geht die dafür notwendige Energie ΔE in σ_{p} ein. Mit abnehmendem ΔE erhält man eine Tieffeld-Verschiebung.

Ganz entscheidend hängt die chemische Verschiebung eines ^{13}C-Kerns von der **Hybridisierung** ab. *sp*^{3}-C-Atome absorbieren bei höchstem Feld, dann folgen die *sp*-C-Atome und bei tiefstem Feld schließlich die *sp*^{2}-C-Atome. Diese Reihenfolge entspricht der ^{1}H-Resonanz von gesättigten, acetylenischen und olefinischen Protonen. Die Resonanzpositionen von ^{13}C-Kernen und den daran gebundenen Protonen weisen häufig eine Parallele auf. Man sollte diesen Vergleich jedoch nicht über Gebühr beanspruchen. Beim Gang von Cyclobutan (**142**) zu Cyclopropan (**90**) stimmt z. B. die Verschiebungstendenz für ^{13}C- und ^{1}H-Resonanz überein.

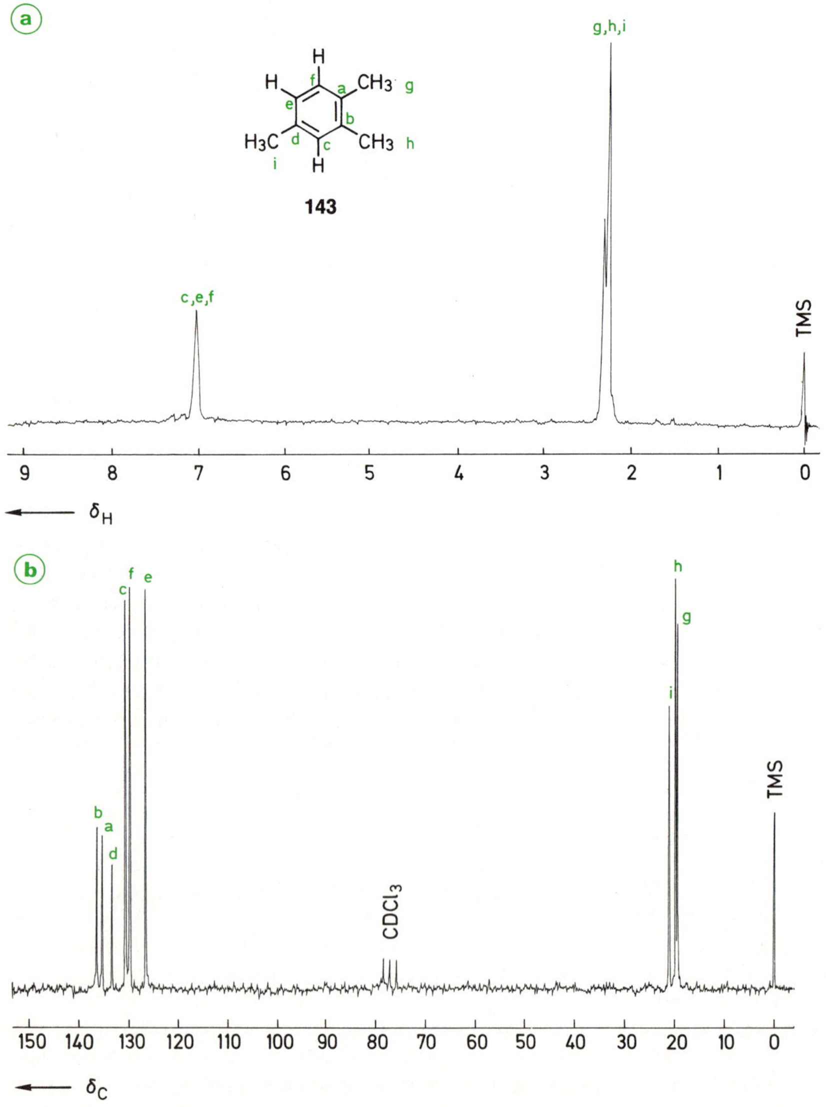

Abb. 3.62 Kernresonanz-Spektren von 1,2,4-Trimethylbenzol (**143**) in $CDCl_3$

a ^{1}H-Resonanz
b ^{13}C-Resonanz (breitband-entkoppelt)

δ:			
a	135,0	f	129,5
b	136,2	g	19,2
c	130,5	h	19,5
d	133,1	i	20,8
e	126,5		

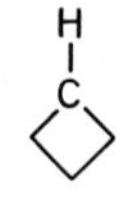

δ_H: 1,96
δ_C: 23,1

142

δ_H: 0,22
δ_C: - 2,8

90

Ein Gegenbeispiel stellen Benzol (**72**) und Cyclooctatetraen (**87**) dar:

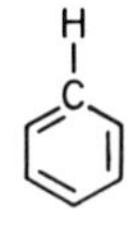

δ_H: 7,26
δ_C: 128,5

72

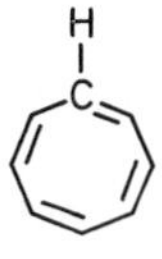

δ_H: 5,80
δ_C: 131,5

87

Der **„Ringstrom"** als spezieller Anisotropieeffekt in der ^{1}H-Resonanz von Aromaten bewirkt im Vergleich zu olefinischen Protonen einen markanten Tieffeld-Shift. In der ^{13}C-Resonanz spielt dieser Effekt für die Ring-Kohlenstoff-Atome offensichtlich keine Rolle. Olefinische und aromatische C-Atome absorbieren im selben Bereich. Im oberen Beispiel ist sogar die ^{13}C-Resonanz von Cyclooctatetraen um 3 ppm gegenüber Benzol zu tieferem Feld verschoben. Zum Vergleich der ^{1}H- und ^{13}C-Verschiebungen ist außerdem zu bemerken, daß der **Absorptionsbereich** für ^{13}C-Kerne ohne Extremfälle rund 200 ppm umfaßt, während der ^{1}H-Bereich lediglich rund 10 ppm breit ist. Unterschiede in der chemischen Umgebung werden sich daher in der ^{13}C-Resonanz im allgemeinen stärker bemerkbar machen. Als Beispiel sind die Spektren von 1,2,4-Trimethylbenzol (**143**) abgebildet (Abb. 3.62). Während in der ^{1}H-Resonanz die drei chemisch nichtäquivalenten Ring-Protonen zusammenfallen und auch die drei unterschiedlichen Methyl-Gruppen sich eng überlagern, erhält man für die ^{13}C-Kerne schön getrennte Signale.

Wie wertvoll die ^{13}C-Spektroskopie ist, zeigt sich insbesondere bei komplexeren Molekülen z. B. aus der Steroid- oder Alkaloid-Reihe. In Abb. 3.63 ist als Beispiel das Chinin (**144**) wiedergegeben. Man erkennt klar getrennt die zwanzig ^{13}C-Signale der zwanzig verschiedenen C-Atome.

Funktionelle Gruppen entschirmen im allgemeinen das C-Atom, an das sie unmittelbar gebunden sind. (Eine Hochfeld-Verschiebung wird allerdings bei Schweratomen wie Iod beobachtet (**148**).) In der benachbarten β-Position ist die Entschirmung meist geringer. Es gibt jedoch Ausnahmen, wie der Vergleich von 1-Octanol (**145**) und 1-Octanthiol (**146**) zeigt:

Iod führt in der β-Stellung ebenfalls zu einem Tieffeld-Shift. (Vergleiche jeweils C–1 mit C–8, C–2 mit C–7, usw.) Der Einfluß von Substituenten beschränkt sich nicht wie in der ^{1}H-Resonanz auf die unmittelbare Umgebung der gemessenen Kerne, sondern bezieht auch weiter entfernte Gruppen mit ein.

Alle Substituenten X bewirken eine Erhöhung der Abschirmung des γ-C-Atoms in einer C-Kette. Die resultierende Hochfeld-Verschiebung wird als **γ-Effekt** bezeichnet. Der Substitutenteneinfluß auf die δ- oder eine höhere Position ist in offenkettigen Verbindungen klein. Das gilt nicht unbedingt für Bi- und Polycyclen. Auch der räumliche Bau spielt eine wichtige Rolle, wie das Beispiel von *cis*-Dekalin (**149**) und *trans*-Dekalin (**150**) und das Beispiel der stereoisomeren 2,3-Dibrombernsteinsäuren (**151**–**153**) zeigen. Die Enantiomeren *RR* und *SS* mit C_2-Symmetrie geben im achiralen Medium dieselben ^{13}C-Signale; die achirale *meso*-Form mit Inversionszentrum zeigt davon abweichende Resonanzsignale.

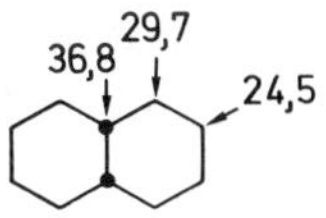

149

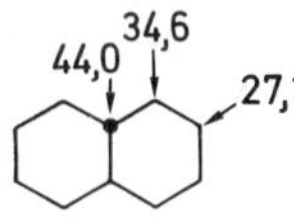

150

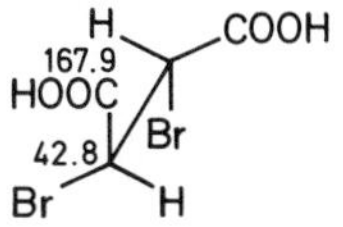

151
RR(C$_2$)

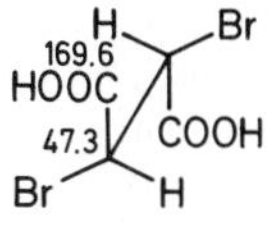

152
meso (C$_i$)

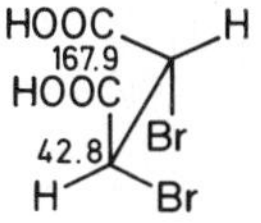

153
SS(C$_2$)

Bei *geminaler* Mehrfachsubstitution brauchen sich die Entschirmungseffekte nicht additiv zu verhalten. Betrachtet man z. B. die Halogenmethane, so stellt man fest, daß mit zunehmender Zahl von Fluor- oder Chlor-Substituenten ein wachsender Tieffeld-Shift beobachtet wird. Umgekehrt führt ein zunehmender Einbau von Iod zu einer steigenden Hochfeld-Verschiebung. Bei den bromsubstituierten Methanen ist der Trend uneinheitlich (Tab. 3.25).

Steigende Alkyl-Substitution führt im allgemeinen zu einer Tieffeld-Verschiebung:

$$\delta(CH_4) < \delta(C_{prim}) < \delta(C_{sek}) < \delta(C_{tert}) < \delta(C_{quart})$$

		α	β	γ	δ	ε			
	X—	CH_2—	CH_2—	CH_2—	CH_2—	CH_2—	CH_2—	CH_2—	CH_3
145	(X = OH):	63,1	32,9	25,9	29,5	29,4	31,9	22,8	14,1
146	(X = SH):	24,7	34,2	28,5	29,2	29,1	31,9	22,8	14,1
147	(X = Br):	33,8	33,0	28,3	28,8	29,2	31,8	22,7	14,1
148	(X = I):	6,9	33,7	30,6	28,6	29,1	31,8	22,7	14,1

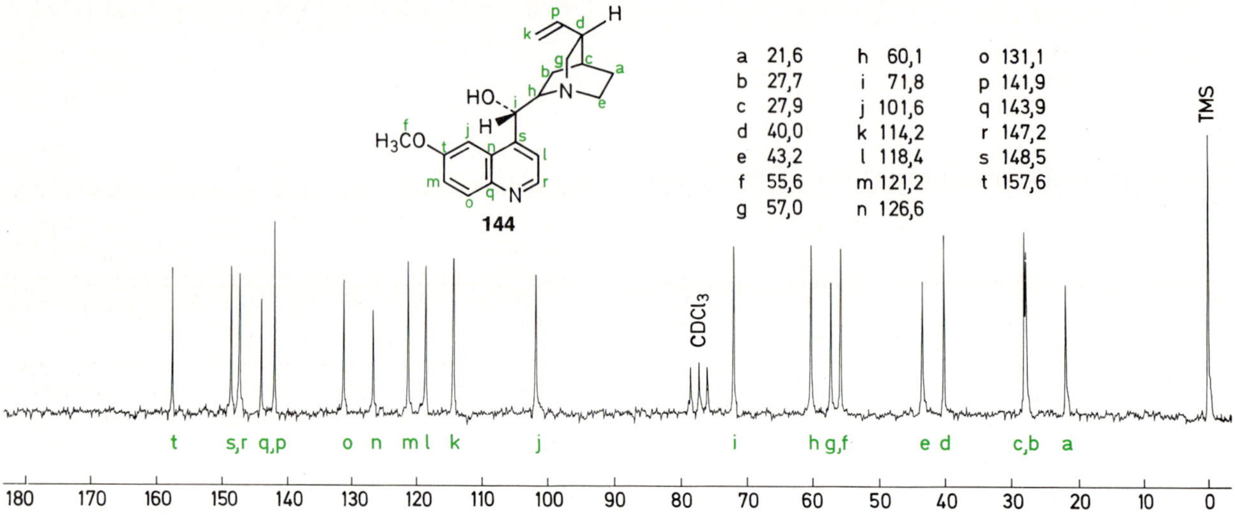

Abb. 3.63 ^{13}C-NMR-Spektrum von Chinin (**144**) in $CDCl_3$ (^{1}H-breitband-entkoppelt)

Tab. 3.25 ^{13}C-Signale von Halogenmethanen; δ-Werte

Verbindung	X = F	Cl	Br	I
CH_3X	75,0	24,9	9,8	− 20,8
CH_2X_2	109,0	54,0	21,4	− 54,0
CHX_3	116,4	77,0	12,1	−139,9
CX_4	118,6	96,5	−29,0	−292,5

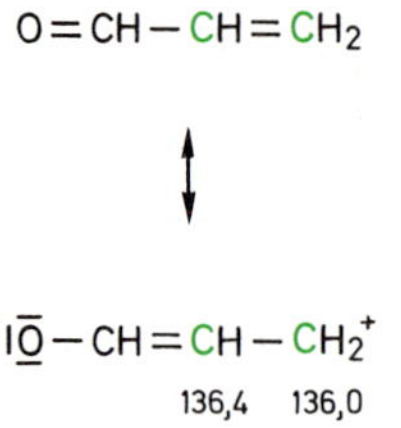

154

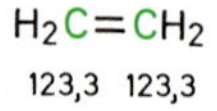

15

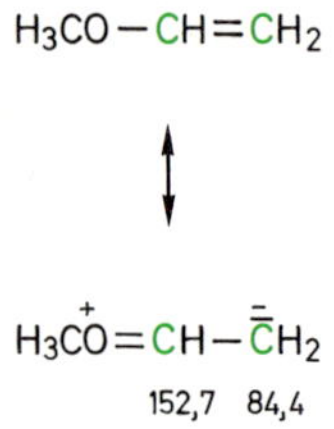

155

Für die Größe des Substituenteneffekts spielt ähnlich wie in der ^{1}H-Resonanz die Elektronegativität des Substituenten X eine Rolle. Mit wachsender Elektronegativität von X wird das α-C-Atom verstärkt zu tieferem Feld verschoben. Tab. 3.25 zeigt das in der Reihe der halogenierten Methane. Für die β-Position und entferntere C-Atome gilt diese Regel nicht mehr. Beim γ-Effekt drehen sich die Verhältnisse bei den Halogenalkanen gerade um. Fluor bewirkt in γ-Stellung den stärksten Hochfeld-Shift, Iod den schwächsten.

Ungeachtet der verschiedenen, die ^{13}C-Verschiebungen bestimmenden Faktoren gibt es einen direkten Zusammenhang zwischen den δ-Werten und der **Ladungsdichte** an den betreffenden C-Atomen. Dieser Zusammenhang ist zur Spektren-Interpretation sehr nützlich und soll daher an einigen Beispielen diskutiert werden. Vergleicht man z. B. Ethylen mit seinem Formyl- bzw. Methoxy-Derivat, so beobachtet man für ungesättigte Carbonyl-Verbindungen (z. B. Acrolein, **154**) bzw. Enolether (z. B. Methylvinylether, **155**) typische Effekte:

Während der induktive Effekt im wesentlichen in der α-Position wirksam wird, bedingt der mesomere Effekt in β-Stellung beim Acrolein (**154**) eine Verringerung, beim Methylvinylether (**155**) dagegen eine Erhöhung der Elektronendichte. Die stärkere Entschirmung äußert sich in einer Tieffeld-Verschiebung, die stärkere Abschirmung in einem Hochfeld-Shift. Als weitere Beispiele sind Nitrobenzol (**156**) und Anilin (**157**) angegeben. Durch den Mesomerieeffekt wird die Elektronendichte in *o*- und *p*-Stellung verändert. Dieselbe Argumentation ist auf Pyridin (**80**) und sein N-Oxid (**158**) anzuwenden. Man erkennt eindeutig den Einfluß der Ladungsdichten auf die ^{13}C-Verschiebungen. An der Verschiebung der *o*-C-Atome im Nitrobenzol (**156**) wird jedoch gleichzeitig deutlich, daß noch andere Faktoren zu berücksichtigen sind.

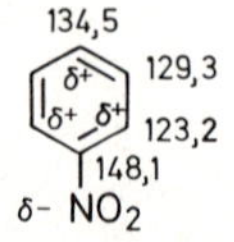

156

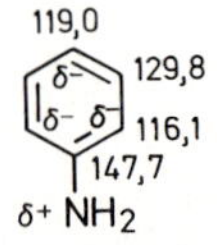

157

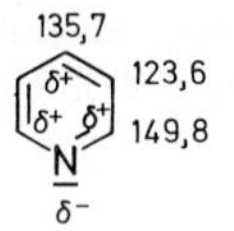

80

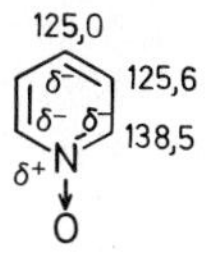

158

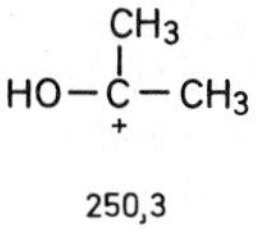

163

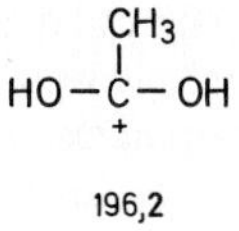

164

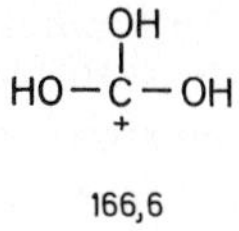

165

Besonders augenfällig ist der Zusammenhang zwischen ^{13}C-Verschiebungen und Elektronendichten bei Ionen. In Abb. 3.64 ist das am Beispiel der aromatischen Ionen im Vergleich zum ungeladenen Benzol gezeigt.

Von ganz entscheidender Bedeutung für die Untersuchung von Carbenium-Ionen war die Messung ihrer ^{13}C-Spektren in „magischer Säure". Wie die Beispiele (**159–165**) zeigen, erkennt man das Ausmaß der Ladungsdelokalisierungen an der ^{13}C-Verschiebung des zentralen C-Atoms.

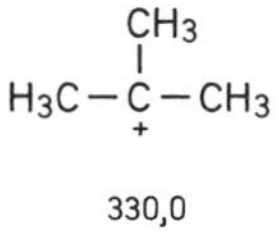

159

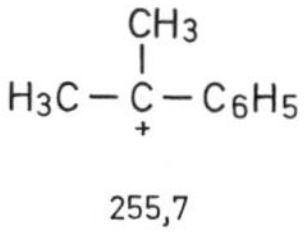

160

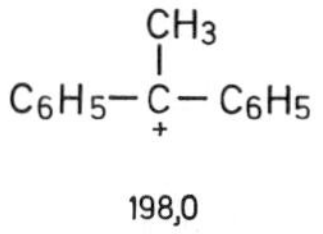

161

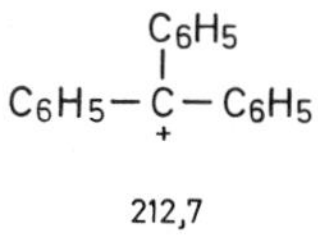

162

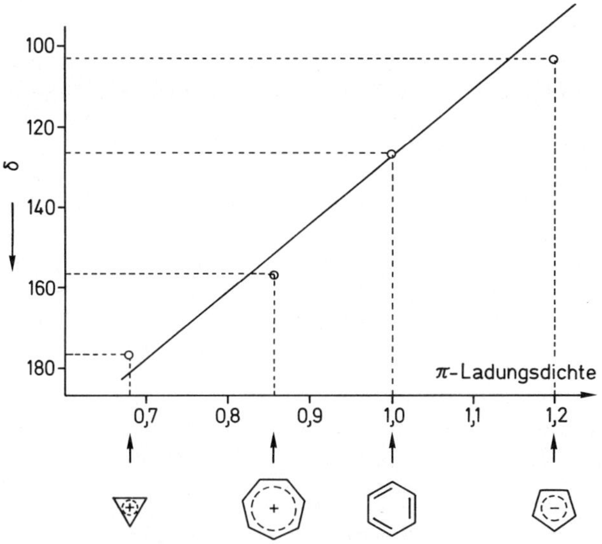

82 **85** **72** **84**

Abb. 3.64 Zusammenhang zwischen ^{13}C-Verschiebungen und π-Elektronendichten bei Ionen

Nach diesen Ausführungen über den Einfluß von Ladungen auf die chemischen Verschiebungen leuchtet es ein, daß acide oder basische Verbindungen stark pH-abhängige Signale besitzen. Vereinfachte Elektronendichte-Abschätzungen können jedoch leicht zu Fehlschlüssen führen. Die Protonierung von linearen Alkylaminen bewirkt in der Regel eine Hochfeld-Verschiebung von C_α, C_β und C_γ; umgekehrt beobachtet man bei der Deprotonierung von Carbonsäuren eine Tieffeld-Verschiebung!

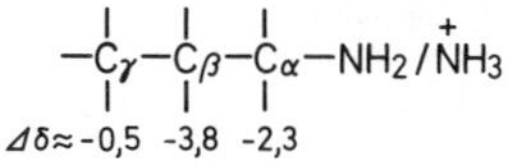

166

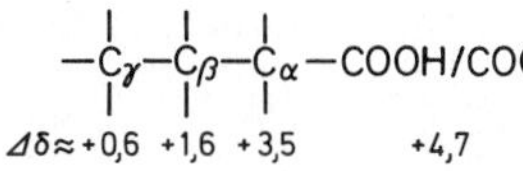

167

Bei den amphoteren Aminosäuren nehmen die δ-Werte im allgemeinen mit dem pH-Wert zu, wie am Beispiel Alanin gezeigt werden soll:

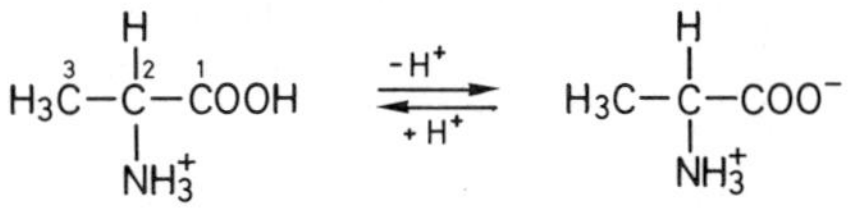

23

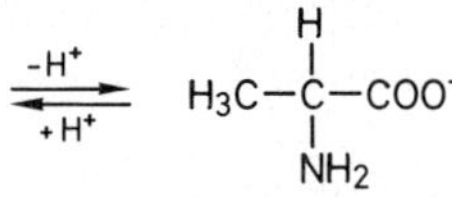

pH	0,43	4,96	12,52
C-1	174,0	177,0	185,7
C-2	50,1	51,9	52,7
C-3	16,5	17,5	21,7

Am Ende dieses Abschnitts sei noch kurz auf den **Einfluß des Mediums** auf die gemessenen ^{13}C-Verschiebungen hingewiesen. Man kann ihn durch eine zusätzliche Abschirmungskonstante δ_{Med} beschreiben. Wenn nicht besondere Wechselwirkungen wie z. B. Säure-Base-Beziehungen vorliegen, dann liegen die Lösungsmittel- und Konzentrationsverschiebungen meist unter 3 ppm (s. jedoch den Abschn. auf S. 166 über Verschiebungsreagenzien).

Der Einfluß der Temperatur auf die ^{13}C-Verschiebungen ist ebenfalls klein, wenn nicht temperaturabhängige Prozesse (innermolekulare Beweglichkeit, chemische Umwandlungen) die gemessenen Moleküle verändern (s. Abschn. 2, S. 83 ff.).

4.3 ^{13}C,^{1}H-Kopplungen

Die Kopplung ^{1}J(C,H) ist ein Maß für den *s*-Charakter des Hybridorbitals der betreffenden (C—H)-Bindung. Es gilt die empirische Beziehung

$$^{1}J(\mathrm{C,H}) = 500\,\mathrm{p} \quad \text{mit} \quad \mathrm{p} = \begin{cases} 0{,}25 \text{ bei C} - sp^3 \\ 0{,}33 \text{ bei C} - sp^2 \\ 0{,}50 \text{ bei C} - sp \end{cases}$$

Tab. 3.26 Zusammenhang zwischen ^{1}J(C,H) und *s*-Charakter der Kohlenstoff-Hybridorbitale

	Hybridisierung sp^{λ^2}	λ^2	$p = \frac{1}{1+\lambda^2}$	^{1}J(C,H) berechnet	^{1}J(C,H) gemessen
Ethan	sp^3	3	0,25	125	124,9
Ethylen	sp^2	2	0,33	167	156,4
Acetylen	sp	1	0,50	250	248

Tab. 3.26 zeigt die gemessenen und die nach dieser Gleichung berechneten Kopplungskonstanten für Ethan, Ethylen und Acetylen.

Tab. 3.27 ^{1}J(C,H)-Kopplungskonstanten bei substituierten Methanen

Verbindung	^{1}J(C,H) (Hz)
CH_4	125
CH_3F	149
CH_3Cl	150
CH_3Br	152
CH_3I	151
CH_3NH_2	133
$CH_3N^+H_3$	145
CH_3NO_2	147
CH_3OH	141
CH_3O^-	131
CH_3OCH_3	140
CH_3SCH_3	138
$CH_3Si(CH_3)_3$	118
CH_3Li	98
CH_2Cl_2	177
$CHCl_3$	209
CHF_3	239

Tab. 3.28 ^{1}J(C,H)-Kopplungen ausgewählter Verbindungen

Verbindung	^{1}J(C,H) (Hz)
H—CH_2—CH_3	125
H—$CH(CH_3)_2$	119
H—$C(CH_3)_3$	114
H—CH_2—CH=CH_2	122
H—CH_2—C_6H_5	129
H—CH_2—C≡CH	132
H—CH_2—C≡N	136
H—CH_2—COOH	130
H—CH(OH)—C_6H_5	140
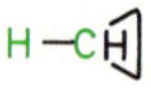	160
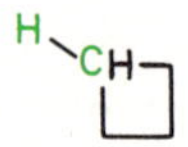	134
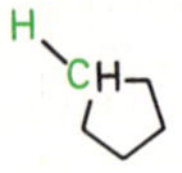	128
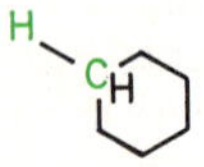	125

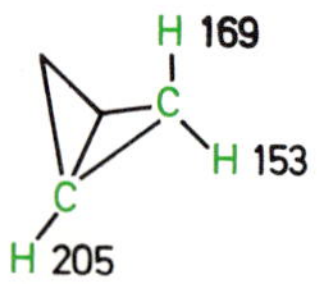

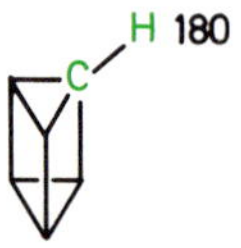

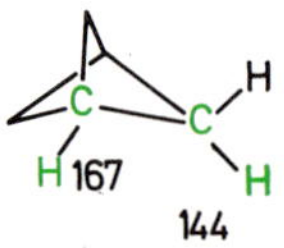

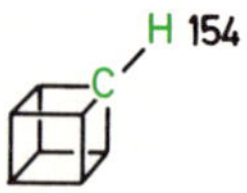

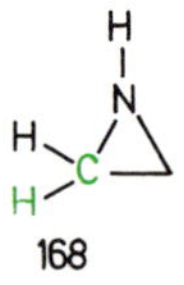

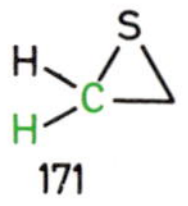

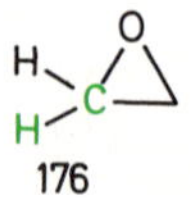

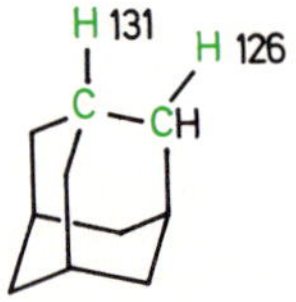

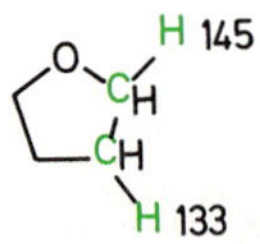

Tab. 3.28 Fortsetzung

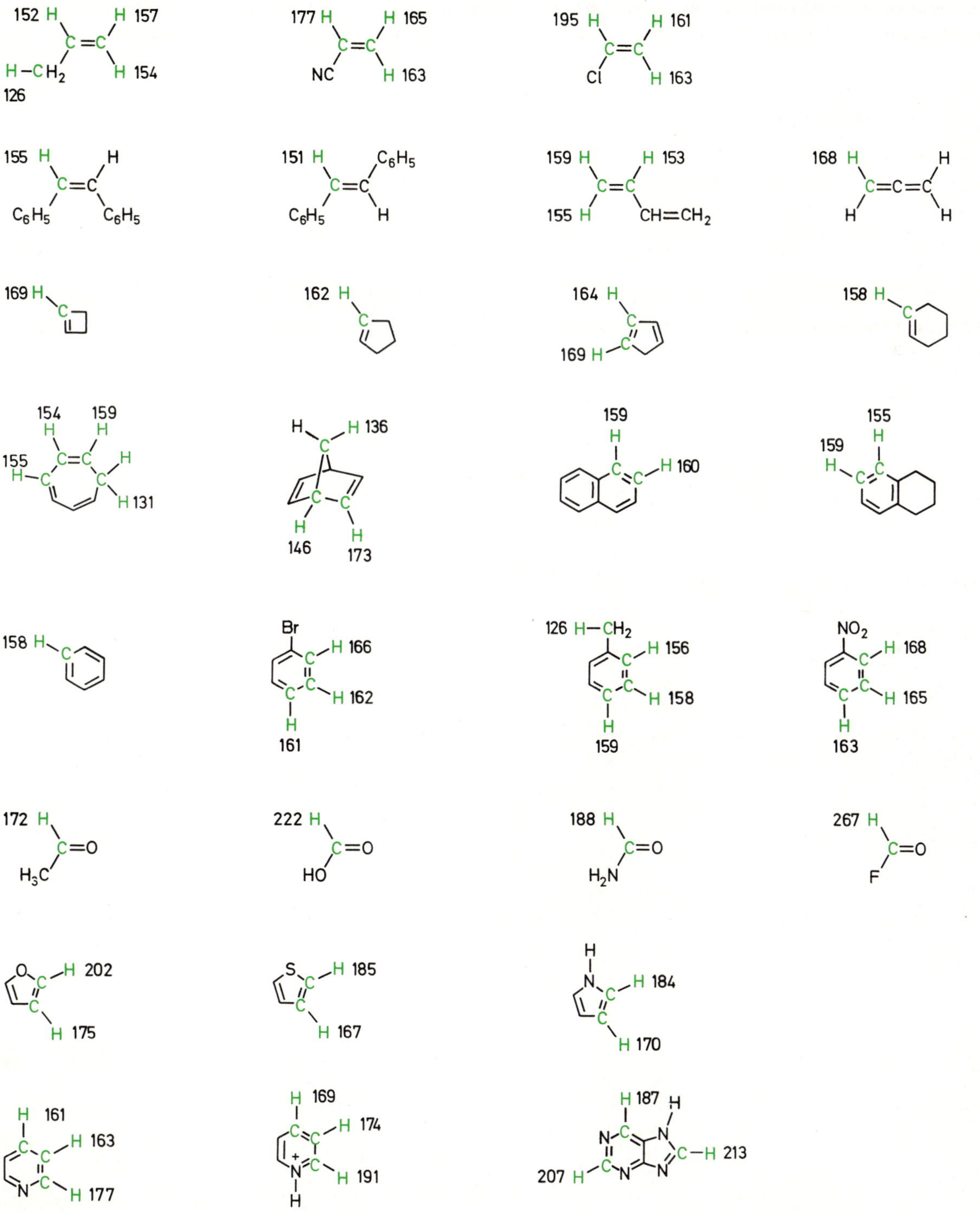

Vergleicht man die ^1J(C,H)-Konstanten von Cyclohexan (125 Hz) und Cyclopropan (160 Hz), dann erkennt man die Annäherung des Cyclopropans an olefinische Systeme, wie sie z.B. auch das Walsh-Orbital-Modell zum Ausdruck bringt. Man sollte diese Abschätzung des *s*-Charakters von Hybridorbitalen jedoch auf Kohlenwasserstoffe beschränken.

Der Einfluß von Substituenten auf die ^1J(C,H)-

Tab. 3.29 ^2J(C,H)-, ^3J(C,H)- und höhere Kopplungen von ausgewählten Verbindungen

Verbindung	^2J(C,H) (Hz)	^3J(C,H) (Hz)	^nJ(C,H) (Hz)
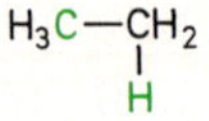	−4,5		
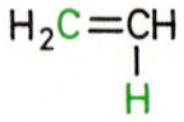	−2,4		
HC≡C—H	+49,6		
$H_3C-CH_2-CH_2-H$	−4,4	+5,8	
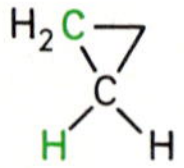	−2,5		
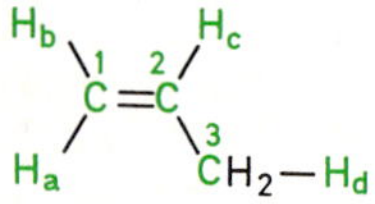	C_1H_c: +0,4 C_2H_a: −2,6 C_2H_b: −1,2 C_2H_d: −6,8 C_3H_c: +5,0	C_1H_d: + 6,7 C_3H_a: + 7,6 C_3H_b: +12,7	
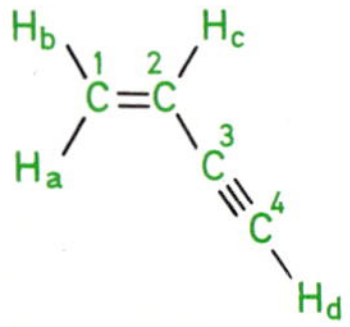	C_1H_c: +8,8 C_2H_a: −3,7 C_2H_b: −0,3 C_3H_c: +2,0	C_2H_d: + 4,8 C_3H_a: + 9,5 C_3H_b: +16,3	C_1H_d: +2,8 ($n = 4$) C_4H_a: <1 ($n = 4$) C_4H_b: <1 ($n = 4$)
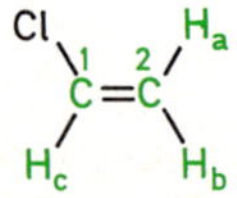	C_1H_a: −8,3 C_1H_b: +7,1 C_2H_c: +6,8		
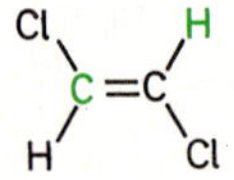	+ 0,8		
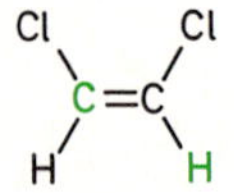	+16,0		
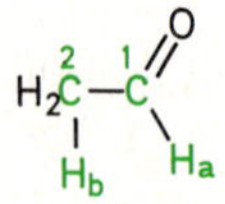	C_1H_b: − 6,6 C_2H_a: +26,7		
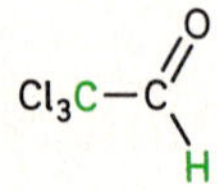	+46,3		

Tab. 3.29 Fortsetzung

Verbindung	^2J (C, H) (Hz)	^3J (C, H) (Hz)	^nJ (C, H) (Hz)
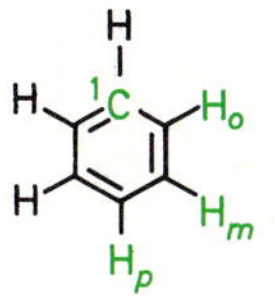	CH_o: +1,1	CH_m: +7,6	CH_p: −1,2 (n = 4)
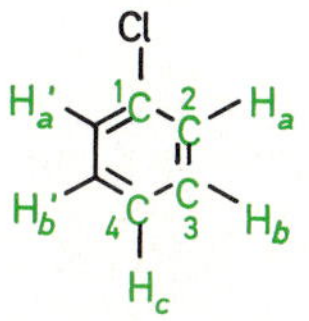	C_1H_a: −3,4 C_2H_b: +1,4 C_3H_a: +0,3 C_3H_c: +1,6 C_4H_b: +0,9	C_1H_b: +11,1 C_2H_c: + 7,8 $C_2H'_a$: + 5,1 $C_3H'_b$: + 8,2 C_4H_a: + 7,4	C_1H_c: −2,0 (n = 4) $C_2H'_b$: −1,2 (n = 4) $C_3H'_a$: −0,9 (n = 4)
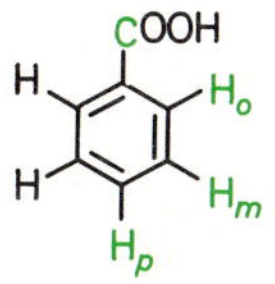		CH_o: +4,1	CH_m: +1,1 (n = 4) CH_p: +0,5 (n = 5)
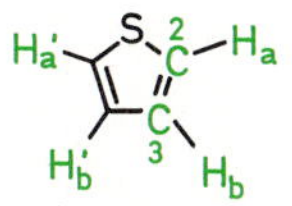	C_2H_b: +7,4 C_3H_a: +4,7 $C_3H'_b$: +5,9	$C_2H'_b$: +10,0 $C_2H'_a$: + 5,0 $C_3H'_a$: + 9,8	
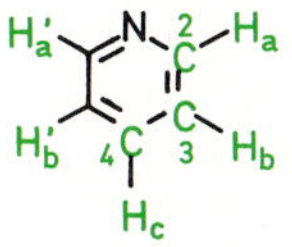	C_2H_b: +3,1 C_3H_a: +8,5 C_3H_c: +0,9 C_4H_b: +0,7	$C_2H'_a$: +11,1 C_2H_c: + 6,8 $C_3H'_b$: + 6,6 C_4H_a: + 6,4	$C_2H'_b$: −0,9 (n = 4) $C_3H'_a$: −1,7 (n = 4)

Kopplungen kommt in der Reihe der Methan-Derivate in Tab. 3.27 zum Ausdruck.

Da die ^1J(C, H)-Kopplung für die Spektren-Interpretation eine gewisse Bedeutung hat, sind in Tab. 3.28 einige weitere Beispiele angegeben.

Während die ^1J(C, H)-Kopplungskonstanten zwischen ca. +320 und +100 Hz liegen, kennt man für die ^2J(C, H)-Kopplung Werte zwischen etwa +70 und −20 Hz. Die *vicinalen* Kopplungen ^3J(C, H) sind stets positiv und kleiner als 15 Hz. Ihre Abhängigkeit vom Diederwinkel gleicht der Karplus-Kurve (s. S. 105). Einige charakteristische Daten für ^2J(C, H), ^3J(C, H) und ^nJ(C, H)-Kopplungen ($n \geqq 4$) sind in Tab. 3.29 angegeben.

4.4 Kopplungen von ^{13}C mit anderen Kernen (D, F, N, P)

Bereits in Tab. 3.24 sind für die deuterierten Lösungsmittel eine Reihe von **^1J(C, D)-Kopplungskonstanten** enthalten. Näherungsweise gilt:

$$J(\mathrm{C,H}) : J(\mathrm{C,D}) \approx \gamma_\mathrm{H} : \gamma_\mathrm{D} \approx 6{,}5 : 1$$

Die ^{13}C, D-Kopplungen sind also wesentlich kleiner als die entsprechenden ^{13}C, ^{1}H-Kopplungen.

Abb. 3.65 (s. S. 148) zeigt das ^{13}C-Spektrum von Trifluoressigsäure (**168**) in Deuterochloroform.

Die direkten **^{13}C, ^{19}F-Kopplungen** sind dem Betrag nach größer als die vergleichbaren ^{13}C, ^{1}H-Kopplungen, haben jedoch ein negatives Vorzeichen. Die ^1J(C, F)-Werte liegen zwischen −150 und −400 Hz. Eine Auswahl von ^nJ(C, F)-Konstanten ist in Tab. 3.30 zusammengestellt.

Weiterhin sei hier kurz auf die **^{13}C, ^{15}N- und die ^{13}C, ^{31}P-Kopplungen** eingegangen. Während man in ^{1}H-breitband-

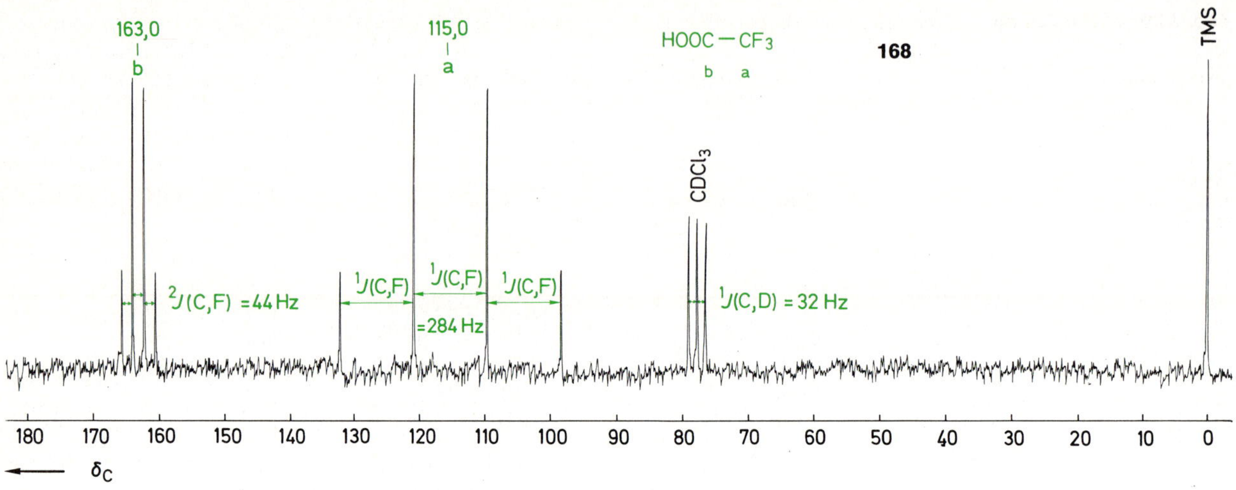

Abb. 3.65 ^{13}C-NMR-Spektrum von Trifluoressigsäure (**168**) in Deuterochloroform

Tab. 3.30 ^nJ (C, F)-Kopplungskonstanten ausgewählter Verbindungen (in Hz)

Verbindung	$\|^1J\text{(C,F)}\|$	$\|^2J\text{(C,F)}\|$	$\|^nJ\text{(C,F)}\|$
$F-CH_3$	162		
$F-CFH_2$	235		
$F-CF_2H$	274		
$F-CF_3$	259		
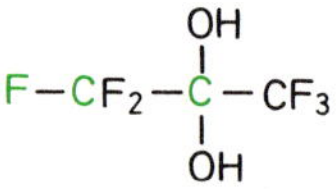	286	34	
$F-CH_2-CH_2-CH_2-C_3H_7$	167	20	^3J (C, F): 5 ^4J (C, F): <2 ^5J (C, F): ≈ 0
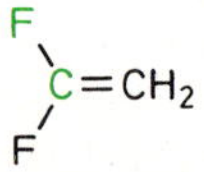	287		
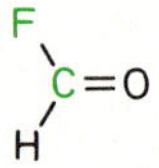	369		
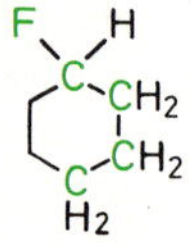	171	19	^3J (C, F): 5 ^4J (C, F): ≈ 0
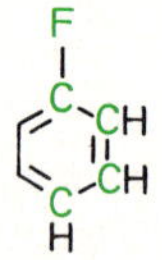	245	21	^3J (C, F): 8 ^4J (C, F): 3
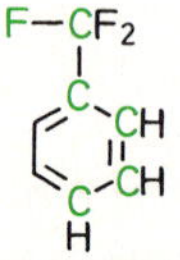	272	32	^3J (C, F): 4 ^4J (C, F): 1 ^5J (C, F): 0

Tab. 3.31 $^{13}C, ^{15}N$-Kopplungskonstanten ausgewählter Verbindungen (in Hz)

Verbindung	$\vert{}^1J(C,N)\vert$	$\vert{}^2J(C,N)\vert$	$\vert{}^nJ(C,N)\vert$
H_3C-NH_2	5		
$H_3C-\overset{+}{N}(CH_3)_3$	6		
$H_3C-C(=O)NH_2$	14	10	
$H_3C-C{\equiv}N$	18	3	
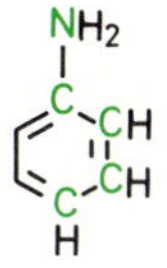	11,4	2,7	$^3J(C,N)$: 1,3 $^4J(C,N)$: <1
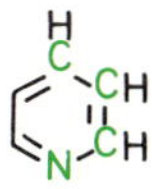	0,5	2,4	$^3J(C,N)$: 3,9
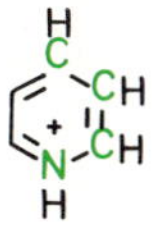	12,0	2,1	$^3J(C,N)$: 5,3

entkoppelten ^{13}C-Spektren von Fluor- oder Phosphor-Verbindungen die $^{13}C, ^{19}F$- bzw. $^{13}C, ^{31}P$-Kopplungen direkt ablesen kann, sind die $^{13}C, ^{15}N$-Kopplungen nur bei ^{15}N-Anreicherung zugänglich. Die natürliche Isotopenhäufigkeit beträgt bei ^{19}F und ^{31}P jeweils 100%, bei ^{15}N dagegen nur 0,37% (s. Tab. 3.1, S. 70). Zur Orientierung sind einige Werte für $^{13}C, ^{15}N$- und $^{13}C, ^{31}P$-Kopplungen in Tab. 3.31 und 3.32 angegeben.

4.5 $^{13}C, ^{13}C$-Kopplungen

Die Kopplung eines ^{13}C-Kerns mit einem benachbarten ^{13}C-Kern ist in Routine-^{13}C-NMR-Spektren im allgemeinen nicht sichtbar. Der geringe natürliche ^{13}C-Gehalt von 1,1% bewirkt, daß die Kernkombination $^{13}C \cdots ^{13}C$ nur ca. 1/100 so wahrscheinlich ist wie $^{13}C \cdots ^{12}C$ und nur ca. 10^{-4}mal so wahrscheinlich wie $^{12}C \cdots ^{12}C$. Abgesehen von schwachen Satelliten bei der Langzeitmessung von intensiven Signalen reiner Flüssigkeiten kann man $^{13}C, ^{13}C$-Kopplungen bei der Messung ^{13}C-angereicherter Verbindungen oder durch Anwendung der INADEQUATE-Technik beobachten (s. S. 170).

Für die $^{13}C, ^{13}C$-Kopplungskonstanten gelten bezüglich ihrer Abhängigkeit von Hybridisierung und elektronischen

Tab. 3.32 $^{13}C, ^{31}P$-Kopplungskonstanten ausgewählter Verbindungen (in Hz)

Verbindung	$\vert{}^1J(C,P)\vert$	$\vert{}^2J(C,P)\vert$	$\vert{}^nJ(C,P)\vert$
$P(CH_2-CH_2-CH_2-CH_3)_3$	11	12	$^3J(C,P)$: 13 $^4J(C,P)$: ≈0
$^+P(CH_2-CH_2-CH_2-CH_3)_4\ Br^-$	48	4	$^3J(C,P)$: 15 $^4J(C,P)$: ≈0
$Cl_2P-CH_2-CH_2-CH_2-CH_3$	44	14	$^3J(C,P)$: 11 $^4J(C,P)$: ≈0
$O{=}P(CH_2-CH_2-CH_2-CH_3)_3$	66	5	$^3J(C,P)$: 13 $^4J(C,P)$: ≈0
$O{=}P(OC_2H_5)_2-CH_2-CH_2-CH_2-CH_2-CH_2-CH_3$	141	5	$^3J(C,P)$: 16 $^4J(C,P)$: 1 $^{5,6}J(C,P)$: ≈0
$O{=}P(OC_2H_5)_2-C{\equiv}C-CH_3$	300	53	$^3J(C,P)$: 5
$(H_5C_2O)_2P-O-CH_2-CH_3$		11	$^3J(C,P)$: 5

Tab. 3.32 Fortsetzung

Verbindung	$\lvert ^1J(C,P) \rvert$	$\lvert ^2J(C,P) \rvert$	$\lvert ^nJ(C,P) \rvert$
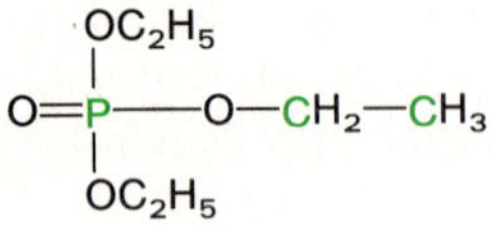		6	$^3J(C,P)$: 7
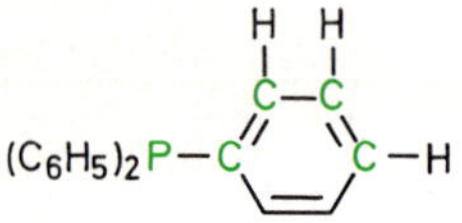	13	20	$^3J(C,P)$: 7 $^4J(C,P)$: 0,3
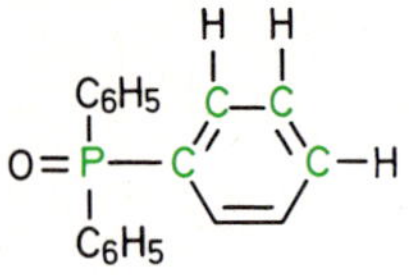	104	10	$^3J(C,P)$: 12 $^4J(C,P)$: 2
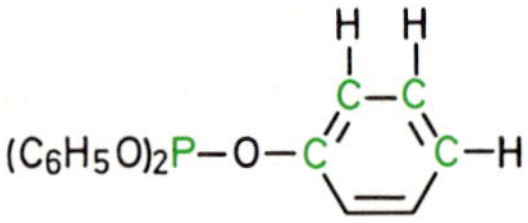		3	$^3J(C,P)$: 7 $^4J(C,P)$: ≈0 $^5J(C,P)$: 1
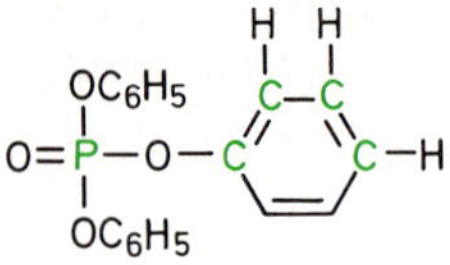		7	$^3J(C,P)$: 5 $^4J(C,P)$: 1 $^5J(C,P)$: 2

Effekten ähnliche Gesetzmäßigkeiten wie für die $^1H,^{13}C$-Kopplungen.

Die Reihe der nachstehenden Verbindungen zeigt, daß $J(C,C)$ mit zunehmendem s-Charakter der beteiligten Orbitale stark anwächst:

sp-sp	HC≡C−C≡CH	+ 190,3 Hz	**169**
	HC≡CH	+ 171,5 Hz	**170**
	HC≡C−C≡CH	+ 153,4 Hz	**169**
sp²-sp	$H_2C{=}C{=}CH_2$	+ 98,7 Hz	**171**
	HC≡C−CH=CH_2	+ 86,7 Hz	**172**
sp²-sp²	$H_2C{=}CH{-}CH{=}CH_2$	+ 68,6 Hz	**115**
	$H_2C{=}CH_2$	+ 67,6 Hz	**15**
sp³-sp	H_3C−C≡CH	+ 67,4 Hz	**67**
sp²-sp²	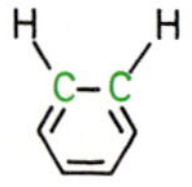	+ 56,0 Hz	**72**
	$H_2C{=}CH{-}CH{=}CH_2$	+ 53,7 Hz	**115**
sp³-sp²	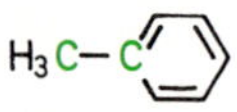	+ 44,2 Hz	**74**
	$H_3C{-}CH{=}CH_2$	+ 41,9 Hz	**65**
sp³-sp³	$H_3C{-}CH_3$	+ 34,6 Hz	**89**
		+ 12,4 Hz	**90**

Der Einfluß von Substituenten auf die $^1J(C,C)$-Kopplung ist am gesättigten C-Atom meist gering; größere Effekte werden am olefinischen, aromatischen oder Carbonyl-Kohlenstoff beobachtet.

	X = H	CH_3	Cl	OC_2H_5
$H_3C—CH_2—X$	34,6	34,6	36,1	38,9
$H_2C{=}CH—X$	67,6	70,0	77,6	78,1
$HC{\equiv}C—X$	171,5	175,0		216,5
$C_6H_5—X$	56,0	57,1	65,2	67,0
$H_3C—CO—X$	39,4	40,1	56,1	58,8

Die *geminalen* Kopplungen $^2J(C,C)$ können positiv oder negativ sein; ihre Beträge sind meist kleiner als 5 Hz. Ausnahmen findet man vor allem bei Carbonyl-Verbindungen, Alkinen, Nitrilen und metallorganischen Verbindungen.

$H_3C—CO—CH_3$ 16 Hz **173**

$H_3C—C{\equiv}CH$ 12 Hz **67**

$H_3C—CH_2—CN$ 33 Hz **174**

$H_3C—C{\equiv}C—C(=O)—OCH_3$ 20 Hz **175**

$H_3C—Hg—CH_3$ 22 Hz **176**

Die $^3J(C,C)$-Kopplungen sind positiv und meist kleiner als 5 Hz. Ausnahmen gibt es bei konjugierten Systemen; so erreicht z. B. die ^3J-Kopplung von C–1 und C–4 im Butadien 9,1 Hz.

Einige weitere $^{13}C,^{13}C$-Kopplungskonstanten (Beträge in Hz) sind aus der nachfolgenden Aufstellung zu entnehmen.

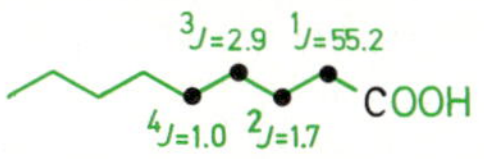

177

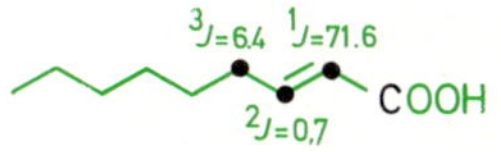

178

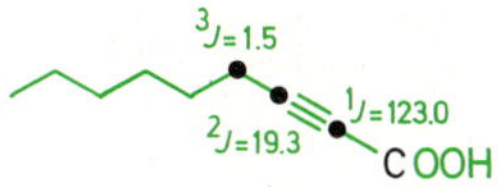

179

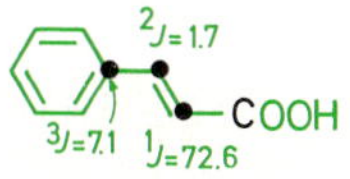

8

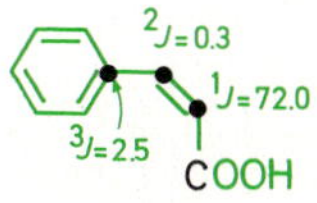

106

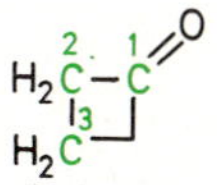
180

^1J(C–1, C–2) = 29,5 ^2J(C–1, C–3) = 9,7

^1J(C–2, C–3) = 28,5

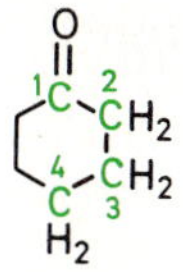
181

^1J(C–1, C–2) = 37,7 ^2J(C–2, C–4) = 2,2

^1J(C–2, C–3) = 30,4

^1J(C–3, C–4) = 33,1

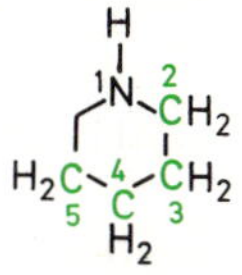
182

^1J(C–2, C–3) = 35,2 ^2J(C–2, C–4) = 2,6

^1J(C–3, C–4) = 33,0 ^3J(C–2, C–5) = 1,7

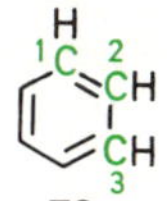
72

^1J(C–1, C–2) = 56,0 ^2J(C–1, C–3) = 2,5

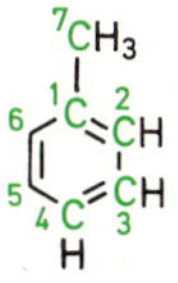
74

^1J(C–1, C–2) = 57,3 ^2J(C–1, C–3) = 0,8

^1J(C–1, C–7) = 44,2 ^2J(C–2, C–4) = 2,6

^2J(C–2, C–7) = 3,1

^3J(C–1, C–4) = 9,5

^3J(C–3, C–7) = 3,8

^4J(C–4, C–7) = 0,9

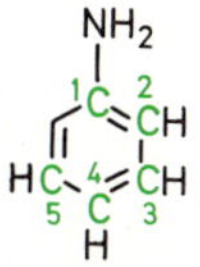
157

^1J(C–1, C–2) = 61,3 ^3J(C–2, C—5) = 7,9

^1J(C–2, C–3) = 58,1

^1J(C–3, C–4) = 56,2

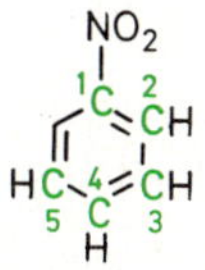
156

^1J(C–1, C–2) = 55,4 ^3J(C–2, C–5) = 7,6

^1J(C–2, C–3) = 56,3

^1J(C–3, C–4) = 55,8

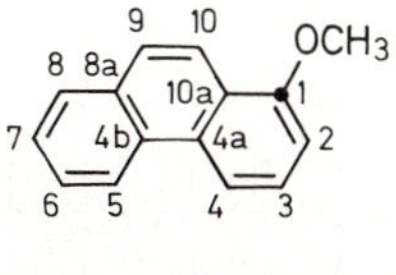
183

^1J(C–1, C–2) = 70,0	^3J(C–1, C–9) = 4,4
^1J(C–1, C–10a) = 67,2	^4J(C–1, C–5) = 0,4
^2J(C–1, C–3) = 0,6	^4J(C–1, C–8a) = 0,9
^2J(C–1, C–4a) = 2,1	^5J(C–1, C–6) = 0,7
^2J(C–1, C–10) = 0,7	^5J(C–1, C–8) = 0,3
^3J(C–1, C–4) = 7,7	^6J(C–1, C–7) = 0,4
^3J(C–1, C–4b) = 3,8	

4.6 Korrelation von ^{13}C-Verschiebungen mit Strukturelementen

In Tab. 3.33 sind die Bereiche der ^{13}C-chemischen Verschiebungen für die wichtigsten Strukturelemente organischer Verbindungen zusammengefaßt. Extreme Verschiebungswerte wurden dabei nicht berücksichtigt. Zur Interpretation von ^{13}C-Spektren empfiehlt sich eine kombinierte Anwendung dieser Tabelle mit den nach Verbindungsklassen geordneten Daten des Abschn. 5 (s. S. 178) und den in Abschn. 4.7 (s. S. 154) beschriebenen Inkrement-Systemen.

Befinden sich mehrere funktionelle Gruppen an einem gesättigten C-Atom, dann kann man in erster Näherung eine Additivität der Verschiebungseffekte voraussetzen (s. auch Abschn. 4.7).

Tab. 3.33 ^{13}C-Verschiebungsbereiche wichtiger Strukturelemente; δ-Werte (ppm)

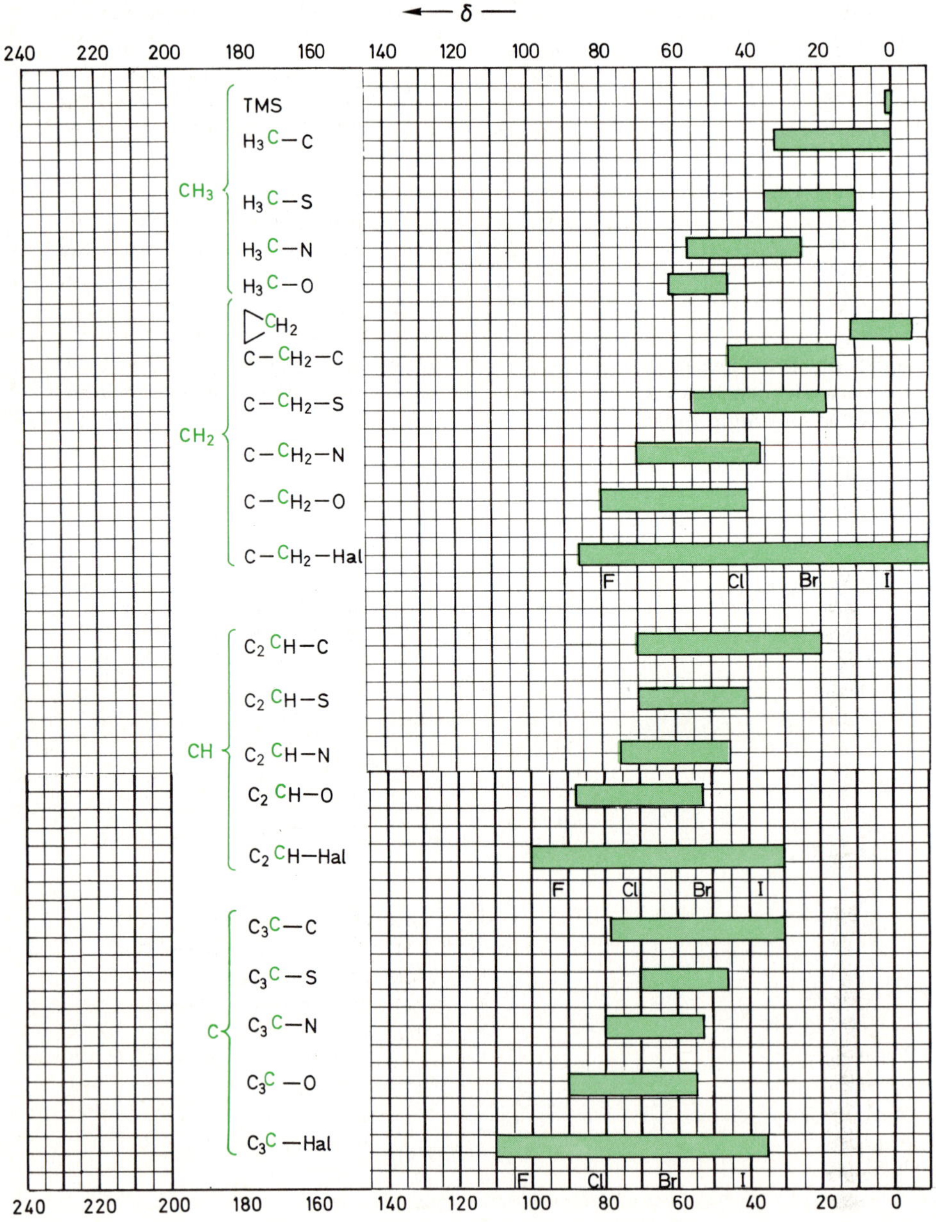

Tab. 3.33 Fortsetzung

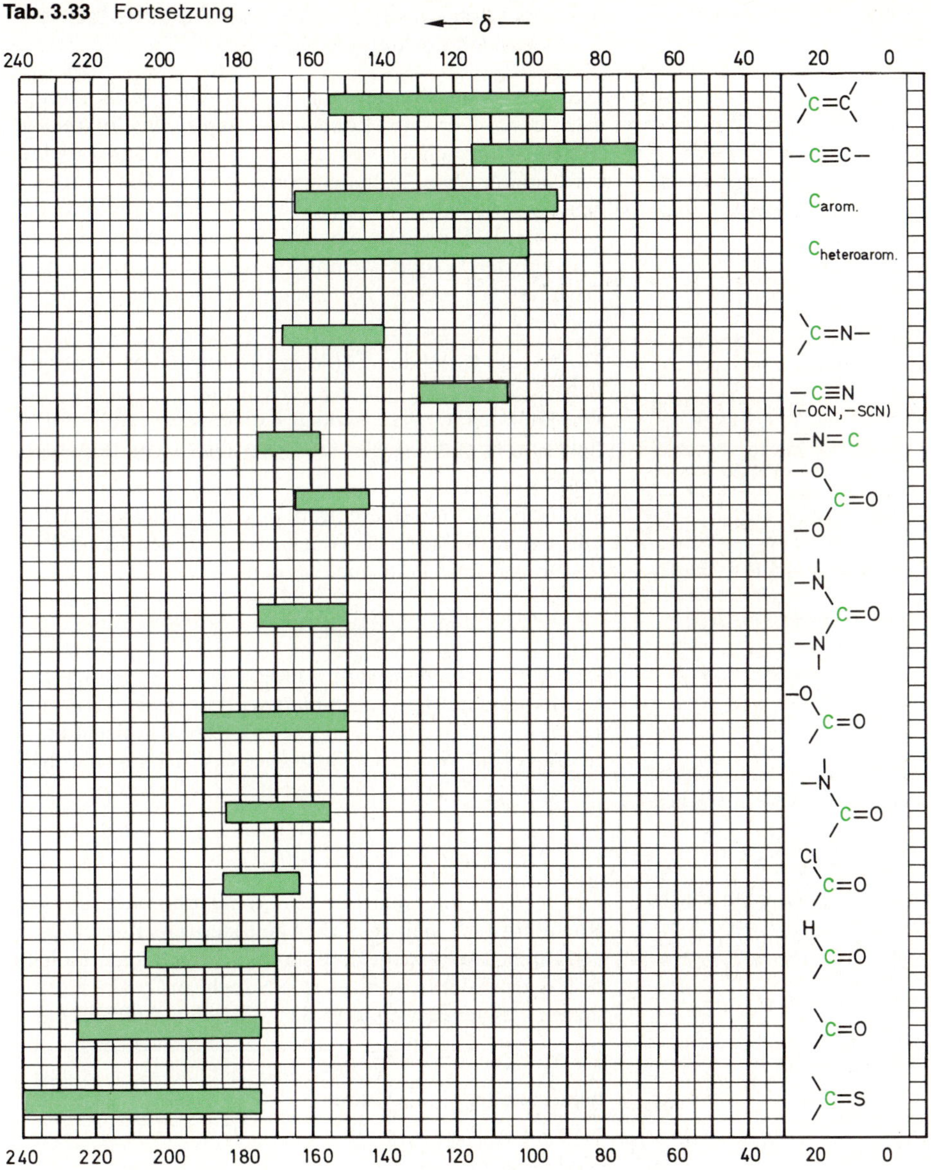

Zu dem Einfluß von funktionellen Gruppen an (C=C)-Bindungen oder aromatischen Ringen, Abschn. 4.2 (S. 140) und 4.7 (S. 154).

Bereits Tab. 3.33 bringt zum Ausdruck, daß die chemische Verschiebung von Carbonyl-Kohlenstoffen stark von der Substanzklasse abhängt. Ein expliziter Vergleich ist anhand der δ-Werte der Tab. 3.34 möglich.

Konjugation von Doppelbindungen bewirkt nur geringfügige Veränderungen – es sei denn Ladungsverschiebungen werden wirksam. Zwei Beispiele mögen das belegen: Cyclohexen (**104**)/1,3-Cyclohexadien (**71**) und Cyclohexanon (**181**)/2-Cyclohexen-1-on (**184**):

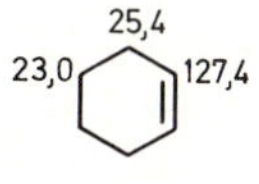

104

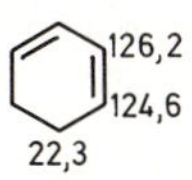

71

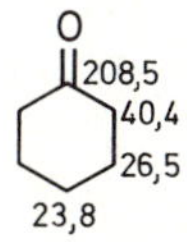

181

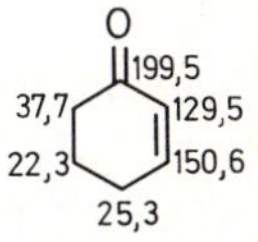

184

Tab. 3.34 ^{13}C-Verschiebungen von Carbonyl-C-Atomen bei verschiedenen Substanzklassen

Verbindungsklasse	R—CO—X	δ-Werte R = CH_3	R = C_6H_5
Ketone	R—CO—CH_3	206,0	195,7
Aldehyde	R—CO—H	199,7	197,6
Thiocarbonsäure-*S*-ester	R—CO—SC_2H_5	195,0	191,2
Carbonsäure-Salze	R—CO—O^-	181,7	175,5
Carbonsäuren	R—CO—OH	178,1	172,6
Carbonsäureamide	R—CO—NH_2	172,7	169,7
Carbonsäureester	R—CO—OCH_3	170,7	166,8
Carbonsäurechloride	R—CO—Cl	170,5	168,0
Carbonsäureanhydride	R—CO—OCOR	166,9	162,9

Verbindungsklasse	X—CO—X	δ-Werte
Harnstoffe	R_2N—CO—NR_2	161,2 (R = H), 165,4 (R = CH_3)
Urethane	RNH—CO—OR	157,8 (OR = OC_2H_5, NR = NCH_3)
Kohlensäureester	RO—CO—OR	156,5 (R = CH_3)
Chlorameisensäureester	Cl—CO—OR	149,9 (R = C_2H_5)
Phosgen	Cl—CO—Cl	142,1

Kumulierte Doppelbindungen führen dagegen zu ganz besonderen δ-Werten für die chemischen Verschiebungen (Tab. 3.35).

Tab. 3.35 ^{13}C-Verschiebungen von Verbindungen mit kumulierten Doppelbindungen

Allen	$H_2C{=}C{=}CH_2$ 73,5 212,6
Keten	$H_2C{=}C{=}O$ 2,5 194,0
Diazomethan	$H_2C{=}\overset{+}{N}{=}\overset{-}{\underline{N}}|$ 23,1
Methylisocyanat	$H_3C{-}N{=}C{=}O$ 26,3 121,5
Methylisothiocyanat	$H_3C{-}N{=}C{=}S$ 29,3 128,7
Dicyclohexylcarbodiimid	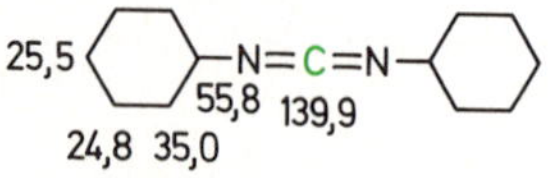
Kohlendioxid	O=C=O 123,9
Schwefelkohlenstoff	S=C=S 192,3

4.7 Inkrement-Systeme zur Abschätzung von ^{13}C-Verschiebungen

Die ^{13}C-Verschiebungen von aliphatischen Verbindungen und Benzol-Derivaten können mit **empirischen Inkrement-Systemen** abgeschätzt werden. Bei mehreren Substituenten wird ein additives Verhalten vorausgesetzt. Die im folgenden beschriebenen Inkrement-Regeln sind eine nützliche Hilfe für die Zuordnung von ^{13}C-Signalen. Die tabellarisch aufgeführten Beispiele demonstrieren jedoch auch die möglichen Abweichungen zwischen berechneten und gemessenen Verschiebungswerten.

Zur Abschätzung der ^{13}C-Verschiebungen der gesättigten C-Atome einer Verbindung bezieht man sich am einfachsten auf einen entsprechenden Kohlenwasserstoff und berücksichtigt funktionelle Gruppen durch ein Inkrement-System.

Sind die ^{13}C-Verschiebungen δ_i des Kohlenwasserstoffs selbst nicht bekannt, so können sie nach den **Grant-Paul-Regeln** wie folgt berechnet werden.

$$\delta_i = -2{,}3 + \sum_k A_k n_k + S_{i\alpha} \quad \text{für alle } C_i$$

Zum Verschiebungswert für Methan $\delta = -2{,}3$ addiert man die Inkremente $A_k n_k$. Summiert wird über alle Positionen $k = \alpha, \beta, \gamma, \delta, \varepsilon$ relativ zum berechneten Kohlenstoff. n_k gibt dabei die Anzahl der C-Atome in k-Stellung an. Für die Inkremente A_k gelten die folgenden Zahlenwerte:

$$A_\alpha = +9{,}1 \quad A_\gamma = -2{,}5 \quad A_\varepsilon = +0{,}2$$
$$A_\beta = +9{,}4 \quad A_\delta = +0{,}3$$

Für tertiäre und quartäre C-Atome und ihre direkten Nachbarn muß man zusätzlich eine sterische Korrektur $S_{i\alpha}$ einführen. Dazu sucht man zu dem berechneten Kohlenstoff C_i den höchstsubstituierten Nachbarn C_α. Die Korrekturwerte $S_{i\alpha}$ entnimmt man der folgenden Aufstellung.

C_i (betrachtetes C-Atom)		C_α (höchst-substituiertes Nachbar-C-Atom) —CH_3	—CH_2—	>CH—	>C<
primär	—CH_3	0	0	− 1,1	− 3,4
sekundär	—CH_2—	0	0	− 2,5	− 7,5
tertiär	>CH—	0	−3,7	− 9,5	(−15,0)
quartär	>C<	−1,5	−8,4	(−15,0)	(−25,0)

Zum besseren Verständnis sei das Verfahren am Beispiel des 2-Methylbutans (**185**) vorgerechnet.

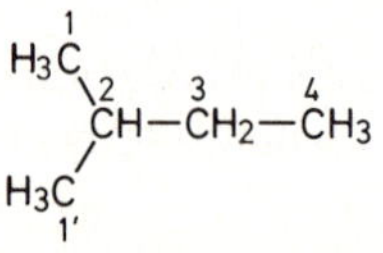

185

C_i	−2,3	$+\sum_k A_k n_k$	$+S_{i\alpha}$	$=\delta_{berechnet}$	$\delta_{gemessen}$
C–1	−2,3	+9,1 +9,4 · 2 −2,5	−1,1	= 22,0	21,9
C–2	−2,3	+9,1 · 3 +9,4	−3,7	= 30,7	29,7
C–3	−2,3	+9,1 · 2 +9,4 · 2	−2,5	= 32,2	31,7
C–4	−2,3	+9,1 +9,4 −2,5 · 2		= 11,2	11,4

Bei sterisch gehinderten Kohlenwasserstoffen ist die Übereinstimmung zwischen $\delta_{berechnet}$ und $\delta_{gemessen}$ weniger gut. Ist die freie Drehbarkeit um eine (C—C)-Bindung eingeschränkt oder aufgehoben, so muß man zusätzliche **Konformationskorrekturen** anbringen.

Tab. 3.36 Inkrement-System zur Abschätzung der ^{13}C-Verschiebungen von aliphatischen Verbindungen
$\delta_i(RX) = \delta_i(RH) + I_{Xk} + S_{i\alpha}$ (k = $\alpha, \beta, \gamma, \delta$) für alle C_i

Substituent X	k = α	β	γ	δ
—C=C— (mit je einem Substituenten an beiden C)	20,0	6,9	−2,1	0,4
—C≡C—	4,4	5,6	−3,4	−0,6
$—C_6H_5$	22,1	9,3	−2,6	0,3
—CH=O	29,9	−0,6	−2,7	0
—C(R)=O	22,5	3,0	−3,0	0
—COOH	20,1	2,0	−2,8	0
—COOR	22,6	2,0	−2,8	0
$—CO—NR_2$	22,0	2,6	−3,2	−0,4
—COCl	33,1	2,3	−3,6	0
—C≡N	3,1	2,4	−3,3	−0,5
—OH	49,0	10,1	−6,2	0
—OR	58,0	7,2	−5,8	0
—O—CO—R	54,0	6,5	−6,0	0
$—NR_2$	28,3	11,3	−5,1	0
$—\overset{+}{N}R_3$	30,7	5,4	−7,2	−1,4
$—NO_2$	61,6	3,1	−4,6	−1,0
—SH	10,6	11,4	−3,6	−0,4
$—SCH_3$	20,4	6,2	−2,7	0
—F	70,1	7,8	−6,8	0
—Cl	31,0	10,0	−5,1	−0,5
—Br	18,9	11,0	−3,8	−0,7
—I	−7,2	10,9	−1,5	−0,9

Tab. 3.37 Berechnete und gemessene δ-Werte von ausgewählten aliphatischen Verbindungen

Verbindung		$\delta_{berechnet}$[a]	$\delta_{gemessen}$
1-Hexin	C–1	–	67,4
	C–2	–	82,8
$\overset{1}{H}C\equiv\overset{2}{C}-\overset{3}{C}H_2-\overset{4}{C}H_2-\overset{5}{C}H_2-\overset{6}{C}H_3$	C–3	17,4 (18,1)	17,4
	C–4	30,4 (30,9)	29,9
	C–5	21,4 (21,9)	21,2
	C–6	12,4 (13,1)	12,9
Basis:			
$H_3\overset{1}{C}-\overset{2}{C}H_2-CH_2-CH_3$	C–1	13,7	13,0
	C–2	25,3	24,8
2-Butanol[b]			
$H_3\overset{1}{C}-\overset{2}{C}H(OH)-\overset{3}{C}H_2-\overset{4}{C}H_3$	C–1	22,0 (22,7)	22,6
	C–2	70,1 (70,6)	68,7
	C–3	32,4 (32,9)	32,0
	C–4	6,8 (7,5)	9,9
Basis:			
$H_3\overset{1}{C}-\overset{2}{C}H_2-CH_2-CH_3$	C–1	13,7	13,0
	C–2	25,3	24,8
2-Chlor-2-methylbutan			
$H_3\overset{1}{C}-\overset{2}{C}(Cl)(\overset{1}{C}H_3)-\overset{3}{C}H_2-\overset{4}{C}H_3$	C–1	31,9 (32,0)	32,0
	C–2	60,7 (61,7)	71,1
	C–3	41,7 (42,2)	38,8
	C–4	6,3 (6,1)	9,4
Basis:			
$H_3\overset{1}{C}-\overset{2}{C}H(\overset{1}{C}H_3)-\overset{3}{C}H_2-\overset{4}{C}H_3$	C–1	22,0	21,9
	C–2	30,7	29,7
	C–3	32,2	31,7
	C–4	11,2	11,4
Leucin[b]			
$HOO\overset{1}{C}-\overset{2}{C}H(NH_2)-\overset{3}{C}H_2-\overset{4}{C}H(\overset{6}{C}H_3)-\overset{5}{C}H_3$	C–1	–	176,6
	C–2	56,1 (55,9)	54,8
	C–3	42,5 (43,0)	41,0
	C–4	21,8 (22,8)	25,4
	C–5, C–6	21,9 (22,0)	23,2/22,1
Basis:			
$H_3\overset{1}{C}-\overset{2}{C}H(\overset{1}{C}H_3)-\overset{3}{C}H_2-\overset{4}{C}H_3$	C–1	22,0	21,9
	C–2	30,7	29,7
	C–3	32,2	31,7
	C–4	11,2	11,4

[a] Als Basiswerte sind die **gemessenen** ^{13}C-Verschiebungen des Kohlenwasserstoffs zugrunde gelegt; die eingeklammerten δ_i beziehen sich dagegen auf die **berechneten** ^{13}C-Verschiebungen des Kohlenwasserstoffs

[b] Bei 2-Butanol und Leucin sind für C–1, C–2 und C–3 bzw. C–2 und C–3 sterische Korrekturglieder $S_{i\alpha}$ berücksichtigt

Auf der Basis der gemessenen oder berechneten δ_i-Werte eines Alkans C_nH_{2n+2} kann man die ^{13}C-Verschiebungen der substituierten Verbindungen $C_nH_{2n+1}X$, $C_nH_{2n}XY$ usw. berechnen. Für eine Auswahl von Substituenten X gibt Tab. 3.36 die Inkremente I in Abhängigkeit vom Ort der Substitution (relativ zum berechneten C_i) wieder.

In Tab. 3.37 sind die berechneten und die gemessenen ^{13}C-Verschiebungen einiger exemplarischer Beispiele zusammengestellt. (Bei den Substituenten —OR, —NR_2 und —SR empfiehlt es sich, die sterischen Korrekturen $S_{i\alpha}$ wie bei den Kohlenwasserstoffen anzuwenden.)

Auf der Basis der Tab. 3.38 lassen sich die ^{13}C-Verschiebungen von olefinischen Kohlenstoffen abschätzen.

Tab. 3.38 Inkrement-System zur Abschätzung der ^{13}C-Verschiebungen von olefinischen C-Atomen

$\overset{1}{X—CH} = \overset{2}{CH_2}$ $\delta_1 = 123{,}3 + I_1,\ \delta_2 = 123{,}3 + I_2$

$\underset{1}{X—CH} = \underset{2}{CH}—Y$ $\delta_1 = 123{,}3 + I_{X1} + I_{Y2},$ $\delta_2 = 123{,}3 + I_{Y1} + I_{X2}$

Substituent	Inkremente I_1	I_2
—H	0	0
—CH_3	10,6	− 8,0
—C_2H_5	15,5	− 9,7
—CH_2—CH_2—CH_3	14,0	− 8,2
—$CH(CH_3)_2$	20,3	−11,5
—$(CH_2)_3$—CH_3	14,7	− 9,0
—$C(CH_3)_3$	25,3	−13,3
—CH═CH_2	13,6	− 7,0
—C≡C—R	− 7,5	8,9
—C_6H_5	12,5	−11,0
—CH_2Cl	10,2	− 6,0
—CH_2Br	10,9	− 4,5
—CH_2OR	13,0	− 8,6
—CH═O	13,1	12,7
—CO—CH_3	15,0	5,9
—COOH	4,2	8,9
—COOR	6,0	7,0
—CN	−15,1	14,2
—OR	28,8	−39,5
—O—CO—R	18,0	−27,0
—NR_2	16,0	−29,0
—$\overset{+}{N}(CH_3)_3$	19,8	−10,6
—NO_2	22,3	− 0,9
—SR	19,0	−16,0
—F	24,9	−34,3
—Cl	2,6	− 6,1
—Br	− 7,9	− 1,4
—I	−38,1	7,0

Tab. 3.39 gibt einen Eindruck von der „Güte“ der mit diesem Inkrement-System möglichen Abschätzungen bei disubstituierten Ethylenen. (Die Anwendung auf tri- oder gar tetrasubstituierte Ethylene ist nicht zu empfehlen.)

Tab. 3.39 Berechnete und gemessene δ-Werte für die ^{13}C-Verschiebungen von olefinischen C-Atomen

Verbindung	δ_i berechnet C–1	C–2	δ_i gemessen C–1	C–2
2-Buten				
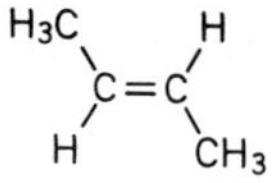	125,9	125,9	124,8	124,8
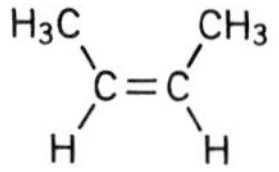	125,9	125,9	123,4	123,4
Methacrylsäuremethylester				
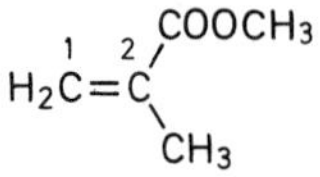	122,3	139,9	124,7	136,9
(*E*)-Crotonaldehyd				
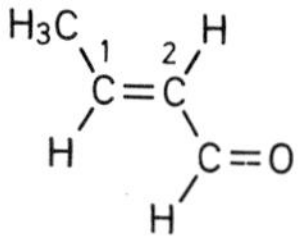	146,6	128,4	153,7	134,9
Fumarsäure				
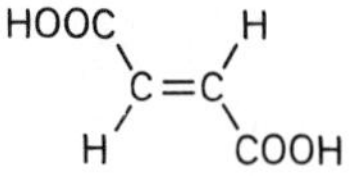	136,4	136,4	134,5	134,5
Maleinsäure				
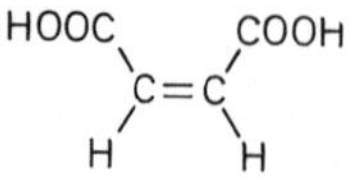	136,4	136,4	130,8	130,8
2-Phenyl-1-buten				
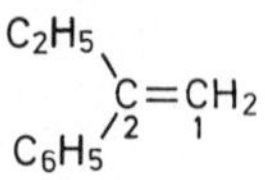	102,6	151,3	109,7	148,9

Auf demselben Prinzip ist das Inkrement-System für Benzol-Derivate aufgebaut (Tab. 3.40). Zu dem Basiswert des unsubstituierten Benzols ($\delta = 128,5$) werden die auf jeden Substituenten X_1, X_2 usw. zurückgehenden Inkremente I_1, I_2 usw. addiert. Der Zahlenwert von I hängt von der Natur des Substituenten und von seiner Stellung zum berechneten C-Atom ab.

Tab. 3.40 Inkrement-System zur Abschätzung von ^{13}C-Verschiebungen substituierter Benzole

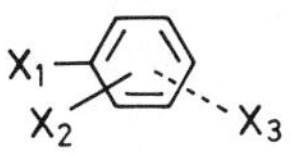

$$\delta_i = 128,5 + I_{1i} + I_{2i} + \ldots$$

Substituent	direkte Substitutionsposition	*ortho*	*meta*	*para*
$-H$	0,0	0,0	0,0	0,0
$-CH_3$	9,3	0,6	0,0	−3,1
$-C_2H_5$	15,7	−0,6	−0,1	−2,8
$-CH(CH_3)_2$	20,1	−2,0	0,0	−2,5
$-C(CH_3)_3$	22,1	−3,4	−0,4	−3,1
$-CH{=}CH_2$	7,6	−1,8	−1,8	−3,5
$-C{\equiv}CH$	−6,1	3,8	0,4	−0,2
$-C_6H_5$	13,0	−1,1	0,5	−1,0
$-CF_3$	2,6	−2,6	−0,3	−3,2
$-CH_2Cl$	9,1	0,0	0,2	−0,2
$-CH_2Br$	9,2	0,1	0,4	−0,3
$-CH_2OR$	13,0	−1,5	0,0	−1,0
$-CH_2{-}NR_2$	15,0	−1,5	−0,2	−2,0
$-CH{=}O$	7,5	0,7	−0,5	5,4
$-CO{-}CH_3$	9,3	0,2	0,2	4,2
$-COOH$	2,4	1,6	−0,1	4,8
$-COOR$	2,0	1,0	0,0	4,5
$-CO{-}NR_2$	5,5	−0,5	−1,0	5,0
$-COCl$	4,6	2,9	0,6	7,0
$-C{\equiv}N$	−16,0	3,5	0,7	4,3
$-OH$	26,9	−12,6	1,6	−7,6
$-OCH_3$	31,3	−15,0	0,9	−8,1
$-OC_6H_5$	29,1	−9,5	0,3	−5,3
$-O{-}CO{-}R$	23,0	−6,0	1,0	−2,0
$-NH_2$	19,2	−12,4	1,3	−9,5
$-NR_2$	21,0	−16,0	0,7	−12,0
$-NH{-}CO{-}CH_3$	11,1	−9,9	0,2	−5,6
$-N{=}N{-}C_6H_5$	24,0	−5,8	0,3	2,2
$-N{=}C{=}O$	5,7	−3,6	1,2	−2,8
$-NO_2$	19,6	−5,3	0,8	6,0
$-SH$	2,2	0,7	0,4	−3,1
$-SCH_3$	10,1	−1,6	0,2	−3,5
$-SC_6H_5$	6,8	0,5	2,2	−1,6
$-SO_3H$	15,0	−2,2	1,3	3,8
$-F$	35,1	−14,3	0,9	−4,4
$-Cl$	6,4	0,2	1,0	−2,0
$-Br$	−5,4	3,3	2,2	−1,0
$-I$	−32,3	9,9	2,6	−0,4

Zur Veranschaulichung sind in Tab. 3.41 einige Beispiele angeführt. Mit größeren Abweichungen zwischen berechneten und gemessenen Verschiebungswerten ist zu rechnen, wenn die Substituenteneffekte aufgrund sterischer oder elektronischer Wechselwirkungen nicht additiv sind.

Tab. 3.41 Berechnete und gemessene δ-Werte für die ^{13}C-Verschiebungen von substituierten Benzolen

Verbindung	C-Atom	$\delta_{berechnet}$	$\delta_{gemessen}$
p-Xylol	C-1	134,7	134,5
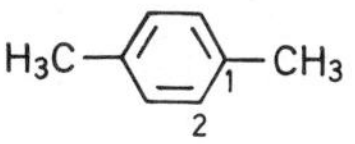	C-2	129,1	129,1
Mesitylen	C-1	137,8	137,6
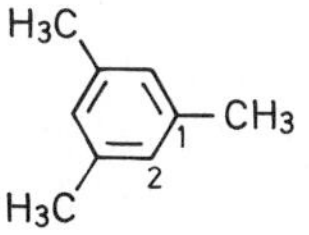	C-2	126,6	127,4
Hexamethylbenzol	C	135,9	132,3
p-Kresol	C-1	152,3	152,6
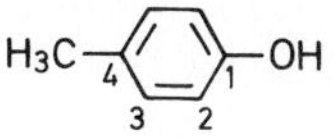	C-2	115,9	115,3
	C-3	130,7	130,2
	C-4	130,2	130,5
3,5-Dimethoxybenzaldehyd	C-1	137,8	138,4
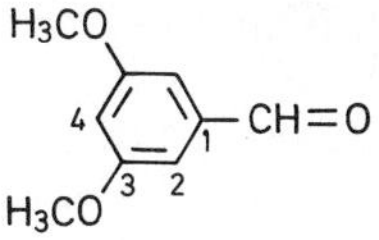	C-2	106,1	107,0
	C-3	160,2	161,2
	C-4	103,9	107,0
1-Chlor-2,4-dimethoxy-5-nitrobenzol	C-1	112,5	113,8
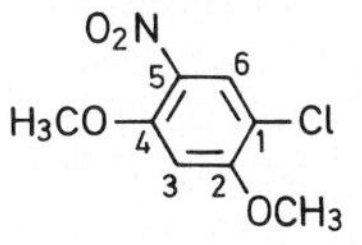	C-2	166,9	159,9
	C-3	100,3	97,2
	C-4	153,4	154,5
	C-5	126,0	131,9
	C-6	125,2	127,7

4.8 Besondere Methoden

In der ^{13}C-Kernresonanz-Spektroskopie spielen viele Methoden eine Rolle, die bereits bei der ^{1}H-Resonanz beschrieben wurden. Dazu gehören die Variation von Magnetfeldstärke und Lösungsmittel (s. S. 120 und S. 121) und die Aufnahmen temperaturabhängiger Spektren (s. Abschn. 2.2 und 2.3). In den nachfolgenden Abschnitten wird auf die Spin-Entkopplung, das Spinecho, die Integration von Spektren, die Verwendung von Verschiebungsreagenzien, gezielte Isotopen-Markierungen, NOE-Experimente, Polarisationstransfer, Doppelquantenübergänge, zweidimensionale ^{13}C-NMR-Spektroskopie, Festkörperspektroskopie (magic angle spinning) und die Verwendung von ^{13}C-Datenbanken eingegangen.

Spin-Entkopplung: Heteronukleare Doppelresonanz

In der ^{1}H-Resonanz mißt man normalerweise gekoppelte Spektren. Die Entkopplung ist als Spezialexperiment der Signalzuordnung bei schwierigen Strukturproblemen vorbehalten (s. S. 128 ff.). Das Routine-^{13}C-NMR-Spektrum ist dagegen **protonen-breitband-entkoppelt** (s. Abschn. 4.1, S. 137). Man kennzeichnet diese Aufnahmetechnik häufig mit ^{13}C-{H}-NMR (**proton noise decoupling**).
Durch den geringen natürlichen ^{13}C-Gehalt von 1,1 % machen sich ^{13}C, ^{13}C-Kopplungen normalerweise nicht bemerkbar. Dagegen treten in den ^{13}C-Spektren Kopplungen mit ^{1}H, D, ^{19}F, ^{31}P usw. auf. Die **Protonen-Breitband-Entkopplung** führt dazu, daß alle Multipletts, die auf ^{13}C, ^{1}H-Kopplungen zurückgehen, zu Singulettsignalen zusammenfallen. Dadurch werden die ^{13}C-NMR-Spektren ganz erheblich vereinfacht. Außerdem erzielt man dabei einen beträchtlichen Gewinn an Signalintensität, der auf den Wegfall der Aufspaltung und zusätzlich auf den **Kern-Overhauser-Effekt** bei dieser Doppelresonanz-Technik zurückgeht (s. Abschn. 4.1, S. 137 ff.).
Zur Protonen-Breitband-Entkopplung muß man mit hoher Senderleistung ein zusätzliches Frequenzband einstrahlen, das den gesamten Resonanzbereich der Protonen erfaßt. In Wirklichkeit handelt es sich also um eine heteronukleare Multiresonanz. Bei zu geringer Senderleistung geben lediglich die quartären C-Atome scharfe, intensive Singuletts, alle anderen C-Atome liefern relativ breite Signale. Man kann dieses Phänomen systematisch zur Bestimmung der quartären C-Atome anwenden (**low power noise decoupling**).
Ein schwerwiegender Nachteil der Protonen-Breitband-Entkopplung ist der totale Verlust an Information über die Signalmultiplizität, die auf direkte ^{13}C, ^{1}H-Kopplungen zurückgeht, d.h. die Unterscheidung zwischen primären (CH_3), sekundären (CH_2), tertiären (CH) und quartären (C) Kohlenstoff-Atomen. Abhilfe schaffen die sog. **Protonen-Off-Resonance-Entkopplung**, das auf S. 163 behandelte *J*-modulierte Spinecho-Experiment oder das auf S. 169 besprochene DEPT-Experiment. Bei der Off-Resonanz-Entkopplung verwendet man eine Entkopplungsfrequenz, die außerhalb des Resonanzbereichs der Protonen liegt. Das führt zu einer Reduzierung der Kopplungskonstanten, so daß im allgemeinen nur mehr die direkten $^{1}J^{R}(C,H)$-Kopplungen sichtbar werden. Der Betrag der reduzierten Kopplungskonstanten $^{1}J^{R}$ wächst mit der Größe von ^{1}J, mit dem Abstand zwischen der betreffenden ^{1}H-Resonanzfrequenz und der eingestrahlten Zusatzfrequenz und mit abnehmender Entkopplerleistung ($^{1}J^{R} \approx 30-50$ Hz). Man wird die Meßbedingungen so wählen, daß sich die **Quartett-, Triplett-, Dublett-** und **Singulettsignale** von CH_3-*, CH_2-*, CH-Gruppen und quartären C-Atomen möglichst wenig überlagern.
Da auch im Off-Resonance-Fall Kern-Overhauser-Effekte wirksam sind, ist die erforderliche Meßzeit kleiner als für ein vollgekoppeltes ^{13}C-NMR-Spektrum (allerdings größer als für ein gewöhnliches, breitband-entkoppeltes Spektrum).
In Abb. 3.66 sind für Ethylbenzol (**186**) zum Vergleich das protonen-breitband-entkoppelte, das Off-Resonance- und das gekoppelte Spektrum abgebildet.
Im Off-Resonance-Spektrum spalten das Methyl-Signal a in ein Quartett, das Methylen-Signal b in ein Triplett und die Signale der H-tragenden Benzol-C-Atome c, d und e in je ein Dublett auf. Das quartäre C-Atom f bleibt als Singulett erhalten. Alle Kopplungskonstanten sind reduziert. (Da die Entkoppler-Frequenz bei der Aufnahme auf der Tieffeld-Seite postiert war, wirkt sich hier die Reduzierung der Kopplungskonstanten auf der Tieffeld-Seite des Spektrums stärker aus als auf der Hochfeld-Seite.)
Im gekoppelten Spektrum 3.66 c überlagern sich die Multipletts. Der Aromaten-Teil wird dadurch sehr unübersichtlich. Abb. 3.66 d und e zeigen den gespreizten Aliphaten- bzw. Aromaten-Teil des gekoppelten Spektrums. Man erkennt neben den $^{1}J(C,H)$-Kopplungen deutlich weitere Aufspaltungen. Die genaue Interpretation gekoppelter ^{13}C-Spektren wird häufig durch zwei Faktoren erschwert: Erstens durch die schon erwähnte Überlagerung von Multipletts (das trifft im abgebildeten Fall insbesondere für die Signale d und e zu) und zweitens durch das Auftreten von Kopplungsmustern, die nicht den **Regeln für Spektren erster Ordnung** gehorchen. Am deutlichsten wird das hier für das C-Atom c. Der linke und der rechte Teil dieses Dubletts sind verschieden. Die Asymmetrie solcher Spin-Multipletts ist auf die Mischung von energetisch benachbarten Kernzuständen zurückzuführen. Dieses Phänomen kann selbst dann auftreten, wenn das ^{1}H-NMR-Spektrum des **^{12}C-Isotopomeren** ein Spektrum erster Ordnung ist.

* Dabei ist die Äquivalenz *geminaler* Protonen vorausgesetzt. Eine H_A—C—H_B-Gruppe (mit zwei weiteren Bindungen am C) liefert statt eines 1 : 2 : 1-Tripletts den X-Teil eines ABX-Systems!

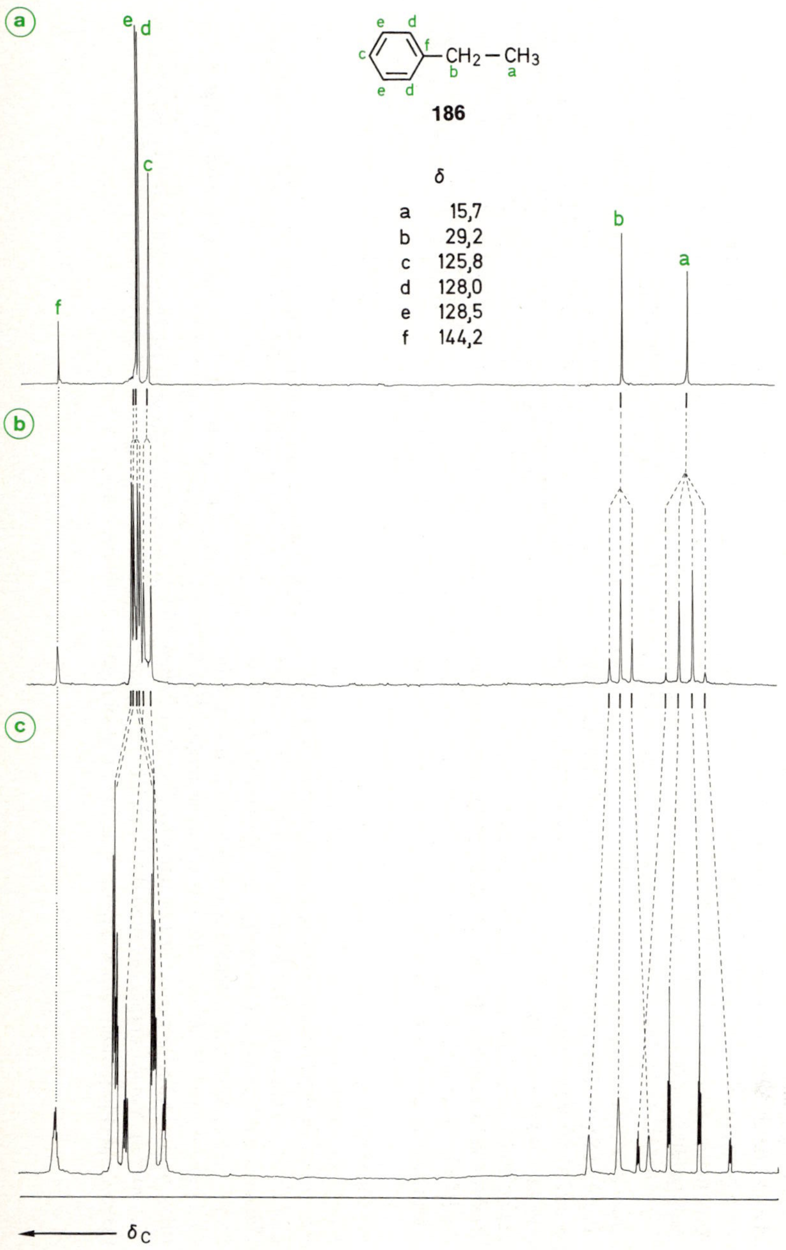

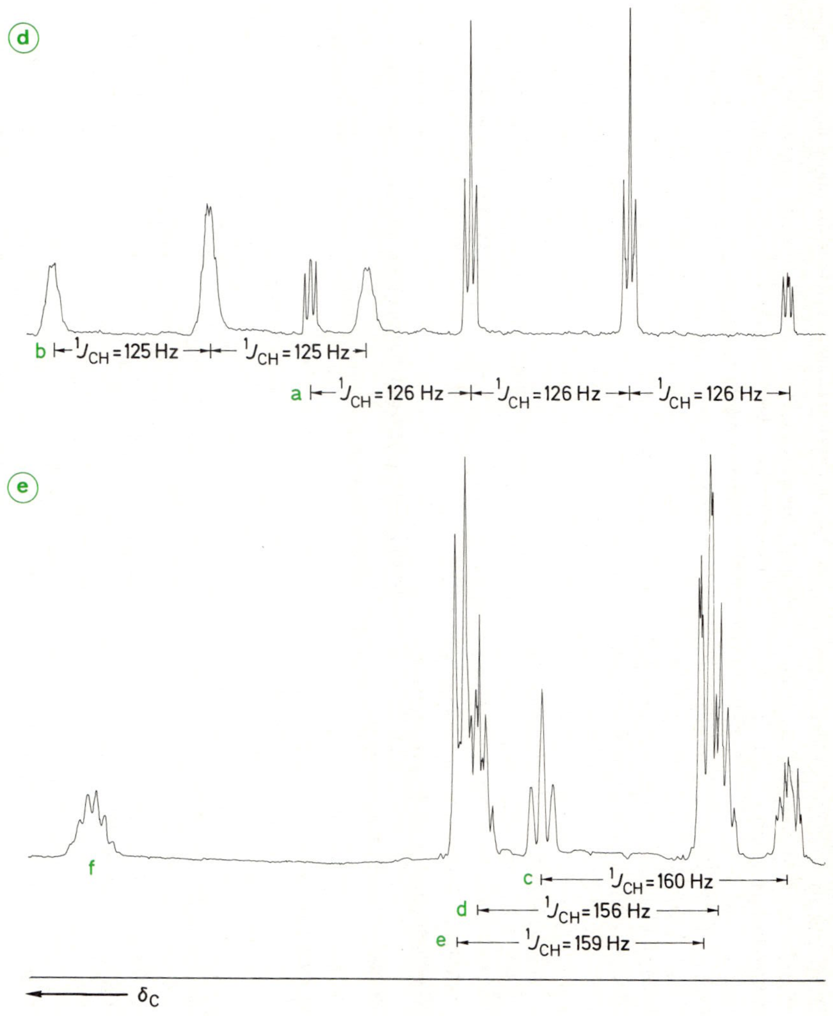

Abb. 3.66 ^{13}C-NMR-Spektren von Ethylbenzol (**186**)

a ^{1}H-Breitband-Entkopplung
b Off-Resonance-Entkopplung
c gekoppeltes Spektrum (Einzelresonanz)
d Aliphaten-Teil des gekoppelten Spektrums **c** gespreizt
e Aromaten-Teil des gekoppelten Spektrums **c** gespreizt

Natürlich kann man ein heteronukleares Doppelresonanz-Experiment auch so durchführen, daß man selektiv in eine einzige Protonen-Resonanz-Frequenz einstrahlt. Im ^{13}C-Spektrum verschwinden dann lediglich die auf diese Protonensorte zurückgehenden ^{13}C,^{1}H-Kopplungen. Für die übrigen ^{13}C-Kerne hat man Off-Resonance-Bedingungen, d. h., man erzielt Multipletts mit reduzierten Kopplungskonstanten. Die **selektive Entkopplung (single frequency decoupling, SFD)** setzt voraus, daß die Protonen-Signale nicht zu dicht beieinander liegen. (Gegebenenfalls kann das durch die Verwendung von Hochfeld-Geräten oder von Lanthaniden-Shift-Reagenzien erreicht werden.)

Zum besseren Verständnis ist in Abb. 3.67 eine schematische Darstellung für die verschiedenen Entkopplungstechniken gegeben.

Als weitere praktische Anwendung einer selektiven heteronuklearen Doppelresonanz sei die heterocyclische Verbindung (**187**) angeführt.

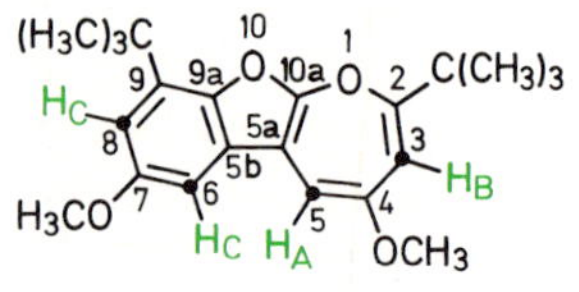

187

In Abb. 3.68 a ist das ^{1}H-NMR-Spektrum wiedergegeben. Während die *t*-Butyl-Gruppen, die Methoxy-Gruppen und die Protonen H_A und H_B des Oxepin-Rings deutlich getrennte Signale liefern, fallen die Absorptionen der Benzol-Protonen H_C zufällig zusammen.

Im protonen-breitband-entkoppelten ^{13}C-Spektrum (Abb. 3.68 b) erhält man entsprechend der Zahl der chemisch nichtäquivalenten ^{13}C-Kerne 18 Singulett-Signale (a–r). Es interessiert nun, welche ^{13}C-Signale mit den Resonanzen von H_A, H_B und H_C zu korrelieren sind. Dazu strahlt man nacheinander in die Absorptionsfrequenzen ν der Protonen ein. Abb. 3.68 c, d, e zeigen die bei diesen heteronuklearen Doppelresonanzen resultierenden ^{13}C-Spektren. Bei ν_A als Zusatzfrequenz (Abb. 3.68c) erhält man C_j als Singulett und C_g, C_i und C_k als Dubletts. Das ermöglicht eine eindeutige Zuordnung: H_A ist Substituent von C_j. Aus der Größe der reduzierten Kopplungskonstanten für C_k, C_i und C_g läßt sich zusätzlich ableiten, daß H_B zu C_g gehört. Den endgültigen Beweis bringt die Einstrahlung in ν_B (Abb. 3.68 d). Für die beiden Protonen H_C bleiben somit die C-Atome C_i und C_k übrig. Als Kontrollexperiment strahlt man ν_C ein (Abb. 3.68 e). Wie erwartet, kollabieren dabei die Dubletts von C_i und C_k zu je einem Singulett. Die quartären C-Atome können mit Hilfe von Inkrement-Systemen

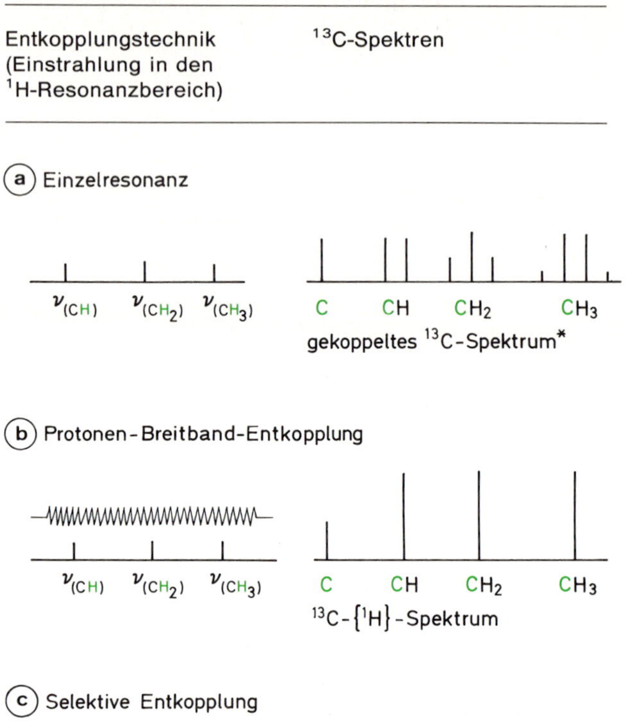

Abb. 3.67 Schematische Darstellung der verschiedenen Entkopplungstechniken bei der Aufnahme von ^{13}C-NMR-Spektren

* Lediglich direkte ^{13}C,^{1}H-Kopplungen sind in der Abbildung berücksichtigt.

** Analoge Entkopplungen durch Einstrahlung in ν (CH) bzw. ν (CH_3) führen zum Zusammenbruch des Dubletts bzw. Quartetts

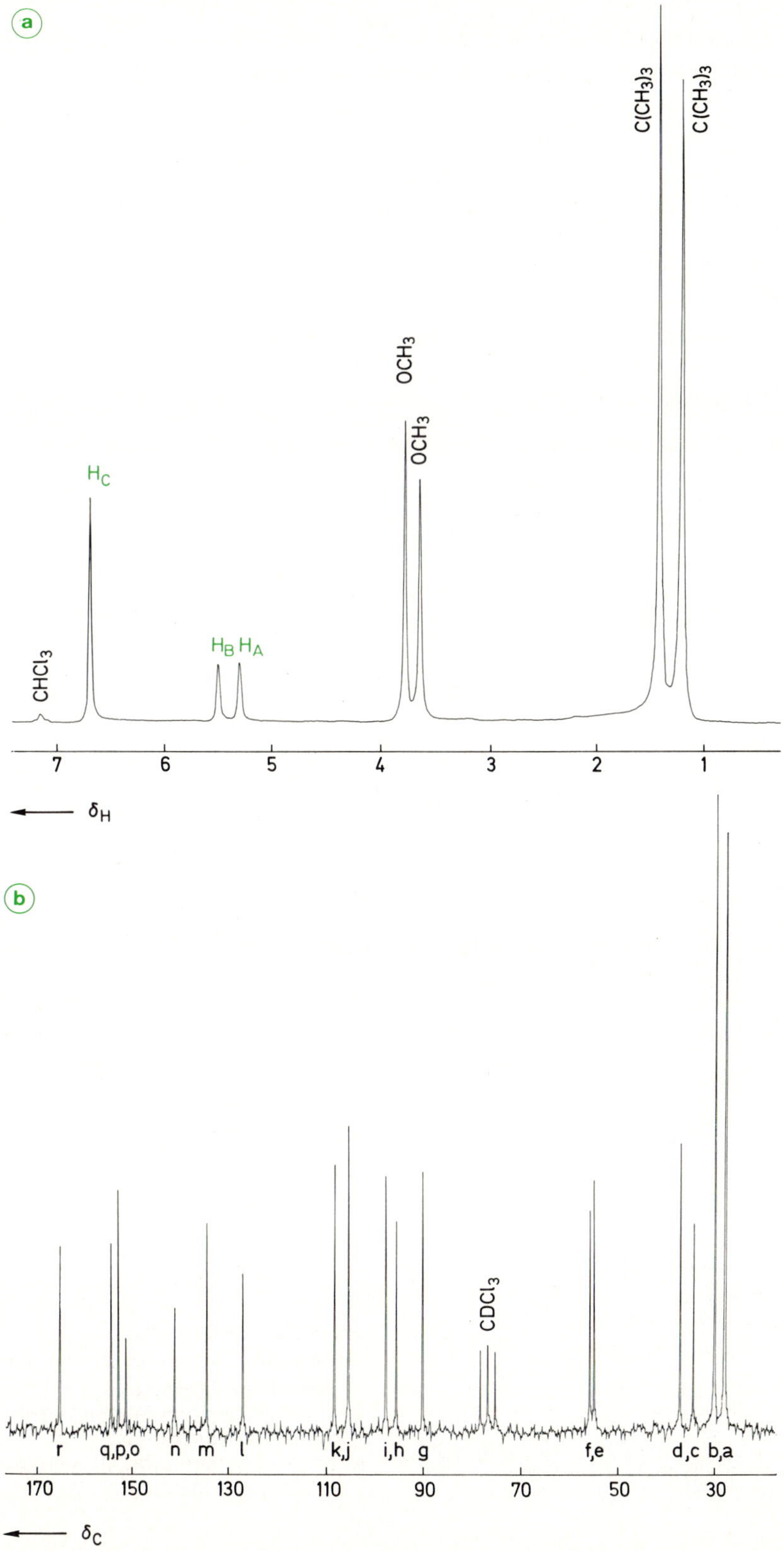

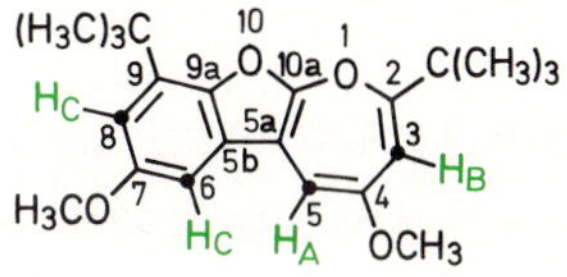

187

Abb. 3.68 Kernresonanzspektren von (**187**) in $CDCl_3$ (nach Meier, H., Schneider, H.-P., Rieker, A., Hitchcock, P.B. (1978), Angew. Chem. **90**, 128)

a ^{1}H-Resonanz

b ^{13}C-$\{^1$H$\}$-Resonanz (Protonen-Breitband-Entkopplung)

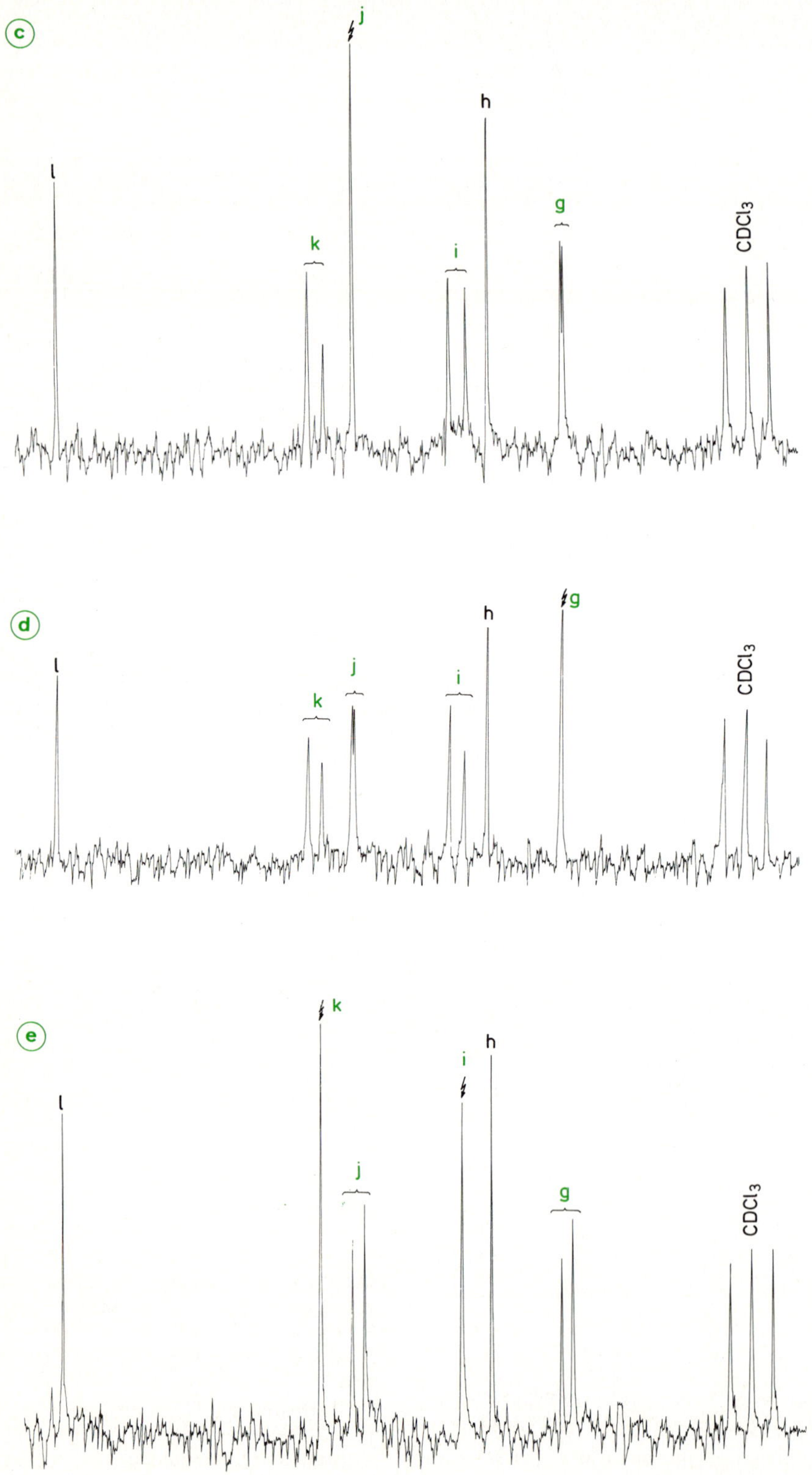

Abb. 3.68 Fortsetzung
c ^{13}C-Teilspektrum im Doppelresonanz-Experiment ν_A
d ^{13}C-Teilspektrum im Doppelresonanz-Experiment ν_B
e ^{13}C-Teilspektrum im Doppelresonanz-Experiment ν_C

und durch Vergleich mit verwandten Verbindungen zugeordnet werden. Insgesamt ergibt sich folgende Zuordnung:

C–2:	r:	$\delta = 166{,}7$	OCH_3	= e,f: $\delta = 54{,}8/55{,}6$
C–3:	j:	$\delta = 106{,}0$		
C–4/7:	p,q:	$\delta = 154{,}5/156{,}0$		
C–5:	g:	$\delta = 90{,}6$		
C–5a:	h:	$\delta = 96{,}1$	$C(CH_3)_3$	= a,b: $\delta = 27{,}5/29{,}6$
C–5b:	l:	$\delta = 128{,}0$		= c,d: $\delta = 34{,}1/36{,}9$
C–6:	i:	$\delta = 98{,}3$		
C–7/4:	p,q:	$\delta = 154{,}5/156{,}0$		
C–8:	k:	$\delta = 108{,}9$		
C–9:	m:	$\delta = 135{,}6$		
C–9a:	n:	$\delta = 142{,}4$		
C–10a:	o:	$\delta = 152{,}9$		

J-moduliertes Spinecho

Zur Unterscheidung der ^{13}C-Signale von CH_3-, CH_2-, CH-Gruppen und quartären C-Atomen kann außer der Off-Resonance-Entkopplung (s. S. 158) das *J*-modulierte Spinecho-Experiment dienen. Dieses Verfahren hat besondere Vorteile bei Verbindungen mit eng benachbarten ^{13}C-Signalen, wo die Off-Resonance-Technik zu einer unübersichtlichen Überlappung der teilentkoppelten Multipletts führen kann. Grundlage ist die sog. Spinecho-Pulssequenz: Nach einem 90°-Anregungsimpuls erfolgt ein 180°-Impuls, der die Vektoren der transversalen Magnetisierung invertiert. Zwischen den beiden Impulsen und zwischen 180°-Impuls und FID liegt jeweils eine Zeitperiode τ. Der ^{1}H-Entkoppler ist während der zweiten τ-Periode ausgeschaltet, wodurch die Magnetisierung infolge der ^{13}C,^{1}H-Kopplungen moduliert wird. Man registriert dann ein entkoppeltes Spektrum, wobei die Signalintensitäten der CH_n-Gruppen von τ abhängen, genauer gesagt von Ausdrükken mit den Funktionen $\cos(n\pi\tau J)$. Wählt man $\tau = 1/J$ ($\tau \approx 8$ ms bei $^1J(^{13}C, ^1H) \approx 125$ Hz), dann erhält man für quartäre C- und CH_2-Gruppen positive Signale ($\cos 0$, $\cos 2\pi > 0$) und für CH- und CH_3-Gruppen negative Signale ($\cos\pi$, $\cos 3\pi < 0$). (Ein analoges Experiment mit $\tau = 1/2J$ führt dazu, daß nur mehr die Signale von quartären C-Atomen zu erkennen sind).

Als Beispiel seien die ^{13}C-Spektren der Bicyclen (**188**) und (**189**) besprochen.

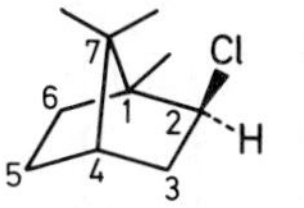

exo-2-Chlor-1,7,7-tri-methyl-bicyclo[2.2.1]-heptan (Isobornylchlorid, **188**)

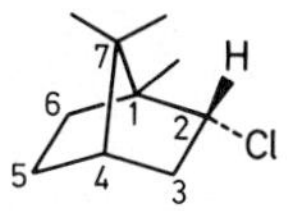

endo-2-Chlor-1,7,7-tri-methyl-bicyclo[2.2.1]-heptan (Bornylchlorid, **189**)

Position	δ	δ
C–1	49,7	50,7
C–2	68,2	67,1
C–3	42,4	40,3
C–4	46,0	45,3
C–5	26,9	28,3
C–6	36,2	28,3
C–7	47,3	47,8
1-CH_3	13,4	13,3
7-CH_3	20,4/20,1	20,5/18,4

Die quartären C-Atome C–1 und C–7 und die Methylen-Gruppen H_2C–3, H_2C–5 und H_2C–6 haben bei $\tau = 1/J$ positive Signalintensitäten, die Methin-Gruppen HC–2 und HC–4 und die Methyl-Gruppen an C–1 und C–7 dagegen negative Signalintensitäten.

Abb. 3.69 zeigt das normale breitband-entkoppelte ^{13}C-Spektrum von (**188**) und die *J*-modulierte Spinecho-Aufnahme.

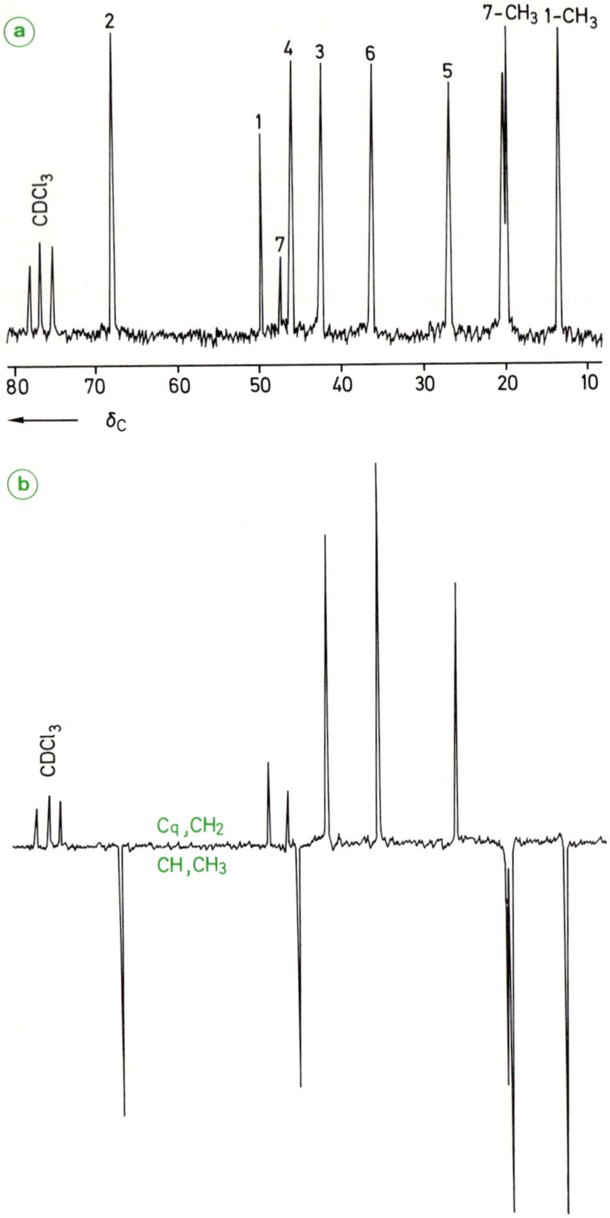

Abb. 3.69 ^{13}C-Spektrum von Isobornylchlorid (**188**) in $CDCl_3$

a ^1H-Breitband-Entkopplung

b *J*-moduliertes Spinecho-Spektrum ($\tau = 1/J = 8$ ms)

Spektren-Integration

Im Gegensatz zu ^1H-NMR-Spektren sind ^{13}C-NMR-Spektren nicht direkt integrierbar (s. Abschn. 1.5, S. 82f.).

Die **Intensität** einzelner Signale hängt von den **Relaxationszeiten** der entsprechenden C-Kerne und im Entkopplungsfall zusätzlich von den unterschiedlichen **Kern-Overhauser-Effekten** ab.

Abb. 3.70 zeigt den entscheidenden **Einfluß der Aufnahmebedingungen**. Bei allen vier Spektren wurde dieselbe Probenlösung von 4-Ethyl-5-methyl-1,2,3-thiadiazol (**190**) bei variablem Pulswinkel (PW) gemessen. Die anderen Geräteparameter blieben konstant (800 scans, 8 K usw.). Man erkennt, daß die relativen Intensitäten der quartären C-Atome mit sinkendem Pulswinkel zunehmen. Gleichzeitig verschlechtert sich aber das Signal/Rausch-Verhältnis (*S*/*N*) erheblich.

Eine Möglichkeit, zu integrierbaren Spektren zu kommen, besteht bei der Verwendung von paramagnetischen **Relaxationsreagenzien**. Besonders bewährt haben sich Chrom- und Eisenacetonylacetonate (etwa 0,05 molare Lösungen). Nicht entgaste Meßproben enthalten gelösten Sauerstoff, der ebenfalls die Relaxation insbesondere der langsam relaxierenden ^{13}C-Kerne beschleunigt.

Durch das magnetische Moment der ungepaarten Elektronen wird ein neuer Relaxationsprozeß wirksam, der über die anderen Relaxationen dominiert. Dadurch werden sowohl die an sich unterschiedlichen Relaxationszeiten einzelner C-Kerne wie auch die Kern-Overhauser-Effekte weitgehend ausgeschaltet. Das Relaxationsreagenz darf nicht mit der Meßprobe reagieren oder auch nur lose komplexieren. Ein Signalshift wie bei den paramagnetischen Verschiebungsreagenzien ist daher nicht zu erwarten. Abb. 3.71 zeigt das in Gegenwart von $Cr(acac)_3$ integrierte Spektrum von 4-Ethyl-5-methyl-1,2,3-thiadiazol (**190**).

PW (µs)	Verhältnis der Peakhöhen *h* bzw. Integrale *I* C	a :	b :	c :	d :	e
12,0	*h*	44	100	67	18	9
	I	44	100	78	11	8
3,5	*h*	53	100	92	28	18
	I	53	100	97	21	18
1,0	*h*	66	100	83	69	39
	I	62	100	101	43	43
0,5	*h*	65	100	86	81	44
	I	57	100	120	52	48

Die zweite Möglichkeit, zu integrierbaren ^{13}C-Spektren zu kommen, bietet das sog. **Inverse gated decoupling**. (Das normale **Gated decoupling** ist eine Methode zur Messung von gekoppelten Spektren. Der Entkoppler darf dabei nur in der Periode zwischen dem abklingenden FID und einem neuen Meßimpuls arbeiten. Durch den dann auftretenden Kern-Overhauser-Effekt wird ein Intensitätsgewinn bei den ^{13}C-Kernen mit Wasserstoff-Substituenten erzielt. Voll ge-

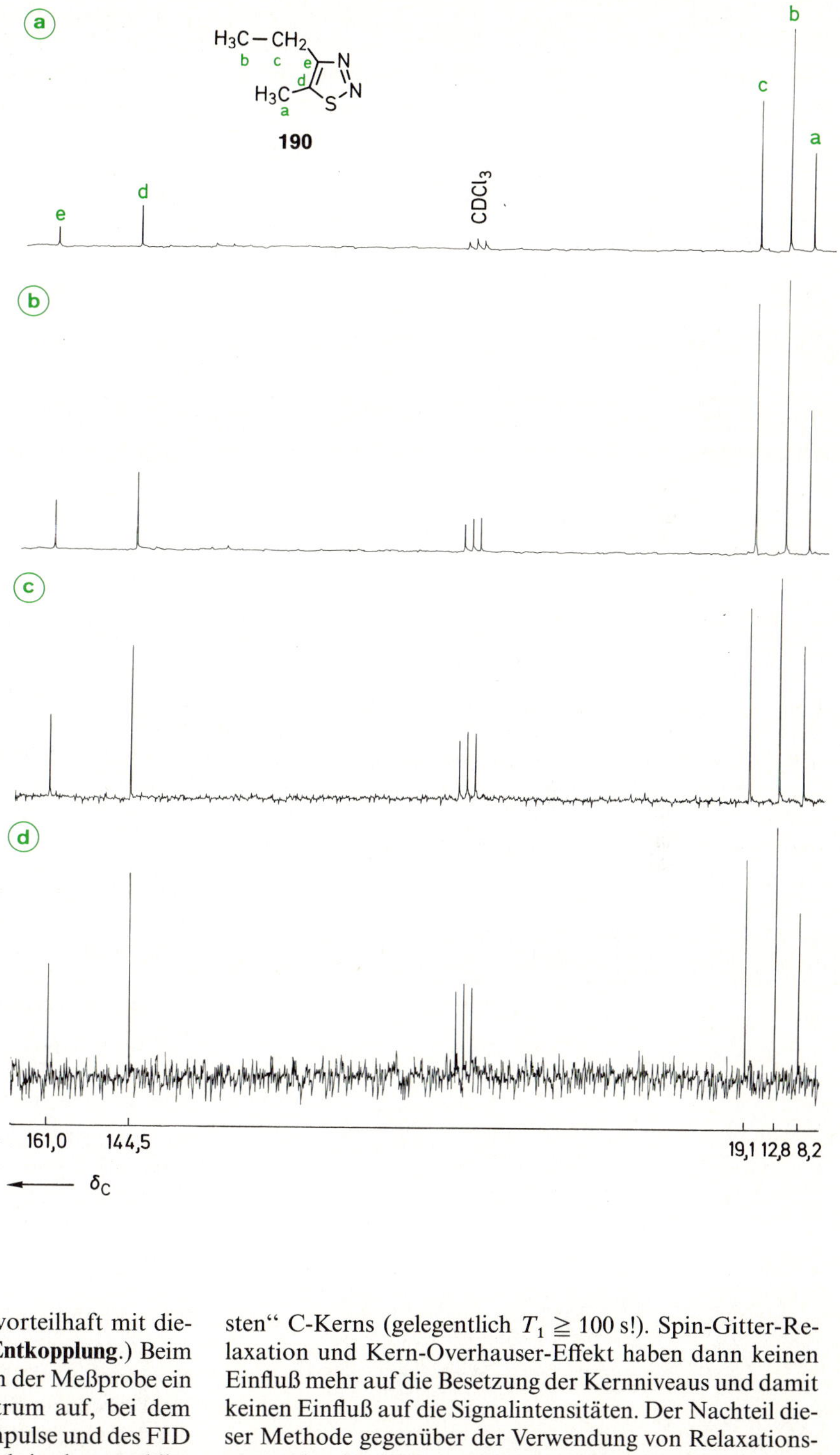

Abb. 3.70 ^{1}H-breitband-entkoppelte ^{13}C-Spektren von 4-Ethyl-5-methyl-1,2,3-thiadiazol (**190**) in $CDCl_3$ unter identischen Aufnahmebedingungen mit Ausnahme des Pulswinkels; PW: 12 μs (**a**), 3,5 μs (**b**), 1,0 μs (**c**), 0,5 μs (**d**)

koppelte ^{13}C-Spektren mißt man also vorteilhaft mit diesem Verfahren der **gepulsten Protonen-Entkopplung**.) Beim Inverse gated decoupling nimmt man von der Meßprobe ein protonen-breitband-entkoppeltes Spektrum auf, bei dem der Entkoppler während der ^{13}C-Meßimpulse und des FID (s. S. 138) eingeschaltet ist, nicht jedoch in der anschließenden Verweildauer. Letztere sollte möglichst so gewählt werden, daß sie länger ist als die Relaxation des „langsamsten“ C-Kerns (gelegentlich $T_1 \geqq 100$ s!). Spin-Gitter-Relaxation und Kern-Overhauser-Effekt haben dann keinen Einfluß mehr auf die Besetzung der Kernniveaus und damit keinen Einfluß auf die Signalintensitäten. Der Nachteil dieser Methode gegenüber der Verwendung von Relaxationsreagenzien ist die lange Meßzeit, die auf die Wartezeiten zwischen den einzelnen Impulsen zurückgeht.

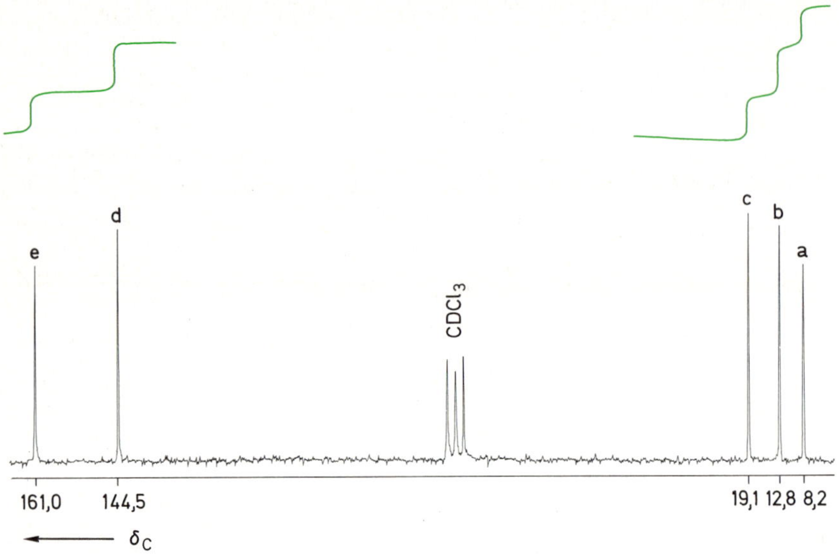

Abb. 3.71 ^{13}C-NMR-Spektrum (protonen-breitband-entkoppelt) von 4-Ethyl-5-methyl-1,2,3-thiadiazol (**190**) in $CDCl_3$ in Gegenwart von $Cr(acac)_3$ mit Integrationskurve

Verwendung von Lanthaniden-Shift-Reagenzien

Eine Einführung in die **Lanthaniden-Shift-Methode** ist auf S. 124 ff. für ^{1}H-Resonanzmessungen gegeben. Grundsätzlich analoge Überlegungen lassen sich für die Verwendung von Verschiebungsreagenzien in der ^{13}C-Spektroskopie anstellen. Der Gesamt-Shift setzt sich aus einem **Pseudokontakt-** und einem **Kontaktanteil** zusammen. Für Chelat-Komplexe der Lanthaniden ist der (Fermi)-Kontaktterm meist klein, und es gilt auch hier näherungsweise die **McConnell-Robertson-Gleichung** (s. S. 125). Daraus folgt, daß für ^{1}H- und ^{13}C-Kerne in vergleichbaren Positionen (zum Lanthaniden-Zentralatom) derselbe Shift zu erwarten ist. Als Beispiel seien die Literaturdaten für Isoborneol (**191**) gewählt. Der obere Verschiebungswert bezieht sich auf $Eu(fod)_3$, der mittlere auf $Eu(dpm)_3$ und der untere auf $Pr(fod)_3$. Die grünen Zahlen geben die lanthaniden-induzierten ^{13}C-Verschiebungen, die schwarzen die ^{1}H-Verschiebungen an. ($Eu(fod)_3$ und $Eu(dpm)_3$ verschieben zu tiefem Feld, $Pr(fod)_3$ zu hohem Feld.)

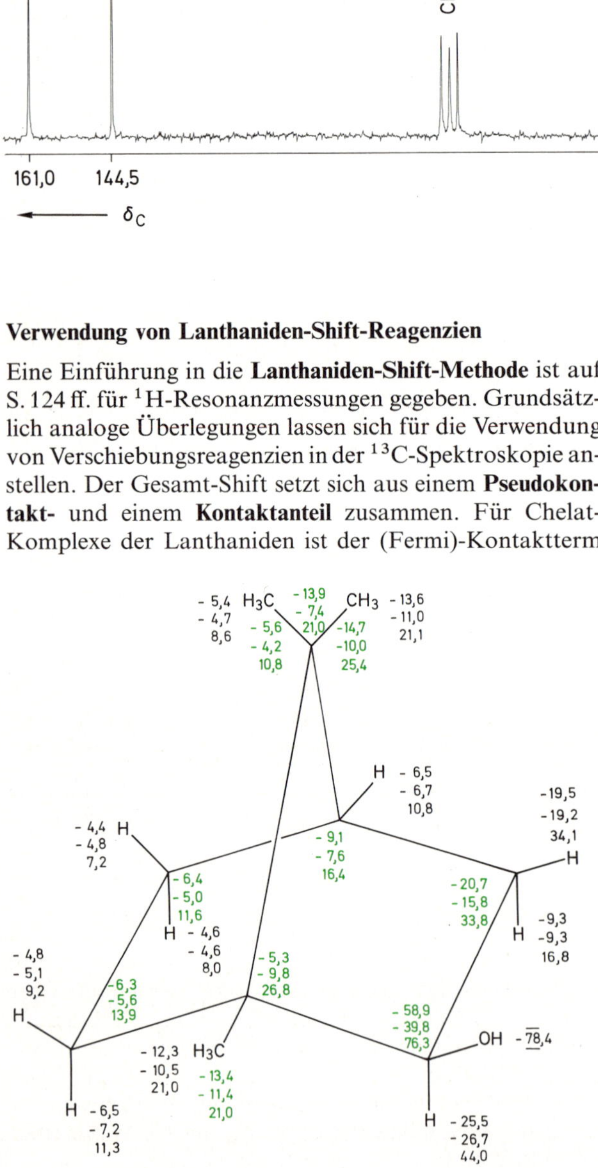

191

Gezielte Isotopenmarkierungen

Substituiert man in einer Verbindung ein oder mehrere H-Atome durch **Deuterium**, so verändert sich das ^{13}C-Spektrum in ganz charakteristischer Weise.

Während CH-, CH_2- und CH_3-Gruppen im ^{1}H-breitband-entkoppelten ^{13}C-Spektrum jeweils nur ein Signal hinterlassen, beobachtet man für CD-, CHD- und CH_2D-Gruppen ein 1 : 1 : 1-Triplett, für CD_2- und CHD_2-Gruppen ein 1 : 2 : 3 : 2 : 1-Quintett und für CD_3-Gruppen ein 1 : 3 : 6 : 7 : 6 : 3 : 1-Septett (s. S. 75).

Die ^{13}C,D-Kopplungskonstanten sind um den Faktor $\gamma_H/\gamma_D \approx 6{,}5$ kleiner als die entsprechenden ^{13}C,^{1}H-Kopplungen. ^{13}C,D-Fernkopplungen sind daher meist nicht erkennbar. Der H/D-Austausch macht sich zusätzlich durch einen geringen Isotopeneffekt auf die ^{13}C-Verschiebung bemerkbar: Bei ^{13}C-D tritt ein Hochfeld-Shift von ca. 0,2 bis 0,7 ppm auf, bei ^{13}C-C-D ist der Isotopeneffekt mit 0,11 bis 0,15 ppm noch geringer.

Wichtiger ist, daß sich der Kern-Overhauser-Effekt des deuterierten ^{13}C-Kerns verringert und die Relaxationszeit erhöht. Das bewirkt einen beträchtlichen Verlust an Signalintensität. Zusammen mit der oben beschriebenen Aufspaltung durch ^{13}C, D-Kopplungen führt das häufig dazu, daß die Signale der ^{13}C-Kerne mit Deuterium-Substituenten ganz oder teilweise im Rauschen verschwinden. Die anderen ^{13}C-Signale sind wenig betroffen; sie erfahren allenfalls durch ^{13}C, D-Kopplungen über zwei oder drei Bindungen eine kleine Aufspaltung oder Verbreiterung.

Der H/D-Austausch ist also eine sehr wertvolle Methode, um zu eindeutigen **Signalzuordnungen** zu kommen. Dieses Ziel wird noch direkter mit **^{13}C-Markierungen** angesteuert. Der Einbau von ^{13}C-angereichertem Kohlenstoff in bestimmte Molekülpositionen führt zu intensiven ^{13}C-Signalen. Bei niedriger Scanzahl werden ausschließlich diese Absorptionen erhalten. Darüber hinaus lassen sich durch ^{13}C-Markierungen bequem **^{13}C, ^{13}C-Kopplungskonstanten** ermitteln.

In Abb. 3.72a ist als Beispiel das ^{13}C-NMR-Spektrum von unmarkierter Cyclopentancarbonsäure (**192**) wiedergegeben. In Abb. 3.72b ist das Signal des Carboxy-C-Atoms a durch 50% Markierungsanreicherung relativ zu den übrigen Signalen extrem angewachsen. Das tertiäre C-Atom b

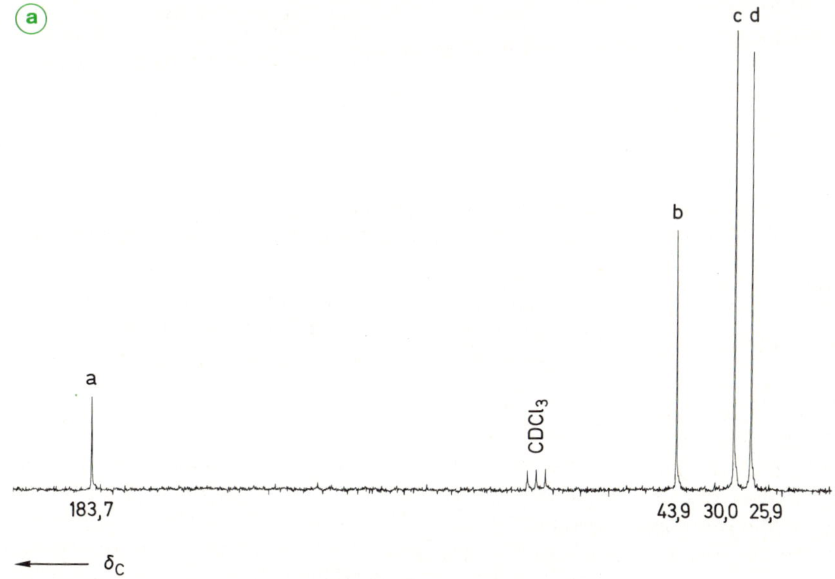

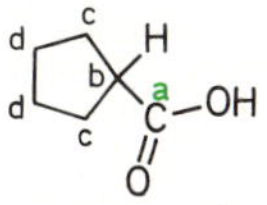

192

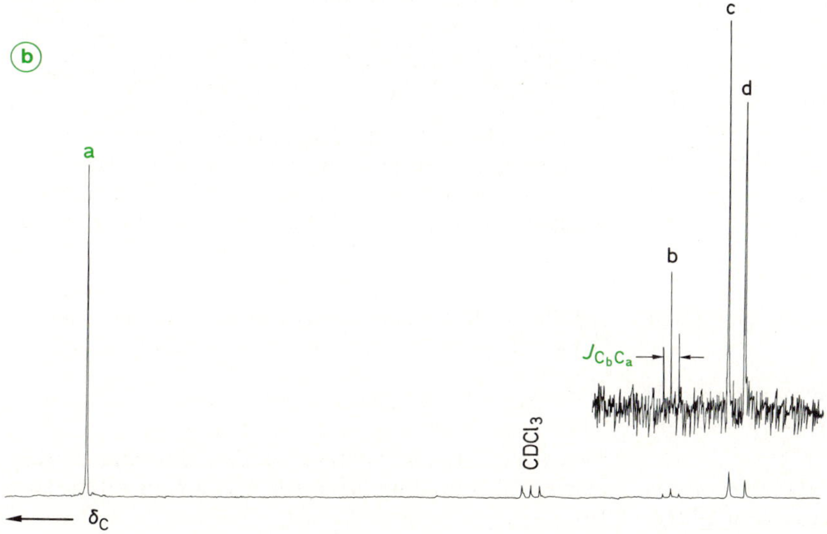

Abb. 3.72 ^{13}C-Spektren von Cyclopentancarbonsäure (**192**) in $CDCl_3$ (protonen-breitbandentkoppelt) (nach Timm, U., Zeller, K.-P., Meier, H. (1977), Tetrahedron **33**, 453)

- **a** bei natürlichem ^{13}C-Gehalt
- **b** bei 50% ^{13}C-Anreicherung im Carboxy-C-Atom a

hinterläßt im verstärkten Spektrum drei Signale. Das mittlere gehört wie im Spektrum 3.72a zu einem ^{13}C-Kern b, der ausschließlich ^{12}C-Nachbarn besitzt. Zu diesem Singulett addiert sich ein Dublett, das auf ^{13}C-Kerne b zurückgeht, die als Nachbarn a ebenfalls ^{13}C-Kerne haben. Aus dem Abstand des Dubletts ergibt sich die Kopplungskonstante $^1J(C_b, C_a) = 56{,}8$ Hz. (Aufgrund des natürlichen ^{13}C-Gehalts von 1,1% im Kern b und der Anreicherung auf 50% im Kern a hat jeder zweite Kern b einen ^{13}C-Nachbarn a, aber nur rund jeder neunzigste Kern a einen ^{13}C-Nachbarn b.)

Moleküle (**192**):	a: ^{12}C; b: ^{12}C	a: ^{13}C; b: ^{12}C
^{13}C-Signale:	–; –	s; –
natürliche Verteilung:	97,796%	1,096%
Anreicherung:	49,45 %	49,45 %
Moleküle (**192**):	a: ^{12}C; b: ^{13}C	a: ^{13}C; b: ^{13}C
^{13}C-Signale:	–; s	d; d
natürliche Verteilung:	1,096%	0,012%
Anreicherung:	0,55 %	0,55 %

Auch die gegenteilige Maßnahme, die **^{13}C-Abreicherung** unter den natürlichen Gehalt von 1,1%, ist interessant. Der Einbau von ^{12}C-angereichertem Kohlenstoff führt zum Verschwinden der betreffenden Signale im ^{13}C-Spektrum. (Zur Verwendung von ^{12}C-angereicherten NMR-Lösungsmitteln s. auch S. 138).

Da heute eine ganze Reihe von D-, ^{13}C- und ^{12}C-markierten Chemikalien käuflich sind, wird es immer gebräuchlicher, zur eindeutigen Zuordnung von ^{13}C-Signalen entsprechend markierte Verbindungen herzustellen und zu messen. Besondere Bedeutung kommt diesen Markierungstechniken in Zusammenhang mit der Kernresonanz-Spektroskopie bei der Aufklärung von Mechanismen organischer oder biochemischer Prozesse zu.

Die bereits auf S. 123f. bei der ^1H-NMR-Spektroskopie behandelte **Isotopen-Störungsmethode** läßt sich natürlich auch in der ^{13}C-Resonanz anwenden. Als explizites Beispiel soll das zentrale Problem der **nichtklassischen Ionen**, das Norbornyl-Kation (**193**), herausgegriffen werden. Als Alternativen hat man

a) das Doppelminimum-Potential zweier im Gleichgewicht stehender „klassischer" Ionen und

b) das Einzelminimum eines symmetrischen, nichtklassischen Ions.

Nach dem Einbau von Deuterium (X = D, Y = H/X = H, Y = D) beobachtet man allenfalls eine ganz geringe Aufspaltung der ^{13}C-Signale von C–1 und C–2.

Das ist nur mit dem statischen Modell b vereinbar. Bei dem „gestörten Gleichgewicht" einer schnellen Wagner-Meerwein-Umlagerung (Modell a) sollte die Differenz der chemischen Verschiebungen um eine Größenordnung höher sein.

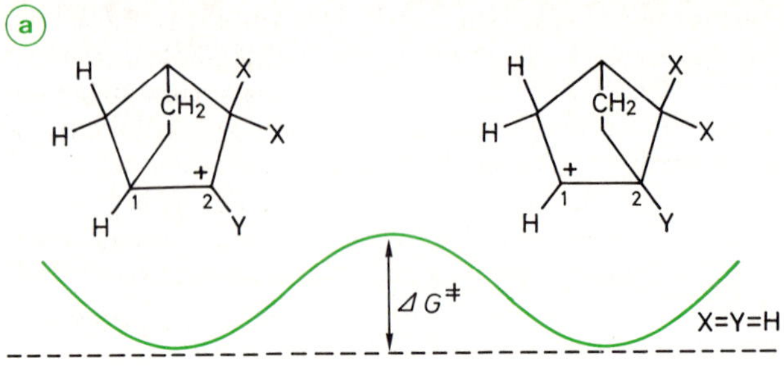

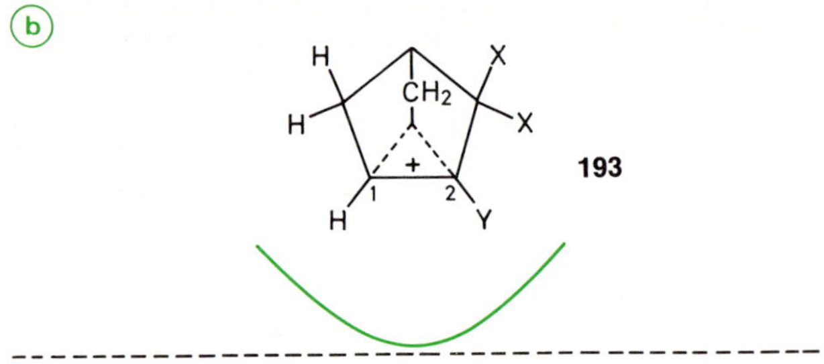

193

Natürlich sind auch hier Grenzfälle denkbar mit einem schnellen Gleichgewicht zwischen zwei Spezies, die nur ganz geringfügig von der symmetrischen Form abweichen.

NOE-Messungen

Zur Messung des Kern-Overhauser-Effektes (NOE) müßte man die Signalintensitäten von ^1H-entkoppelten und ^1H-gekoppelten ^{13}C-NMR-Spektren vergleichen. Insbesondere bei den gekoppelten Spektren ist die Intensitätsermittlung ungenau. Daher bewährt sich in der Praxis besser der Vergleich von zwei entkoppelten Spektren. Zur Erzeugung eines entkoppelten Spektrums ohne Overhauser-Effekt verwendet man eine gepulste Entkopplung, wobei der Entkoppler nur während der Meßimpulse und des FID angeschaltet ist. In der langen darauffolgenden Verweildauer ist der Entkoppler nicht in Betrieb. Diese Methode beruht auf der Tatsache, daß der Overhauser-Effekt relativ langsam aufgebaut wird, während die Entkopplung nahezu spontan erfolgt.

Erfolgt die ^{13}C-Relaxation ausschließlich nach einem Dipol-Dipol-Mechanismus, so gilt für den Kern-Overhauser-Verstärkungsfaktor η_C

$$\eta_C = \frac{\gamma_H}{2\gamma_C} = 1{,}988 .$$

Dieser Maximalwert wird wesentlich unterschritten, wenn andere Relaxationsmechanismen eine wichtige Rolle spielen.

Auf die Bedeutung von NOE-Messungen bei Strukturermittlungen wurde bereits auf S. 130 ff. hingewiesen. Als explizites Beispiel für ein heteronukleares NOE-Experiment sei Dimethylformamid (Abb. 3.24, S. 92) genannt. Bei 25 °C erhält man folgende NOE-Faktoren

	CO	CH_3(b)	CH_3(a)
η	1,4	1,8	1,4

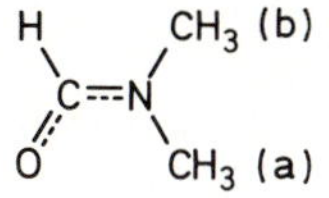

44

(a) ist die zum Formylwasserstoff *anti*-ständige CH_3-Gruppe. Ihr Signal liegt bei höherem Feld und hat im breitband-entkoppelten Spektrum die kleinere Intensität im Vergleich zu (b). Mit steigender Temperatur erhöht sich die Austauschgeschwindigkeit der Methyl-Gruppen, und die beiden NOE-Faktoren nivellieren sich.

Polarisationstransfer

Aus Tab. 3.1 (s. S. 70) entnimmt man, daß die natürliche Häufigkeit und die Empfindlichkeit einzelner für die Kernresonanz in Frage kommender Kernsorten wie ^{13}C, ^{15}N usw. gering ist. Bei unempfindlichen Kernen hat man einen kleinen Besetzungsunterschied zwischen den beiden für die Spin-Inversion relevanten Kernzuständen und damit geringe Signalintensitäten (s. Abschn. 1.1, S. 69). Mit verschiedenen Methoden **(SPI: Selektive Populations-Inversion, INEPT-, DEPT-Pulsfolgen)** gelingt es, die größere Populationsdifferenz eines empfindlichen Kerns wie ^{1}H auf eine im Molekül vorhandene unempfindliche Kernsorte wie ^{13}C oder ^{15}N zu übertragen. Dieser sog. **Polarisationstransfer** bewirkt, daß die Übergänge (Absorptionen und Emissionen!) des unempfindlichen Kerns verstärkt werden. Der Effekt übertrifft an Wirksamkeit den **Kern-Overhauser-Effekt**.

Der Polarisationstransfer kann also z. B. zur Signalverstärkung bei der Aufnahme von ^{1}H-gekoppelten oder ^{1}H-entkoppelten ^{13}C-Spektren herangezogen werden. Eine zweite Anwendungsmöglichkeit von **INEPT (insensitive nuclei enhanced by polarization transfer)** oder **DEPT (distortionless enhancement by polarization transfer)** besteht in der Aufnahme von Teilspektren, die nach der Signalmultiplizität selektiert werden können. Man kann also z. B. von Cholesterylacetat (**194**) ein ^{1}H-gekoppeltes oder ^{1}H-entkoppeltes ^{13}C-Spektrum aufnehmen, das ausschließlich die Signale der CH-Gruppen enthält (Abb. 3.73) oder ausschließlich die der CH_2-Gruppen bzw. der CH_3-Gruppen. **194** besitzt insgesamt 29 chemisch nichtäquivalente C-Atome. Die Dichte der Signale ist insbesondere im Bereich zwischen $\delta = 20$ und $\delta = 40$ sehr hoch. Im normalen gekoppelten Spektrum kommt es dort zu einer unübersichtlichen Überlagerung von Signalen.

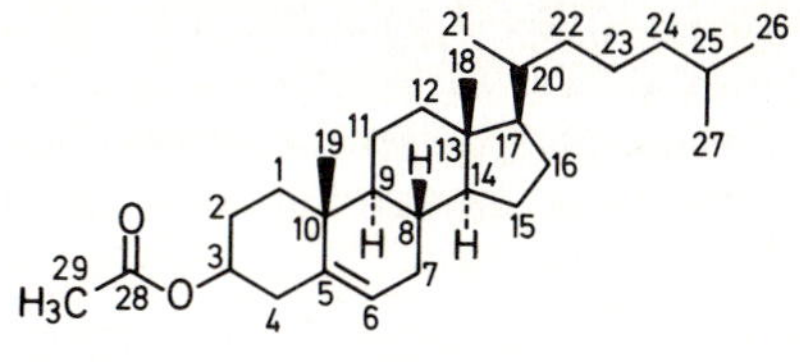

194

CH_3	δ	CH_2	δ	CH	δ	C_q	δ
C–18	12,0	C–1	37,3	C–3	73,7	C–5	139,9
C–19	19,3	C–2	28,2	C–6	122,6	C–10	36,7
C–21	18,9	C–4	38,4	C–8	32,2	C–13	42,5
C–26	22,7	C–7	32,2	C–9	50,4	C–28	169,6
C–27	22,9	C–11	21,3	C–14	57,0		
C–29	20,9	C–12	32,5	C–17	56,6		
		C–15	24,6	C–20	36,1		
		C–16	40,1	C–25	28,2		
		C–22	36,7				
		C–23	24,3				
		C–24	39,8				

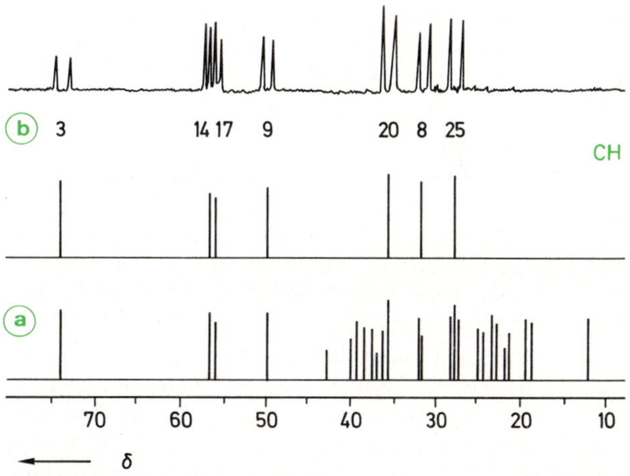

Abb. 3.73 ^{13}C-Spektren von Cholesterylacetat (**194**) in $CDCl_3$

a Normale breitband-entkoppelte Aufnahme der gesättigten Kohlenstoff-Atome

b Subspektrum der Methin-Gruppen (CH) gekoppelt und entkoppelt (DEPT-Technik)

Zweidimensionale ^{13}C-NMR-Spektren

Zu dem Abschn. auf S. 132 ff. soll hier als Ergänzung die Anwendung der zweidimensionalen Spektroskopie in der ^{13}C-Resonanz kurz beschrieben werden.

J-aufgelöste 2D-^{13}C-Spektren dienen zur Separierung der Parameter $\delta(^{13}C)$ und $J(^{13}C, ^1H)$. Chemische Verschiebungen und ${}^{1}J(C,H)$-Kopplungskonstanten (Multiplizitäten) können sofort auf der F_2- bzw. F_1-Achse abgelesen werden. Signalüberlagerungen, die in gekoppelten ${}^{13}C$-Spektren auftreten und die Interpretation oft erschweren, lassen sich dadurch vermeiden.

Anhand des Beispiels α-Tetralon (**195**) soll etwas ausführlicher auf die **${}^{13}C, {}^{1}H$-Shift-Korrelation** eingegangen werden.

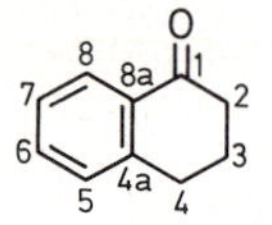

195

	$\delta({}^{13}C)$	$\delta({}^{1}H)$
C–1	197,7	–
C–2	38,8	2,55
C–3	22,9	2,04
C–4	29,3	2,85
C–4a	144,1	–
C–5	128,4	7,24
C–6	133,0	7,45
C–7	126,2	7,30
C–8	126,7	8,00
C–8a	132,2	–

In Abb. 3.74a ist das normale breitband-entkoppelte ${}^{13}C$-Spektrum von (**195**) zu sehen. Man erkennt sofort die Signale der quartären C-Atome an ihrer geringen Intensität.

Übrig bleiben die Absorptionen der CH_2-Gruppen H_2C–2,3,4 und der CH-Gruppen HC–5,6,7,8.

Die in Abb. 3.74b,c wiedergegebenen Konturdiagramme ermöglichen eine eindeutige wechselseitige Zuordnung von ${}^{13}C$- und ${}^{1}H$-Signalen. So kann man z.B. direkt entnehmen, daß an dem ${}^{13}C$-Kern mit $\delta = 126{,}7$ ein Proton sitzt, das bei $\delta = 8{,}00$ absorbiert, oder daß die in der Protonen-Resonanz bei $\delta = 2{,}85$ absorbierende Methylen-Gruppe einen Kohlenstoff enthält, der die chemische Verschiebung $\delta = 29{,}3$ besitzt, usw. In Abb. 3,74d sind schließlich die sieben Protonen-Resonanzen getrennt abgebildet. Ohne Überlagerung sieht man deutlich Dublett-, Triplett- bzw. Quintettstrukturen, die auf *vicinale* ${}^{1}H, {}^{1}H$-Kopplungen zurückgehen. Kennt man die Zuordnung der ${}^{1}H$-Resonanzen, dann liefert die Shift-Korrelation die ${}^{13}C$-Zuordnung und umgekehrt. Kennt man keine Zuordnung vollständig, dann bietet die Shift-Korrelation zusammen mit den Aufspaltungsmustern und eventuell Inkrement-Tabellen eine besonders wertvolle Hilfe zur lückenlosen Zuordnung der ${}^{13}C$- und ${}^{1}H$-Resonanzen einer Verbindung.

Zur Erfassung quartärer C-Atome kann man eine Variante einsetzen, die auf der Existenz kleinerer Kopplungen (${}^{2}J_{C,H}$ und ${}^{3}J_{C,H}$) beruht. Man bezeichnet dieses Verfahren als CH—**COLOC** (correlation via long-range couplings).

In Analogie zu dem H-Relayed-(H,H)-COSY-Experiment kann man die Magnetisierung von einem Proton über ein Proton auf einen ${}^{13}C$-Kern übertragen. In Abb. 3.75 ist ein Ausschnitt aus einem H-Relayed-(H,C)-COSY-Spektrum von Rohrzucker (**139**) zu sehen. Im Vergleich zu einem normalen ${}^{13}C, {}^{1}H$-Shift-korrelierten 2D-NMR-Spektrum erkennt man im Konturdiagramm bei der angewandten **Relayed-Technik** zusätzlich Korrelationspeaks, die zu ${}^{13}C$-Kernen und Protonen an Nachbar-Kohlenstoff-Atomen gehören (${}^{2}J_{CH}$):

Fructose-Ring C-3/4-H ($f_3 \rightarrow f_4$)
C-4/3-H und 5-H
C-5/4-H und 6-H
(C-1,2,6 nicht abgebildet)

Glucose-Ring C-2/3-H
C-3/2-H und 4-H
C-4/3-H und 5-H
C-5/4-H und 6-H
(C-1,6 und 1-H nicht abgebildet)

Doppelquantenkohärenz zur Messung von ${}^{13}C, {}^{13}C$-Kopplungen

${}^{13}C, {}^{13}C$-Kopplungen liefern, wie in Abschn. 4.5 (s.S. 149) ausgeführt, wertvolle Informationen über die vorliegenden C-C-Bindungen. Wegen der geringen natürlichen Häufigkeit von ${}^{13}C$ (1,1 %) besitzen nur ca. 0,01 % einer Molekülsorte **zwei** anisochrone ${}^{13}C$-Kerne und damit die Voraussetzung für das Auftreten einer ${}^{13}C, {}^{13}C$-Kopplung im Spektrum. Neben dem Hauptsignal der Moleküle mit **einem** ${}^{13}C$-Kern sind intensitätsschwache Satelliten zu erwarten, deren Messung jedoch Schwierigkeiten bereitet. Das gilt ganz besonders dann, wenn die Kopplungskonstanten klein sind und die Satelliten in den Fuß des Hauptsignals fallen. Die **INADEQUATE-Technik (incredible natural abundance double quantum transfer experiment)** ermöglicht, das Hauptsignal zu unterdrücken. Durch eine spezielle Pulssequenz wird die Anregung von **Doppelquanten-Übergängen** erreicht. Ein praktisches Beispiel ist in Abb. 3.76 für das Piperidin (**182**) wiedergegeben. Man beobachtet vier

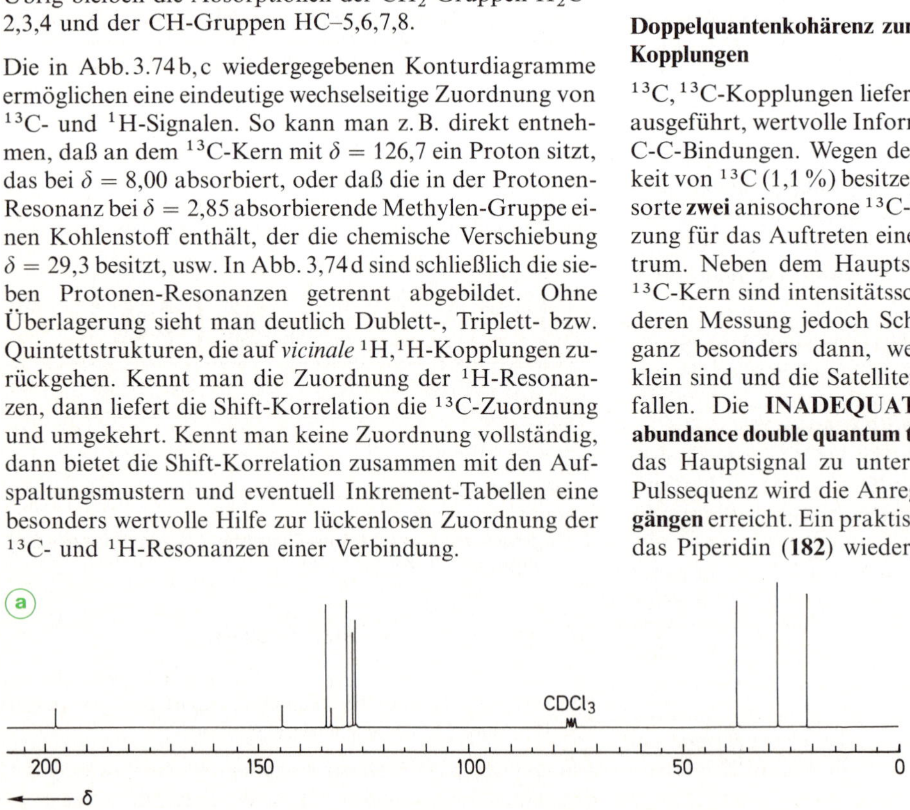

Abb. 3.74 2D-NMR-Spektroskopie von α-Tetralon (**195**; in $CDCl_3$)
a ${}^{13}C$-Spektrum, breitband-entkoppelt (1D-Spektrum)

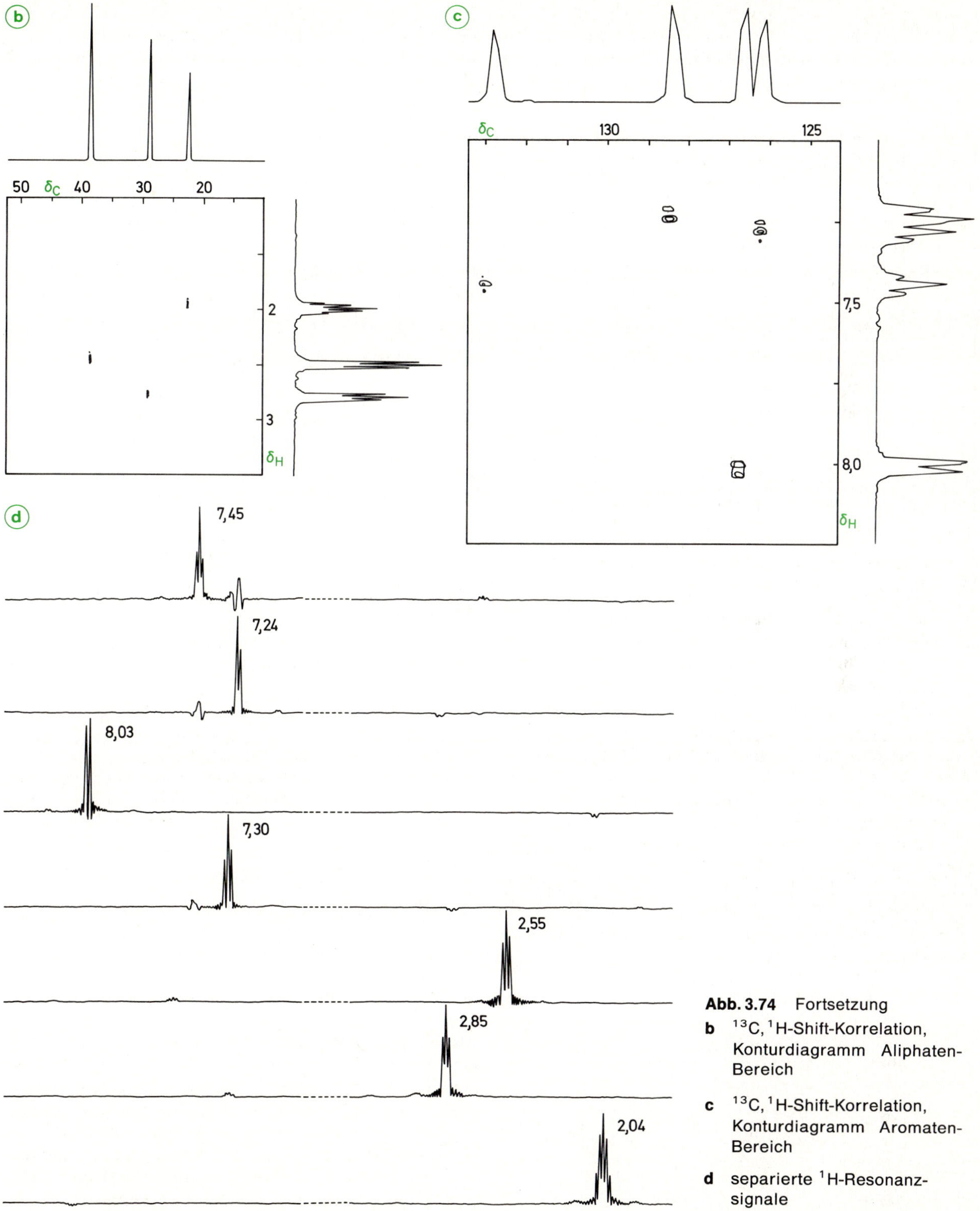

Abb. 3.74 Fortsetzung

b ^{13}C,^{1}H-Shift-Korrelation, Konturdiagramm Aliphaten-Bereich

c ^{13}C,^{1}H-Shift-Korrelation, Konturdiagramm Aromaten-Bereich

d separierte ^{1}H-Resonanzsignale

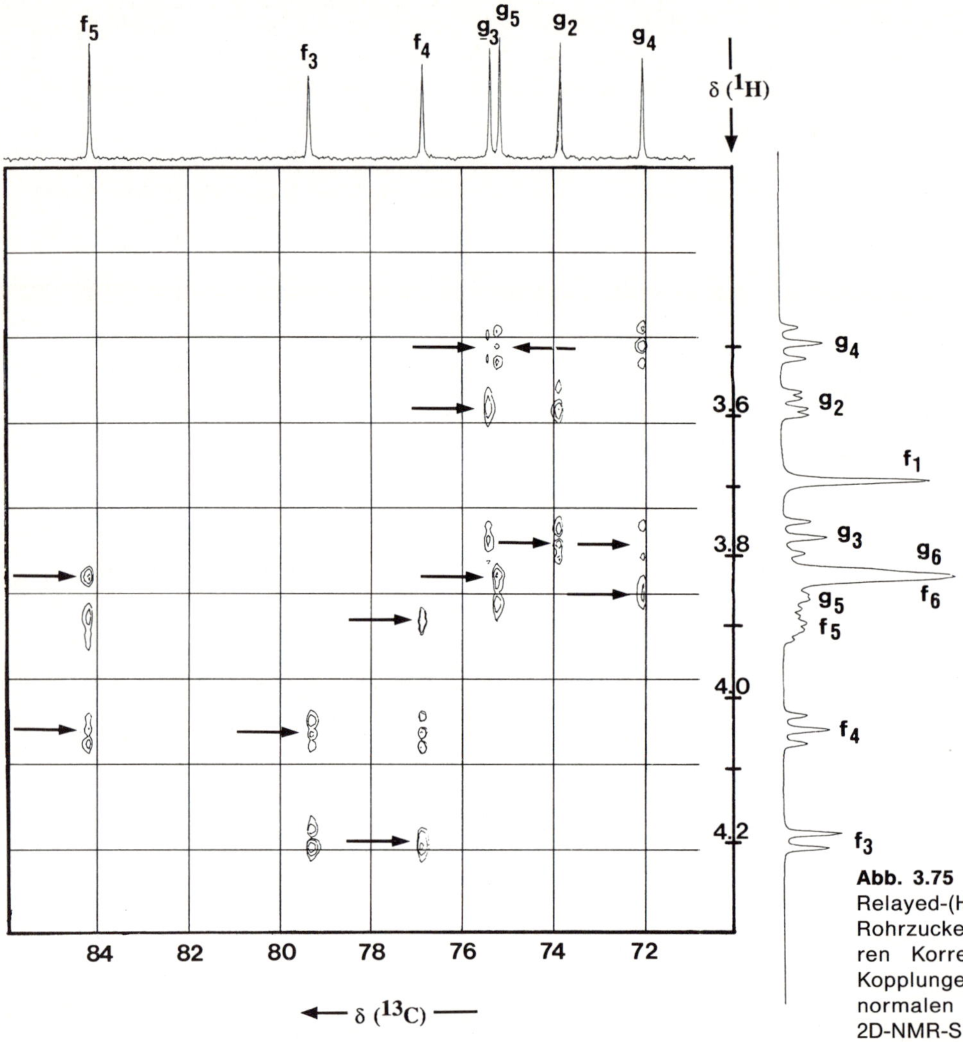

Abb. 3.75 Ausschnitt aus einem H-Relayed-(H,C)-COSY-Spektrum von Rohrzucker (**139**) (Die Pfeile markieren Korrelationspeaks, die $^2J_{CH_1}$-Kopplungen entsprechen, also im normalen ^{13}C,^1H-Shift-korrelierten 2D-NMR-Spektrum nicht auftreten).

Kopplungen, die auf die zu einem geringen Prozentsatz in normalem Piperidin enthaltenen Isotopomeren (**182 a–d**) zurückgehen.

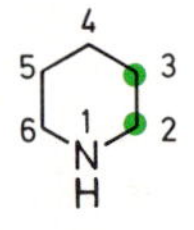

$^1J_{2,3} = 35{,}2$ Hz

182 a

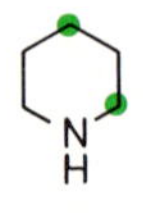

$^2J_{2,4} = 2{,}6$ Hz

182 c

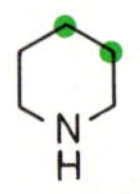

$^1J_{3,4} = 33{,}0$ Hz

182 b

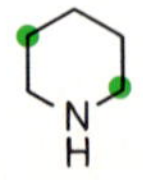

$^3J_{2,5} = 1{,}7$ Hz

182 d

Zu den AX, (AB)-Spin-Systemen gehören jeweils vier Linien. In Abb. 3.76 haben die zwei Komponenten jedes Dubletts eine Antiphase. Die apparative Durchführung gestattet auch gleichsinnige Intensitäten.

Wenn die eindimensionale INADEQUATE-Aufnahme unübersichtlich wird, empfiehlt sich die Anfertigung eines zweidimensionalen INADEQUATE-Spektrums. Dabei sind die AX-Spin-Systeme benachbarter ^{13}C-Kerne getrennt zu sehen. (Abb. 3.77). Auf der F_2-Achse sind die δ-Werte der gemessenen Kohlenstoff-Kerne und auf der F_1-Achse die Doppelquantenfrequenzen aufgetragen. Die **Konnektivität** durch die CC-Bindungen folgt dem grünen Pfeil und besagt in dem abgebildeten Fall, daß die Kohlenstoff-Kette C_a-C_d-C_c-C_b vorliegt.

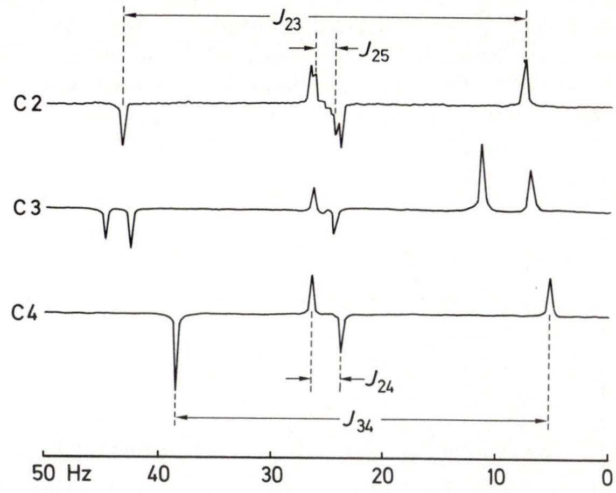

Abb. 3.76 Ausschnitte aus dem ^{13}C-NMR-Spektrum von Piperidin (**182**): INADEQUATE-Experiment zur Bestimmung der ^{13}C,^{13}C-Kopplungen (nach Bax, A., Freeman, R., Kempsell, S. T. (1980), J. Am. Chem. Soc. **102**, 4850)

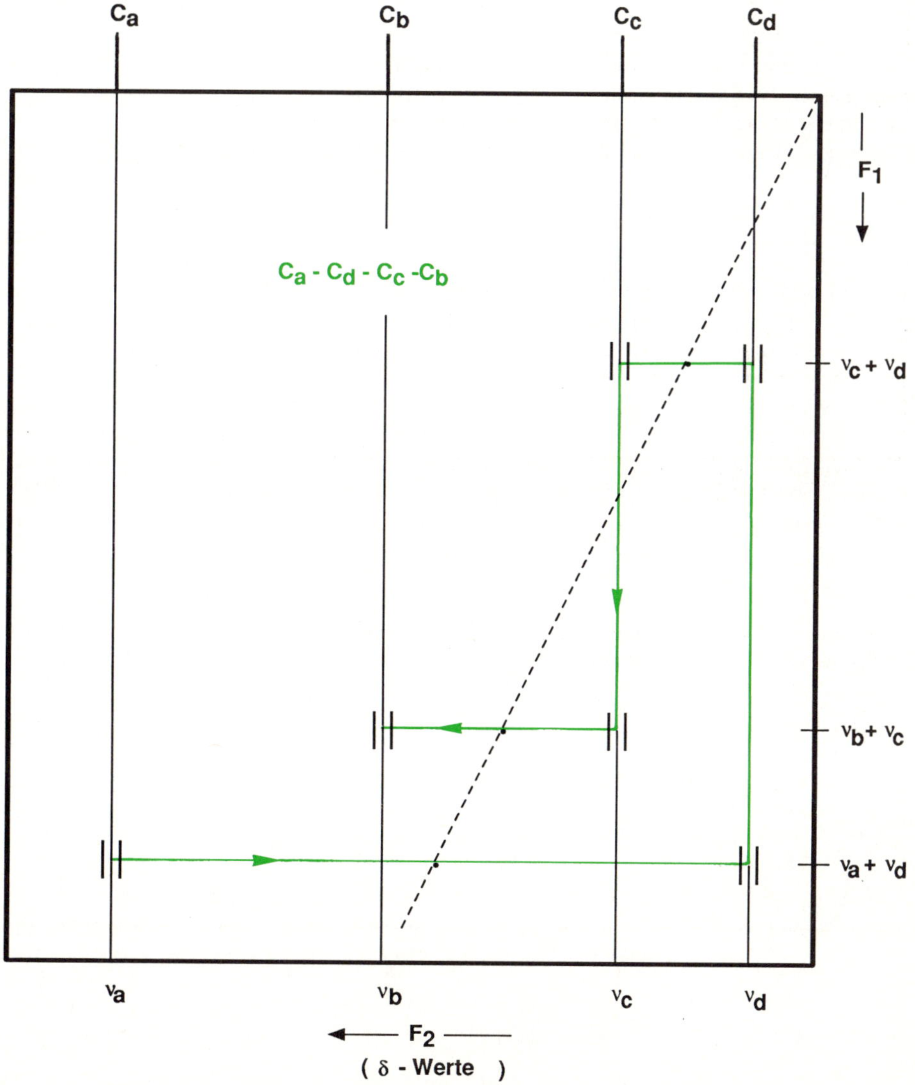

Abb. 3.77 Schematisches Diagramm für eine 2D-INADEQUATE-Messung einer C_4-Kette mit unbekannter Konnektivität. Die durch eine ^1J-Kopplung verbundenen ^{13}C-Kerne liefern jeweils ein AX-Spinmuster bei genau der F_1-Koordinate, die der Summe der chemischen Verschiebungen entspricht. (Die Mittelpunkte zusammengehörender Konturen liegen auf der Geraden $F_1 = 2F_2$).

Während die INADEQUATE-Methode die **Konnektivität durch die Bindungen** erfaßt, geben NOE-Experimente Antwort auf die Frage nach der **Konnektivität durch den Raum**. Beide Verfahren ergänzen sich also und bieten so die Grundlage für die Lösung anspruchsvoller Strukturprobleme.

Festkörperspektren

Hochaufgelöste NMR-Spektren können von Festkörpern mit der normalen PFT-Technik aus mehreren Gründen nicht aufgenommen werden: **D**ipol-**D**ipol- und **Q**uadrupol-**F**eldgradienten-Wechselwirkungen, die in Lösung herausgemittelt werden, führen zu extremen Linienverbreiterungen; die Anisotropie der chemischen Verschiebung bewirkt breite, komplexe Linienformen, und die Spin-Gitter-Relaxationszeiten von Kernen wie ^{13}C sind in Festkörpern sehr lang.

Die chemische Verschiebung wird durch einen **Verschiebungstensor** zweiter Stufe wiedergegeben, dessen Matrix diagonalisiert werden kann. In Lösung wird der gemittelte Wert σ_{iso}, ein Drittel von der Spur der Matrix, gemessen.

$$\begin{vmatrix} \sigma_{11} & 0 & 0 \\ 0 & \sigma_{22} & 0 \\ 0 & 0 & \sigma_{33} \end{vmatrix} \qquad \sigma_{iso} = 1/3\,(\sigma_{11} + \sigma_{22} + \sigma_{33})$$

Im Einkristall können die einzelnen Komponenten σ_{ii} ermittelt werden. Der vollkommen symmetrische Fall $\sigma_{11} = \sigma_{22} = \sigma_{33}$ ist bei Methan gegeben; Zylinder-Symmetrie, wie z. B. bei Acetylen, führt zu $\sigma_{\perp}$ und $\sigma_{\parallel}$; ansonsten hat man einen unsymmetrischen Tensor mit den drei Hauptkomponenten σ_{ii} (i = 1,2,3). Für polykristalline oder amorphe Festkörper ergeben sich dann breite Signale, die den gesamten Bereich der Hauptkomponenten σ_{ii} überdecken (Abb. 3.78).

Große **Verschiebungsanisotropien** werden vor allem für sp^2- und sp-Kohlenstoff-Atome beobachtet. Nachstehend sind für die einzelnen C-Atome jeweils untereinander die Hauptkomponenten σ_{11}, σ_{22} und σ_{33} des ^{13}C-Verschiebungstensors von Naphthalin (**196**) angegeben. Die ppm-Werte beziehen sich auf TMS. Ihre Mittelung ergibt stets Werte, die ganz in der Nähe der grün eingetragenen σ-Werte des Lösungsspektrums liegen. Es fällt auf, daß im Naphthalin-Einkristall die Symmetrieelemente des Naphthalin-Moleküls bis auf das Inversionszentrum aufgehoben sind. C-1 und C-8 unterscheiden sich z. B. stark in der Komponente σ_{22}.

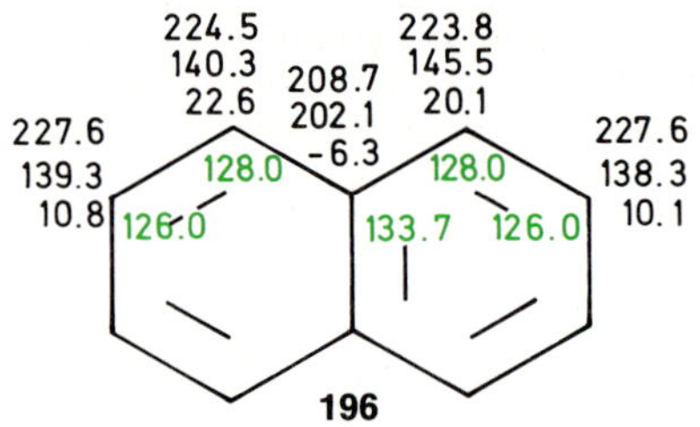

196

Die durch den Raum erfolgende **dipolare Kopplung** kann ebenfalls durch einen Tensor beschrieben werden. Da dessen Spur null ist, spielt diese Kopplung in Lösung keine Rolle. Die Größe der dipolaren Kopplung hängt von den magnetogyrischen Verhältnissen γ der beteiligten Kerne, vom Kernabstand r und vom Winkel Θ ab, den die Kernverbindungslinie mit dem Magnetfeld B_0 bildet. Bei Pulvermessungen mit statistischer Winkelverteilung treten Signalbreiten bis 30 kHz auf. Normale $^{13}C,^{1}H$-Kopplungen in CH-, CH_2- oder CH_3-Gruppen betragen rund 10 kHz. Wegen der geringen natürlichen Häufigkeit ist die $^{13}C,^{13}C$-Kopplung zu vernachlässigen. Bei Doppelmarkierungen kann man jedoch aus der Größe dieser Kopplung recht zuverlässig den C-C-Abstand bestimmen.

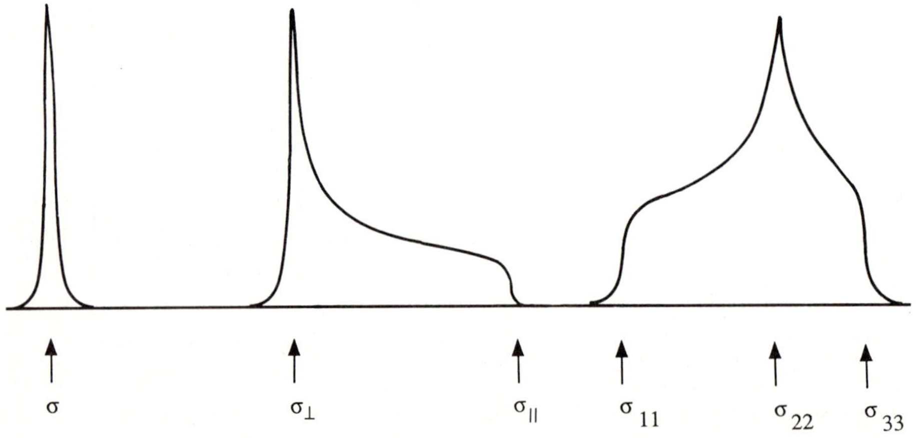

Abb. 3.78 ^{13}C-NMR-Signale in Pulveraufnahmen für die Fälle
$\sigma_{11} = \sigma_{22} = \sigma_{33} = \sigma$
$\sigma_{11} = \sigma_{22} = \sigma_{\perp}$, $\sigma_{33} = \sigma_{\parallel}$
σ_{11}, σ_{22}, σ_{33} verschieden.
(Ohne Berücksichtigung dipolarer Kopplungen).

Die Winkelabhängigkeit der chemischen Verschiebung σ und der dipolaren Kopplung D kommt in dem Term $(3\cos^2\Theta - 1)$ zum Ausdruck:

$$\sigma = \sigma_{iso} + 1/3 \sum_{i=1}^{3} (3\cos^2\Theta - 1)\sigma_{ii}$$

$$D = \pm h/2 \cdot \gamma_1 \cdot \gamma_2 \cdot \frac{1}{r^3}(3\cos^2\Theta - 1)$$

Hochaufgelöste Festkörperspektren können nun dadurch erhalten werden, daß $3\cos^2\Theta - 1 = 0$ ist. Das läßt sich erreichen, wenn man die Probe mit hoher Geschwindigkeit um eine Achse rotieren läßt, die mit dem Feld B_0 den „magischen" Winkel Θ_m einschließt. Aus $\cos^2\Theta_m = 1/3$ folgt $\Theta_m = 54{,}73°$. Durch das **Magic angle spinning (MAS)** wird $\sigma = \sigma_{iso}$ und $D = 0$; d.h., das Pulverspektrum entspricht prinzipiell dem Lösungsspektrum. (Natürlich ändern sich dadurch nicht die Symmetrieeigenschaften im Kristall, die anders sein können als im freien Molekül).

Skalare Kopplungen und Reste der dipolaren Kopplung zwischen ^{13}C- und ^{1}H-Kernen können durch Protonen – Breitband-Entkopplung mit hoher Leistung eliminiert werden.

Das Problem der langen Relaxationszeiten wird schließlich durch die **Cross polarization (CP)** umgangen. Dabei findet ein Polarisationstransfer von den Protonen der Umgebung auf die ^{13}C-Kerne statt. Die effektiven Relaxationszeiten verringern sich dadurch drastisch, und die Intensität der ^{13}C-Signale nimmt zu. Das Signal/Rausch-Verhältnis steigt maximal um den Faktor $\gamma_H/\gamma_C = 3{,}98$ an.

Abb. 3.79 zeigt den Vergleich von ^{13}C-CP-MAS-Festkörper- und Lösungsspektrum für das Enol (**197**), von dem man außer der chelatisierten Z-Form die *E*-Konfiguration kennt.

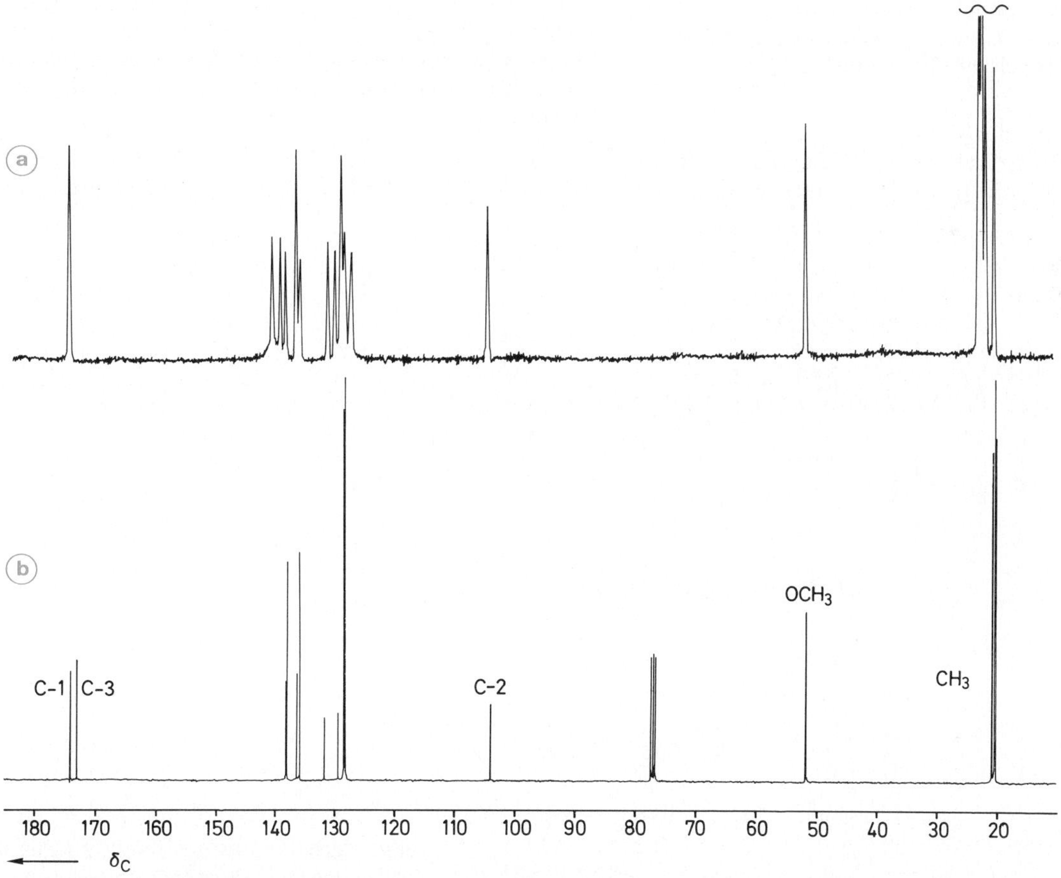

Abb. 3.79 ^{13}C-NMR-Spektren von (*Z*)-3-Hydroxy-2,3-dimesityl-2-propensäuremethylester (**197**)
a CP-MAS-Festkörper-Spektrum (ohne Rotationsseitenbanden)
b normales PFT-Spektrum einer Lösung in $CDCl_3$

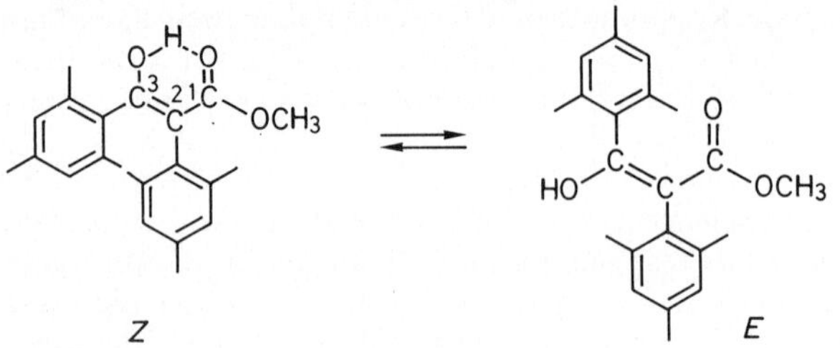

197

Der gemessene Feststoff entspricht der reinen *Z*-Form mit intramolekularer H-Brücke. Innerhalb der Auflösungsgrenze fällt die zufällige Isochronie von C–1 und C–3 auf. Die im Festkörper eingefrorene Rotation der Mesityl-Reste bewirkt, daß jeweils die beiden *o*- und *m*-Kohlenstoff-Atome und die beiden *o*-Methyl-Gruppen eines jeden Benzol-Rings nicht mehr chemisch äquivalent sind. Im Aromaten-Teil erhöht sich damit die Zahl der Signale von 8 auf 12 und im Bereich der Methyl-Gruppen von 4 auf 6. Man erkennt davon 10 bzw. 4 Peaks, von denen einige aufgrund ihrer Intensität doppelt zu zählen sind.

Die hochauflösende Festkörper-NMR-Spektroskopie ist innerhalb der Strukturaufklärung vor allem für unlösliche oder nahezu unlösliche Verbindungen interessant, z. B. bei den Polymeren und Biopolymeren, aber auch für alle Molekülbau-Probleme, bei denen die Solvatation entscheidenden Einfluß auf die Konfiguration bzw. Konformation nimmt. Durch Tieftemperatur-Messungen in der festen Matrix können darüber hinaus kurzlebige Zwischenstufen erfaßt werden.

Als Beispiel einer genauen Strukturzuordnung bei einem unlöslichen Material seien die Polyester in Abb. 3.80 angegeben. Die Einführung einer zweiten Methoxy-Gruppe in die Repetitionseinheit führt zu $\Delta\delta$-Werten, die mit dem Inkrement-System bei Benzol-Derivaten leicht nachzuvollziehen sind. Unter besonderen Meßbedingungen gelingt es sogar, bei Polymeren zwischen den amorphen und den mikrokristallinen Anteilen zu unterscheiden.

Verwendung von ^{13}C-Datenbanken

Der Einsatz der elektronischen Datenverarbeitung gewinnt auf dem Gebiet der instrumentellen Analytik mehr und mehr an Bedeutung. Viele Spektrometerfirmen bieten als Software bei IR-, MS- und NMR-Geräten umfangreiche Spektrenbibliotheken an, die mit dem integrierten Kleincomputer abgefragt werden können. Noch interessanter ist natürlich die Benützung von international zugänglichen Datenbanken.

Hier sei als Beispiel die ^{13}C-NMR-Spektral-Datenbank INKA ONLINE SERVICE (BASF AG) aufgeführt. In ihr

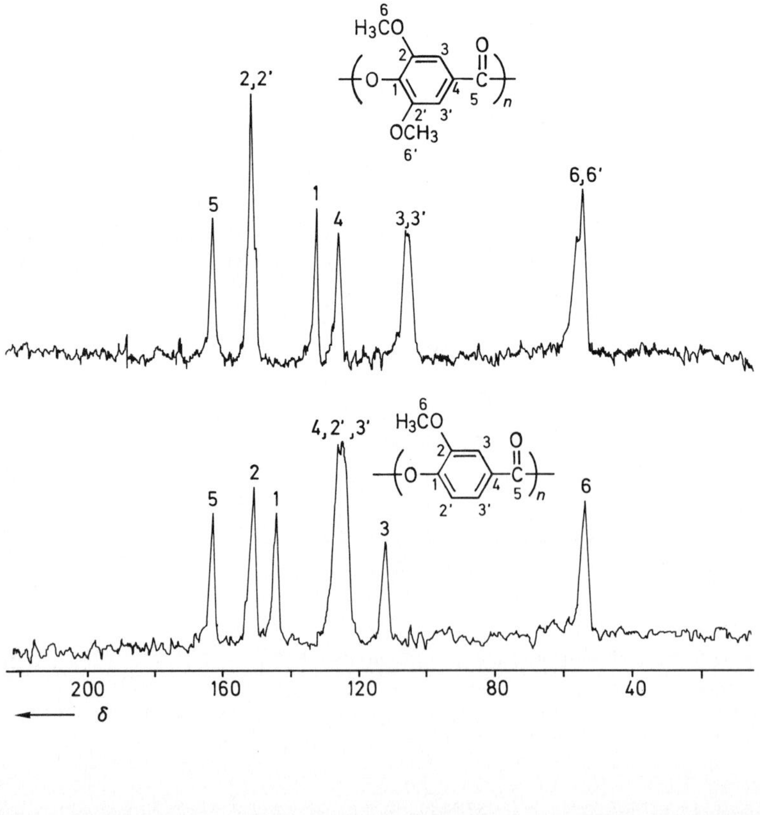

Abb. 3.80 ^{13}C-CP-MAS-NMR-Spektren von methoxysubstituierten Homopolymeren von 4-Hydroxybenzoesäure (nach Fyfe, C. A., Lyerla, J. R., Volksen, W., Yannoni, C. S. 1979, Macromol. **12**, 757).

sind die ^{13}C-Verschiebungen und, soweit bekannt, auch die Kopplungskonstanten und Relaxationszeiten von sehr vielen organischen Verbindungen gespeichert. Ein grundsätzliches Problem dabei ist, daß die spektralen Daten von probenspezifischen Meßbedingungen (Lösungsmittel, Konzentration, Reinheit, Temperatur) und von apparatespezifischen Meßbedingungen abhängen. Dieser Tatsache kann man z. B. dadurch Rechnung tragen, daß man für eine chemische Verschiebung einen Toleranzbereich definiert („Fenstermethode").

Die genannte Datenbank gestattet ganz unterschiedliche Recherchen:

a) die Suche nach Referenzspektren auf der Basis von gemessenen chemischen Verschiebungen,

b) die Suche nach Referenzspektren aufgrund von Namen einzelner Verbindungen oder Verbindungsklassen,

c) die Suche nach Referenzspektren auf der Basis der Bruttoformel,

d) die Suche nach ähnlichen Spektren,

e) die Suche nach Verbindungen und Spektren für definierte Strukturen oder Teilstrukturen (Substrukturen),

f) die Abschätzung chemischer Verschiebungen für angenommene Strukturen.

Zur Veranschaulichung sei ein ganz einfaches Beispiel gewählt. Man kennt von einer Verbindung die ^{13}C-chemischen Verschiebungen mit ihren auf ^1J(C, H)-Kopplungen beruhenden Signalmultiplizitäten:

gemessene δ-Werte:	154.7 (Singulett)
	139.5 (Singulett)
	129.1 (Dublett)
	121.5 (Dublett)
	115.9 (Dublett)
	112.3 (Dublett)
	20.8 (Quadruplett)

Um welche Verbindung könnte es sich handeln? Zur Beantwortung dieser Frage wählt man aus dem Menü die Möglichkeit a), die Suche nach Referenzspektren. Die konkrete Fragestellung lautet: Gibt es unter den gespeicherten Spektren (zur Zeit rund 60000) eines oder mehrere, die in den sieben Signalen innerhalb einer gewählten Toleranzgrenze (hier z. B. ± 0,5 ppm) übereinstimmen? Von Signaleingabe zu Signaleingabe muß sich die Zahl der in Betracht kommenden Verbindungen verringern. Am Ende bleibt in diesem Fall nur eine Verbindung übrig, nämlich das *m*-Kresol (**22**) mit folgenden abgespeicherten Daten (δ-Werte in $CDCl_3$):

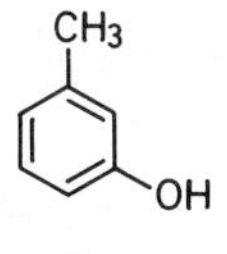

22

C	δ
1	139,8
2	116,2
3	155,0
4	112,5
5	129,4
6	121,8
7	21,1

Jede Strukturaufklärung mit instrumenteller Analytik, auch die computergestützte, sollte auf möglichst viele Methoden zurückgreifen. Die Zielvorstellung hierbei ist, aus den gemessenen UV-, IR-, NMR- und MS-Daten mit Hilfe der Computerauswertung direkt zu Strukturvorschlägen zu kommen. Das bedingt Programme, die nicht nur auf Datenbasen zurückgreifen können, sondern auch die auf Logik und Empirie aufgebauten Kombinationsprozesse des Analytikers übernehmen. Die automatische Konvergenz solcher Programme ist allerdings höchstens für relativ einfache Strukturprobleme zu erwarten; bei komplexeren Fällen ist der Dialog mit dem Analytiker, die halbautomatische Lösung anzustreben. Für die instrumentelle Analytik eröffnet sich hier eine neue, vielversprechende Perspektive.

5. ^{1}H- und ^{13}C-NMR-Daten exemplarischer Vertreter der wichtigsten Verbindungsklassen[a]

Alkane

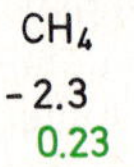

Methan

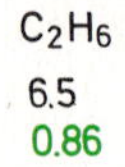

Ethan

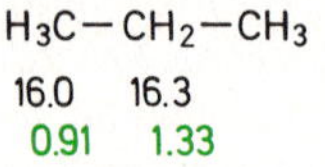

Propan

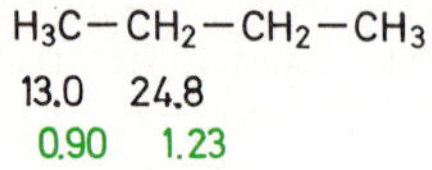

Butan

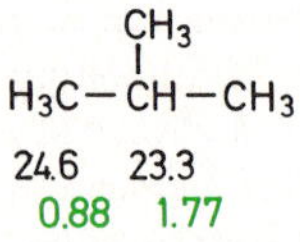

2-Methylpropan (Isobutan)

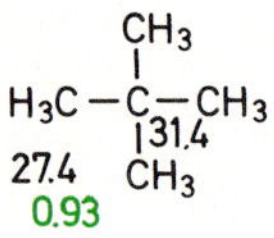

2,2-Dimethylpropan (Neopentan)

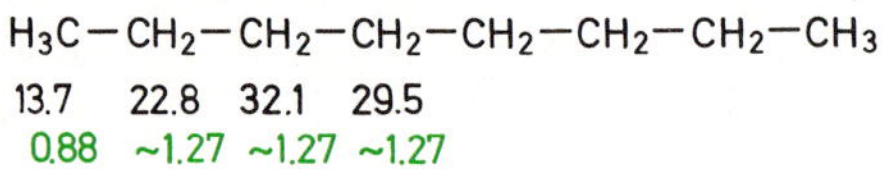

n-Octan

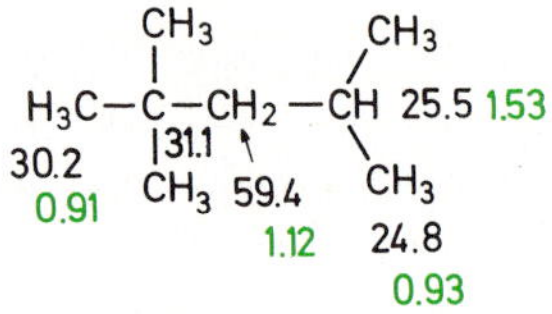

2,2,4-Trimethylpentan (Isooctan)

Alkene

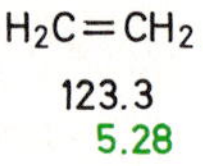

Ethylen

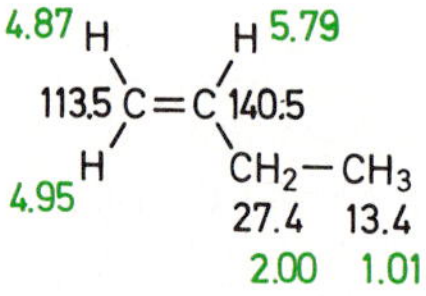

1-Buten

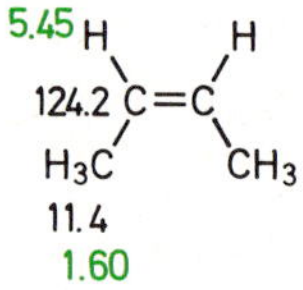

(*Z*)-2-Buten

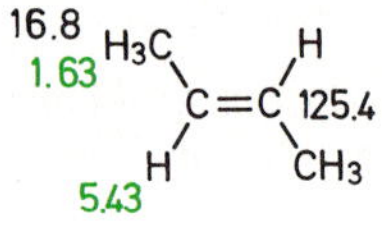

(*E*)-2-Buten

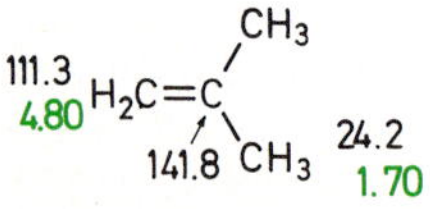

2-Methylpropen

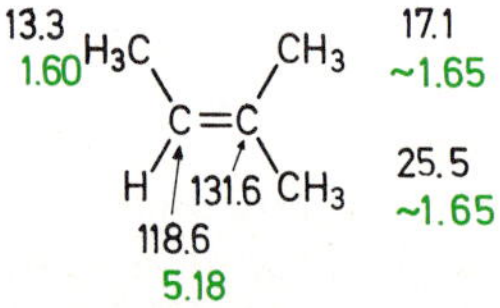

2-Methyl-2-buten

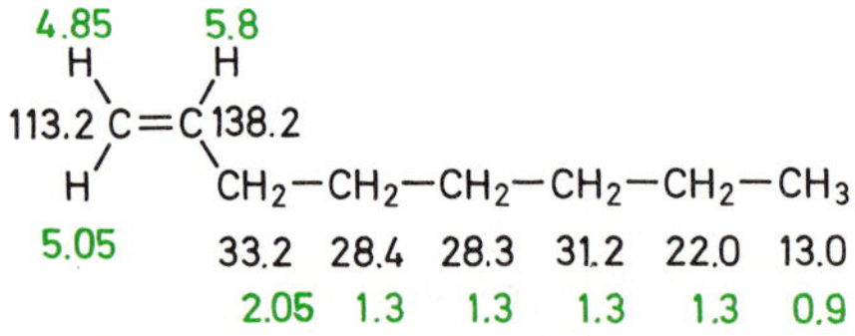

1-Octen

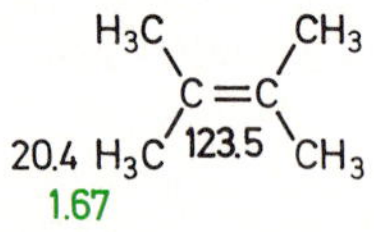

2,3-Dimethyl-2-buten

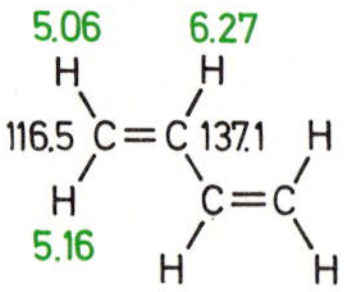

1,3-Butadien

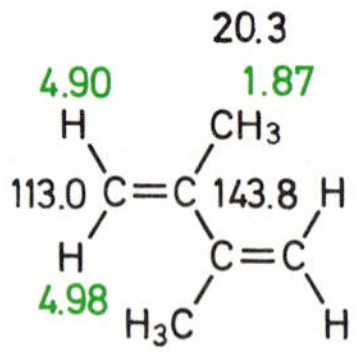

2,3-Dimethyl-1,3-butadien

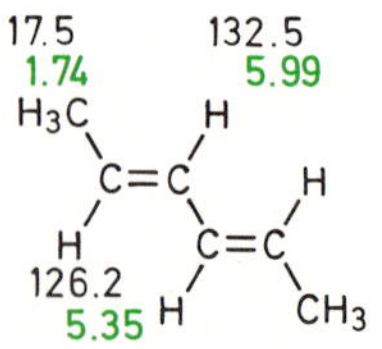

(*E*,*E*)-2,4-Hexadien

[a] Die schwarz gedruckten Zahlen geben die δ-Werte der ^{13}C-Signale an, die grünen Zahlen die δ-Werte der ^{1}H-Resonanzen. Die meisten Angaben beziehen sich auf Messungen in $CDCl_3$ oder CCl_4 mit TMS als internem Standard. Anstelle des Dezimalkommas wird in dieser Übersicht der Punkt verwendet, der sich bei der Angabe von chemischen Verschiebungen allgemein durchgesetzt hat.

Alkine

HC≡CH
71.9
1.80

Acetylen

H−C≡C−CH_3
1.80 66.9 79.2 1.9
1.80

Propin

H_3C−C≡C−CH_3
0.8 72.6
1.68

2-Butin

H_3C−C≡C−CH_2−CH_2−CH_2−CH_2−CH_3
2.9 74.8 78.5 18.4 29.5 31.4 22.7 14.5
1.75 2.1 1.4 1.35 1.3 0.9

2-Octin

H_3C−C≡C−C≡C−CH_3
3.9 72.0 64.7
1.94

2,4-Hexadiin

Allene

H_2C=C=CH_2
73.5 212.6
4.67

Allen

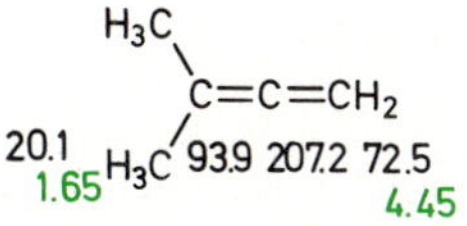

3-Methyl-1,2-butadien

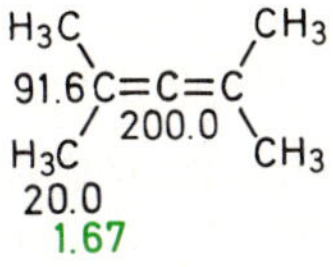

2,4-Dimethyl-2,3-pentadien

Cycloaliphatische Kohlenwasserstoffe (Monocyclen)

Cyclopropan	C_3H_6	−2.8	0.22
Cyclobutan	C_4H_8	22.3	1.96
Cyclopentan	C_5H_{10}	25.8	1.51
Cyclohexan	C_6H_{12}	26.9	1.44
Cyclooctan	C_8H_{16}	26.8	1.54
Cyclododecan	$C_{12}H_{24}$	23.8	1.34

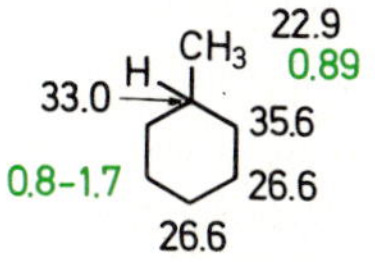

Methylcyclohexan

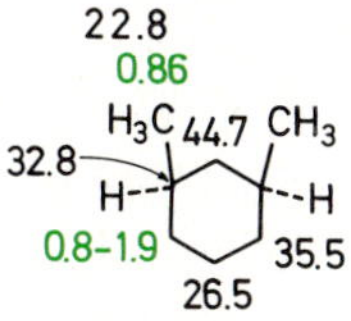

cis-1,3-Dimethylcyclohexan

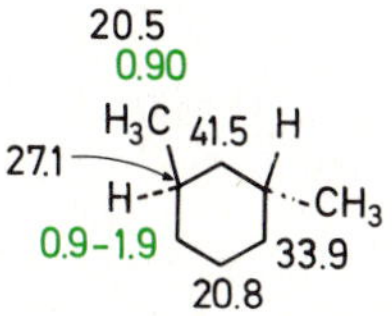

trans-1,3-Dimethylcyclohexan

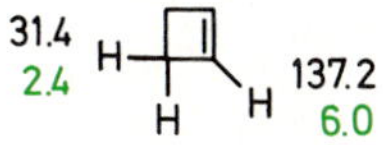

Cyclobuten

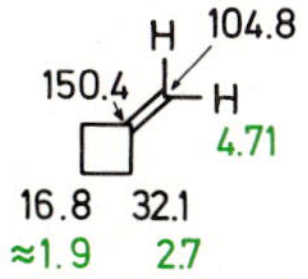

Methylencyclobutan

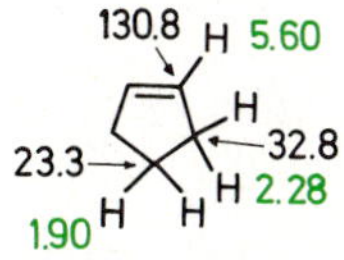

Cyclopenten

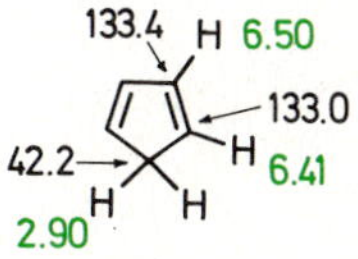

Cyclopentadien

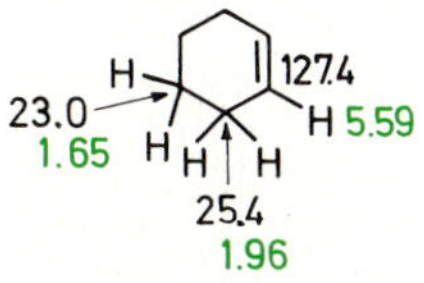

Cyclohexen

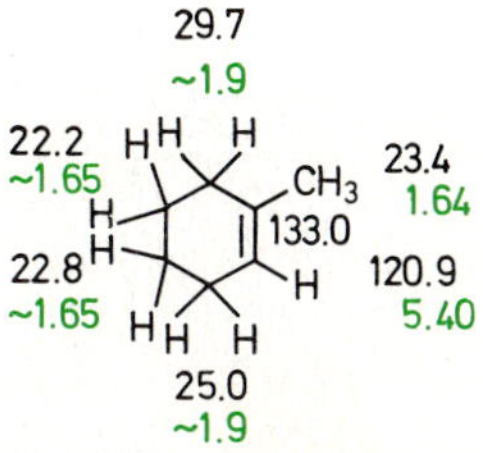

1-Methylcyclohexen

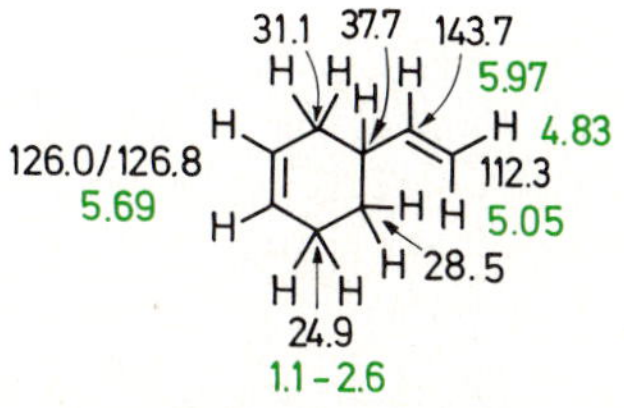

4-Vinyl-1-cyclohexen

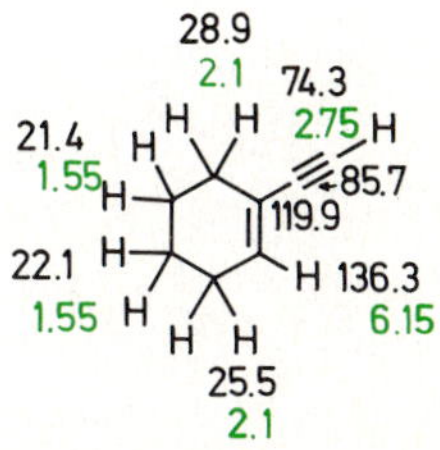

1-Ethinylcyclohexen

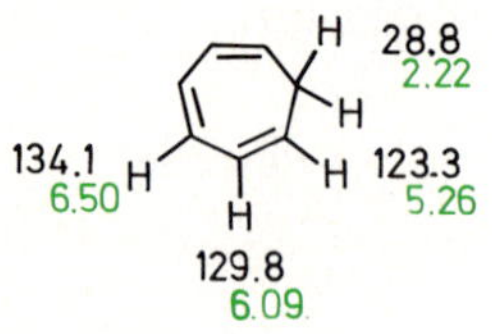

Cycloheptatrien

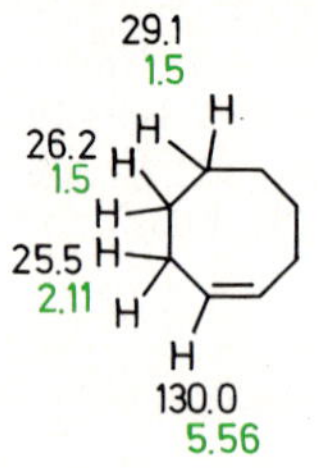

Cycloocten

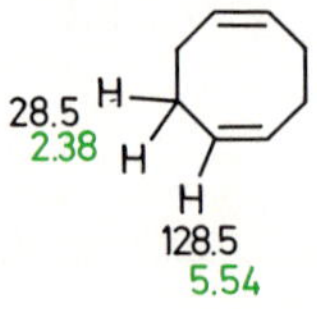

1,5-Cyclooctadien

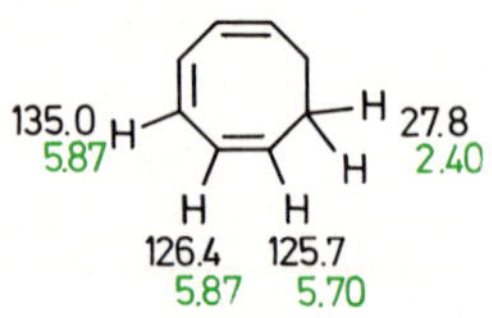

1,3,5-Cyclooctatrien

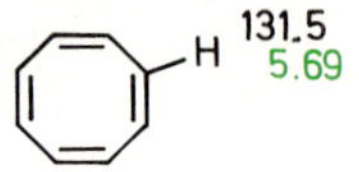

Cyclooctatetraen

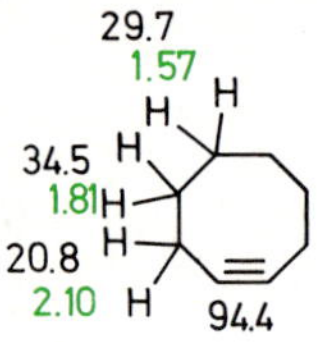

Cyclooctin

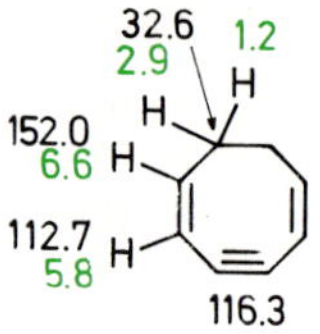

1,5-Cyclooctadien-3-in

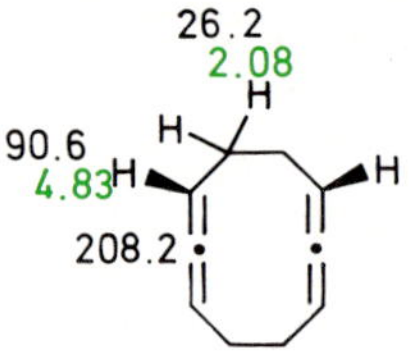

meso-1,2,6,7-Cyclodecatetraen
[(1*R**,6*S**)-1,2,6,7-Cyclodecatetraen]

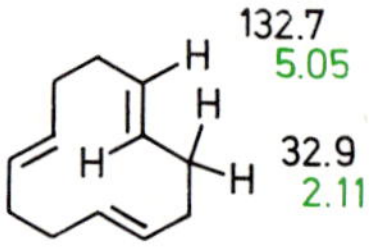

(*E*,*E*,*E*)-1,5,9-Cyclododecatrien

Bi- und Polycyclen

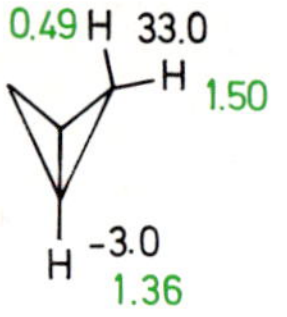

Bicyclo[1.1.0]butan

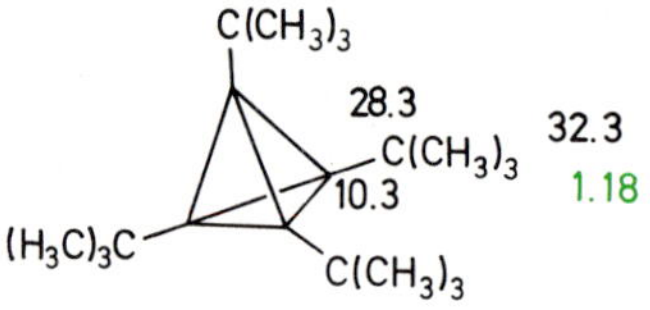

Tetra-*t*-butyltetrahedran

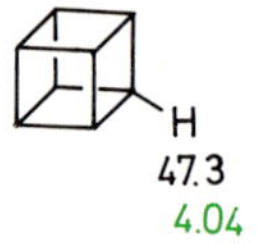

Cuban
(Pentacyclo[4.2.0. $0^{2,5}$. $0^{3,8}$. $0^{4,7}$]octan)

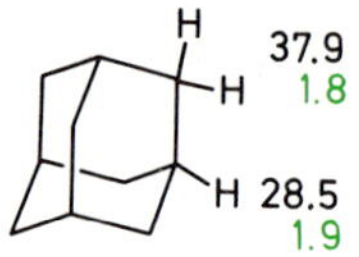

Adamantan

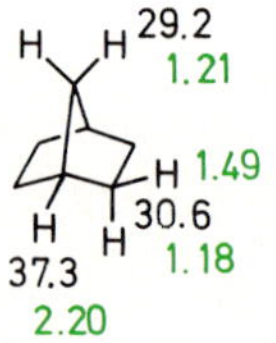

Norbornan
(Bicyclo[2.2.1]heptan)

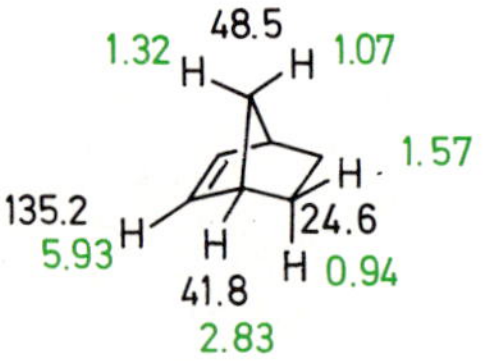

Norbornen
(Bicyclo[2.2.1]hept-2-en)

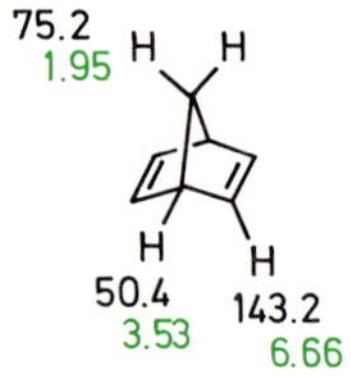

Norbornadien
(Bicyclo[2.2.1]hepta-2,5-dien)

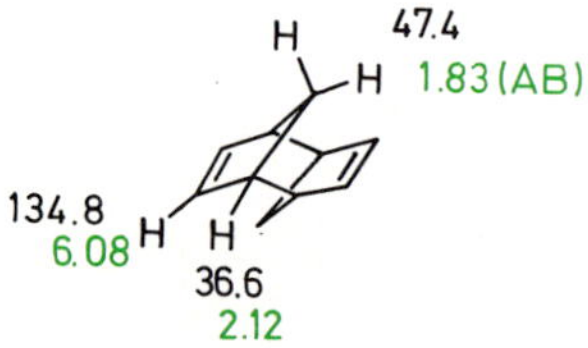

anti-Tricyclo[4.2.1.1^{2,5}]-deca-3,7-dien

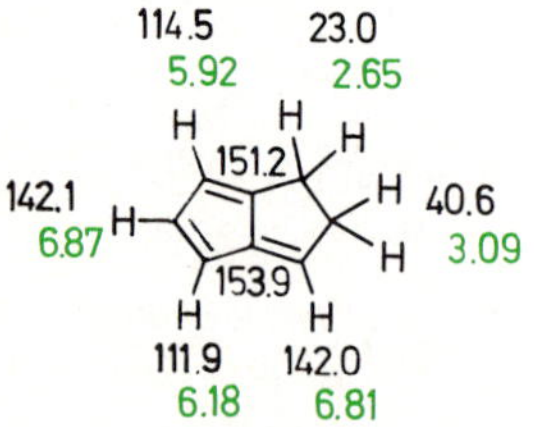

1,2-Dihydropentalen

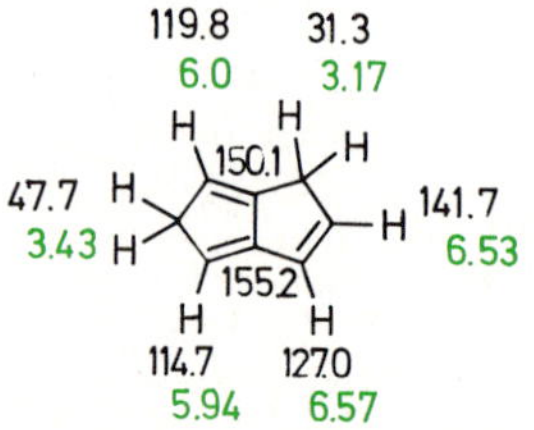

1,5-Dihydropentalen

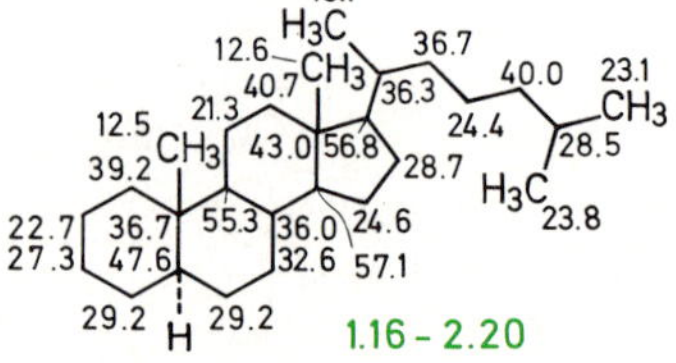

5α-Cholestan

Aromatische Kohlenwasserstoffe

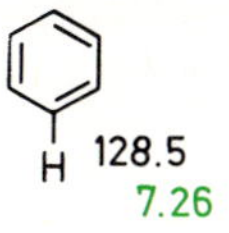

Benzol

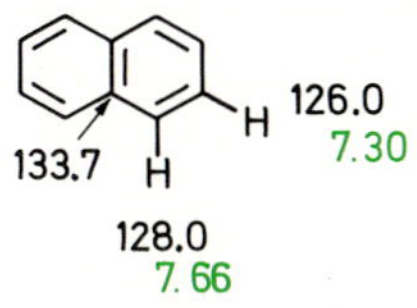

Naphthalin

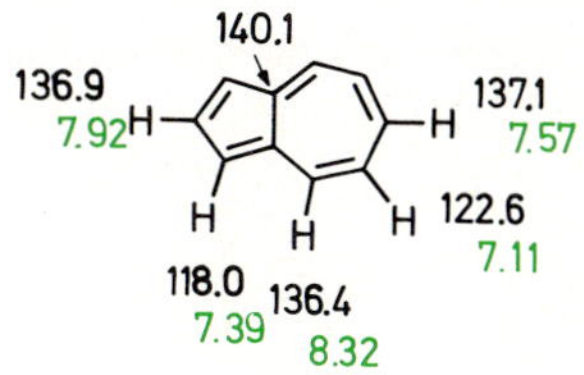

Azulen

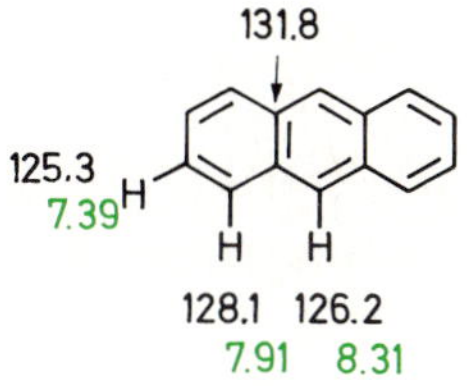

Anthracen

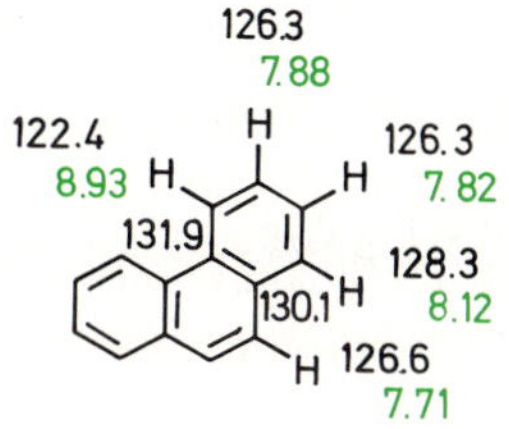

Phenanthren

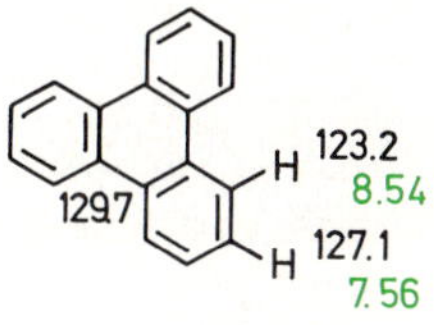

Triphenylen

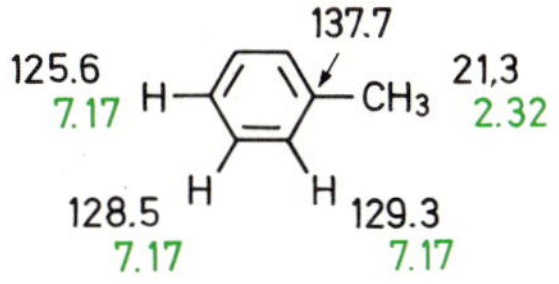

Toluol

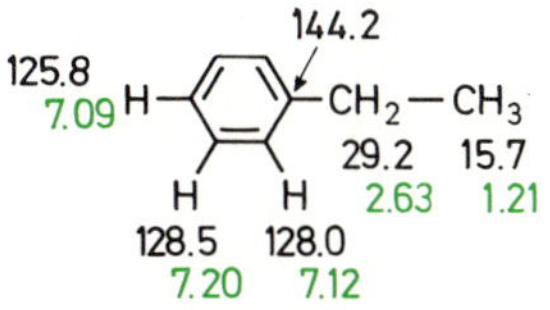

Ethylbenzol

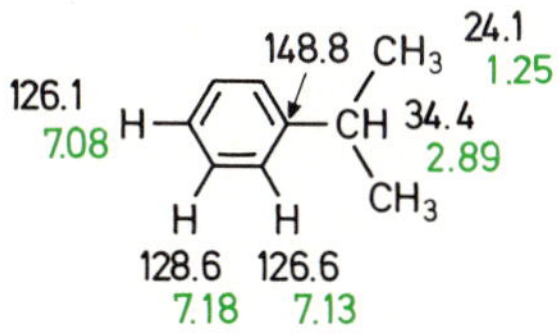

Isopropylbenzol

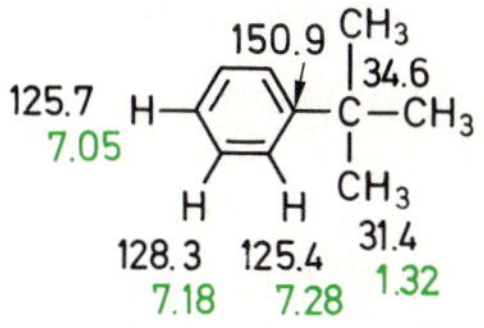

t-Butylbenzol

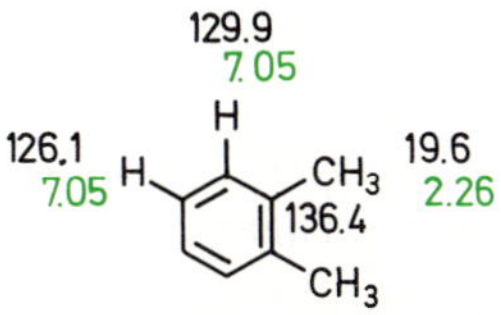

1,2-Dimethylbenzol
(*o*-Xylol)

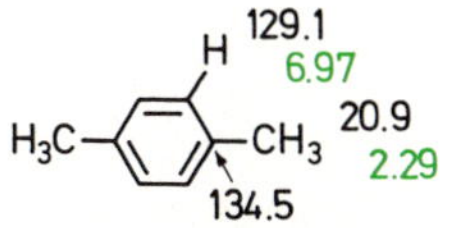

1,4-Dimethylbenzol
(*p*-Xylol)

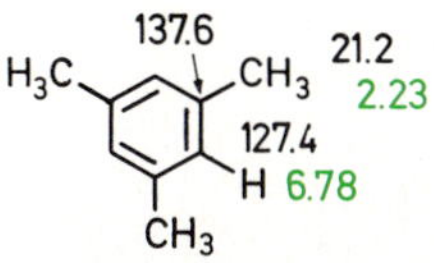

1,3,5-Trimethylbenzol
(Mesitylen)

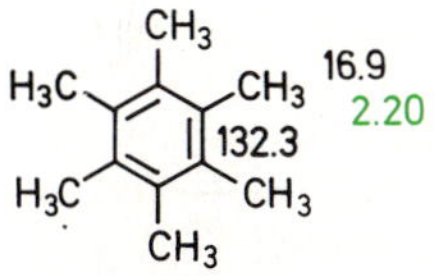

Hexamethyl-
benzol

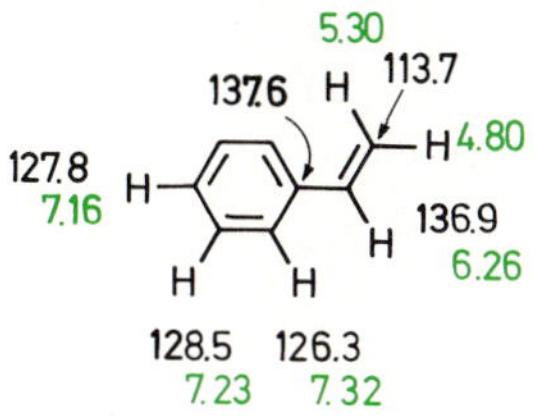

Styrol

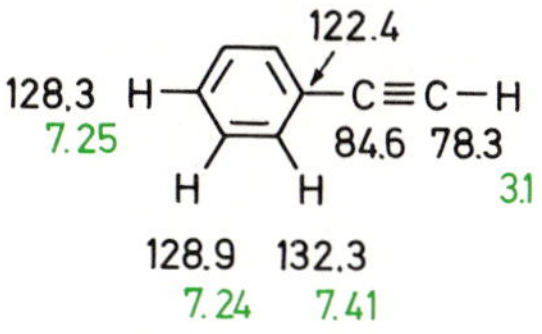

Phenylacetylen

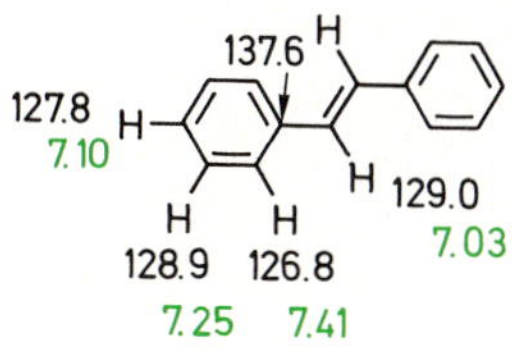

(*E*)-1,2-Diphenylethylen
(*E*-Stilben)

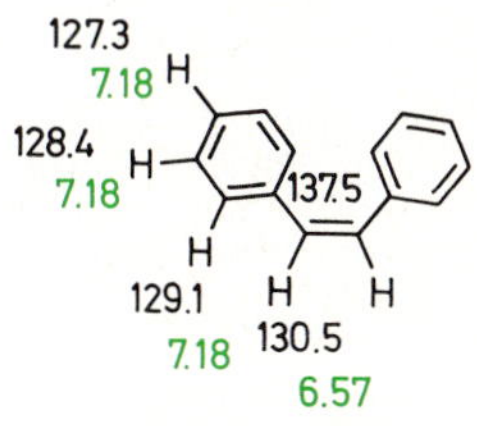

(*Z*)-1,2-Diphenylethylen
(*Z*-Stilben)

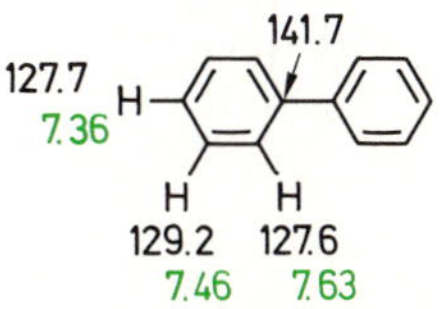

Diphenyl

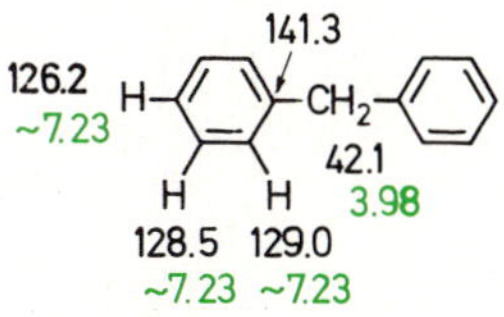

Diphenylmethan

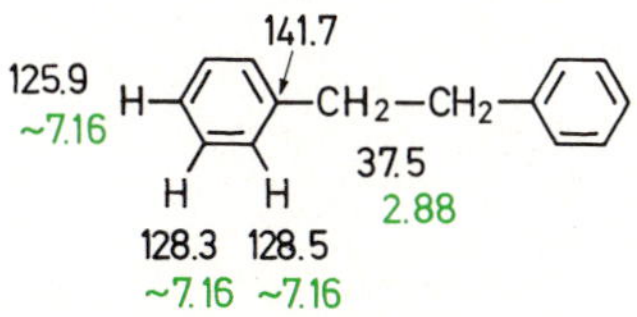

1,2-Diphenylethan

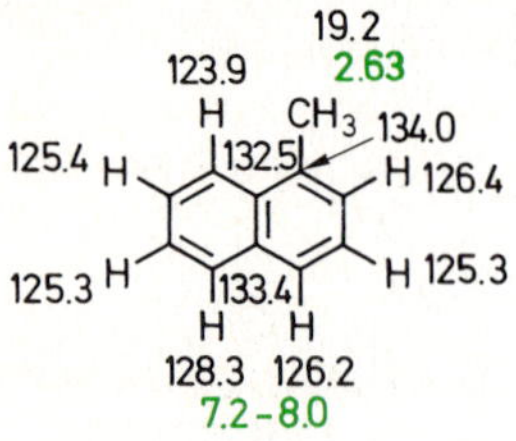

1-Methylnaphthalin

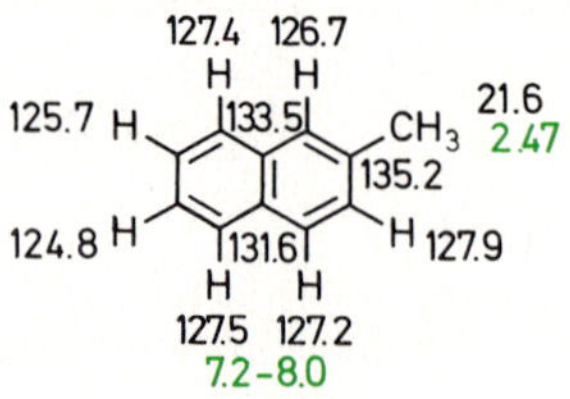

2-Methylnaphthalin

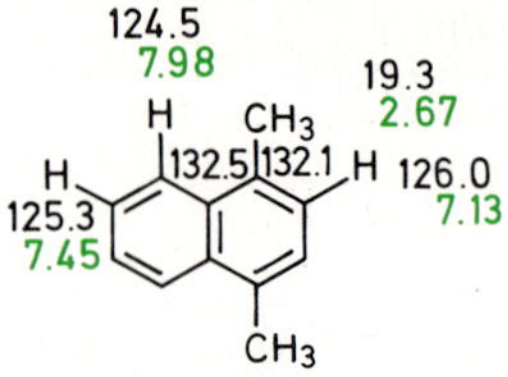

1,4-Dimethylnaphthalin

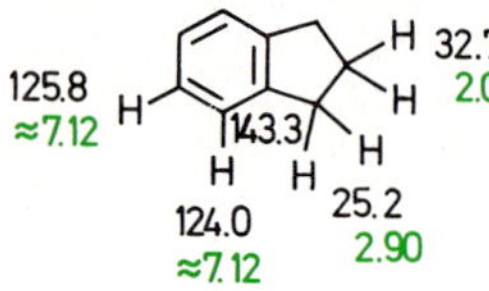

Indan

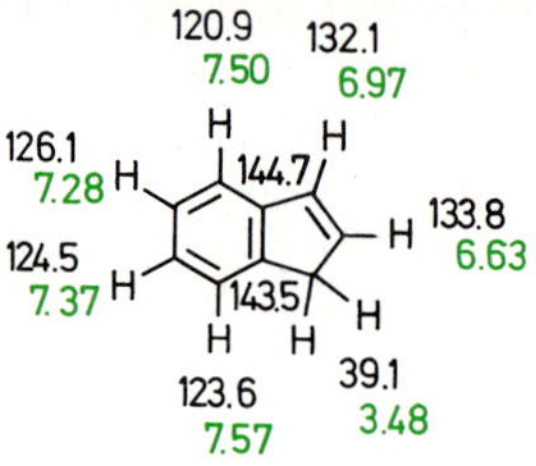

Inden

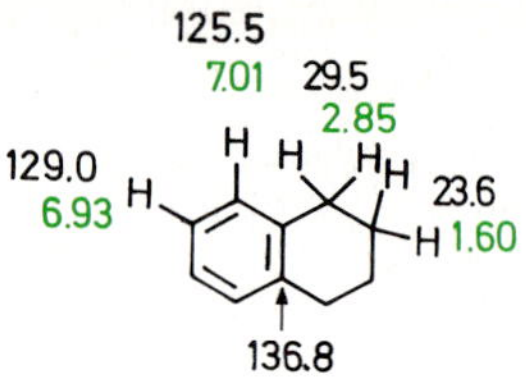

Tetralin

Heterocyclen

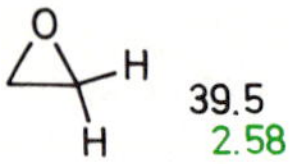

Oxiran
(Ethylenoxid)

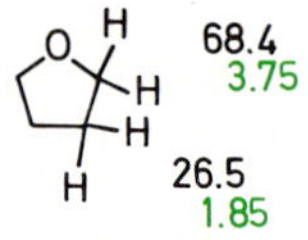

Tetrahydrofuran

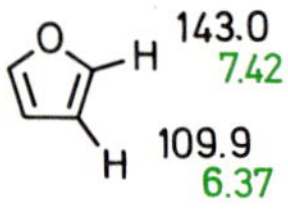

Furan

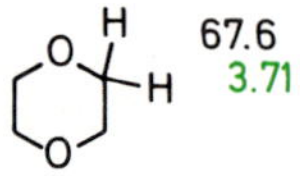

1,4-Dioxan

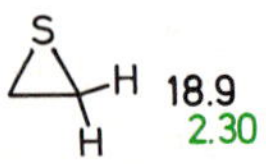

Thiiran
(Ethylensulfid)

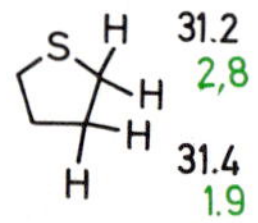

Tetrahydrothiophen

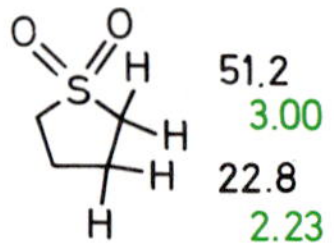

Sulfolan

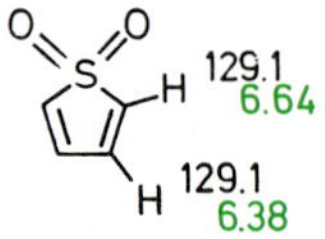

Thiophen-1,1-dioxid
(nicht isolierbar!)

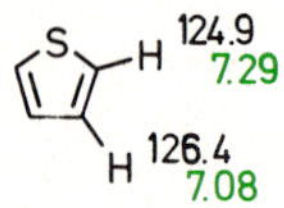

Thiophen

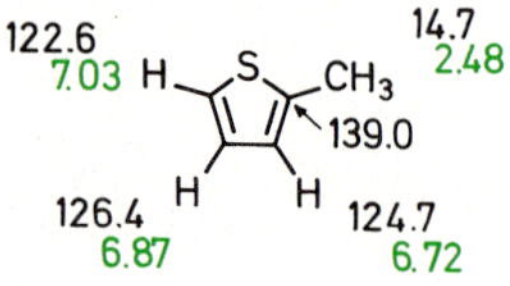

2-Methylthiophen

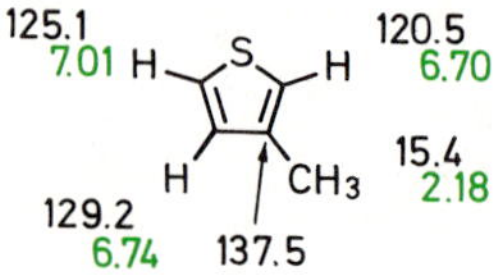

3-Methylthiophen

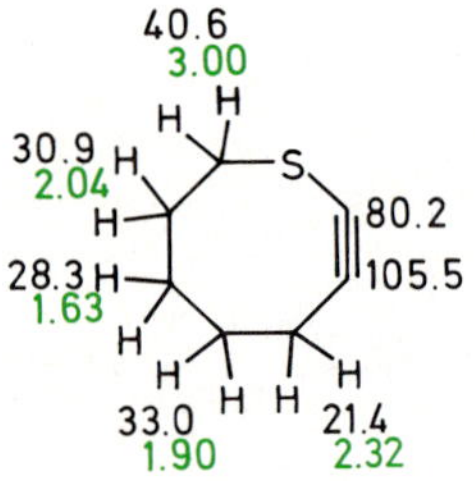

1-Thia-2-cyclooctin

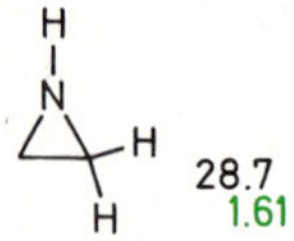

Aziridin
(Ethylenimin)

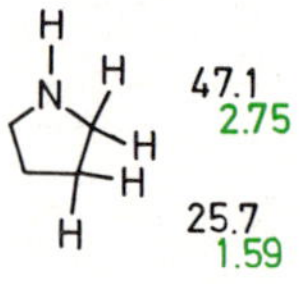

Pyrrolidin

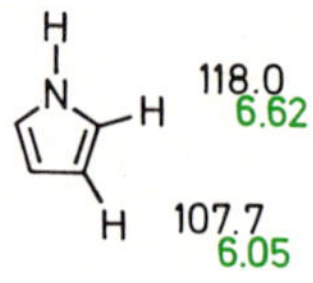

Pyrrol

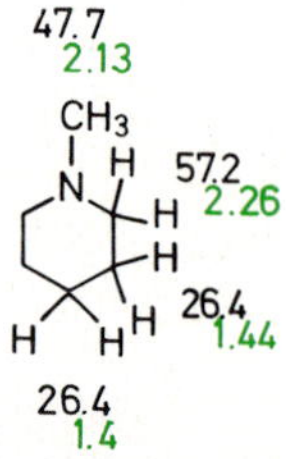

N-Methylpiperidin

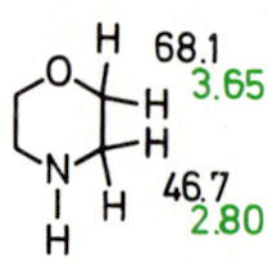

Morpholin

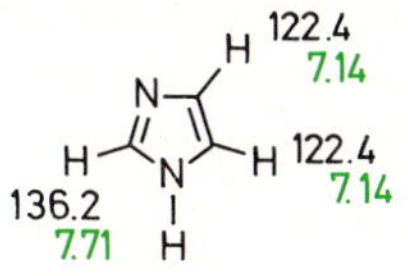

Imidazol[a]

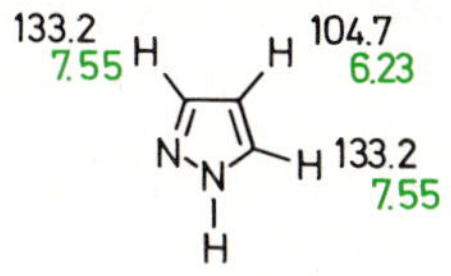

Pyrazol[a]

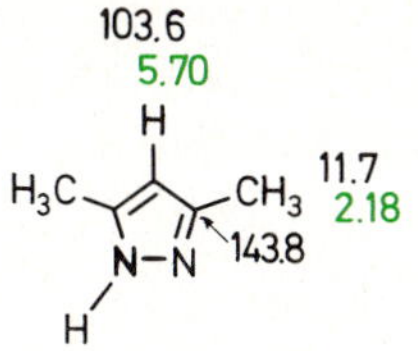

3,5-Dimethylpyrazol[a]

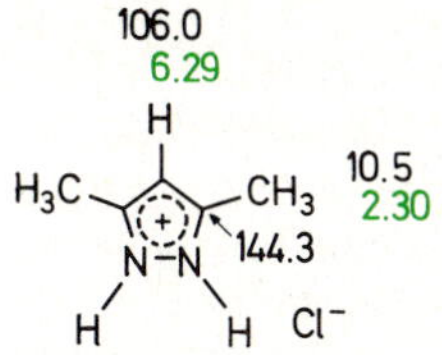

3,5-Dimethylpyrazol-hydrochlorid (DMSO)

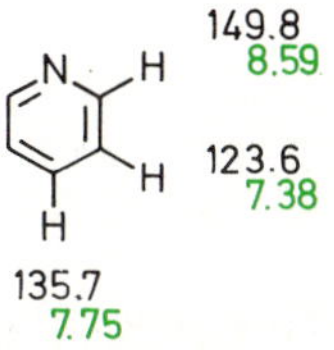

Pyridin

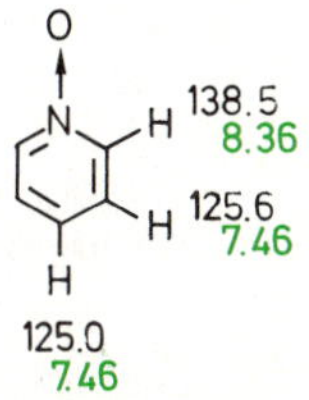

Pyridin-*N*-oxid

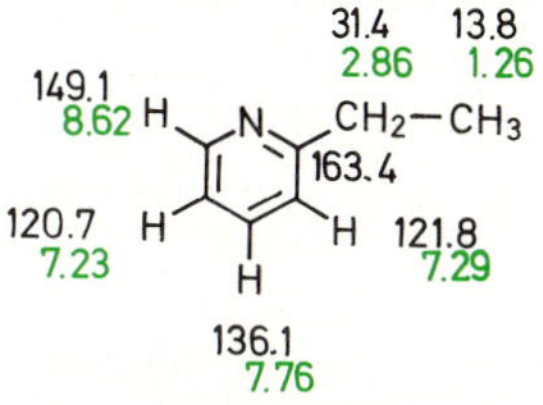

2-Ethylpyridin

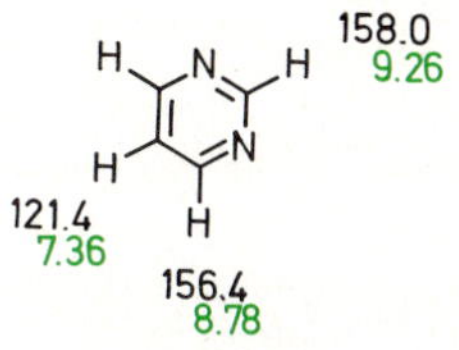

Pyrimidin

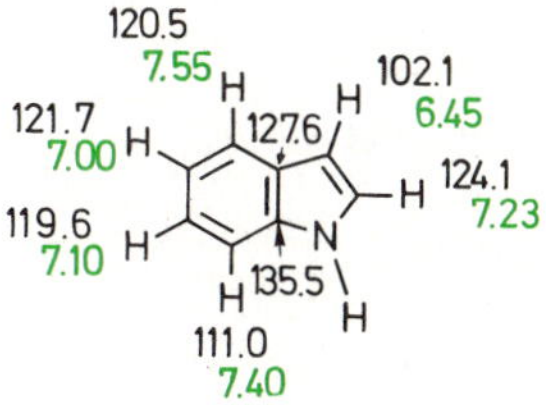

Indol

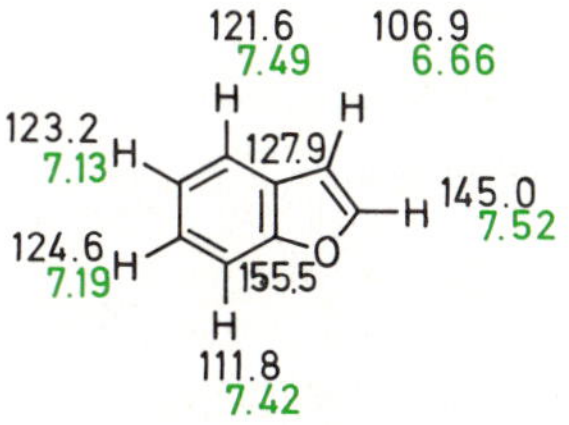

Benzo[*b*]furan

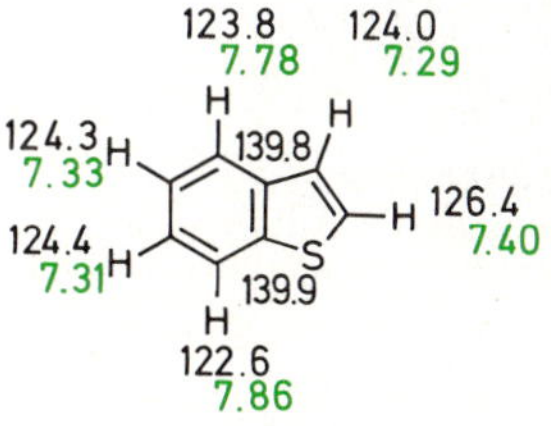

Benzo[*b*]thiophen

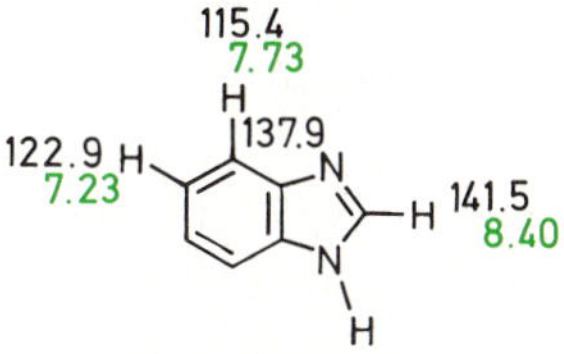

Benzimidazol[a]

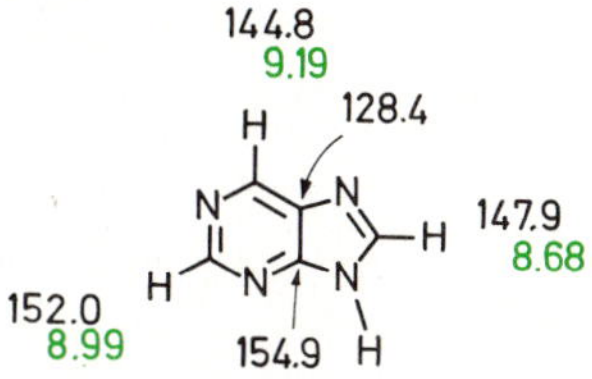

Purin

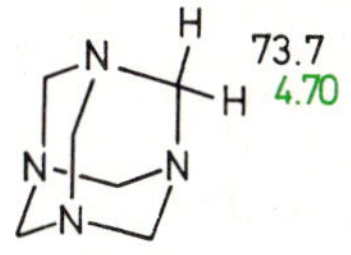

Hexamethylentetramin (Urotropin)

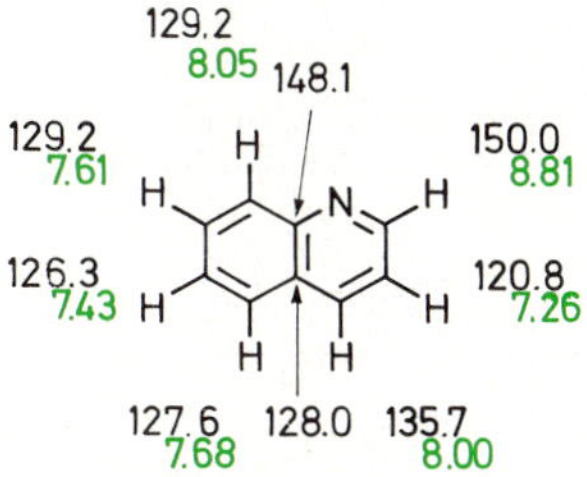

Chinolin

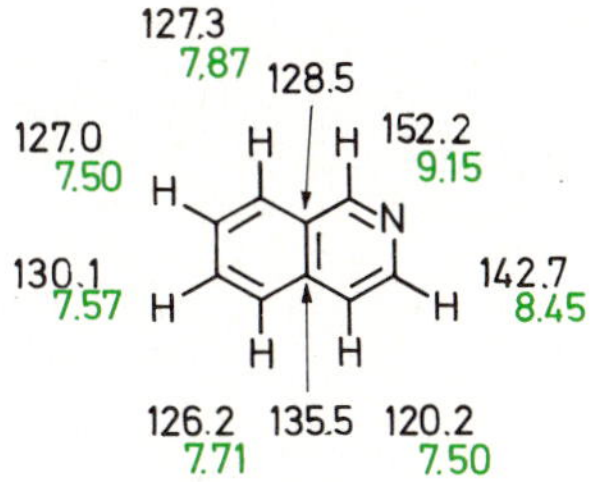

Isochinolin

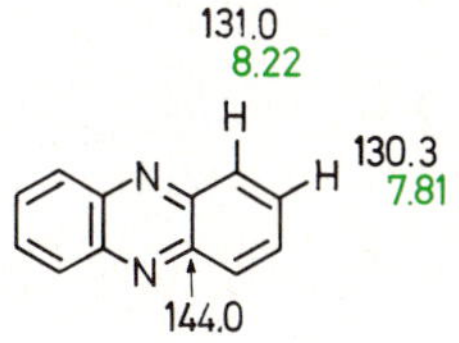

Phenazin

Halogen-Verbindungen[b]

Fluorethan	Chlorethan	Bromethan	Iodethan	2-Chlorbutan
H_3C-CH_2F	H_3C-CH_2Cl	H_3C-CH_2Br	H_3C-CH_2I	$H_3C-CH(Cl)-CH_2-CH_3$
13.3 78.0	17.5 38.7	19.0 26.9	21.9 0.3	25.0 68.2 33.6 11.1
1.24 4.36	1.33 3.47	1.66 3.37	1.88 3.18	1.50 3.94 1.70 1.03

[a] In Pyrazol und Imidazol findet ein (im Sinn der NMR-Zeitskala) schneller Protonen-Transfer zwischen den beiden N-Atomen statt, was die Symmetrie der Systeme erhöht.

[b] Zu den halogensubstituierten Methanen s. Tab. 3.7 (S. 100) und 3.25 (S. 142).

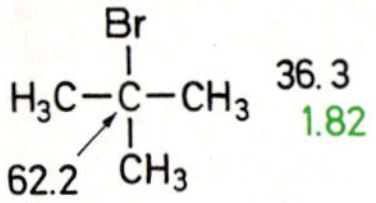

2-Brom-2-methylpropan
tert-Butylbromid)

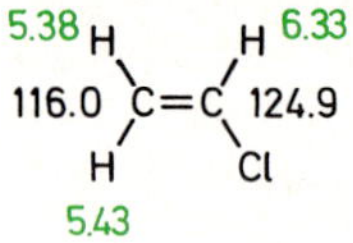

Vinylchlorid

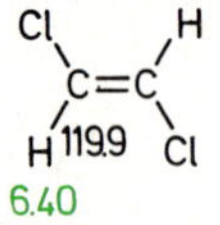

(*E*)-1,2-Dichlorethen

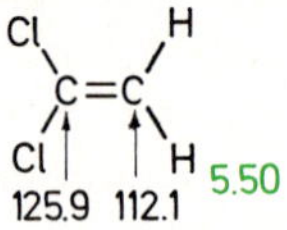

1,1-Dichlorethen

$H_3C-CHBr_2$
34.2 39.1
2.47 5.86

1,1-Dibromethan

$CHCl_2-CH_2Cl$
70.4 50.1
5.77 3.98

1,1,2-Trichlorethan

$Br-CH_2-CH_2-C_2H_4Br$
33.6 31.8
3.47 2.05

1,4-Dibrombutan

$F_3C-CF_2-CF_2-C_2F_5$
118.5 109.8 111.1

Dodecafluorpentan
(Perfluorpentan)

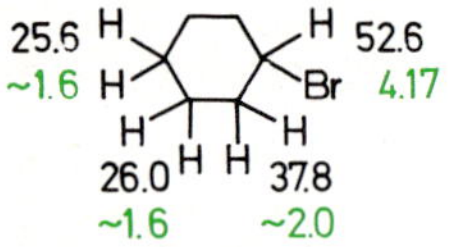

Bromcyclohexan

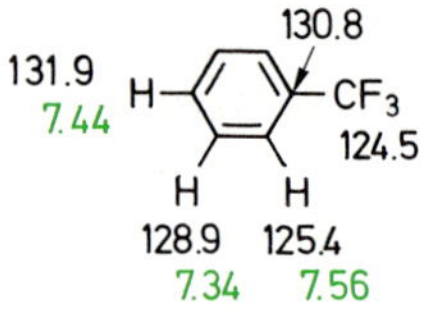

Trifluormethylbenzol

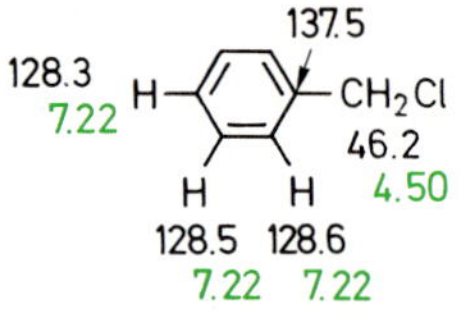

Benzylchlorid

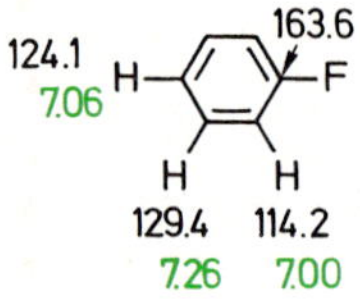

Fluorbenzol

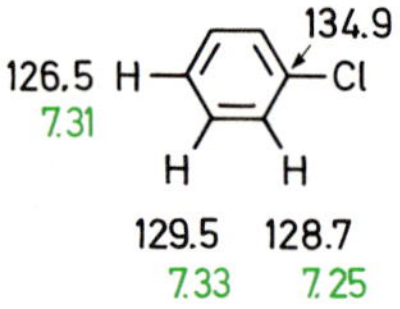

Chlorbenzol

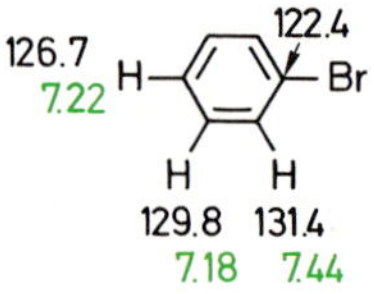

Brombenzol

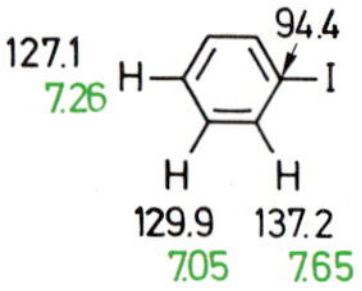

Iodbenzol

Alkohole, Phenole

CH_3OH
50.2
3.39

Methanol

H_3C-CH_2OH
17.6 57.0
1.18 3.59

Ethanol

$H_3C-CH_2-CH_2OH$
11.8 26.9 64.9
0.92 1.59 3.59

Propanol

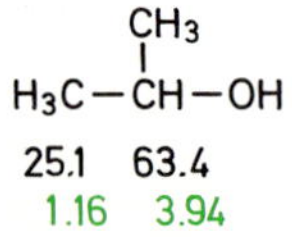

Isopropanol

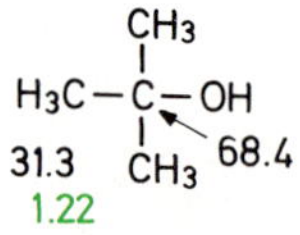

tert-Butanol

$HO-CH_2-CH_2-OH$
67.3
3.58

Ethylenglykol

$HO-CH_2-CH_2-O-C_2H_4OH$
61.5 72.6
~3.7 ~3.7

Diglykol

$Cl-CH_2-CH_2-OH$
46.6 62.9
~3.75 ~3.75

2-Chlorethanol

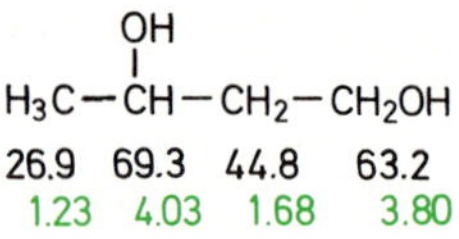

1,3-Butandiol

$HO-CH_2-CH_2-CH_2-CH_2-OH$
62.1 29.4
3.67 1.66

1,4-Butandiol

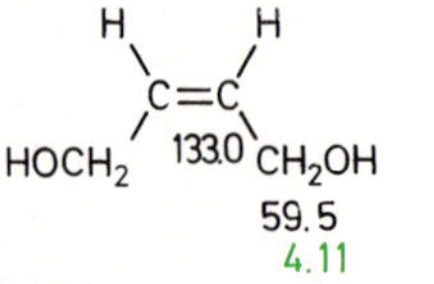

(*Z*)-2-Buten-1,4-diol

$HOCH_2-C\equiv C-CH_2OH$
50.3 83.7
4.23

2-Butin-1,4-diol

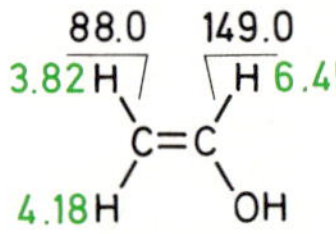

Vinylalkohol
(instabil)

$C(CH_2OH)_4$
48.3 64.3
3.62

Pentaerythrit (D_2O)

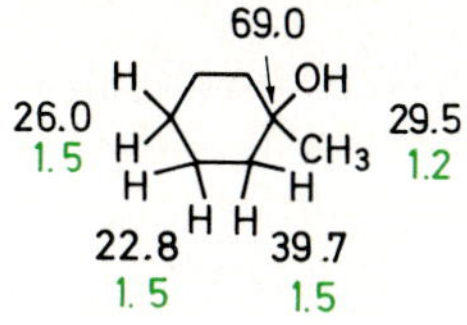

1-Methylcyclohexanol

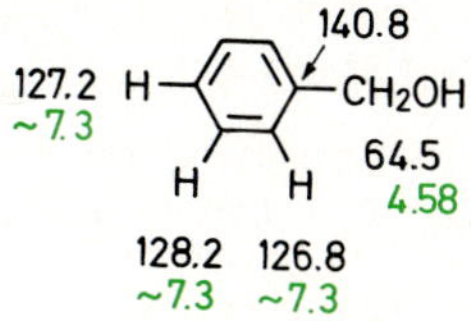

Benzylalkohol

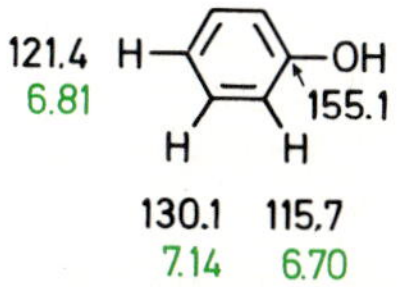

Phenol

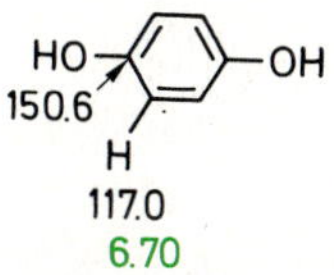

Hydrochinon

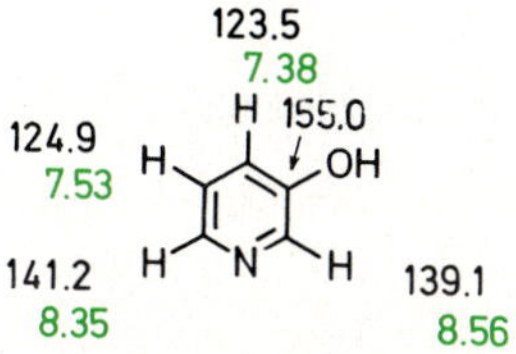

3-Hydroxypyridin

Ether (Acetale, Orthoester)

$H_3C-CH_2-OC_2H_5$
14.6 65.2
1.16 3.36

Diethylether

$H_3C-CH_2-CH_2-OC_3H_7$
11.1 24.0 73.2
0.94 1.57 3.40

Dipropylether

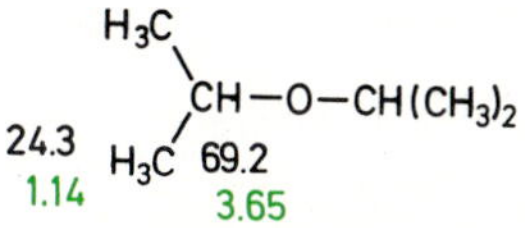

Diisopropylether

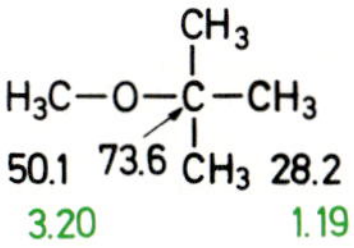

tert-Butylmethylether

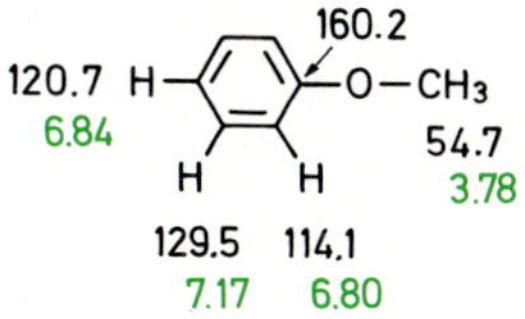

Anisol

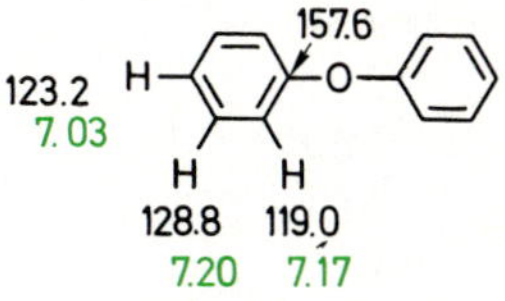

Diphenylether

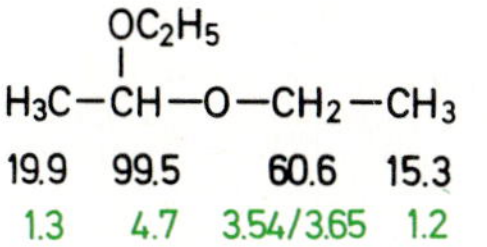

Acetaldehyddiethylacetal

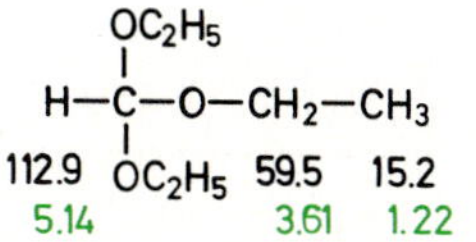

Orthoameisensäuretriethylester

$C(OCH_3)_4$
121.0 50.4
3.31

Tetramethoxymethan
(Orthokohlensäure-
tetramethylester)

Nitro-Verbindungen, Salpetrigsäureester

H_3C-NO_2
61.2
4.28

Nitromethan

$H_3C-CH_2-NO_2$
12.3 70.8
1.48 4.29

Nitroethan

$H_3C-CH_2-CH_2-NO_2$
11.2 22.0 78.3
1.02 2.05 4.38

1-Nitropropan

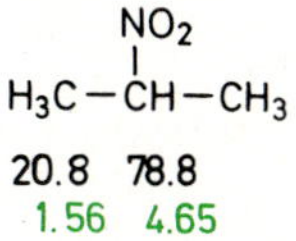

2-Nitropropan

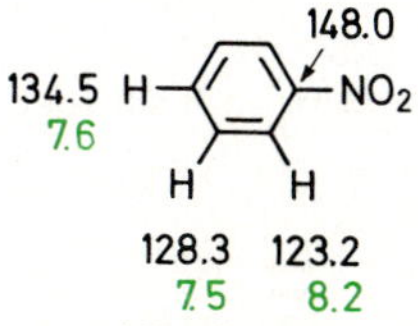

Nitrobenzol

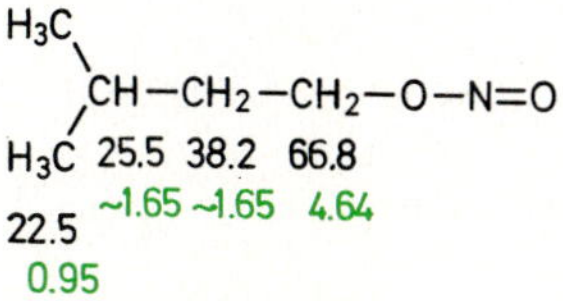

Isoamylnitrit

Amine

H_3C-NH_2
28.3
2.47
Methylamin

$H_3C-CH_2-NH_2$
19.0 36.8
1.10 2.74
Ethylamin

$H_3C-CH_2-NH-C_2H_5$
15.4 44.1
1.10 2.64
Diethylamin

$H_3C-CH_2-N(C_2H_5)_2$
12.8 51.6
1.00 2.54
Triethylamin

$[H_3C-\overset{+}{N}H_3]\,Cl^-$
24.4 (D_2O)
2.63
Methylaminhydrochlorid

$[H_3C-\overset{+}{N}(CH_3)_3]\,Cl^-$
54.3 (D_2O)
3.19
Tetramethylammoniumchlorid

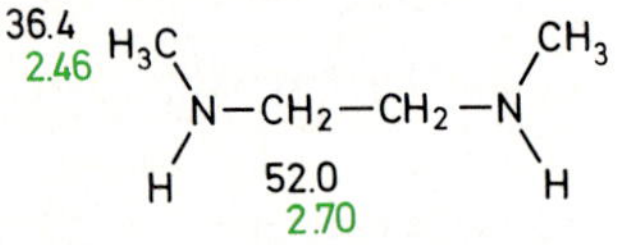

N,*N'*-Dimethylethylendiamin

$HO-CH_2-CH_2-NH_2$
64.2 44.6
3.68 2.88
Ethanolamin

$[HO-CH_2-CH_2-\overset{+}{N}(CH_3)_3]\,Cl^-$
56.6 68.3 54.8
4.01 3.51 3.21
Cholinchlorid (D_2O)

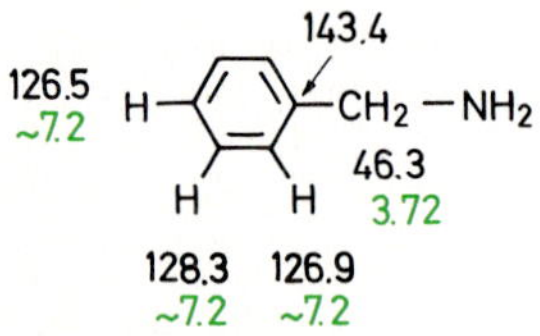

Benzylamin

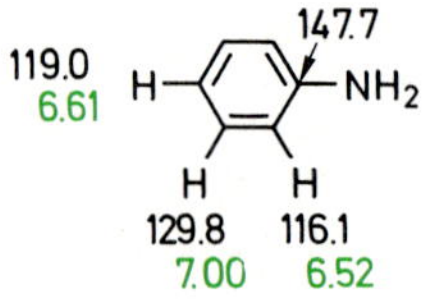

Anilin

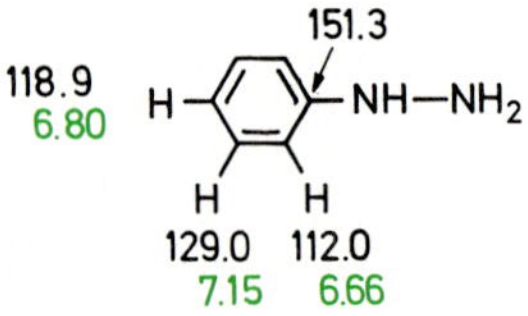

Phenylhydrazin

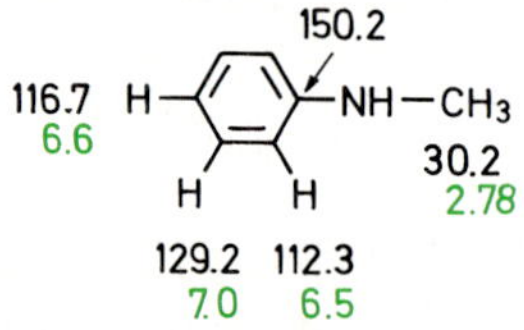

N-Methylanilin

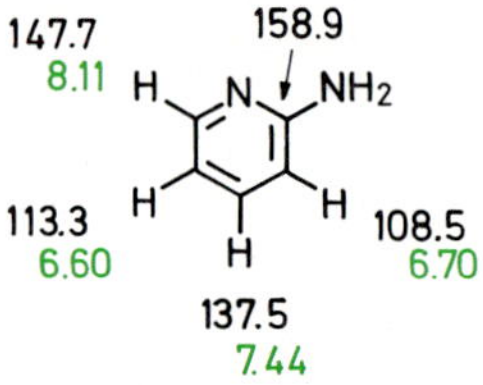

2-Aminopyridin

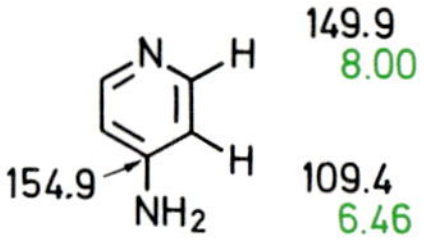

4-Aminopyridin

Schwefel-Verbindungen

H_3C-CH_2-SH
20.5 21.2
1.30 2.44
Ethanthiol

$H_3C-CH_2-SC_2H_5$
15.8 26.5
1.25 2.49
Diethylsulfid

$H_3C-CH_2-O-SO-OC_2H_5$
15.4 58.3
1.33 4.06
Diethylsulfit

$H_3C-CH_2-SO_2Cl$
9.1 60.2
1.59 3.63
Ethansulfonsäurechlorid

H_3C-SCH_3
18.2
2.14
Dimethylsulfid

$H_3C-S-SCH_3$
22.0
2.43
Dimethyldisulfid

$H_3C-SO-CH_3$
40.8
2.62
Dimethylsulfoxid

$H_3C-SO_2-CH_3$
42.6
3.01
Dimethylsulfon

$H_3C-O-SO_2-OCH_3$
59.0
4.00
Dimethylsulfat

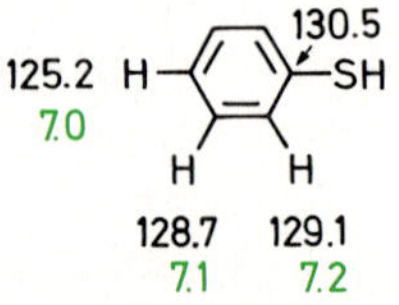

Thiophenol

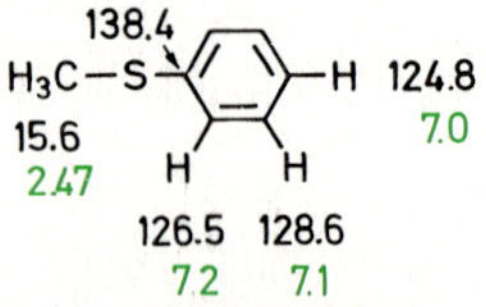

Methylphenylsulfid

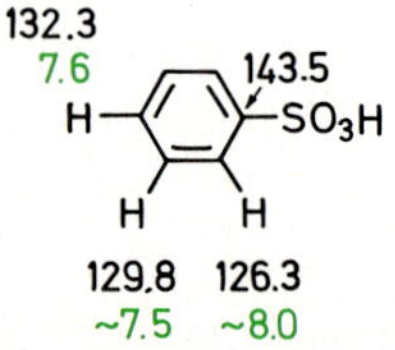

Benzolsulfonsäure

Phosphor-Verbindungen

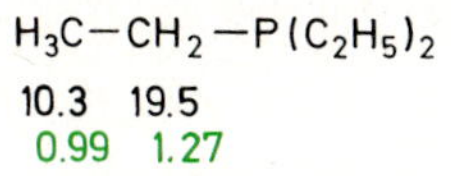

Triethylphosphin

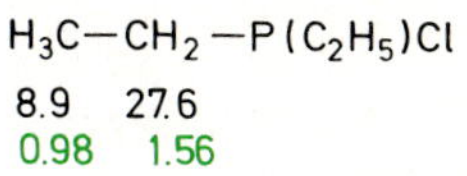

Chlor(diethyl)phosphin

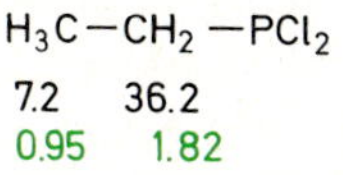

Dichlor(ethyl)phosphin

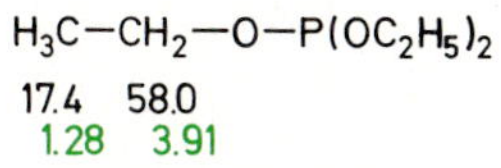

Triethylphosphit
(Phosphorigsäuretriethylester)

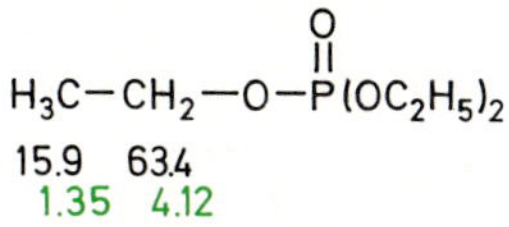

Triethylphosphat
(Phosphorsäuretriethylester)

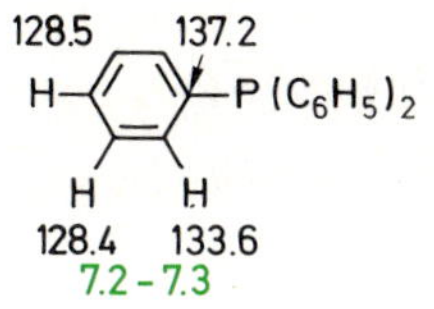

Triphenylphosphin

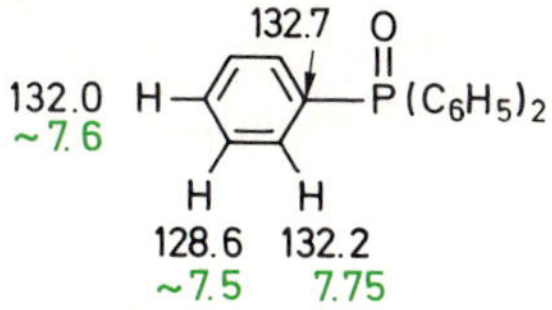

Triphenylphosphinoxid

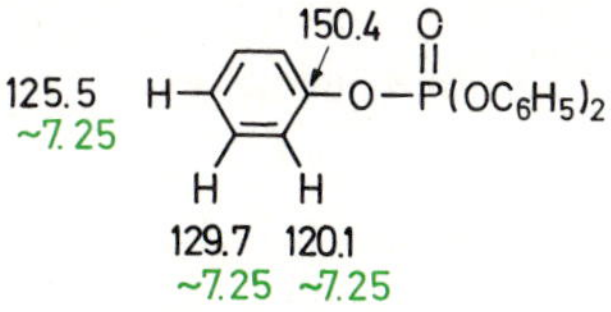

Triphenylphosphat
(Phosphorsäuretriphenylester)

Aldehyde

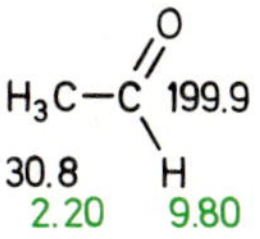

Acetaldehyd

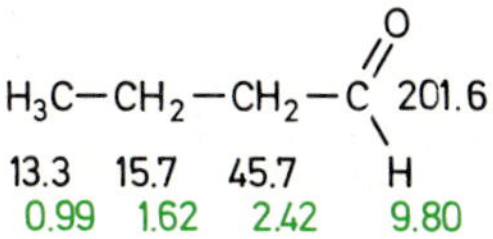

Butanal

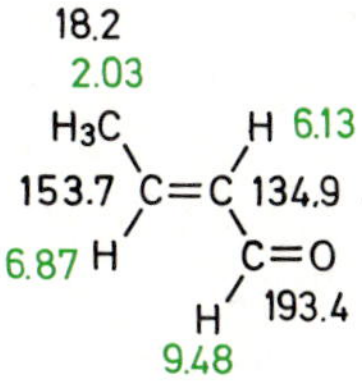

(*E*)-Crotonaldehyd

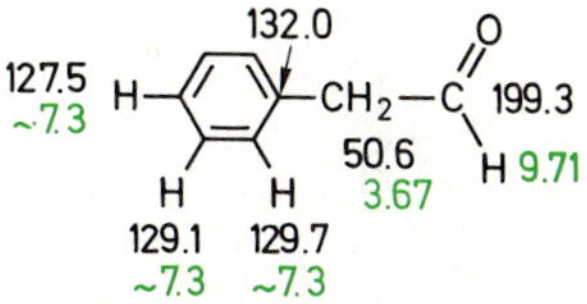

Phenylacetaldehyd

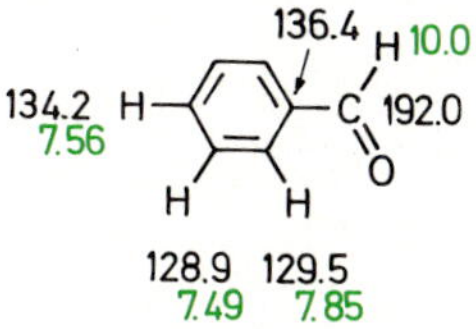

Benzaldehyd

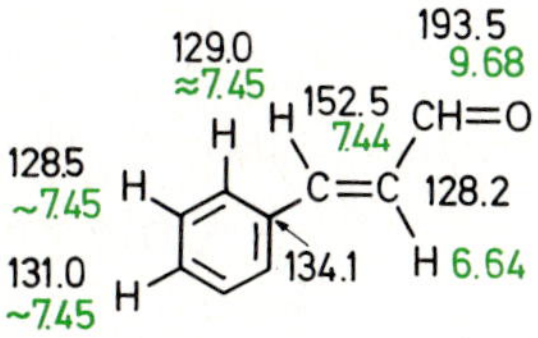

(*E*)-Zimtaldehyd

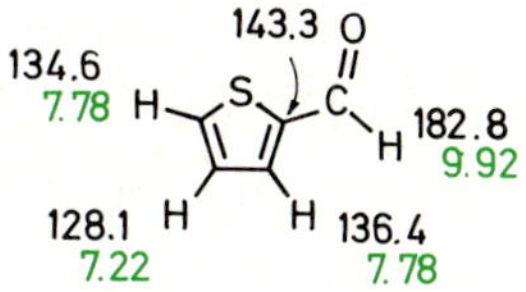

Thiophen-2-aldehyd

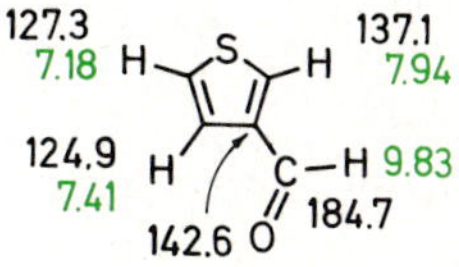

Thiophen-3-aldehyd

Ketone

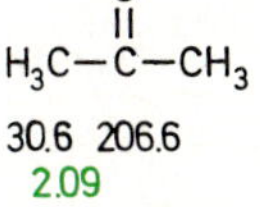

Aceton

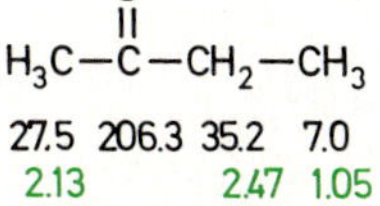

2-Butanon
(Methyl-ethyl-keton)

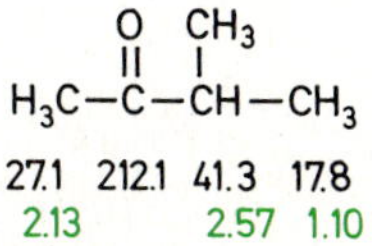

3-Methyl-2-butanon
(Methyl-isopropyl-keton)

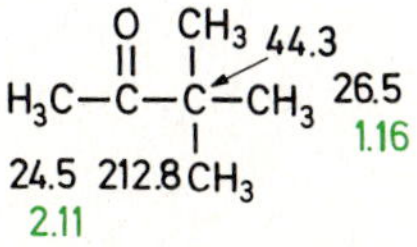

3,3-Dimethyl-2-butanon
(Pinakolon)

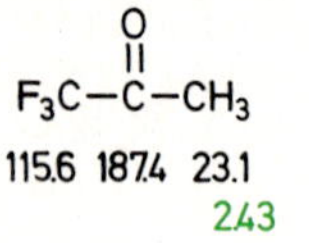

1,1,1-Trifluoraceton

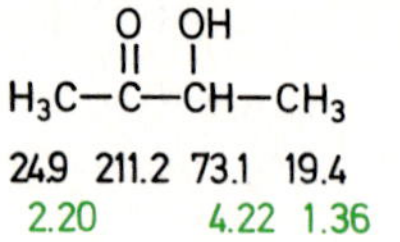

3-Hydroxy-2-butanon (Acetoin)

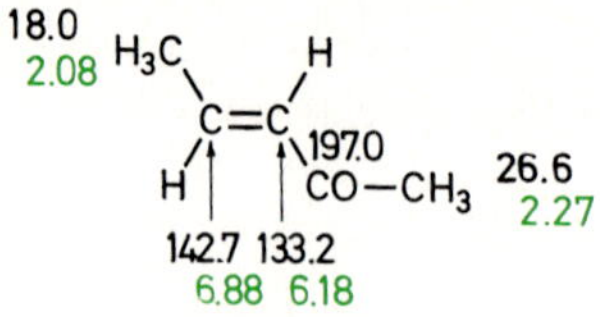

(*E*)-3-Penten-2-on

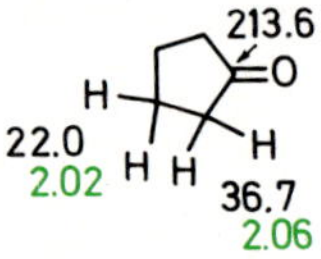

Cyclopentanon

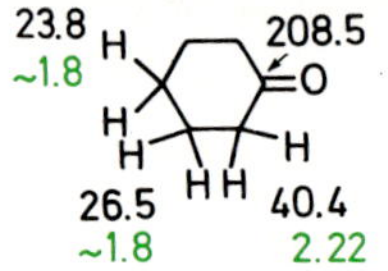

Cyclohexanon

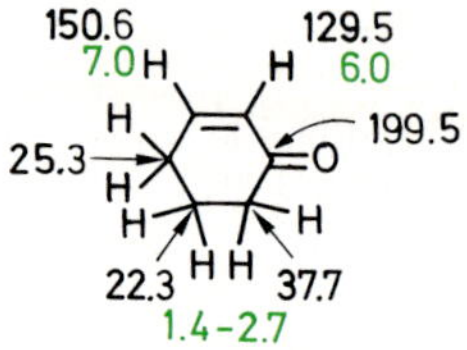

2-Cyclohexenon

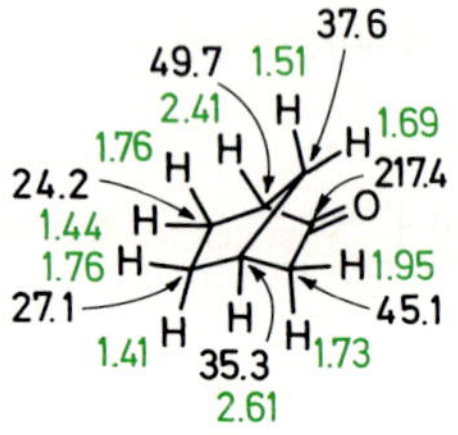

Bicyclo[2.2.1]heptan-2-on (Norcampher)

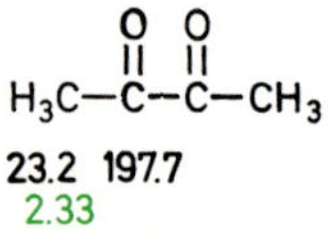

2,3-Butandion (Diacetyl)

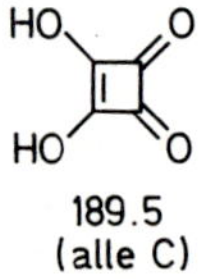

Quadratsäure

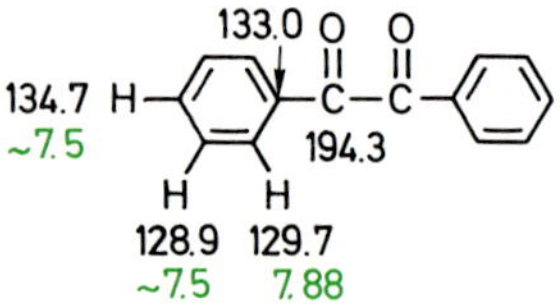

Benzil

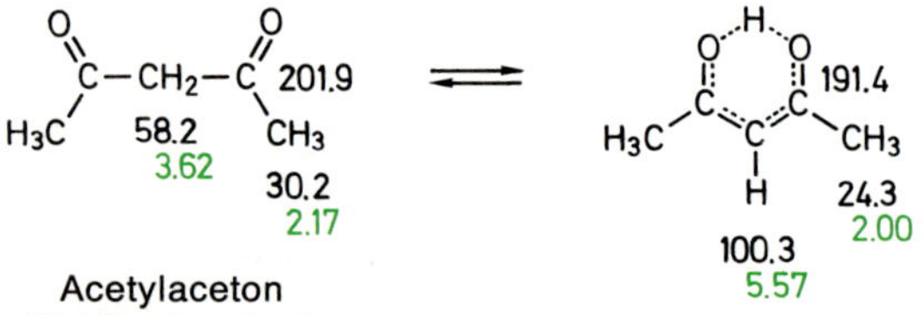

Acetylaceton (2,4-Pentandion)

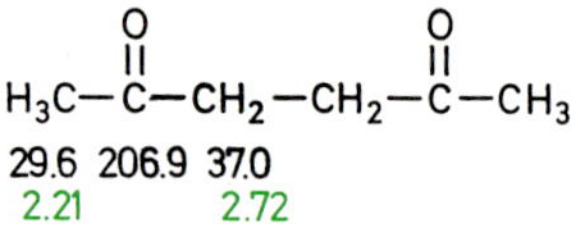

2,5-Hexandion

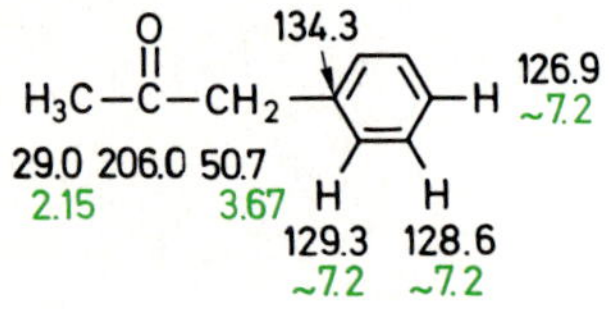

Phenyl-2-propanon (Benzylmethylketon)

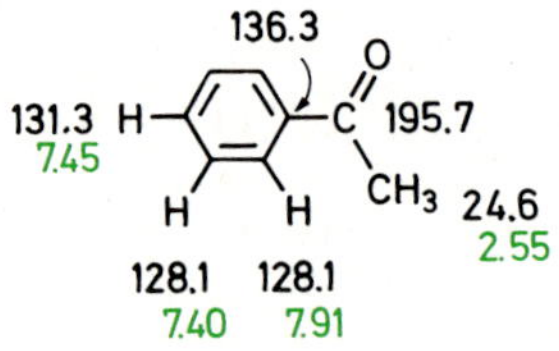

Acetophenon

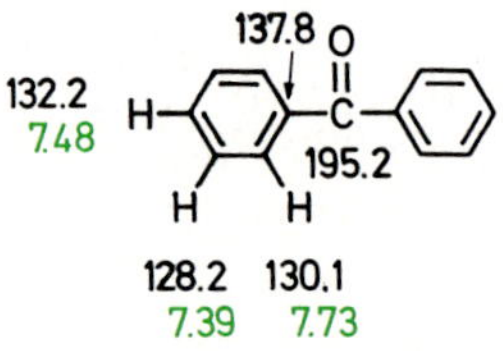

Benzophenon

Chinone

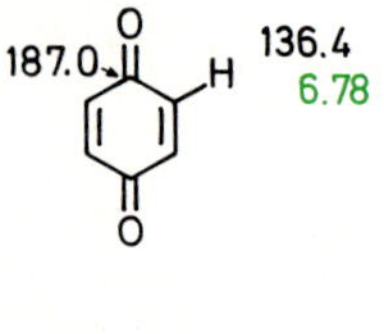

p-Benzochinon

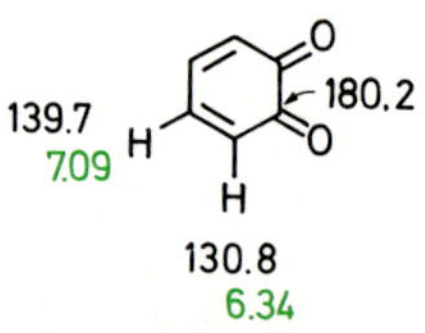

o-Benzochinon

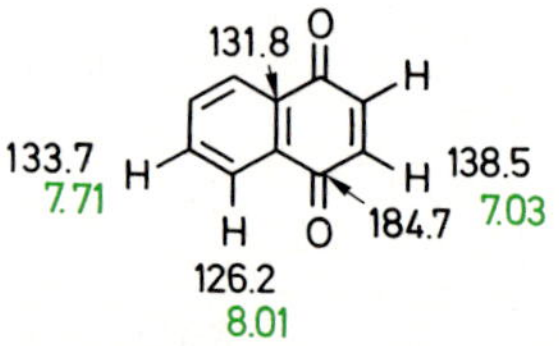

1,4-Naphthochinon

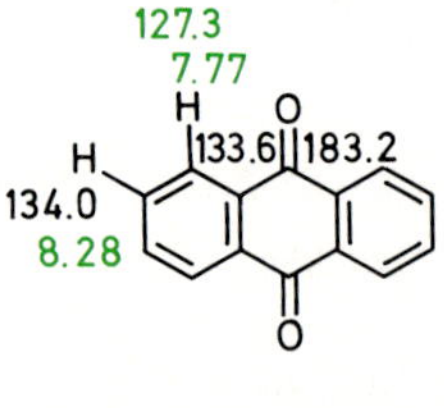

9,10-Anthrachinon

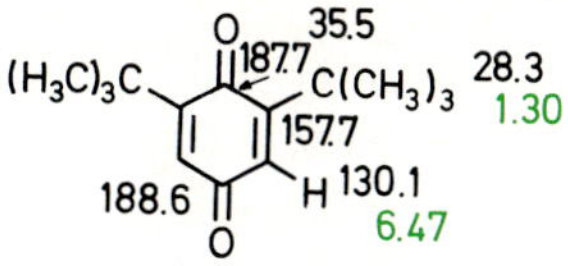

2,6-Di-*tert*-butyl *p*-benzochinon

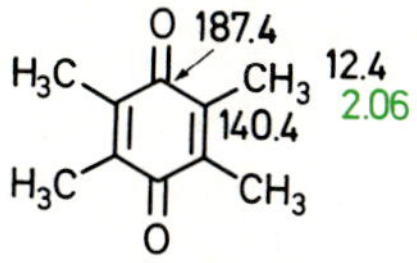

Tetramethyl-*p*-benzochinon (Durochinon)

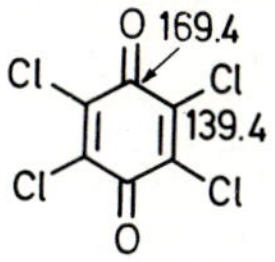

Tetrachlor-*p*-benzochinon (Chloranil)

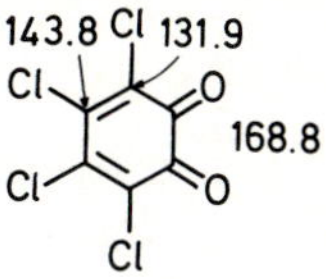

Carbonsäuren

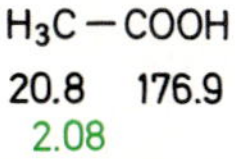

Essigsäure

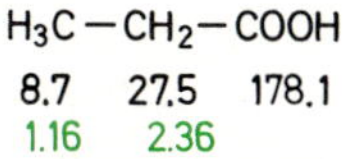

Propansäure (Propionsäure)

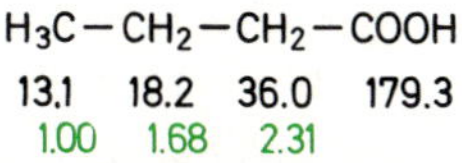

Butansäure (Buttersäure)

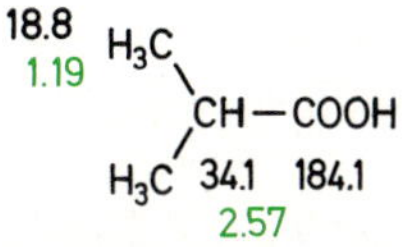

2-Methylpropansäure (Isobuttersäure)

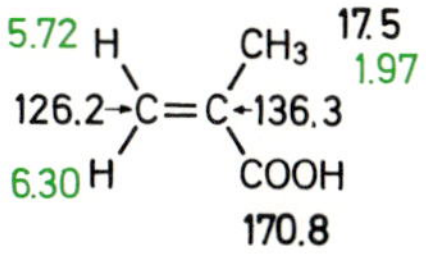

Methacrylsäure

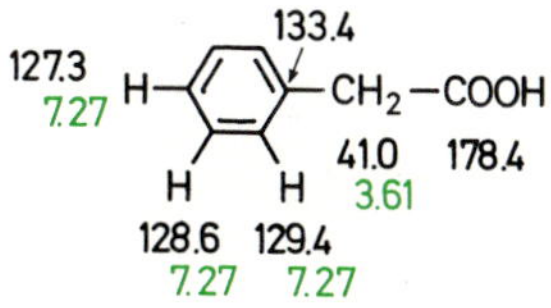

Phenylessigsäure

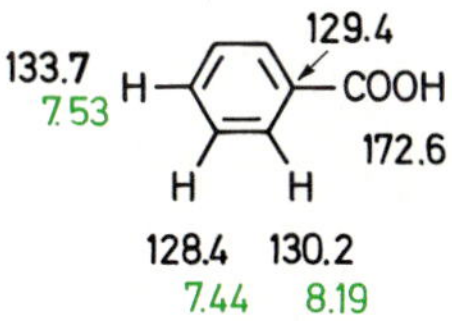

Benzoesäure

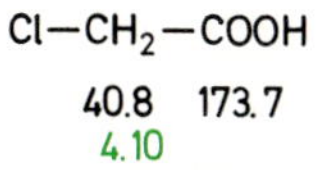

Chloressigsäure

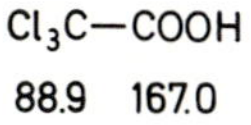

Trichloressigsäure

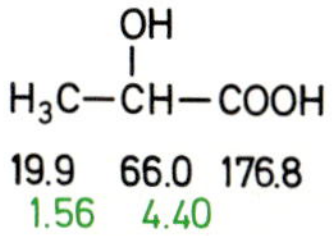

2-Hydroxypropansäure (Milchsäure)

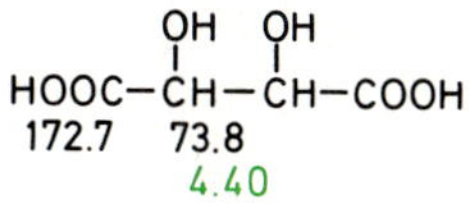

meso-Weinsäure

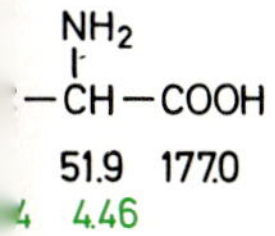

anin (D_2O)

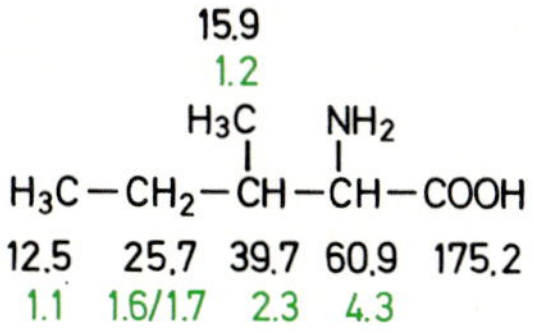

Isoleucin (D_2O)

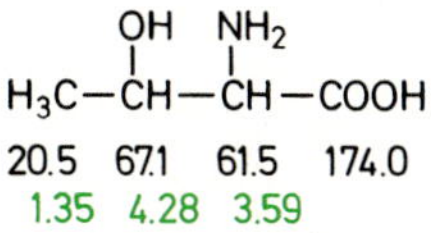

Threonin (D_2O)

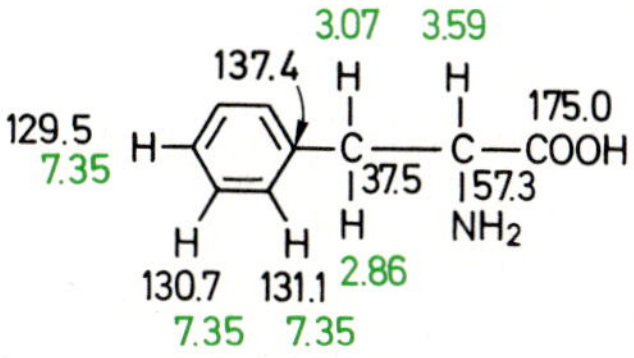

Phenylalanin (D_2O)

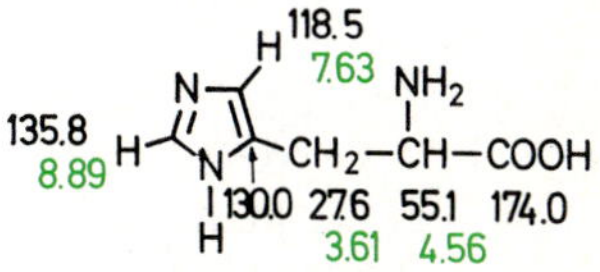

Histidin (D_2O)

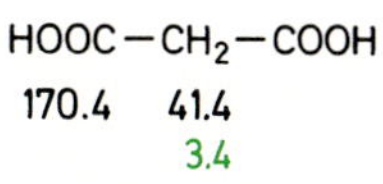

Malonsäure

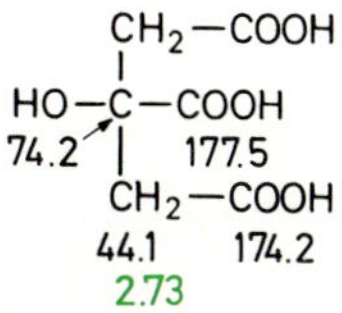

Zitronensäure (D_2O)

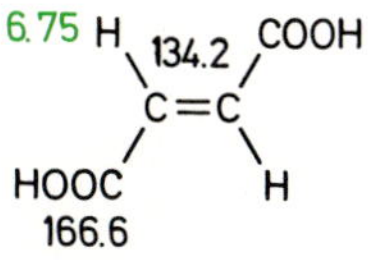

Fumarsäure

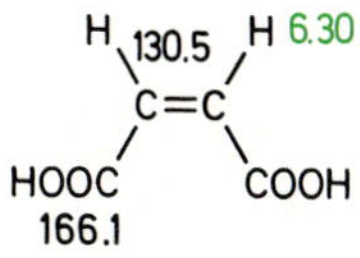

Maleinsäure

Carbonsäure-ester, -amide, -anhydride, -chloride

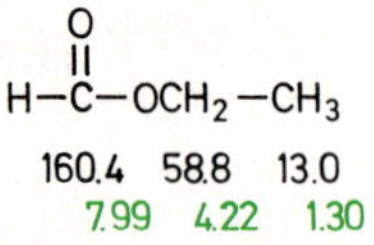

Ameisensäure-ethylester

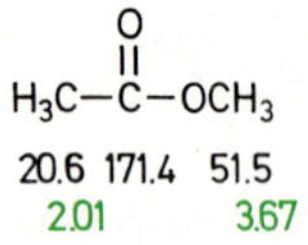

Essigsäure-methylester

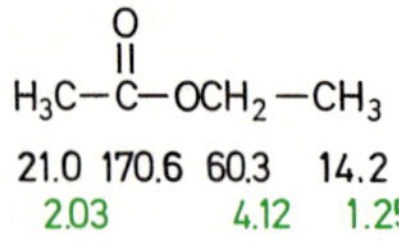

Essigsäureethylester

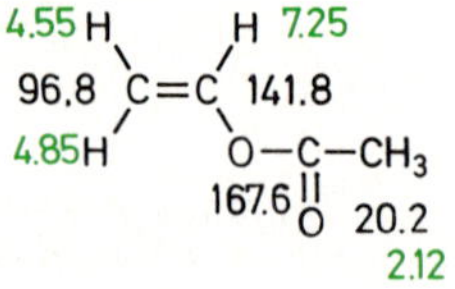

Essigsäurevinylester

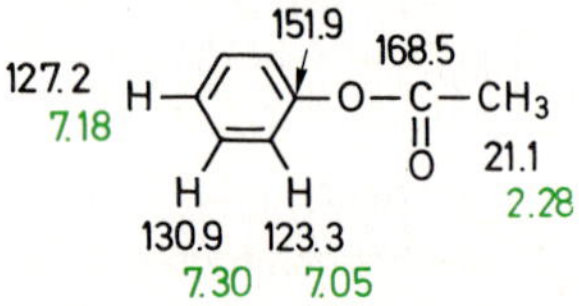

Essigsäurephenylester

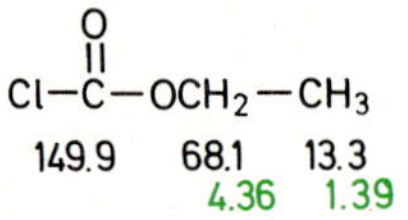

Chlorameisensäure-ethylester

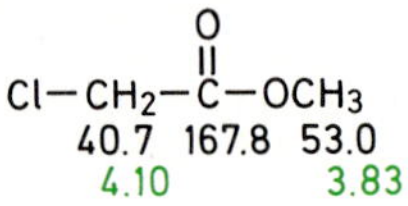

Chloressigsäure-methylester

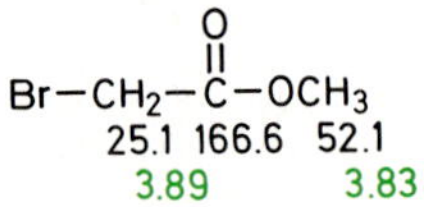

Bromessigsäure-methylester

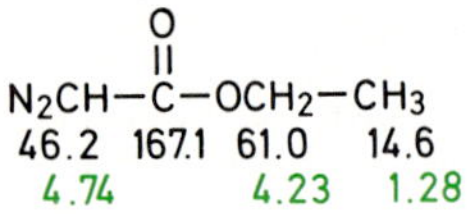

Diazoessigsäureethylester

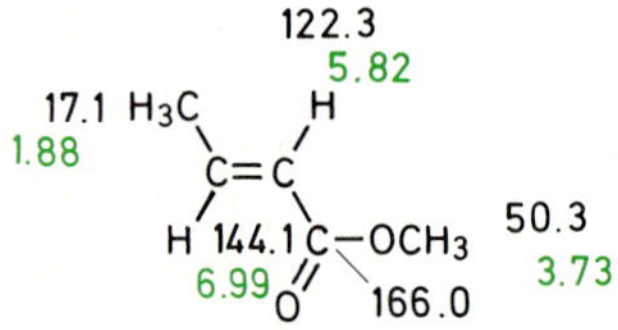

(*E*)-Crotonsäure-methylester

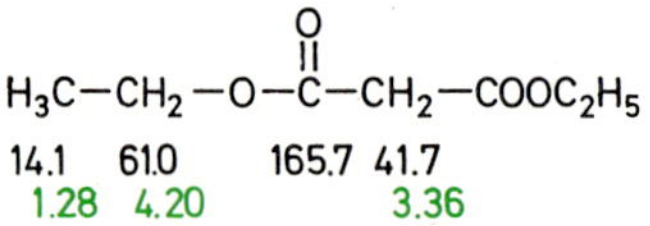

Malonsäurediethylester

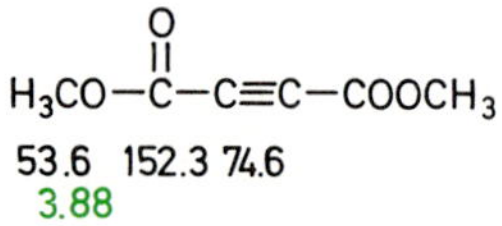

Acetylendicarbonsäure-dimethylester

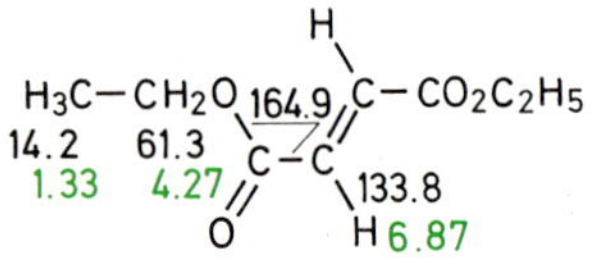

Fumarsäure-diethylester

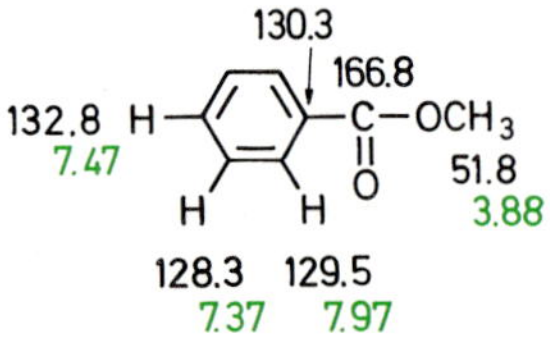

Benzoesäuremethylester

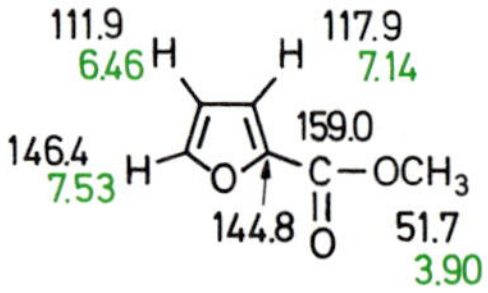

Furan-2-carbonsäuremethylester

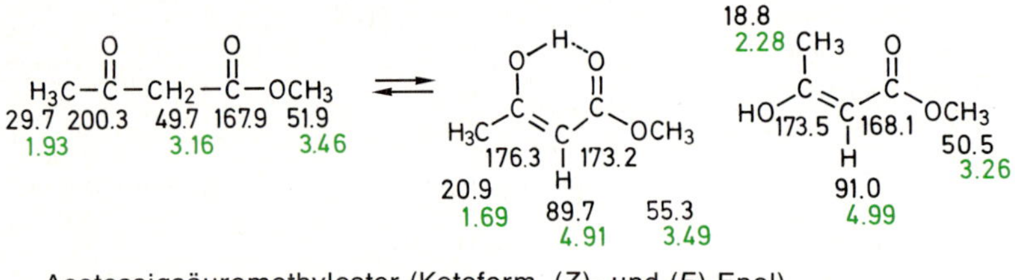

Acetessigsäuremethylester (Ketoform, (*Z*)- und (*E*)-Enol)

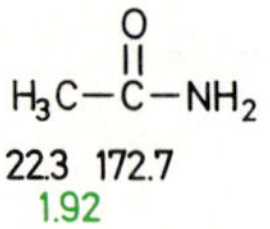

Acetamid

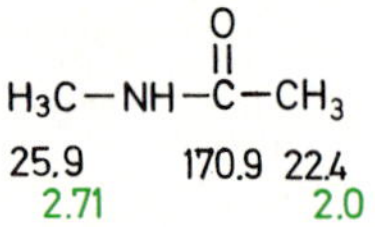

N-Methylacetamid (*syn*)

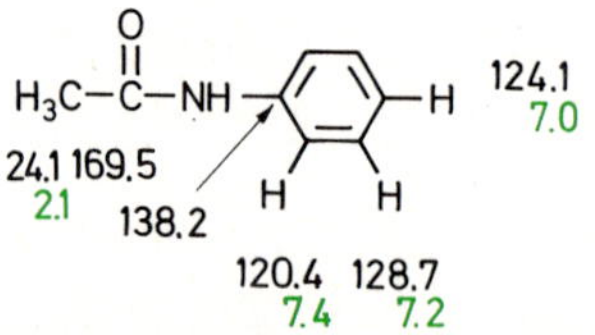

Acetanilid

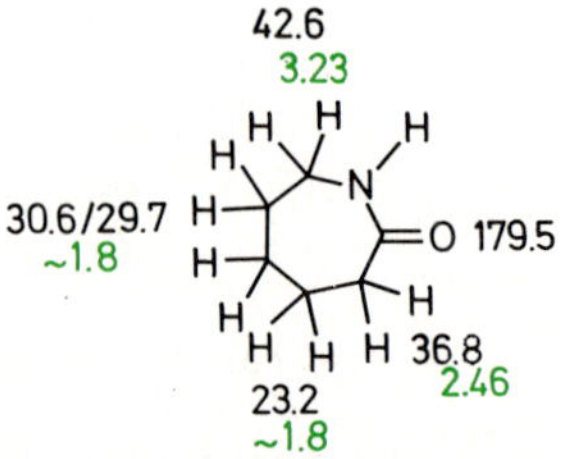

ε-Caprolactam

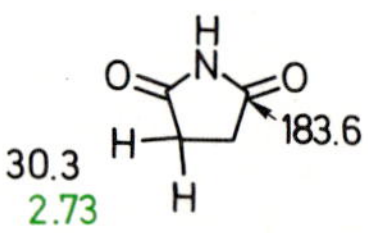

Succinimid

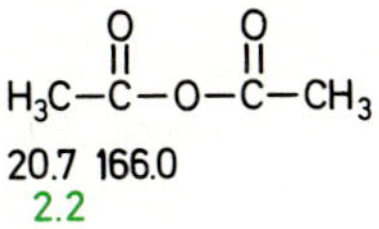
Acetanhydrid

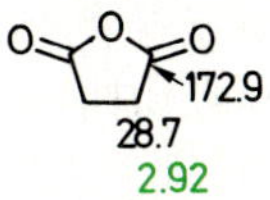
Bernsteinsäure-anhydrid

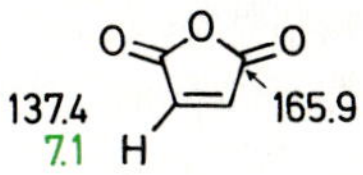
Maleinsäureanhydrid

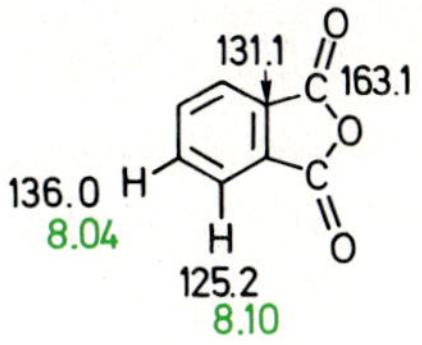
Phthalsäureanhydrid

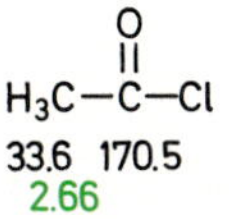
Acetylchlorid

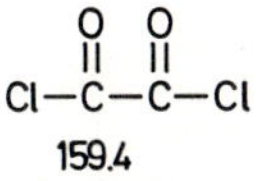
Oxalylchlorid

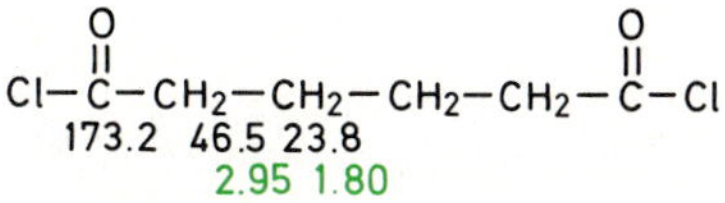
Hexansäuredichlorid

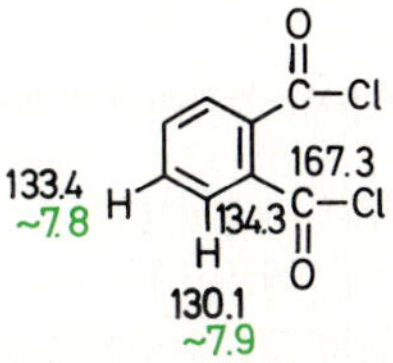
Phthalsäuredichlorid

Imine, Oxime, Hydrazone, Carbodiimide, Azoverbindungen

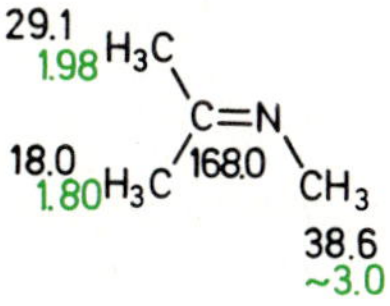
N-Isopropylidenmethylamin

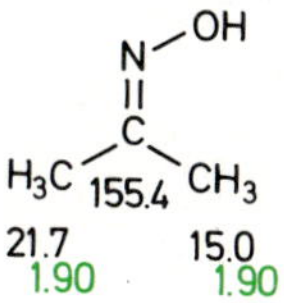
Acetonoxim

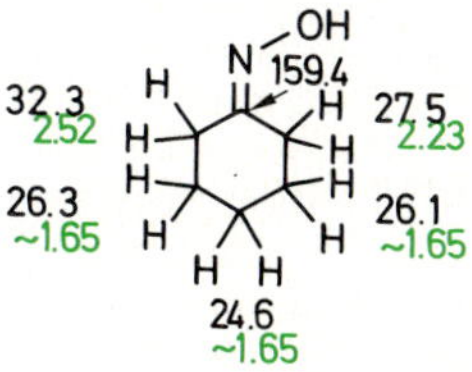
Cyclohexanonoxim

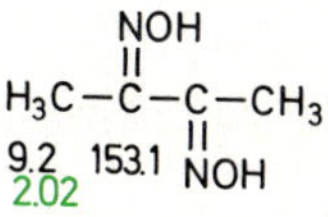
2,3-Butanondioxim

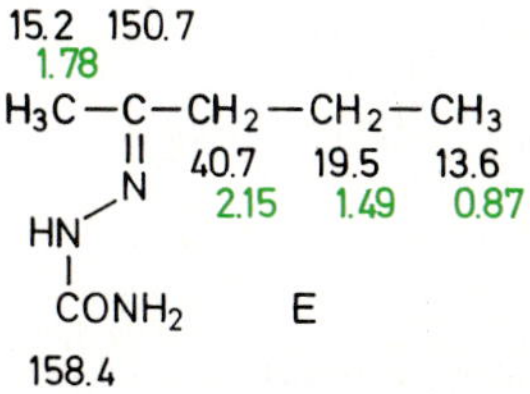

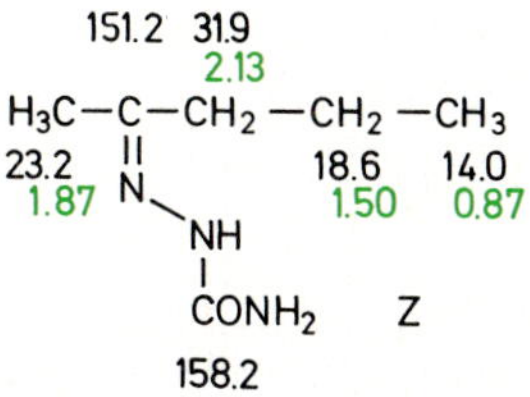
2-Pentanon- semicarbazon

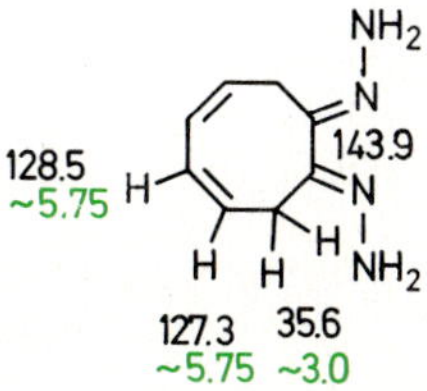
Cycloocta-4,6-dien-1,2-dion-(*E*,*E*)-dihydrazon

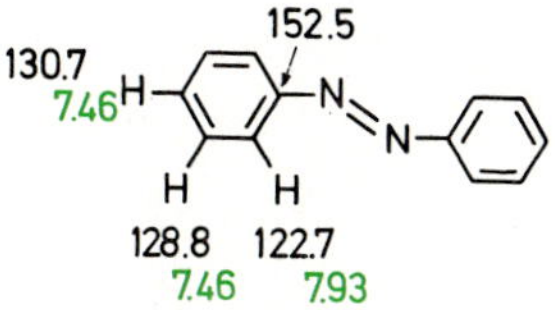
Azobenzol

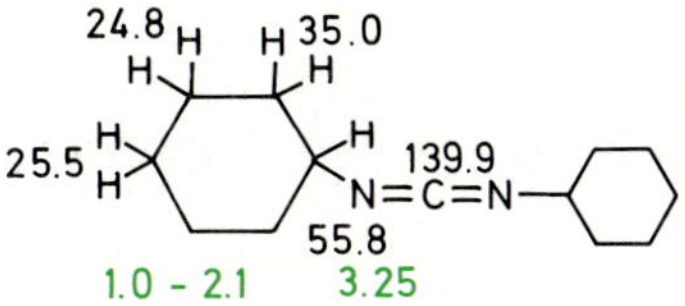
Dicyclohexylcarbodiimid

Nitrile, Isocyanide (Isonitrile)

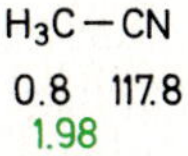
Acetonitril

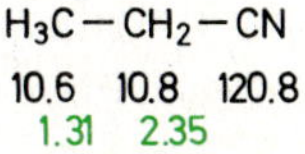
Propannitril (Propionitril)

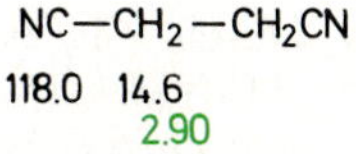
Butandinitril (Succinodinitril)

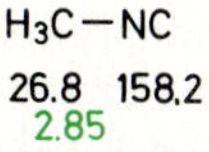
Methylisocyanid (Methylisonitril)

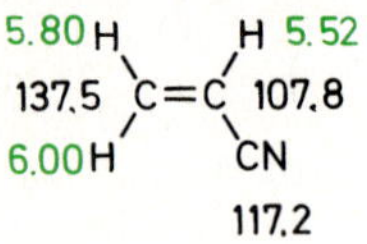

Acrylnitril

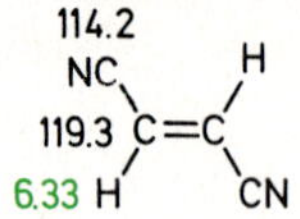

Fumarsäuredinitril

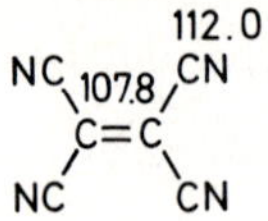

Tetracyanoethylen

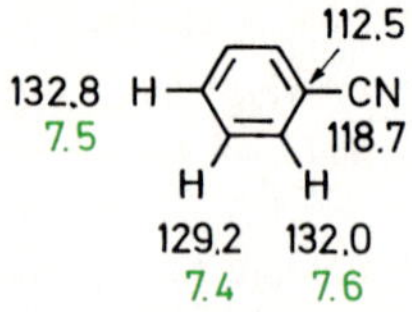

Benzonitril

Organometall-Verbindungen, Komplexe

$H_3C-CH_2-CH_2-CH_2-Li$

13.9 31.4 31.9 11.8
1.1 1.5 1.5 -0.8

Butyllithium

$H_3C-Sn(CH_3)_3$

-9.3
0.07

Tetramethylzinn

$H_3C-CH_2-CH_2-CH_2-Pb(C_4H_9)_3$

13.7 27.7 31.5 18.3
0.9 1.0 - 2.0

Tetrabutylblei

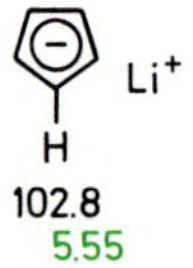

Lithiumcyclopentadienid

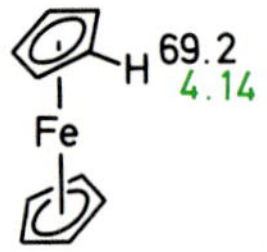

Ferrocen

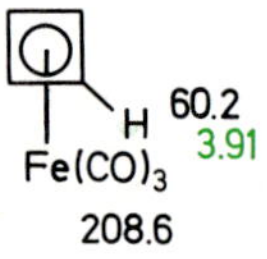

Cyclobutadientricarbonyleisen

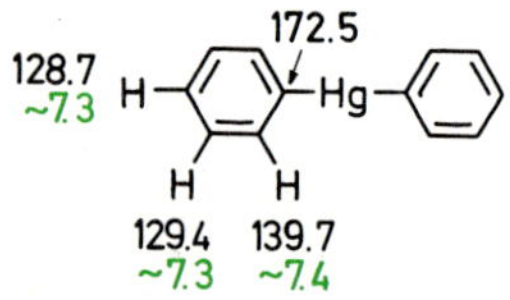

Diphenylquecksilber

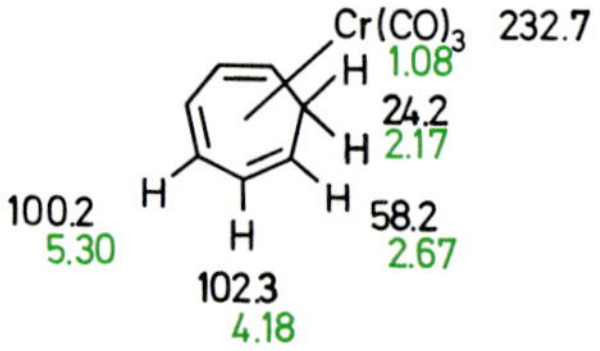

Cycloheptatrientricarbonylchrom

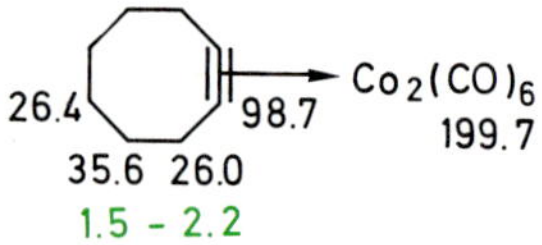

μ-Cyclooctinhexacarbonyl-dicobalt

6. Kernresonanz-Spektroskopie anderer Kerne

6.1 ^{19}F-Kernresonanz-Spektroskopie

^{19}F, das einzig natürlich vorkommende Fluor-Isotop, hat eine **Kernspin-Quantenzahl** von 1/2. Die **relative Empfindlichkeit** ist etwas kleiner als beim Wasserstoff (s. Tab. 3.1, S. 70), der **Resonanzbereich** jedoch wesentlich breiter. Für Kohlenstoff-Fluor-Verbindungen erstreckt er sich über 300 bis 400 ppm; bezieht man anorganische Fluor-Verbindungen ein, so ist er noch um den Faktor vier breiter. Bei der **Abschirmung** hat der σ_{para}-Term besonderes Gewicht. Als **Referenzverbindung** zur Festlegung des Nullpunkts der δ-Skala ist Trichlorfluormethan ($CFCl_3$) am gebräuchlichsten. Signale bei höherem Feld erhalten einen negativen, Signale bei tieferem Feld einen positiven δ-Wert.

Durch ^{19}F,^{1}H- und/oder ^{19}F,^{19}F-Kopplungen sind die ^{19}F-NMR-Spektren organischer Fluor-Verbindungen oft sehr linienreich. Da die Quotienten $\Delta\nu/J$ jedoch meist groß sind, hat man es überwiegend mit Spektren erster Ordnung zu tun. Einen Überblick über typische **^{19}F-Absorptionen** und $^{19}F,^{19}F$**-Kopplungen** geben die Tab. 3.42 und 3.43. (Die $^{19}F,^{1}H$- und $^{19}F,^{13}C$-Kopplungen wurden bereits in den Abschn. 3.4 bzw. 4.4 abgehandelt, s. S. 108 und 147.)

Als exemplarisches Beispiel einer ^{19}F-Resonanz sei das Spektrum von 1,1,2-Trichlor-1,2-difluor-2-iodethan (**198**) besprochen (Abb. 3.81).

Bei Raumtemperatur erhält man ein AB-System, wobei insbesondere die Linien im B-Teil stark verbreitert sind. Diese Signale entstehen durch Mittelung über die drei Rotameren **198 a, b, c**. Bei −90 °C ist die Rotation um die (C—C)-Bindung eingefroren, und man erkennt drei getrennte AB-Systeme. Die Intensitäten entsprechen der **Population** der **Rotameren**.

		Temperatur (°C)	Chemische Verschiebung (δ-Werte bez. $CFCl_3$) F_A	F_B	$^3J(F,F)$-Kopplungskonstanten (Hz)
198	$CFCl_2CFClI$	+28	−65,21	−63,20	−22,3
a	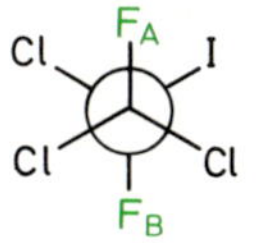	−90	−64,4	−59,6	−19,5
b	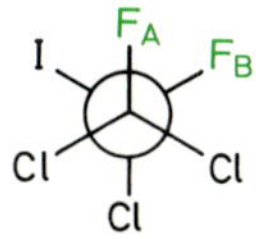	−90	−68,8	−63,5	−27,1
c	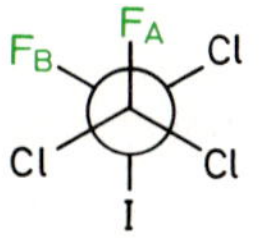	−90	−75,4	−67,6	−22,0

6.2 ^{31}P-Kernresonanz-Spektroskopie

^{31}P mit der **Kernspin-Quantenzahl** 1/2 ist das einzige natürlich vorkommende Phosphor-Isotop. Im Vergleich zum Wasserstoff beträgt seine **relative Empfindlichkeit** nur 6,6%. Der **Resonanzbereich** ist ca. 700 ppm breit. Dabei sind allerdings extreme Verschiebungswerte, wie sie etwa P_4 bzw. PBr_3 mit −488 bzw. +227 ppm zeigen, berücksichtigt.

Als (externer) Standard zur Festlegung der δ-Skala ist 85%ige Phosphorsäure am gebräuchlichsten. Bei niedrigerem Feld erscheinende Signale erhalten ein positives, bei höherem Feld gefundene Absorptionen ein negatives Vorzeichen. Bei organischen Phosphor-Verbindungen ist der ^{31}P-Absorptionsbereich wie folgt einzugrenzen:

Derivate mit	δ-Werte
3bindigem Phosphor	−180 ... +200
4bindigem Phosphor	−120 ... +130
5bindigem Phosphor	−100 ... − 20
6bindigem Phosphor	−220 ... −130

In Tab. 3.44 sind einige typische ^{31}P-Resonanzen zusammengestellt.

Spin-Spin-Kopplungen bei der ^{31}P-Resonanz organischer Phosphor-Verbindungen treten vor allem mit ^1H-Kernen auf. (Zur Größe der $J(P,H)$- bzw. $J(P,C)$-Kopplungen s. Abschn. 3.4 bzw. 4.4, S. 108 bzw. 147.) Einige $^{31}P,^{31}P$-Kopplungen sind in Tab. 3.45 wiedergegeben.

Tab. 3.45 $^{31}P,^{31}P$-Kopplungskonstanten ausgewählter organischer Phosphor-Verbindungen (in Hz)

Verbindung	$\|^1J(P,P)\|$	$\|^2J(P,P)\|$
$(H_3CO)_2P(=O)—P(=O)(OCH_3)_2$	~200	–
$(C_2H_5O)_2P(=S)—P(=O)(OC_2H_5)_2$	583	–
$(H_3C)_2P(=S)—P(=S)(CH_3)_2$	19	–
$(C_2H_5O)_2P(=O)—CH_2—P(=O)(OC_2H_5)_2$	–	<1
$(C_6H_5)_3P{=}CH—P(C_6H_5)_2$	–	150

Zur Übung sei an dieser Stelle ein gekoppeltes Spektrum diskutiert. **199** stellt ein ABX-System dar.

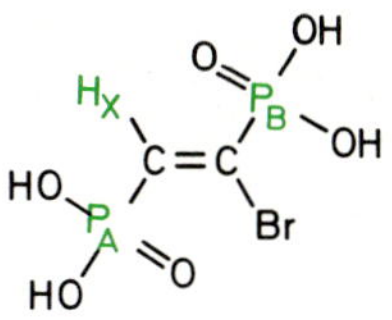

199

Von den 15 theoretischen Übergängen hat eine Kombinationslinie die Intensität 0. Es sind also maximal 14 Linien zu erwarten. Im ^{31}P-Spektrum beobachtet man den AB-Teil aus 8 Linien, im ^1H-Spektrum den X-Teil mit 4 Linien (Abb. 3.82). Zwei weitere Linien des X-Teils sind so schwach, daß sie im Rauschpegel verschwinden. Der Spin

Tab. 3.42 ^{19}F-Verschiebungen ausgewählter Verbindungen (δ-Werte in ppm bezogen auf $CFCl_3$)[a]

Verbindung	δ
CF	
$H_3C—F$	−287
$Br_3C—F$	+ 7
$C_2H_5—F$	−215
$C_6H_5—CH_2—F$	−207
$CFCl_2—CCl_2—F$	− 68
$CF_3—CCl_2—F$	− 78
$CF_3—CH_2—F$	−241
$CCl_3—CF_2—CCl_2—F$	− 64
$(H_3C)_3C—F$	−132
$H_2C{=}CH—F$	−113
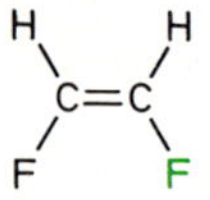	−165
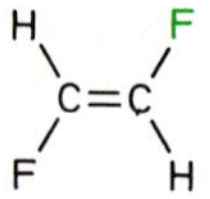	−186
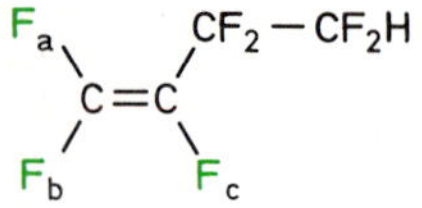	a: −108 b: − 92 c: −192
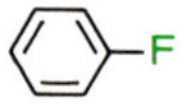	−116
	−123
	a: −139 b: −162 c: −153
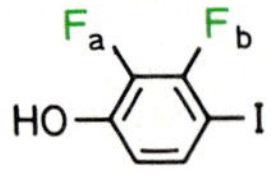	a: −161 b: −122
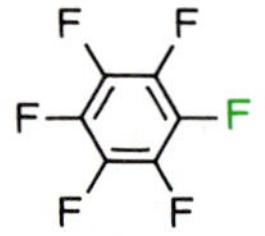	−162
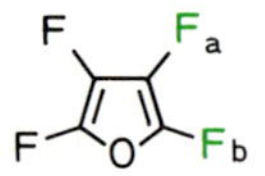	a: −196 b: −137
CF_2	
$CH_2F—F$	−144
$CBr_2F—F$	+ 7
$(C_6H_5)_2CF—F$	− 89
$CCl_3—CFCl—F$	− 65
$CClF_2—CFCl—F$	− 71
$CHF_2—CHF—F$	−138
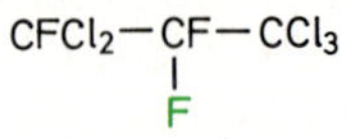	−103
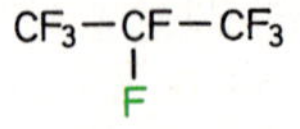	−131
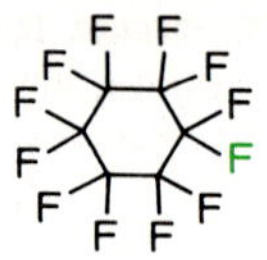	−133
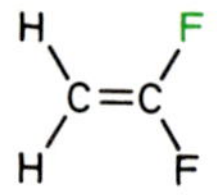	− 81
CF_3	
$CHF_2—F$	− 79
$CCl_3—CF_2—F$	− 82
$C_6H_5—CF_2—F$	− 64
$CF_3—CF_2—F$	− 91
$CHF_2—CF_2—F$	− 87
$CF_3—CF_2—CF_2—F$	− 83
$CF_3—CO—CF_2—F$	− 85
$HOOC—CF_2—F$	− 77
$CF_3—C{\equiv}C—CF_2—F$	− 57
CF_4	
$CF_3—F$	− 67

[a] Durch Lösungsmitteleinflüsse können sich z. T. ganz erhebliche Veränderungen der δ-Werte ergeben; daher sind hier nur ganzzahlige δ-Werte angegeben

Tab. 3.43 ^{19}F,^{19}F-Kopplungskonstanten ausgewählter Verbindungen (in Hz)

Verbindung	$\|^2J(F,F)\|$	$\|^3J(F,F)\|$
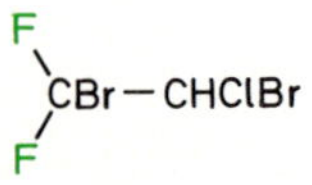	154	–
	244	–
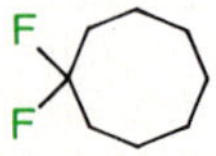	297	–
$CF_3—CFH_2$	–	15
$CHF_2—CF_2—CHF_2$	–	4
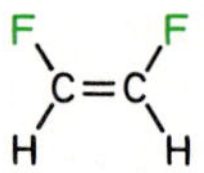	–	19
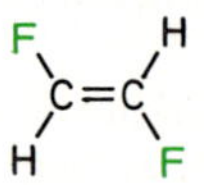	–	125
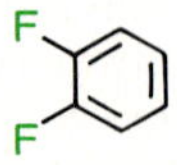	–	20

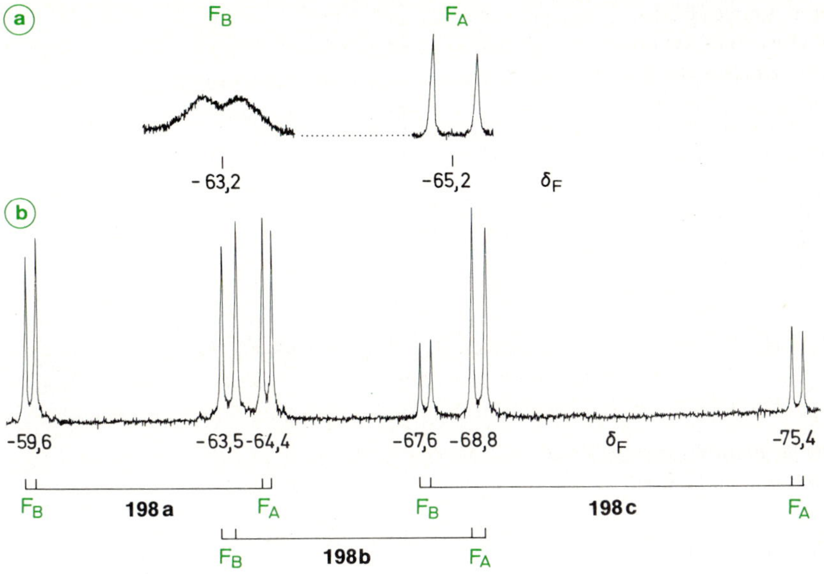

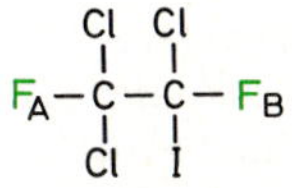

198

Abb. 3.81 ^{19}F-NMR-Spektren von $CFCl_2$-CFCl I (**198**) (94,1 MHz)
a bei Raumtemperatur **b** bei −90 °C (nach Cavalli, L. (1972), J. Magn. Res. **6**, 298)

Tab. 3.44 ^{31}P-Verschiebungen ausgewählter organischer Phosphor-Verbindungen (δ-Werte bezogen auf 85%ige H_3PO_4 als externer Standard)[a]

Verbindung	δ	Verbindung	δ	Verbindung	δ
$PH_2(CH_3)$	−164			$(C_6H_5)_3P{=}CH_2$	+ 20
$PH(CH_3)_2$	− 99			$(C_6H_5)_3P{=}C(C_2H_5)_2$	+ 11
$P(CH_3)_3$	− 62	$OP(CH_3)_3$	+36	$P(OCH_3)_5$	− 9
$P(C_2H_5)_3$	− 20	$OP(C_2H_5)_3$	+48	$P(OC_2H_5)_5$	− 71
$P(CF_3)_3$	− 3			$P{\equiv}CC(CH_3)_3$	− 69
$P(C_6H_5)_3$	− 6	$OP(C_6H_5)_3$	+23		
$P(C_2H_5)Cl_2$	+196			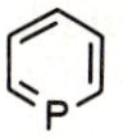	+211
$P(C_2H_5)_2Cl$	+ 81	$OP(C_2H_5)_2Cl$	+76		
$P(C_6H_5)Cl_2$	+166	$OP(C_6H_5)Cl_2$	+24		
$P(OCH_3)Cl_2$	+181	$OP(OC_2H_5)Cl_2$	+ 3		
$P(OCH_3)_3$	+141	$OP(OC_2H_5)_3$	− 1		
$P(OC_6H_5)_3$	+127	$OP(OC_6H_5)_3$	−18	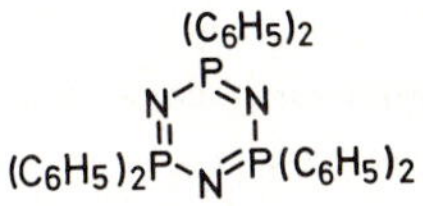	+ 9
$P[N(CH_3)_2]_3$	−122	$OP[N(CH_3)_2]_3$	+27		
		$OPH(OCH_3)_2$	+11		
		$SP(C_6H_5)Cl_2$	+80		
$P(CH_3)_4^+$ Cl^-	−3			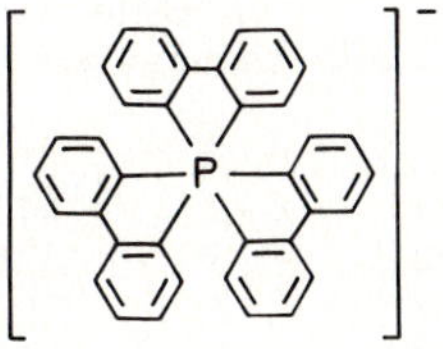	−181
$P(CH_3)_4^+$ Br^-	+ 25				
$P(C_6H_5)_4^+$ Br^-	+ 21				

[a] Wegen der starken Lösungsmittelabhängigkeit sind nur ganzzahlige δ-Werte angegeben.

von X ist (unabhängig von den Spins von A und B) mit gleicher Wahrscheinlichkeit auf die beiden Einstellmöglichkeiten verteilt. Man kann den AB-Teil daher in zwei gleich intensive Subspektren unterteilen und für diese (nach den Regeln für AB-Spektren) effektive Larmor-Frequenzen ν_a^* und ν_b^* ermitteln (s. S. 77 f.). Im X-Teil haben die beiden intensiven Linien 9 und 12 den Abstand $J_{AX} + J_{BX}$. Der Abstand der Schwerpunkte S_1 und S_2 der beiden Subspektren ist halb so groß. Die Parameter des ABX-Systems erhält man mit folgenden Gleichungen:

$$2\nu_A = \nu_{1a}^* + \nu_{2a}^* \quad \text{bzw.} \quad 2\nu_A = \nu_{1a}^* + \nu_{2b}^*$$
$$2\nu_B = \nu_{1b}^* + \nu_{2b}^* \qquad\qquad 2\nu_B = \nu_{1b}^* + \nu_{2a}^*$$
$$\pm J_{AX} = 2(\nu_a^* - \nu_A)$$
$$\pm J_{BX} = 2(\nu_b^* - \nu_B)$$

Eine der beiden Lösungen muß anhand der Signalintensitäten oder anhand von Plausibilitätskriterien für die Größe der beteiligten Kopplungen eliminiert werden.

Die Analyse des Spektrums von **199** liefert die in Abb. 3.82 angegebenen Parameter.

Als letztes, integriertes Kernresonanz-Beispiel sei das Phosphorin (Phosphabenzol, **200**) besprochen:

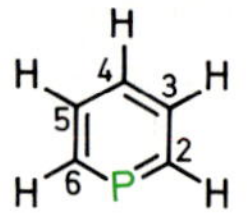

200

Die gesamte Kernresonanz dieses Moleküls beinhaltet, wie Symmetriebetrachtungen zeigen, 7 chemische Verschiebungen und 31 Kopplungskonstanten. In der **^{1}H-Resonanz** erhält man den AA′BB′C-Teil eines AA′BB′CX-Systems. Die Protonen untereinander zeigen sechs verschiedene Kopplungen; dazu kommen noch drei Kopplungen zum Phosphor-Kern. Die Kopplungen zu den ^{13}C-Kernen machen sich infolge der geringen natürlichen Häufigkeit von ^{13}C nicht bemerkbar.

Tab. 3.46 Chemische Verschiebungen von Phosphorin (Phosphabenzol, **200**)

δ-Werte bezogen auf TMS		bezogen auf TMS		bezogen auf H_3PO_4	
H-2	8,61	C-2	154,1	P-1	+211
H-3	7,72	C-3	133,6		
H-4	7,38	C-4	128,8		
H-5	7,72	C-5	133,6		
H-6	8,61	C-6	154,1		

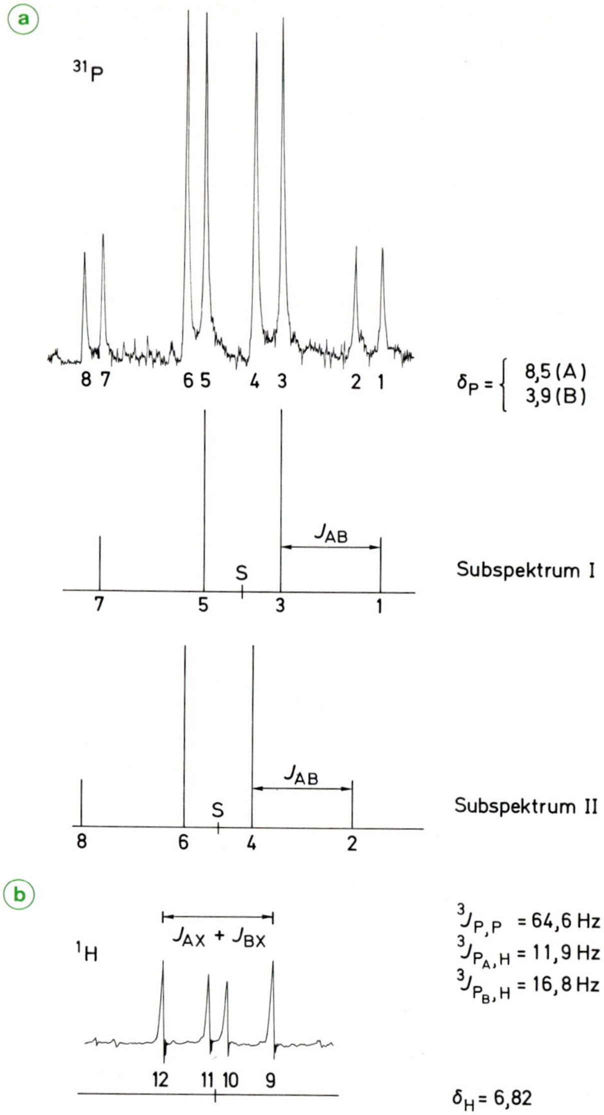

Abb. 3.82 Kernresonanzspektren von **199** in Wasser
a ^{31}P-Resonanz
b ^{1}H-Resonanz
(nach Maier, L. (1973), Phosphorus **2**, 229)

In der **^{31}P-Resonanz** wird dementsprechend der X-Teil des AA′BB′CX-Systems gefunden. In dem gekoppelten **^{13}C-Spektrum** treten die ^{13}C, ^{1}H-Kopplungen und die ^{13}C, ^{31}P-Kopplungen auf. Von den 13 verschiedenen ^{13}C, ^{1}H-Kopplungen sind insbesondere die direkten ^1J(C, H)-Kopplungen leicht erkennbar.

Zur Bestimmung der drei ^{13}C, ^{31}P-Kopplungen bietet sich die Protonen-Breitband-Entkopplung an.

Die chemischen Verschiebungen von **200** sind in Tab. 3.46 und die Kopplungen in Tab. 3.47 zusammengestellt. Der ^{31}P-Teil der Kernresonanz ist in Abb. 3.83 wiedergegeben.

200

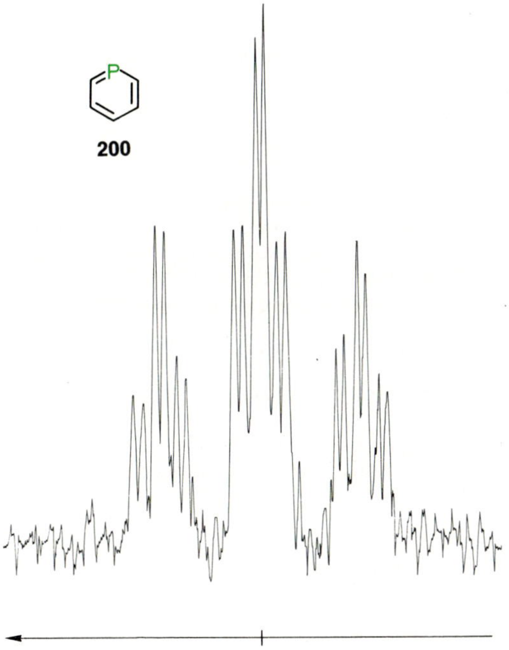

Abb. 3.83 ^{31}P-Spektrum von Phosphorin (Phosphabenzol, **200**)
(nach Ashe, A.J., Sharp, R.R., Tolan, J.W. (1976), J. Am. Chem. Soc. **98**, 5451)

Tab. 3.47 Spin-Spin-Kopplungen im Phosphorin (Phosphabenzol, **200**):
Beträge der Kopplungskonstanten in Hz

J	H-2	H-3	H-4	H-5	H-6	C-2	C-3	C-4	C-5	C-6	P
H-2	–	10,0	1,2	1,2	1,9	157					38
H-3		–	9,1	1,8	1,2		156				8
H-4			–	9,1	1,2			161			3,5
H-5				–	10,0				156		8
H-6					–					157	38
C-2						–					53
C-3							–				14
C-4								–			22
C-5									–		14
C-6										–	53
P											–

6.3 Weitere Kerne

Weitere Kerne mit der Spin-Quantenzahl 1/2 sind ^{15}N, ^{29}Si, ^{77}Se, ^{117}Sn, ^{119}Sn, ^{195}Pt, ^{199}Hg, ^{203}Tl, ^{205}Tl und ^{207}Pb.

Aufgrund des natürlichen Vorkommens und der Größe der magnetischen Momente ergibt sich für die relativen **Empfindlichkeiten** folgende Sequenz:

$$^{205}\text{Tl} > {}^{203}\text{Tl} > {}^{119}\text{Sn} > {}^{195}\text{Pt} > {}^{207}\text{Pb} > {}^{117}\text{Sn}$$
$$> {}^{199}\text{Hg} > {}^{77}\text{Se} > {}^{29}\text{Si} > {}^{13}\text{C} > {}^{15}\text{N}$$

Aus der Sicht der Analytik organischer Verbindungen ist insbesondere die ^{15}N-Resonanz interessant. Gerade da sind jedoch Messungen auf der Basis des natürlichen ^{15}N-Vorkommens von lediglich 0,37% schwierig (große Probenvolumina, starke Magnetfelder, lange Akkumulationszeiten). Dem auf S. 169 kurz beschriebenen Polarisationstransfer kommt für die ^{15}N-Messung große Bedeutung zu. Von den Kernen mit Spin-Quantenzahlen $I > 1/2$ sind ^{2}H, ^{7}Li, ^{11}B, ^{14}N, ^{17}O und ^{33}S hervorzuheben. Kern-Quadrupolmomente bewirken bei ihnen starke Signalverbreiterungen.

Literatur

Allgemeine Titel

Abragam, A., Goldman, M. (1981), Nuclear Magnetism, Oxford University Press, Oxford.

Abraham, R.J., Fisher, J. (1988), NMR Spectroscopy, J. Wiley, New York.

Abraham, R.J., Loftus, P. (1978), Proton and Carbon-13 NMR Spectroscopy, An Integrated Approach, Heyden, London.

Akitt, J.W. (1983), N.M.R. and Chemistry, An Introduction to Nuclear Magnetic Resonance Spectroscopy, Chapman and Hall, London.

Ault, A., Dudek, G.O. (1978), Protonen-Kernresonanz-Spektroskopie, UTB 842, Steinkopff Verlag, Darmstadt.

Becker, E.D. (1980), High Resolution NMR, Academic Press, New York, London.

Bovey, F.A. (1969), Nuclear Magnetic Resonance Spectroscopy, Academic Press, New York, London.

Breitmaier, E., Voelter, W. (1987) ^{13}C-NMR-Spectroscopy, Methods and Applications, Verlag Chemie, Weinheim.

Carrington, A., McLachlan, A.D. (1979), Introduction to Magnetic Resonance, Chapman and Hall, London.

Chamberlain, N.F. (1974), The Practice of NMR Spectroscopy (Spectra-Structure Correlations for Hydrogen-1), Plenum Press, New York, London.

Chandrakumar, N., Subramanian, S. (1987), Modern Techniques in High-Resolution FT-NMR, Springer-Verlag, New York.

Clerc, T., Pretsch, E. (1973), Kernresonanzspektroskopie, Akademische Verlagsgesellschaft, Frankfurt/M.

Clerc, T., Pretsch, E., Sternhell, S. (1973), ^{13}C-Kernresonanzspektroskopie, Akademische Verlagsgesellschaft, Frankfurt/M.

Corio, P.L. (1961), Structure of High-Resolution NMR Spectra, Academic Press, New York, London.

Derome, A.E. (1987), Modern NMR Techniques for Chemistry Research, Pergamon Press, Oxford.

Emsley, J.W., Feeney, J., Sutcliffe, L.H. (1955), High Resolution Nuclear Magnetic Resonance Spectroscopy I, II, Pergamon Press, Oxford, New York.

Ernst, L. (1980), ^{13}C-NMR-Spektroskopie, UTB 1061, Steinkopff Verlag, Darmstadt.

Ernst, R., Bodenhausen, G., Wokaun, A. (1990), Principles of Nuclear Magnetic Resonance in One and Two Dimensions, Clarendon Press, London.

Friebolin, H. (1988), Ein- und zweidimensionale NMR-Spektroskopie, VCH, Weinheim.

Goldman, M. (1988), Quantum Description of High-Resolution NMR in Liquids, Clarendon Press, London.

Günther, H. (1991), NMR-Spektroskopie, Georg Thieme Verlag, Stuttgart.

Hallap. P., Schütz, H. (1973), Anwendung der ^{1}H-NMR-Spektroskopie, ein Lehrprogramm für Hochschulen, Taschentext 31, Verlag Chemie, Weinheim.

Harris, R.K. (1983), Nuclear Magnetic Resonance Spectroscopy – A Physicochemical View, Pitman, London.

Homans, S.W. (1989), A Dictionary of Concepts on NMR, Clarendon Press, London.

Jackman, L.M., Sternhell, S. (1969), Applications of NMR Spectroscopy in Organic Chemistry, Pergamon Press, Oxford, New York.

Kalinowski, H.-O., Berger, S., Braun, S. (1984), ^{13}C-NMR-Spektroskopie, Georg Thieme Verlag, Stuttgart.

Kleinpeter, E., Borsdorf, R. (1981), ^{13}C-NMR-Spektroskopie in der organischen Chemie, Akademie-Verlag, Berlin.

Levy, G.C., Lichter, R.C., Nelson, G.L. (1980), Carbon-13 Nuclear Magnetic Resonance for Organic Chemists, Wiley Interscience, New York.

Michel, D. (1981), Grundlagen und Methoden der kernmagnetischen Resonanz, Akademie-Verlag, Berlin.

Pople, J.A., Schneider, W.G., Bernstein, H.J. (1959) High Resolution Nuclear Magnetic Resonance, McGraw-Hill Book Comp., New York.

Roberts, J.D. (1959), Nuclear Magnetic Resonance, McGraw-Hill Book Comp, New York.

Roberts, J.D. (1961), An Introduction to Spin-Spin Splitting in High Resolution NMR Spectra, Benjamin, New York.

Sanders, J.K.M., Constable, E.C., Hunter, B.K. (1989), Modern NMR Spectroscopy: A Workbook of Chemical Problems.

Besondere Methoden, Effekte

Bax, A. (1982), Two-Dimensional Nuclear Magnetic Resonance in Liquids, Kluwer Academic Publishers Group, Dordrecht.

Croasmun, W., Carlson, R. (1987), Two-Dimensional NMR Spectroscopy, Applications for Chemists and Biochemists, VCH, Weinheim.

Ebert, I., Seifert, G. (1966), Kernresonanz im Festkörper, Geest und Portig, Leipzig.

Emsley, J.W., Lindon, J.C. (1975), NMR Spectroscopy Using Liquid Crystal Solvents, Pergamon Press, Oxford, New York.

Freeman, R., Hill, H.D.W. (1975), Dynamic Nuclear Magnetic Resonance Spectroscopy, Academic Press, New York, London.

Fukushima, E., Roeder, S.B.W. (1981), Experimental Pulse NMR: a Nuts and Bolts Approach, Addison-Wesley, London.

Hägele, G., Engelhardt, M., Boenigk, W. (1987), Simulation und automatisierte Analyse von Kernresonanzspektren, VCH, Weinheim.

Hofmann, R.A., Forsen, S. (1966), High-Resolution Nuclear Magnetic Double and Multiple Resonance, Pergamon Press, Oxford, New York.

Jackman, L.M., Cotton, F.A. (1975), Dynamic Nuclear Magnetic Resonance Spectroscopy, Academic Press, New York, London.

Kaplan, J.I., Fraenkel, G. (1980), NMR of Chemically Exchanging Systems, Academic Press, New York, London.

Kasler, F. (1973), Quantitative Analysis by NMR Spectroscopy, Academic Press, New York, London.

Lepley, A.R., Closs, G.L. (1973), Chemically Induced Magnetic Polarization, Wiley, New York.

Leyden, D.E., Cox, R.H. (1977), Analytical Applications of NMR, Wiley, New York.

Marshall, J.L. (1983), Carbon-Carbon and Carbon-Proton NMR Couplings, Verlag Chemie, Weinheim, Deerfield Beach, Florida, Basel.

Martin, M.L., Delpuech, J.-J., Martin, G.J. (1980), Practical NMR-Spectroscopy, Heyden, London.

Martin, G.E., Zektzer, A.S. (1988), Two-Dimensional NMR Methods for Establishing Molecular Connectivity, VCH, Weinheim.

Mehring, M. (1983), Principles of Resolution NMR in Solids, Springer-Verlag, Berlin.

Memory, J.D. (1968), Quantum Theory of Magnetic Resonance Parameters, McGraw-Hill Book Comp., New York.

Müllen, K., Pregosin, P.S. (1976), Fourier Transform NMR Techniques: A Practical Approach, Academic Press, New York, London.

Morrill, T.C. (1987), Lanthanide Shift Reagents in Stereochemical Analysis, VCH, Weinheim.

Munowitz, M. (1988), Coherence and NMR, J. Wiley, New York.

Neuhaus, D., Williamson, M.P. (1989), The Nuclear Overhauser Effect in Structural and Conformational Analysis, VCH, Weinheim.

Noggle, J.H., Schirmer, R.E. (1971), The Nuclear Overhauser Effect, Chemical Applications, Academic Press, New York, London.

Oki, M. (1985), Applications of Dynamic NMR Spectroscopy to Organic Chemistry, Verlag Chemie, Weinheim, Deerfield Beach, Florida, Basel.

Poole, D.P., Farach, H. (1971), Relaxation in Magnetic Resonance, Academic Press, New York, London.

Sandström, J. (1982), Dynamic NMR Spectroscopy, Academic Press, New York.

Schraml, J., Bellama, J.M. (1988), Two Dimensional NMR Spectroscopy, J. Wiley & Sons, New York.

Shaw, D. (1976), Fourier Transform NMR Spectroscopy, Elsevier, Amsterdam.

Sievers, R.E. (1973), Nuclear Magnetic Shift Reagents, Academic Press, New York, London.

Takeuchi, Y., Marchand, A.P. (1986), Applications of NMR Spectroscopy to Problems in Stereochemistry and Conformational

Analysis, Verlag Chemie, Weinheim, Deerfield Beach, Florida, Basel.
Ziessow, D. (1973), On-line Rechner in der Chemie, Grundlagen und Anwendung in der Fourierspektroskopie, de Gruyter Verlag, Berlin.

Besondere Substanzklassen, Anwendungsgebiete

Batterham, T.J. (1973), NMR Spectra of Simple Heterocycles, Wiley, New York.
Berliner, L.J., Reuben, J. (1978), Biological Magnetic Resonance, Bd. I, Plenum Press, New York, London.
Bovey, F.A. (1971), High-Resolution Nuclear Magnetic Resonance of Macromolecules, Academic Press, New York, London.
Casy, A.F. (1971), NMR Spectroscopy in Medicinal and Biological Chemistry, Academic Press, New York, London.
Chamberlain, N.F., Reed, J.J.R. (1971), Nuclear-Magnetic-Resonance Data of Sulfur Compounds, Wiley-Interscience, New York.
Damadian, R. (1981), NMR in Medicine, Springer-Verlag, Berlin.
Dwek, R.A., Campbell, I.D., Richard, R.E., Williams, R.J.P. (1977), NMR in Biology, Academic Press, New York, London.
Dwek, R.A. (1977), Nuclear Magnetic Resonance in Biochemistry, Clarendon Press, London.
Fluck, E. (1963), Die kernmagnetische Resonanz und ihre Anwendung in der anorganischen Chemie, Springer-Verlag, Berlin.
Foster, M.A., Hutchinson, J.M.S. (1987), Practical NMR Imaging, IRL Press, London.
Gadian, D.G. (1981), Nuclear Magnetic Resonance and its Applications to Living Systems, Oxford University Press, Oxford.
James, T.L. (1975), NMR in Biochemistry, Academic Press, New York, London.
Jardetzky, O., Roberts, G.C.K. (1981), NMR in Molecular Biology, Academic Press, New York, London.
Knowles, P.F., Marsh, D., Rattle, H.W.E. (1976), Magnetic Resonance of Biomolecules, Wiley, London.
Komoroski, R.A. (1986), High Resolution NMR Spectroscopy of Synthetic Polymers in Bulk, Verlag Chemie, Weinheim, Deerfield Beach, Florida, Basel.
LaMar, G.N., Horrocks, W.D., Holm, R.H. (1973), NMR of Paramagnetic Molecules, Academic Press, New York, London.
Mann, B.E., Taylor, B.F. (1981), ^{13}C-NMR Data of Organometallic Compounds, Academic Press, New York, London.
Sanders, J.K.M., Hunter, B.K. (1987), Modern NMR Spectroscopy, A Guide for Chemists, Oxford University Press, Oxford, New York, Tokyo.
Slichter, C.P. (1978), Principles of Magnetic Resonance, Springer-Verlag, Berlin.
Sillescu, H. (1966), Kernmagnetische Resonanz, Springer-Verlag, Berlin.
Sternhall, S., Field, L.D. (1989), Analytical NMR, J. Wiley, New York.
Stothers, J.B. (1972), Carbon-13 NMR Spectroscopy, Academic Press, New York, London.
Strehlow, H. (1968), Magnetische Kernresonanz und chemische Struktur, Steinkopff Verlag, Darmstadt.
Suhr, H. (1965), Anwendungen der kernmagnetischen Resonanz in der organischen Chemie, Springer-Verlag, Berlin.
Wehrli, F.W., Marchand, A.P. (1988), Interpretation of Carbon-13 NMR Spectra, J. Wiley, New York.
Wehrli, F.W., Wirthlin, T. (1976), Interpretation of Carbon-13 Nuclear Magnetic Resonance Spectra, Heyden, London.
Wiberg, K.B., Nist, B.J. (1969), The Interpretation of NMR Spectra, Benjamin, New York.
Williams, D. (1986), Nuclear Magnetic Resonance Spectroscopy, J. Wiley, New York.
Zschunke, A. (1971), Kernmagnetische Resonanzspektroskopie in der organischen Chemie, Akademie-Verlag, Berlin.

Übungsbücher

Bates, R.B., Beavers, W.A. (1981), Carbon-13 NMR Spectral Problems, Humana Press, Clifton, USA.
Breitmaier, E., Bauer, G. (1977), ^{13}C-NMR-Spektroskopie, Eine Arbeitsanleitung mit Übungen, Georg Thieme Verlag, Stuttgart.
Breitmaier, E. (1990), Vom NMR-Spektrum zur Strukturformel Organischer Verbindungen, B.G. Teubner, Stuttgart.
Duddeck, H., Dietrich, W. (1988), Strukturaufklärung mit moderner NMR-Spektroskopie, Steinkopff Verlag, Darmstadt.
Fuchs, P.L., Bunell, C.A. (1979), Carbon-13 Based Organic Spectral Problems, J. Wiley, New York.
Marchand, A.P. (1983), Stereochemical Applications of NMR Studies in Rigid Bicyclic Systems, Verlag Chemie, Weinheim.
Morris, P.G. (1986), Nuclear Magnetic Resonance Imaging in Medicine and Biology, Clarendon Press, London.
Nakanishi, K. (1990), One-dimensional and Two-dimensional NMR Spectra by Modern Pulse Techniques, University Science Books, London.
Pasika, W.M. (1979), Carbon-13 NMR in Polymer Science, Am. Chem. Soc. Symposium Series 103, Washington.
Rabidean, P. (1989), The Conformational Analysis of Cyclohexenes, Cyclohexadienes and Related Hydroaromatic Compounds, VCH, Weinheim.
Shulman, R.G. (1979), Biological Applications of Magnetic Resonance, Academic Press, New York.
Slonim, I., Ya, Lyubimov, A.N. (1970), The NMR of Polymers, Plenum Press, New York, London.
Tonelli, A.E. (1989), NMR Spectroscopy and Polymer Microstructure, VCH, Weinheim.
Wehrli, F.W., Shaw, D., Kneeland, J.B., Biomedical Magnetic Resonance Imaging, VCH, Weinheim.
Whitesell, J.K., Minton, M.A. (1987), Stereochemical Analysis of Alicyclic Compounds by C-13 Nuclear Magnetic Resonance Spectroscopy, Chapman and Holl, London.
Wüthrich, K. (1986), NMR of Proteins and Nucleic Acids, J. Wiley & Sons, New York.
Wüthrich, K. (1976), NMR in Biological Research: Peptides and Proteins, North-Holland Publ. Co., Amsterdam.

Kerne außer ^{1}H und ^{13}C

Axenrod, T., Webb, G.A. (1974), Nuclear Magnetic Resonance Spectroscopy of Nuclei Other than Protons, Wiley, New York.
Crutchfield, M.M., Dungan, C.H., Lechter, J.H., Mark, V., van Wazer, J.R. (1967), ^{31}P Nuclear Magnetic Resonance, Interscience, New York.
Dungan, C.H., van Wazer, J.R. (1970), Compiliation of Reported ^{19}F NMR Chemical Shifts, Wiley-Interscience, New York.
Evans, E.A., Warrell, D.C., Elridge, J.A., Jones, J.R. (1985), Handbook of Tritium NMR Spectroscopy and Applications, J. Wiley & Sons, New York.
Grayson, M., Griffith, E.J. (1967), ^{31}P Nuclear Magnetic Resonance, Interscience Publishers, New York.
Harris, R.K., Mann, B.E. (1978), NMR and the Periodic Table, Academic Press, New York, London.
Kintzinger, J.-P., Marsmann, H. (1981), Oxygen-17 and Silicon-29, Springer-Verlag, Berlin.

Levy, G. C., Lichter, R. L. (1979), Nitrogen-15 NMR-Spectroscopy, Wiley, New York.
Martin, G. J., Martin, M. L., Gouesnard, J. P. (1981), ^{15}N-NMR Spectroscopy, Springer-Verlag, Berlin.
Mooney, E. F. (1979), An Introduction to ^{19}F NMR Spectroscopy, Heyden-Sadtler, London.
Nöth, H., Wrackmeyer, B. (1978), Nuclear Magnetic Resonance Spectroscopy of Boron Compounds, Springer-Verlag, Berlin.
Tebby, J. C. (1980), Phosphorus-31 Nuclear Magnetic Resonance Data, CRC Press, Boca Raton.
Verkade, J. G., Quin, L. D. (1987), Phosphorus-31 NMR Spectroscopy in Stereochemical Analysis: Organic Compounds and Metal Complexes, VCH, Weinheim.
Wehrli, F. W. (1974), Nuclear Magnetic Resonance Spectroscopy of Nuclei Other than Protons, Wiley, New York.
Witanowski, M., Webb, G. A. (1973), Nitrogen NMR, Plenum Press, New York, London.

Kataloge

Bremser, W., Franke, B., Wagner, H. (1982), Chemical Shift Ranges in Carbon-13 NMR Spectroscopy, Verlag Chemie, Weinheim.
Bremser, W., Ernst, L., Franke, B., Gerhards, R., Hardt, A. (1981), Carbon-13 NMR Spectral Data, Verlag Chemie, Weinheim.
Sasaki, S., Handbook of Proton-NMR Spectra and Data, Vol 1–10 and Index, Academic Press, London.
Ault, A., Ault, M. R. (1980), A Handy and Systematic Catalog of NMR Spectra, University Science Books, Mill Valley.
Brügel, W. (1979), Handbook of NMR Spectral Parameters, Heyden, London.
Breitmaier, E., Haas, G., Voelter, W. (1975, 1979), Atlas of Carbon-13 NMR Data, 2 Bde., Heyden, London.
Pouchert, C. J., Campbell, J. R. (1974), The Aldrich Library of NMR Spectra, 11 Bde., Aldrich Chemical Comp., Milwaukee.
Johnson, L. F., Jankowski, W. C. (1972), Carbon-13 NMR Spectra, A Collection of Assigned Coded and Indexed Spectra, Wiley, New York.
Bovey, F. A. (1967), NMR Data Tables for Organic Compounds, Wiley-Interscience, New York.
Simons, W. W. (1967), The Sadtler Handbook of Proton NMR Spectra, Sadtler Research Laboratories, Philadelphia.
Hershenson, H. M. (1965), NMR and ESR Spectra Index, Academic Press, New York.
Howell, M. G., Kende, A. S., Webb, J. S. (1965), Formula Index to NMR Literature Data I, II, Plenum Press, New York.
Bhacca, N. S., Johnson, L. F., Shoolery, J. N. (1962/63). High Resolution NMR Spectra Catalogue, I, II, Varian Associates, Palo Alto.

Reihen, Zeitschriften

Diehl, P., Fluck, E., Kosfeld, R. (1969), NMR, Basic Principles Progress, Grundlagen und Fortschritte, Springer-Verlag, Berlin.
Waugh, J. S. (ab 1965), Advances in Magnetic Resonance, Academic Press, New York.
Emsley, J. W., Feeney, J., Sutcliffe, L. H. (ab 1966), Progress in NMR Spectroscopy, Pergamon Press, Oxford.
(ab 1968), Nuclear Magnetic Resonance Abstracts and Index, Preston Techn. Abstr. Comp., Evanston.
Mooney, E. F. (ab 1968), Annual Review of NMR-Spectroscopy, Academic Press, London.
Poole, C. P., Magnetic Resonance Review, Gordon & Breach, London.
Analytical Chemistry Annual Reviews: NMR Spectroscopy.
Levy, G. C. (ab 1974), Topics in Carbon-13 NMR Spectroscopy, Wiley-Interscience, New York.
Harris, R. K. (ab 1972), Nuclear Magnetic Resonance. Specialist Periodical Report. The Chemical Society, London.
Journal of Magnetic Resonance, Academic Press, New York, (ab 1971).
Organic Magnetic Resonance/Magnetic Resonance in Chemistry, Heyden, London (ab 1969).
Bulletin of Magnetic Resonance, Franklin Institute Press, Philadelphia (ab 1979).
Chemical Abstracts Selects: Carbon and Heteroatom NMR, Columbus, Ohio (ab 1979).

Massenspektren

Kapitel **4**

1. Einführung

Obwohl die massenspektrometrische Methode relativ alt ist (1910 konnte J. J. Thomson die Neon-Isotope 20 und 22 trennen), gelang ihr der Durchbruch als wichtige Analysenmethode in der organischen Chemie erst um 1960. Zwei Umstände haben ihr zum Siegeszug verholfen: Mit kleinsten Substanzmengen kann die rel. Molekülmasse und sogar die Elementarzusammensetzung einer Verbindung bestimmt werden. Darüber hinaus sind durch das Fragmentierungsmuster, d. h. den Zerfall des Untersuchungsmaterials unter dem Einfluß des Elektronenbeschusses, der durch das Massenspektrum repräsentiert wird, wichtige Aussagen über die Struktur möglich. Diese beiden Gesichtspunkte waren es auch, die für die Entwicklung der Massenspektrometrie[1] in der organischen Chemie in den letzten Jahren stark mitbestimmend waren.

Der massenspektrometrischen Bestimmung der rel. Molekülmasse von Proben sind Grenzen gesetzt: Die Polarität ist der Flüchtigkeit der Substanzproben entgegengerichtet. Je größer die rel. Molekülmasse ist, desto größer ist im allgemeinen auch die Zahl funktioneller Gruppen und damit die Gefahr thermischer Zersetzung beim Verdampfen. So wurden verschiedene Verfahren entwickelt (z. B. Chemische Ionisation, Feld-Ionisation, Feld-Desorption, Sekundärionen-Massenspektrometrie, Fast-Atom Bombardment, Elektrospray-Methode), die, verglichen mit der Elektronenstoß-Ionisation, es in sehr viel mehr Fällen erlauben, rel. Molekülmassen schwer flüchtiger Verbindungen zu bestimmen. Auch in jüngster Zeit werden Anstrengungen zur weiteren Verbesserung bekannter Verfahren oder zur Erforschung neuer vielversprechender Möglichkeiten unternommen (s. Abschn. 8.9 Ionisierungsmethoden, S. 244). Im Routinebetrieb werden massenspektrometrisch rel. Molekülmassen bis ca. 1200 bestimmt (s. aber Abschn. 8.8, S. 241).

Auch dem anderen Gesichtspunkt, der Ausnutzung des im allgemeinen ungeheuren Informationsgehaltes von Massenspektren, wurde viel Beachtung geschenkt. Die Erfolge dieser Bemühungen in apparativer Hinsicht sind nicht ausgeblieben. Heute stehen z. B. rasche und zuverlässige Apparate zur Verfügung, welche die Bestimmung der Summenformeln von Fragment-Ionen gestatten, ferner Zusatzeinrichtungen für die Messung von Übergangssignalen oder auch für die Aufnahme von Stoßaktivierungsspektren. Die Ergebnisse all dieser Meßmethoden erweitern unsere Kenntnisse über die Massenspektren, und darüber hinaus erleichtern sie die Aussagen über die Struktur der untersuchten Verbindungen. Auch die Interpretation der Spektren aufgrund von Messungen an isotopenmarkierten Derivaten haben stark zum Erfolg beigetragen. Das Resultat ist, daß wir heute wesentlich mehr über das Verhalten von Substanzen im Massenspektrometer wissen. Leider ist jedoch die Zahl allgemein anwendbarer Regeln im Verhältnis zur Zahl der Ausnahmen, der Spezialfälle, eher kleiner geworden. Man kann dabei nur die Hoffnung haben, daß sich in der Zukunft dieses Verhältnis ändern wird.

In den folgenden Abschnitten wird eine Einführung in die wichtigsten Gesichtspunkte der Massenspektrometrie gegeben, wobei stets die heute noch gebräuchlichste Methode, die Elektronenstoß-Massenspektrometrie (engl.: electron impact, Abk. EI), betrachtet wird, außer in denjenigen Fällen, wo dies ausdrücklich vermerkt ist.

2. Instrumentelles, Aufnahme der Spektren

Zuerst sei das Prinzip der massenspektrometrischen Trennung kurz erläutert. Befinden sich in der Gasphase beschleunigte, positiv geladene Teilchen, so werden sie durch ein homogenes Magnetfeld proportional zu ihrer Masse aufgetrennt. Die experimentelle Durchführung dieser Aufgabe ist kompliziert und bedarf einer näheren Erläuterung, die nur soweit gegeben wird, wie sie zum Verständnis für den organischen Chemiker notwendig ist.

2.1 Prinzip des Massenspektrometers

Wie aus der schematischen Darstellung in Abb. 4.1 hervorgeht, läßt sich ein Massenspektrometer in vier Funktionsabschnitte unterteilen: Probenzuführung, Ionen-Erzeugung, Massentrennung und Ionen-Nachweis. Die Ionenerzeugung und die Vorgänge im sog. Analysatorteil (Massentrennung und Ionennachweis) finden im Hochvakuum statt, um unfreiwillige Zusammenstöße zwischen Ionen und Molekülen oder Atomen zu vermeiden. In gebräuchlichen Massenspektrometern werden folgende Drücke erreicht: Ionen-Erzeugungsteil: 10^{-3} bis 10^{-4} Pa, Analysatorteil: 10^{-6} bis 10^{-7} Pa. Zur Erzeugung und Überwachung des Hochvakuums sind eine Reihe von instrumentellen Einrichtungen notwendig, auf die hier nicht näher eingegangen werden soll.

Probenzuführung

Wie aus dem oben Dargelegten hervorgeht, besteht das Problem darin, eine Substanzprobe vom Normaldruck, ohne Unterbrechung des Hochvakuums, ins Hochvakuum zu bringen. Prinzipiell unterscheidet man zwei Arten von Einführungssystemen, den sog. Gas-Einlaß (engl.: gas inlet) und den Direkt-Einlaß (engl.: direct inlet).

Gas-Einlaß. Anwendung: für flüssige oder gasförmige Proben. Die Flüssigkeit wird entweder mit einer Mikrospritze durch ein Septum direkt in einen vorher evakuierten Vorratsbehälter gegeben oder in einem Glasgefäß ausgefroren (z. B. mit flüssigem Stickstoff). Die darüber befindliche Luft wird abgepumpt und die Probe dann in das Vorratsgefäß hinein verdampft. Zur Vermeidung von Gaseinschlüssen im Gefriergut ist es ratsam, den Vorgang des Auftauens und Wiedereinfrierens mindestens einmal im Vakuum durchzuführen. Das Vorratsgefäß ist mit verschiedenen Ventilen

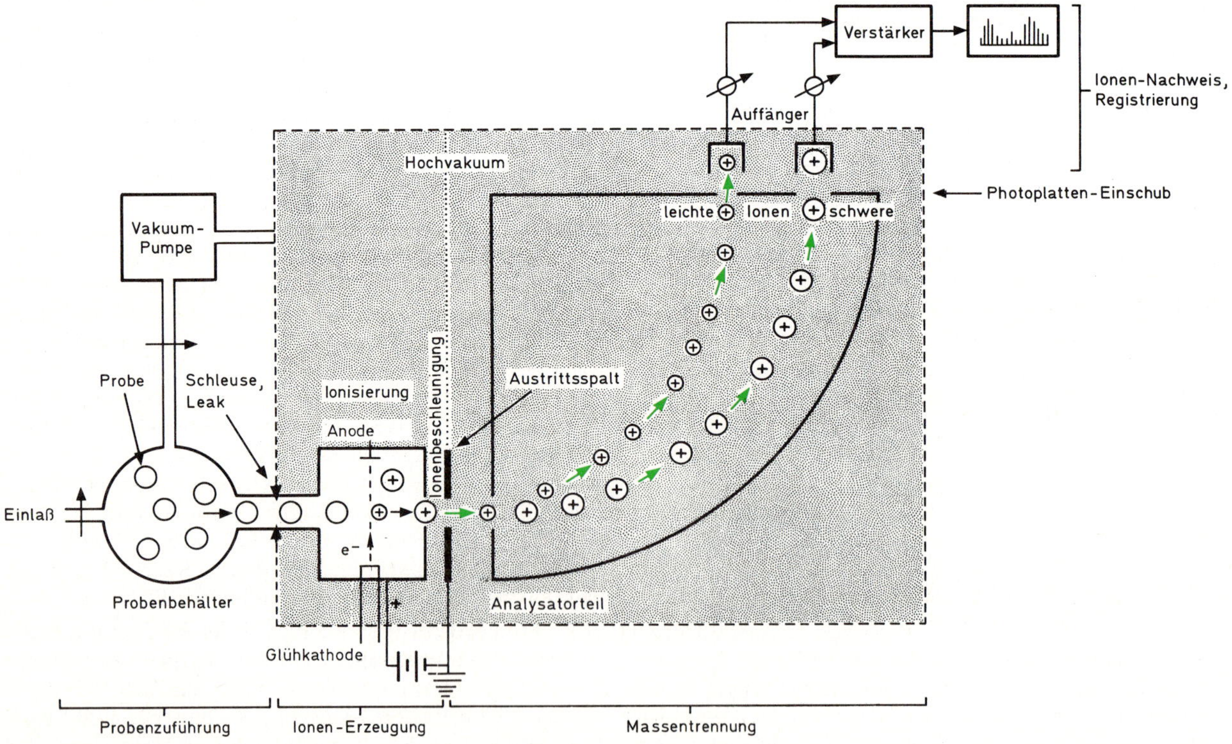

Abb. 4.1 Schematische Darstellung eines Massenspektrometers

(z. B. zu Vakuumpumpen, Einlaßteil, Ionenquelle) ausgerüstet, der Innenraum hat eine möglichst inerte Oberfläche (Glas, Emaille) und ist heizbar (Maximaltemperatur bei Dauerbelastung meistens 150 °C). Mit der Ionenquelle ist es durch ein Leak (Loch definierter Größe, z. B. eine gelochte, in einem Glasrohr eingeschmolzene Goldfolie [gold leak]) verbunden. Gasproben werden durch einen Behälter mit Zerschlagventil und Glasschliffansatz in das Vorratsgefäß gebracht.

Verdampfbare Substanzen können auch direkt via einem Gaschromatographen (GC) oder einem Flüssigkeitschromatographen (LC, HPLC) in das Massenspektrometer eingeführt werden (s. Abschn. 8.11, S. 245).

Direkt-Einlaß. Anwendung: kristalline, lackartige oder zähflüssige Substanzproben. Die Probe wird in einen Metalltiegel (z. B. Gold, Aluminium; Innendurchmesser 1 mm) gebracht, der selbst an der heizbaren Spitze einer Schubstange fixiert wird, und die Spitze der Stange in eine Schleusenkammer geschoben. Nach Evakuierung der Kammer wird die Schubstangenspitze gekühlt in die Ionenquelle gebracht und dann langsam erhitzt, bis die Probe verdampft. Ferner muß die Schubstange zwischen der auf Hochspannung liegenden Ionenquelle und dem Handgriff elektrisch isoliert sein. Zur Messung leicht verdampfbarer Proben, zur Verhinderung der Probenverdampfung durch die (geheizte) Ionenquelle und zur raschen Abkühlung einer zu hoch erhitzten Probe kann die Schubstangenspitze gekühlt werden.

Probenbedarf. Via Gas-Einlaß: 0,1 bis 1 mg; via GC: 10^{-9} bis 10^{-15} g-Bereich; via Direkt-Einlaß: 0,001 bis 0,1 mg für Normalmessungen. (Die angegebenen Probenmengen müssen direkt zur Verfügung stehen und dürfen nicht als dünner Film in großen Behältern vorhanden sein!)

Ionenerzeugung

Von einem der Einlaßsysteme (Gas- oder Direkt-Einlaß) strömt ein feiner, möglichst konstanter Molekülstrahl in die Ionenquelle und trifft dort senkrecht auf einen Elektronenstrahl (zwischen Glühkathode und Anode). Die Potentialdifferenz zwischen Kathode und Anode ist variabel zwischen 0 und im allgemeinen 300 V, d. h. die Energie der Elektronen kann 0 bis 300 eV betragen. Für sog. Niedrigvolt-Spektren verwendet man 12 bis 15 eV, für Normalspektren 60 bis 100 eV, meistens jedoch 70 eV. Durch Wechselwirkung der Elektronen mit den neutralen Molekülen entstehen positiv geladene Molekül-Ionen (Molekel-Ionen, Molekular-Ionen, s. S. 205, 208):

$$\mathrm{M} + \mathrm{e}^- \longrightarrow M^{+\bullet} + 2\mathrm{e}^-$$

oder seltener

$$\mathrm{M} + \mathrm{e}^- \longrightarrow \mathrm{M}^{2+} + 3\mathrm{e}^-$$

Andere Ionisierungsverfahren sind in Abschn. 8.9 (s. S. 244) behandelt.

Die nichtionisierten Teilchen werden durch die Hochvakuum-Pumpen aus dem Ionenquellen-Raum entfernt. Die in der Ionenquelle entstandenen Molekül-Ionen hingegen werden nun beschleunigt und fokussiert. Die Beschleunigung der Teilchen geschieht durch Anlegen einer Spannung an die Quelle (Beschleunigungsspannung je nach Gerätetyp: 2 bis 10 kV), wobei die Endgeschwindigkeit am Austrittsspalt (0 V) erreicht wird. Die Fokussierung, d. h. Bündelung der Ionen, wird durch elektrostatische Zusatzfelder erreicht, am Austrittsspalt wird ein enger zentraler und damit homogener Bereich des Ionenstrahls in den Analysatorteil durchgelassen. Die Geschwindigkeit der Ionen ergibt sich dabei wie folgt:

$$z \cdot U = \frac{m \cdot v^2}{2} \qquad (1)$$

$$v = \sqrt{\frac{2 \cdot z \cdot U}{m}} \qquad (2)$$

z Ionenladung ($= n \cdot e$),
m Ionenmasse,
v Ionengeschwindigkeit,
U Beschleunigungsspannung

Massentrennung

Im Analysatorteil erfolgt die Auftrennung der Ionen aufgrund ihrer Masse. Die Auftrennung geschieht in einem Feld eines Elektromagneten (Größenordnung 1 T), in dem unter den Teilchen gleicher Ladung die leichten stärker abgelenkt werden als die schwereren, d. h., die verschieden schweren Teilchen fliegen auf masseabhängigen Ablenkradien. (Bei sog. doppelt fokussierenden Massenspektrometern wird zwischen der Ionenquelle und dem Austrittsspalt noch ein elektrostatischer Sektor dazwischengeschaltet, der eine Energiefokussierung der Ionen bewirkt.) Für den Ablenkradius r_m gilt:

$$r_m = \frac{m \cdot v}{z \cdot B} \qquad (3)$$

B Magnetfeldstärke

Aus den Gln. (1) und (3) ergibt sich die massenspektrometrische Grundgleichung (4)

$$\frac{m}{z} = \frac{r_m{}^2 \cdot B^2}{2 \cdot U} \qquad (4)$$

Das Masse/Ladungs-Verhältnis ist also abhängig von der Magnetfeldstärke, dem Ablenkradius und der Beschleunigungsspannung. Aus dieser Gleichung lassen sich direkt gerätetechnische Besonderheiten für den Ionennachweis ablesen.

Ionennachweis

Werden die Beschleunigungsspannung und die Magnetfeldstärke konstant gesetzt, so folgt Gl. (5)

$$\frac{m}{z} = \text{konst. } r_m^2, \qquad (5)$$

d. h., das m/z-Verhältnis ist direkt proportional dem Quadrat der Ablenkradien der einzelnen Massen. Deshalb lassen sich nach diesem Verfahren zum Ionennachweis viele einzelne Kollektoren verwenden oder eine Photoplatte, auf der entsprechend der Anzahl auftreffender Teilchen verschieden starke Schwärzungen entstehen. Die Abstände der einzelnen Schwärzungsstriche stehen zu den Massen der registrierten Teilchen in Beziehung.

Werden in Gl. (4) Beschleunigungsspannung und Ablenkradius konstant gesetzt, so ergibt sich Gl. (6)

$$\frac{m}{z} = \text{konst. } B^2 \qquad (6)$$

oder anders ausgedrückt: Für die Bestimmung des m/z (früher m/e)-Verhältnisses bei einem vorgegebenen Ablenkradius ist nur die Variation (scan) der Magnetfeldstärke erforderlich. In diesem Fall wird am Ausgang des Analysators nur ein Ionenauffänger verwendet; zur Verstärkung der sehr schwachen Ionenströme werden im allgemeinen Sekundärelektronen-Vervielfacher (SEV; engl.: electron multiplier) eingesetzt. Für den eigentlichen Ionennachweis setzt man Spiegelgalvanometer ein, die einen UV-Lichtstrahl auf ein UV-empfindliches Photopapier werfen (Lichtpunktschreiber). Auf dem sich vorwärts bewegenden Papier entsteht ein Spektrum. Meistens werden gleichzeitig drei Spuren geschrieben, die dasselbe Spektrum, nur mit unterschiedlichen Intensitätsverhältnissen (häufig 1 : 10 : 100) wiedergeben. Gelegentlich sind noch weitere Spuren auf dem Spektrum erkennbar, so die gezackte oder gestrichelte Linie des Massenmarkierers (engl.: mass marker; Massenmarkierer arbeiten zwar an sich recht genau, jedoch ist eine Eichung auf eine bestimmte Masse von Zeit zu Zeit erforderlich. Üblicherweise findet sich bei jeder fünften Masse ein Ausschlag). Zur Registrierung des Gesamt-Ionenstromes, der eine gute Kontrolle des während der Messung herrschenden Probendruckes darstellt, kann noch eine weitere Spur herangezogen werden.

Heute werden die elektrischen Signale im allgemeinen durch einen direkt angeschlossenen Computer während der Messung gespeichert, anschließend ausgewertet und je nach Wunsch ausgedruckt. Häufig erfolgt der Ausdruck der Daten als Massenliste, die neben der Massenzahl die relativen Intensitätswerte enthält. Ferner können diese Werte auch als Spektren, ähnlich denjenigen in diesem Abschnitt abgebildeten, vom Computer gezeichnet werden. Da im Gegensatz zur Registrierung der Spektren mit einem Lichtpunktschreiber intensitätsschwache Signale ($< 1\,\%$) unter normalen Bedingungen nicht registriert werden, müssen, falls die Signale sichtbar gemacht werden sollen – z. B. für das Erkennen eines intensitätsschwachen Molekül-Ions – vom Operateur zusätzliche Manipulationen ausgeführt werden (es wird z. B. nicht das höchste, sondern ein intensitätsschwächeres Signal als Basispeak gewählt).

3. Fragmentierung organischer Verbindungen

Im folgenden wird in Form von **allgemeinen Bemerkungen** auf das Verhalten organischer Verbindungen unter der Wirkung von Elektronenbeschuß (70 eV) eingegangen. Über das Verhalten anorganischer oder metallorganischer Verbindungen s. Literaturverzeichnis. Bezüglich anderer Ionisierungsmethoden und damit teilweise stark veränderter Fragmentierungsmechanismen s. Abschn. 8.9 (S. 244).

Zur Wiedergabe in der Literatur erfolgt die Darstellung der gemessenen Spektren so, daß der intensivste Peak des Spektrums (Basispeak) 100 % (relative %) gesetzt wird; alle anderen Signale werden entsprechend umgerechnet. Liegt das intensivste Signal bei $m/z = 28$ oder ähnlichen Massenzahlen, so ist es von Vorteil, die Substanzprobe auf eventuell beigemengte Fremdsubstanzen (Luft, Lösungsmittel) hin zu untersuchen. Als günstiger Maßstab für die Darstellung der Spektren hat sich 1 rel. % = 1 Massenzahl = 1 mm erwiesen. Gelegentlich findet man auch als Angabe auf der rechten Seite des Spektrums noch den Prozentanteil des Total-Ionenstroms (% Σ) (s. Abb. 4.2, S. 205). Dazu werden alle Signalintensitäten ab einer bestimmten Masse (z. B. $m/z = 20$) addiert und die Summe, z. B. 355 gleich 100 % gesetzt. Würde in diesen beiden Skalen ein wichtiges Signal (z. B. $M^{+\bullet}$) aus Intensitätsgründen in der Spektrendarstellung nicht erscheinen, so kann der betreffende Bereich verstärkt dargestellt werden. Er wird dann gekennzeichnet durch x0,1 oder x0,01 (gleichbedeutend mit x10 oder x100), s. Abb. 4.2. Eine andere Möglichkeit zur Darstellung intensitätsschwacher Signale besteht in der logarithmischen Intensitätswiedergabe des gesamten Spektrums anstelle von rel. %. Aus verschiedenen Gründen (z. B. Überbewertung schwacher Signale) macht man jedoch davon nur noch sehr selten Gebrauch.

Die Bestimmung der Massenzahlen in einem Spektrum, d. h. die massenmäßige Zuordnung der Signale, erfolgt entweder durch die Angaben eines automatischen Massenmarkierers (Ausdruck massemäßig angeschriebener computergespeicherter Spektren) oder durch Auszählen in einem Zählspektrum (gedehntes Spektrum) von leicht zu bestimmenden, stets vorkommenden Massen [z. B. 12($C^{+\bullet}$), 18($H_2O^{+\bullet}$), 28($N_2^{+\bullet}$), 32($O_2^{+\bullet}$), 40($Ar^{+\bullet}$)].

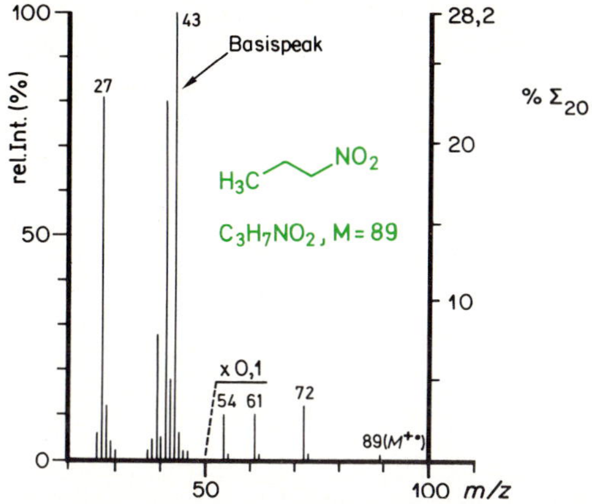

Abb. 4.2 Spektren-Darstellung schematisch am Beispiel von 1-Nitropropan erläutert

Molekül-Ion. Von wenigen Ausnahmen abgesehen (s. Abschn. 5., S. 227) stellt das Signal bei höchster Masse den Molekül-Ionenpeak[a] dar.

Ausnahmen: Sog. $[M+1]^+$ oder $[M+H]^+$-Signale, die durch Anlagerung eines H^+-Atoms an Moleküle zustande kommen (besonders häufig bei Aminen, Alkoholen). Ferner werden teilweise die $M^{+•}$-Signale nicht registriert, sondern statt dessen die von $[M-R]^+$-Ionen, die auf einen sehr leichten Zerfall der Verbindungen schließen lassen.

Die organischen Verbindungen bestehen im allgemeinen aus Kohlenstoff-, Wasserstoff-, Sauerstoff- und Stickstoff-Atomen, teilweise enthalten sie auch Schwefel-, Phosphor- oder Halogen-Atome. Wie aus Tab. 4.12 (s. S. 280) hervorgeht, sind die meisten der genannten Elemente keine Reinelemente, sondern stellen natürlich vorkommende Isotopengemische dar. Da die meisten organischen Verbindungen natürlichen Ursprungs sind, widerspiegelt sich dieses Mischungsverhältnis auch in deren Massenspektren. Unter den wichtigsten, d. h. in organischen Verbindungen häufig vorkommenden chemischen Elementen, lassen sich drei Kategorien finden:

- **Reinelemente:** ^{19}F, ^{31}P, ^{127}I;
- **Elemente mit einem stark überwiegenden Isotop:** (> 98 %): $H(^1H)$, $C(^{12}C)$, $N(^{14}N)$, $O(^{16}O)$;
- **Elemente mit zwei häufigen Isotopen:** $S(^{32}S, ^{34}S)$, $Cl(^{35}Cl, ^{37}Cl)$, $Br(^{79}Br, ^{81}Br)$.

Je nach dem Gehalt an diesen Elementen ist der Molekül-Ionenpeak von einem oder mehreren Isotopenpeaks begleitet, die bei höheren Massen gefunden werden. So ist z. B. das Molekül-Ion von C_7H_6ClNO (M = 155) wie folgt zusammengesetzt (Abb. 4.3):

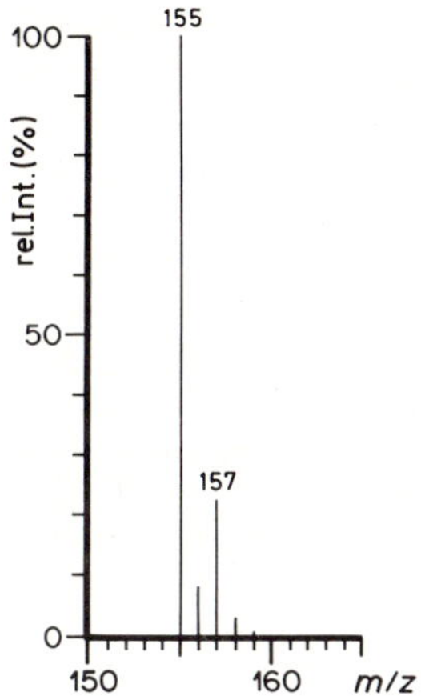

Abb. 4.3 Molekülregion des Massenspektrums von C_7H_6ClNO

$m/z = 155$:

$$^{12}C_7\ ^1H_6\ ^{35}Cl_1\ ^{14}N_1\ ^{16}O_1 \quad (1)$$

$m/z = 156$:

$$^{12}C_6\ ^{13}C_1\ ^1H_6\ ^{35}Cl_1\ ^{14}N_1\ ^{16}O_1 \quad (2)$$
$$+\ ^{12}C_7\ ^1H_5\ ^2H_1\ ^{35}Cl_1\ ^{14}N_1\ ^{16}O_1 \quad (3)$$
$$+\ ^{12}C_7\ ^1H_6\ ^{35}Cl_1\ ^{15}N_1\ ^{16}O_1 \quad (4)$$
$$+\ ^{12}C_7\ ^1H_6\ ^{35}Cl_1\ ^{14}N_1\ ^{17}O_1 \quad (5)$$

$m/z = 157$:

$$^{12}C_5\ ^{13}C_2\ ^1H_6\ ^{35}Cl_1\ ^{14}N_1\ ^{16}O_1 \quad (6)$$
$$+\ ^{12}C_7\ ^1H_4\ ^2H_2\ ^{35}Cl_1\ ^{14}N_1\ ^{16}O_1 \quad (7)$$
$$+\ ^{12}C_7\ ^1H_6\ ^{37}Cl_1\ ^{14}N_1\ ^{16}O_1 \quad (8)$$
$$+\ ^{12}C_7\ ^1H_6\ ^{35}Cl_1\ ^{14}N_1\ ^{18}O_1 \quad (9)$$
$$+\ ^{12}C_6\ ^{13}C_1\ ^1H_5\ ^2H_1\ ^{35}Cl_1\ ^{14}N_1\ ^{16}O_1 \quad (10)$$
$$\vdots$$

$m/z = 158$:

$$^{12}C_6\ ^{13}C_1\ ^1H_6\ ^{37}Cl_1\ ^{14}N_1\ ^{16}O_1 \quad (11)$$
$$\vdots$$

Der massenmäßig höchstmögliche Isotopenpeak ist bei $m/z = 173$ ($^{13}C_7\ ^2H_6\ ^{37}Cl\ ^{15}N\ ^{18}O$) zu erwarten. Wie sich aufgrund der Häufigkeit der einzelnen Isotopen (s. Tab. 4.12, S. 227) abschätzen oder berechnen läßt, ist der Beitrag, den die verschiedenen Zusammensetzungen zur Gesamtintensität des Isotopenpeaks leisten, sehr verschieden. Während (1), (2), (8) und (11) die Hauptanteile der jeweiligen Peaks liefern, können gewisse andere Kombinationen wegen zu geringer Intensität vernachlässigt werden; dazu gehört ganz besonders $m/z = 173$.

Charakteristisch für Verbindungen, die Elemente mit zwei

[a] Die Signale in einem Massenspektrum werden auch als Peak (Plural: Peaks) (engl.: peak, frz.: pic) oder Pik (Plural: Pike, Helv. Chim. Acta) oder Spitze bezeichnet

häufigen Isotopen enthalten (z. B. Br und Cl), ist, daß sich aus den Intensitätsverhältnissen der Isotopenpeaks auf die Sorte und die Anzahl der Atome dieser Elemente schließen läßt, s. Tab. 4.12, S. 280, und 4.9, S. 270.

Die Massenzahl des Molekül-Ions erlaubt auch in Verbindungen vom Typ $C_uH_vN_wO_x(Halogen)_yS_z$ eine gewisse Auskunft über die Anzahl der vorhandenen N-Atome: Eine geradzahlige Molekül-Ionen-Masse spricht für eine geradzahlige Anzahl (N_0, N_2, N_4 ...), hingegen läßt eine ungeradzahlige Molekül-Ionen-Masse auf N_1, N_3, N_5 ... schließen (Stickstoff-Regel).

Das Molekül-Ion stellt ferner dasjenige Ion eines Spektrums dar, welches das kleinste Auftrittspotential (AP) besitzt. Um von einem Neutralatom oder -molekül ein Elektron zu entfernen, ist eine Minimalenergie, die Ionisierungsenergie (IP), erforderlich. Sie liegt bei organischen Molekülen zwischen 7 und 14 eV (1 eV = 23,04 kcal · mol^{-1} = 96,3 kJ · mol^{-1}); Beispiele:

n-Hexan	10,17 eV	Ethanol	10,48 eV
Cyclohexan	9,88 eV	Acetaldehyd	10,21 eV
Cyclohexen	8,95 eV	Essigsäure	10,35 eV
Benzol	9,25 eV	Methylamin	8,97 eV
Anthracen	7,23 eV	Anilin	7,70 eV
		Trifluormethan	13,84 eV

Wenn also nur die Ionisierungsenergie zur Verfügung steht, so kann nur das Molekül-Ion als Signal im Massenspektrum erscheinen. Für die Bildung von Fragment-Ionen ist eine zusätzliche Dissoziationsenergie erforderlich, so daß die Auftrittspotentiale der Fragment-Ionen über denen der Molekül-Ionen liegen[2].

Eine klare Auskunft über die elementare Zusammensetzung eines Molekül-Ions läßt sich durch die Bestimmung seiner exakten Masse erhalten. Die läßt sich durch Anwendung der sog. hochauflösenden Massenspektrometrie erreichen: Das Auflösungsvermögen *A* eines Massenspektrometers ist definiert durch

$$A = \frac{m}{\Delta m}. \qquad (7)$$

Nach der 10 %-Tal-Definition gelten zwei benachbarte Signale dann als aufgelöst, wenn sie sich nicht mehr als zu 10 % überlappen. (Die Lage der beiden Maxima wird durch die 10 %-Überlappung in einem noch tolerierbaren Maß verändert.) Dies ist am Beispiel zweier gleich intensiver Signale in Abb. 4.4 gezeigt. Um beispielsweise $m/z = 950$ von 951 zu trennen, ist ein Auflösungsvermögen von 950 erforderlich: $A = 950/1 = 950$. Niederauflösende Massenspektrometer haben ein Auflösungsvermögen von 1000 bis 2000. Zur exakten Massenbestimmung von Ionen werden hingegen größere Auflösungsvermögen benötigt, wie aus dem folgenden Beispiel leicht ersichtlich ist.

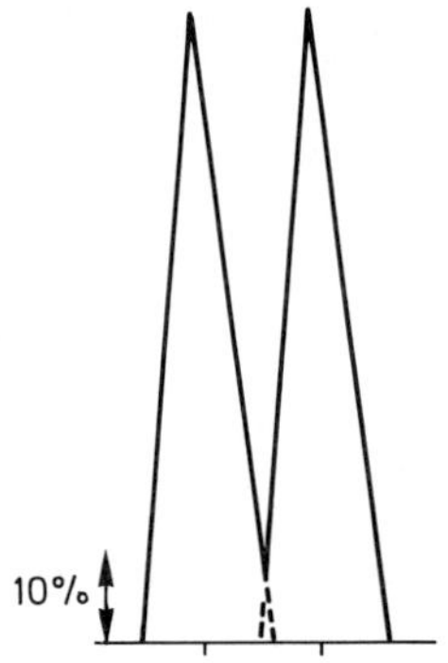

Abb. 4.4 Schematische Darstellung zweier gleich intensiver benachbarter Signale mit 10% Überlappung (10%-Tal-Definition)

Die in den Formeln (2)–(5) (S. 205) angegebenen elementaren Zusammensetzungen entsprechen, wie mit Hilfe der Tabelle 4.12 leicht nachrechenbar ist, den Massen

$$156{,}017147 \qquad (2)$$
$$156{,}020069 \qquad (3)$$
$$156{,}010827 \qquad (4)$$
$$156{,}018008 \qquad (5).$$

Zu ihrer Trennung sind die folgenden Auflösungsvermögen erforderlich:

$$A_{(2)/(3)} = \frac{156}{0{,}002922} = 53\,388$$

$$A_{(2)/(4)} = \frac{156}{0{,}006320} = 24\,684$$

$$A_{(2)/(5)} = \frac{156}{0{,}000863} = 180\,765$$

$$\vdots$$

Daraus geht hervor, daß zur Registrierung aller vier Signale ein Auflösungsvermögen von ca. 181 000 notwendig ist. Kommerzielle doppelt fokussierende Geräte garantieren heute Auflösungsvermögen bis 150 000. Da im Routinebetrieb (durch Proben leicht verschmutzte Ionenquellen) höchstens die halben Werte rasch erzielt werden können, werden nur drei Signale registriert: (3), (4) und (2) + (5). Die Peaks für (2) und (5) werden sich überlappen und sich je nach ihrer Intensität gegenseitig in der registrierten Masse beeinflussen: Sind (2) und (5) intensitätsgleich, so wird massenmäßig der Mittelwert beider registriert (Abb. 4.5). Ist hingegen die Intensität von (2) ≫ (5), so erscheint die Masse von (2) korrekt, da (5) vernachlässigt werden kann. Mit derartigen Erscheinungen ist stets zu rechnen, sie können zu Fehlinterpretationen führen. Häufig sind die sich überlappenden Signale unterschiedlicher Intensität und das Auflösungsvermögen des Gerätes gerade ausreichend, so daß aus der Form des auf dem Oszilloskop abgebildeten Peaks visuell erkannt werden kann, ob es sich um ein Singulett (ideale Peakform) oder um eine Überlagerung zweier oder mehrerer Signale handelt. In letzterem Fall kann

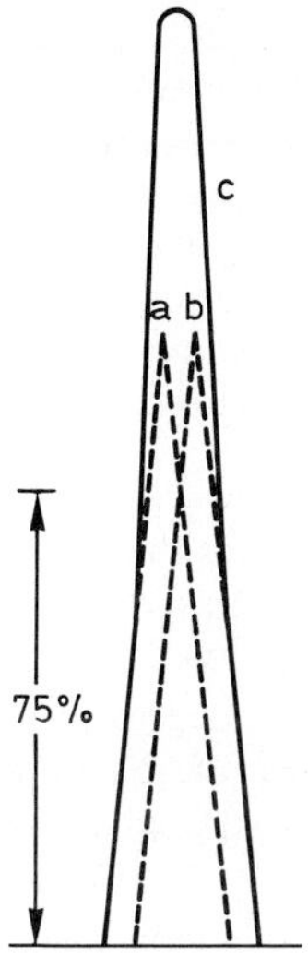

Abb. 4.5 Überlappung zweier gleich intensiver Peaks a und b bei ungenügendem Auflösungsvermögen. Registriert wird die Resultierende c

durch Erhöhung des Auflösungsvermögens meist eine Separierung erreicht werden.

Aus den exakt bestimmten Massenzahlen können manuell oder, wesentlich zeitsparender, mit Computerhilfe die elementaren Zusammensetzungen bestimmt werden. Werden für derartige Berechnungen keinerlei Einschränkungen gemacht und die Elemente des gesamten Periodensystems in der zu bestimmenden Verbindung als möglicherweise anwesend angenommen, so ist die Zahl der Kombinationsmöglichkeiten sehr groß. Fast immer läßt sich jedoch die Zahl der die Verbindung aufbauenden Elemente auf wenige beschränken (Herkunft des Präparates, chemische Reaktionen), so daß im Idealfall nur eine Elementarzusammensetzung bestimmt wird. Für die Massenbestimmungen von Fragment-Ionen gelten die gleichen Überlegungen, wobei neue Auswahlregeln zur Anwendung gelangen, die zusätzliche Angaben über das Molekül-Ion liefern können (z. B. Fragment-Ionen können keine anderen Elemente enthalten als das Molekül-Ion; die Anzahl der einzelnen Atome im Fragment-Ion kann nicht größer sein als im Molekül-Ion; für typische Fragment-Ionen müssen die entsprechenden Abspaltungen gefunden werden, z. B. für $[M-15]^+$ muß $[M-CH_3]^+$ berechnet werden). Allgemein gilt jedoch, daß mit steigender Massenzahl die Zahl der Kombinationen zunimmt.

Zur Gewinnung hochaufgelöster Massenspektren stehen prinzipiell drei verschiedene Verfahren zur Verfügung. (Für alle im folgenden genannten Verfahren ist es unumgänglich, daß die elektrischen und magnetischen Felder des Gerätes und diejenigen der Umgebung konstant sind. Besonders störend können sich die durch Straßenbahn und elektrische Eisenbahn erzeugten Magnetfelder auswirken).

Belichtung von Photoplatten. In einem auf Hochauflösung eingestellten Massenspektrometer (verkleinerter Austrittsspalt, s. Abschn. 2., S. 202) werden bei konstantem Magnetfeld und konstanter Beschleunigungsspannung gleichzeitig die zu untersuchende Probe und eine Referenzsubstanz, meistens Perfluorkerosen (PFK), verdampft. Die Registrierung erfolgt auf einer Photoplatte unter Verwendung mehrerer Spuren (mehrere Aufnahmen). Durch Distanz- und Intensitätsmessungen der einzelnen Signale (verschiedener Schwärzungsgrad der Striche) lassen sich unter Zuhilfenahme des Referenzspektrums die hochaufgelösten Massenzahlen erhalten. Der Vorteil der Methode besteht in der gleichzeitigen Registrierung (wichtig bei thermischen Reaktionen) aller Peaks, was mit sehr geringen Substanzmengen möglich ist (Metaboliten-Untersuchungen, biologische Materialien). Von Nachteil dabei ist der Bedarf eines zusätzlichen Gerätes zur Ausführung der Intensitäts- und Distanzmessungen.

Elektrische Registrierung (Magnetstrom-Scan). Die Registrierung eines Massenspektrums erfolgt hierbei nicht auf Photopapier (s. Abschn. 2.), sondern die drei Meßgrößen (Ionenstrom, Total-Ionenstrom, Verlauf der Magnetfeldstärke) werden als Zeitfunktion über ein Interface (Datenumwandler) verarbeitet und durch den Speicher eines Computers aufgezeichnet. Die Spektren der Probe und der Referenzsubstanz (PFK) werden gleichzeitig aufgenommen und ergeben ein „Überlagerungsspektrum". Das PFK-Spektrum wird durch den Computer erkannt, da es gespeichert ist, und bevor es eliminiert wird, dient es für die folgenden Berechnungen. Durch spezielle Computerprogramme läßt sich jedem Signal eine exakte Masse (Fehlergrenzen) zuordnen. (Dies beruht auf der Proportionalität zwischen der Distanz der benachbarten PFK-Signale, der Distanz eines Substanz- und eines PFK-Signals – beide Werte werden gemessen – sowie der exakten Masse des PFK-Signal-Werts, die bekannt ist, – und des Substanzsignals mit der zu bestimmenden Masse.) Dadurch läßt sich die Elementarzusammensetzung der entsprechenden Ionen bestimmen und in Listen ausdrucken. Es ist ratsam, mehrere Spektren nacheinander aufzunehmen, die Resultate zu vergleichen und Fehlspektren (z. B. keine Substanz, nur PFK, Verunreinigungen, Spikes, elektronisches Rauschen, Peakverformung) zu eliminieren.

Der Vorteil der Methode besteht in der raschen Aufnahme und Auswertung hochaufgelöster Spektren. Nachteilig kann sich bei geringer Probenmenge oder bei thermisch labilen Substanzen die Zeitspanne (ca. 20 s bei Messungen bis $m/z = 450$) und das relativ niedrige Auflösungsvermögen bei derartigen Messungen (ca. 10000; Multipletts) auswirken. Auf S. 299 ist der Computerausdruck eines hochaufgelösten Massenspektrums angegeben und erläutert. Eine Möglichkeit zur Überwindung der genannten Nachteile sind Fourier-Transform-Spektren.

Peak-matching-Methode. Auf ein nachleuchtendes Oszilloskop wird durch Änderung des Magnetfeldes zunächst ein

Signal bekannter exakter Masse (m_1) einer Referenzsubstanz in der Weise gebracht, daß seine mittlere Breite etwa ein Drittel der Oszilloskopfläche ausfüllt und in einem bestimmten Zeitabstand laufend neu geschrieben wird (Scan). Durch Anlegen einer elektrischen Zusatzspannung (Veränderung der Beschleunigungsspannung) kann nun ein Signal bekannter Nominalmasse, jedoch unbekannter exakter Masse (m_2) ebenfalls auf das Oszilloskop projiziert werden. Beide Signale erscheinen abwechselnd. Durch Veränderung der elektrischen Zusatzspannung können beide Signale am scheinbar gleichen Ort auftreten; diese Zusatzspannung kann genau bestimmt werden. Die genaue Masse ergibt sich (B = konst.) aus

$$m_1 : m_2 = U_2 : U_1 \quad (8)$$

$$m_2 = \frac{m_1 \cdot U_1}{U_2} \quad (9)$$

Da $U_1 = 1$ ist und m_1 bekannt sein muß, wird durch Division die unbekannte Masse bestimmt (Fehlergrenze ± 3 ppm; Bedingung: Die Massendifferenz zwischen m_1 und m_2 darf je nach Gerätetyp 10 bis 20% der Masse von m_1 nicht übersteigen).

Der Vorteil der Methode besteht darin, daß das Ionen-Signal der zu betrachtenden Probe für den Operateur sichtbar ist, d. h. Multipletts auch bei sehr unterschiedlicher Intensität visuell erkannt werden können, die Fehlergrenze kontrolliert werden und Ionen auf vermutete Elementarzusammensetzungen durch entsprechende Anwendung der Gleichung (13) kontrolliert werden können. Die so gewonnenen Massenzahlen sind sehr genau. Zwei Nachteile sind offenkundig: Hoher Zeitbedarf pro Messung und damit großer Substanzbedarf, was eine raschere Verschmutzung der Ionenquelle zur Folge hat.

Literatur zu Hochauflösung allgemein[3].

Das durch Elektronenbeschuß angeregte Molekül-Ion kann nun Fragmentierungsreaktionen, d. h. Zerfallsreaktionen eingehen. Es wird in Abschn. 4 davon ausgegangen, daß zumindest im Moment des Eintritts der Fragmentierungsreaktion die Ladung lokalisiert ist. Bevorzugte Orte der Lokalisation sind in erster Linie Heteroatome mit freien Elektronenpaaren, aber auch π-Bindungen und π-Bindungssysteme und am wenigsten bevorzugt σ-Bindungen. Dieses Konzept eignet sich gut zur Interpretation der Spektren organischer Verbindungen, was sich leicht an den angeführten Beispielen überprüfen läßt. Es gibt in diesem Zusammenhang noch andere Theorien, auf die jedoch hier nicht eingegangen werden soll.

4. Hauptfragmentierungsreaktionen organischer Moleküle

In diesem Abschnitt werden die wichtigsten, d.h. die am häufigsten beobachteten Fragmentierungsreaktionen organischer Moleküle vorgestellt und anhand von Beispielen diskutiert.

4.1 α-Spaltung

Analoge Reaktionen aus anderen Gebieten der Chemie (Photochemie): Norrish-Typ-I-Reaktion (α-Spaltung).

α-Bindungen zu Heteroatomen (wie N, O, S) werden bevorzugt gespalten, wobei die Ladung durch das Heteroatom stabilisiert wird.

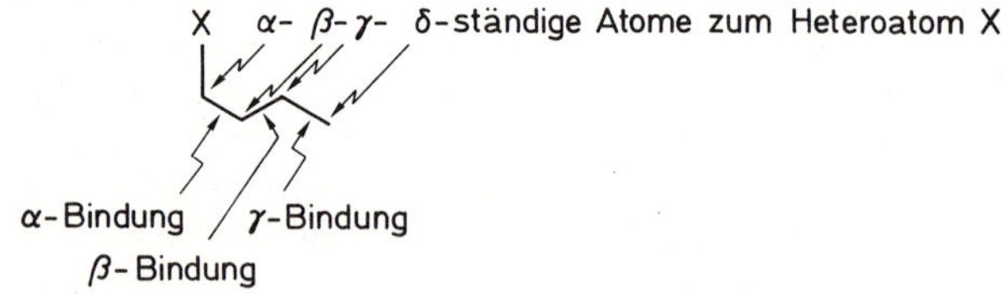

Von sehr wenigen Ausnahmen abgesehen, kann die α-Spaltung bei Zerfallsketten (aufeinanderfolgende Fragmentierungsreaktionen) nur einmal eintreten, weil die homolytische Spaltung in einem Kation, welches durch α-Spaltung aus einem Radikal-Kation gebildet wurde, zu energieaufwendig ist.[a]

In Abb. 4.6 ist das Massenspektrum von 2-Butanon (**1**, M = 72) abgebildet. Zwei charakteristische Fragment-Io-

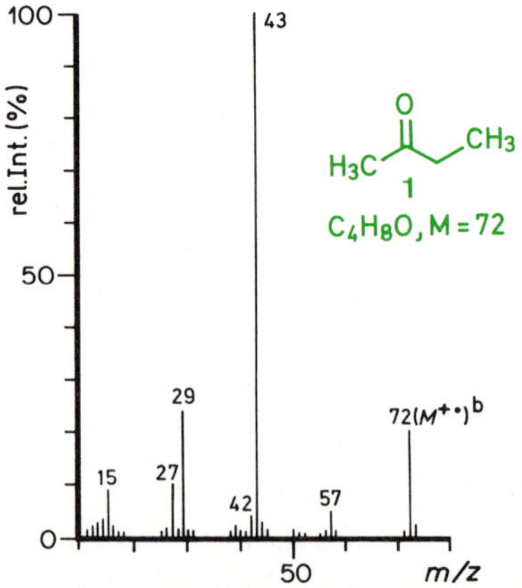

Abb. 4.6 Massenspektrum von 2-Butanon (**1**)

[a] Es sind nur wenige Fälle in der Literatur beschrieben, bei denen zwei aufeinanderfolgende α-Spaltungen nachgewiesen wurden; dazu gehören z. B. aromatische Di-(*tert*-butyl)ether

[b] Schreibweisen für das Radikal-Kation: $M^{+\bullet}$

nen sind vorhanden: $m/z = 43$ und 57. Die Massendifferenz zum Molekül-Ion beträgt 29 bzw. 15 amu[a], d.h., die entsprechenden Fragment-Ionen sind durch Abspaltung der Radikale $C_2H_5^{\bullet}$ bzw. $CH_3^{\bullet}$ aus dem Molekül-Ion entstanden. (A priori ist noch denkbar, daß der Verlust von $C_2H_5^{\bullet}$ so zustande kommt, daß zuerst $CH_3^{\bullet}$ ($m/z = 57$) und anschließend CH_2 (14 amu) abgespalten werden. Abspaltungen von CH_2 aus Molekül- oder Fragment-Ionen sind, wenn überhaupt, äußerst seltene Prozesse. Wir können also in diesem Fall den Zweistufenprozeß außer Betracht lassen. Durch Stoßaktivierungsreaktionen wurde der Verlust von CH_2 bei speziellen Verbindungen hingegen festgestellt.) In den Schemata 4.1, 4.2 und 4.3 ist die Fragment-Ionenbildung formuliert. Um die heute übliche Schreibweise für massenspektrometrische Zerfallsreaktionen zu erläutern, werden die Möglichkeiten an diesem Beispiel ausführlich diskutiert. Unter Elektronenbeschuß entsteht aus dem

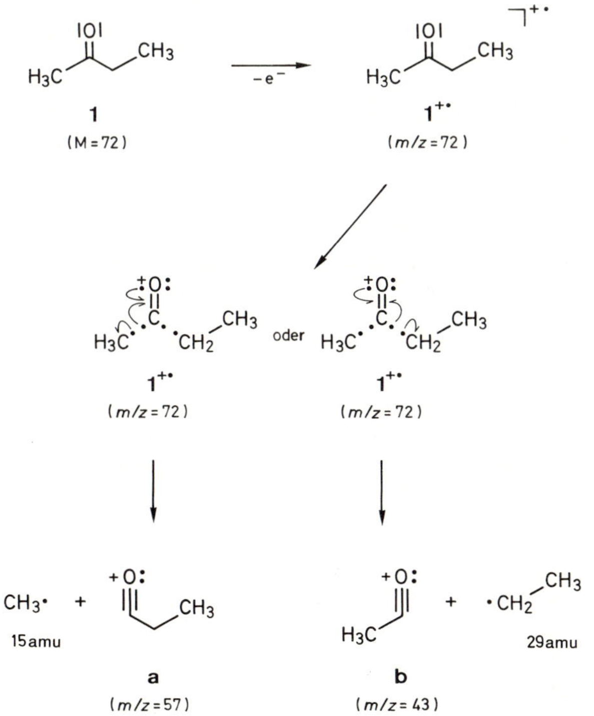

Schema 4.1 Ausführliche Schreibweise der Hauptfragmentierung von 2-Butanon (**1**), s. Abb. 4.6[b]

[a] 1 amu (engl.: atomic mass unit) ist eine Atommassenkonstante und entspricht 1/12 der Masse eines ^{12}C-Atoms. – Unter der Bezeichnung Dalton versteht man eine Masseneinheit, die die Masse eines hypothetischen Atoms vom Atomgewicht 1 in der Atomgewichtsskala definiert

[b] Es werden die Strukturen der Fragment-Ionen so dargestellt, daß die Geometrie und Schreibweise des Molekül-Ions bestimmend ist; die Geometrie der Fragment-Ionen wird dadurch teilweise unrichtig wiedergegeben

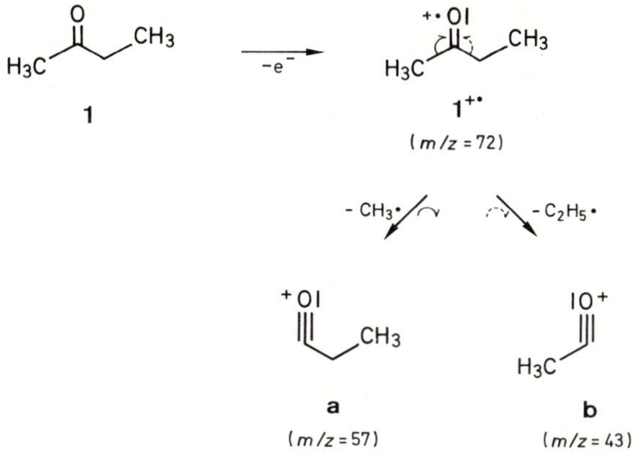

Schema 4.2 Verkürzte Schreibweise von Schema 4.1

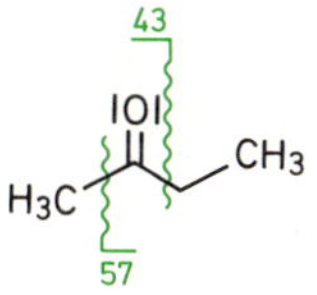

Schema 4.3 Kurzschreibweise für den Hauptzerfall von 2-Butanon (**1**) mit Angabe der Fragment-Ionen-Massen (entstanden durch α-Spaltung)

Neutralmolekül **1** durch Abspaltung eines Elektrons das dadurch einfach positiv geladene Molekül-Ion $\mathbf{1}^{+\bullet}$, welches in der m/z-Skala (Masse pro Ladung) bei 72 registriert wird. Durch die Schreibweise: $[\text{Formel}]^{+\bullet}$ wird angedeutet, daß man keine Aussagen über den Ladungsort innerhalb des Molekül-Ions macht (Schema 4.1). Da die beiden Fragment-Ionen **a** und **b** durch Ladungslokalisation am O-Atom entstehen, wählt man die beiden in Schema 4.1 formulierten Schreibweisen, bei denen von den beiden Elektronenpaaren am O-Atom je eines ein Elektron abgegeben hat, wodurch dessen Ladung einfach positiv wird. Zum O-Atom (nicht zur (C=O)-Gruppe!) sind zwei α-Bindungen vorhanden. Eine Stabilisierung des einsamen Elektrons am O-Atom ist dadurch möglich, daß ein Elektron der σ-Bindung am Carbonyl-C-Atom mit dem einsamen Elektron gepaart wird. Das zweite Elektron der σ-Bindung verbleibt bei dem Alkyl-Rest, in diesem Fall bei CH_3 (Bildung von $CH_3^{\bullet}$) bzw. bei $C_2H_5^{\bullet}$[a]. Die gebildeten Radikale werden mangels Ladung im Massenspektrometer nicht registriert. Die entstandenen Fragment-Ionen werden, wenn sie im laufenden Text erwähnt sind, üblicherweise mit kleinen Buchstaben (**a–z, aa–az, ba**...) bezeichnet. Die Massenangabe in Klammern unter dem Symbol der Fragment-Ionen

[a] Die Verschiebung eines einzelnen Elektrons wird durch einen einseitigen Pfeil (⇀) (engl.: fish hook), die Verschiebung eines Elektronenpaares durch einen doppelseitigen Pfeil (→) angedeutet. Im Prinzip müßte die Verschiebung jedes einzelnen Elektrons durch einen einseitigen Pfeil gemäß Schema 4.1 angedeutet werden. Da die verkürzte Schreibweise wie in Schema 4.2 ebenfalls eindeutig ist, wird ihr der Vorzug gegeben

erweist sich als äußerst nützlich. Teilweise ist es sinnvoll, schwerere Neutralbruchstücke durch ihr Gewicht anzugeben; dies geschieht dann so, wie in Schema 4.1 angegeben: z. B. $CH_3^{\bullet}$ (15 amu). Die Ionen $m/z = 29$ und 15 entstehen mehrheitlich aus $m/z = 57$ bzw. 43, s. dazu Abschn. 4.7 (S. 225).

Soll an einer Formel nur angedeutet werden, wie durch α-Spaltung die Hauptfragment-Ionen entstehen, so wählt man die in Schema 4.3 angegebene Formulierung. Für andere Spaltungsreaktionen können entsprechend modifizierte Darstellungen gewählt werden.

Allgemein wichtig für die α-Spaltung ist, daß bei Verbindungen vom Typ **2** der schwerere Substituent bevorzugt abgespalten wird, falls R^1 und R^2 homolog sind (s. Tab. 4.1). Analoge Verhältnisse werden bei Verbindungen der allgemeinen Formel **3** gefunden (s. Tab. 4.2). Bezüglich der α-Spaltung von Carbonsäuren und Derivaten s. Abschn. 4.5 (S. 221). Während es bei aliphatischen Verbindungen, die eine α-Spaltung eingehen, direkt zur Bildung von Fragment-Ionen kommt, entsteht bei entsprechenden alicyclischen Verbindungen nur ein isomeres Molekül-Ion. Cyclohexanon (**4**; M = 98) z. B. stellt einen solchen Fall dar. Basispeak des Spektrums (Abb. 4.7) ist $m/z = 55$. Durch Markierungsexperimente konnte gezeigt werden, daß der in Schema 4.4 angegebene Bildungsmechanismus für das Ion dieser Masse zutrifft.

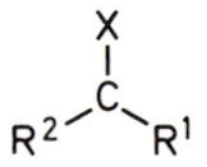

2

$R^2{-}CH_2{-}X{-}CH_2{-}R^1$

3

Tab. 4.1 Intensität von Fragment-Ionen, entstanden durch α-Spaltung aus

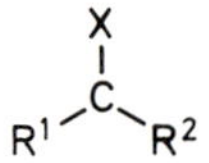

X	R^1	R^2	M − R^1		M − R^2		Verbindung	M
	alle geradkettig		*m/z*	Int.	*m/z*	Int.		
	Ketone							
C=O	CH_3	C_2H_5	57	6	43	100	2-Butanon	72
	CH_3	C_4H_9	85	4	43	100	2-Hexanon	100
	C_2H_5	C_3H_7	71	61	57	100	3-Hexanon	100
	C_3H_7	C_4H_9	85	75	71	100	4-Octanon	128
	C_3H_7	C_6H_{13}	113	66	71	100	4-Decanon	156
	sekundäre Alkohole							
−CH(OH)−	CH_3	C_2H_5	59	19	45	100	2-Butanol	74
	CH_3	C_3H_7	73	6	45	100	2-Pentanol	88
	CH_3	C_4H_9	87	5	45	100	2-Hexanol	102
	C_2H_5	C_3H_7	73	41	59	100	3-Hexanol	102
	sekundäre Thiole							
−CH(SH)−	CH_3	C_2H_5	75	5	61	100	2-Butanthiol	90
	CH_3	C_3H_7	89	2	61	100	2-Pentanthiol	104
	Amin							
−CH(NH_2)−	CH_3	C_2H_5	58	11	44	100	2-Aminobutan	73

Tab. 4.2 Intensität von Fragment-Ionen, entstanden durch α-Spaltung aus

$R^1{-}CH_2{-}X{-}CH_2{-}R^2$

X	R^1	R^2	M − R^1		M − R^2		Verbindung	M
	alle geradkettig		*m/z*	Int.	*m/z*	Int.		
	Ether							
O	CH_3	C_3H_7	87	2	59	100	Butyl-ethyl-ether	102
	C_2H_5	C_3H_7	87	54	73	100	Butyl-propyl-ether	116
	Amine							
NH	CH_3	C_2H_5	72	10	58	100	*N*-Ethyl-propylamin	87
	C_2H_5	C_3H_7	86	43	72	100	Butyl-ethylamin	115

Im isomeren Molekül-Ion ist ein primäres Radikal vorhanden, das sich dadurch stabilisiert, daß über einen sechsgliedrigen Übergangszustand ein H-Atom aus der durch die (C=O)-Gruppe aktivierten C-2-Position übertragen wird. Dadurch entsteht ein resonanz-stabilisiertes Radikal, das energetisch günstiger ist als die Vorstufe. Durch eine Radikal-Spaltungsreaktion entsteht neben einem Propyl-Radikal das Ion **c** ($m/z = 55$), in dem die beiden Mehrfachbindungen konjugiert vorliegen.

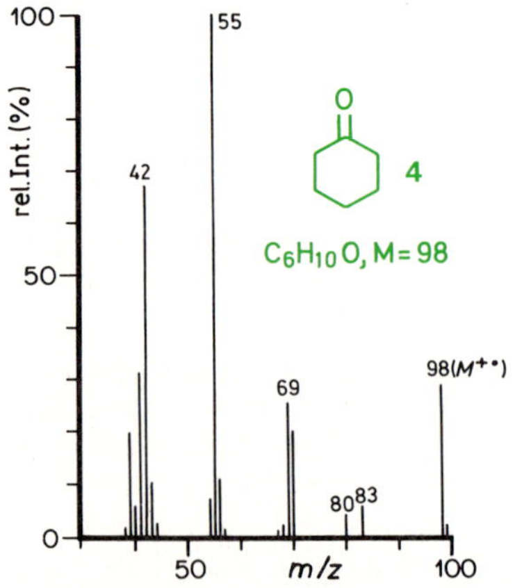

Abb. 4.7 Massenspektrum von Cyclohexanon (**4**)

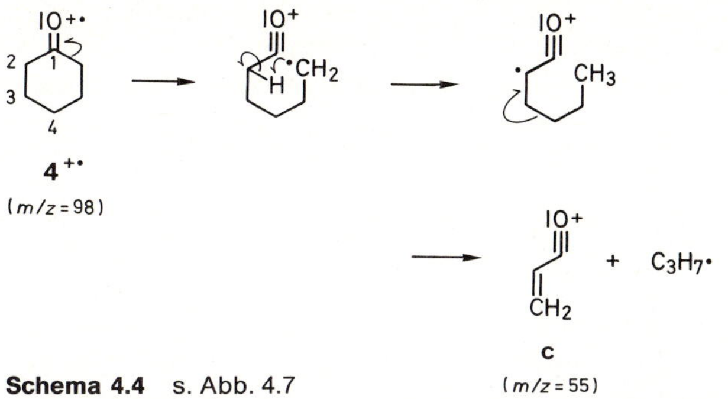

Schema 4.4 s. Abb. 4.7

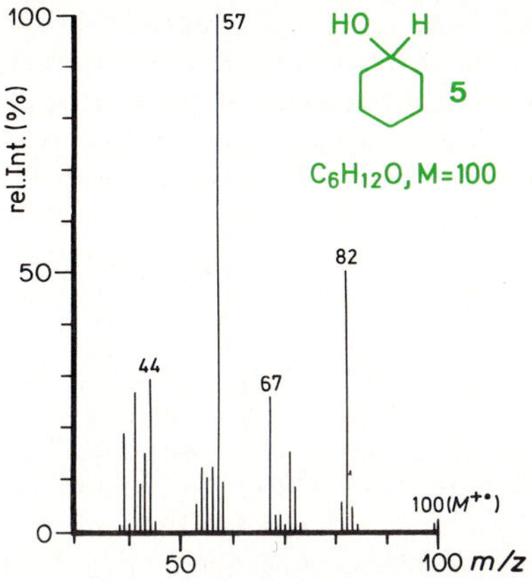

Abb. 4.8 Massenspektrum von Cyclohexanol (**5**)

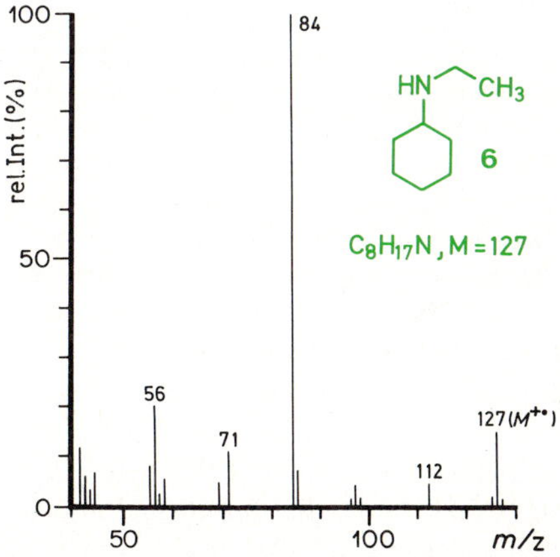

Abb. 4.9 Massenspektrum von *N*-Ethylcyclohexylamin (**6**)

Alkyl-Derivate von Cyclohexanon zeigen je nach Art der Substituenten und nach Substitutionsort das Ion **c** oder ein Homologes davon. Befindet sich z. B. eine Methyl-Gruppe in 4-Stellung, so wird das Molekül-Ion zwar bei $m/z = 112$ registriert, das Ion **c** hingegen erscheint bei gleicher Massenzahl. Im Massenspektrum von 2-Methyl- und 3-Methylcyclohexanon wird neben $m/z = 55$ auch $m/z = 69$ (= 55 + 14) registriert. Bei Dimethylcyclohexanon können entsprechende Ionen bei $m/z = 55$ (keine Methyl-Substituenten an den Positionen 2 und 3 bzw. 5 und 6), 69 (eine Methyl-Gruppe an den erwähnten Stellen) und 83 (zwei Methyl-Gruppen) registriert werden.

α-Spaltungen an anderen alicyclischen Verbindungen laufen ebenfalls ab und bilden Ionen, die in ihrer Struktur vergleichbar sind mit Ion **c** aus Cyclohexanon. So wird im Massenspektrum von Cyclohexanol (**5**; M = 100, Abb. 4.8) das entsprechende Ion um +2 amu verschoben, bei $m/z = 57$ (**d**) und in demjenigen von *N*-Ethylcyclohexylamin (**6**; M = 127, Abb. 4.9) bei $m/z = 84$ (**e**) gefunden. Das Ethylenacetal des Cyclohexanons zeigt als intensivstes Fragment-Ionensignal $m/z = 99$ (**f**).

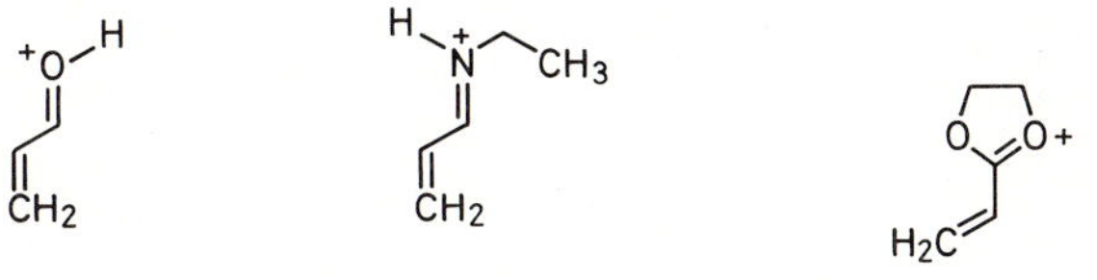

d ($m/z = 57$) **e** ($m/z = 84$) **f** ($m/z = 99$)

Wird die Carbonyl-Gruppe in größere alicyclische Molekül-Verbände eingebaut, so werden zwar auch Fragment-Ionen registriert, die durch α-Spaltung zur Carbonyl-Gruppe initiiert sind, jedoch ist deren Intensität geringer, da noch andere Spaltungsreaktionen mit ähnlicher Wahrscheinlichkeit ablaufen. Hingegen bedeutet die Einführung einer Ethylenacetal-Funktion anstelle einer Carbonyl-Gruppe eine sehr deutliche Bevorzugung der α-Spaltung durch die neue Gruppierung. Zur Illustration ist das Spektrum von 5α-Androstan-3-on-ethylen-acetal (**7**; M = 318) in Abb. 4.10 wiedergegeben. Die primäre Hauptspaltungsreaktion ist die α-Spaltung, die durch den Ethylenacetal-Rest bestimmt wird. Im Gegensatz jedoch zur „Modellsubstanz“ des Ethylenacetals des Cyclohexanons sind die beiden α-Bindungen [(C-2–C-3) und (C-3–C-4)] zur funktionellen Gruppe nicht gleichwertig, weil der „Cyclohexan-Ring“ an C-5 und C-10 substituiert ist. Daraus ergibt sich, daß **7** zwei α-Spaltungen eingehen kann. In Schema 4.5 sind die beiden durch D-Markierungen abgesicherten Möglichkeiten dargestellt. Die Spaltung der α-ständigen C-3–C-4-Bindung liefert das isomere Molekül-Ion **g**, das mit dem primären Spalt-Ion aus Cyclohexanon (Schema 4.4) vergleichbar ist. (In Schema 4.5 wird die α-Spaltung der Bindungen C-3–C-4 und C-2–C-3 dargestellt durch 3≀≀4 bzw. 2≀≀3. Das ist eine Alternative zu der in Schema 4.3 durch verschiedene Pfeile angedeuteten Darstellung von Spaltungsmöglichkeiten.) Durch Übertragung eines H-Atoms aus der 2-Position entsteht das resonanzstabilisierte, ebenfalls isomere Molekül-Ion **h**, das durch Bruch der C-1–C-10-Bindung in das Ion **f** (m/z = 99) mit konjugierten Doppelbindungen übergeht. Entsprechend verläuft auch die Spaltung der zweiten α-ständigen Bindung C-2–C-3, die über **i** zu **j** führt. Die Spaltung der C-5–C-10-Bindung in **j** ergibt jedoch keine Radikal-Abspaltung, sondern erneut ein isomeres Molekül-Ion (**k**), indem das tertiäre Radikal erneut über einen sechsgliedrigen Übergangszustand ein H–C-6 übernimmt. Im so entstandenen Ion **l** ist nun eine ideale Radikal-Abbruchmöglichkeit gegeben: Durch Spaltung der (C-7–C-8)-Bindung entsteht das Ion **m** (m/z = 125) mit drei konjugierten Doppelbindungen. Durch Vergleich mit dem Spektrum in Abb. 4.10 ist ersichtlich, welche überragende Rolle die beiden Fragment-Ionen **f** und **m** beim Zerfall von **7** spielen.

Ähnliche, in bezug auf die α-Spaltung starke Eigenschaften wie die Ethylenacetal-Gruppierung besitzt die *N,N*-Dimethylamino-Gruppierung, wie sie in Steroid-Alkaloiden vielfach anzutreffen ist. Auch bei diesen Verbindungen werden sehr intensive Fragment-Ionensignale, korrespondierend zu Ionen ähnlicher Struktur, registriert. Aufgrund des Auftretens verschiedener Signale mit großer Intensität in Spektren derartiger Verbindungen lassen sich die Substitutionsstellen der die α-Spaltung dirigierenden Gruppen und damit wesentliche Teile von deren Strukturen bestimmen.

Wie bereits angedeutet wurde, bestimmt die Ethylenacetal-Gruppe in viel stärkerem Maße die Zerfallsreaktion mit beginnender α-Spaltung, als es die Carbonyl-Gruppe vermag. Auch durch den Vergleich der Spektren der Abb. 4.7–

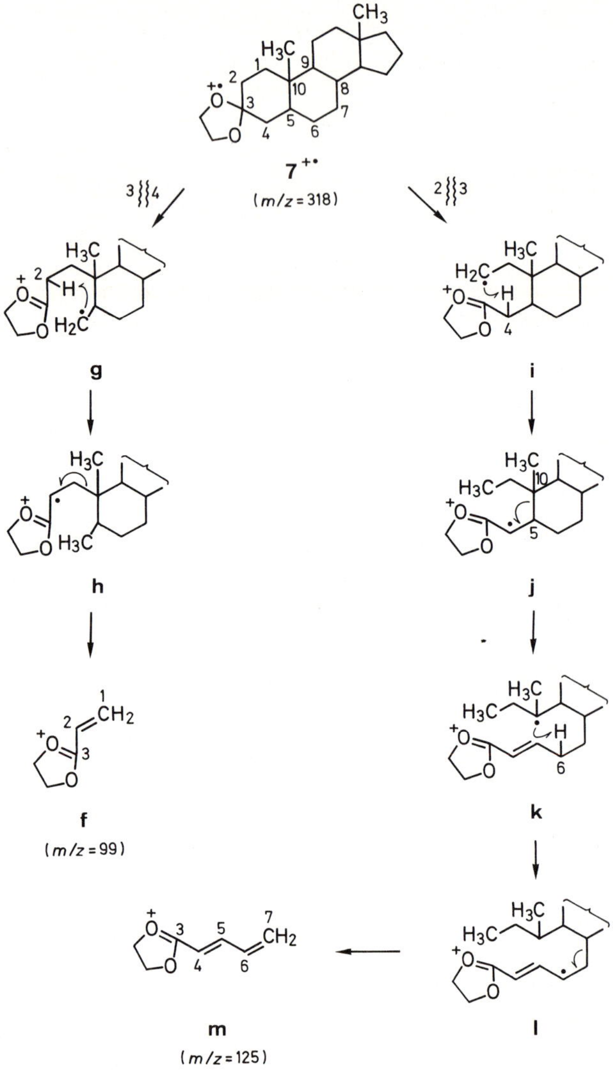

Schema 4.5 s. Abb. 4.10

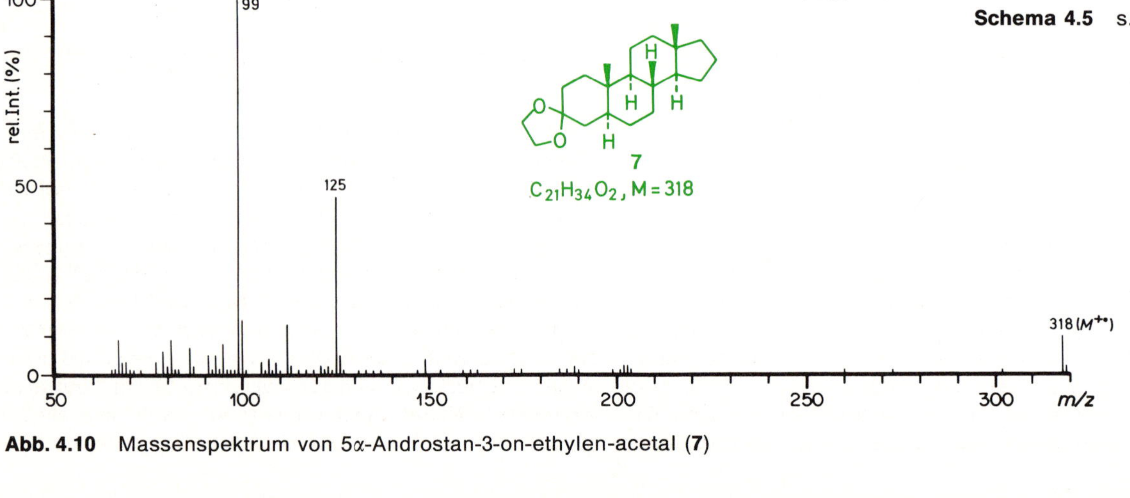

Abb. 4.10 Massenspektrum von 5α-Androstan-3-on-ethylen-acetal (**7**)

4.9 wird ersichtlich, daß Keton, sekundärer Alkohol und Amin verschieden stark die α-Spaltung bestimmen. In Verbindungen vom Typ $X—CH_2—CH_2—Y$, wobei X und Y für verschiedene funktionelle Gruppen stehen sollen, kann man den Einfluß von X und Y auf die α-Spaltung direkt ablesen. Als Beispiel sei das Spektrum von 2-Aminoethanol (**8**; M = 61, Abb. 4.11) angeführt. Durch Spaltung der (C—C)-Bindung werden die beiden Ionen mit $m/z = 30$ und 31 gebildet. Wie aus Abb. 4.11 hervorgeht, überragt $m/z = 30$, das stickstoffhaltige Fragment-Ion, das Ion $m/z = 31$ bei weitem an Intensität. Daraus geht hervor, daß die NH_2-Gruppe wesentlich stärker ladungsstabilisierend und damit die Fragmentierung bestimmend wirkt als eine aliphatische Hydroxy-Gruppe.

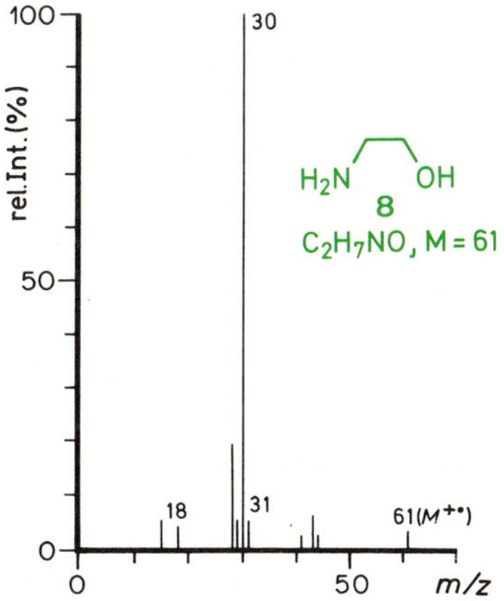

Abb. 4.11 Massenspektrum von 2-Aminoethanol (**8**)

In Tab. 4.3 sind Werte aus Messungen angegeben, bei denen die einzelnen funktionellen Gruppen miteinander in bezug auf die Intensität von Ionen, die durch direkte α-Spaltung entstanden sind, verglichen werden können. Wenn auch diesen Werten nicht eine zu hohe numerische Bedeutung beigemessen werden darf, so geben sie doch eine Ordnung der Substituenteneigenschaft in bezug auf die α-Spaltung bei gleichen strukturellen Voraussetzungen.

Tab. 4.3 Richtwerte für die relative Stärke, mit der ein Substituent ladungsstabilisierend wirkt (α-Spaltung)

Funktionelle Gruppe	Richtwert	Funktionelle Gruppe	Richtwert
$—COOH$	1	$—I$	109
$—Cl$	8	$—SCH_3$	114
$—OH$	8	$—NHCOCH_3$	128
$—Br$	13	$—NH_2$	990
$—COOCH_3$	20	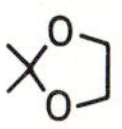	1600
$>C{=}O$	43	$—N(CH_3)_2$	2100
$—OCH_3$	100		

Die α-Spaltung ist die wichtigste massenspektrometrische Primär-Fragmentierungsreaktion. Weitere Beispiele sind bei der Diskussion der anderen Fragmentierungsreaktionen angeführt.

4.2 Benzyl- und Allyl-Spaltung

Einen aktivierenden Einfluß, ähnlich wie ihn Heteroatome auf eine Bindung ausüben, was zur α-Spaltung führt, haben aromatische Kerne, Doppelbindungssysteme oder auch isolierte Doppelbindungen auf entsprechende benzylische oder allylische Bindungen.

Benzyl-Spaltung. In Abb. 4.12 ist das Massenspektrum von Butylbenzol (**9**; M = 134) abgebildet. Durch Spaltung der benzylischen (C—C)-Bindung entsteht unter Verlust des Propyl-Radikals das Hauptfragment-Ion, welches zum Basispeak des Spektrums $m/z = 91$ (**n**, **o**, **p**) führt (s. Schema 4.6).

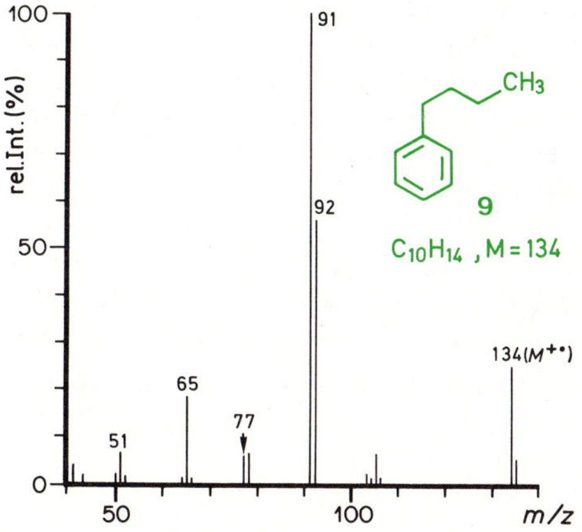

Abb. 4.12 Massenspektrum von Butylbenzol (**9**)

Die hohe Intensität dieses Signals drückt eine große Stabilität des entsprechenden Ions aus. Die Stabilität ist weder auf die Bildung des Benzyl-Ions **n** noch auf das Tautomere **o** allein, sondern auf die Bildung des Tropylium-Ions (**p**) zurückzuführen. Der Nachweis, daß tatsächlich **p** die entscheidende Spezies ist, wurde u. a. durch die Folgereaktion (Abspaltung von C_2H_2 unter Bildung von **q** ($m/z = 65$)) erbracht: Im symmetrischen Tropylium-Ion (**p**) sind sämtliche C- und sämtliche H-Atome jeweils untereinander äquivalent. In den Ionen **n** und **o** hingegen gibt es mindestens drei Arten von C-Atomen (CH_2, CH, C) und mindestens zwei Arten von H-Atomen. Wird nun eine ^{13}C- oder D-

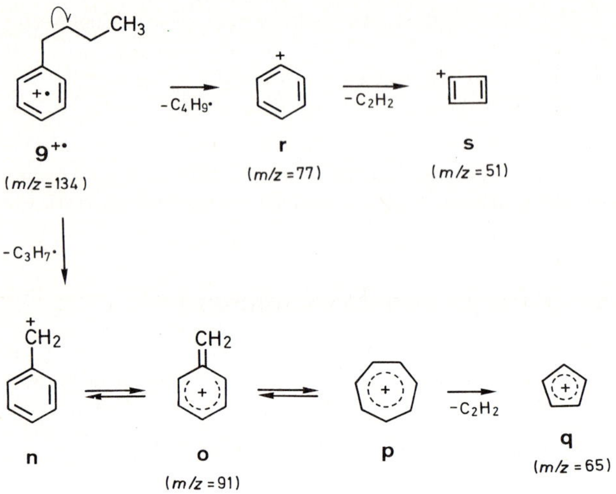

Schema 4.6 s. Abb. 4.12

markierte Verbindung eingesetzt, so muß im Fall der C_2H_2-Abspaltung aus **n** und **o** eine Abhängigkeit markierter Atome von der ursprünglichen Markierungsstelle feststellbar sein, aus **p** hingegen nicht. Untersuchungen an Alkylbenzolen haben die Äquivalenz der C-Atome im Ion $m/z = 91$ bestätigt, was für die Annahme von **p** spricht. Aus dem Spektrum von Butylbenzol kann auch der umgekehrte, für strukturanalytische Untersuchungen nicht unwichtige Schluß gezogen werden, daß intensive Signale bei $m/z = 91$ für die Anwesenheit eines Benzyl-Restes in einer Verbindung unbekannter Struktur sprechen; schwache Signale hingegen sind weniger charakteristisch, da die entsprechenden Ionen wegen der hohen Stabilität des Tropylium-Ions auch durch kompliziertere Umlagerungen gebildet werden können.

Gleichzeitig zeigt das Spektrum von **9**, daß die Phenyl-Spaltung (Bildung von **r**, $m/z = 77$) wesentlich weniger begünstigt ist als die Benzyl-Spaltung. Auch **r** verliert Acetylen (Ion **s**, $m/z = 51$). Die Ionenpaare $m/z = 91/65$ und $m/z = 77/51$ sind typisch für monosubstituierte Alkyl-Aromaten. Das Ion $m/z = 92$ wird in Abschn. 4.5 (s. S. 221) diskutiert.

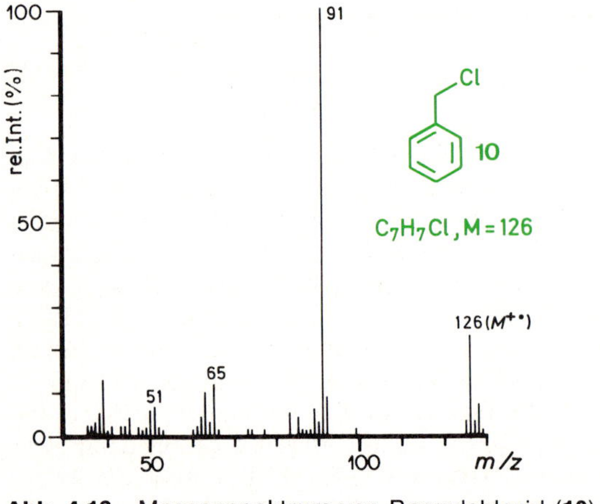

Abb. 4.13 Massenspektrum von Benzylchlorid (**10**)

Andere monosubstituierte *n*-Alkylbenzole zeigen ebenfalls $m/z = 91$ als Basispeak (z. B. Toluol, Ethylbenzol, Propylbenzol, Pentylbenzol), ferner aber auch *o*-, *m*- und *p*-Xylol.

Interessant ist der Spektrenvergleich von Benzylchlorid (**10**; M = 126, Abb. 4.13) und *o*-Chlortoluol (**11**; M = 126, Abb. 4.14). Von kleineren Intensitätsunterschieden abgesehen, sind beide Spektren gleich.

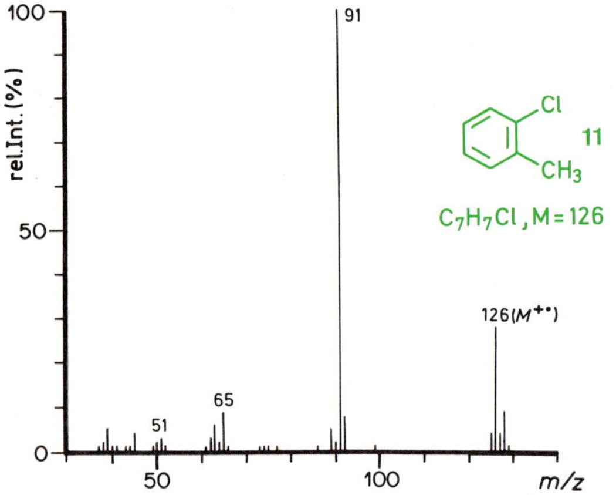

Abb. 4.14 Massenspektrum von *o*-Chlortoluol (**11**)

Nach dem oben Gesagten fällt das Spektrum von Benzylchlorid „erwartungsgemäß" aus, denn Cl wird aus der Benzyl-Stellung leichter entfernt als H. Das Spektrum von *o*-Chlortoluol hingegen ist überraschend. Cl befindet sich in einer Phenyl-Stellung, die Tendenz zu seiner Abspaltung ist demzufolge gering. Man würde jedoch annehmen, daß durch Verlust eines H• (aus der CH_3-Gruppe) ein chlorsubstituiertes Tropylium-Ion entsteht, man würde also ein analoges Verhalten wie bei *p*-(Chlorethyl)benzol (**12**; Abb. 4.15) erwarten. (Bei $m/z = 125$ im Spektrum von *p*-(Chlorethyl)benzol handelt es sich um das Chlortropylium- oder Chlorbenzylium-Ion.)

Da jedoch die Spektren von **10** und **11** gleich sind, kann man vermuten, daß **11** sich in **10** umlagert oder aber, was wahrscheinlicher ist, daß beide zu einer gemeinsamen anderen Spezies, z. B. **13**, isomerisieren (vgl. Schema 4.7), bevor sie fragmentieren. Von **13** würde man das gleiche massenspektrometrische Verhalten erwarten wie von **10**; diesbezügliche Untersuchungen wurden bisher nicht durchgeführt.

Inwieweit auch andere Systeme, die im Massenspektrometer intensive $m/z = 91$-Signale (oder entsprechende Derivate) zeigen, nach der Ionisierung, aber vor dem Zerfall zu

Cycloheptatrien-Derivaten isomerisieren, muß von Fall zu Fall abgeklärt werden.

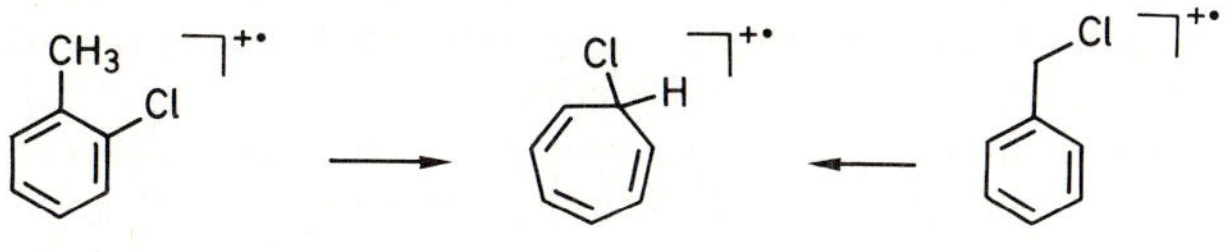

$11^{+\cdot}$ $13^{+\cdot}$ $10^{+\cdot}$

Schema 4.7 s. Abb. 4.13 und 4.14

Ferner kann aus dem Auftreten von Ionen der Masse 91 oder deren Derivaten nicht unbedingt der Schluß auf deren Struktur (Tropylium- oder Benzylium-Ion) gezogen werden. Meistens muß diese Frage jeweils erneut untersucht werden.

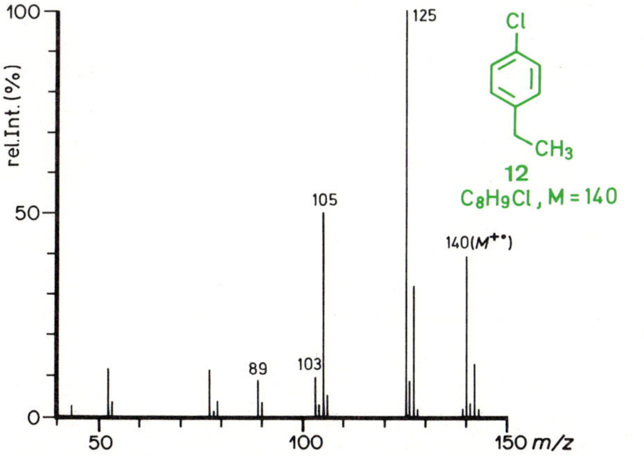

Abb. 4.15 Massenspektrum von *p*-(Chlorethyl)benzol (**12**)

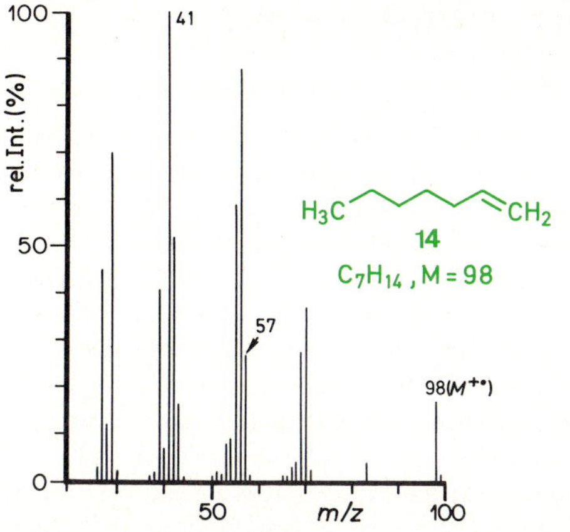

Abb. 4.16 Massenspektrum von 1-Hepten (**14**)

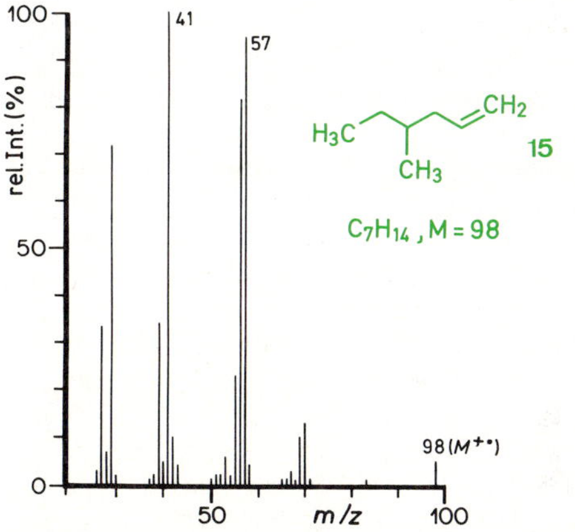

Abb. 4.17 Massenspektrum von 4-Methyl-1-hexen (**15**)

Allyl-Spaltungen sind weniger ausgeprägt als Benzyl-Spaltungen, weil durch Bildung der entstehenden Allyl-Kationen der Energiegewinn niedriger ist. Abb. 4.16 zeigt das Massenspektrum von 1-Hepten (**14**; M = 98), Abb. 4.17 dasjenige von 4-Methyl-1-hexen (**15**; M = 98). In beiden Spektren ist $m/z = 41$ (**t**) Basispeak. Da jedoch im geradkettigen Isomeren die allyl-ständige Bindung die schwächste und andererseits das Allyl-Kation das stabilste Ion ist, wird $m/z = 41$ auch als intensivstes Ion registriert. Das andere Spaltstück, das ebenfalls durch die Allyl-Spaltung entsteht, $m/z = 57$, ist mit 27 rel. % intensitäts-schwächer. Im Spektrum des anderen Isomeren ist die allyl-ständige (C-3–C-4)-Bindung ebenfalls die labilste Bindung, das Allyl-Kation ist auch hier das häufigste Ion, jedoch wird $m/z = 57$, bedingt durch die größere Stabilität des sekundären Carbo-Kations, mit 95 rel. % als zweitintensivstes Ion registriert. (Die Ionen $m/z = 42$ und 56 entstehen durch eine McLafferty-Umlagerung, s. Abschn. 4.5, S. 221.) Aus diesen Beispielen geht hervor, daß Allyl-Stellungen bezüglich ihrer Spaltungstendenz gegenüber (C—C)-Bindungen bevorzugt

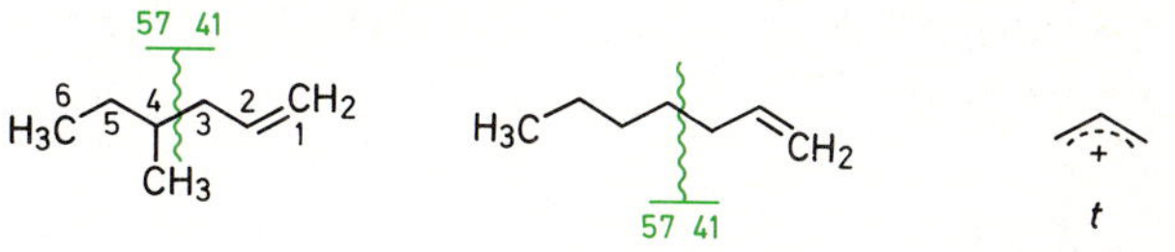

15 **14** *t* ($m/z = 41$)

sind, die Ladungsstabilisierung im entstehenden Allyl-Kation jedoch nicht verläßlich ist. Ebenfalls können Konkurrenzreaktionen ablaufen, die das Erkennen der (C═C)-Bindung stören oder gar verhindern können. Besonders unangenehm sind jedoch Verschiebungen von (C═C)-Bindungen aus ihrer ursprünglichen Lage. Es ist deshalb besser und sicherer, (C═C)-Bindungen durch Derivatisierung zu fixieren und die Derivate massenspektrometrisch zu untersuchen. Als geeignete Derivate haben sich die Acetonyl-Verbindungen der korrespondierenden Diole erwiesen. Auch bei (C≡C)-Bindungen ist der Untersuchung von Derivaten (Carbonyl-Verbindungen durch Wasseranlagerung) der Vorzug zu geben.

4.3 Spaltung „nichtaktivierter" Bindungen

In diesem Abschnitt werden Spaltungsreaktionen zusammengefaßt, bei denen die zu spaltende Bindung weder durch Heteroatome (α-Spaltung), durch Phenyl-Gruppen (Benzyl-Spaltung) noch durch (C═C)-Bindungen (Allyl-Spaltung) aktiviert ist. In Abb. 4.18 ist das Massenspektrum von Hexadecan (**16**; M = 226) abgebildet. Dieses Spektrum ist typisch für unverzweigte, geradkettige Kohlenwasserstoffe. Das Intensitätsmaximum der Signale liegt im Bereich von Bruchstücken mit drei und vier C-Atomen, d. h. zwischen $m/z = 40$ und 60. Mit steigender Anzahl von C-Atomen nimmt die Intensität der homologen Ionen fast asymptotisch ab. Ein $[M - 15]^+$-Ion wird nicht registriert, hingegen ist die Intensität des Molekül-Ions stets sehr deutlich. Der allgemeine Kurvenverlauf (Verbindungslinie zwischen den jeweils höchsten Peaks der Signalschwerpunkte) ist typisch. Es ist nützlich, sich diesen allgemeinen Kurvenverlauf einzuprägen, weil höhere Kohlenwasserstoffe häufig als Verunreinigungen (s. Abschn. 6., S. 232) in Proben vorkommen. Signale, die aus diesem gleichförmigen Bild herausragen, müssen eine strukturanalytische Bedeutung haben. Die Gleichförmigkeit ist ja im wesentlichen dadurch bedingt, daß durch Spaltung jeder (C—C)-Bindung ein primäres Carbo-Kation und ein primäres Radikal gebildet werden. Eine Ausnahme besteht nur bei den beiden endständigen (C—C)-Bindungen, wo $CH_3^{\bullet}$ bzw. CH_3^+ gebildet werden können. Wird nun aber der Kohlenwasserstoff durch eine Alkyl-Kette verzweigt, so sind die zu spaltenden Bindungen nicht mehr äquivalent. Es können nun zusätzlich noch sekundäre Carbo-Kationen (und Radikale) gebildet werden. Diese haben eine größere Bildungstendenz, so daß Signale sekundärer Carbo-Kationen sich deutlich aus dem allgemeinen Kurvenverlauf abheben. Als Beispiel sei das Spektrum von 7-Propyltridecan (**17**; M = 226) in Abb. 4.19 angeführt.

Bei mehrfach verzweigten Kohlenwasserstoffen werden die Spektren unübersichtlich und die Analyse gestaltet sich erheblich schwieriger.

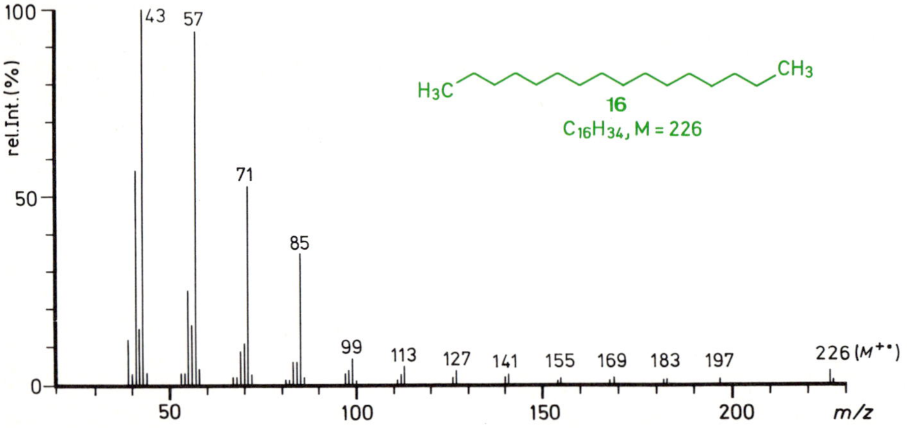

Abb. 4.18 Massenspektrum von Hexadecan (**16**)

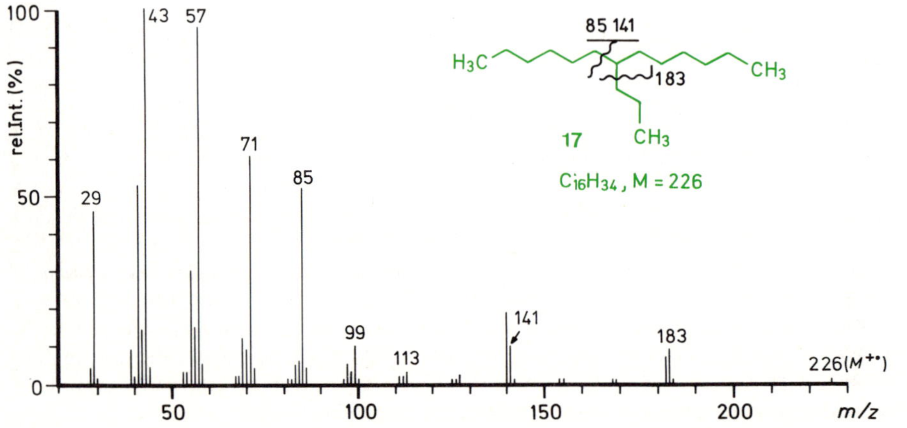

Abb. 4.19 Massenspektrum von 7-Propyltridecan (**17**)

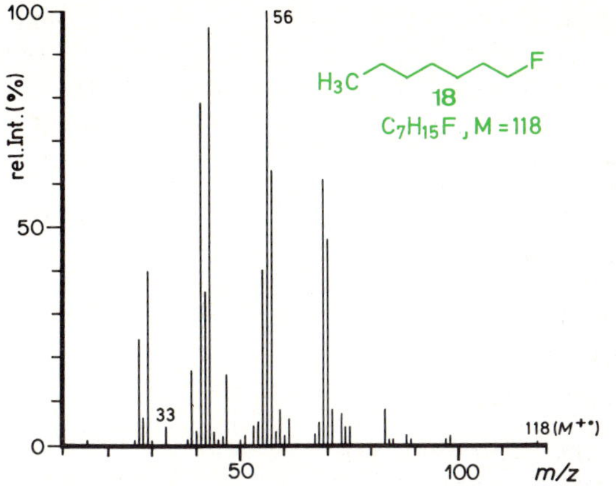

Abb. 4.20 Massenspektrum von 1-Fluorheptan (**18**)

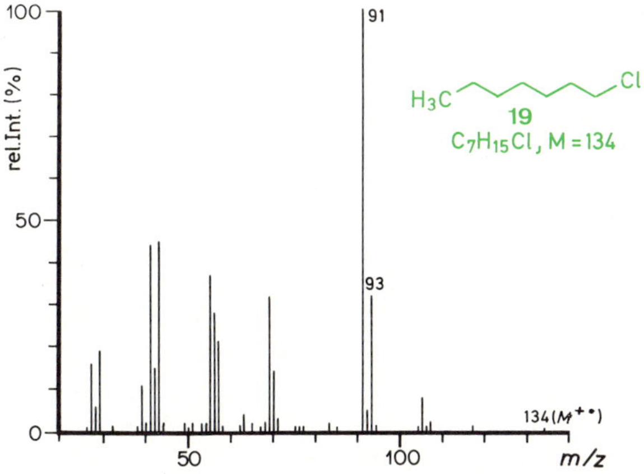

Abb. 4.21 Massenspektrum von 1-Chlorheptan (**19**)

Der massenspektrometrischen Untersuchung kommt insofern eine große Bedeutung zu, als außer der ^{13}C-NMR-Spektroskopie andere Analysenverfahren nicht geeignet sind, zur Strukturermittlung höherer Kohlenwasserstoffe eingesetzt zu werden. Je größer der Kohlenwasserstoff-Anteil an monofunktionalisierten Verbindungen wird, um so ähnlicher werden auch deren Massenspektren denjenigen der reinen Kohlenwasserstoffe selbst. Je nach Art der funktionellen Gruppe kann die Zahl der für diesen Spektrentyp notwendigen CH_2-Gruppen einer solchen Verbindung höher oder tiefer angesetzt werden.

Der Zerfall aliphatischer Halogenkohlenwasserstoffe wird nur zu einem sehr geringen Ausmaß durch die α-Spaltung zum Halogen-Atom bestimmt. Fluorkohlenwasserstoffe zeigen als einzige intensive Peaks Ionen, die durch α-Spaltung entstanden sind. In Iodalkanen andererseits ist der Bruch der (C—X)-Bindungen mit Ladungslokalisation am Halogen-Atom häufig intensiver und kann in niederaufgelösten Spektren durch den großen Massendefekt von Iod leicht erkannt werden. (Ist die Ladung auf der Alkyl-Kette lokalisiert, so kann die Anwesenheit von Iod nicht festgestellt werden.) Besonders charakteristisch ist das Verhalten von 1-Chlor- und 1-Bromkohlenwasserstoffen mit mindestens fünf linear angeordneten Methylen-Gruppen. Sie bilden meistens als intensivste Ionen des Spektrums pentacyclische Chloronium- und Bromonium-Ionen mit den charakteristischen Intensitätsverhältnissen (s. Tab. 4.9, S. 270). Zur Illustration sind in Abb. 4.20 bis 4.23 die Massenspektren der vier 1-Halogenheptane abgebildet.

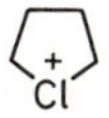

$m/z = 91 + 93$

$m/z = 135 + 137$

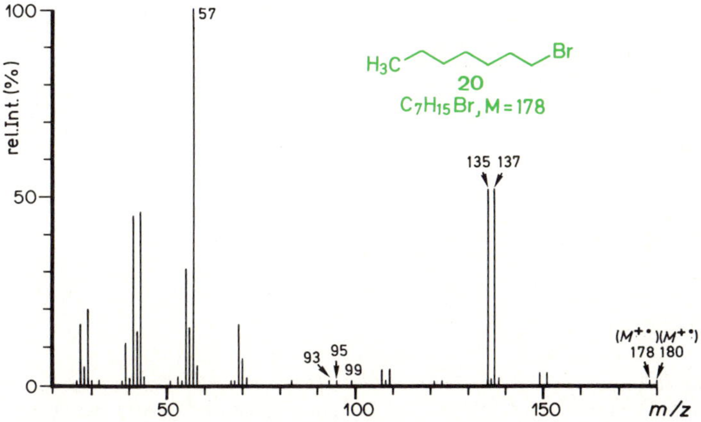

Abb. 4.22 Massenspektrum von 1-Bromheptan (**20**)

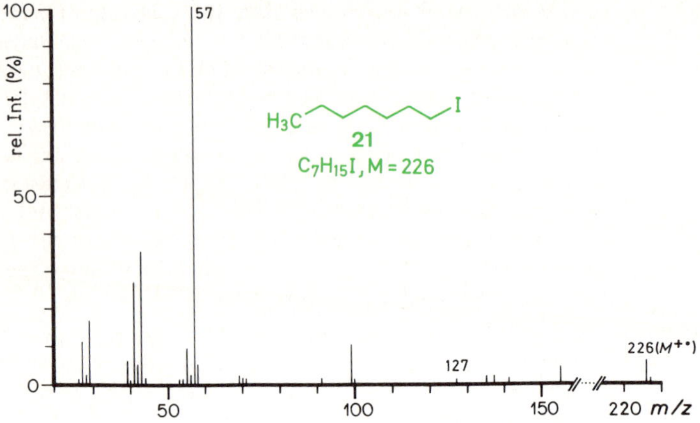

Abb. 4.23 Massenspektrum von 1-Iodheptan (**21**)

4.4 Retro-Diels-Alder-Reaktion (RDA-Reaktion)

Übersichtsartikel:[4]

Sechsgliedrige cyclische Systeme, die eine Doppelbindung enthalten, können durch eine konzertierte Entcyclisierungsreaktion in zwei Bruchstücke zerfallen, die En- und die Dien-Komponente. Bevorzugt ist die Dien-Komponente Ladungsträger, der En-Teil wird jedoch häufig ebenfalls im Massenspektrum registriert. Der Cyclohexen-Ring kann kein, ein oder mehrere Heteroatome enthalten. Ferner kann er Teil eines größeren Ringsystems sein. Die RDA-Reaktion kann im Molekül-Ion ablaufen, aber auch in einem Fragment-Ion, bei dem die Doppelbindung im Ring erst durch eine andere Fragmentierungsreaktion (z. B. durch eine α-Spaltung) gebildet worden ist. Es handelt sich bei der RDA-Reaktion um einen sog. Neutralprozeß, bei dem ein Radikal-Kation gebildet wird, wenn das Ausgangsion ein Radikal-Kation ist, oder aus einem Kation wieder ein Kation unter Verlust eines nichtradikalischen Teilchens entsteht.

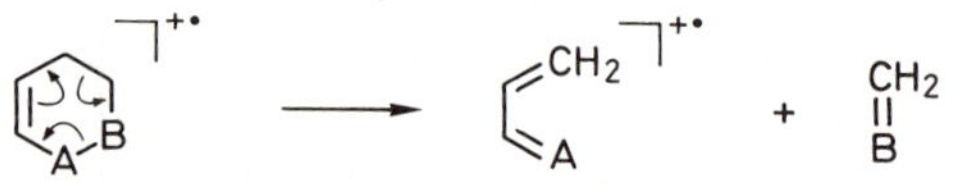

Am Beispiel des Massenspektrums von 1,2,3,4-Tetrahydrocarbazol (**22**; M = 171) wird dieser Reaktionstyp näher erläutert. Gleichzeitig soll der Begriff „Verschiebungstechnik" vorgestellt und das Vorgehen zur Abklärung eines Reaktionsmechanismus demonstriert werden. Beides sind wichtige Arbeitstechniken in der Massenspektrometrie.

Das intensivste Ion im Massenspektrum von **22** (Abb. 4.24) ist $m/z = 143$. Durch hochauflösende Massenspektrometrie wurde zunächst festgestellt, daß das Hauptfragment-Ion $m/z = 143$ ($C_{10}H_9N$) sich vom Molekül-Ion durch den Mindergehalt von C_2H_4 (28 amu) unterscheidet. Ferner konnte ein Übergangssignal (m^*, vgl. S. 253) bei

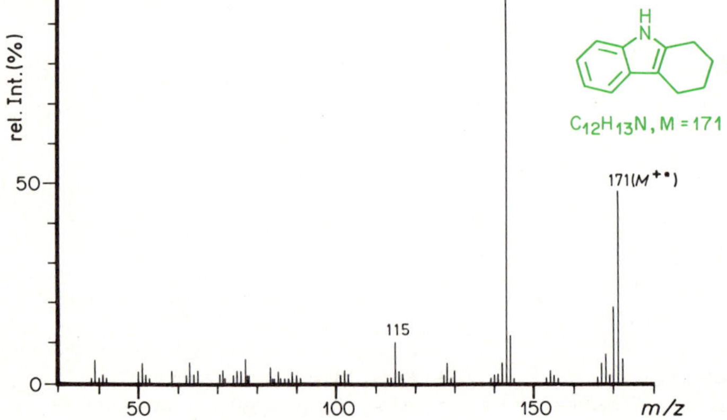

Abb. 4.24 Massenspektrum von 1,2,3,4-Tetrahydrocarbazol (**22**)

$m/z = 119{,}6$ gefunden werden, welches den Übergang $171 \rightarrow 143$ belegt, d. h., das Ion der Masse 143 wird direkt aus dem Molekül-Ion gebildet. (Aufgrund der Summenformel des Molekül-Ions wäre auch eine andere Zusammensetzung des Fragment-Ions (nämlich $C_{11}H_{11}$) möglich; dieses könnte z. B. folgende Genese haben: $M^{+\bullet} \rightarrow [M—H]^{+} \rightarrow [M—H—HCN]^{+}$)

Durch Messung von Niedrigvolt- und Feldionisations-Spektren konnte sichergestellt werden, daß die Verbindung nicht verunreinigt ist. Aufgrund des 70 eV-Spektrums kann man zu Recht vermuten, daß **22** durch Dehydrierungsprodukte verunreinigt ist, was sich durch die Signale bei $m/z = 169$ (M–2 H) und 167 (M–4 H) dokumentiert. Da jedoch im Feldionisations-Spektrum nur $m/z = 171$ (und die Isotopenpeaks) angezeigt wird, müssen die Dehydrierungsprodukte durch massenspektrometrische Prozesse entstehen. (Würden Dehydrierungsprodukte in der Substanzprobe vorhanden sein, so müßte dies auch durch das UV-Spektrum zum Ausdruck kommen. Das UV-Spektrum stimmt jedoch mit den Literaturwerten einer reinen Probe überein, was eine zusätzliche Bestätigung des Feldionisations-Spektrums darstellt.) Die oben genannten Untersuchungsmethoden lassen sich an der unmarkierten Verbindung ausführen und sind dadurch ohne synthetischen Aufwand zu erledigen. Der mechanistischen Untersuchung einer Reaktion sind sie stets voranzustellen.

Wertvolle Informationen liefern auch die Massenspektren von Derivaten, die das analoge massenspektrometrische Verhalten wie das zu untersuchende Molekül aufweisen. Im vorliegenden Fall wurden die Massenspektren von *N*-Methyl-1,2,3,4-tetrahydrocarbazol (**23**; M = 185 entspricht 171 + 14) und 1,2,3,4-Tetrahydrocarbazol-3-ol (**24**; M = 187 entspricht 171 + 16) in die Untersuchung einbezogen. Beide Spektren zeigen große Ähnlichkeit mit demjenigen von **22**, d. h., es ist ein intensives Fragment-Ionen-Signal vorhanden (bei **23**: $m/z = 157$, bei **24**: $m/z = 143$), welches in beiden Fällen Basispeak ist; die Molekül-Ionen-Peaks sind etwa halb so intensiv wie dieses Fragment-Ionen-Signal (s. Tab. 4.4). Im Spektrum des Methyl-Derivates **23** sind sowohl $M^{+\bullet}$ als auch das Fragment-Ionen-Signal um die Masse des Substituenten verschoben, d. h., im Fragment-Ion ist die Methyl-Gruppe und damit auch das N-Atom enthalten. Anders verhält es sich bei der Hydroxy-Verbindung. Zwar ist das Molekül-Ion ebenfalls um + 16 amu verschoben, jedoch ist das Fragment-Ionen-Signal bei gleicher Massenzahl zu finden wie im Spektrum von 1,2,3,4-Tetrahydrocarbazol (**22**) selbst. Daraus läßt sich der Schluß ziehen, daß beim Übergang von $M^{+\bullet} \rightarrow m/z = 143$ das C-3 mit abgespalten wird. Diese Untersuchungsmethode wird als Verschiebungstechnik (oder Shift-Technik oder Biemann-Shift) bezeichnet. Sie ist dann anwendbar, wenn Verbindungen das gleiche Skelett besitzen, jedoch verschiedene Substituenten tragen und, von kleineren Intensitätsunterschieden abgesehen, die ähnlichen Massenspektren zeigen. Aufgrund der Verschiebung (oder Nichtverschiebung) von Signalen lassen sich Rückschlüsse auf den Substituenten ziehen*.

Tab. 4.4 Zur RDA-Reaktion an 1,2,3,4-Tetrahydrocarbazol (**22**)

Verbindung	$M^{+\bullet}$			Fragment-Ion		
	m/z	Differenz zu $M^{+\bullet}$ von **22**	rel. Int. (%)	m/z	Differenz zu m/z 143	rel. Int. (%)
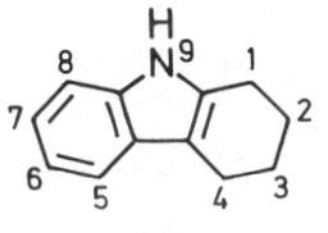 **22**	171	0	63	143	0	100
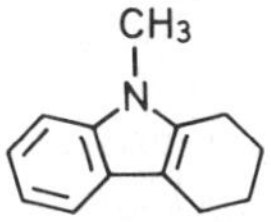 **23**	185	+14	50	157	+14	100
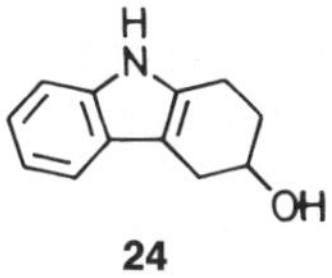 **24**	187	+16	43	143	0	100
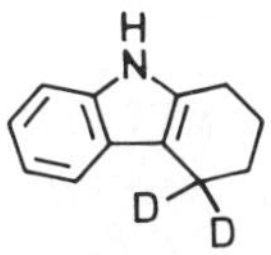 **22a**	173	+ 2	62	145	+ 2	100
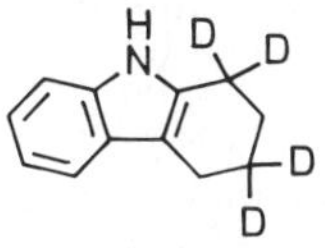 **22b**	175	+ 4	62	145	+ 2	100
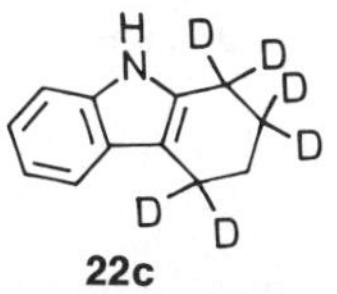 **22c**	177	+ 6	80	147	+ 4	100

* Im Fall der beiden Verbindungen **23** und **24** ließen sich, wenn die Orte der beiden Substituenten unbekannt, der Mechanismus der Fragmentierungsreaktion jedoch bekannt wäre, folgende Schlüsse ziehen: Die Methyl-Gruppe kann an den Positionen 1,4,5,6,7,8 und 9 haften und die Hydroxy-Gruppe an 2 oder 3, ohne daß grundsätzlich andere Spektren zu erwarten wären.

Zur eindeutigen Aufklärung eines Reaktionsmechanismus ist es jedoch erforderlich, markierte Derivate zu untersuchen. Es wurden deshalb die folgenden deuterierten Verbindungen synthetisiert: 4,4-Dideuterio-1,2,3,4-tetrahydrocarbazol (**22a**; M = 173; durch Reduktion von 1,2,3,4-Tetrahydrocarbazol-4-on mit $LiAlD_4$ und Aufarbeitung in Gegenwart von H_2O); 1,1,3,3-Tetradeuterio-1,2,3,4-tetrahydrocarbazol (**22b**; M = 175; durch Kochen des vinylogenen Amids 1,2,3,4-Tetrahydrocarbazol-4-on mit CH_3OD/CH_3ONa, Neutralisation der Reaktionslösung mit DCl/D_2O und Reduktion des gebildeten 1,1,3,3,9-Pentadeuterio-1,2,3,4-tetrahydrocarbazol-4-ons mit $LiAlH_4$) und 1,1,2,3,4,4-Hexadeuterio-1,2,3,4-tetrahydrocarbazol [**22c**; M = 177; durch Kochen von 1,2,3,4-Tetrahydrocarbazol-1-on mit DCl/D_2O und Reduktion des gebildeten Produktes mit Zinkamalgam/DCl/D_2O (→ 1,1,2,2,4,4,5,6,7,8,9-Undecadeuterio-1,2,3,4-tetrahydrocarbazol) gefolgt von Kochen mit HCl/H_2O]. Die Resultate der Massenspektren der drei Verbindungen sind in Tab. 4.4 zusammengefaßt. (Die D-Gehaltsbestimmung an den Molekül-Ionen wurde wegen des starken $[M-1]^+$-Signals durch Vergleich der FI-Spektren durchgeführt, diejenige an den Fragment-Ionen mit den 70 eV-Spektren (s. Abschn. 8.6., S. 241). Die korrekte Position des Isotopeneinbaus wurde durch ^1H-NMR-Spektren überprüft.) Nimmt man a priori an, daß für den Verlust von Ethylen aus (**22**) die sechs Kombinationen

$$(A)\ H_2\overset{1}{C}{=}\overset{2}{C}H_2,\quad (B)\ H_2\overset{1}{C}{=}\overset{3}{C}H_2,\quad (C)\ H_2\overset{1}{C}{=}\overset{4}{C}H_2$$

$$(D)\ H_2\overset{2}{C}{=}\overset{3}{C}H_2,\quad (E)\ H_2\overset{2}{C}{=}\overset{4}{C}H_2,\quad (F)\ H_2\overset{3}{C}{=}\overset{4}{C}H_2$$

möglich sind, so werden durch das Spektrum von **22a** die Möglichkeiten (C), (E) und (F) eliminiert, durch das Spektrum von **22b** zusätzlich (B) und durch dasjenige von **22c** noch (A), womit die Möglichkeit (D), d. h. die Eliminierung von $C(2)H_2 = C(3)H_2$ als bewiesen gelten kann. Aufgrund dieser Resultate können zwei Mechanismen in Betracht gezogen werden (Schema 4.8).

Beim Mechanismus I handelt es sich um eine konzertierte (RDA)-Reaktion, beim Mechanismus II um einen stufenweisen Prozeß, der mit einer vinylogen α-Spaltung beginnt und durch eine Abbruchreaktion zum strukturell gleichen Ion **u** führt. Eine Entscheidung zwischen beiden Mechanismen ist auf der Grundlage der angeführten Resultate nicht möglich[5].

Die RDA-Reaktion wurde an einer Reihe weiterer Systeme bewiesen, z. B. 1,2,3,4-Tetrahydro-β-carbolin (**25**), 1,2,3,4-Tetrahydroisochinolin (**26**). In allen diesen Fällen bilden die Ionen $m/z = 143$ (aus **25**) bzw. 104 (aus **26**, **27** und **28**) die Basispeaks der Spektren. Hingegen entsteht das Hauptfragment-Ionen-Signal $m/z = 104$ aus dem unsubstituierten 1,2,3,4-Tetrahydronaphthalin (Tetralin, **29**) nur zu ca.

Mechanismus I

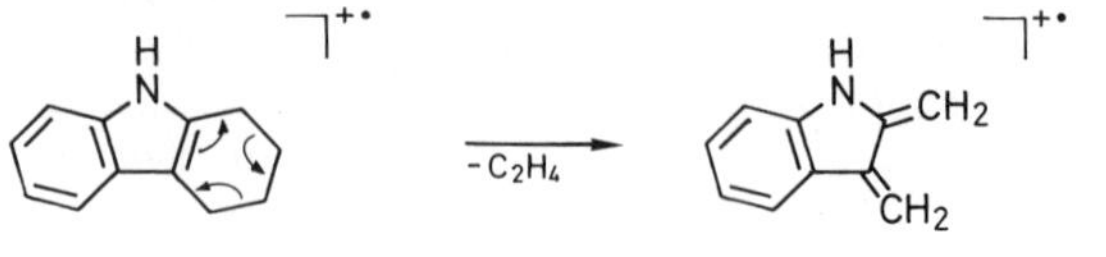

$22^{+\bullet}$ ($m/z = 171$) u ($m/z = 143$)

Mechanismus II

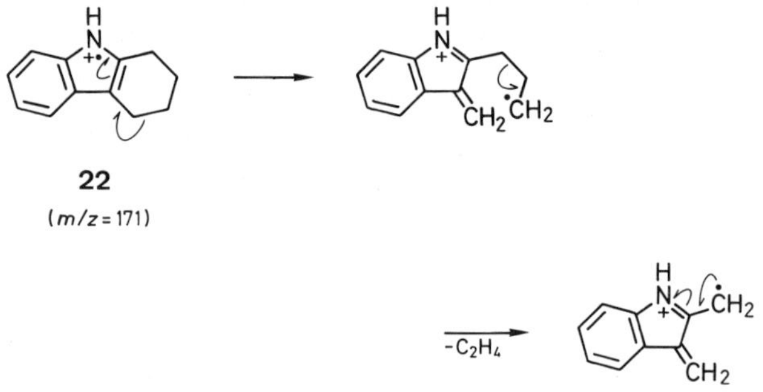

22 ($m/z = 171$)

u ($m/z = 143$)

Schema 4.8 s. Abb. 4.24

1/3 durch eine RDA-Reaktion, bei den restlichen 2/3 erfolgt vor dem Ethylen-Verlust eine Umlagerung der CH_2-Gruppen[7].

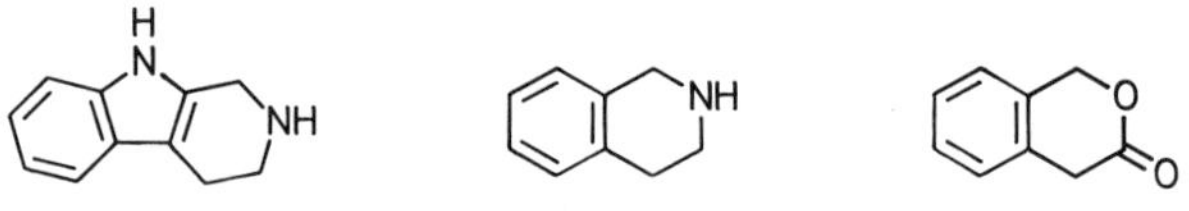

25 **26** **27**

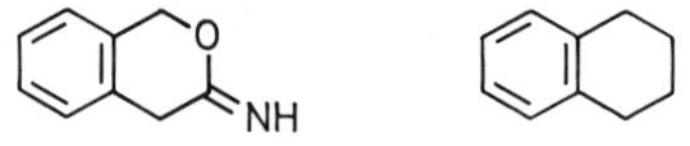

28 **29**

Viele organische Naturstoffe enthalten derartige Ringsysteme; ihre Strukturaufklärung erfolgt häufig durch Verwendung der massenspektrometrischen RDA-Reaktion. Beispiele dafür sind besonders Indolalkaloide (mit **22** und **25** als Partialstrukturen) und Tetrahydroisochinolin-Alkaloide (mit **26** als Partialstruktur). Auch viele Naturstoffe, die zu den Flavonoiden (z. B. Flavone, Isoflavone, Rotenoide) gezählt werden, haben einen zentralen Ring, der die RDA-Reaktion eingehen kann. Das Massenspektrum von 5,7-Dihydroxy-4'-methoxyisoflavanon (**30**; M = 286) ist in Abb. 4.25 wiedergegeben. Durch eine RDA-Reaktion im

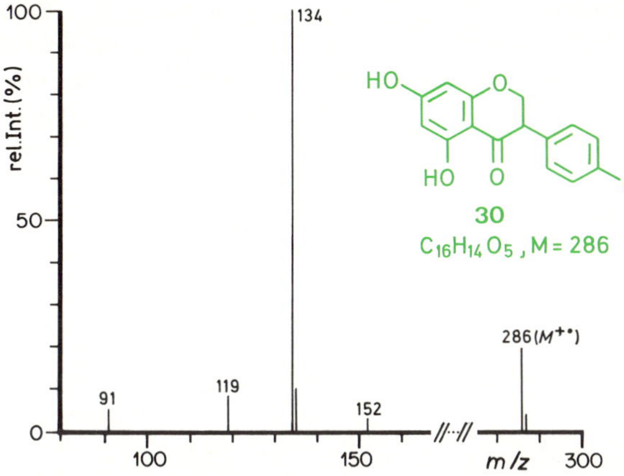

Abb. 4.25 Massenspektrum von 5,7-Dihydroxy-4′-methoxyisoflavanon (**30**)

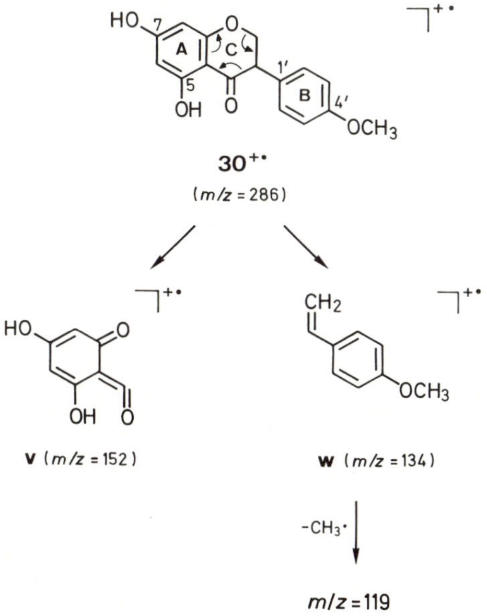

Schema 4.9 s. Abb. 4.25*

Ring C wird das Molekül-Ion in zwei Teile gespalten, die beide Ladungsträger sein können (Schema 4.9). So entsteht als Dien-Komponente **v** ($m/z = 152$) und als En-Teil **w** ($m/z = 134$), welches den Basispeak des Spektrums bildet. **w** kann noch $CH_3^{\bullet}$ abspalten ($m/z = 119$). Aus der Masse der beiden Fragment-Ionen kann man folgern, daß der Ring A (Masse des unsubstituierten Ions: 120) zwei Hydroxy-Gruppen trägt und der Ring B (Masse des unsubstituierten Ions:104) eine Methoxy-Gruppe oder, was massenspektrometrisch nicht zu unterscheiden ist, ein OH und ein CH_3). Bei der Aufklärung von strukturell unbekannten Verbindungen kann sich diese Methode der Verteilung der Substituenten auf die beiden Ringe A und B als sehr nützlich erweisen. Weitergehende Schlußfolgerungen über den Stubstitutionsort sind nicht statthaft. Dies muß durch andere spektroskopische oder chemische Untersuchungen geklärt werden.

4.5 McLafferty-Umlagerung

Analoge Reaktionen: Photochemie: Norrish-Typ-II-Reaktion; Ester-Pyrolyse, Tschugaev-Reaktion, En-Reaktion.

Dieser Reaktionstyp wird auch als β-Spaltung mit H-Verschiebung bezeichnet. Dabei wird über einen sechsgliedrigen Übergangszustand ein H-Atom aus der γ-Position auf ein mindestens doppelt gebundenes Atom übertragen, wobei gleichzeitig eine Verschiebung der Doppelbindung eintritt und ein Neutralteilchen, das die β- und γ-ständigen Atome enthält, ausgestoßen wird. Der Prozeß kann konzertiert (I) oder stufenweise (II) ablaufen. Die für die Reaktion notwendige Akzeptor-Doppelbindung kann bereits im Ausgangsmolekül vorhanden oder erst durch andere Fragmentierungsreaktionen (z. B. α-Spaltung) gebildet worden sein. Unter den Gruppierungen, die eine McLafferty-Umlagerung eingehen können, seien einige genannt: C═O (z. B. Carbonsäuen, Ester, Aldehyde, Ketone, Amide, Lactame, Lactone), C═N (z. B. Azomethine oder Schiff-Basen, Hydrazone, Oxime, Semicarbazone), S═O (z. B. Sulfonsäureester), C═C (z. B. Alkyl-Arene, Alkyl-Heterocyclen, Benzylether, Olefine).

I

II

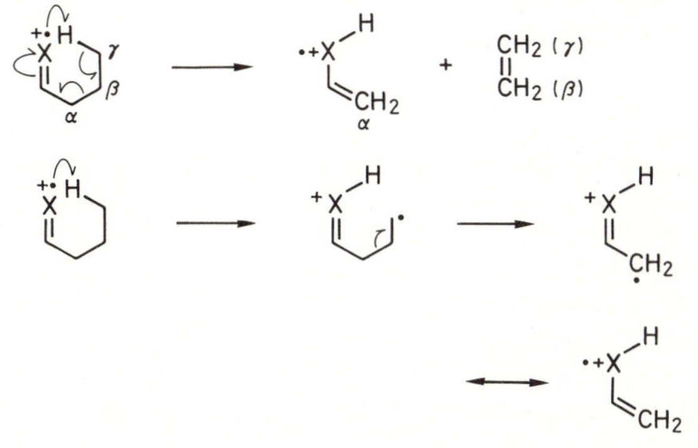

---

* Es ist nicht ganz unnötig, an dieser Stelle auf einen in der Literatur gelegentlich vorkommenden Formulierungsfehler hinzuweisen: Treten bei einer RDA-Reaktion sowohl die En- als auch die Dien-Komponente als Ionen auf, wie im Fall von **30**, so ist die Formulierung

$$30^{+\bullet} \rightarrow \mathbf{v}\ (m/z = 152) + \mathbf{w}\ (m/z = 134)$$

falsch, weil sie den physikalischen Unsinn $+^{\bullet} = +^{\bullet} + +^{\bullet}$ zum Ausdruck bringt. Akzeptabel hingegen ist

$$30^{+\bullet} \rightarrow \mathbf{v}\ (m/z = 152)\ \text{bzw./oder}\ \mathbf{w}\ (m/z = 134).$$

Die McLafferty-Umlagerung sei durch einige Beispiele illustriert. Butansäuremethylester (**31**; M = 102, Abb. 4.26) bildet durch die McLafferty-Umlagerung unter Ethylen-Verlust das Ion $m/z = 74$ (**x**). Andere Fragment-Ionen von **31** lassen sich durch die α-Spaltung ($m/z = 31, 59, 71$) erklären (Schema 4.10). Aus $m/z = 71$ entsteht durch CO-Verlust $m/z = 43$,

Bei höheren Fettsäureestern nimmt die Intensität eines Fragment-Ions **y** zu, das um + 13 amu höher erscheint als das Fragment-Ion aus der McLafferty-Umlagerung [bei Methylestern: $m/z = 74$ (**x**) + 87 (**y**)]. Ester höherer Alkohole und Ester aromatischer Carbonsäuren, z. B. Benzoesäurebutylester (**32**; M = 178, Abb. 4.27), zeigen neben den

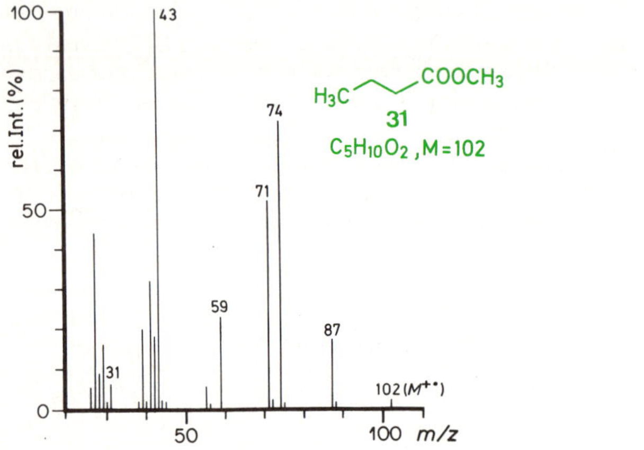

Abb. 4.26 Massenspektrum von Butansäuremethylester (**31**)

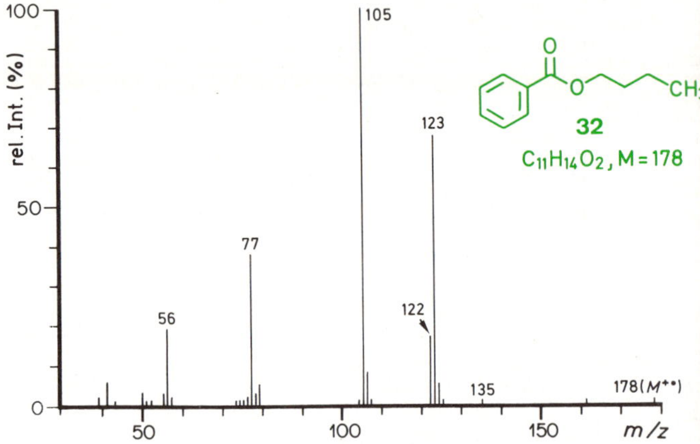

Abb. 4.27 Massenspektrum von Benzoesäurebutylester (**32**)

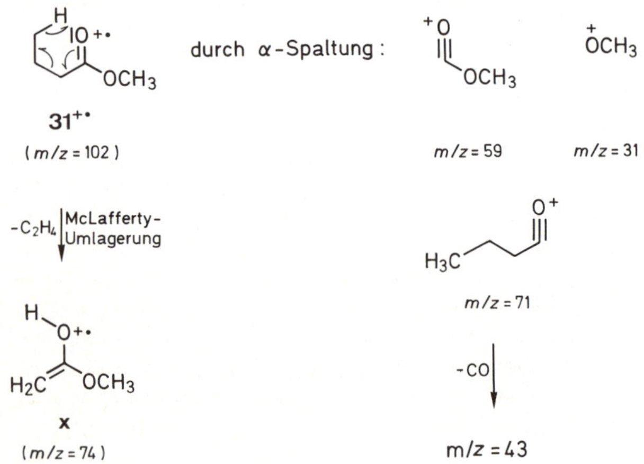

Schema 4.10 s. Abb. 4.26

Charakteristisch für Methylester sind die Signale bei $m/z = 74$ (McLafferty-Umlagerung) und 59 (α-Spaltung), für Ethylester 88 bzw. 73 usw. Das Ion der McLafferty-Umlagerung aus aliphatischen Carbonsäuren ist $m/z = 60$.

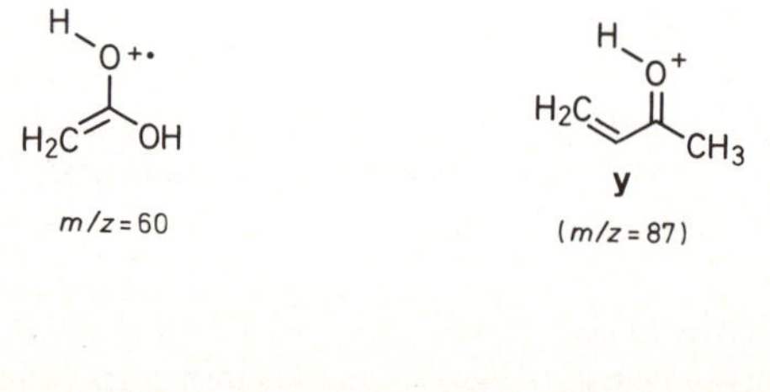

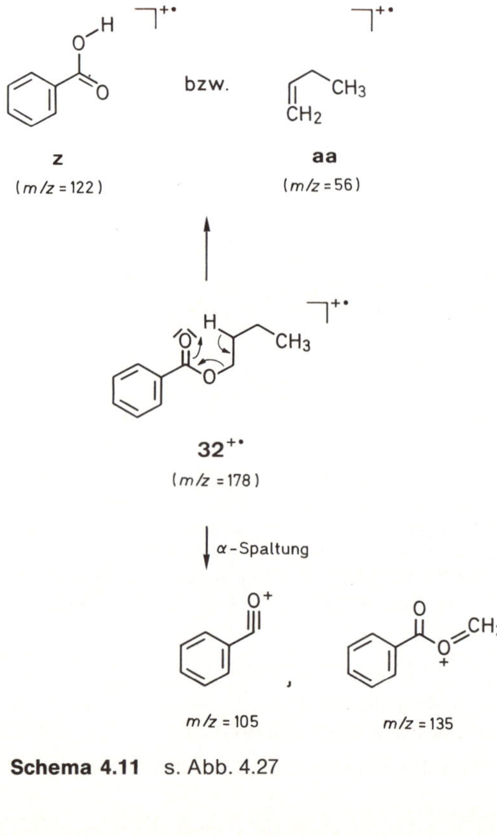

Schema 4.11 s. Abb. 4.27

Ionen der McLafferty-Umlagerung auch Ionen der protonierten Carbonsäure. Bei **32** sind die ersteren **z** ($m/z = 122$) und **aa** ($m/z = 56$), die protonierte Benzoesäure ($C_6H_5COOH_2^+$) hat die Masse 123 (s. Schema 4.11). Das Ion $m/z = 105$, das intensivste Signal des Spektrums, ist aus der α-Spaltung zur Carbonyl-Gruppe hervorgegangen, es ist typisch für Derivate mit einer Phenylcarbonyl-Gruppe wie Benzoesäureester, Phenylketone usw. Aus $m/z = 105$ wird unter CO-Verlust $m/z = 77$ und daraus durch Acetylen-Abspaltung $m/z = 51$ gebildet (s. Abschn. 4.1, S. 208).

McLafferty-Umlagerungsreaktionen, die durch den Einfluß einer (C=C)-Bindung zustande kommen, sind z. B. $m/z = 92$ im Spektrum von Butylbenzol (**9**; Abb. 4.12) und $m/z = 42$ und 56 in denjenigen von 1-Hepten (**14**; Abb. 4.16) und 4-Methyl-1-hexen (**15**; Abb. 4.17).

McLafferty-Umlagerungen, bei denen anstelle eines γ-H-Atoms ein Alkyl- oder anderer Rest umgelagert werden, sind seltene Prozesse.

4.6 Onium-Reaktion

Hinter diesem Namen verbirgt sich ein Reaktionstyp, der mehrheitlich an kationischen Fragment-Ionen beobachtbar ist, in denen das Heteroatom Ladungsträger ist, also an Ox**onium**-, Amm**onium**-, Phosph**onium**-, Sulf**onium**-Fragment-Ionen.

Unter Elektronenbeschuß verliert *N*-Isopropyl-*N*-methylbutylamin (**33**; M = 129, Abb. 4.28) durch α-Spaltung $CH_3^•$ oder $C_3H_7^•$, wodurch die Ammonium-Ionen **ab** ($m/z = 114$) bzw. **ac** ($m/z = 86$) gebildet werden.

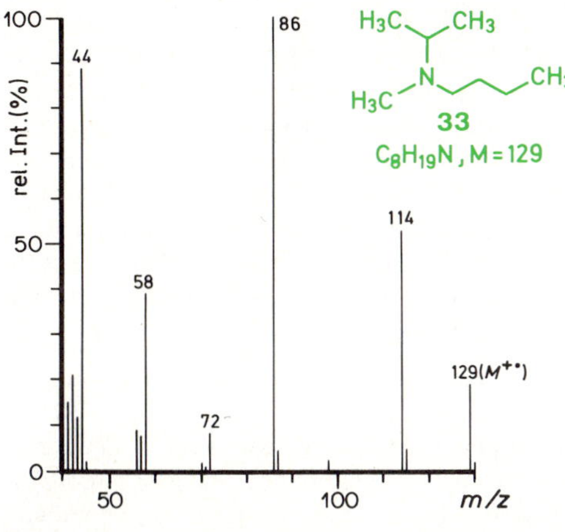

Abb. 4.28 Massenspektrum von *N*-Isopropyl-*N*-methylbutylamin (**33**)

Im Ion **ab** ist zur Doppelbindung ein γ-ständiges H-Atom vorhanden, das nach McLafferty umlagern kann. Das dadurch entstehende Fragment-Ion ist **ad** ($m/z = 72$). Das andere Ion der α-Spaltung (**ac**) kann eine ähnliche Zerfallsreaktion nicht eingehen (kein γ-H-Atom). Beide Ammonium-Ionen hingegen können unter Transfer eines H-Atoms aus dem Alkyl-Rest zum N-Atom, aus **ab** unter Eliminierung von C_4H_8 (56 amu) und aus **ac** unter Eliminierung von C_3H_6 (42 amu), die Onium-Reaktion eingehen und die Ionen **ae** ($m/z = 58$) bzw. **af** ($m/z = 44$) bilden (s. Schema 4.12). Da die genaue Herkunft des auf das Heteroatom übertragenen H-Atoms meistens unbekannt ist (keine Regiospezifität, Deuterierungsexperimente haben gezeigt, daß längs einer Alkyl-Kette die verschiedenen H-Atome in unterschiedlichem Ausmaß übertragen werden), wählt man z. B. für den Weiterzerfall von **ab** die folgende Darstellungsweise:

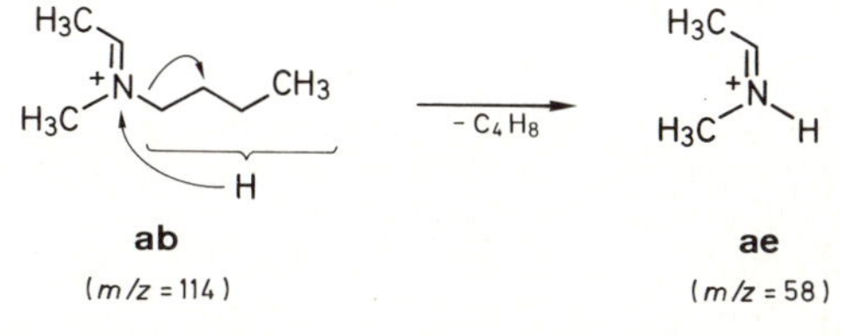

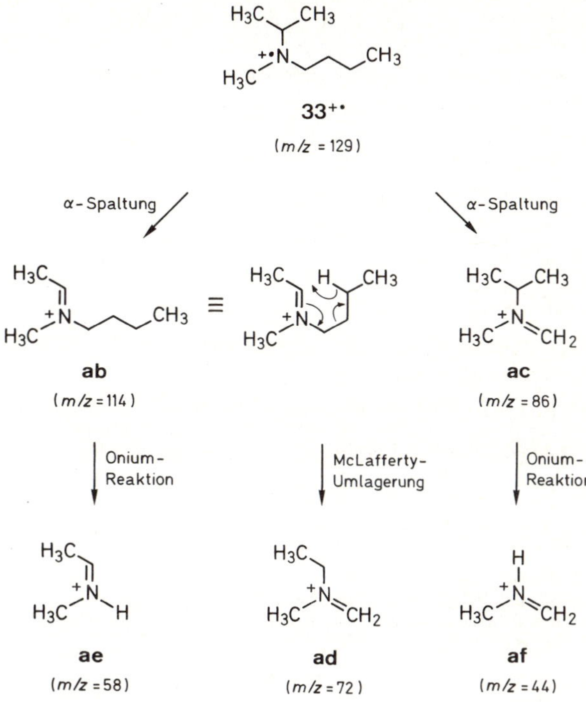

Schema 4.12 s. Abb. 4.28

Ähnliche Zerfallssequenzen können an Ethern (s. Abb. 4.29, Schema 4.13 Butylethylether (**34**; M = 102)) und Thioethern festgestellt werden.

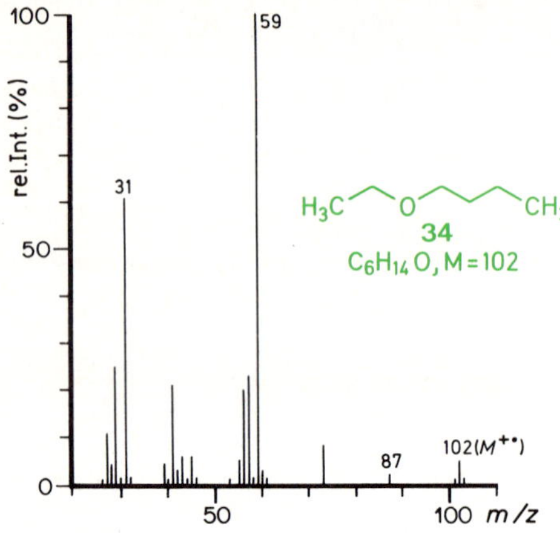

Abb. 4.29 Massenspektrum von Butylethylether (**34**)

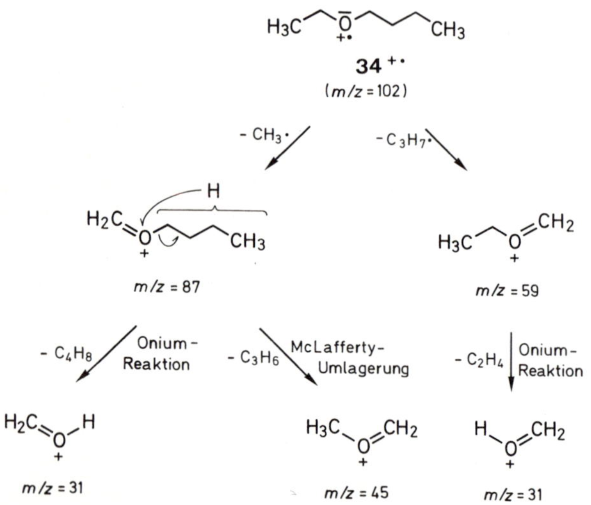

Schema 4.13 s. Abb. 4.29

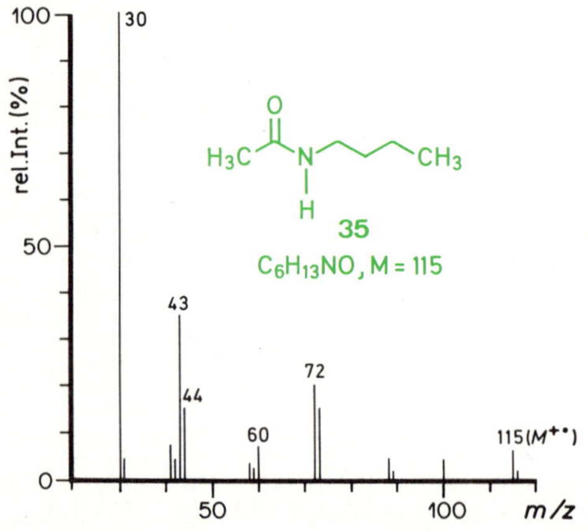

Abb. 4.30 Massenspektrum von *N*-Butylacetamid (**35**)

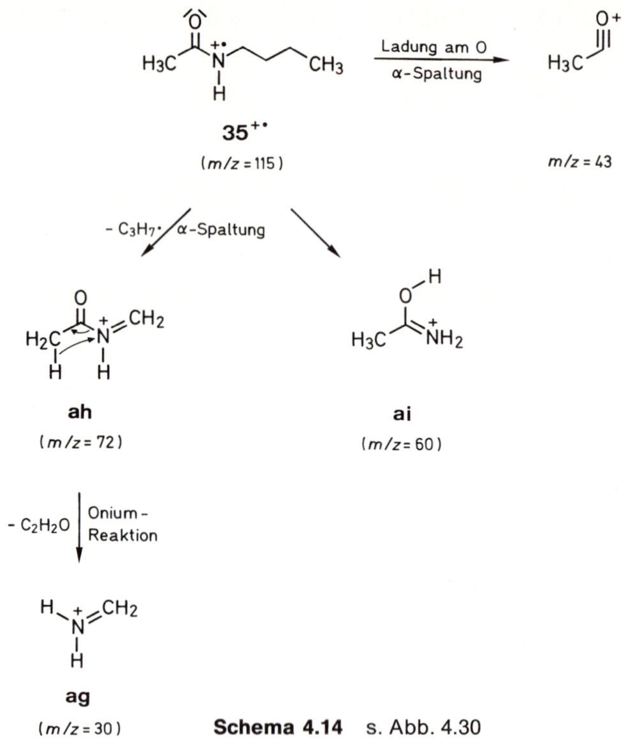

Schema 4.14 s. Abb. 4.30

Außer Alkyl-Substituenten (ausgenommen CH_3) können auch Acyl-Reste die Onium-Reaktion eingehen. Im Massenspektrum von *N*-Butylacetamid (*N*-Acetylbutylamin, **35**, M = 115, Abb. 4.30) ist $m/z = 30$ (**ag**), gleich wie bei den *n*-Alkylaminen selbst, Basispeak. Die primäre Amino-Gruppe ist jedoch in **35** acetyliert und damit nicht frei. Gemäß Schema 4.14 wird aus dem Molekül-Ion zunächst **ah** ($m/z = 72$) durch α-Spaltung zum *N*-Atom gebildet, aus dem durch eine Onium-Reaktion unter Keten-Verlust **ag** entsteht. Gleichzeitig ist erwähnenswert, daß *N*- und *O*-Acetyl-Verbindungen sich durch Signale bei $m/z = 43$ zu erkennen geben. Ferner sind die Spektren *N*-substituierter Acetamide durch ein Signal bei $m/z = 60$ (**ai**) charakterisiert, es kommt durch eine McLafferty-Umlagerung mit zusätzlichem H-Transfer zustande.

Andere *N*-Acetyl-Verbindungen verhalten sich analog wie **35**. Es ist bemerkenswert, daß auch Acyl-Reste, die keine aliphatisch gebundenen H-Atome enthalten, durch eine Onium-Reaktion (mit H-Verschiebung!) abgespalten werden können; derartige Reste sind z. B. Benzoyl-, Benzolsulfonyl-, *p*-Toluolsulfonyl-(Tosyl-).

Auch das intensivste Ion $m/z = 149$ (**am**) im Spektrum von Phthalsäure-Dialkylestern, z. B. Phthalsäure-diethylester (**36**; M = 222, Abb. 4.31), verdankt seine Entstehung einer Onium-Reaktion: Das Ion, das durch Abspaltung eines

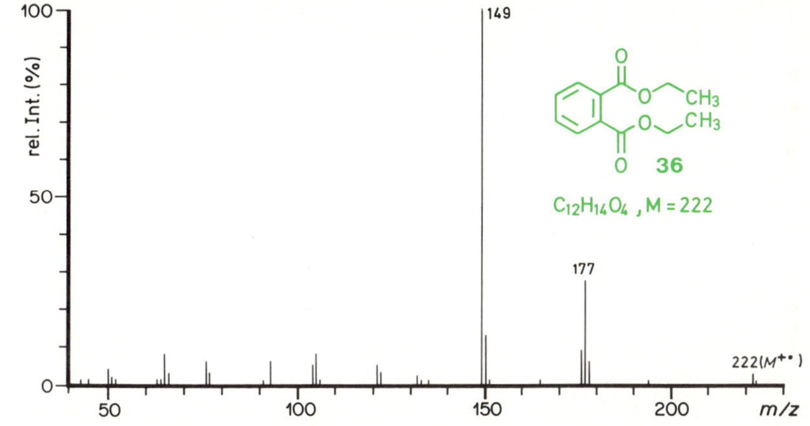

Abb. 4.31 Massenspektrum von Phthalsäure-diethylester (**36**)

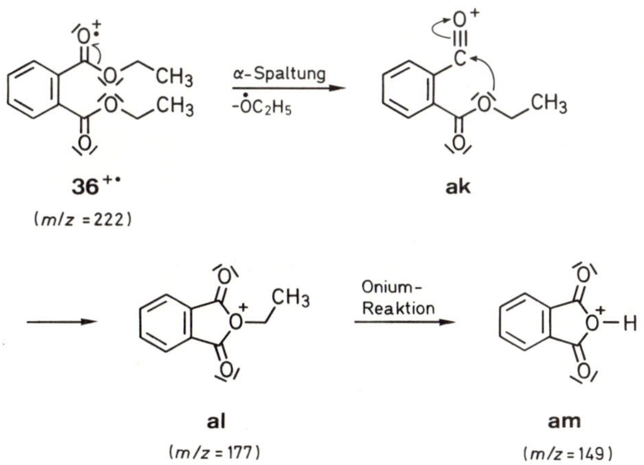

Schema 4.15 s. Abb. 4.31

Alkoxy-Restes entstanden ist, $m/z = 177$ (**ak**), cyclisiert. Die Cyclisierung erfolgt unter dem Einfluß der nachbarständigen (*o*-ständigen) zweiten Ethoxycarbonyl-Gruppe (**al**). Dadurch wird die Ladung von der ladungstragenden Carbonyl-Gruppe auf das Ether-O-Atom übertragen. Durch die H-Übertragung vom Alkyl-Rest auf das O-Atom entsteht **am** ($m/z = 149$, Schema 4.15) s. S. 234, 278. Häufig zeigen *o*-disubstituierte Benzol-Derivate verglichen mit den *m*- und *p*-Isomeren ein besonderes massenspektrometrisches Verhalten, was als *ortho*-Effekt bezeichnet wird, s. Abschn. 8.15 (S. 248).

Die Abspaltung von Acyl-Resten, die an O oder N gebunden sind, erfolgt in einigen Fällen auch direkt aus dem Molekül-Ion. Zu solchen Verbindungen gehören insbesondere Acyloxybenzole und *N,N*-Diacetylalkylamine. Es muß jedoch daran erinnert werden, daß diese Substanzen sehr leicht hydrolysiert werden und damit sehr leicht Substanzgemische (Bildung von Phenolen, *N*-Acylalkylaminen) zur Messung gelangen.

4.7 CO-Verlust

Cyclische, stark ungesättigte Verbindungen, ferner Ionen, die durch α-Spaltung zu einer Carbonyl-Gruppe entstanden sind, s. S. 210, haben die Eigenschaft, CO (28 amu) abzuspalten. Sind mehrere CO-Gruppen in einem Molekül vorhanden, so können sie nacheinander alle eliminiert werden. Meistens wird eine solche Fragmentierungsreaktion durch ein (intensives) Übergangssignal (s. S. 253) angezeigt.

In Abb. 4.32 ist das Massenspektrum von Tropon (**37**; M = 106) angegeben. Es dokumentiert diese in solchen Systemen bevorzugte Fragmentierungsreaktion. Der übrige Teil des Spektrums von **37** ähnelt demjenigen von Benzol, d. h., das CO-Abspaltungs-Ion ist cyclisch.

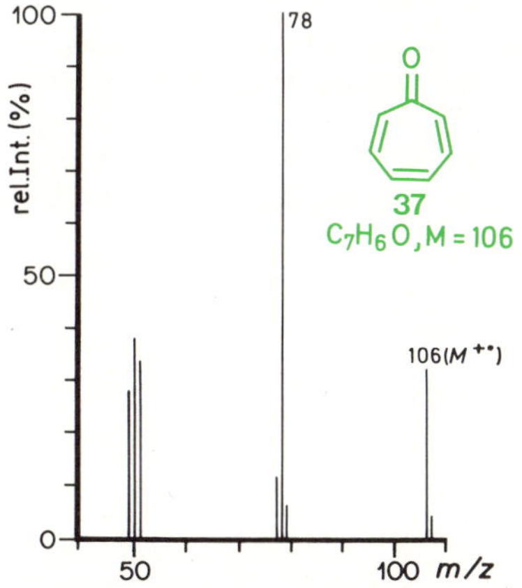

Abb. 4.32 Massenspektrum von Tropon (**37**)

Auch Verbindungen, deren Enol-Form in Lösung viel häufiger ist als die Keto-Form, spalten massenspektrometrisch CO ab. Typisch für diese Substanzklasse sind Phenole.

Phenol (**38**; M = 94) selbst zeigt das in Abb. 4.33 darge-

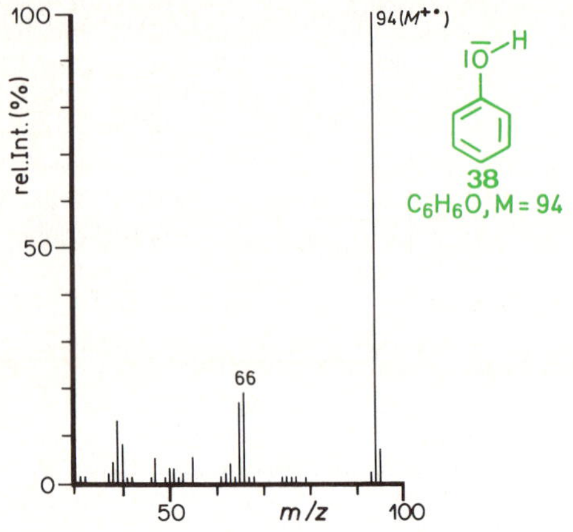

Abb. 4.33 Massenspektrum von Phenol (**38**)

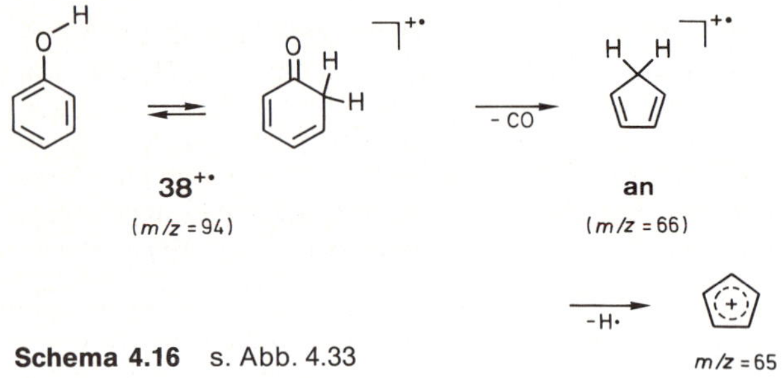

Schema 4.16 s. Abb. 4.33

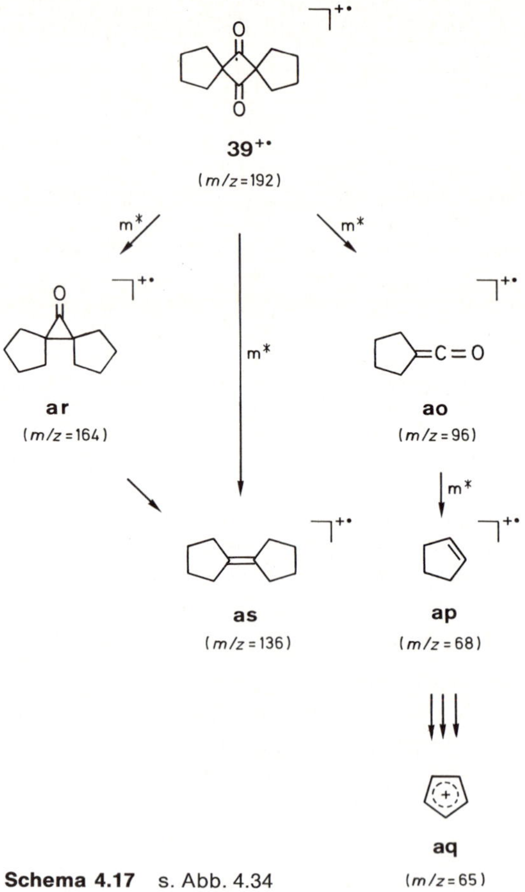

Schema 4.17 s. Abb. 4.34

stellte Spektrum. Das intensivste Fragment-Ion des Spektrums ist $m/z = 66$ (**an**), entstanden durch CO-Verlust. Es kann, da es noch quasi ein Molekül-Ion ist, durch Verlust eines H• in das Cyclopentadienyl-Kation $m/z = 65$ übergehen (Schema 4.16). Als Beispiel einer Verbindung mit zwei CO-Gruppen ist Dispiro[4.1.4.1]dodecan-6,12-dion (**39**; M = 192, Abb. 4.34) angeführt. Der Basispeak des Spektrums liegt bei $m/z = 96$, der halben Masse des Molekül-Ions. Es handelt sich dabei nicht um das doppeltgeladene Molekül-Ion (Isotopenpeaks bei halben Massen fehlen), sondern vielmehr um das Fragment-Ion **ao**. Dieses spaltet CO ab und liefert vermutlich das Cyclopenten-Ion **ap** ($m/z = 68$). **ap** kann unter Abspaltung von insgesamt drei H-

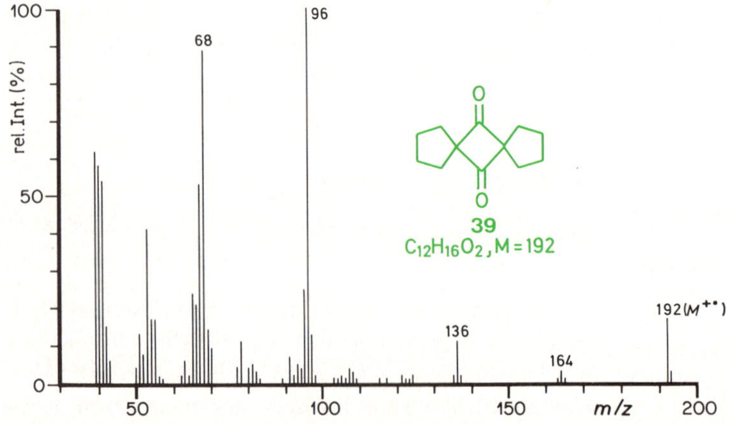

Abb. 4.34 Massenspektrum von Dispiro[4.1.4.1]-dodecan-6,12-dion (**39**)

Atomen in das Cyclopentadienyl-Kation **aq** ($m/z = 65$) übergehen. Durch einen zweiten Abbauweg kann aus $M^{+\bullet}$ zunächst ein CO (**ar**, $m/z = 164$) und dann das zweite CO (**as**, $m/z = 136$) abgespalten werden. Durch Übergangssignale angezeigt, kann die Bildung von **as** auch direkt aus dem Molekül-Ion erfolgen (Schema 4.17). Bei diesem Schritt kann C_2O_2 entweder als ein Stück oder in zwei rasch aufeinanderfolgenden Reaktionen eliminiert werden. Auch bei anderen Diketonen erfolgt teilweise die Abspaltung beider CO-Gruppen (Beispiel: Anthrachinon).

Die α-Spaltung mit den Varianten Benzyl- und Allyl-Spaltung und der Spaltung nichtaktivierter (C—C)-Bindungen, die RDA-Reaktion, die McLafferty-Umlagerung, die Onium-Reaktion, und, des häufigen Vorkommens von Carbonyl-Gruppen wegen, auch der CO-Verlust spielen beim Zerfall organischer Moleküle eine vielfach entscheidende Rolle. Damit ist das Arsenal dem Wesen nach prinzipiell verschiedener Zerfallsreaktionen nicht erschöpft. Spezielle funktionelle Gruppen oder eine besondere Anordnung von Atomen können teilweise spezielle Fragmentierungsreaktionen bedingen. Reaktionsbeispiele sind u. a.: Wasserabspaltung, S_Ni-Reaktion, Reaktionen mit Nachbargruppen-Beteiligung (s. S. 247).

5. Thermische Reaktionen im Massenspektrometer

Zur Aufnahme eines Elektronenstoß-Massenspektrums ist es, wie weiter oben erwähnt wurde, erforderlich, daß sich die Substanzprobe in der Gasphase befindet. Da die meisten organischen Verbindungen bei Raumtemperatur Flüssigkeiten oder Festkörper sind, ist es notwendig, sie in die Dampfphase überzuführen. Ferner kann es für gewisse Messungen (z. B. Spektren von Gasen und Flüssigkeiten) wichtig sein, die Proben in der Gasphase längere Zeit in Behältern aufzubewahren. Einerseits benötigt der Verdampfungsvorgang eine Temperaturerhöhung, und andererseits können die gasförmigen Moleküle mit den Wänden des Aufbewahrungsbehälters und mit Teilen der Ionenquelle, die sich zur Verhinderung von Kondensationen auf höherer Temperatur befinden, Stöße eingehen. Stöße dieser Art führen zur Energieerhöhung der Moleküle und können Anlaß zu katalysierten thermischen Zerfallsprozessen geben.

In den letzten Jahren sind die Einlaßteile der Massenspektrometer stark verbessert worden. Materialien, die thermische Reaktionen fördern, wurden durch andere ersetzt. Auch wurden die Verdampfungseinrichtungen stark verbessert. Die Folge davon ist eine Abnahme der Zahl beobachteter thermischer Zerfallsprozesse im Massenspektrometer (ältere und neuere Spektren weisen u. a. deshalb häufig charakteristische Unterschiede auf). Jedoch werden noch viele derartige Reaktionen gefunden, weshalb ihre Kenntnis für die Interpretation von Massenspektren unbedingt erforderlich ist. Thermische Zersetzungsreaktionen treten insbesondere dann auf, wenn zum Verdampfen der Probe höhere Temperaturen notwendig sind, wie dies bei Verbindungen mit großer rel. Molekülmasse (>400) und/oder mehreren polaren funktionellen Gruppen (z. B. —COOH, —OH, —NH_2, —SH) der Fall ist. Ferner können Verunreinigungen (z. B. Silicagel, Aluminiumoxid oder auch Aktivkohle) in den Proben thermische Reaktionen katalysieren.

Diese thermischen Reaktionen haben nichts mit den eigentlichen massenspektrometrischen Fragmentierungsreaktionen zu tun. Sie laufen vor der Ionisierung ab und führen im Vergleich zur Untersuchungssubstanz entweder zu schwereren, leichteren oder gleichschweren, d. h. isomerisierten Partikeln. Entstehen bei solchen Prozessen zwei oder mehrere Teilchen, so werden sie unabhängig voneinander ionisiert und geben sich überlagernde Massenspektren.

5.1 Wichtigste Arten thermischer Reaktionen[6]

Es kommt vor, daß sich organische Substanzen unspezifisch zu vielen größeren und kleineren Stücken zersetzen. Dies geschieht meistens bei höhermolekularen Verbindungen, die durch das Direkteinlaß-System ins Massenspektrometer eingeführt wurden. Nimmt man von solchen Proben mehrere Massenspektren nacheinander auf, so zeigen diese Spektren im allgemeinen keine große Ähnlichkeit untereinander. Man erhält den Eindruck eines Gemisches mehrerer Substanzen, deren Ionen-Intensitäten nach höheren Massen hin abnehmen, ohne daß man das Ende des Spektrums angeben könnte. Abgesehen von diesem Typ allgemeiner, mehr oder weniger unspezifischer Zersetzungsreaktionen seien im folgenden an Beispielen einige häufiger beobachtete Allgemeinfälle aufgeführt.

Thermische Abspaltung kleinerer Bruchstücke

CO_2 (Decarboxylierung). Besonders β-Oxocarbonsäuren, aber auch aromatische und andere Verbindungen mit mehreren Carboxy-Gruppen neigen leicht zur Abspaltung von CO_2. Dies trifft besonders dann zu, wenn die β-Oxocarbonsäure Teil eines größeren Molekülverbandes ist.

CO (Decarbonylierung). α-Oxocarbonsäuren und deren Alkylester spalten teilweise bei ihren Destillationstemperaturen CO ab. Derartige Reaktionen können bereits auch unter den Bedingungen der Aufnahme von Massenspektren ablaufen. So sind z. B. die Spektren von (2-Oxocyclohexyl)glyoxylsäure-ethylester (**40**; M = 198) und seinem Decarbonylierungsprodukt 2-Oxocyclohexancarbonsäure-ethylester (**41**; M = 170) abgesehen von einem nur wenig intensiveren Signal bei $m/z = 28$, gleich (Gas-Einlaß 200 °C).

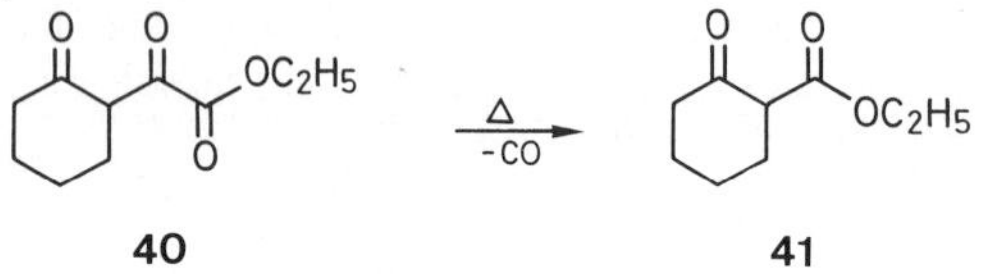

40 **41**

CH_3COOH. Die thermische Abspaltung von Carbonsäuren aus Acyloxy-Derivaten kann ihre Ursache in einer Ester-Pyrolyse haben. Diese tritt besonders dann ein, wenn die neu entstandene Doppelbindung in Konjugation zu einer bereits vorhandenen gehen kann. Dies bewirkt eine Senkung der Zersetzungstemperatur. Als Beispiel sei das Massenspektrum des Indol-Alkaloides *O*-Acetylhervin (**42**; M = 426, Ionenquellen-Temperatur 250 °C, Direkteinlaß) angeführt. Zu Beginn der Messung wurde ein Verhältnis $M^{+\bullet}/[M-60]^{+\bullet}$[a] von 0,72 gemessen; bereits nach 3 min ist $M^{+\bullet}$ verschwunden, nur $m/z = 366$ (**43**) wird noch registriert. Daraus geht hervor, daß als Ursache dieses Verhaltens eine thermische Ester-Pyrolyse und nicht ihr massenspektrometrisches Äquivalent, die McLafferty-Umlagerung, in Frage kommt.

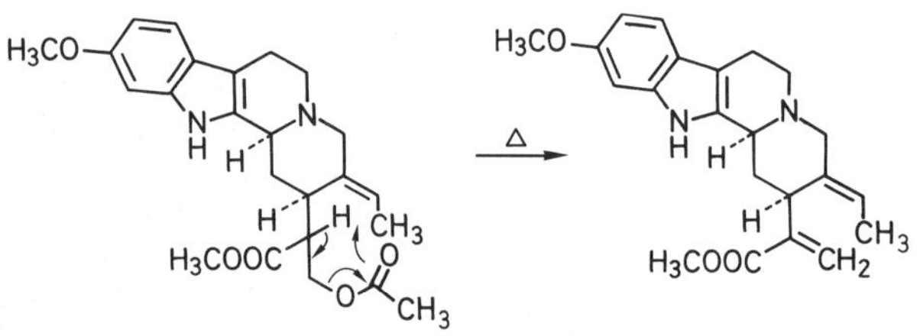

42 **43**

Andere funktionelle Gruppen können unter Umständen ein vergleichbares Verhalten zeigen.

HX (H_2O, HCl etc.). Für den Verlust von Wasser, Chlorwasserstoff usw. gibt es genügend Beispiele, auf die hier deshalb nicht eingegangen werden soll. Für den Wasserverlust sind nicht nur Hydroxy-Gruppen verantwortlich, sondern auch gewisse *N*-Oxide (nach erfolgter Umlagerung) und Amide (Lactame), die z. B. mit einem transanullar angeordneten Amin-*N*-Atom in Amidine übergehen können.

Beim Erhitzen bzw. Verdampfen von Verbindungen, die Kristallwasser, andere Kristallösungsmittel oder Einschlüsse enthalten, werden diese frei gesetzt und unabhängig von der Verbindung ionisiert. Wird ein gemeinsames Molekül-Ion registriert, muß eine (thermische) Reaktion zwischen beiden Molekülen stattgefunden haben.

Retro-Reaktionen

Retro-Aldol-Reaktion. Spezielle Gruppierungen in einem Molekül sind Voraussetzungen für den Ablauf einer thermischen Retro-Aldol-Reaktion. Verbindungen, die das allgemeine Strukturelement **44** besitzen, können sich thermisch unter Verlust von CH_2O (oder seinem Äquivalent) zersetzen. Beispiele dieser Art sind bei basischen Naturstoffen (Alkaloiden) beobachtet worden.

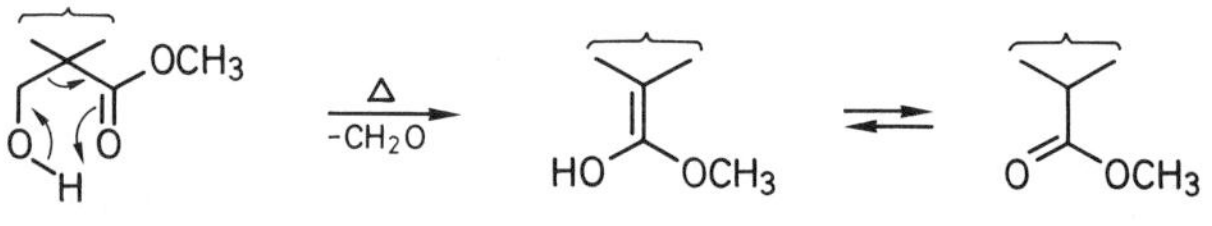

44

Retro-Diels-Alder-Reaktion. Eine der sehr häufig beobachteten Reaktionen an alicyclischen und heterocyclischen Sechsring-Systemen mit einer Doppelbindung ist die Retro-Diels-Alder-Reaktion. Mitunter ist es nicht einfach, eine thermisch im Massenspektrometer (Einlaß) ablaufende und eine massenspektrometrische oder ein Gemisch beider Reaktionen voneinander zu unterscheiden. So wird z. B. vom Chinon (**45**; M = 296) im Massenspektrometer das Molekül-Ion registriert (Direkteinlaß-System, 170 °C), durch das Gas-Einlaß-System (200 °C) hingegen tritt eine thermische Retro-Diels-Alder-Reaktion ein, wobei sich die Massenspektren der beiden Teilstücke (**46**; M = 148) und (**47**; M = 148) überlagern. Präparativ ließen sich **46** und **47** aus **45** durch Destillation gewinnen. Das Additions-Massenspektrum von **46** und **47** ist sehr ähnlich dem Spektrum von **45** (gewonnen durch Einführung der Probe via Gas-Einlaß-System) und nicht unähnlich (größere Intensitätsunterschiede der Hauptsignale) demjenigen von **45**, wobei die Probe durch das Direkteinlaß-System in das Gerät eingeführt wurde. Vermutlich ist dies ein Beispiel für den parallelen Ablauf von thermischer und massenspektrometrischer Retro-Diels-Alder-Reaktion. Eine große Anzahl ähnlicher Fälle wurden bisher beobachtet.

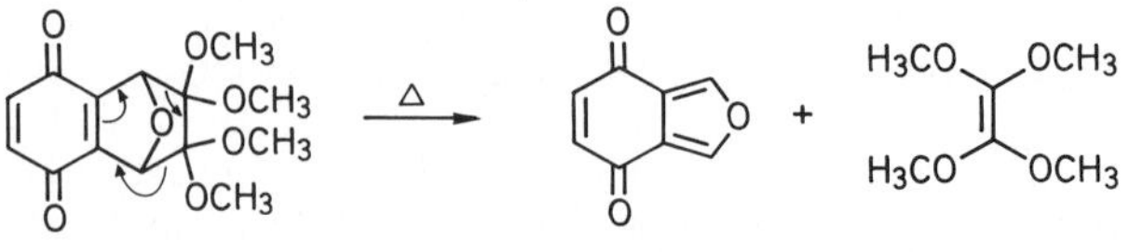

45 **46** **47**

Isomerisierungsreaktionen

Es ist offenkundig, daß das in Abb. 4.35 dargestellte partielle Massenspektrum des *E*/*Z*-Isomerengemisches (**48**; M = 160, Gas-Einlaß 200 °C) in eklatantem Widerspruch zu seiner Struktur steht: Der Verlust von $\bullet CH_3$ aus dem Molekül-Ion ließe sich allenfalls noch erklären, hingegen ist die

---

[a] 60 amu = CH_3COOH; die relativen Peak-Intensitäten von $m/z = 366$ und 426 betragen 95 bzw. 68 %.

sehr intensive Abspaltung von $\bullet C_2H_5$ ($m/z = 131$) nicht vorhersehbar (sie würde die Spaltung einer (C=C)-Bindung mit H-Verschiebung bedingen). Nimmt man jedoch bei **48** eine Isomerisierung zu **49** thermisch-präparativ verwirklicht durch 20stündiges Erhitzen in Octan) an, was durch eine aromatische [1, 7]-sigmatrope Wasserstoff-Verschiebung gefolgt von einer Cyclisierung möglich ist, so ist das Massenspektrum sehr gut erklärbar. In der Tat stimmt das Massenspektrum vom präparativ hergestellten **49** mit demjenigen von **48** weitgehend überein.

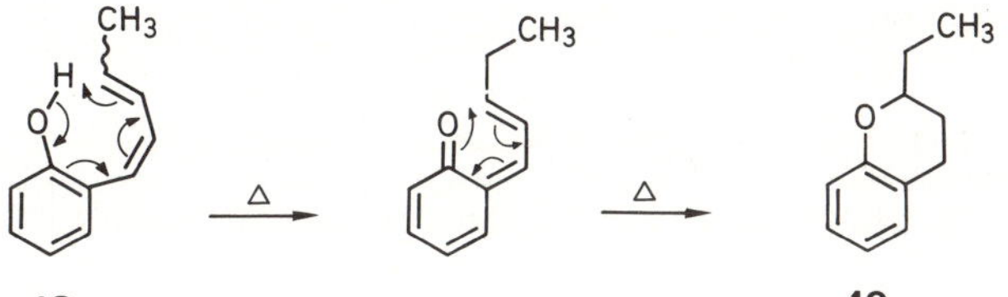

48 **49**

Auch andere Isomerisierungsreaktionen sind bekannt (z. B. Doppelbindungsverschiebungen)[7].

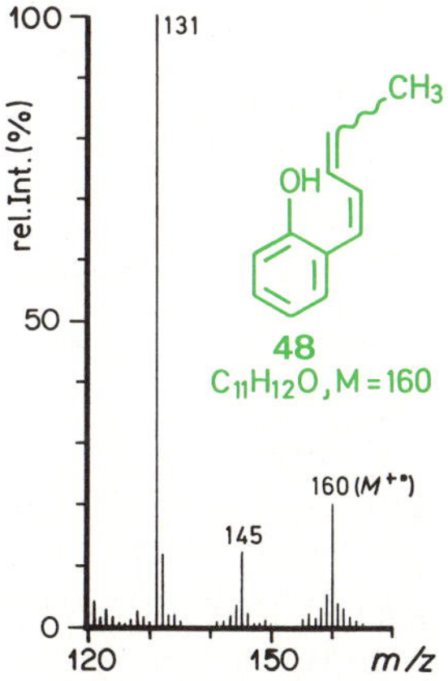

Abb. 4.35 Teil des Massenspektrums von 2-(1,3-Pentadienyl)phenol (**48**)

Disproportionierungs-, Dehydrierungs- und Hydrierungsreaktionen

Beim Vermessen gewisser Verbindungsklassen (z. B. Dihydrochinoxaline, Dihydrochinoline) kann es passieren, daß nicht das erwartete Molekül-Ion registriert wird, sondern dessen Hydrierungs- **und** Dehydrierungsprodukt. So werden beim 2-(*tert*-Butyl)-1,2-dihydrochinoxalin (**50**; M = 188) nur die Molekül-Ionen von (**51**; M = 186) und (**52**; M = 190) gefunden. Der Grund ist eine thermische Disproportionierungsreaktion, wobei ein Molekül als Donor, ein anderes als Akzeptor von H_2 fungiert.

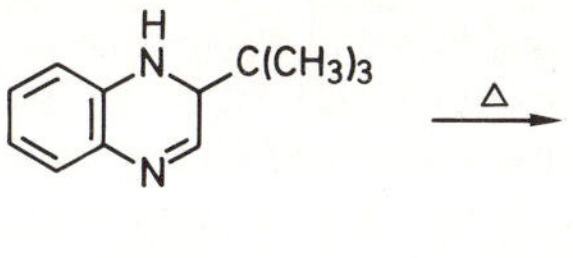

50

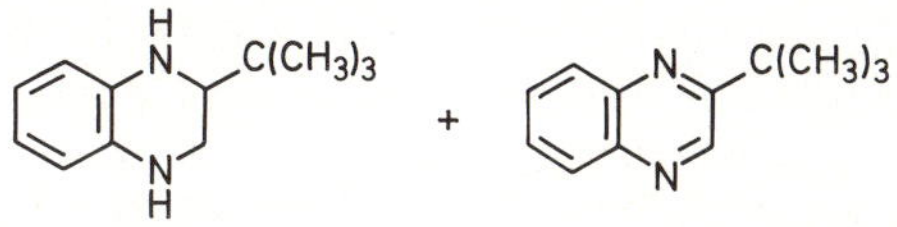

52 **51**

Charakteristisch für die Massenspektren von Chinonen ist das Auftreten relativ intensiver $[M + 2]^{+\bullet}$-Signale. Umgekehrt werden in den Spektren von Hydrochinonen $(M - 2)^{+\bullet}$-Signale beobachtet. Derartige Peaks sind sowohl in den Spektren von *o*- wie *p*-Chinonen und Chinonmonoiminen nachgewiesen worden. Es konnte gezeigt werden, daß H_2O, das im Massenspektrometer anwesend ist, als H-Spender agiert (D_2O-Eingabe).

Pyrolyse quartärer Stickstoff-Verbindungen

Während Hydrosalze organischer Basen thermisch leicht in die sie aufbauende Base und Säure zerfallen und unabhängig voneinander im Massenspektrometer unter Elektronenbeschuß ionisiert werden, kann eine analoge Deprotonierung bei den thermisch stabileren quartären Stickstoff-Verbindungen nicht eintreten, da in diesen der am Stickstoff haftende Substituent ein Alkyl-Rest ist.

Die Überführung eines Salzes in die Dampfphase ist unter den Bedingungen der Aufnahme von EI-Massenspektren nicht ohne Umwandlung des Salzes in Neutralteilchen erreichbar. Diese thermische Umwandlung in Neutralmoleküle geschieht nach bestimmten Gesetzen, die es gestatten, Rückschlüsse auf die rel. Molekülmasse des betreffenden Salzes zu ziehen. Quartäre Stickstoff-Verbindungen der allgemeinen Formel (**53**; X = Halogen) können auf drei Weisen in Neutralmoleküle umgewandelt werden.

Dealkylierung. Das Anion greift an der Alkyl-Gruppe des quartären N-Atoms unter Bildung von tertiärem Amin (Norbase) und Alkylhalogenid an:

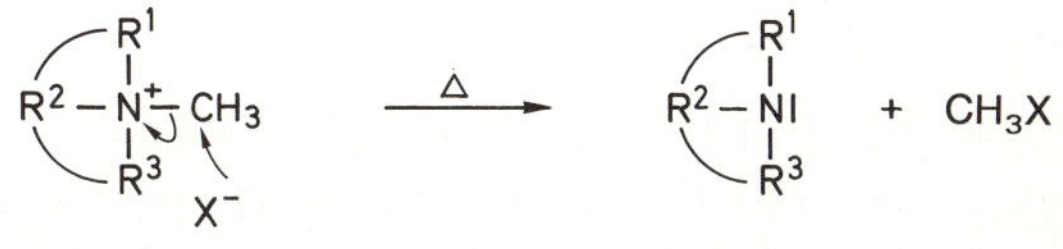

53 a (KM)[a] KM-15

Diese Abbauart wird bevorzugt bei Iodiden gefunden und findet selten bei Fluoriden statt.

[a] KM = Kationenmasse

Thermische Hofmann-Eliminierung. Das Anion greift an einem zum quartären N-Atom β-ständigen H-Atom an **54**, wobei ein tertiäres Amin (Hofmann-Base, **55**) und Halogenwasserstoff gebildet werden.

Während bei der thermischen Dealkylierung von quartären Stickstoff-Verbindungen des allgemeinen Typs **53** nur eine Möglichkeit zur Demethylierung besteht, können unter günstigen Voraussetzungen (mindestens vier zum N^+-Atom β-ständige, an verschiedenen C-Atomen haftende H-Atome) prinzipiell vier Hofmann-Eliminierungen eintreten. Diese Zahl kann durch vinylog oder ethylog verlaufende Abbaureaktionen erhöht werden. Die thermische Hofmann-Eliminierung tritt in erster Linie bei Fluoriden und viel weniger bei Bromiden und Iodiden auf.

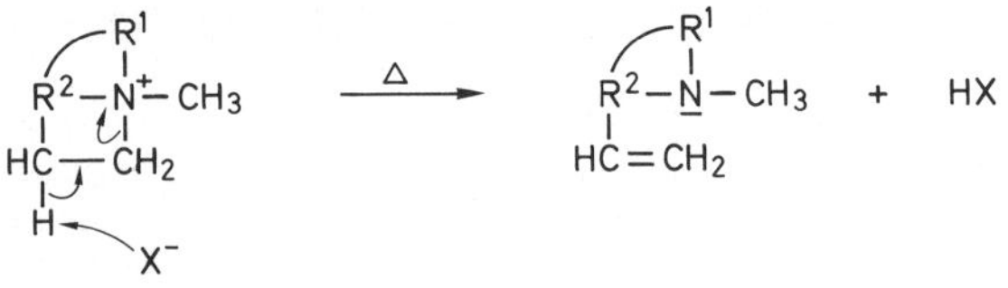

54 (KM) **55** (KM-1)

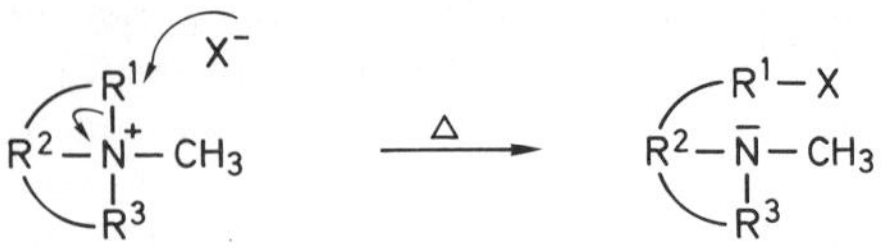

53 **56**

Eine Nebenreaktion, die häufig bei thermischen Hofmann-Eliminierungen beobachtet wird, ist die Dimerisierung der Hofmann-Basen, die manchmal zu intensiven $[2M]^{+\bullet}$-Signalen Anlaß geben.

Substitutionsreaktion. Das Anion greift einen anderen C-Substituenten des quartären N-Atoms an, wodurch die tertiäre Base **56** entsteht, die das Anion enthält. Bei dieser eher seltenen Reaktion handelt es sich in gewisser Beziehung um eine Isomerisierung, denn die Formelmasse des Salzes stimmt mit der rel. Molekülmasse des Pyrolyse-Produktes überein. (Unter Feld-Desorptions-Bedingungen lassen sich die Kationen von Onium-Verbindungen (Ammonium-, Sulfonium-, Phosphonium-Salze) direkt messen[8].)

Umalkylierungs- und Alkylierungsreaktionen

Unter gewissen strukturellen Voraussetzungen kann thermisch eine Übertragung einer Alkyl-Gruppe (Methyl-, Ethyl-) von einer funktionellen Gruppe auf eine andere erfolgen.
Beispiel für Alkyl-Donatoren:

$R{-}COOCH_3$, $R{-}COOC_2H_5$, $N^+{-}CH_3$, $C_6H_5{-}OCH_3$;

für Akzeptoren:

$R{-}COOCH_3$, $N{-}CH_3$, $N{-}H$, $C_6H_5{-}OH$.

Die Reaktion kann inter- und intramolekular verlaufen. Bei der intermolekularen Methylierung werden $[M+14]^{+\bullet}$- und $[M'-14]^{+\bullet}$, seltener $[M+28]^{+\bullet}$- und $[M-28]^{+\bullet}$-Signale gefunden, was einer einfachen bzw. doppelten Reaktion entspricht. Der Übertragung eines CH_3 (15 amu) folgt also eine Rückübertragung eines H-Atoms (oder einer anderen Alkyl-Gruppe), wie das folgende Beispiel der Reaktion von 2-Methyl-1,2,3,4-tetrahydroisochinolin (**57**; M = 147) mit Cyclohexancarbonsäure-methylester (**58**; M = 142) veranschaulicht.

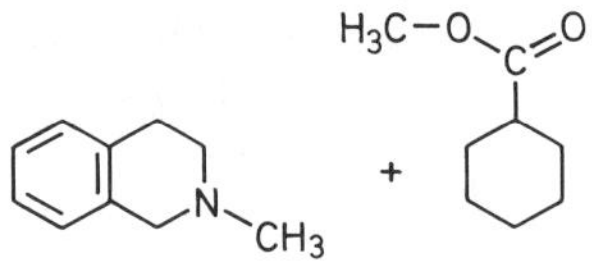

57 M **58** M′

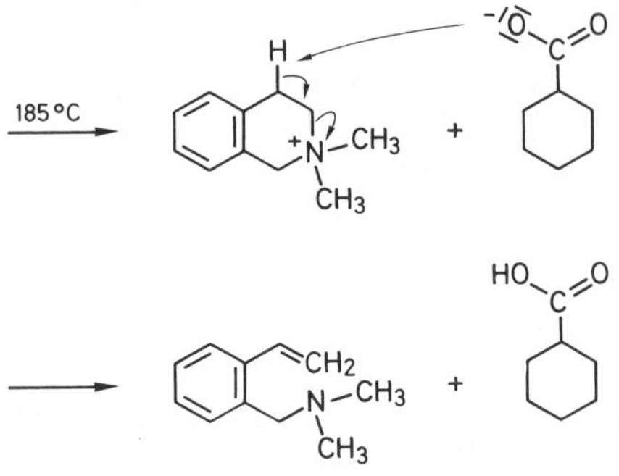

M + 14 M′ - 14

Es sei nochmals darauf hingewiesen, daß thermische Reaktionen an kleinen Molekülen seltener beobachtet werden; sie treten an schweren Molekülen häufiger auf, besonders dann, wenn zusätzliche polare Gruppen an den Molekülen die Verdampfung im Massenspektrometer erschweren oder durch beigemengte Verunreinigungen die Zersetzung gefördert wird.

Ferner sei erwähnt, daß Organometall-, Organobor- und Organosilicium-Verbindungen sich teilweise leicht zersetzen, ihre Zerfallsreaktionen jedoch anderer Natur sind als die oben erwähnten.

5.2 Erkennung thermischer Reaktionen

Ebensowenig wie die thermischen Reaktionen ein einheitliches Bild zeigen, kann man ein allgemeingültiges Rezept für ihre Erkennung geben. Jedoch lassen sich grundsätzliche Gesichtspunkte diskutieren:

Präparative Hochvakuum-Destillation oder -Sublimation. Wird die zur Untersuchung bestimmte Substanzprobe in einem (Glas-)Kugelrohr im Hochvakuum (bei mindestens 0,1 Pa) destilliert (oder sublimiert) und erweist sich das Destillat (Sublimat) im Dünnschicht-Chromatogramm als identisch mit dem Ausgangsmaterial, so besteht kein Grund zur Annahme, daß die Probe sich bei der Einführung ins Massenspektrometer thermisch zersetzt. Werden bei dieser Probenbehandlung jedoch ein oder mehrere vom Ausgangsmaterial verschiedene Produkte nachgewiesen, so kann diese Reaktion auch im Massenspektrometer erfolgen, was jedoch nicht zwingend ist, da die Verdampfungsbedingungen im Massenspektrometer wesentlich günstiger sind als im Kugelrohr (niedrigerer Druck, keine Kondensation erforderlich, geringere Flugstrecke und damit weniger Wandreaktionen). Nimmt man von den Destillationsprodukten ebenfalls Massenspektren auf und kann man im Spektrum des Ausgangsmaterials alle Signale der Destillationsprodukte mit gleicher relativer Intensität nachweisen, so ist es wahrscheinlich (nicht sicher), daß die gleiche thermische Reaktion auch im Massenspektrometer abgelaufen ist. Ist die thermische Reaktion z. B. eine Retro-Diels-Alder-Reaktion, also eine Reaktion, die sowohl thermisch als auch massenspektrometrisch ablaufen kann, so könnte das Massenspektrum des Ausgangsmaterials verschiedene Entstehungsursachen haben: rein thermischer Zerfall, rein massenspektrometrischer Zerfall oder eine Mischung beider Prozesse.

Aufnahme anderer Massenspektren. Erfolgt die Aufnahme des Spektrums statt bei den üblichen 70 eV bei 12 bis 15 eV (Niedrigvolt-Spektren), also wenig oberhalb der Ionisierungspotentiale organischer Verbindungen, so werden aus energetischen Gründen Fragmentierungsreaktionen zurückgedrängt und teilweise unterbunden, thermische Reaktionen hingegen bleiben (da die dafür erforderlichen Meßbedingungen unverändert sind) gleich. Sind durch die thermische Reaktion z. B. zwei neue Moleküle entstanden, so werden diese als Molekül-Ionen registriert. (Aber auch dieses Verfahren ist nicht allgemeingültig, da energetisch besonders günstige Fragmentierungsreaktionen auch bei diesen Ionisierungsspannungen noch eintreten können). Da z. B. die Aufnahmebedingungen für Feld-Ionisations- (s. Abschn. 8.6, S. 241) und besonders für Feld-Desorptionsspektren (s. Abschn. 8.5, S. 241) wesentlich substanzschonender sind als für Elektronenstoß-Ionisationsspektren, werden unter diesen Bedingungen in ganz erheblich geringerem Maße thermische Reaktionen beobachtet. Es sei jedoch betont, daß auch unter den Aufnahmebedingungen für Feld-Ionisations- und Feld-Desorptionsspektren thermische Reaktionen nachgewiesen wurden.

Messung metastabiler Übergangssignale. Führt die thermische Reaktion zur Bildung von zwei oder mehreren Produkten, so kann kein Übergangssignal (s. S. 823) zwischen den „Molekül-Ionen" der Pyrolyse-Produkte gefunden werden, es sei denn, der Prozeß läuft auch massenspektrometrisch ab.

Aufnahme mehrerer Spektren. Werden aufeinanderfolgend bei gleichen Meßbedingungen mehrere Massenspektren aufgenommen, so können diese untereinander erhebliche Intensitätsunterschiede der Signale aufweisen, wenn die Probe sich im Direkteinlaß-Teil des Massenspektrometers in mindestens zwei verschieden flüchtigen Verbindungen zersetzt hat. Das Verhalten ähnelt dann demjenigen eines Substanzgemisches, in dem die Komponenten verschiedene Verdampfungstemperaturen besitzen.

Derivatisierung. Werden die in der Substanz vermuteten funktionellen Gruppen derivatisiert, so muß sich der Molekül-Ionenpeak um eine bestimmte Massendifferenz verschieben. Beispiele: $—COOH \rightarrow —COOCH_3$ (+ 14 amu), $—OH \rightarrow O—COCH_3$ (+ 42 amu), $—CH{=}CH— \rightarrow —CH_2—CH_2—$ (+ 2 amu), s. Tab. 4.8 (s. S. 268). Wird die rel. Molekülmasse des Ausgangsmaterials z. B. zu $M^{+\bullet}$ bestimmt und findet man beim Methylester [M + 58], so dürfte das Ausgangsmaterial thermisch CO_2 (44 amu) abspalten (decarboxylieren). Die Hydrierung einer Doppelbindung kann z. B. eine (thermische) Retro-Diels-Alder-Reaktion verhindern.

Untersuchungen des Fragmentierungsmusters. Steht das erhaltene Massenspektrum mit der Struktur der zu untersuchenden Verbindung offenkundig nicht im Einklang (s. z. B. **48**, S. 229) oder sind Massendifferenzen zwischen intensiven Signalen und dem schwersten Ion (eventuell Molekül-Ion) vorhanden, die sich nicht oder nur sehr schwer durch Fragmentierungsreaktionen erklären lassen (z. B. M–14, M–20), so liegen vermutlich Gemische vor, die entweder von vornherein vorhanden waren oder durch eine thermische Reaktion entstanden sind.

5.3 Verhinderung thermischer Reaktionen im Massenspektrometer

Wichtig zur Verhinderung thermischer Reaktionen ist es, die Ursache dieser Zerfallsreaktionen zu erkennen. In einigen Fällen genügt es, durch Reinigung der Probe (Umkristallisation, Filtration) eine Stabilisierung zu erreichen. Häufig sind jedoch funktionelle Gruppen teils direkt (z. B. —COOH, —CH=CH—), teils indirekt (Erhöhung der Verdampfungstemperatur) für das Eintreten einer thermischen Reaktion verantwortlich. Ist dies der Fall, so läßt sich eine Derivatisierung (und damit auch eine Veränderung der Molekülmasse) nicht umgehen. Die Methoden zur Abwandlung funktioneller Gruppen sind hinreichend bekannt (z. B. Veresterung, Reduktion, Hydrierung, Veretherung). Auch die Verfahren zur leichteren Verflüchtigung organischer Substanzen, wie sie auch für gaschromatographische Analysen benötigt werden, werden als bekannt vorausgesetzt. Hervorzuheben sind u. a. für **Hydroxy-Gruppen**: Methylether, Trimethylsilylether, Acetonide, Essigsäureester; für **Carboxy-Gruppen**: Methylester; für **Amino-Gruppen**: Acetamide, Trifluoracetamide, *N,N*-Dimethylamide [9].

Als Beispiel für die Verhinderung thermischer Zersetzungsreaktionen durch Erhöhung der Flüchtigkeit sei die Triaminocarbonsäure (**59**; M = 397) angeführt.

Nach Veresterung (CH_3OH/HCl) und Acetylierung [$(CH_3CO)_2O$/Pyridin] erhält man aus **59**, von welchem man nur das Spektrum allgemeiner Zersetzung beobachtet, das Derivat (**60**; M = 495), das ein gut analysierbares Massenspektrum ohne Zersetzung liefert.

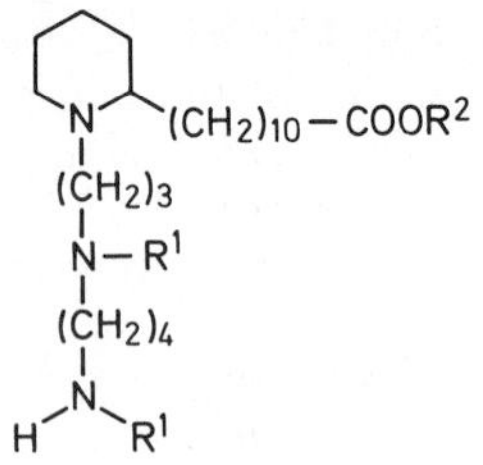

59 $R^1 = R^2 = H$
60 $R^1 = COCH_3$, $R^2 = CH_3$

Ferner sei u. a. auf die CI- (s. Abschn. 8.1, S. 238), FI- (s. Abschn. 8.6, S. 241), FD- (s. Abschn. 8.5, S. 241), FAB-Technik (s. Abschn. 8.4, S. 241) und die Methode der Kationenanlagerungs-Spektroskopie (s. Abschn. 8.10, S. 245) verwiesen.

6. Massenspektren von verunreinigten Substanzproben und -gemischen

Da kein prinzipieller, sondern nur ein quantitativer Unterschied zwischen Verunreinigung und Gemisch besteht, werden die beiden Begriffe nicht getrennt behandelt. Um eindeutige und richtige Aussagen aus dem Massenspektrum einer Verbindung erhalten zu können, muß die Substanzprobe einheitlich, d. h. reinst sein. Diese Feststellung gilt ohne Einschränkung, obwohl die Mehrzahl der in einem Massenspektrometrie-Labor zu messenden Proben leider nicht diesen Anforderungen genügt. Liegen verunreinigte Proben vor, so ist es wichtig zu wissen, welche Folgen dies für die massenspektrometrische Untersuchung haben kann.

Wird die Probe aufgrund ihrer Flüchtigkeit durch das Gas-Einlaß-System zur Messung gebracht, so werden alle flüchtigen Komponenten dieser Probe in den Vorratsbehälter des Massenspektrometers transferiert. Dies hat zur Folge, daß die einzelnen Komponenten der Probe voneinander unabhängig, aber gleichzeitig in der Ionenquelle ionisiert werden und Massenspektren geben, die sich überlagern. Das erhaltene Spektrum ist also ein Mischspektrum. Damit lassen sich zwar gewisse Aussagen machen; eine quantitative Analyse des Mischungsverhältnisses ist jedoch nicht möglich, solange man die Strukturen der Komponenten nicht kennt und man keine Eichung durchgeführt hat. Bei einem Zwei-Komponenten-Gemisch z. B. lassen sich infolge verschiedener Ionisierungswahrscheinlichkeiten und verschiedener Partialdrücke und den daraus resultierenden sehr verschiedenen Peakintensitäten der Molekül-Ionen-Signale keine Rückschlüsse auf die Mengenverhältnisse der Einzelkomponenten ziehen. Zur Illustration ist in Abb. 4.36 das Massenspektrum von *N,N'*-Diethyl-1,3-propandiamin (**61**) mit „Spuren" von 1,3-Diethylperhydropyrimidin (**62**) und 1,3-Diethyl-2-methylperhydropyrimidin (**63**) dargestellt. Das Substanzgemisch entstand dadurch, daß reinstes *N,N'*-Diethyl-1,3-propandiamin (**61**) in Ethanol (vergällt mit Methanol) gelöst und anschließend zur Trockne gebracht wurde. Der Verdampfungsrückstand gab das abgebildete Spektrum, s. Abschn. 6.2.

Zur Analyse verdampfbarer Gemische ist die GC/MS-Kombination eine große Hilfe (s. Abschn. 8.11, S. 245). In manchen Fällen ist es aus verschiedenen Gründen unumgänglich, auch von schwer- oder nicht verdampfbaren Probengemischen Analysen auszuführen. Dazu bietet sich neben der LC/MS-Technik auch die Tandem-Massenspektrometrie (s. Abschn. 8.21, S. 253) mit einem geeigneten Ionisierungsverfahren an: 0,3 % der Verbindung **62** geben ein intensives Molekül-Ion als 99,4 % von **61**.

Kommt das Direkteinlaß-System zur Anwendung, so erhält man von Substanzgemischen andere Spektren als bei der Verwendung des Gas-Einlaß-Systems. Da die Probe in einem Tiegel erhitzt wird, werden zunächst die leichter flüchtigen Komponenten verdampft, es folgen die schwerer flüchtigen und schließlich die schwerst flüchtigen. Haben zwei Komponenten gleiche oder sehr ähnliche Verdampfungseigenschaften, so werden sie gleichzeitig ionisiert. Von allen Komponenten erhält man in zeitlichen Abständen Massenspektren, die je nach ihren Verdampfungseigenschaften sich mehr oder weniger überlagern. Im Idealfall erhält man Spektren der reinen Komponenten, im Normalfall jedoch Mischspektren. Da für die Aufnahme eines Massenspektrums eine gewisse Zeit benötigt wird, diese Zeit aber mit einer starken Abnahme einer Komponente zusammenfallen kann, stellen diese Mischspektren häufig keine saubere Addition der Spektren der Einzelkomponenten dar. Quantitative Aussagen sowie Eichungen sind in

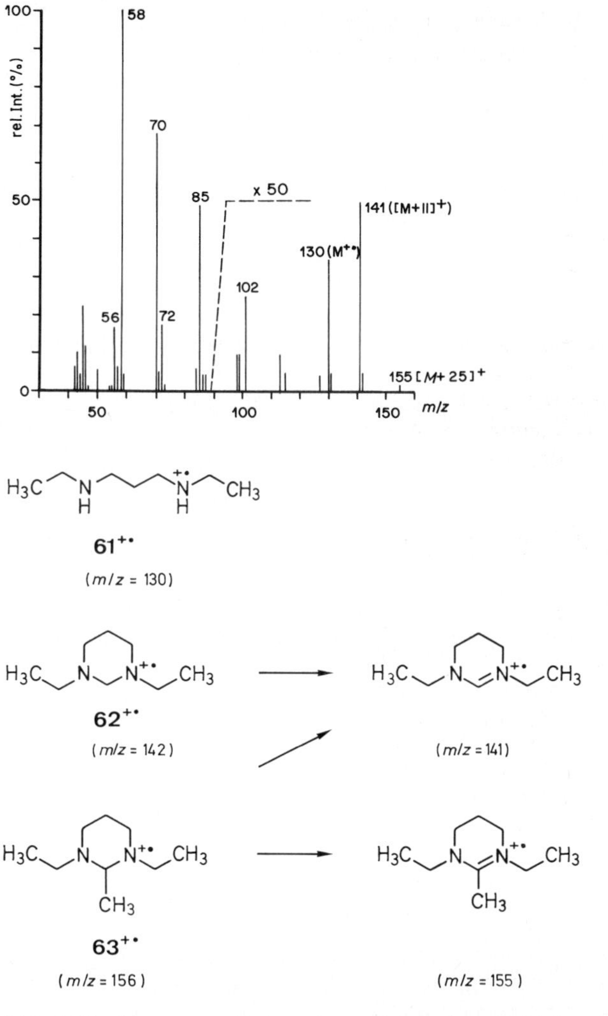

Abb. 4.36 Massenspektrum eines Gemisches bestehend aus ca. 99,4 % *N,N'*-Diethyl-1,3-propandiamin (**61**; M = 130), ca. 0,3 % 1,3-Diethylperhydropyrimidin (**62**; M = 142) und ca. 0,3 % 1,3-Diethyl-2-methylperhydropyrimidin (**63**; M = 156), Gas-Einlaß, 70 eV. Das Mischungsverhältnis wurde durch GC ermittelt

diesem Fall nicht möglich. Es ist vielleicht nicht unerheblich, in diesem Zusammenhang darauf hinzuweisen, daß der Operateur die Spektrenaufnahme dann beendet, wenn er ein „vernünftiger" aussehendes Massenspektrum erhält. Ist dieses jedoch nur dasjenige der Verunreinigung, worüber der Operateur nicht informiert ist, so wurde nur Zeit vertan, die gewünschte Information hingegen bleibt aus. Für wichtige Erstinformationen können Massenspektren von Gemischen (z. B. bei Chromatographiefraktionen von organischen Naturstoffen) wertvolle Informationen liefern. Im folgenden werden einige häufig anzutreffende Verunreinigungen besprochen[10].

6.1 Lösungsmittel

Mit Lösungsmittel-Resten sind häufig organische Substanzen behaftet. Diese können sich in Kristallen, in Lacken und in nicht destillierten Ölen befinden. Meistens verdampfen sie vor der eigentlichen Substanz. In Tab. 4.10 (S. 270) sind deshalb die Spektren einiger Lösungsmittel abgebildet.

6.2 Begleitstoffe von Lösungsmitteln

Die käuflichen Lösungsmittel enthalten aus verschiedenen Gründen häufig noch Verunreinigungen oder Zusätze, die ebenfalls in Substanzproben wiedergefunden werden können. Zu erwähnen sind namentlich Chloroform (stabilisiert mit ca. 2 % Ethanol), denaturiertes Ethanol (häufigste Zusätze: Benzol oder Methanol), Petrolether (enthält noch höhere, also schwerer flüchtige Kohlenwasserstoffe), diverse Ether (stabilisiert mit 2,6-Di(*tert*-butyl)-4-methylphenol, s. Tab. 4.11, S. 277) und Tetrachlormethan (bildet bei längerem Stehen verschiedene Produkte aus Dichlorcarben CCl_2). Fast alle käuflichen Methanol-Qualitäten enthalten in wechselnden Mengen Formaldehyd, meistens nur Bruchteile von Promillen.

Der Formaldehyd reagiert mit *N,N'*-Diethyl-1,3-propandiamin (**61**) unter Bildung von 1,2-Diethylperhydropyrimidin (**62**). Während das Molekül-Ion von (**61**; $m/z = 130$) sehr intensitätsschwach ist, ist das $[M–1]^+$-Signal ($m/z = 141$) von **62** äußerst intensitätsstark, was das Mißverhältnis der beiden Signale in Abb. 4.36 erklärt (Anteil **61** ca. 99,4 %, **62** ca. 0,3 %). Formaldehyd reagiert mit 1,3-Propan- und 1,2-Ethandiaminen gleich gut, mit 1,4-Butandiaminen hingegen nicht in derselben Weise.

Verhindern läßt sich die Kontamination der Proben am ehesten durch Verwendung speziell gereinigter Lösungsmittel (auch wenn dies eine Mehrarbeit für den Chemiker bedeutet!).

6.3 Begleitstoffe von Reagenzien

Auch einige Reagenzien enthalten Schutzstoffe, die nach erfolgter Reaktion speziell abzutrennen sind. Dazu gehören u. a. Kerosen in $LiAlH_4$ und Öl in KH- und NaH-Präparaten (Tab. 4.11, S. 279). Aus NMR-Messungen zurückgewonnene Substanzen können noch Tetramethylsilan (TMS) enthalten.

6.4 Stoffe aus Laborgeräten

Viele Laborgeräte sind ganz oder teilweise aus synthetischen Polymeren gefertigt. Diese enthalten vielfach Weichmacher (engl.: softeners), die besonders durch Lösungsmittel (gut geeignet ist u. a. Chloroform) herausgelöst werden. Die „Ausbeuten" an Weichmachern können teilweise beträchtlich sein. Unter den Kunststoffteilen besonders zu erwähnen sind Verschlußteile von Flaschen, Gläsern usw., Schläuche aller Art, besonders diejenigen Kunststoffschläuche, die wie Gummischläuche gefärbt sind, Hähne, Dichtungen, Plastikflaschen und -behälter, Teilpolymerisate aus Ionen-Austauschern. (Es sei darauf hingewiesen, daß zwar Naturgummi ebenfalls gegenüber organischen Lösungsmitteln nicht inert ist, die dadurch bedingten Verunreinigungen jedoch im Massenspektrometer nur zum „allgemeinen Untergrund" beitragen und nicht eine charakteristische und spezifische Verbindung darstellen.) Andere „Herde" für Verunreinigungen stellen u.a. Absperrflüssigkeiten an Apparaten (z.B. Hydrierapparatur), Hahnfett und Schmiermittel von Ventilatoren (z.B. aus Einraum-Klimaanlagen) dar. Auch nicht speziell gereinigte Filterpapiere, Adsorbentien und Chromatographie-Materialien aller Art stellen eine nicht zu vernachlässigende Quelle von Schmutzstoffen dar. In chemischer Hinsicht handelt es sich bei den Weichmachern hauptsächlich um Phthalsäure-diester (s. Tab. 4.11, S. 278, und Abb. 4.31, S. 225), die im Massenspektrum als Basispeak $m/z = 149$ zeigen (wird dieser in einem Spektrum registriert, so ist anzunehmen, daß die Probe einen Phthalsäure-diester enthält; erst wenn der Beweis erbracht wurde, daß die Probe rein ist, kann man annehmen, daß $m/z = 149$ ein Fragment-Ionen-Signal der Untersuchungsprobe darstellt!)

6.5 Stoffe aus Dünnschicht-Chromatographie-Platten

Die im Labor hergestellten hochaktiven DC-Platten absorbieren ebenfalls ausgezeichnet Stoffe, die in der Laborluft vorhanden sind. Durch die in den meisten Labors vorhandenen Ölrotationspumpen können die DC-Platten u.a. dieses Öl aufnehmen. Bei der nachfolgenden Extraktion von chromatographierten Substanzen aus den Adsorbentien werden auch diese Stoffe eluiert und verunreinigen die frisch gereinigte Substanz.

In einigen Fällen ist es schwierig, von vornherein vorliegende Gemische von solchen zu unterscheiden, die erst thermisch im Massenspektrometer entstanden sind (s. dazu auch Abschn. 5., S. 227).

Ahnt oder weiß man, woher Verunreinigungen kommen können, so lassen sich für den Chemiker leicht Methoden zur Verhinderung oder Entfernung entwickeln. Wenn auch, bedingt durch die große Nachweisempfindlichkeit des Massenspektrometers, das Problem der Substanzverunreinigung hier diskutiert wurde, so ist es doch kein eigentliches massenspektrometrisches Problem. Bei anderen Untersuchungsmethoden (IR, NMR, UV, ORD usw.) können Fehlinformationen ebenfalls durch Verunreinigungen hervorgerufen werden.

7. Markierungsreaktionen

Die spezifische Markierung funktioneller Gruppen oder deren Umgebung ist eine Arbeitstechnik, die häufig für spektroskopische, kinetische, bioorganische oder mechanistische Fragestellungen eingesetzt wird. Bevorzugt werden $^{2}H(D)$-, ^{13}C-, ^{15}N- und ^{18}O-Markierungen verwendet. Das Marktangebot an Reagenzien und Verbindungen, die diese Isotope enthalten, ist heute sehr groß, so daß eine Vielzahl von Markierungsexperimenten ausgeführt werden kann. Es liegt in der Natur der Sache (Gerüstaufbau), daß, von einzelnen Beispielen abgesehen, der Aufbau ^{13}C- und ^{15}N-markierter Verbindungen meistens aufwendigere Synthesen notwendig macht, während D-Markierungen mit geringerem Aufwand möglich sind.

Markierte Verbindungen werden eingesetzt, um spezielle funktionelle Gruppen oder deren Lage im Molekülverband nachzuweisen, um chemische oder biochemische Reaktionsmechanismen zu untersuchen oder um Mechanismen massenspektrometrischer Fragmentierungsreaktionen aufzuklären.

Wichtige, immer wieder vorkommende Reaktionen sind im folgenden zusammengefaßt. Es sei die zwar triviale, aber wichtige Bemerkung vorausgeschickt, daß die H/D-Austauschreaktionen unter den gleichen Bedingungen auch D/H-Austauschreaktionen sind, daß die Luft eine beträchtliche Menge H_2O enthält und daß Glas- und andere Gefäße bei Raumtemperatur mit einem Wasserfilm überzogen sind.

7.1 H/D-Austauschreaktionen

Acide Protonen

Protonen, die an Heteroatome gebunden sind, wie sie in den Gruppierungen $—NH_2$, $=NH$, $—CO—NH_2$, $—COOH$, $—OH$ und $—SH$ vorliegen, tauschen sehr leicht gegen Deuteronen aus. Dazu wird die Probe mehrfach mit D_2O, CH_3OD usw. im Hochvakuum (nicht Wasserstrahl-Vakuum!) abgedampft und anschließend gemessen, wobei man gleichzeitig in das Gas-Einlaß-System D_2O oder CH_3OD eingibt. Durch die Masseverschiebung des Molekül-Ions läßt sich die Anzahl der ausgetauschten Deuteronen bestimmen. Da der Austausch unter diesen Bedingungen nur selten quantitativ ist, ist der sichere Nachweis von mehr als drei auf diese Weise ausgetauschten Protonen schlecht möglich.

Aromatische Protonen

Aromatische Protonen lassen sich durch eine elektrophile aromatische Substitution mit DCl/D_2O, D_3PO_4 oder D_2SO_4 austauschen.

Durch anschließendes Auswaschen mit H_2O oder CH_3OH werden die unter aciden Protonen (z. B.: OH) genannten funktionellen Gruppen, falls solche in der den Aromaten enthaltenden Verbindung vorhanden sind, wieder in protonenhaltige Reste übergeführt.

Beispiel: Dreimaliges Abdampfen (Hochvakuum oder trockener N_2) der Probe (60 mg (4-Phenyl)butylamin) im Reaktionsgefäß, mit je 1 ml CH_3OD (zur Entfernung von H_2O); anschließend Zugabe von 5 ml 38% DCl/D_2O. 30 h bei 150 °C im Bombenrohr; danach Verdünnung mit 10 ml D_2O; Neutralisation mit wasserfreiem Natriumcarbonat (zusätzlich erhitzt); Extraktion mit Ether; Trocknen des Ether-Extraktes mit Natriumcarbonat; Abdampfen; Destillation des Rückstandes. Nach einmaliger Wiederholung des Gesamtvorganges nahezu quantitativer Einbau von 5 D im Aromaten.

Protonen in α-Stellung zu Carbonyl-Gruppen

Durch Enol- oder Enolat-Bildung lassen sich mit Säuren (DCl, D_2SO_4, D_3PO_4 usw.) oder Basen (NaOD, CH_3ONa/CH_3OD, Na_2CO_3/D_2O etc.) die folgenden Transformationen ausführen:

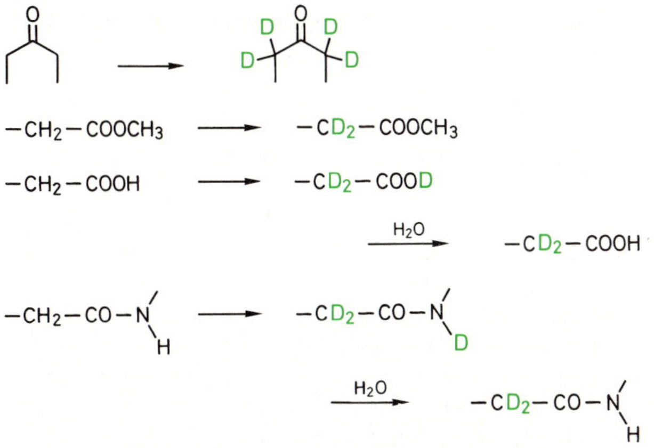

Bei allen Reaktionen muß man darauf achten, daß die Neutralisation der Reaktionslösung in Abwesenheit von Protonen-Spendern (H_2O usw.) erfolgt. Zur Entfernung von Lösungsmittelresten und Wasser sollte vor Beginn der Austauschreaktion die Probe mit D_2O oder CH_3OD abgedampft werden.

Beispiel: 100 mg eines Ketons wurden in einer Lösung von 100 mg Natrium in 10 ml CH_3OD gelöst, 2 h unter Rückfluß gekocht; anschließend mit 20%igem DCl/D_2O neutralisiert; der gebildete Niederschlag abfiltriert, mit D_2O gewaschen und das Produkt nach zweimaliger Wiederholung des Gesamtvorganges im Kugelrohr (160 °C/1 Pa) sublimiert.

Der Austausch von Protonen in α-Stellung zu einer Nitril-Gruppe gegen Deuteronen gelingt auch mit KCN/D_2O oder KCN/CH_3OD als Base.

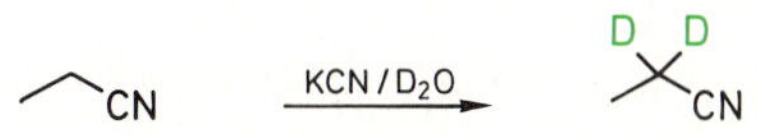

Beispiel: 75 mg 4-Phenylbutyronitril, 81 mg KCN, 4 ml Dioxan als Lösungsvermittler (alle wasserfrei) und 3,6 ml D_2O wurden im Bombenrohr unter N_2 24 h auf 165 °C erhitzt; danach Filtration unter Schutzgas in ein Kugelrohr; nach Entfernung der Lösungsmittel Destillation des Rückstandes (Nebenprodukt: Carbonsäure).

Es sei noch erwähnt, daß DCl gegenüber vielen anderen Reagenzien den Vorteil hat, verdampfbar zu sein und damit leicht von der Substanz abgetrennt werden kann. Der Vorteil der erwähnten Austauschreaktionen besteht in der Ermittlung der Zahl acider bzw. aromatischer Protonen, was strukturanalytisch gesehen wichtige Informationen liefern kann.

Weitere Austauschreaktionen

Eine Austauschreaktion ganz anderer Art kann bei tertiären *N*-Methyl-Derivaten angewendet werden.

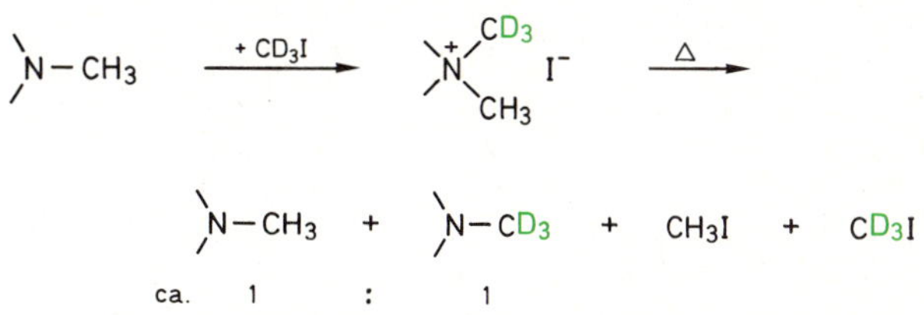

Methylierung mit CD_3I ergibt zunächst das quartäre Methoiodid, das bei der Pyrolyse unter Abspaltung von CH_3I und CD_3I wieder das Ausgangsmaterial und das Trideuteriomethyl-Derivat bildet. Das Mengenverhältnis der beiden Produkte kann von sterischen Faktoren abhängen, bei achiralen Produkten beträgt es 1 : 1. Im Massenspektrum erscheinen nun alle Ionen als „Dubletts" (X und X + 3), die die *N*-Methyl-Gruppe enthalten.

Als Beispiel für eine ^{18}O-Austauschreaktion sei das folgende angeführt:

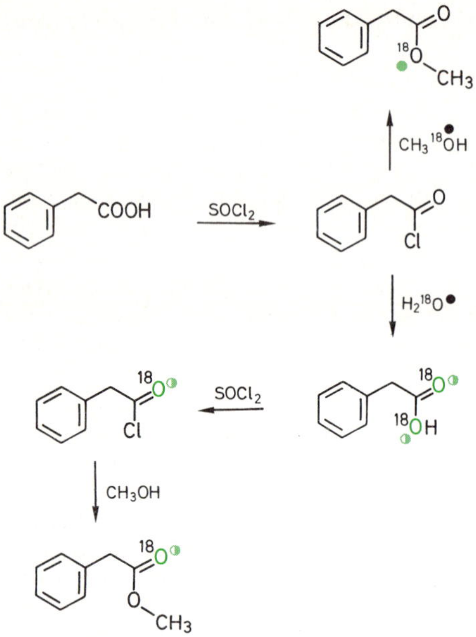

In den beiden isotopomeren Phenylessigsäure-Methylestern besitzt das Reaktionsprodukt des Säurechlorids mit $CH_3{}^{18}OH$ den gleichen ^{18}O-Gehalt wie das Reagenz; das andere Isotopomere hingegen hat nur den halben Isotopengehalt wie $H_2{}^{18}O$. Bei beiden sind verschiedene O-Atome markiert.

7.2 Umwandlungen funktioneller Gruppen unter deuterierenden Bedingungen

Häufig ist es erforderlich, an bestimmte Molekül-Stellen D-Atome einzuführen oder den Nachweis zu erbringen, daß bestimmte funktionelle Gruppen in einem Molekül vorhanden sind. Einige typische Reaktionen sind nachfolgend angeführt.

Reduktionsreaktionen

Sehr von der Art und Qualität und damit auch der Aktivität des Katalysators hängt der Deuterierungsgrad ungesättigter Verbindungen mit D_2/Katalysator ab. In einigen Fällen wird die korrekte Aufnahme von 2D pro reduzierter (C=C)-Bindung beobachtet, in anderen hingegen wird ein Mehrfaches der theoretisch zu erwartenden (d.h. ohne Erhöhung des Hydrierungsgrades der Verbindungen) Anzahl von D-Atomen eingebaut (vermutlich bedingt durch aufeinanderfolgende Dehydrierungs- und Hydrierungsreaktionen). Für die Überführung von funktionellen Gruppen mit C-Atomen, die sich in einem höheren Oxidationszustand befinden, in solche mit niederem Oxidationszustand verwendet man häufig erfolgreich Alanate und Boranate, z.B.

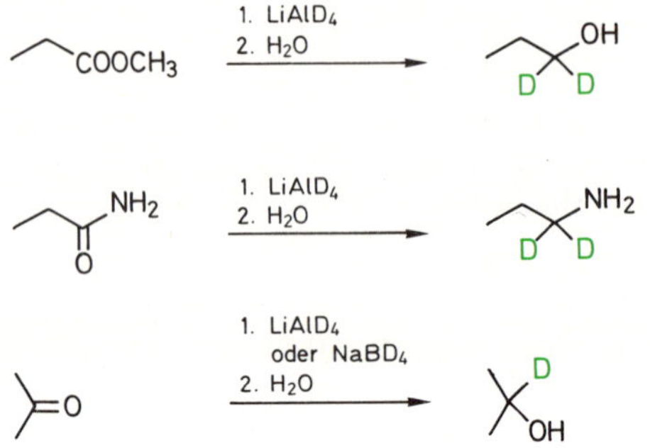

Bei der Reduktion von Alkoxycarbonyl-Gruppen mit $LiAlD_4$ und der anschließenden Aufarbeitung in protonenhaltigen Lösungsmitteln wird häufig ein etwas größerer D-Einbau registriert, als theoretisch zu erwarten ist. Vermutlich treten vor der Reduktion noch zusätzlich in geringem Umfang Austauschreaktionen in α-Stellung zur Carbonyl-Gruppe ein.

Die Reduktion von primären und sekundären Hydroxy-Gruppen erfolgt zweckmäßig durch Reduktion der Tosyloxy-Derivate mit $LiAlD_4$.

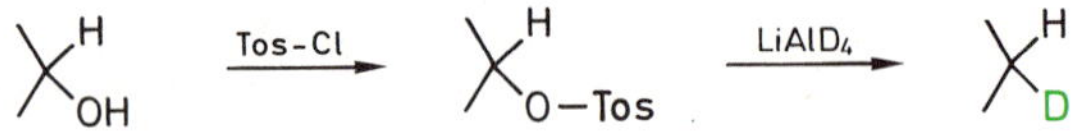

Tos = p-$CH_3C_6H_4SO_2$

Die Reduktion von Ketonen nach Clemmensen mit Zn/DCl führt zwar zur Bildung des zu erwartenden Dideuteriomethylen-Derivates, aber das Ausmaß der „Überdeuterierung" (bedingt durch säurekatalysierte Enolisierungsreaktionen) ist zu groß, als daß dieser Reaktionsweg empfohlen werden kann. Ausnahmen: keine zur Carbonyl-Gruppe α-ständigen Methylen-Gruppen oder vorheriger vollständiger CH_2/CD_2-Austausch.

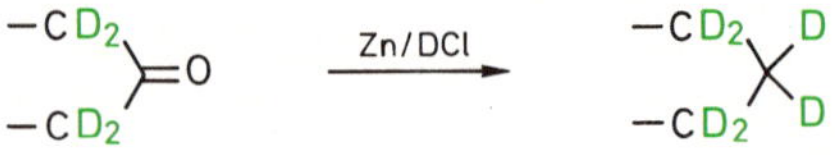

Benzyl-ständige C=O-, C—OR- und C—N-Reste lassen sich mit D_2/Pd und im Fall der beiden zuerst genannten Verbindungstypen mit $LiAlD_4/AlCl_3$ in guten Ausbeuten und korrektem D-Einbau in di- bzw. monodeuterierte Derivate überführen (CD_2, CDH).

Die Diphenylether-Spaltung mit Na/ND_3 (hergestellt aus $Mg_3N_2 + D_2O$) ist eine geeignete Methode zur spezifischen Markierung der aromatischen Verknüpfungsstelle.

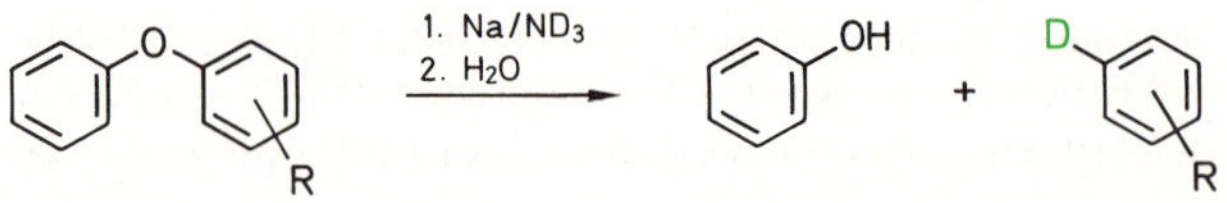

Die Decarboxylierung von Malonsäure-Derivaten unter deuterierenden Bedingungen ergibt monodeuterierte Derivate[11]:

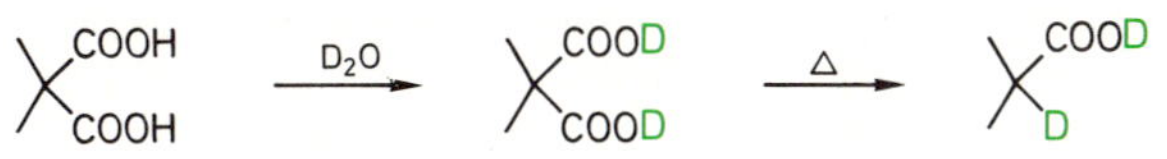

7.3 Bestimmung des Markierungsgrades

Ziel dieser Methode ist die Bestimmung des Gehaltes der markierten Verbindung an schweren Isotopen (^2H, ^{13}C, ^{15}N, ^{18}O), d. h. die Feststellung, in welchem Ausmaß der Einbau dieser Isotope in die gewünschten Verbindungen erfolgt ist. Vor dieser massenspektrometrischen Bestimmung sollten die folgenden Untersuchungen durchgeführt werden:

a) Die markierte Verbindung muß chemisch einheitlich sein (Schmelzpunkt DC, GC) und sich in diesen Eigenschaften genauso wie die nichtmarkierte Verbindung verhalten, deren Eigenschaften untersucht werden sollen.
b) Unabhängig von ihrer Synthese sollte durch spektroskopische Methoden (IR, ^1H-NMR, ^{13}C-NMR) überprüft werden, ob die Markierung sich an der gewünschten Stelle im Molekül befindet. Ferner läßt sich teilweise auch durch ^1H-NMR-Spektren bereits eine quantitative Bestimmung des D-Gehaltes durchführen, wenn die exakte Integration bestimmter Absorptionsbereiche möglich ist. Außerdem liefert die Verbrennungsanalyse mit IR-spektroskopischer Bestimmung der D_2O- respektive HDO-Konzentration sehr gute Resultate über den Gesamt-D-Gehalt. In Ergänzung zur massenspektrometrischen D-Gehaltsbestimmung geben diese Verfahren wichtige zusätzliche Informationen, durch die fehlerhafte Aussagen unwahrscheinlicher gemacht werden können.

Diese Bestimmungen sind unerläßlich für einen möglichst hohen Aussagewert der Massenspektren markierter Verbindungen.

Für die massenspektrometrische Bestimmung des Markierungsgrades einer Verbindung wird der Molekül-Ionen-Peak herangezogen, der im Idealfall weder von $[M - H]^{+\bullet}$-, $[M - 2H]^{+\bullet}$- noch $[M + H]^+$-Signalen begleitet und von gut sichtbarer Intensität sein sollte. Beim Vorhandensein intensiverer Begleitsignale treten im Fall der markierten Verbindung Signalüberlagerungen ein, die eine quantitative Auswertung unmöglich machen. Andererseits wird bei der Auswertung zu kleiner Signale, die sich vom Untergrund- oder allgemeinen Rausch-Spektrum nur wenig abheben, die Fehlergrenze zu groß. Falls jedoch derartige Verhältnisse vorliegen, bieten sich folgende Auswegmöglichkeiten an: Auswertung der Niedrigvolt-Spektren (im allgemeinen werden bei Niedrigvolt-Spektren von 12 bis 15 eV $[M - H]^+$- und $[M - 2H]^{+\bullet}$-Signale intensitätsschwächer und die Molekül-Ionen-Signale relativ zum restlichen Spektrum intensitätsstärker) oder Auswertung der Spektren von Derivaten mit einer unter Umständen günstigeren Präsentation der Molekular-Region oder Auswertung von hochaufgelösten, auf Papier aufgeschriebenen und in der elementaren Zusammensetzung bestimmten Teilspektren. Im letzteren Fall kann eine eindeutige Trennung der Molekül-Ionen-Signale von anderen Signalen erreicht werden. Dieses Vorgehen ist jedoch begrenzt durch das Auflösungsvermögen und die Ionen-Intensitäten. Bei dieser Bestimmungsmethode wird das Spektrum der markierten und dasjenige der unmarkierten Verbindung miteinander verglichen. Es ist deshalb wichtig, daß beide Spektren unter den gleichen Aufnahmebedingungen nacheinander gemessen werden. (Es ist wegen des Memory-Effektes unbedingt darauf zu achten, daß die zuerst gemessene Probe vollständig aus dem Massenspektrometer entfernt worden ist, bevor die zweite Substanz gemessen wird.) Von beiden Substanzen werden mindestens je drei Partialspektren des Molekül-Ionen-Bereiches aufgenommen. Anschließend werden die Peak-Intensitäten (aus praktischen Gründen in mm oder %) bestimmt und für jedes der beiden Isotopomeren getrennt gemittelt, so daß man zwei Spektrensätze erhält, die wie folgt ausgewertet werden. (Die Erläuterung erfolgt am Beispiel des *N*-(2-Phenylethyl)formamids($C_9H_{11}NO$, M = 149) und dessen 1-^{13}C-markierten Isotopomeren, bei dessen Synthese ein ca. 90 %iges ^{13}C-Präparat verwendet wurde.)

Meßresultate

A) Unmarkierte Verbindung

Im Molekül-Ionen-Bereich haben nur die Signale bei $m/z = 149$ und 150 eine Intensität über 1 rel. %, die Mittelwerte (aus fünf Einzelmessungen) betragen $m/z = 149$ (100,00 %) und 150 (11,29 %).

B) Markierte Verbindung

Die entsprechenden gemittelten Signal-Intensitäten im Molekül-Ionen-Bereich sind: $m/z = 149$ (10,94 %), 150 (100,00 %), 151 (11,11 %).

Da in der unmarkierten Verbindung $m/z = 148$ nicht besetzt ist, kann man davon ausgehen, daß $m/z = 149$ im Spektrum der markierten Verbindung das Molekül-Ion des unmarkierten Anteils ist. Das Signal bei $m/z = 150$ wird partiell durch den 1. Isotopenpeak der unmarkierten Verbindung gebildet; der Hauptteil dieses Signals wird jedoch durch das synthetische, einfach markierte Isotopomere repräsentiert. Das Ion, das den 1. Isotopenpeak dieser Partikel bei $m/z = 151$ bildet, enthält selbstverständlich zwei

^{13}C-Atome, das Verhältnis beider Signale $m/z = 150$ und 151 zueinander ist proportional zu demjenigen der unmarkierten Verbindung. Somit läßt sich vom gemittelten Spektrum der markierten Verbindung dasjenige der unmarkierten proportional abziehen:

m/z	149	150	151
markiert	10,94	100,00	11,11
unmarkiert	10,94 (100)	1,24 (11,29)	
	0	98,76	11,11
		98,76	11,15
		0	− 0,04

Werden nun die Anteile der unmarkierten Verbindung (10,94) und diejenigen des einfach markierten Isotopomeren (98,76) auf 100 % normiert, ergibt sich bezüglich des Markierungsgrades $^{13}C_0$: 10 % (9,97), $^{13}C_1$: 90 % (90,03). Nicht berücksichtigt in diesen Werten ist der natürliche ^{13}C-Gehalt, der mit dem Spektrum der unmarkierten Verbindung abgezogen wird.

Der kleine „negative" Anteil bei $m/z = 151$ kann vernachlässigt werden. Häufig werden jedoch viel größere positive oder negative Werte beobachtet, die eine Berechnung des Isotopengehaltes erschweren oder gar unmöglich machen. Ursachen derartiger Ungereimtheiten sind häufig Verunreinigungen oder verschiedene Aufnahmebedingungen der beiden Proben (unterschiedlicher $[M+H]^+$- und $[M-H]^+$-Anteil). Es ist oft möglich, durch Auswertung von Niedrigvolt-Spektren diese Schwierigkeiten zu verringern oder zu umgehen, s. oben.

Bezüglich weiterer Beispiele und anderer Methoden, s. Literatur[12].

Um den Markierungsgrad bei Fragment-Ionen festzustellen, wird analog verfahren wie bei der Auswertung der Molekül-Ionen-Signale, jedoch treten dabei häufiger Signalüberlagerungen ein, die z. T. durch Auswertung hochaufgelöster Spektren umgangen werden können. Bei Niedrigvolt-Spektren und Spektren von Derivaten können aufgrund anderer Fragmentierungsmechanismen veränderte Isotopen-Einbauraten in den Fragment-Ionen gefunden werden, die mit den Resultaten aus 70 eV-Spektren nicht übereinstimmen müssen.

8. Weitere Methoden und Begriffe

Uns wichtig erscheinende Begriffe und Methoden der Massenspektrometrie, die in den vorhergehenden Kapiteln nicht diskutiert wurden, werden nachfolgend kurz erläutert. Bezüglich weiterer Stichworte: s. Literaturverzeichnis.

8.1 Chemische Ionisation

(engl.: chemical ionization, Abk CI)

Massenspektrometrische Ionisierungsmethode durch Ion/Molekül-Reaktionen. Primär wird ein Reaktand-Gas (z. B. Kohlenwasserstoffe, H_2, H_2O, NH_3, Alkohole, Edelgase) durch Elektronenstoß ionisiert (Gasdruck ca. 1 kPa). Es entsteht im Fall von Methan $[CH_4]^{+\bullet}$, das mit Methan-Molekülen reagiert, z. B.

$$[CH_4]^{+\bullet} + CH_4 \longrightarrow [CH_5]^+ + CH_3^\bullet$$

(Es werden noch eine Reihe weiterer Ionen wie $C_2H_5^+$, $C_3H_5^+$, CH_3^+ usw. gebildet). Eine gleichzeitig, jedoch in geringerer Konzentration vorhandene zweite Molekülsorte M, die untersucht werden soll, reagiert nun mit dem protonierten Methan (Brønsted-Säure). Es kommt zu einer Protonen-Übertragung in der Gasphase:

$$[CH_5]^+ + M \longrightarrow [M+H]^+ + CH_4$$

$[M+H]^+$ geht Zerfallsreaktionen ein und liefert ein CI-Spektrum.

Werden andere Arten von Reaktand-Gasen gewählt (z. B. Edelgase, CO_2, N_2), so findet keine Protonierung von M statt, sondern ein Ladungsaustausch (engl.: charge exchange, Abk. CE):

$$[He]^{+\bullet} + M \longrightarrow [M]^{+\bullet} + He$$

Weitere Reaktionstypen sind die elektrophile Addition ($M + X^+ \rightarrow MX^+$) und die Anion-Abstraktion ($AB + X^+ \rightarrow B^+ + AX$).

Je nach Wahl des Reaktand-Gases kann die Fragment-Ionen-Bildung gesteuert werden, s. Abb. 4.37 und 4.38 der Lysin-methylester(**64**)-Spektren. Daraus ergibt sich auch die Anwendung von CI als schonende Ionisierungsmethode und damit als Alternative zur Elektronenstoß-Ionisation.

Literaturübersicht:[13].

Bezüglich eines Vergleiches EI/CI-Massenspektrum, s. Abb. 4.54/4.55, S. 250.

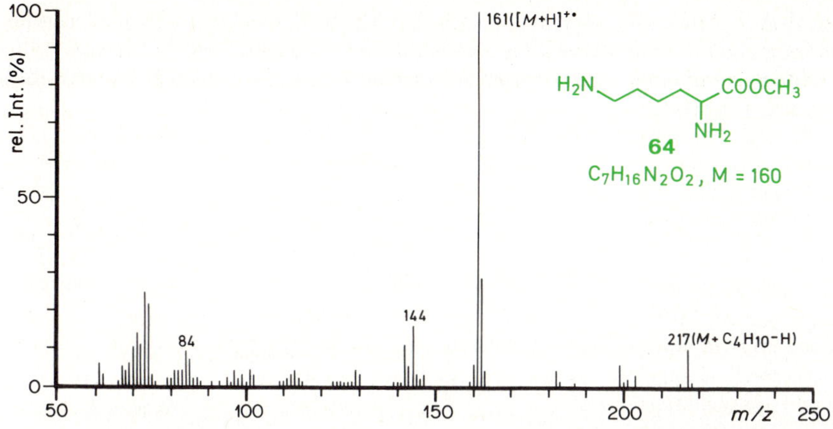

Abb. 4.37 CI-Massenspektrum von Lysin-methylester (**64**), Reaktand-Gas: 2-Methylpropan (Isobutan)

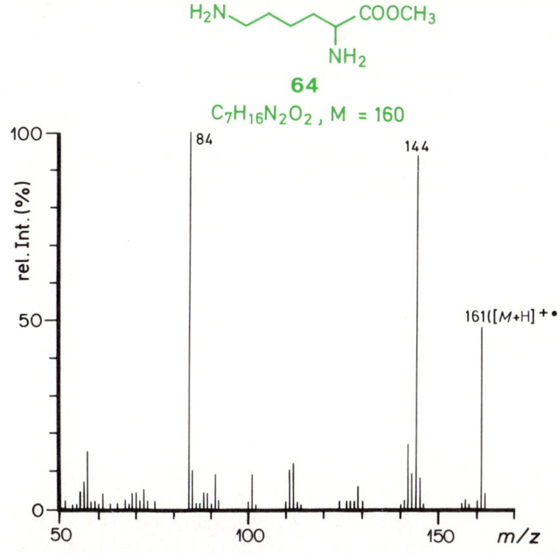

Abb. 4.38 CI-Massenspektrum von Lysin-methylester (**64**), Reaktand-Gas: Methan

8.2 Direkte chemische Ionisation

(engl.: direct chemical ionization, Abk. DCI; synonyme Bezeichnungsweisen: inbeam electron ionization, direct exposure chemical ionization, plasma desorption (nicht zu verwechseln mit $^{252}_{98}$Cf-Plasma-desorptions-Technik) und flash volotilization)

Auf der Spitze der Schubstange (s. S. 203) befindet sich eine Drahtschleife (z. B. Pt, Re, W), auf die ähnlich wie bei der Feld-Desorption ein Tropfen einer gelösten Substanz gebracht wird. Beim Einbringen der Spitze in das Massenspektrometer wird der dünne Substanzfilm auf dem Draht nach Verdampfen des Lösungsmittels im Vakuum unter CI-Bedingungen gemessen. Die Spektren ähneln einerseits den unter FD-Bedingungen gemessenen (intensives Quasi-Molekül-Ion) und andererseits CI-Spektren (Protonierung von M, elektrophile Addition). In Abb. 4.39 ist das DCI-Spektrum von Glucose (M = 180) mit NH_3 als Reaktand-Gas abgebildet. Zur Erklärung: $198 = [M + NH_4]^+$, $215 = [M + NH_4 + NH_3]^+$. Der Spektrencharakter ist von der Ionenquellentemperatur stark abhängig. Literatur:[14].

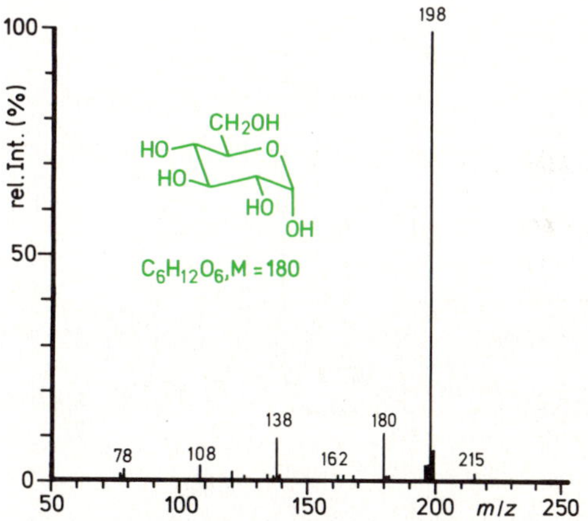

Abb. 4.39 DCI-Spektrum von Glucose (M = 180), Reaktand-Gas: Ammoniak (mit freundlicher Genehmigung von Finnigan MAT, Bremen)

8.3 Elektrospray-Ionisation

(Abk. ESI)

Bei diesem neuen Ionisationsverfahren wird eine Substanzlösung (Flußrate 1 bis 20 μl/min) durch eine Kapillare in eine Kammer gesprüht, vgl. Abb. 4.40. Diesem Sprühnebelstrahl entgegengerichtet strömt ein Trockengas. Zwischen der Kapillare und dem Kammermantel (zylindrische Elektrode) ist ein Potential von einigen Kilovolt angelegt. Es entstehen geladene Tröpfchen, die unter Verdampfung des

Lösungsmittels kleiner werden. Getrieben durch das elektrische Feld, bewegen sich die geladenen Tröpfchen durch eine Glaskapillare (ca. 0,5 mm Innendurchmesser) in den Analysatorvorraum und werden, durch elektrostatische Linsensysteme fokussiert, in den Analysator des Massenspektrometers (z. B. Quadrupol-Massenspektrometer) gelenkt. Die anderen Spray-Ionisationsverfahren sind ähnlich; atmospheric pressure ionization (API)[15], Ionenspray[16].

Durch diesen Vorgang entstehen mehrfach geladene Ionen $[M+nH]^{n+}$ und $[M-nH]^{n-}$, n kann bei geeigneten Molekülen im Bereich von 100 liegen. Daneben werden noch weitere Molekül-Ionen registriert, die jeweils eine Ladungseinheit (e) weniger enthalten. Da m/z ($z = n \cdot e$) registriert wird, ist die Massenskala der Geräte bis Masse 4000 zur Spektrendarstellung ausreichend. Für die Molekül-Ionen-Berechnung werden benachbarte, sich um eine Ladungseinheit unterscheidende Ionen-Signale herangezogen. Zur Illustration ist das ESI-Massenspektrum von Interleukin 6 (M = 20'903) in den Abb. 4.41 und 4.42 dargestellt.

Das Originalspektrum enthält mehrere, verschieden geladene Molekül-Ionen (s. angeschriebene Ladungen), die aber natürlich nur **einem** einfach geladenen Molekül-Ion

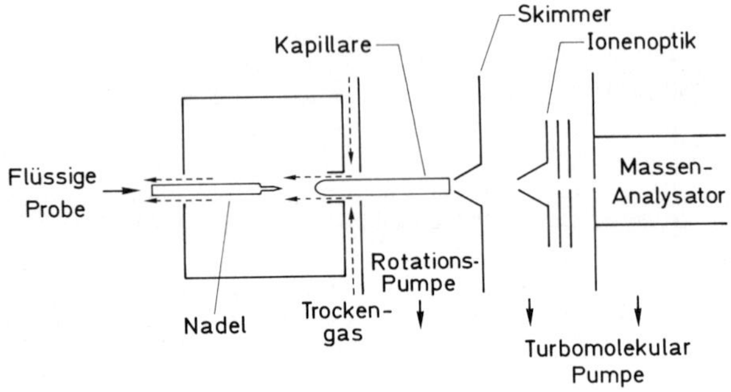

Abb. 4.40 Prinzipskizze Elektrospray-Ionenquelle. (Finnigan MAT Gerät TSQ-700). Die Ionen, erzeugt durch Elektrospray bei Atmosphärendruck, gelangen durch Glaskapillare, Skimmer und Ionenoptik in den Massenanalysator. (Mit freundlicher Genehmigung von Finnigan MAT, Bremen)

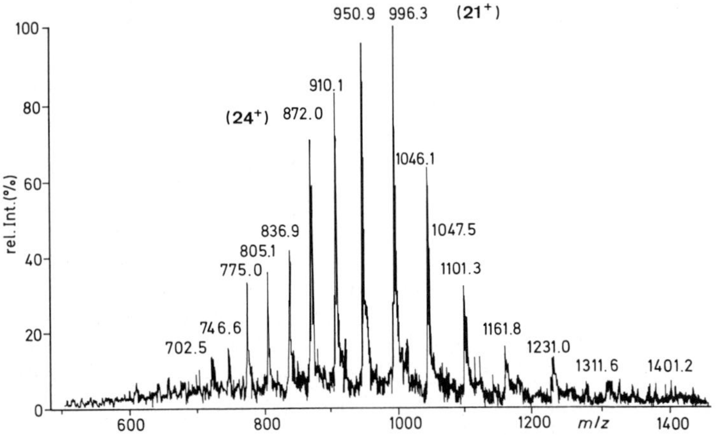

Abb. 4.41 ESI-Massenspektrum von Interleukin 6. (Aufnahme: Finnigan MAT Gerät TSQ-700)

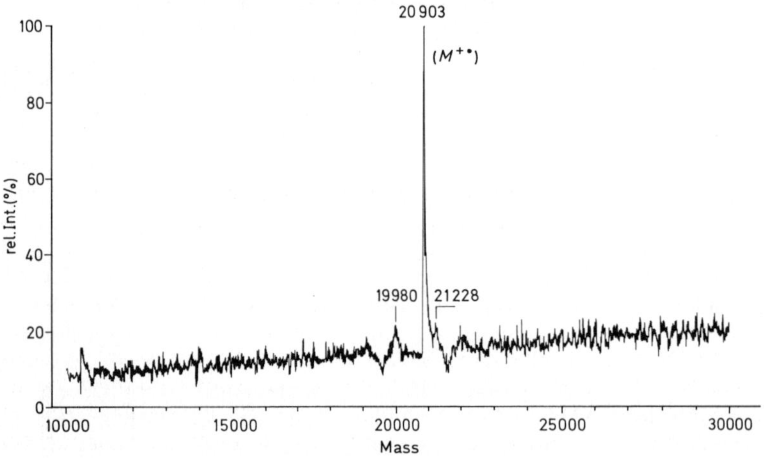

Abb. 4.42 Entschlüsseltes ESI-Massenspektrum von Interleukin 6, aus Abb. 4.41

der Masse 20'903 entsprechen (Abb. 4.42). Der Vorgang (Beziehung zwischen Abb. 4.41 und 4.42) ist vergleichbar mit den Mehrfachbindungen **einer** Person, die zwischen zwei parallelen Spiegeln steht.

8.4 Fast-Atom Bombardment

(Abk. FAB, auch als liquid secondary ion mass spectrometry, LSIMS, bezeichnet.)

Es handelt sich hierbei um eine Ionisierungsmethode für schwer oder nichtverdampfbare organische Molekülel. Das Prinzip der Methode besteht darin, daß auf eine dünne Probenschicht in der Ionenquelle eines Massenspektrometers schnelle neutrale Atome geschossen werden. Dadurch werden Proben-Ionen gebildet, die durch die übliche Geräteoptik beschleunigt, fokussiert und schließlich analysiert werden.

Die schnellen neutralen Atome (meistens handelt es sich um Argon, seltener um Xenon) werden durch eine sog. Atomkanone (engl.: atom gun) erzeugt. Darin werden durch Ladungstrennung zunächst $Ar^{+\bullet}$-Ionen erzeugt und beschleunigt (5 bis 10 keV), die in einer Stoßkammer (engl.: collision cell/chamber) auf neutrale Ar-Atome treffen. Durch diesen Zusammenstoß tritt ein Ladungsaustausch ohne großen Verlust an kinetischer Energie ein. Es resultiert ein Strahl schneller $\mathbf{Ar}^0$-Atome. (Die rasch wandernden Partikeln sind fett gedruckt.)

$$Ar^0 \longrightarrow \mathbf{Ar}^{+\bullet} + e^-$$
$$\mathbf{Ar}^{+\bullet} + Ar^0 \longrightarrow \mathbf{Ar}^0 + Ar^{+\bullet}$$

Dieser Atomstrahl wird auf eine Probenschicht gelenkt. Die Probe selbst ist in eine Matrix (häufig wird Glycerin verwendet, jedoch eignen sich auch andere Substanzen, z.B. 3-Nitrobenzylalkohol, Thioglycerin) eingebettet und befindet sich auf einer abgeflachten Kupferspitze. Die Probenzubereitung ist nicht problemlos, sie erfordert experimentelles Geschick und Erfahrung.

Beim Auftreffen der schnellen Ar-Atome auf die Probenoberfläche entstehen (Quasi)-Molekül- und Fragment-Ionen sowohl der Untersuchungssubstanz als auch der Matrix. (Teilweise laufen auch pyrolytische Prozesse ab, die zu weiteren Ionen führen). Da das Matrixspektrum weitgehend bekannt ist, stört es bei der Auswertung nicht zu stark. Jedoch sind auch Matrix/Substanz-Wechselwirkungen bekannt, die sehr von der Natur der Substanz abhängig und damit nicht ohne weiteres korrigierbar sind. Bei der Messung der positiven Ionen werden üblicherweise $[M + H]^+$-, $[M + Na]^+$-Ionen (bei Messung der negativen Ionen $[M + H]^-$) gebildet. Daneben kommen aber auch $[M + Glycerin_n]^+$-Ionen vor. Bei der Bestimmung der rel. Molekülmasse unbekannter Substanzen ist es empfehlenswert, durch Zusatz von Natriumchlorid oder Kaliumchlorid usw. Ionen zu erzeugen, durch deren Massen man leichter auf das Molekül-Ion der unbekannten Probe schließen kann. – Erfolgreich angewendet wurde FAB zur Untersuchung von organischen Säuren (—COOH, —SO_3H, —OPO_3H) und Salzen, Polypeptiden (z.B. das α-Aminosäuren enthaltende Peptid Melittin mit M = 2844,8), Oligosacchariden (z.B. γ-Cyclodextrin = Cyclooctylamylose mit M = 1296,4), Nukleotiden usw.

Die physikalische Erklärung dieses Ionisierungsvorganges steht noch aus.

Literatur:[18].

8.5 Feld-Desorption

(engl.: field desorption, Abk. FD)

Unter dem Einfluß hoher elektrischer Felder werden von einem (aktivierten) Draht, auf den eine feste Probe aufgetragen ist, positive Ionen desorbiert und massenspektrometrisch analysiert. Diese Methode eignet sich häufig gut zur Bestimmung der rel. Molekülmasse polarer Verbindungen.

Spektrum, s. Kationenanlagerungs-Massenspektroskopie.

Literatur:[19,20].

8.6 Feld-Ionisation

(engl.: field ionization, Abk. FI)

Eine Ionisierungsmethode von Molekülen, die unter Verwendung extrem hoher elektrischer Felder (10^9 bis 10^{10} V · m^{-1}) verläuft. Die Ionisierung erfolgt an der Anode, die eine Spitze, scharfe Klinge oder ein sehr dünner Draht ist. Meist wird die Anode vor der Messung aktiviert, wodurch sie mit einem Filz feinster Nadeln umgeben wird. Die Methode liefert im Vergleich zur Elektronenstoß-Ionisation intensivere Molekül-Ionen und weniger Fragment-Ionen[20].

8.7 Feld-Ionisations-Kinetik

(engl.: field ionization kinetic, Abk. FIK)

Methode zur Untersuchung des kinetischen Verhaltens von Ionen, die durch Feld-Ionisation (FI) erzeugt wurden. Es können dabei Ionen mit einer Lebensdauer von 10^{-8} bis 10^{-11} s zeitlich aufgelöst studiert werden, womit sich u.a. kompetitive Zerfallsprozesse der Radikal-Kationen analysieren lassen[21].

8.8 Hochmassenmessung

In zunehmendem Maße werden in chemischen Laboratorien biologisch interessante Moleküle mit hohen Molekulargewichten wie Peptide, Kohlenhydrate, Glykopeptide, Glykolipide, Nucleinsäuren usw. isoliert. Bei der Strukturaufklärung derartiger Substanzen mit spektroskopischen Methoden treten im allgemeinen grundsätzliche Schwierigkeiten auf. Die meist nur in kleinen Mengen vorliegenden Verbindungen enthalten häufig mehrfach gleiche oder sehr ähnliche Strukturelemente, die bei UV-, IR- und NMR-Messungen sich überlappende und damit schwer zu analysierende Spektren liefern. Auch liegen sie häufig in mehreren Konformationen vor, was das Ausmaß sich überlagernder Spektren erhöht. In diesen Fällen kommt der massenspektrometrischen Strukturanalyse, insbesondere der Molekülmassen-Bestimmung, eine große Bedeutung zu. In neuerer Zeit stehen mehrere Methoden zur Verfügung, die es erlauben, Molekül-Ionen dieser sog. Biomoleküle zu bestimmen. Mit der Elektronenstoß-Ionisation, für die das Verdampfen der Probe eine Voraussetzung ist, lassen sich Molekulargewichte bis ca. 1′500 bestimmen. Diese Grenze wird durch den thermolabilen Charakter der (Bio-)Moleküle bestimmt. Zur Messung solcher Moleküle können nur milde Ionisierungsverfahren eingesetzt werden. Die höchsten relativen Molekülmassenbestimmungen, die bisher bekannt wurden, liegen bei 25′000 Dalton (FAB), 45′000 Dalton (PD) bzw. 300′000 Dalton (ESI und LDI). Abgesehen davon, daß es schwer ist, sich solche gasförmigen Ionenungeheuer vorzustellen, sind mit dem Vordringen der Massenspektrometrie in diesen Bereichen eine Reihe neuartiger Probleme zu lösen. Zur Massenmarkierung im Hochmassenbereich lassen sich Alkalihalogenide, insbesondere CsI, einsetzen, die Cluster-Ionen hoher Masse bilden. Während solcher Messungen sollte das Auflösungsverhalten des Gerätes möglichst groß sein. Hohes Auflösungsvermögen jedoch vermindert die Ionenausbeute am Detektor, demzufolge muß das Auflösungsvermögen so hoch wie nötig (zur Peaktrennung) und so tief wie möglich (Ionenintensität) gehalten werden.

Die Massen hochgeladener Ionen (z. B. entstanden durch Elektrospray-Ionisation) fallen in einen niedrigeren Massenbereich (bis ca. 2′000) und können so sehr genau bestimmt werden (bei 20′000 Dalton besser als 0,02 %).

Ein besonderes Kapitel stellt das Erkennen der genauen Molmasse im Spektrum dar. Aus Tab. 4.5 und den schematisierten Spektren Abb. 4.43–4.46 ist die Problematik an Hand der Kohlenwasserstoffe C_nH_{2n} dargestellt. Beide, natürlicher Kohlenstoff und Wasserstoff, bestehen aus zwei Isotopen, die die sog. Isotopenpeaks (in beiden Fällen um 1 amu schwerer als das Hauptatom) bilden und auf die in Abschn. 3 näher eingegangen wurde. Die Intensität dieser Isotopenpeaks von „normalen“ niedermolekularen Molekülen, die aus C, H, N, O bestehen, ist stets kleiner als der Molekül-Ionen-Peak. Sobald jedoch in einem Molekül eine

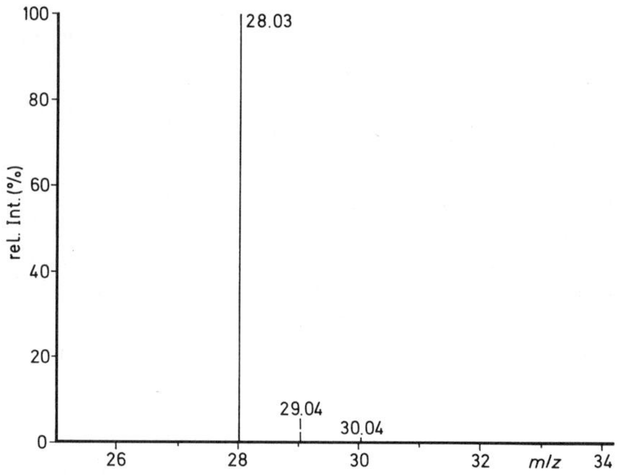

Abb. 4.43 Computerberechnung des Isotopenmusters des Molekül-Ions von C_2H_4.

Tab. 4.5 Vergleich von Molekül-Ionen von C_2H_4, $C_{20}H_{40}$, $C_{200}H_{400}$ und $C_{2000}H_{4000}$ (Computerberechnungen)[a)]

Zusammensetzung	Molekulargewicht[b)]	exakte Masse des Molekül-Ions[c)]	absolute Häufigkeit[d)]	intensivstes Signal der Molekül-Ionen-Region	Abb.
C_2H_4	28,05376	28,031300	97,7337	28	4.43
$C_{20}H_{40}$	280,5376	280,31300	79,5138	280	4.44
$C_{200}H_{400}$	2805,376	2803,1300	10,1023	2805	4.45
$C_{2000}H_{4000}$	28053,76	28031,300	1×10^{-8}	28053	4.46

[a)] Berechnungen von Dr. R. Schubert, Finnigan MAT, Bremen.
[b)] Die Molekulargewichtsberechnungen basieren auf den rel. Atommassen, vgl. Tab. 4.12.
[c)] Die exakte Masse des Molekül-Ions wurde berechnet aus der Masse des Hauptisotops, s. Tab. 4.12.
[d)] Der Wert der absoluten Häufigkeit wurde auf 100 normiert. Er bezieht sich auf das in der exakten Masse angegebene Ion bezüglich aller Molekül-Ionen.

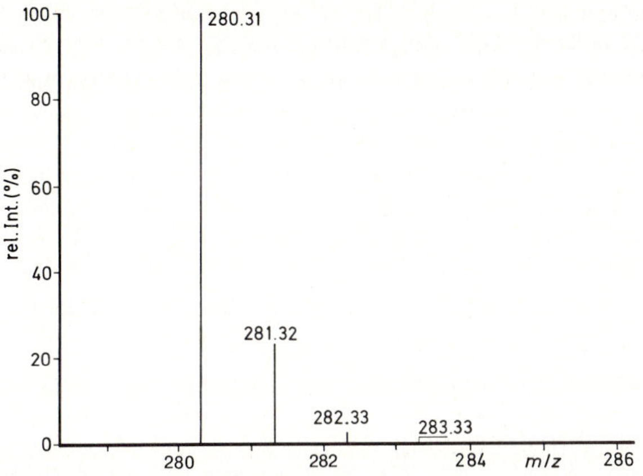

Abb. 4.44 Computerberechnung des Isotopenmusters des Molekül-Ions von $C_{20}H_{40}$.

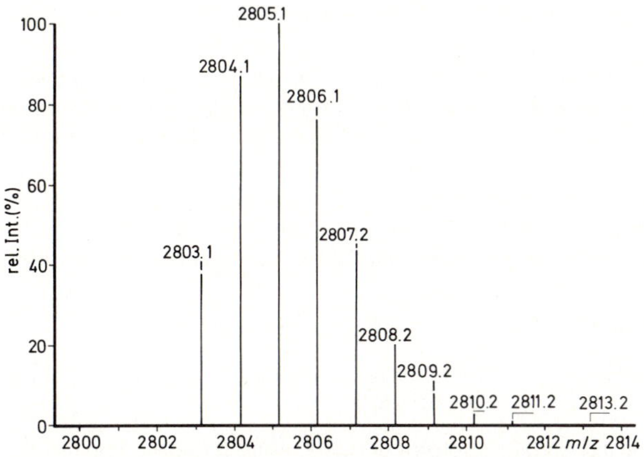

Abb. 4.45 Computerberechnung des Isotopenmusters des Molekül-Ions von $C_{200}H_{400}$.

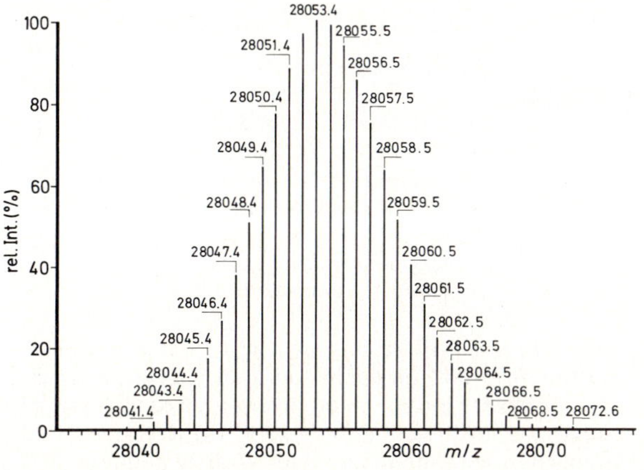

Abb. 4.46 Computerberechnung des Isotopenmusters des Molekül-Ions von $C_{2000}H_{4000}$.

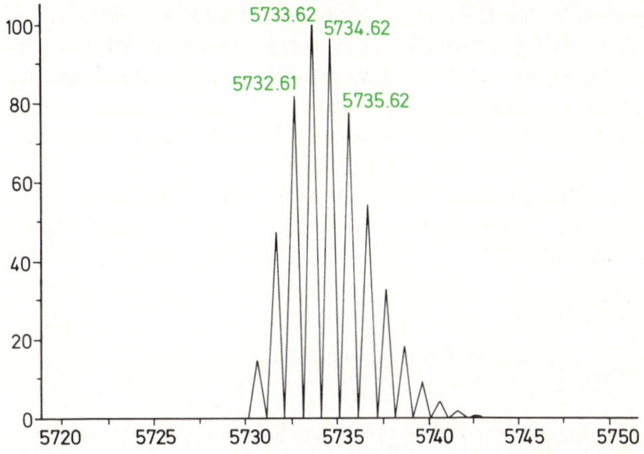

Abb. 4.47 Molekularregion des Massenspektrums von Rinderinsulin ($M^{+\bullet}$ = 5729,6009); Computerberechnung des $[M + H]^+$-Signals mit einem Auflösungsvermögen von 6000

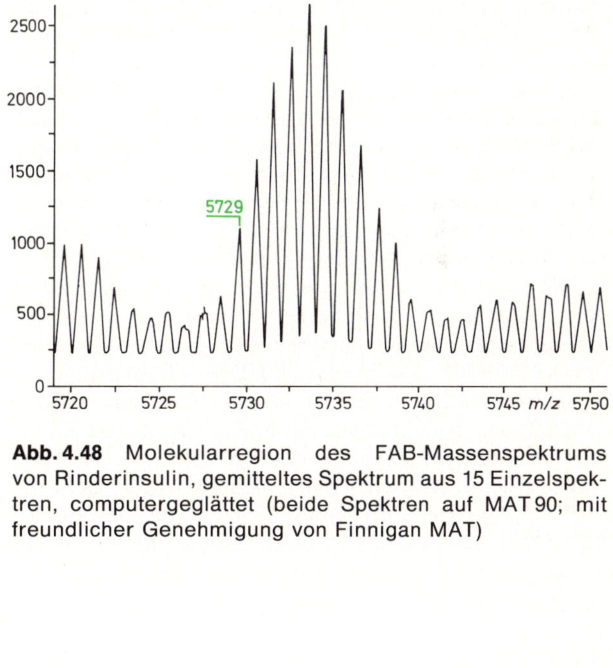

Abb. 4.48 Molekularregion des FAB-Massenspektrums von Rinderinsulin, gemitteltes Spektrum aus 15 Einzelspektren, computergeglättet (beide Spektren auf MAT 90; mit freundlicher Genehmigung von Finnigan MAT)

gewisse Anzahl von Atomen überschritten wurde (diese Zahl richtet sich nach der Isotopenhäufigkeit; bei Kohlenstoff beträgt dieser Wert 90, bei Chlor 3, vgl. Tab. 4.9), wird der erste Isotopenpeak intensiver als das Molekül-Ionen-Signal. Sind in einem Molekül weitere Atome, die aus mehreren Isotopen zusammengesetzt sind, vorhanden, so wird das Bild der betreffenden Molekül-Ionen-Region sehr komplex und ist nur mit Computerunterstützung rasch analysierbar. Man sollte auch nicht außer acht lassen, daß u.a. noch $[M + H]^+$-Signale auftreten können, die die Interpretation zusätzlich erschweren.

Als Demonstrationsbeispiel ist die Molekularregion (Auflösungsvermögen 6000) des FAB-Spektrums von Rinderinsulin [$C_{254}H_{377}N_{65}O_{75}S_6$, Molekulargewicht = 5733,5739; $M^{+\bullet}$ (Nominalmasse): 5727; $M^{+\bullet}$ (exakte Masse, Hauptisotope): 5729,6009. Die Molekularregion enthält $[M + H]^+$-Ionen und Isotopenpeaks] in Abb. 4.47 und 4.48 wiedergegeben. Im oberen Spektrum wurde direkt auf Photopapier aufgeschrieben, das untere wurde computergeglättet. Die massenspektrometrische Molekülmassen-Bestimmung und die Strukturableitung aus dem Massenspektrum unbekannter Verbindungen mit hohen rel. Molekülmassen ist ungeheuer viel schwieriger als analoge Bestimmungen niedermolekularer Verbindungen.

Literatur:[22].

8.9 Ionisierungsmethoden

(engl.: ionization methods)

Schon zu Beginn der Anwendung der Massenspektrometrie auf organische Moleküle hat sich die Thermolabilität vieler Verbindungen als Hindernis für die Bestimmung der rel. Molekülmasse herausgestellt. Verschiedene Verbesserungen an der Probenzuführung bei EI-Massenspektrometern haben stark zur Beseitigung dieses Nachteils beigetragen, ihn aber aus prinzipiellen Gründen nicht ganz eliminieren können. In jedem Fall muß die organische Probe unter den erwähnten Meßbedingungen verdampft werden, bevor sie ionisiert und damit der massenspektrometrischen Untersuchung zugänglich gemacht wird. Es hat deshalb nicht an Versuchen gefehlt, Ionisierungsverfahren zu entwickeln, bei denen die organische Probe nicht vor ihrer Ionisierung in der Dampfphase vorliegen muß. Dieses Bestreben wurde in neuerer Zeit auch deshalb besonders aktuell, weil der Wunsch der Organiker und Bioorganiker, Strukturen höhermolekularer, biologisch relevanter Stoffe massenspektrometrisch zu erforschen, immer stärker wurde. Derartige Verbindungen (wie Polypeptide, Oligosaccharide, Glykoside, Nucleotide usw.) enthalten fast immer mehrere polare funktionelle Gruppen, die ein pyrolysefreies Verdampfen unmöglich machen.

Ein anderer Aspekt, der alternative Ionisierungsverfahren zur Elektronenstoß-Ionisation rechtfertigt, wird dadurch begründet, daß es verschiedene Verbindungsklassen gibt, die unter EI-Bedingungen kein oder ein zu intensitätsschwaches Molekül-Ion zeigen.

Für verdampfbare Proben eignet sich neben der Elektronenstoß-Ionisation die Chemische Ionisation. Dadurch, daß letztere mit vielen Stoßgasen betrieben werden kann, die zu verschiedenen Spektrentypen führen, hat diese Methode einen sehr großen Spielraum. Andererseits ist das Arsenal an schwer oder nicht verdampfbaren Proben heute sehr groß. In Tab. 4.6 ist eine Übersicht der in organisch-chemischen Abteilungen gebräuchlichen Ionisierungsmethoden gegeben. Die in der Tabelle angegebenen Methoden sind noch durch andere Verfahren zu ergänzen, die zur Zeit noch nicht die Verbreitung erfahren haben, die sie eventuell haben sollten. Dazu gehören elektrohydrodynamische Ionisation (EHD)[23], $^{252}_{98}Cf$-Plasma-Desorption (PD, Ionisation durch Bombardement einer auf einem Träger befindli-

Tab. 4.6 Alternative Ionisierungsmethoden

Probe	Ionisierungsmethode (Abkürzung)[a]	Erläuterung s. S.
verdampfbar[b]	Elektronenstoß-Ionisation (EI)	202
	Chemische Ionisation (CI)	238
	Feld-Ionisation (FI)	241
	Atmospheric pressure ionization (API)	244
	Elektrospray-Ionisation (ESI)	239
nicht verdampfbar	Feld-Desorption (FD)	241
	Laser-Desorption (LD)	246
	Sekundärionen-Massenspektrometrie (SIMS)	251
	Fast-atom bombardment (FAB)	241
	Direkte Chemische Ionisation (DCI)	239
	Thermodesorption (TD)	253
	Thermopray-Verfahren	246

[a] Leider hat die Abkürzungssucht nicht vor der Massenspektrometrie halt gemacht. Um den Interessenten das Lesen der Fachliteratur zu erleichtern, werden die Abkürzungen, die noch nicht alle von der IUPAC-Nomenklaturkommission anerkannt sind, hier zwar angegeben, nicht jedoch propagiert.

[b] inklusive GC-Analysen

chen Probe mit Kernspaltstücken)[24]. Unter den in der Tabelle angeführten Verfahren sind besonders die Feld-Desorption und Fast-Atom bombardment zu erwähnen, die heute in vielen Laboratorien erfolgreich eingesetzt werden.

Es soll nicht unerwähnt bleiben, daß jede Ionisierungsmethode ihre speziellen Eigenschaften bzw. Erfordernisse bezüglich Selektivität, Geschwindigkeit der Analyse, Probenmenge und deren Vorbereitung usw. hat. Wegen ihrer großen Verbreitung, des umfangreichen Spektrenmaterials und letztlich wegen ihrer unproblematischen Aufnahme „einfacher" organischer Verbindungen hat die Elektronenstoß-Ionisation noch immer erstrangige Bedeutung.

Häufig sind die Massenspektrometer so eingerichtet, daß mehrere Ionisierungsmethoden ausgeführt werden können. Nicht immer geschieht der Wechsel von einer zu einer anderen Ionisierungsmethode durch einfaches Umschalten. Häufig sind längerfristige Umbauten, gefolgt von Justierungen usw.,nötig. Als Benutzer sollte man dafür Verständnis aufbringen, daß nicht jederzeit mit jeder Methode gemessen werden kann.

8.10 Kationenanlagerungs-Massenspektroskopie

Durch Zugabe von Alkali-Salzen zu polaren organischen Verbindungen (M) ist es möglich, unter FD-Bedingungen sogenannte Cluster-Ionen der allgemeinen Formel $[M + Alkali]^+$ zu erhalten. Als Kationen sind alle Alkali-Kationen verwendbar. Als Anion der Alkali-Salze eignet sich besonders der Tetraphenylborat-Rest ($[B(C_6H_5)_4]^-$. Der Vorteil der Methode besteht darin, daß rel. Molekülmassen polarer oder thermisch labiler Verbindungen bestimmt werden können. Als höchstes Signal erscheint $[M + Alkali]^+$. Zur Illustration ist das Spektrum von Loroglossin (**65**), einem Naturprodukt pflanzlichen Ursprungs, abgebildet (Abb. 4.49). Während die Probe unter EI-Bedingungen zersetzt wird, läßt sich unter FD-Bedingungen ein $[M - 2H_2O]^{+\bullet}$-Signal registrieren. Im Li^+-Anlagerungsspektrum erscheint nur das $[M + Li]^+$-Ion bei $m/z = 749$.

Literatur:[25].

8.11 Kopplung anderer Geräte mit Massenspektrometern

Der großen Nachweisgrenze für kleine Substanzmengen wegen wird das Massenspektrometer als Detektor für Gaschromatographen (GC) und Flüssigkeitschromatographen (LC) verwendet. Selbstverständlich lassen sich die durch GC und LC separierten Eluatproben sammeln und anschließend einzeln massenspektrometrisch untersuchen. Zur Lösung spezieller Probleme (z.B. Geruchsidentifizierung von Komponenten oder Aufnahme weiterer Spektrenarten) kann diese Methode gelegentlich gewisse Vorteile haben.

Die **GC/MS-Kombination** ist heute eine Standardmethode der organisch-analytischen Chemie. Beide Säulenarten, gepackte Säulen und Kapillarsäulen, lassen sich mit Massenspektrometern koppeln. Bei der Kombination gepackte Säulen/Massenspektrometer ist am Verbindungsteil beider Geräte ein Separator zur Reduktion der Trägergasmenge erforderlich.

Eine Diskussion über den chromatographischen Prozeß als solchen ist im Rahmen dieses Buches nicht möglich. Wir gehen davon aus, daß ein Gemisch durch einen Chromatographen (GC oder LC) gut in seine Komponenten aufgetrennt wurde. Die Säule des Gaschromatographen befindet sich in einer thermostatisierten Kammer (variabel einstellbar bis ca. 200°). Das Ende der Säule wird in die Ionenquelle des Massenspektrometers geführt, so daß die aus der Säule ausströmenden Komponenten der Reihe nach direkt

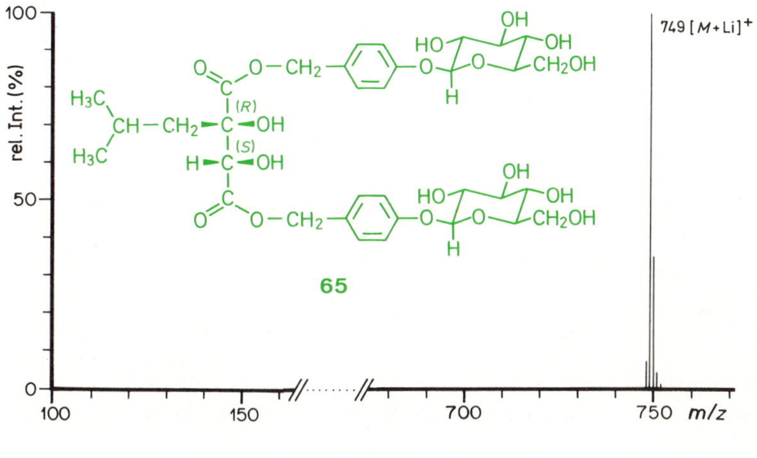

Abb. 4.49 Li^+-Anlagerungs-Massenspektrum von Loroglossin (**65**)

(on-line) ionisiert und gemessen werden können. Dem Verbindungsstück zwischen dem Gaschromatographen und dem Massenspektrometer, dem sog. Interface, kommt eine besondere Bedeutung zu. Die im Chromatographen getrennten Substanzen sollten in diesem Teil nicht wieder vermischt werden. Deshalb ist das Verbindungsstück möglichst kurz und wird zur Vermeidung partieller Kondensation geheizt (ca. 20° über der GC-Temperatur).

Der Peak einer gepackten Säule kann bis ca. 1 Minute lang sein, während derjenige einer Kapillarsäule in der Größenordnung von einer Sekunde liegen kann. Dieser Zeitfaktor hat deshalb eine große Bedeutung für die Aufnahme der Spektren. Um alle Komponenten massenspektrometrisch zu erfassen, werden automatisch so viele Scans wie möglich durchgeführt und im Computer gespeichert (Magnetfeldgeräte: Scanzeit 1 sec, Rücklaufzeit 2 sec, total ca. 3 sec für 1 Massendekade (ca. $m/z = 300$ bis 30)).

Nach beendeter Messung erfolgt die Auswertung des Chromatogramms (Abszisse: Fortlaufende Nummern der Massenspektren oder die Zeit in Min; Ordinate: Konzentration der Einzelkomponenten, gemessen mit dem Total-Ionenstrom-Detektor (TIC) anstelle des herkömmlichen, im GC-Betrieb angewendeten Flammen-Ionisations-Detektors (FID)).

Die Spektrenauswertung, d.h. Strukturbestimmung der Komponenten, erfolgt bevorzugt durch computerunterstützten Vergleich mit Spektren einer Bibliothek.

Zur Messung eines Spektrums nach der GC/MS-Technik sind nur äußerst geringe Substanzmengen der Einzelkomponenten erforderlich (Nano- bis Femtogrammbereich), vgl. Abschn. 2.1. Es ist selbstverständlich, daß alle Einschränkungen, die für die Gaschromatographie gelten, auch für die GC/MS-Kombination gelten: Nur thermisch stabile Verbindungen sind meßbar.

Bezüglich aller Details, weiterer Vor- und Nachteile sei auf die Spezialliteratur verwiesen[26]. Vgl. GC/MS-Beispiel Kap. 5, Aufgabe 7.

Bei der direkten **LC/MS-Kopplung** bestehen besondere praktische Schwierigkeiten. Die Säulenchromatographie wird mit reinen Lösungsmitteln oder Lösungsmittelgemischen ausgeführt. Für die massenspektrometrische Analyse jedoch sind diese Lösungsmittel (meist stark polar, teilweise gepuffert) zu entfernen, denn nur die im Vergleich zum Lösungsmittel geringe Substanzmenge ist von Interesse. Da die LC-Methode für die Analytik im chemischen Labor von größter Wichtigkeit ist, läßt sich erklären, warum in jüngster Zeit große Anstrengungen unternommen wurden, brauchbare direkte LC/MS-Kopplungen zu entwickeln. Drei Methoden werden kommerziell angeboten:

Moving-Belt-Methode. Auf einem rotierenden Endlosband (oder Draht) wird das LC-Eluat kontinuierlich aufgetragen. Nach dem Verdampfen des Lösungsmittels (IR-Heizer, Vakuum) bleibt ein dünner Film der nicht leicht verdampfbaren Probe auf dem Band zurück. Anschließend passiert das Band den Hochvakuum-Bereich, wo die Probe verdampft (IR-Heizer) und in das Massenspektrometer eingeführt wird. Bis zur Wiederbeschickung des Bandes sind Reinigungsstufen zu durchlaufen. Diese sind nicht immer unproblematisch, können sich doch bei jedem Bandcyclus die Rückstände anreichern und den vorher erreichten LC-Trenneffekt scheinbar unwirksam machen.

Da mit Hilfe von LC oder Hochleistungsflüssigkeits-Chromatographie (HPLC) bevorzugt polare Verbindungen getrennt werden und diese meistens thermolabil sind, eignen sich als Ionisierungsmethoden bevorzugt solche, die für schwer oder nicht verdampfbare Substanzen entwickelt wurden, d.h. FAB, FD, LD und SIMS.[27]

Thermospray-Verfahren (TSP). Diese zweite Methode zur direkten LC/MS-Kopplung ist zukunftsträchtig[28].

Dabei wird das Säuleneluat (Flußrate 0,5–2 $cm^3 \cdot min^{-1}$), das Ammoniumacetat und mindestens 10% Wasser enthalten muß, durch ein geheiztes Kapillarrohr (Innendurchmesser ca. 0,015 cm) gepreßt. Dadurch entsteht in der anschließenden Jet-Kammer ein sehr feiner Spray; die feinen Tröpfchen verdampfen, wobei bei diesem Prozeß ein Ladungsaustausch zwischen den Salz-Ionen (Puffer) und den organischen Molekülen eintritt. Es entstehen positive und negative Ionen, die dem Massenspektrometer zugeführt werden. Die Hauptmenge der Lösungsmittel-Moleküle wird abgepumpt. Typische Molekül-Ionen sind $[M + H]^+$, $[M + NH_4]^+$, $[M + Na]^+$. Der große Vorteil dieser Methode besteht in der Möglichkeit, sehr polare und thermolabile Verbindungen ohne Anwendung eines speziellen Verdampfungsprozesses in die Gasphase zu bringen.

Als drittes Verfahren der LC/MS-Kopplung kann die Ionisation der Teilchen durch **Elektrospray** (ESI) erwähnt werden. Diese Methode wird in Abschn. 8.3 vorgestellt.

Literatur: LC/MS[27].

8.12 Laser-Desorptions-/Ionisations-Massenspektrometrie

(engl.: Laser desorption/ionization, Abk. LDI)

Bei der Wechselwirkung eines UV-Laser-Strahles mit Materie entstehen positive und negative Ionen, die von einer Oberfläche desorbieren und sich massenspektrometrisch analysieren lassen.

Die Methode wurde u.a. zur Untersuchung von Gewebeproben ausgearbeitet, wobei sich mit dem Laser-Strahl kleinste Bereiche mikroskopisch einstellbar spezifisch analysieren lassen (LAMMA® = laser microprobe mass analyzer). Es entstehen (Quasi)-Molekül-Ionen (z. B. $M^{+\bullet}$, $[M + H]^+$, $[M - H]^-$, aber auch M^{2+}, M^{3+} oder Cluster-Ionen wie $[2M]^+$, $[3M]^{2+}$, $[2M]^{3+}$ etc.). Für die massenspektrometrische Analyse werden Flugzeit-Massenspektrometer (time-of-flight, TOF) mit z. B. 3 keV Beschleunigungsspannung und als Laser z. B. Nd-YAG-Laser mit 266 nm Wellenlänge und einer Pulsfrequenz von 10 ns verwendet. Die Energieaufnahme der Untersuchungsprobe erfolgt entweder direkt (vorhandenes Chromophor) oder, besonders bei aliphatischen Verbindungen, dadurch, daß zunächst die Metallunterlage Energie absorbiert und diese dann auf das Molekül übertragen wird (z. B. Bildung von $[\text{Valin} \cdot \text{Ag}]^+$) oder durch UV-Absorption der Matrix, in die die zu messende Substanz eingebettet wird. Als Matrizes dienen z. B. Nicotinsäure oder Aminobenzoesäure. Bei der LDI handelt es sich um eine schonende Ionisierungsmethode. Molekulargewichtsbestimmungen sind bis ca. 300'000 Dalton möglich bei einem effektiven Substanzverbrauch von ca. 10^{-17} mol, d. h. 50 fmol; der nicht verbrauchte Substanzrest kann zurückgewonnen werden.

Literatur:[29,30].

8.13 Mehrfach geladene Ionen

Wie in Abschn. 2. (S. 203) erwähnt, entstehen durch Elektronenbeschuß von Molekülen einfach geladene Molekül-Ionen. Daneben finden jedoch, wenn auch wesentlich seltener, Prozesse statt, bei denen zwei und noch seltener drei Elektronen aus dem Molekül entfernt werden, wodurch zwei- bzw. dreifach positiv geladene Teilchen gebildet werden. Da die Registrierung der Ionen gemäß m/z bzw. $m/n \cdot e$ erfolgt (im häufigsten Fall ist $n = 1$, so daß m/e gilt), werden doppelt geladene Ionen bei $m/2 \cdot e$ bzw. dreifach geladene Ionen bei $m/3 \cdot e$ registriert, d. h., sie erscheinen bei halben bzw. drittel Massen. Ist die rel. Molekülmasse geradzahlig, so erfolgt die Registrierung bei ganzen m/e-Werten und ist damit nicht ohne weiteres von den einfachgeladenen Fragment-Ionen zu unterscheiden. Da bei einer geradzahligen rel. Molekülmasse das erste Isotopomere ungeradzahlig ist, wird dessen doppelt geladenes Ion bei halben Massenzahlen erscheinen. Dadurch ist es möglich, die Position des doppelt geladenen Molekül-Ions leicht zu finden (gleiche Isotopen-Verhältnisse wie das einfach geladene Molekül-Ion). Das Auftreten des doppelt geladenen Molekül-Ions kann als gutes Kriterium zur Überprüfung richtig ausgezählter Massenspektren verwendet werden. Die Auftrittspotentiale doppelt geladener Ionen liegen deutlich über denjenigen einfach geladener (bei ca. 20 bis 30 eV). Durch Absenken der Ionisierungsspannung (Niedrigvolt-Spektren) verschwinden demzufolge Peaks mehrfach geladener Ionen; ein Umstand, der zu deren Identifizierung herangezogen werden kann. Häufig findet man doppelt geladene Molekül-Ionen bei aromatischen Verbindungen und Polyolefinen.

Neben doppelt geladenen Molekül-Ionen treten auch doppelt geladene Fragment-Ionen auf, für die die gleichen Regeln gelten. In einigen Fällen [z. B. Bis(benzylisochinolin)-Alkaloide vom Typ des Oxyacanthins[31]] wird sogar der Basispeak durch ein doppelt geladenes Fragment-Ion gebildet. Bei der Untersuchung von Fragmentierungswegen sei darauf hingewiesen, daß auch die Massendifferenzen doppelt zu zählen sind. Die Berechnung von Übergangssignalen ($m_M^{2+} \rightarrow m_T^{2+}$, $m_M^{2+} \rightarrow m_{T1}^{+} + m_{T2}^{+}$ usw.) kann mit der angegebenen Formel erfolgen, s. unter „Übergangssignale" (S. 253). Mehrfach geladene Ionen treten bei der Elektrospray-Ionisation auf und bilden die Grundlage für die Hochmassenmessung nach dieser Methode (s. S. 239). Gelegentlich werden doppelt geladene Ionen auch unter FD-Bedingungen registriert.

8.14 Memory-Effekt

Verbleiben nach einer Messung im Ionenquellen-Raum eines Massenspektrometers noch Substanzreste (z. B. durch Kondensation an kühleren Teilen) und treten diese bei der nächsten Messung wieder in Erscheinung, so spricht man von einem Memory-Effekt (ME). Durch Aufnahme eines Untergrundspektrums vor jeder Messung läßt sich über das Vorhandensein unerwünschter Probenreste Gewißheit erhalten. Beseitigung: Ausheizen der Quelle oder mechanische Reinigung.

8.15 Nachbargruppen-Wechselwirkungsreaktionen

Bifunktionelle Alkane

Der massenspektrometrische Zerfall di- und polyfunktioneller Alkane ist hauptsächlich durch zwei prinzipiell verschiedene Reaktionen gekennzeichnet: Einerseits werden die Strukturen der Fragment-Ionen durch den gesonderten Abbau jeder einzelnen funktionellen Gruppe bestimmt; andererseits jedoch entsteht eine mehr oder weniger große Anzahl von Fragment-Ionen durch das Zusammenspiel beider oder mehrerer funktioneller Gruppen. Derartige Reaktionen wurden bei einer relativ großen Zahl α,ω-disubstituierter Alkane gefunden, z. B. ω-Hydroxycarbonsäure-ester, ω-Methoxycarbonsäure-ester, ω-Oxocarbonsäure-ester, ω-Hydroxy-ethylen-acetale, α,ω-Diaminoalkane, *N,N'*-Diacyl-α,ω-diaminoalkane, ω-Aminocarbonsäure-ester, ω-Aminophenylalkane. Fast immer spielt die Zahl der Methylen-Gruppen zwischen den beiden funktionellen Gruppen eine entscheidende Rolle für das Ausmaß der Fragmentierungsreaktion unter Nachbargruppen-Beteiligung (cyclische Übergangszustände, Ringbildungsreaktionen).

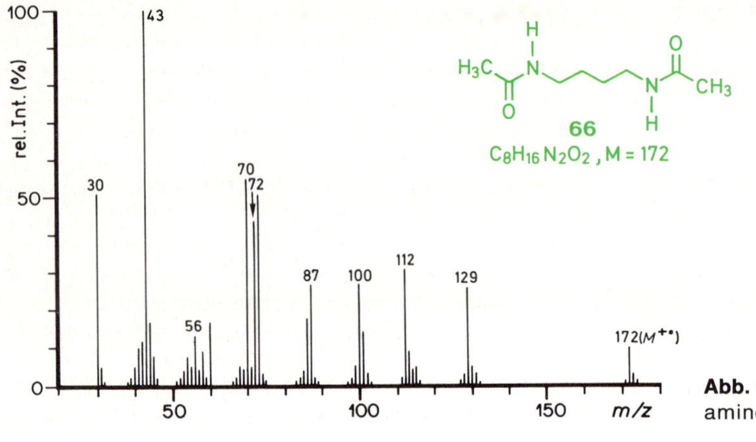

Abb. 4.50 Massenspektrum von 1,4-Bis(acetylamino)butan (= *N,N'*-Diacetylputrescin, **66**)

Als Beispiel für das besondere Verhalten ist das in Abb. 4.50 wiedergegebene und in Schema 4.18 diskutierte Massenspektrum von 1,4-Bis(acetylamino)butan (**66**; M = 172) angeführt.

Typisch sind die Fragment-Ionen bei $m/z = 129$ (M − $COCH_3$) und die beiden cyclischen Ionen mit $m/z = 112$ und 70. Monofunktionelle Systeme zeigen ein verschiedenes Verhalten (s. z. B. *N*-Butylacetamid, **35**, Abb. 4.30).

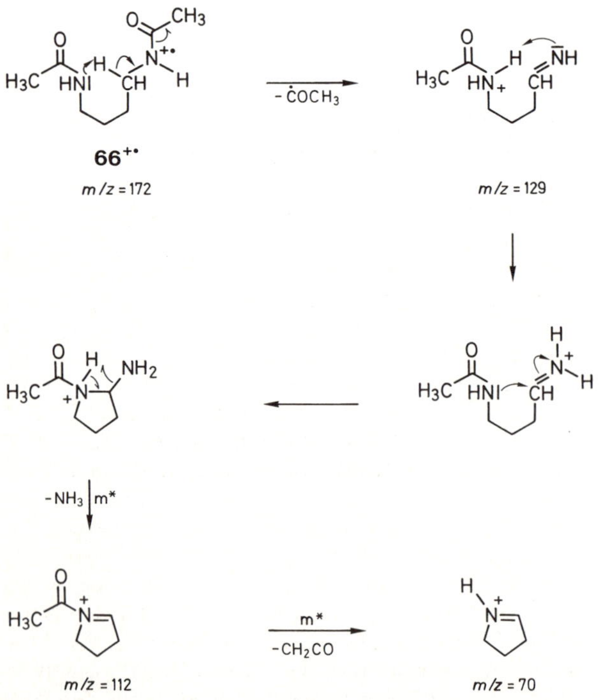

Schema 4.50 s. Abb. 4.45

Zu dieser Gruppe von Fragmentierungsreaktionen gehören auch massenspektrometrische S_Ni-Reaktionen. Literaturübersicht[32].

ortho-Effekt

Hierbei handelt es sich um einen Spezialfall von massenspektrometrischen Nachbargruppen-Wechselwirkungsreaktionen, der an *ortho*-disubstituierten Benzol-Derivaten (oder an *peri*-disubstituierten Naphthalin-Derivaten) zu beobachten ist. Eine massenspektrometrische Unterscheidung von *o*-, *m*- und *p*-isomeren Benzol-Derivaten ist häufig nicht möglich. Die Spektren von *m*- und *p*-Isomeren sind im allgemeinen gleich. Hingegen können sich die Spektren dieser beiden Isomeren deutlich von demjenigen des *o*-Isomeren unterscheiden. Voraussetzung dafür ist jedoch, daß die beiden benachbarten Substituenten durch gegenseitige Wechselwirkung Reaktionen eingehen, die keiner der beiden Substituenten allein zeigt. Es laufen also für die speziellen Gruppierungen „untypische" Fragmentierungsreaktionen ab, erkennbar an den Positionen der Signale, was durch verschiedene Spektren zum Ausdruck kommt.

Ein typisches Beispiel für die Gleichartigkeit (*m*- und *p*-Isomer) bzw. Verschiedenartigkeit (*m*- und *p*- gegenüber *o*-Isomer) stellen die Nitrotoluole dar: *o*-Nitrotoluol (**67**; M = 137, Abb. 4.51), *m*-Nitrotoluol (**68**; M = 137, Abb. 4.52), *p*-Nitrotoluol (**69**; M = 137, Abb. 4.53).

Das *m*- und das *p*-Isomer geben die für die Nitro-Verbindungen typischen Fragment-Ionen: $[M - 16]^+$: $m/z = 121$, $[M - 30]^+$: nach Umlagerung zum Nitritester $m/z = 107$ und $[M - 46]^+$: $m/z = 91$, Schema 4.19. Bei der *o*-Verbindung **67** sind diese Signale zwar auch vorhanden, zusätzlich und als intensivster Peak des Spektrums tritt $m/z = 120$ (**a**) auf, was der Abspaltung von $OH^•$ aus dem Molekül-Ion entspricht (Schema 4.20). Andere Ionen von größerer Intensität im Spektrum von **67** sind $m/z = 92$ und 77. Sie

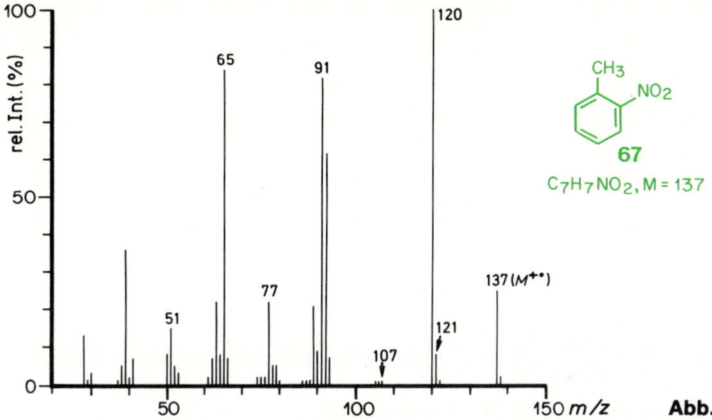

Abb. 4.51 Massenspektrum von *o*-Nitrotoluol (**67**)

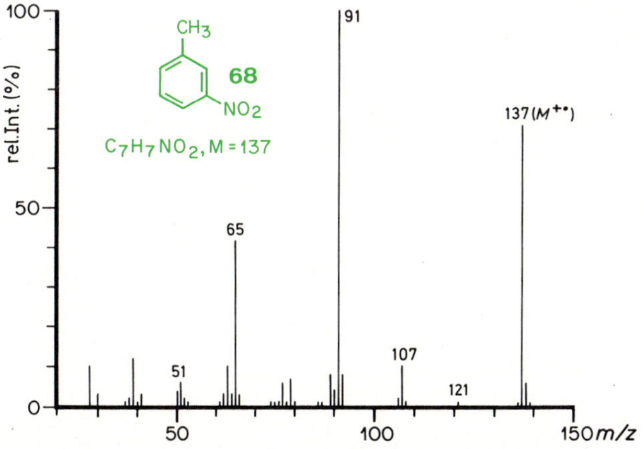

Abb. 4.52 Massenspektrum von *m*-Nitrotoluol (**68**)

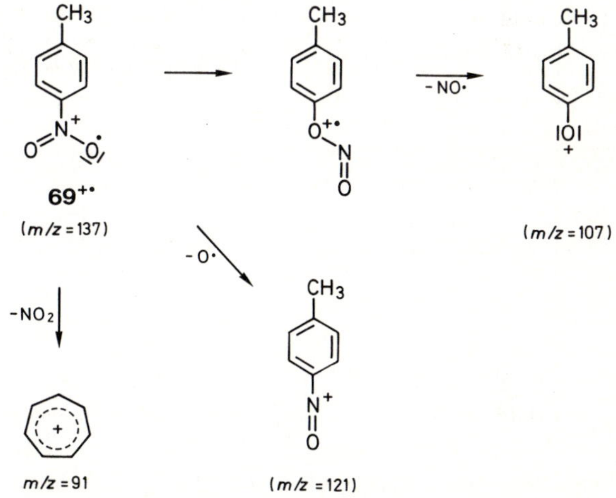

Schema 4.19 vgl. Abb. 4.52 und 4.53

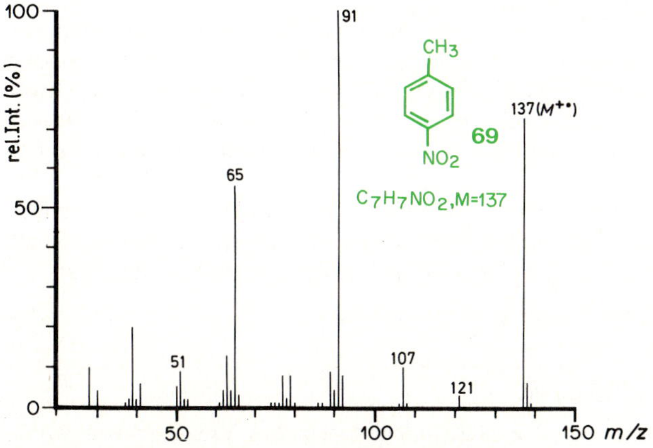

Abb. 4.53 Massenspektrum von *p*-Nitrotoluol (**69**)

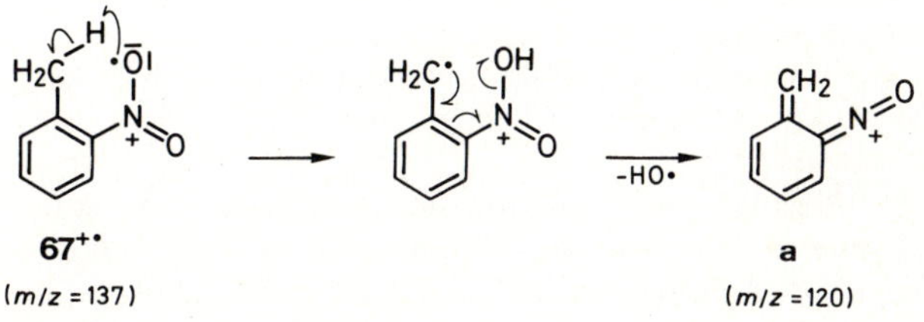

Schema 4.20 s. Abb. 4.51

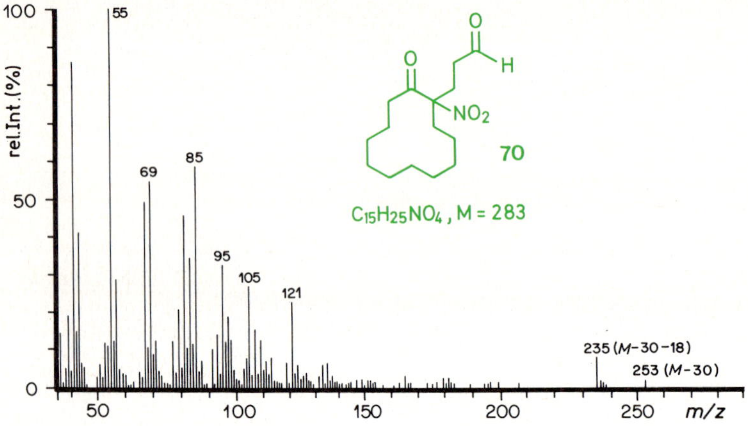

Abb. 4.54 EI-Massenspektrum von 3-(1-Nitro-2-oxocyclododecyl)propanal (**70**)

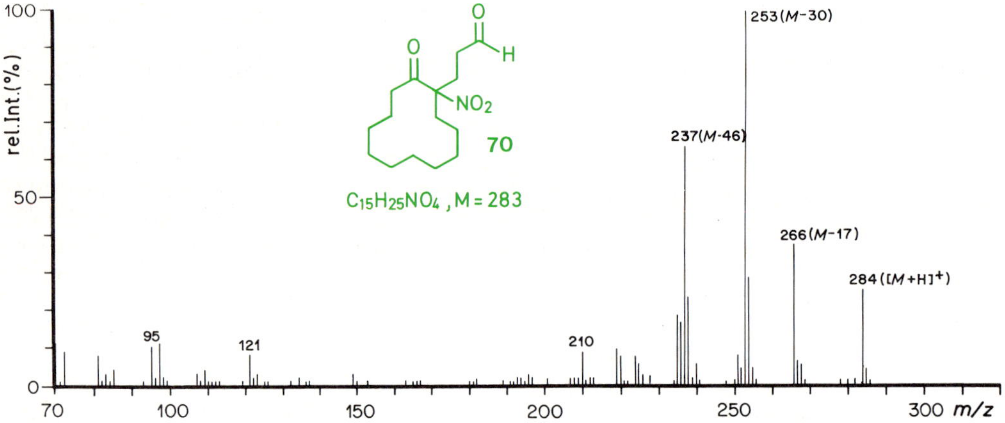

Abb. 4.55 CI-Massenspektrum von 3-(1-Nitro-2-oxocyclododecyl)propanal (**70**) Reaktand-Gas: 2-Methylpropan (Isobutan)

entstehen durch CO-Verlust aus **a** bzw. HCN-Abspaltung aus $m/z = 92$.

Die Massenspektren aliphatischer Nitro-Verbindungen enthalten selten das Molekül-Ion, meistens werden als höchste Signale nur die Ionen $[M - 30]^+$ und/oder $[M - 46]^+$ registriert. Bei der Aufnahme unter den Bedingungen der Chemischen Ionisation (CI, s. S. 238) oder Fastatom bombardment (FAB, s. S. 241) hingegen wird das (Quasi)-Molekül-Ion angezeigt; s. die Spektren von 3-(1-Nitro-2-oxocyclododecyl)propanal (**70**; M = 283) unter EI- (Abb. 4.54) und CI-Bedingungen (Abb. 4.55).

Ein Benzol-Derivat, von dem die Spektren der *o*-, *m*- und *p*-Isomeren innerhalb der Meßgenauigkeit und Reproduzierbarkeit gleich sind, ist Xylol. Stellvertretend für die anderen Isomeren ist in Abb. 4.56 das Spektrum von *m*-Xylol (**71**; M = 106) wiedergegeben. Wichtigstes Fragment-Ion ist $m/z = 91$, das unter Methyl-Verlust (und unter Umlagerung) aus dem Molekül-Ion gebildet wird.

Im Zusammenhang mit der Diskussion von Aspekten aromatischer Verbindungen muß noch darauf hingewiesen werden, daß in einigen Fällen sich auch die Massenspektren *p*-disubstituierter Verbindungen von denjenigen der *m*-Isomeren dadurch unterscheiden können, daß nur die *p*-Isomeren durch Verlust von Gruppen zur Ausbildung resonanzstabilisierter Ionen befähigt sind und dadurch derartige Signale besonders intensiv erscheinen. Zu solchen Reaktionen befähigt sind z. B. *p*-Methoxybenzol-Derivate.

Zusammenfassende Literatur:[33].

peri-Effekt

Spezielles massenspektrometrisches Verhalten von 1,8-disubstituierten (*peri*-substituierten) Naphthalin-Derivaten;

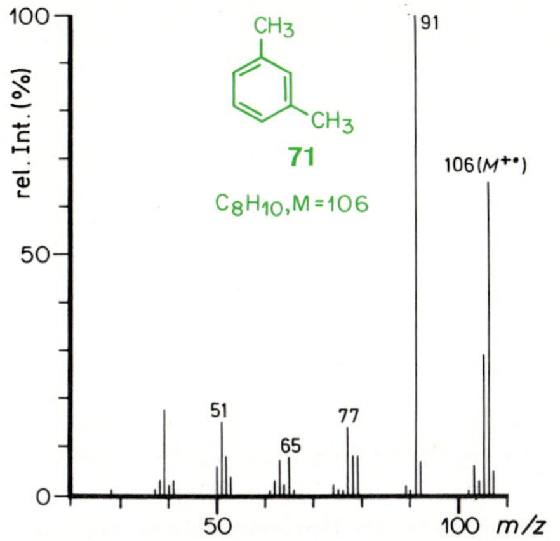

Abb. 4.56 Massenspektrum von *m*-Xylol (**71**)

diese Erscheinung wird meistens unter *o*-Effekt zusammengefaßt.

8.16 Photoionisation

(engl.: photo ionization, Abk. PI)

Die Ionisation von Molekülen erfolgt durch Bestrahlung mit energiereichen Photonen:

$$M + h\nu \rightarrow M^{+\bullet} + e^-$$

Die Methode eignet sich besonders gut zur genauen Bestimmung der Ionisierungspotentiale (vgl. auch unter Laser-Desorptions-/Ionisations-Massenspektrometrie (S. 246).

8.17 Sekundärionen-Massenspektrometrie

(engl.: secondary ion mass spectrometry, Abk. SIMS)

Durch einen Strahl energiereicher primär gebildeter Ionen (z. B. $Ar^{+\bullet}$ von 2 bis 10 keV) werden aus einer Probe, die sich auf einer Metalloberfläche (z. B. Ag) befindet, positive und negative Ionen erzeugt. Die Beschleunigung, Fokussierung, Trennung und der Nachweis dieser Ionen erfolgt auf übliche Weise im Massenspektrometer. Neben $M^{+\bullet}$ und $M^{-\bullet}$ werden vornehmlich $[M + H]^+$, $[M - H]^-$, $[M + Na]^+$ (auch ohne speziellen Salzzusatz), $[M + Ag]^+$ sowie Fragment-Ionen registriert. Die Metall-Ionen stammen aus der Metalloberfläche bzw. von Verunreinigungen. Mit Hilfe dieser Methodik lassen sich von nicht oder schwer flüchtigen organischen Proben (z. B. Ammonium-Salzen, Peptiden, Oligosacchariden, Glykosiden) Massenspektren aufnehmen und zur Bestimmung der rel. Molekülmasse sowie der Strukturaufklärung einsetzen.

Literatur: [34].

8.18 Spektrenbibliothek

Massenspektren lassen sich digitalisieren (Massenzahl, Intensität) und speichern. Auf diese Weise können Bänder oder Platten mit Spektren zu sog. Spektrenbibliotheken gefüllt werden. Es ist sinnvoll, nur Massenspektren strukturell bekannter Verbindungen höchster Reinheit zu speichern. Bei der Aufnahme neuer strukturell unbekannter Proben und besonders von Multikomponenten-Gemischen durch GC/MS kann die Spektrenbibliothek mit Hilfe des Computers durch Spektrenvergleich zur Substanzidentifizierung herangezogen werden. Spektrenbibliotheken mit mehreren zehntausend Spektren sind kommerziell erhältlich (s. Literaturverzeichnis). Abgesehen von computertechnischen Problemen sind einige grundsätzliche Aspekte zu erwähnen. Die Reproduzierbarkeit von Massenspektren, aufgenommen mit der gleichen Ionisierungsmethode, ist nicht zu groß; sie ist u. a. vom Gerätetyp, von der Probenreinheit, Kristallform usw. abhängig. Spektrenbibliotheken enthalten teilweise eine Fülle phantastischer Unikate, die kaum ein zweites Mal als unbekannte Substanzen gemessen werden. Andererseits fehlen teilweise einfache Substanzen. Für den sehr zeitsparenden und wertvollen Computervergleich wäre es also erstrebenswert, eine eigene Spektrenbibliothek aufzubauen. Der zeitraubende Prozeß des Aufbaus einer solchen eigenen Bibliothek lohnt sich aber nur dann, wenn sie auch benutzt werden kann, d. h., wenn derartige Substanzidentifizierungen häufiger vorkommen (z. B. in der Gerichtschemie/Kriminalistik, Untersuchung von Aromastoffen usw.). Je nach Ionisierungsmethode sind selbstverständlich spezielle Spektrenbibliotheken erforderlich, da ja die Spektren auch verschieden sind.

8.19 Stereoisomere

Optische Antipoden

Die Massenspektren von optischen Antipoden sind identisch, unabhängig von der Zahl der Chiralitätszentren (achirale Aufnahmebedingungen der Massenspektren!). Gleiches gilt für Racemate.

Geometrische Isomere

E,Z-Isomere (trans-, cis-Isomere): Die Massenspektren von *E,Z*-Isomeren können, müssen jedoch nicht verschieden sein. Dies hängt in erster Linie davon ab, ob die Fragmentierungsreaktion die Doppelbindung oder funktionelle Gruppen an der Doppelbindung oder in ihrer nächsten Nähe einschließt. Spielt sich das Fragmentierungsgeschehen außerhalb der Einflußsphäre der Doppelbindung ab, so sind die Spektren gleich; andernfalls können Unterschiede registriert werden. Diese dokumentieren sich meistens in mehr oder weniger ausgeprägten Intensitätsunterschieden einzelner Signale; seltener werden gänzlich verschiedene Massenspektren beobachtet. Als Beispiele sind in Abb. 4.57 und 4.58 die Massenspektren von Maleinsäure (**72**; M = 116) und Fumarsäure (**73**, M = 116) wiedergegeben.

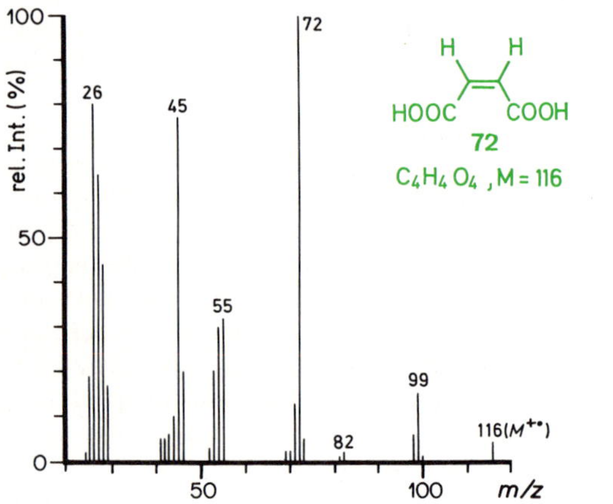

Abb. 4.57 Massenspektrum von Maleinsäure (**72**)

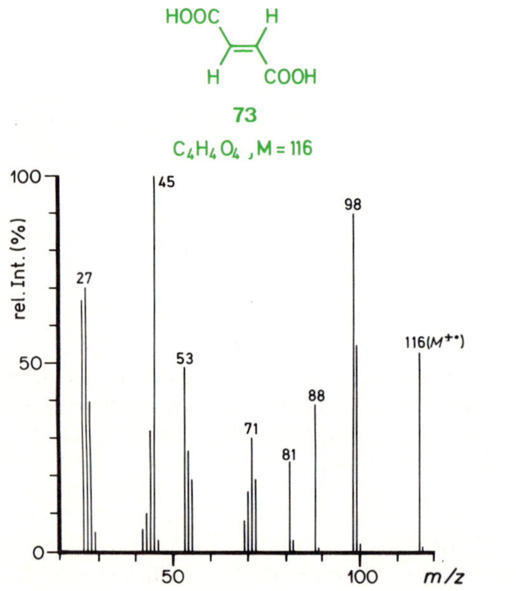

Abb. 4.58 Massenspektrum von Fumarsäure (**73**)

Bei dem massenspektrometrischen Zerfall der Maleinsäure (**72**) spielt die Decarboxylierung ($m/z = 72$) die vorherrschende Rolle, während im Fall der Fumarsäure (**73**) die Wasserabspaltung ($m/z = 98$) und die Decarbonylierung ($m/z = 88$) aus dem Molekül-Ion hervorzuheben sind[35].

Diastereomere

Bedingt durch den unterschiedlichen Abstand zwischen zwei funktionellen Gruppen können sich Diastereomere im Massenspektrometer ähnlich wie *E,Z*-Isomere verhalten. Je nach Verbindungstyp und Fragmentierungsreaktion können die Spektren von Diastereomeren wenig signifikante oder starke Unterschiede aufweisen. Auch dies hängt mit dem Ort der Primärfragmentierung zusammen. So sind z. B. die Massenspektren von *cis*- (**74**) und *trans*-1,4-Cyclohexandiol (**75**) bezüglich der Wasserabspaltung aus dem Molekül-Ion sehr verschieden. Im Spektrum der *cis*-Verbindung beträgt z. B. die Wasserabspaltung 1,8 % Σ und in demjenigen der *trans*-Verbindung 8,1 % Σ. Davon erfolgt bei **74** zur Hälfte (0,9 % Σ) bei **75** jedoch zu einem achtmal größeren Anteil (7,3 % Σ) eine 1,4-Elimination (D-Experimente). Dieser Befund steht in guter Übereinstimmung mit der geometrischen Anordnung der Hydroxy-Gruppen in der Wannenform. Ähnlich, wenn auch nicht so ausgeprägt, ist der Ammoniak-Verlust aus den *cis*- und *trans*-Cyclohexandiaminen und deren Derivaten.

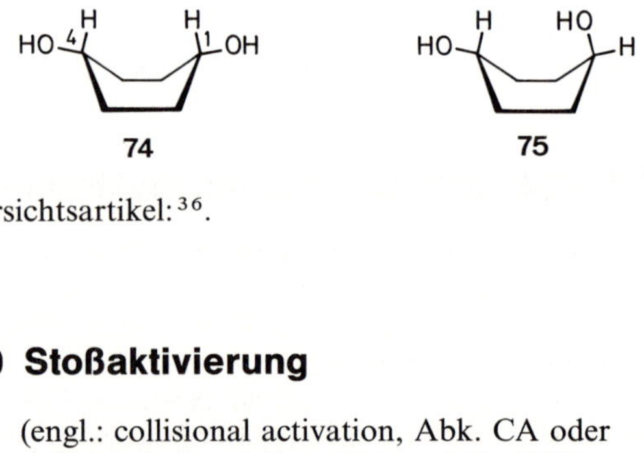

74 **75**

Übersichtsartikel:[36].

8.20 Stoßaktivierung

(engl.: collisional activation, Abk. CA oder collision induced dissociation, Abk. CID)

Dies ist eine Methode zur Untersuchung von Ionen-Strukturen. Beim Auftreffen von Ionen, die über eine hohe Translationsenergie verfügen (einige hundert eV), auf gasförmige neutrale Atome oder Moleküle, werden die Ionen auf Kosten der Translationsenergie elektronisch angeregt, gehen Zerfallsreaktionen ein und liefern ein für die Struktur und den Energieinhalt des Ions charakteristisches Spektrum (CA-Spektrum). CA-Spektren gleicher Ionen (gleiche Elementarzusammensetzung) verschiedener Provenienz sind gleich (inklusive Intensitäten und Halbwertbreite der Linien).

CA-Spektren werden besonders auch bei solchen Ionisierungsmethoden aufgenommen, die nur das Molekül-Ion (z.B. DCI-, ESI-, FAB-, FD-Spektren) einer Verbindung liefern. Diese Spektren geben dann die Fragment-Ionen-Signale, aus denen Strukturinformationen erhältlich sind. Apparativ wird folgende Anordnung gewählt: Ionenquelle – magnetischer Sektor – Stoßkammer mit Stoßgas – elektrostatischer Sektor – Sekundärelektronen-Vervielfacher.

Zusammenfassende Literatur:[37].

8.21 Tandem-Massenspektrometrie

Hierbei handelt es sich um zwei hintereinandergeschaltete Massenspektrometer, weshalb die Methodik auch Massenspektrometer/Massenspektrometer (MS/MS) genannt wird. Durch diese Kombination wird ein zusätzlicher Aspekt massenspektrometrischer Information erschlossen. Das Vorgehen ist folgendes: Eine Probe wird ionisiert (alle Ionisierungsarten sind möglich) und gibt im ersten Massenspektrometer (MS 1) ein Massenspektrum. Falls nun das Interesse an einer bestimmten Ionensorte (Fragment- oder Molekül-Ion) besteht, kann diese ausgeblendet und in eine Stoßkammer (s. Stoßaktivierung) gelenkt werden. Durch den Zusammenstoß mit dem darin befindlichen Gas wird diese Ionensorte fragmentiert und in dem anschließenden zweiten Massenanalysator (MS 2) aufgetrennt und analysiert. Dadurch können strukturelle Informationen für die ausgeblendete Ionensorte erhalten werden. Die Methode eignet sich zur Strukturanalyse und zur Analyse von Gemischen (Herausblenden einzelner Molekül-Ionen), auch wenn die darin gesuchte Substanz in sehr kleiner Menge vorliegt (z.B. biologisches Untersuchungsmaterial, Metaboliten-Untersuchungen). Die anfallende Datenfülle kann dabei durch Computer verarbeitet werden, was MS/MS zu einem der leistungsfähigsten analytischen Instrumente werden läßt. Kürzlich wurde ein illustratives Beispiel zur Anwendung der MS/MS-Kombination publiziert[39]. Das natürlich vorkommende, aus 70 Aminosäure-Einheiten aufgebaute Polypeptid Eglin c (M = 8092,02) mußte zwecks Identifizierung mit einem gentechnisch synthetisierten Präparat verglichen werden. Das Syntheseprodukt besaß trotz fast gleicher biologischer, immunologischer und chromatographischer Eigenschaften eine um 42 amu höhere Molekülmasse. (Alle Aufnahmen mit FAB-MS, Matrix: Thioglycerin). Worin bestand der Unterschied (CH_2CO oder C_3H_6), und an welchem Atom war der Substituent lokalisiert? Zur Beantwortung dieser Fragen wurden von beiden Präparaten enzymatische Hydrolysate mit Trypsin erzeugt und das Gemisch (jeweils sieben Spaltpeptide enthaltend) ohne chromatographische Trennung massenspektrometrisch untersucht. Das die N-terminale Aminosäure von Eglin 3 enthaltende Spaltpeptid war um 42 amu im Synthesegerät schwerer. Aus dem Gemisch wurde nun das Molekül-Ion des betreffenden Spaltpeptides herausgeblendet, in einer Stoßkammer mit einem Neutralgas behandelt und anschließend im MS 2 das Massenspektrum beobachtet. Durch Analyse des Fragmentierungsmusters wurde die N-terminale Aminosäure als Träger des Substituenten identifiziert. Er erwies sich als CH_3CO-(N)-Rest (CD_3CO-Markierung): Probenbedarf: 20 μg.

Literatur:[38].

8.22 Thermodesorptions-Massenspektrometrie

(engl.: thermal desorption mass spectrometry, Abk. TD; teilweise wird dieser Prozeß auch als thermische Ionisation bezeichnet)

Organische Salze (Ammonium-, Arsonium-, Oxonium-Salze) – aber auch neutrale organische Moleküle in Gegenwart von Na^+, K^+ usw. – lassen sich in der Ionenquelle eines Massenspektrometers bei ausgeschaltetem Elektronenstrahl und höherer Temperatur direkt in die Gasphase überführen. Beschleunigung, Trennung und Analyse der so gebildeten Ionen geschieht wie üblich. Der Anwendungsbereich dieser sehr jungen Methodik ist noch nicht überblickbar.

Literatur:[39].

8.23 Übergangssignale

Ionen, die von der Ionenquelle bis zum Auffänger gelangen, ohne zu zerfallen, müssen eine Lebensdauer von mindestens 10^{-5} s haben. Ist ihre Lebensdauer deutlich kleiner (Größenordnung 10^{-6} s und darunter), so zerfallen sie in der Ionenquelle und werden korrekt beschleunigt. Zerfallen die Ionen jedoch in der feldfreien Region zwischen Ionenquelle und Auffänger, so handelt es sich um metastabile Ionen. Derartige Ionen werden normal beschleunigt und zerfallen danach in ein Neutralteilchen und ein leichteres Ion (Tochter-Ion, m_T). Da die Beschleunigung entsprechend der schweren Masse des Mutter-Ions (m_M) erfolgte, ist die Geschwindigkeit der Tochter-Ionen kleiner als bei normal beschleunigten Ionen gleicher Masse. Damit werden sie im Magnetfeld stärker abgelenkt, sie erscheinen im

Massenspektrum bei zu kleinen Massen. Ihre Position im Spektrum läßt sich berechnen (auf eine Ableitung aus der Gl. (3), Abschn. 2. (S. 203), wird verzichtet):

$$m^* = \frac{m_T^2 \cdot n_M}{m_M \cdot n_T} \tag{10}$$

n = Ladung der Ionen; im Normalfall $n = 1$.

Beispielsweise läßt sich das Übergangssignal für die Reaktion $m/z = 105 \rightarrow m/z = 77$ bei

$$m^* = \frac{77^2}{105} = 56{,}5$$

finden.

Im Spektrum erscheinen die Übergangssignale deutlich breiter und im allgemeinen intensitätsschwächer als die normalen Signale, das Zentrum kann, insbesondere in den gedehnten Zählspektren, mit Dezimalstellen bestimmt werden. Das Auftreten von Übergangssignalen schließt andere Prozesse, die zum selben Ion führen, nicht aus; Nichtvorhandensein von m^* schließt hingegen einen gleichwohl vorhandenen Fragmentierungsschritt nicht aus. Übergangssignale sind jedoch für Fragmentierungsmechanismen und damit auch bei Strukturableitungen wichtige Hilfsmittel. Über deren weiteren Informationsgehalt und dessen Nutzung siehe [40].

9. Tabellarische Zusammenstellungen zur Massenspektrometrie

9.1 Verzeichnis von häufig auftretenden Ionen, charakteristischen Massendifferenzen bei massenspektrometrischen und chemischen Reaktionen

Die in dieser Übersicht angegebenen Massendifferenzen und Ionen stellen keine vollständige Liste dar. Sie sollen Hinweise (keine Beweise) für mögliche Strukturen oder Strukturelemente liefern, wobei der Normalfall und nicht der Spezialfall eines massenspektrometrischen Verhaltens bzw. einer chemischen oder thermischen Umwandlungsreaktion berücksichtigt wurde.

Bemerkungen: Fragment-Ionen-Signale werden nicht nach F^+ und $F^{+\bullet}$ unterschieden.
LM = Lösungsmittel

Tab. 4.7 Häufig auftretende Ionen und charakteristische Massendifferenzen

Masse	M ± x		*m/z* Massendifferenz bei chemischen und thermischen Umwandlungsreaktionen
1	+H −H	bei Aminen, Nitrilen aus Aldehyden, primären und sekundären Alkoholen, cyclischen Aminen, Ethern, Nitrilen, teilweise aromatischen Derivaten	Der Massenbereich m/z = 1 bis ≈10 wird unter normalen Aufnahmebedingungen im allgemeinen nicht registriert. +1 
2	$-H_2$ $\pm H_2$	bei gesättigten primären Alkoholen ($R—CH_2—OH^{+\bullet} \rightarrow R—CH{=}O^{+\bullet}$), *N*-Oxide Chinone, Hydrochinone	+2, −2 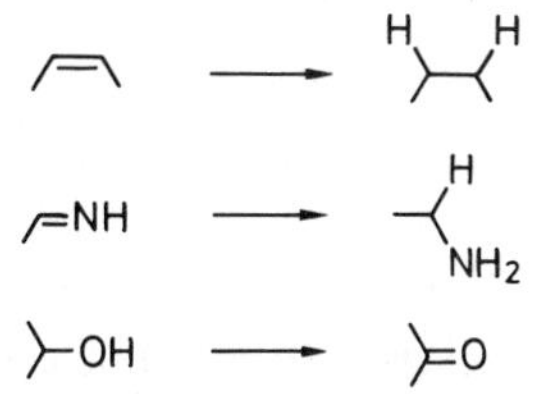 Δ, Disproportionierung, Dehydrierung
3	$-H_3$	bei gesättigten primären Alkoholen ($R—CH_2—OH^{+\bullet} \rightarrow R—C{\equiv}O^+$)	
4			+4, −4 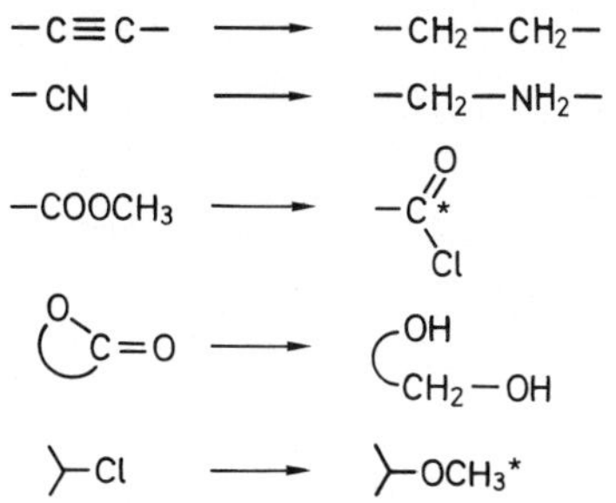
7	−7	FD-Spektren: Li	
11	+11	typisch für aliphatische Di- und Polyamine (s. S. 232)	

* bedeutet: Man beachte das charakteristische Isotopenmuster (Tab. 4.9). Die angegebenen Massendifferenzen (M ±) beziehen sich nicht nur auf das Molekül-Ion, sondern auch auf das Fragment-Ion. Ist bei einem Hinweis „z. B." angegeben, so sind isomere Strukturelemente leicht ableitbar. Zahlen in ( ) sind wichtige Rückverweise, s. u. den entsprechenden Massenzahlen.

Tab. 4.7 Fortsetzung

Masse	M ± x		*m/z* Massendifferenz bei chemischen und thermischen Umwandlungsreaktionen
12			C^+ typisch für alle C-Derivate (möglicher Beginn zum Auszählen eines Spektrums) − 12 
14		Homologe	CH_2^{+}, N^+, CO^{2+} + 14 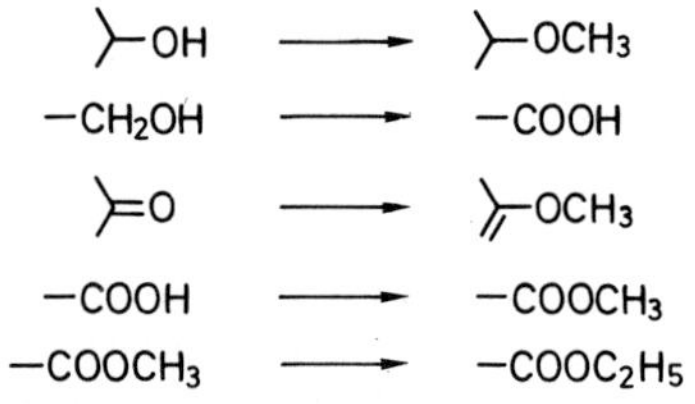 − 14 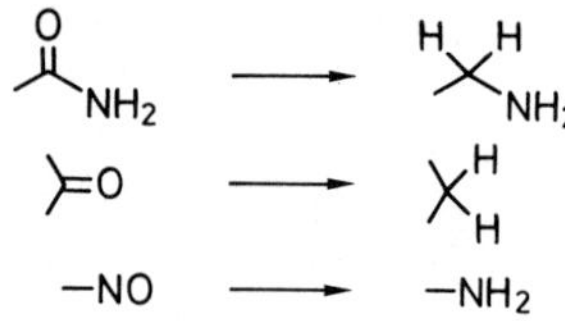 Δ, *N*-, *O*-Methylierung, Umesterung mit homologen Alkoholen
15	$-CH_3$	unspezifisch, häufig CH_3-Gruppe in irgendeiner Form vorhanden	CH_3^{+} unspezifisch
16	$-NH_2$ $-O$	aus primären Amiden, Aminen, Sulfonamiden aus Diarylsulfoxiden, Nitro-Derivaten (46, 30), *N*-Oxiden, Sulfonen	CH_4^{+}, NH_2^{+}, O^+ + 16 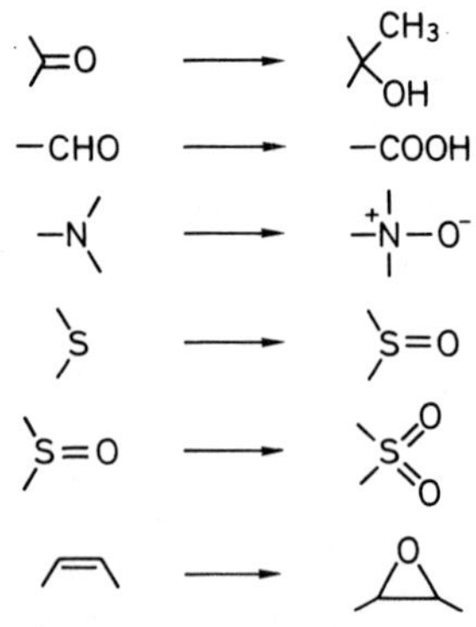 − 16 
17	$-NH_3$ $-OH$	aus Aminen, Diaminen aus Alkoholen, Benzylalkohol-Derivaten, Carbonsäuren, *N*-Oxiden, Oximen, Sulfoxiden; auch alle O-Derivate	NH_3^{+}, OH^+

Tab. 4.7 Fortsetzung

Masse	M ± x		m/z	Massendifferenz bei chemischen und thermischen Umwandlungsreaktionen
18	$-H_2O$	aus Aldehyden, Alkoholen, Ethern, Carbonsäuren, Lactonen, *N*-Oxiden; auch alle O-Derivate	H_2O^+	unspezifisch (aus Substanz, Solvens, Luft; möglicher Beginn zum Auszählen eines Spektrums)
			+18	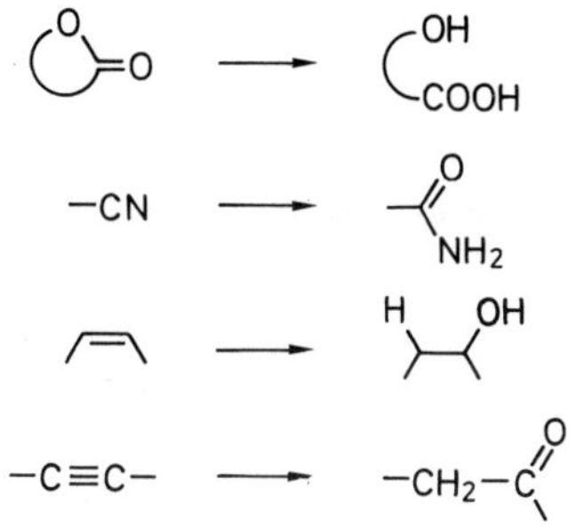
			−18	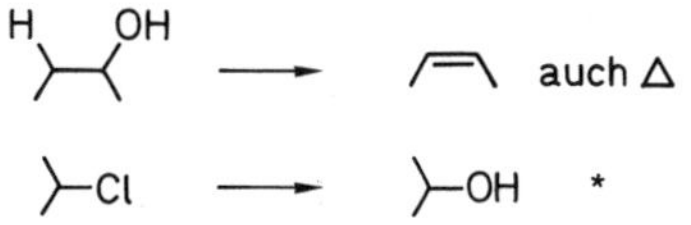
19	$-F$ $-H_3O$	F-Derivate $(H_2O + H)$, wie M − 18	F^+ +19	F-Derivate —CN ⟶ —COOH
20	$-HF$	F-Derivate	HF^+	F-Derivate
22			CO_2^{2+}	
23	−23	FD-Spektren: Na		
26	$-C_2H_2$ $-CN$	aus aromatischen Kohlenwasserstoffen (91, 77, 65, 51) aus aromatischen Nitrilen	$C_2H_2^{+\cdot}$ CN^+	unspezifisch
27	$-C_2H_3$ $-HCN$	gelegentlich aus endständigen Vinyl-Derivaten aus aromatischen Aminen, aromatischen *N*-Heterocyclen, aromatischen Nitrilen (92, 65)	HCN^+ $C_2H_3^+$	
28	$-C_2H_4$	z. B. aus Ethylestern (McLafferty-Umlagerung), Cyclohexen-Derivaten, 1-Tetralon-Derivaten (RDA), *O*- und *N*-Ethyl-Derivaten (Onium-Reaktion)	$C_2H_4^{+\cdot}$ CO^+ $N_2^{+\cdot}$	unspezifisch aus Luft
	$-CO$	aus Aldehyden, Chinonen, *O*-Heterocyclen, Lactamen, ungesättigten Lactonen, Phenolen α-Spaltungsprodukte von Carbonyl-Derivaten	+28	$-CH_2OH$ ⟶ $-COOCH_3$ $-NH_2$ ⟶ $-N(CH_3)_2$ auch Δ $-NH_2$ ⟶ $-NH(CHO)$
			−28	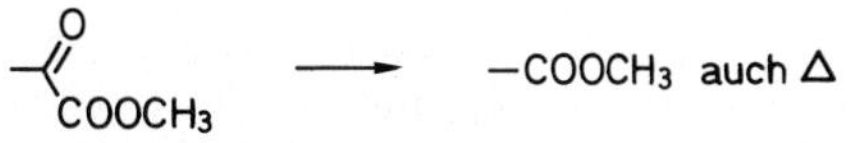
29	$-C_2H_5$ $-CHO$	z. B. aus Ethyl-Derivaten aus aromatischen Aldehyden, aromatischen Methoxy-Derivaten	$C_2H_5^+$ CHO^+	z. B. aus Ethyl-Derivaten aus Aldehyden

Tab. 4.7 Fortsetzung

Masse	M ± x		*m/z* Massendifferenz bei chemischen und thermischen Umwandlungsreaktionen	
30	$-CH_2O$ $-NO$	aus cyclischen Ethern, aromatischen Methoxy-Derivaten aus Nitro-Derivaten (46, 16)	$C_2H_6^{+\cdot}$ CH_4N^+: NO^+ -30	unspezifisch $CH_2{=}NH_2^+$ aus sekundären Acylamiden, primären Aminen, Aminen (Onium-Reaktion) aus Nitrosaminen $-NO_2 \longrightarrow -NH_2$
31	$-CH_3O$	aus primären Alkoholen, Methylethern, Methylestern	CH_3O^+:	$H_2C{=}OH^+$ aus primären Alkoholen, Ethern (Onium-Reaktion) aus Methylestern, CH_3OH
32	$-CH_4O$ $-S$	aus Methylestern aus S-Derivaten (teilweise)	$O_2^{+\cdot}$ $S^{+\cdot}$ LM:	aus Luft aus S-Derivaten CH_3OH
33	$-CH_5O$ $-HS$	$= (H_2O + CH_3)$ aus Isothiocyanaten, Thiolen	CH_2F^+ HS^+	aus aliphatischen F-Derivaten aus S-Derivaten
34	$-H_2S$	aus Thiolen	H_2S^+ -34	aus S-Derivaten 
35	$-Cl$	aus Cl-Derivaten *	Cl^+	aus Cl-Derivaten, quartären Ammoniumchloriden, Hydrochloriden *
36	$+HCl$	aus Cl-Derivaten *	HCl^+ -36	aus Cl-Derivaten, quartären Ammoniumchloriden, Hydrochloriden * 
37	$-Cl$	aus Cl-Derivaten *	Cl^+	aus Cl-Derivaten, quartären Ammoniumchloriden, Hydrochloriden *
38	$-HCl$	aus Cl-Derivaten *	HCl^+	aus Cl-Derivaten, quartären Ammoniumchloriden, Hydrochloriden *
39	-39	FD-Spektren: K	$C_3H_3^+$	aus Alkinen, teilweise Aromaten
40			Ar^+	aus Luft
41	$-C_3H_5$ $-C_2H_3N$	aus Alicyclen CH_3CN aus aromatischen N-Methylheterocyclen	$C_3H_5^+$: $C_2H_3N^+$: LM:	$CH_2{=}CH{-}CH_2^+$ aus Allyl-Derivaten $CH_2{=}C{=}NH^+$ aus Oximen CH_3CN aus *C*-Methyl-*N*-heterocyclen CH_3CN
42	$-C_3H_6$ $-C_2H_2O$	z. B. aus Butylcarbonyl-Derivaten, aromatischen Propylethern, durch McLafferty-Umlagerung, aus *O*- und *N*-Propyl-Derivaten (Onium-Reaktion) aus α,β-ungesättigten Cyclohexanon-Derivaten, 2-Tetralon-Derivaten (RDA), Acetessigsäureester-Derivaten, aromatischen *O*- und *N*-Acetyl-Derivaten, Enol- und Enamin-acetaten	$C_2H_4N^+$: $C_2H_2O^+$: $C_3H_6^{+\cdot}$ $+42$	$CH_2{=}\overset{+}{N}{=}CH_2$ aus cyclischen Aminen aus Acetyl-Derivaten 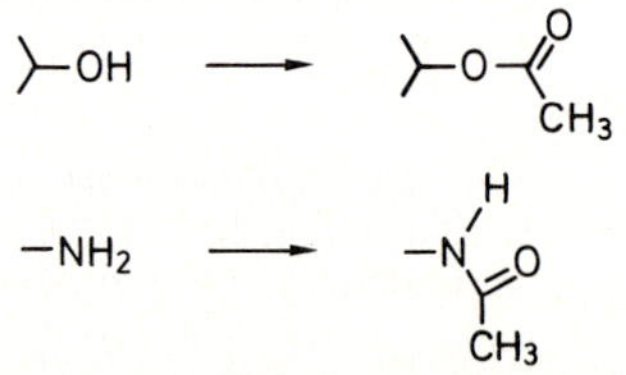

Tab. 4.7 Fortsetzung

Masse	M ± x		*m/z* Massendifferenz bei chemischen und thermischen Umwandlungsreaktionen	
43	$-C_3H_7$	aus Propyl-, Isopropyl-Derivaten	$C_3H_7^+$	z. B. aus Propyl-Derivaten
	$-C_2H_3O$	CH_3CO aus N-Acetyl-Derivaten, Aldehyden, Methylketonen (CH_3 + CO) aus aromatischen Methylethern	$C_2H_5N^+$:	$^{\bullet}CH_2{-}\overset{+}{N}H{=}CH_2$ aus cyclischen Aminen
			$C_2H_3O^+$	aus *O*- und *N*-Acetyl-Derivaten, Methylketonen
			$CHNO^+$:	$NH{=}C{=}O^+$ aus O-Derivaten
44	$-C_2H_4O$	aus Aldehyden (McLafferty-Umlagerung)	$C_2H_6N^+$:	z. B. $H_2C{=}\overset{+}{N}H{-}CH_3$ aus Acylamiden, Aminen
	$-CO_2$	aus Anhydriden, Carbonsäuren, Kohlensäureestern	$C_2H_4O^+$	aus Cyclobutanol-Derivaten $CH_2{=}CHOH^+$ aus Aldehyden, Vinylethern
			CH_2NO^+:	$O{=}C{=}NH_2^+$ aus primären Carbonsäureamiden
			CO_2^+	z. B. aus Luft
			+44	
			−44	 auch Δ
45	$-C_2H_7N$	z. B. aus *N,N*-Dimethylamino-Derivaten	$C_2H_5O^+$:	$H_3C{-}CH{=}\overset{+}{O}H$ aus 2-Alkanol-Derivaten, Ethylethern
	$-C_2H_5O$	aus *O*-Ethyl-Derivaten (Ether, Ester)		$H_2C{=}\overset{+}{O}CH_3$ aus Methylethern $C_2H_5O^+$ aus Ethylestern
	$-CHO_2$	aus Carbonsäuren, Lactonen	CHO_2^+:	$COOH^+$ aus Carbonsäuren
			CHS^+:	$HC{\equiv}S^+$ aus Disulfiden, aromatischen und ungesättigten *S*-Heterocyclen
46	$-C_2H_6O$	aus Ethylestern ($H_2O + C_2H_4$) aus langkettigen primären Alkoholen	CH_2S^+	aus Thioethern
			LM:	C_2H_5OH
			+46	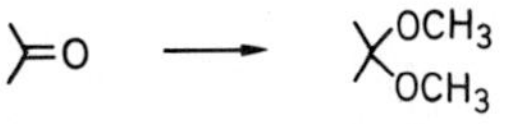
	$-NO_2$	aus Nitro-Derivaten (30, 16)		
47			CH_3S^+:	$CH_2{=}\overset{+}{S}H$ aus Thioethern, primären Thiolen
48	$-SO$	aus Diarylsulfoxiden		
49			CH_2Cl^+	aus Cl-Derivaten *
50			$C_4H_2^+$	aus *o*-disubstituierten Phenylcarbonyl-Derivaten (76)
			CH_3Cl^+	aus quartären Methylammoniumchloriden *
51			$C_4H_3^+$	aus Aromaten (77)
			CH_2Cl^+	aus Cl-Derivaten *
52			$C_4H_4^+$	aus Aromaten (78)
			CH_3Cl^+	aus quartären Methylammoniumchloriden *

Tab. 4.7 Fortsetzung

Masse	M ± x		*m/z* Massendifferenz bei chemischen und thermischen Umwandlungsreaktionen
55	$-C_4H_7$	aus (aromatischen) Butylestern, Alicyclen	$C_3H_3O^+$: 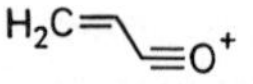 aus Cyclopentanon- und Cyclohexanon-Derivaten $C_4H_7^+$
56	$-C_4H_8$ $-C_2O_2$	z. B. aus Butylestern aus Diketonen, ungesättigten Lactonen	$C_4H_8^+$ aus Alkenen, Alkenolen, Butylestern $C_3H_6N^+$: 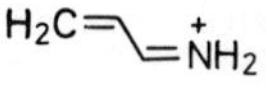 aus Cyclopentyl- und Cyclohexylamino-Derivaten $C_2H_2NO^+$: $H_2C{=}\overset{+}{N}{=}C{=}O$ aus Isocyanaten
57			$C_4H_9^+$ aus Alkanen $C_3H_7N^+$: z. B. 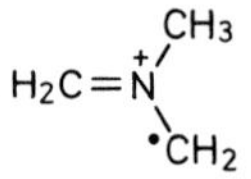 aus cyclischen Aminen $C_3H_5O^+$: 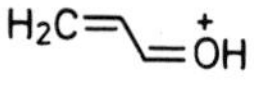 aus Cyclopentanol- und Cyclohexanol-Derivaten $C_2H_5{-}C{\equiv}O^+$ aus Ethylketonen, Propansäure-Derivaten
58			$C_3H_8N^+$: z. B. 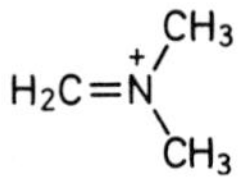 aus Aminen $C_3H_6O^+$: 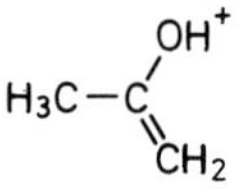 aus Methylalkylketonen LM: Aceton
59	$-C_2H_3O_2$	aus Methylestern	$C_3H_7O^+$: 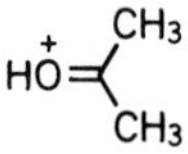 aus 2-Methyl-2-alkanol-Derivaten $C_2H_5{-}CH{=}OH^+$ aus 3-Alkanol-Derivaten, Propylethern $C_2H_5NO^+$: 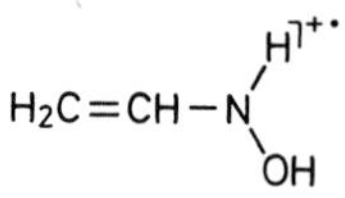 aus Oximen 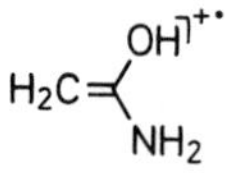 aus primären Carbonsäureamiden $C_2H_3O_2^+$: $COOCH_3^+$ aus Methylestern
60	$-C_2H_4O_2$	CH_3COOH aus *O*-Acetyl-Derivaten	$C_2H_4O_2^+$: 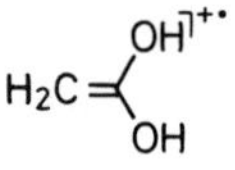 aus aliphatischen Carbonsäuren LM: Essigsäure, Propanole −60 aus *O*-Acetyl-Derivaten Δ
61			$CH_2CH_2SH^+$ aliphatische Thiole

Tab. 4.7 Fortsetzung

Masse	M ± x		*m/z* Massendifferenz bei chemischen und thermischen Umwandlungsreaktionen	
63			$CH_3O_3^+$:	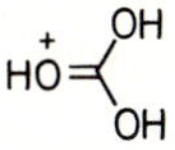 aus Kohlensäuredialkyl-estern
			CH_3SO^+:	aus Alkylsulfoxiden
65			$C_5H_5^+$:	 aus aromatischen Alkyl-Derivaten (91), *N*-Heterocyclen (92), aromatischen Aminen (92)
66			$H_2S_2^+$:	$HSSH^+$ aus Disulfiden
69			$C_4H_5O^+$:	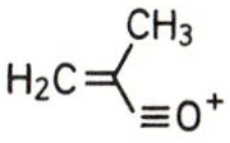 aus 2- oder 3-Methylcyclopentanon oder -hexanon-Derivaten
			CF_3^+:	aus Trifluormethyl-, Trifluoracetyl-Derivaten, PFK
70			$C_4H_8N^+$:	 aus 2-substituierten Pyrrolidin-Derivaten
			$C_2H_2NS^+$:	$H_2C{=}N{=}C{=}S^+$ aus Isothiocyanaten
71			$C_5H_{11}^+$:	aus Alkanen
			$C_4H_7O^+$:	$H_3C{-}CH_2{-}CH_2{-}C{\equiv}O^+$ aus Butansäureestern, Propylketonen
				 aus 2-substituierten Tetrahydrofuran-Derivaten
72	$-C_2O_3$	aus aromatischen Anhydriden	$C_4H_{10}N^+$:	z. B. 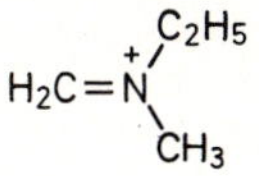 aus Aminen
			$C_4H_8O^+$:	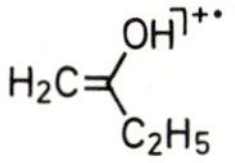 aus Ethylalkylketonen
			LM:	2-Butanon
73	$-C_3H_5O_2$	$\cdot CH_2COOCH_3$ aus Methylestern $\cdot COOC_2H_5$ aus Ethylestern	$C_4H_9O^+$:	z. B. $H_3C{-}CH{=}\overset{+}{O}{-}C_2H_5$ aus Ethern
			$C_3H_9Si^+$:	$(CH_3)_3Si^+$ aus Trimethylsilyl-Derivaten, TMS
			$C_3H_5O_2^+$:	$COOC_2H_5^+$ aus Ethylestern $CH_2{-}COOCH_3^+$ aus Methylestern
			LM:	Dimethylformamid
74			$C_3H_6O_2^+$:	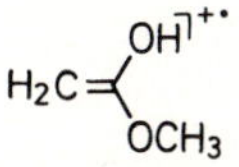 aus Methylestern
			LM:	Diethylether

Tab. 4.7 Fortsetzung

Masse	M ± x		*m/z* Massendifferenz bei chemischen und thermischen Umwandlungsreaktionen	
75			$C_3H_7O_2^+$:	$H_3C—\overset{+}{O}=CH—OCH_3$ aus Dimethylacetalen
			$C_3H_7S^+$:	$C_2H_5—\overset{+}{S}=CH_2$ aus Ethylalkylsulfiden
			$C_2H_7OSi^+$:	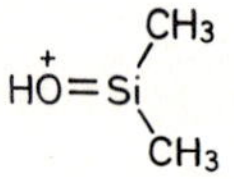 aus *O*-Trimethylsilyl-Derivaten
76			$C_6H_4^{+\cdot}$:	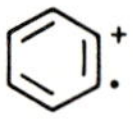 aus *o*-disubstituierten Phenyl(carbonyl)-Derivaten, Anthrachinon-Derivaten (50)
			LM:	CS_2
			+76	
77	$-C_6H_5$	aus Phenyl-Derivaten	$C_6H_5^+$	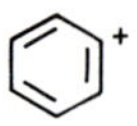 aus Phenyl-Derivaten (155, 105, 51)
78			$C_6H_6^{+\cdot}$:	 aus Phenyl-Derivaten (52)
			LM:	Benzol, Dimethylsulfoxid
			−78	
79	−Br	aus Br-Derivaten *	Br^+	aus Br-Derivaten, quartären Ammoniumbromiden, Hydrobromiden*
			LM:	Pyridin
80			C_5H_6N:	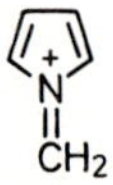 aus *N*-Alkylpyrrol-Derivaten
				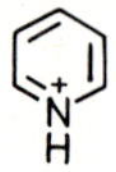 aus Pyridin-Derivaten
			HBr^+	aus Br-Derivaten, quartären Ammoniumbromiden, Hydrobromiden *
81	−Br	aus Br-Derivaten *	$C_5H_5O^+$:	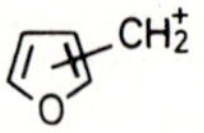 aus Furan-Derivaten
			Br^+	aus Br-Derivaten, quartären Ammoniumbromiden, Hydrobromiden *
82			$C_5H_8N^+$:	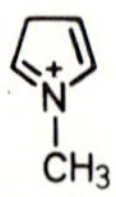 aus Dihydropyrrol-Derivaten
			HBr^+	aus Br-Derivaten, quartären Ammoniumbromiden, Hydrobromiden *

Tab. 4.7 Fortsetzung

Masse	M ± x		*m/z* Massendifferenz bei chemischen und thermischen Umwandlungsreaktionen	
83			$CHCl_2^+$	aus $CHCl_3$
84			$C_5H_{10}N^+$:	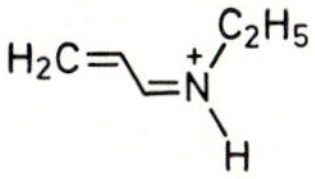 aus *N*-Ethylcyclopentyl- und cyclohexyl-Derivaten (56)
			$C_5H_{10}N^+$:	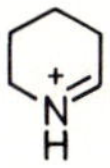 aus 2-substituierten Piperidin-Derivaten
				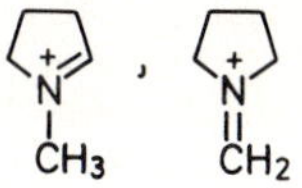 aus Pyrrolidin-Derivaten
			LM:	CH_2Cl_2
			+ 84	
85			$C_6H_{13}^+$:	aus Alkanen
			$C_5H_9O^+$:	$H_3C—(CH_2)_3—C{\equiv}O^+$ aus Butylketonen, Valeriansäure-estern
				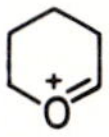 aus 2-substituierten Pyran-Derivaten
			$C_4H_5O_2^+$:	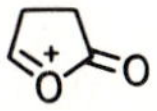 aus 4-substituierten γ-Lactonen
86			LM:	Hexan
87			$C_5H_{11}O^+$:	z. B. $C_3H_7—\overset{+}{O}{=}CH—CH_3$ aus Ethern
			$C_4H_7O_2^+$:	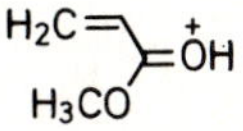 aus Methylestern
				$CH_2COOC_2H_5^+$ aus Ethylestern
88			LM:	Dioxan, Essigsäure-ethylester
90			LM:	Glykol-dimethyl-ether
			− 90	
91	$-C_7H_7$	aus Benzyl-Derivaten	$C_7H_7^+$	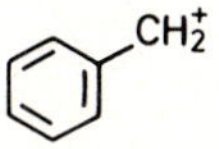 aus Benzyl-Derivaten (155, 65)
			$C_4H_8Cl^+$:	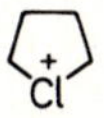 aus 1-Chloralkan-Derivaten *

Tab. 4.7 Fortsetzung

Masse	M ± x	*m/z* Massendifferenz bei chemischen und thermischen Umwandlungsreaktionen	
92		$C_7H_8^{+\cdot}$:	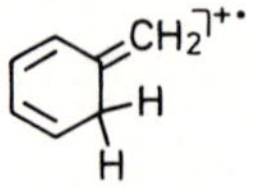 aus Alkylbenzol-Derivaten
		$C_6H_6N^+$	aus Alkylpyridin-Derivaten (65)
		LM:	Toluol
93		$C_4H_8Cl^+$:	 aus 1-Chloralkan-Derivaten *
		CH_2Br^+	aus Alkylbromiden *
94		$C_6H_6O^+$:	C_6H_5—OH^+ aus Phenylethern, aromatischen Sulfonen
		$C_5H_4NO^+$:	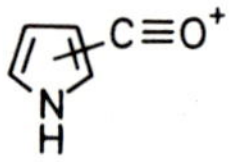 aus Pyrrolcarbonyl-Derivaten
95		$C_5H_3O_2^+$:	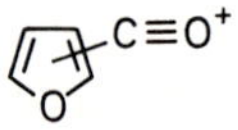 aus Furylcarbonyl-Derivaten
		CH_2Br^+	aus Alkylbromiden *
96		+96	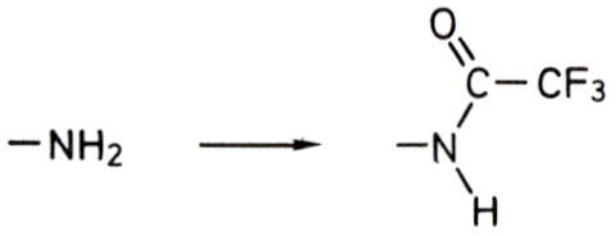
97		$C_5H_5S^+$:	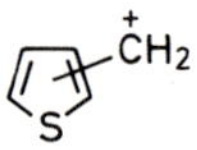 aus Alkylthiophen-Derivaten
98		$C_6H_{12}N^+$:	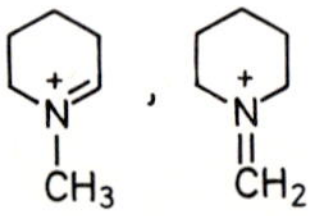 aus Piperidin-Derivaten
99		$C_5H_7O_2^+$:	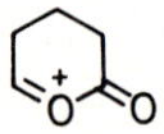 aus 5-substituierten δ-Lactonen
			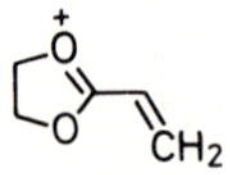 aus Ethylen-acetalen
101		$C_5H_9O_2^+$:	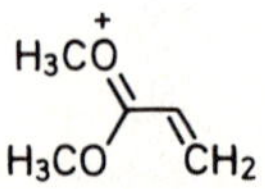 aus Dimethyl-acetalen
102		LM:	Diisopropyl-ether
103		$C_8H_7^+$:	C_6H_5—CH=CH^+ aus Zimtsäure-Derivaten (131, 77)

Tab. 4.7 Fortsetzung

Masse	M ± x	*m/z* Massendifferenz bei chemischen und thermischen Umwandlungsreaktionen	
104		$C_8H_8^{+\cdot}$:	C_6H_5—CH=$CH_2^{+\cdot}$ aus Phenylethyl-Derivaten
		$C_8H_8^{+\cdot}$:	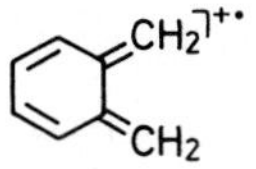 aus 1,2,3,4-Tetrahydro-(hetero)-naphthalin-Derivaten (RDA), *o*-Methyldiphenylmethan-Derivaten
		$C_7H_4O^{+}$:	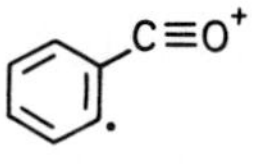 aus 2-substituierten Benzoesäure-Derivaten (76)
		+ 104	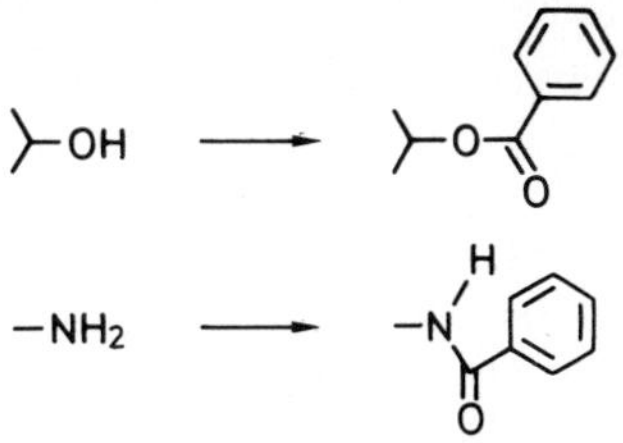
105		$C_8H_9^{+}$:	z. B. 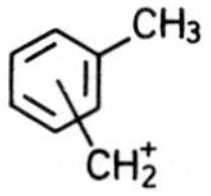 aus Alkyltoluolen
		$C_7H_5O^{+}$:	C_6H_5—C≡O^{+} aus Phenylcarbonyl-Derivaten (123, 122, 77)
		$C_6H_5N_2^{+}$:	C_6H_5—$\overset{+}{N}$≡N aus aromatischen Azo-Verbindungen
107		$C_7H_7O^{+}$:	aus kern-hydroxylierten Benzylalkoholen
110		$C_7H_{12}N^{+}$:	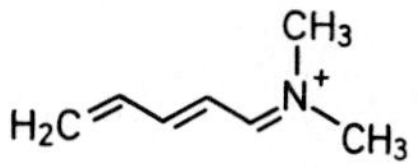 z. B. aus Dimethylaminosteroiden
111		$C_5H_3OS^{+}$:	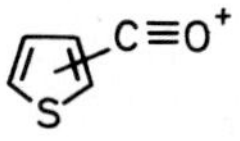 aus Thiophencarbonyl-Derivaten
115		$C_9H_7^{+}$:	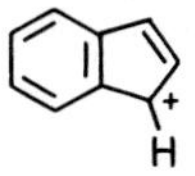 aus 2-kernigen Aromaten und Heteroaromaten, aromatischen Ketonen
117		LM:	CCl_4(CCl_3^{+}!) *
118		LM:	$CHCl_3$ *
119		$C_8H_7O^{+}$:	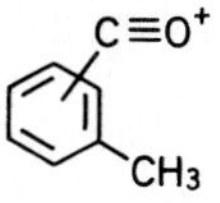 aus (Methylphenyl) carbonyl-Derivaten

Tab. 4.7 Fortsetzung

Masse	M ± x		*m/z* Massendifferenz bei chemischen und thermischen Umwandlungsreaktionen
120			$C_7H_4O_2^{+\bullet}$: 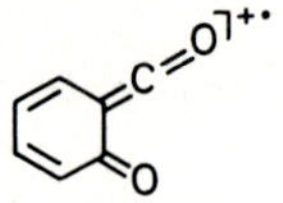 aus γ-Pyron-, γ-Pyranon-Derivaten
121			$C_8H_9O^+$: 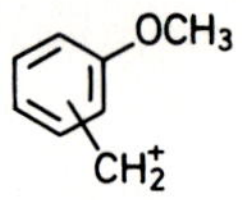 aus (Methoxyphenyl)alkyl-Derivaten $C_7H_5O_2^+$: 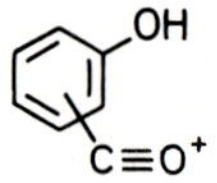 aus (Hydroxyphenyl)carbonyl-Derivaten
122			$C_7H_6O_2^{+\bullet}$: C_6H_5—COOH$^{+\bullet}$ (105, 77) aus Benzoesäure-estern
123			$C_7H_7O_2^+$: C_6H_5—$COOH_2^+$ (105, 77) aus Benzoesäure-estern
125			$C_7H_9O_2^+$: 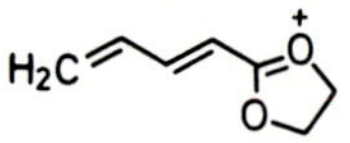 aus Ethylen-acetalen
127	− I	aus I-Derivaten	$C_7H_{11}O_2^+$: 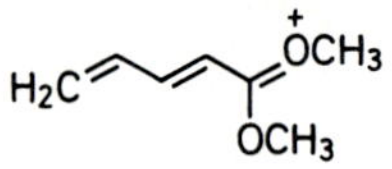 aus Dimethyl-acetalen I^+: aus I-Derivaten
128			HI^+: aus I-Derivaten
130			$C_9H_8N^+$: 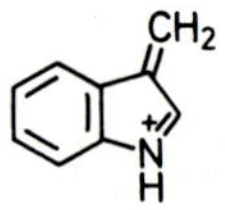 aus Indol-, Indolin-Derivaten (typisch für Indolalkaloide; 144) + 130 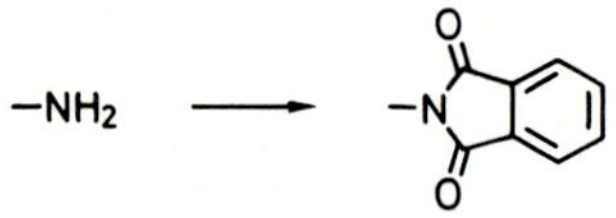
131			$C_9H_7O^+$: C_6H_5—CH=CH—C≡O$^+$ aus Zimtsäure-Derivaten (103, 77) $C_5H_7S_2^+$: 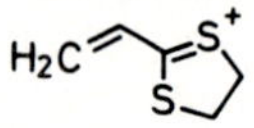 aus Ethylendithio-acetalen
135			$C_4H_8Br^+$:  aus 1-Bromalkan-Derivaten *
137			$C_4H_8Br^+$:  aus 1-Bromalkan-Derivaten *
139			$C_7H_7OS^+$: aus Tosyl-Derivaten (155, 91)

Tab. 4.7 Fortsetzung

Masse	M ± x	*m/z* Massendifferenz bei chemischen und thermischen Umwandlungsreaktionen	
142		CH_3I^+:	aus quartären Methylammonium-iodiden
144		$C_{10}H_{10}N^+$:	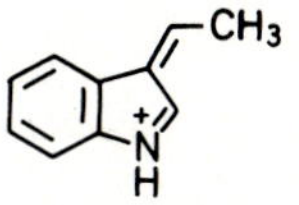 aus Indol-, Indolin-Derivaten (meist zusammen mit *m/z* = 143; typisch für Indolalkaloide; 130)
149		$C_9H_9O_2^+$: $C_8H_5O_3^+$:	$C_6H_5—\overset{+}{C}H—CH_2—COOH$ aus β-substituierten Dihydrozimtsäure-Derivaten 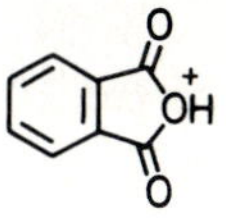 aus Phthalsäure-estern
154		+ 154	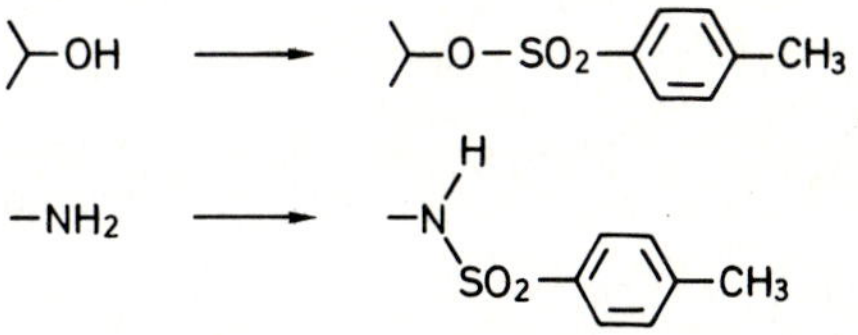
155	$-C_7H_7O_2S$ aus Tosyl-Derivaten	$C_7H_7O_2S^+$:	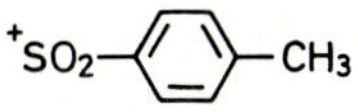 aus Tosyl-Derivaten (139, 91)
156		C_2H_5I:	aus quartären Alkylammonium-iodiden
157		$C_7H_9S_2^+$	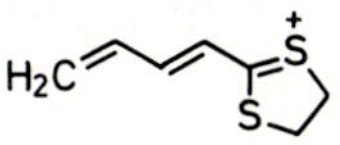 aus Dithio-acetalen
160		$C_9H_6NO_2^+$:	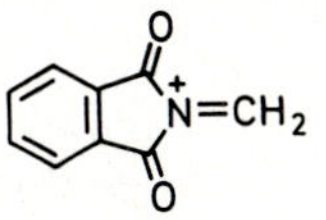 aus *N*-Alkylphthalimiden
164		LM:	Tetrachlorethylen *
179		LM:	Hexamethyl-phosphorsäure-triamid (HMPT)
205		$C_{14}H_{21}O^+$:	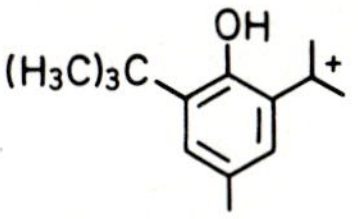 aus 2,6-Di-(*tert*-butyl)-4-methylphenol
220		$C_{15}H_{24}O^+$:	2,6-Di-(*tert*-butyl)-4-methylphenol
256		S_8^+:	elementarer Schwefel (224, 192, 160 ... 32)

9.2 Massendifferenzen zwischen Edukt und Produkt bei häufig verwendeten chemischen Reaktionen

Tab. 4.8 Massendifferenzen zwischen Edukt und Produkt

Partialstruktur von Edukt	⟶ Produkt	Massendifferenz (amu) Vorgang
Alkohole		
		+ 14 Veretherung
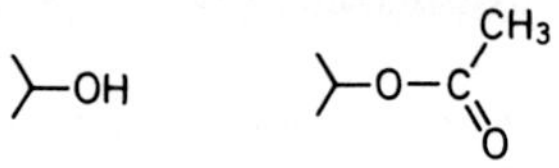		+ 42 Acetylierung
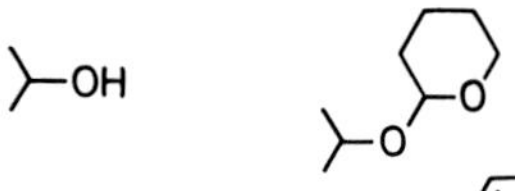		+ 84 Acetalisierung
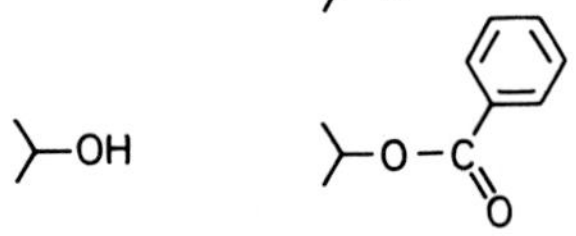		+ 104 Benzoylierung
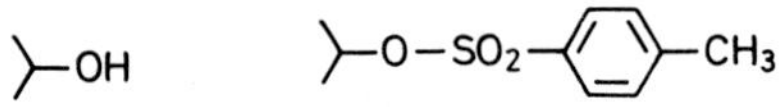		+ 154 Tosylierung
		− 18 Elimination
		− 16 Reduktion
		− 2 Oxidation
$-CH_2OH$	$-COOH$	+ 14 Oxidation
$-CH_2OH$	$-COOCH_3$	+ 28 Oxidation + Veresterung
Ketone, Aldehyde		
		+ 14 Enolether-Bildung
		+ 16 Methylierung
		+ 46 Acetalisierung
		+ 44 Acetalisierung
		+ 76 Thio-acetalisierung
		+ 2 Reduktion
		− 14 Reduktion
$-CHO$	$-COOH$	+ 16 Oxidation
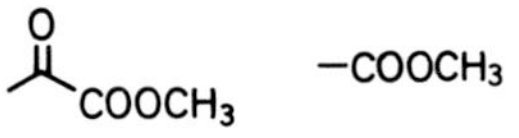		− 28 Decarbony-lierung
		− 12 Hydrolyse
Carbonsäuren, Ester, Lactone		
$-COOH$	$-COOCH_3$	+ 14 Veresterung
$-COOCH_3$	$-COOC_2H_5$	+ 14 Umesterung
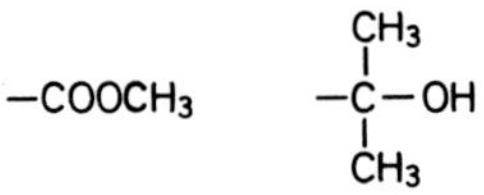		± 0 Methylierung
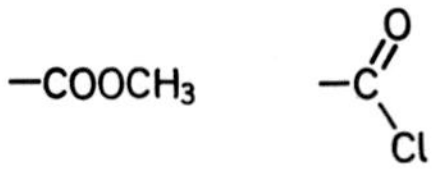		+ 4[a] Säurechlorid-Bildung
		+ 18 Hydrolyse
		+ 4 Reduktion
$-COOCH_3$	$-CH_2OH$	− 28 Reduktion
		− 44 Decarboxy-lierung

Tab. 4.8 Fortsetzung

Partialstruktur von Edukt	⟶ Produkt	Massendifferenz (amu) Vorgang
Stickstoff-Verbindungen		
$-NH_2$	$-N(CH_3)_2$	+ 28 Methylierung
$-NH_2$	$-NH-CHO$	+ 28 Formylierung
$-NH_2$	$-NH-COCH_3$	+ 42 Acetylierung
$-NH_2$	$-NH-COCF_3$	+ 96 Trifluor-acetylierung
$-NH_2$	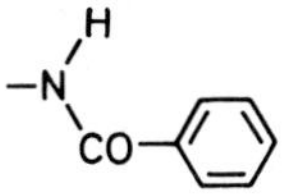	+ 104 Benzoylierung
$-NH_2$	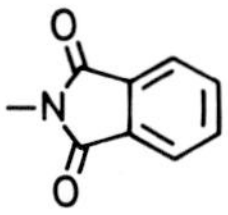	+ 130 Phthalidbildung
$-NH_2$	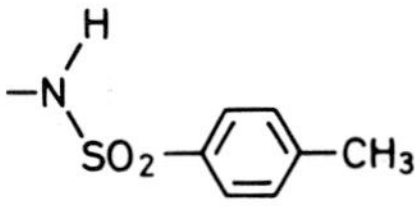	+ 154 Tosylierung
$>C=NH$	$>C=O$	+ 1 Hydrolyse
$-N<$	$-\overset{+}{N}-O^-$	+ 16 Oxidation
$-CN$	$-CO-NH_2$	+ 18 Hydrolyse
$-CN$	$-COOH$	+ 19 Hydrolyse
$-CN$	$-CH_2-NH_2$	+ 4 Reduktion
$-CO-NH_2$	$-CH_2-NH_2$	− 14 Reduktion
$-NO$	$-NH_2$	− 14 Reduktion
$-NO_2$	$-NH_2$	− 30 Reduktion

Tab. 4.8 Fortsetzung

Partialstruktur von Edukt	⟶ Produkt	Massendifferenz (amu) Vorgang
Schwefelverbindungen		
$>S$	$>S=O$	+ 16 Oxidation
$>S=O$	$>SO_2$	+ 16 Oxidation
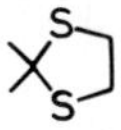	$>CH_2$	− 90 Reduktion
Halogen-Verbindungen		
$>C-Cl$	$>C-H$	− 34[a] Reduktion
$H-C-C-Cl$	$>C=C<$	− 36[a] Elimination
$>C-Cl$	$>C-OH$	− 18[a] Hydrolyse
$>C-Cl$	$>C-OCH_3$	− 4[a] Methanolyse
$>C-Br$	$>C-H$	− 78[a] Reduktion
Kohlenstoff-Verbindungen		
$>C=C<$	$H-C-C-H$	+ 2 Hydrierung
$>C=C<$	$H-C-C-OH$	+ 18 Addition
$>C=C<$	$H-C-C-Cl$	+ 36[a] Addition
$>C=C<$		+ 16 Epoxidierung
$-C{\equiv}C-$	$-CH_2-CH_2-$	+ 4 Hydrierung
$-C{\equiv}C-$	$>C(=O)-CH_2-$	+ 18 Addition

[a] Die Angaben beziehen sich auf ^{35}Cl bzw. ^{79}Br (vgl. Tab. 4.9).

9.3 Isotopen-Verhältnisse von Cl und Br in Verbindungen

Tab. 4.9 Isotopen-Verhältnisse

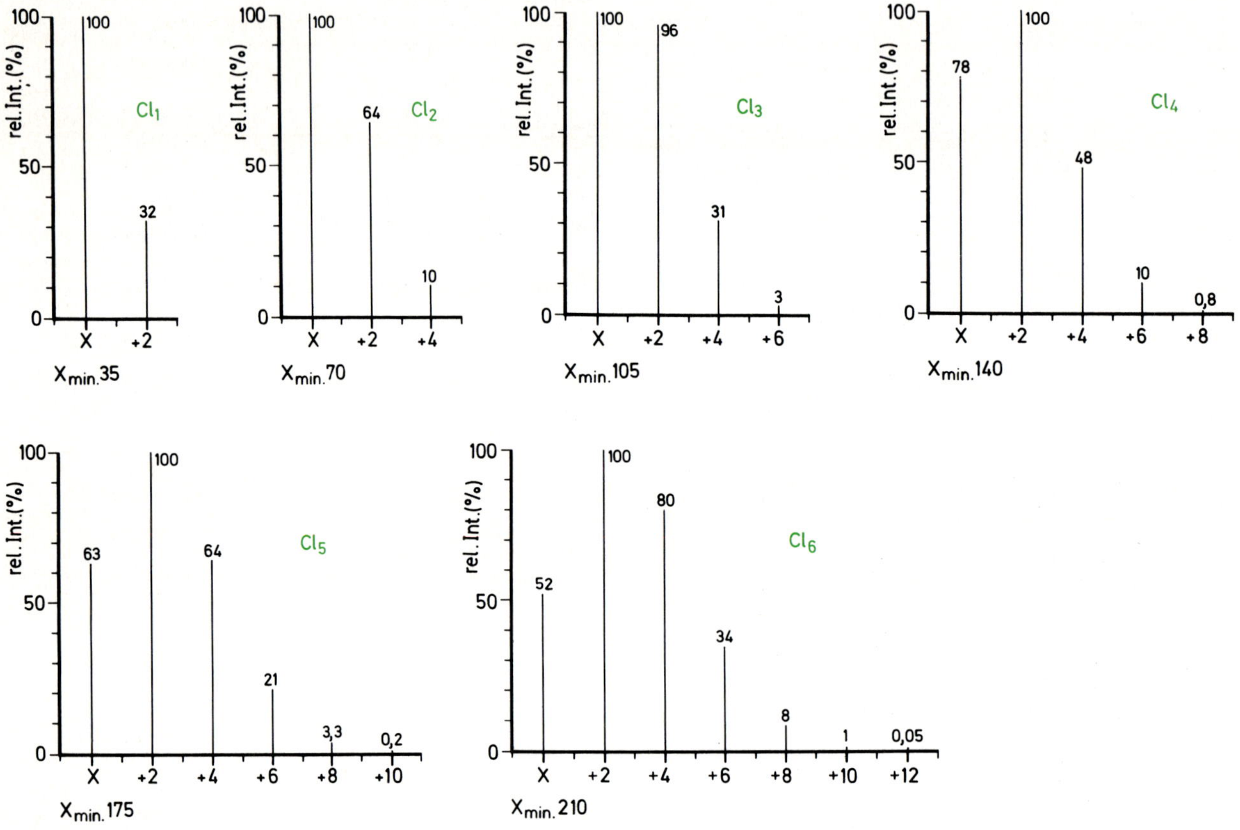

Tab. 4.9 Fortsetzung

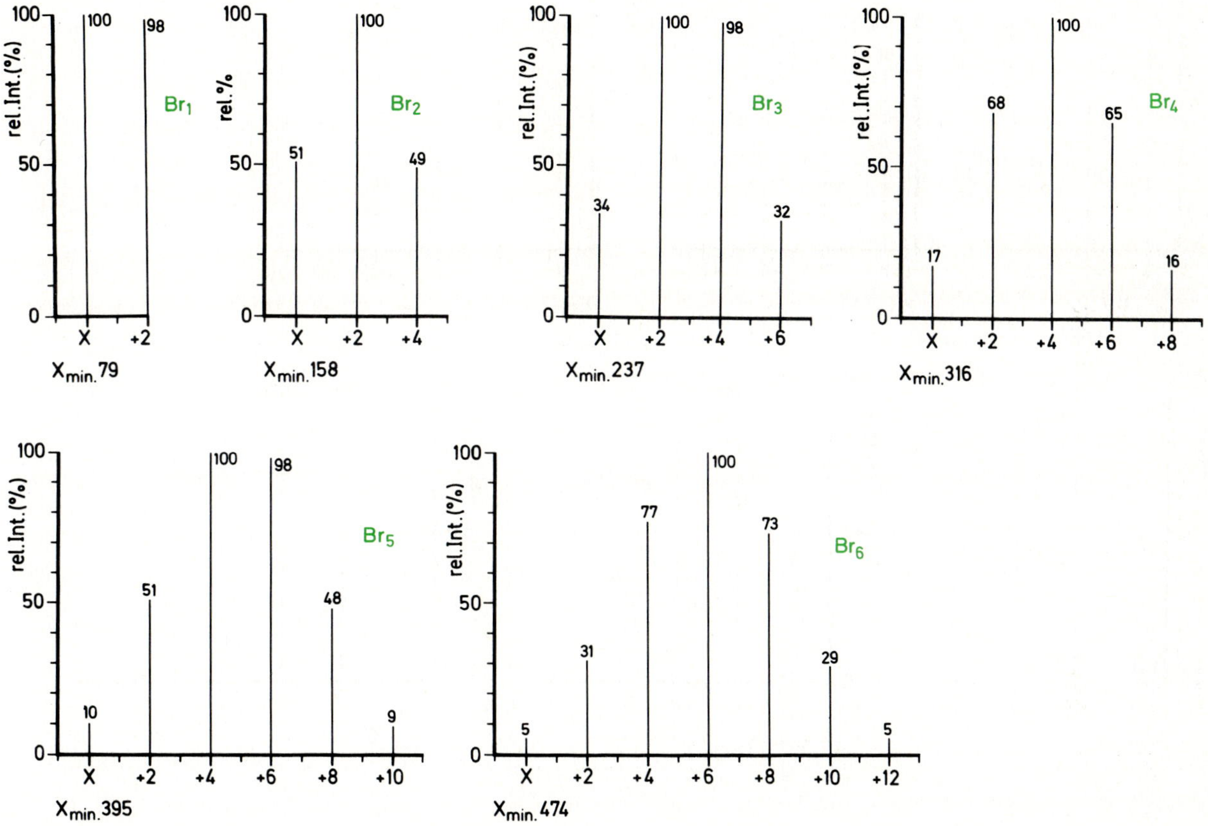

Tab. 4.9 Fortsetzung

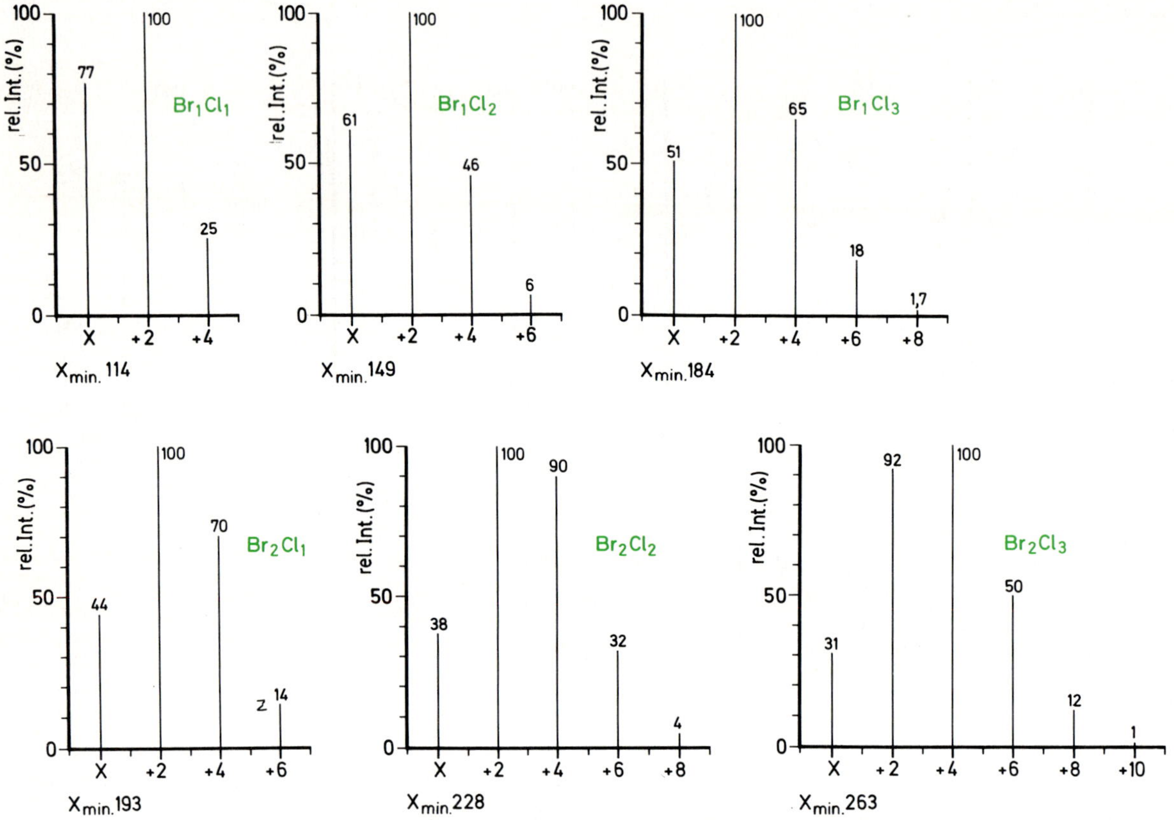

9.4 Massenspektren von Lösungsmitteln

Tab. 4.10 * (s. [10])

Aceton

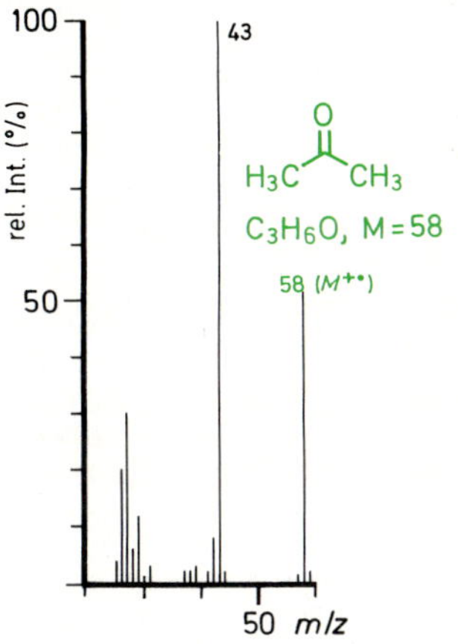

Acetonitril

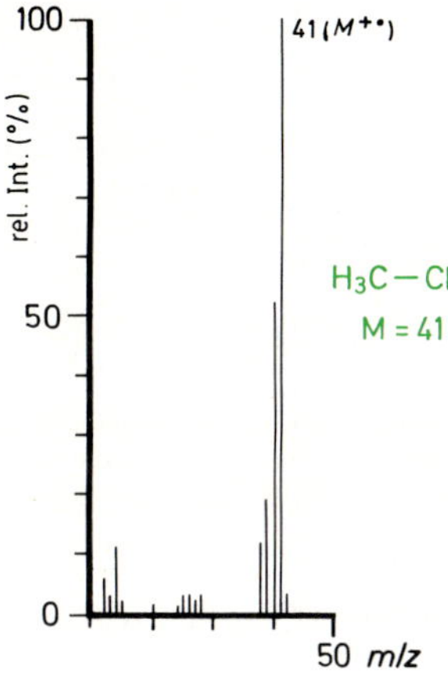

Benzol

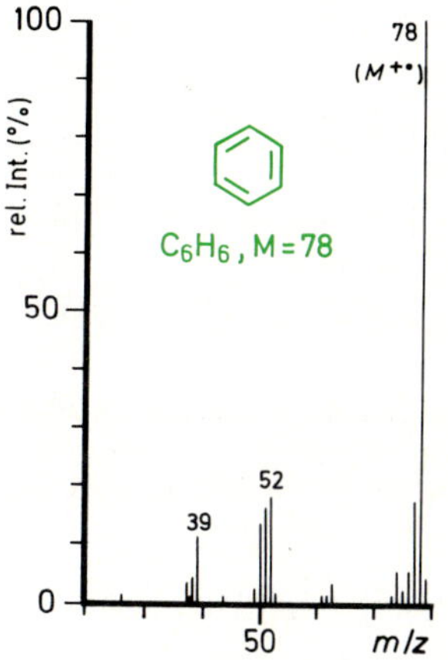

2 - Butanon

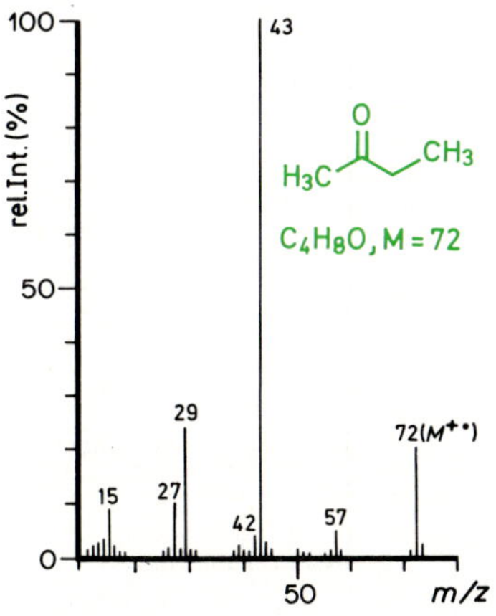

Chloroform

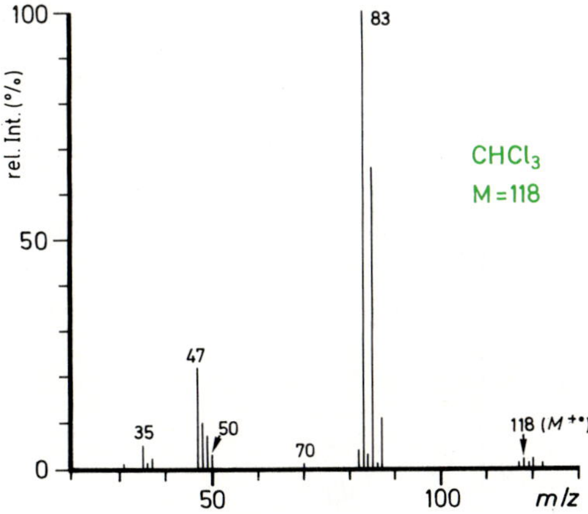

Dichlormethan
(„Methylenchlorid")

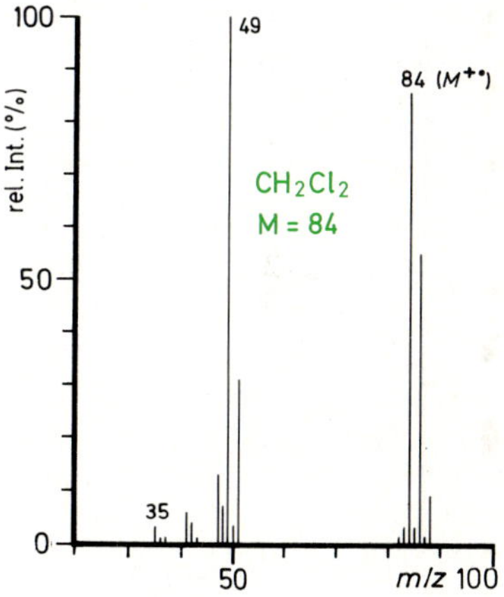

Diethylenglykol - dimethyl - ether
(Diglyme)

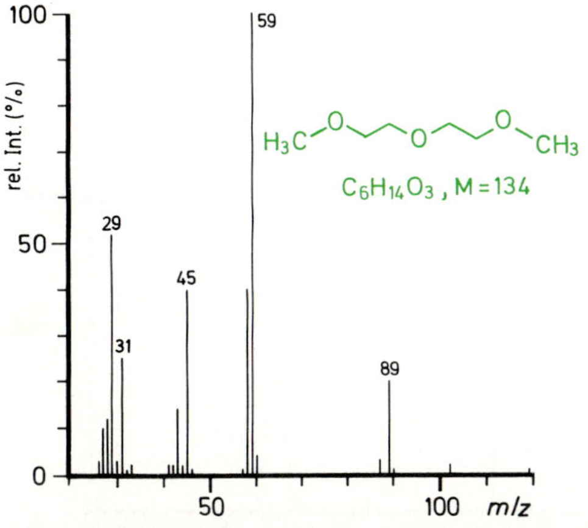

Diethyl - ether
(„Ether")

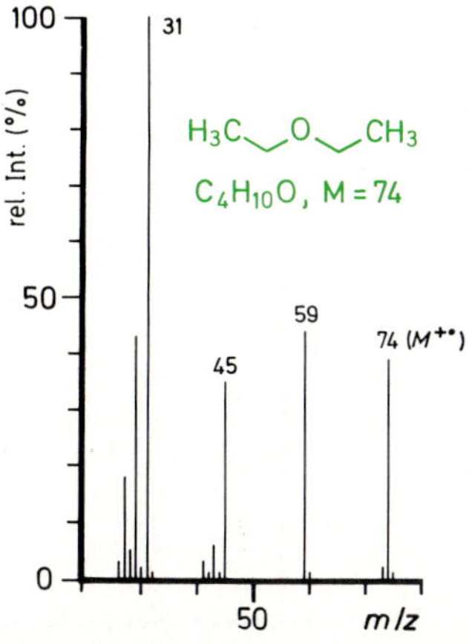

Diisopropyl - ether

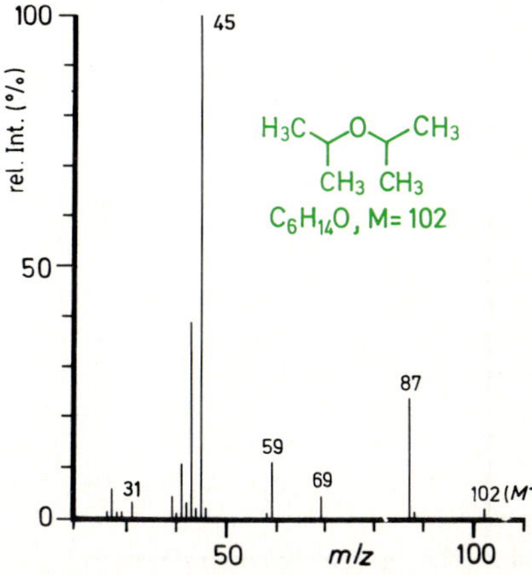

* Alle M-Angaben beziehen sich auf das häufigste Isotop

Tab. 4.10 Fortsetzung

Dimethylformamid
(DMF)

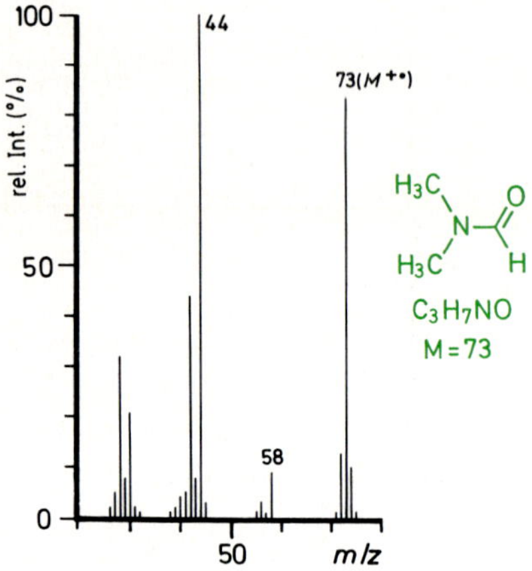

Dimethylsulfoxid
(DMSO)

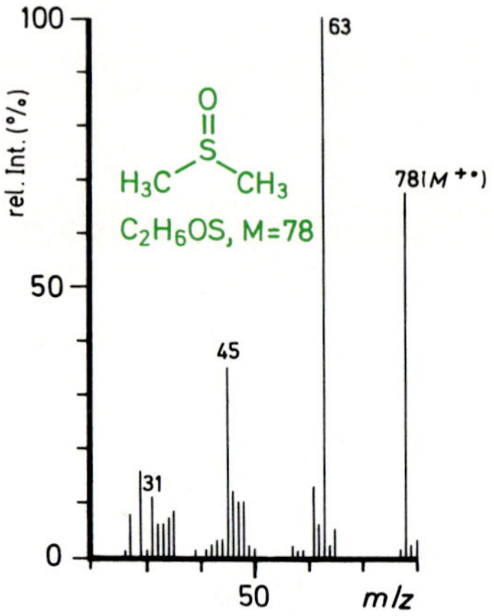

1,4-Dioxan

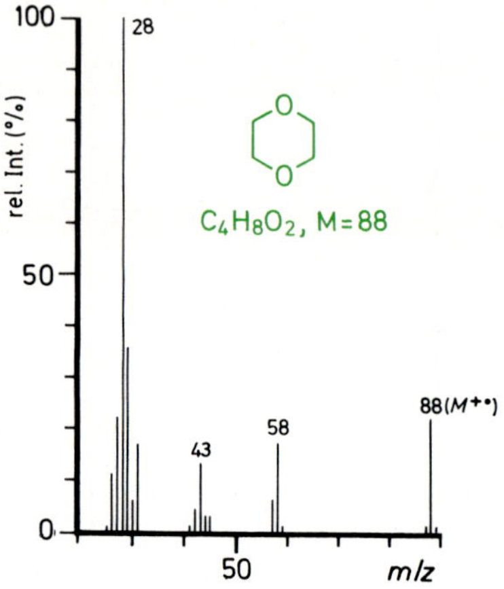

Essigsäure

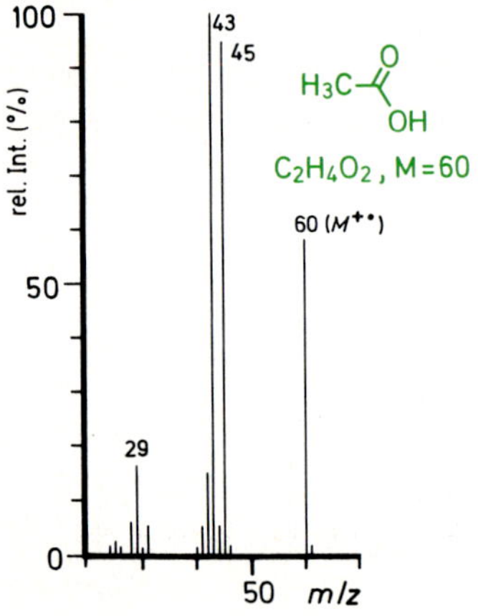

Essigsäure-ethylester

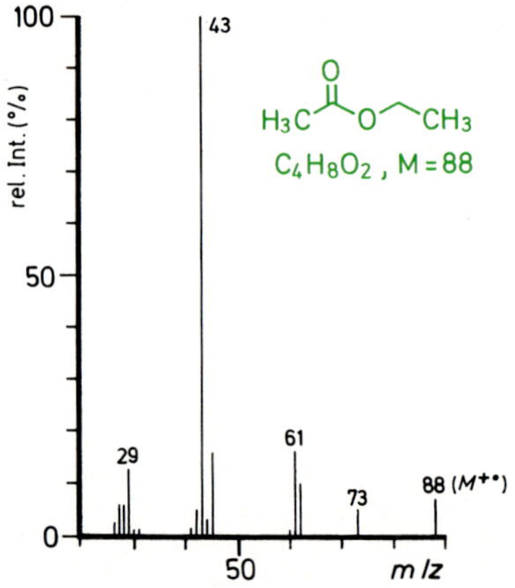

Ethanol

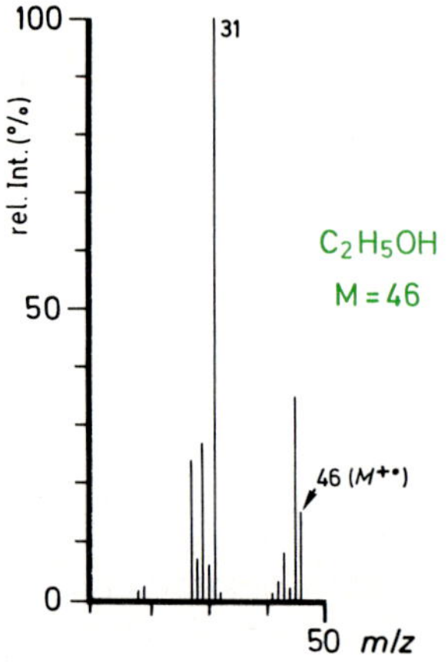

Glykoldimethyl-ether
(1,2-Dimethoxyethan, DME)

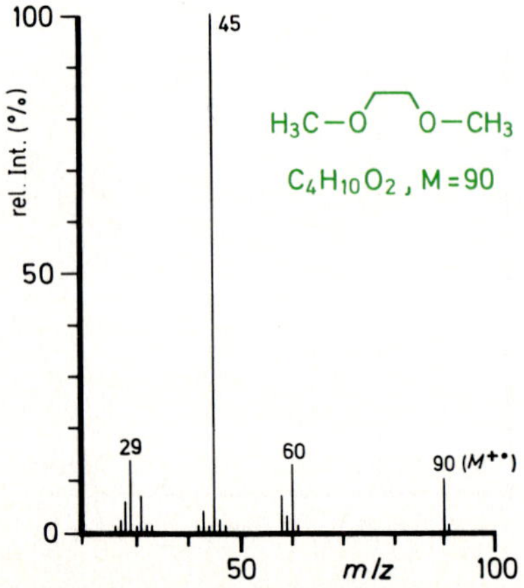

Hexamethyl-phosphorsäure-triamid
(Hexametapol, HMPA, HMPT)

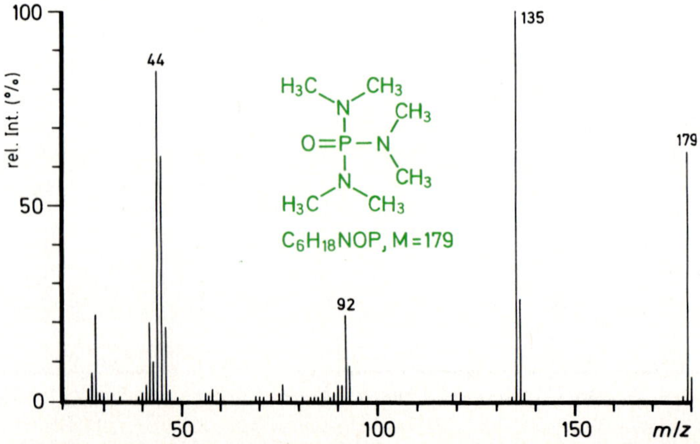

Tab. 4.10 Fortsetzung

Hexan

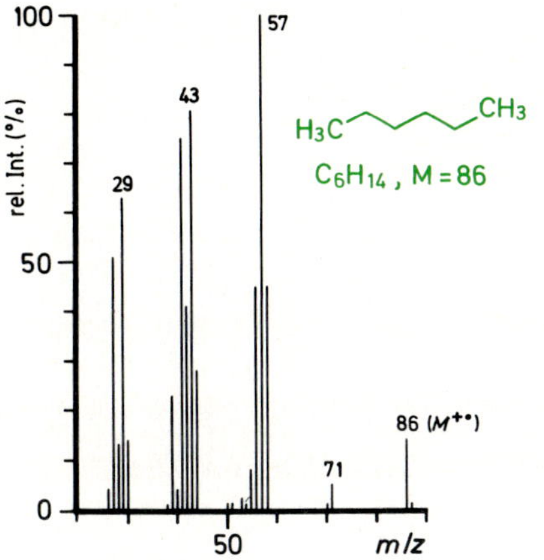

Methanol

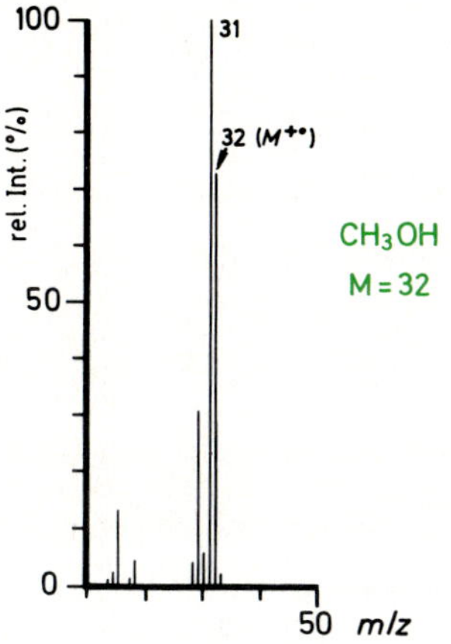

Propanol

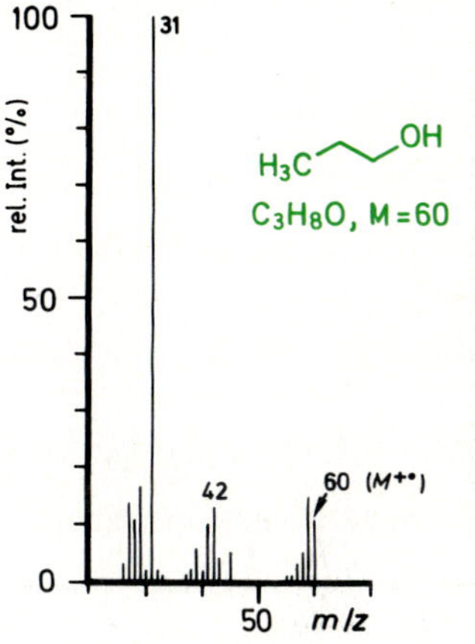

2-Propanol
(Isopropanol)

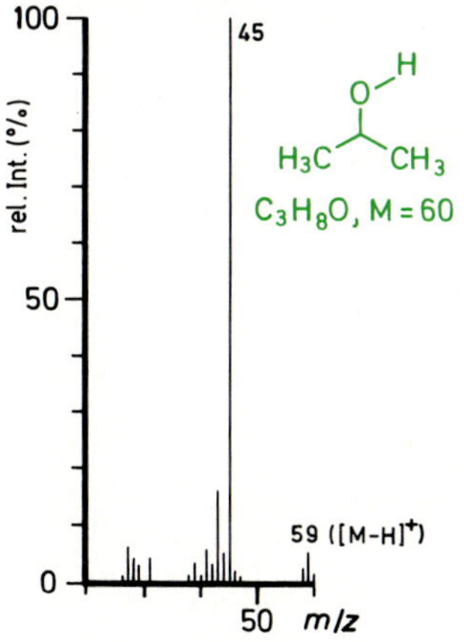

Pyridin

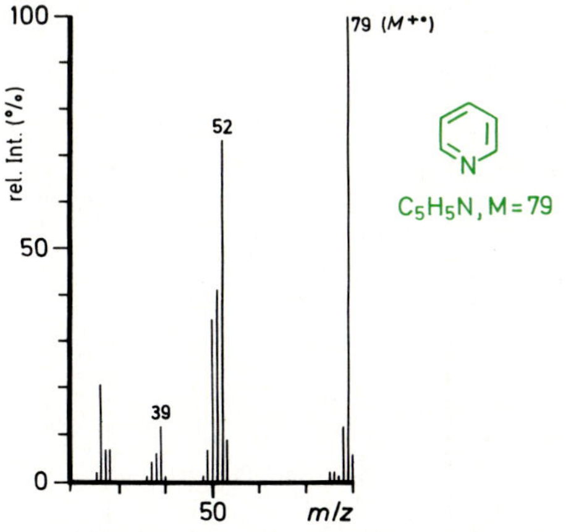

Schwefelkohlenstoff

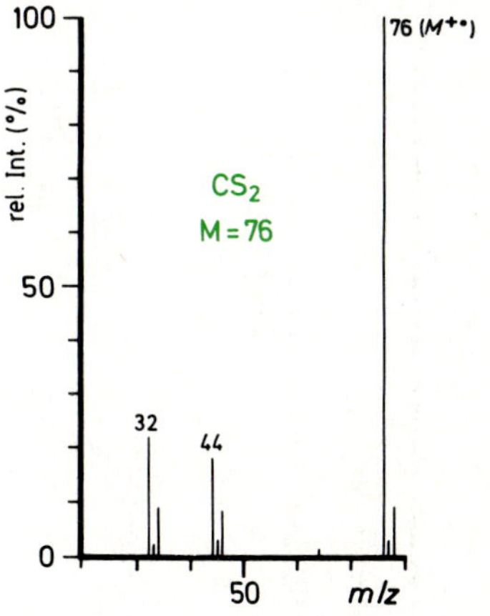

Tetrachlorethylen

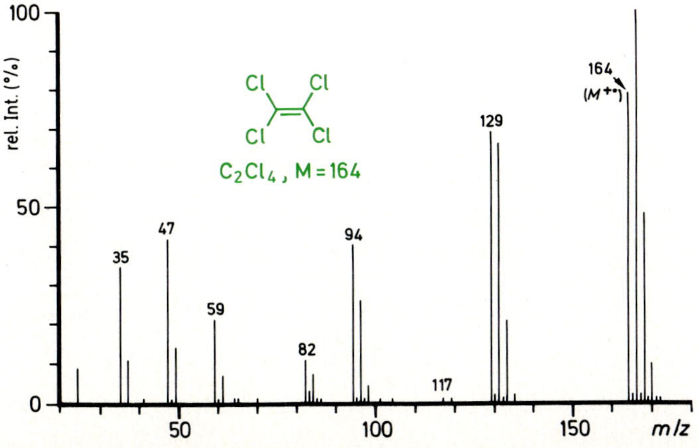

Tab. 4.10 Fortsetzung

Tetrachlormethan
(Tetrachlorkohlenstoff)

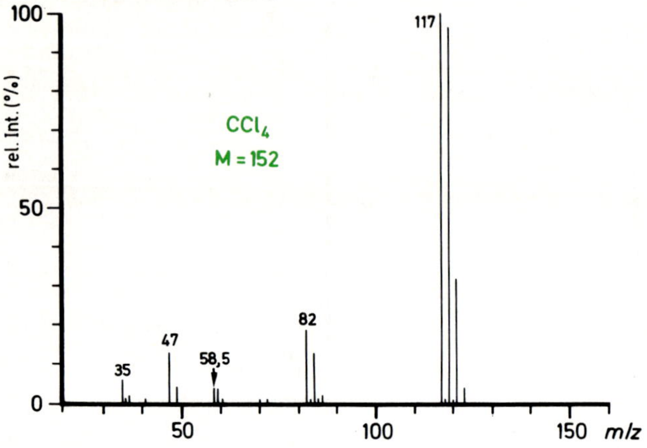

Tetrahydrofuran
(THF)

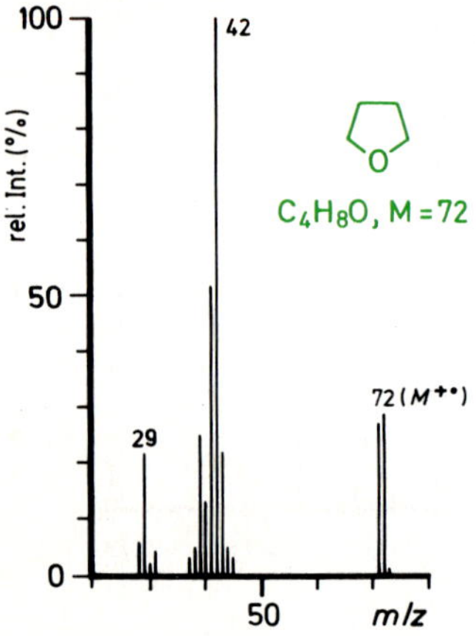

Toluol

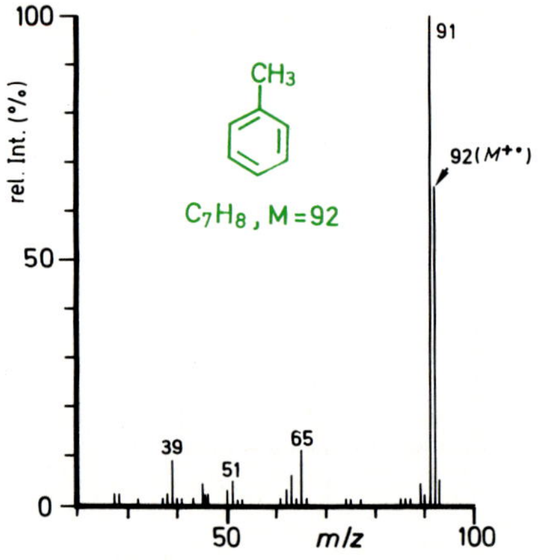

9.5 Massenspektren von Verunreinigungen

Tab. 4.11 * (s. [10])

Deuteriochloroform
(aus NMR)

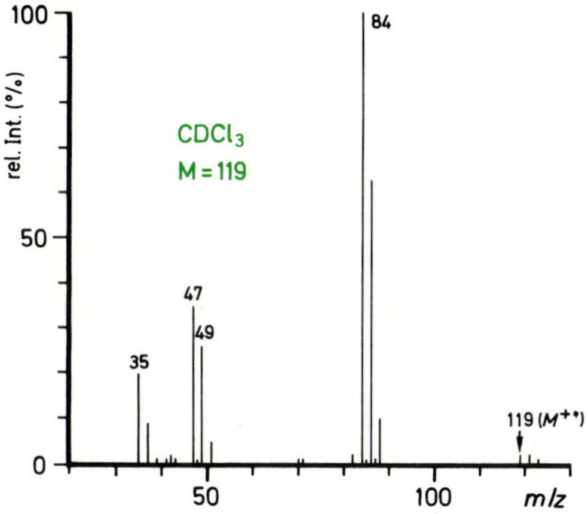

Tetramethylsilan
(TMS, aus NMR)

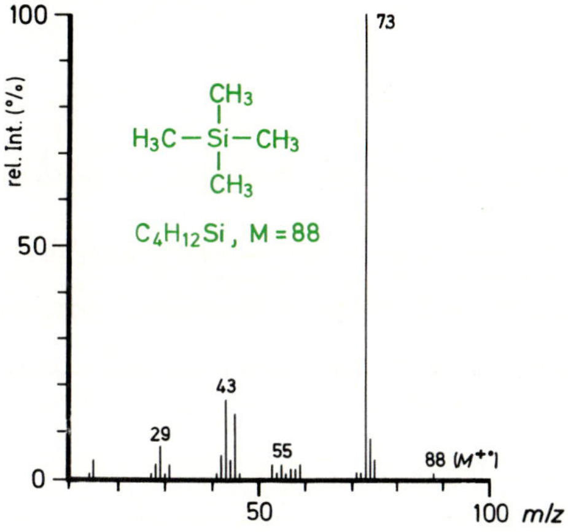

2,6-Di-(*tert*-butyl)-4-methylphenol
(Jonol; Stabilisator aus Ethern)

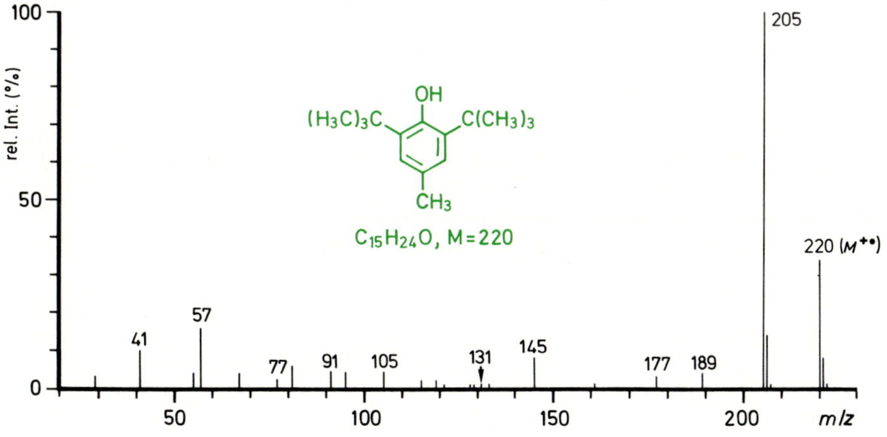

* Alle M-Angaben beziehen sich auf das häufigste Isotop

Tab. 4.11 Fortsetzung

Phthalsäure-dibutylester (Weichmacher)

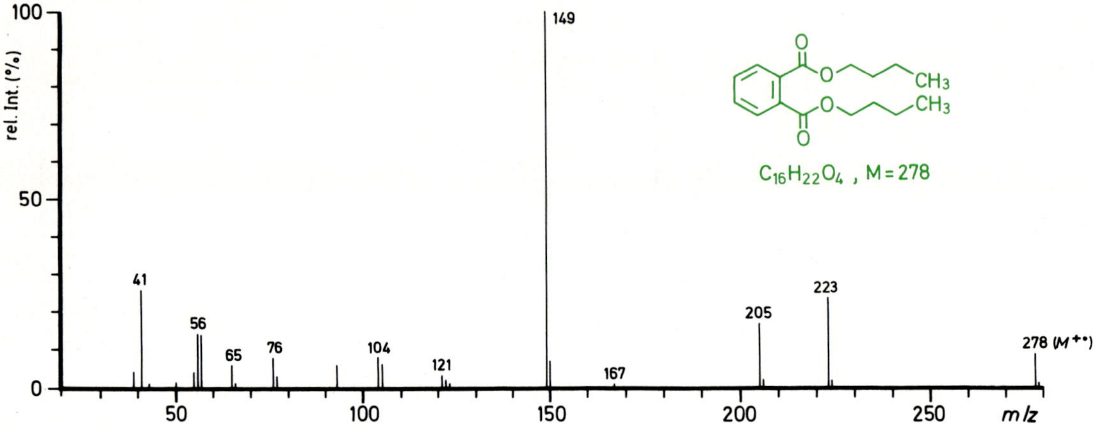

elementarer Schwefel

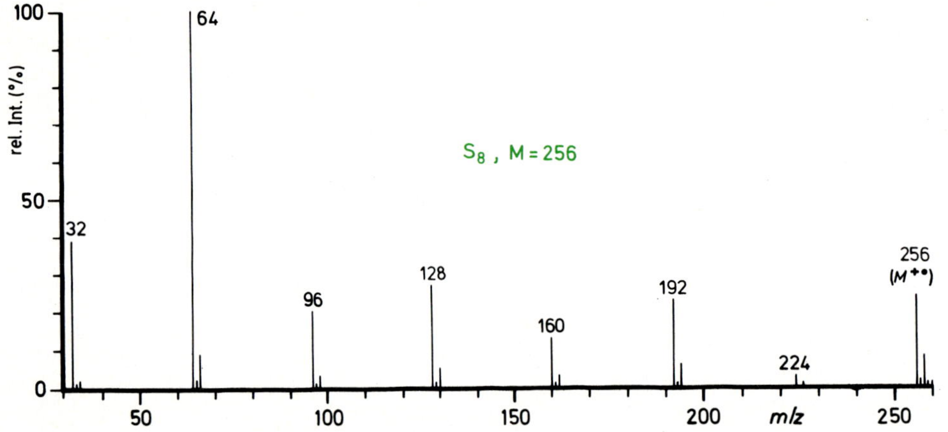

Tab. 4.11 Fortsetzung

Öl aus NaH/Öl-Dispersion

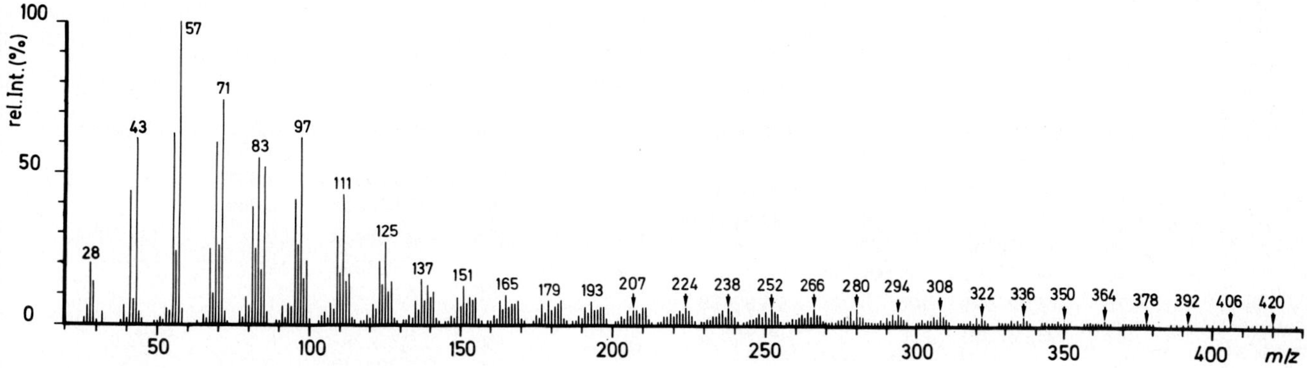

Kerosen aus Lithiumaluminiumhydrid

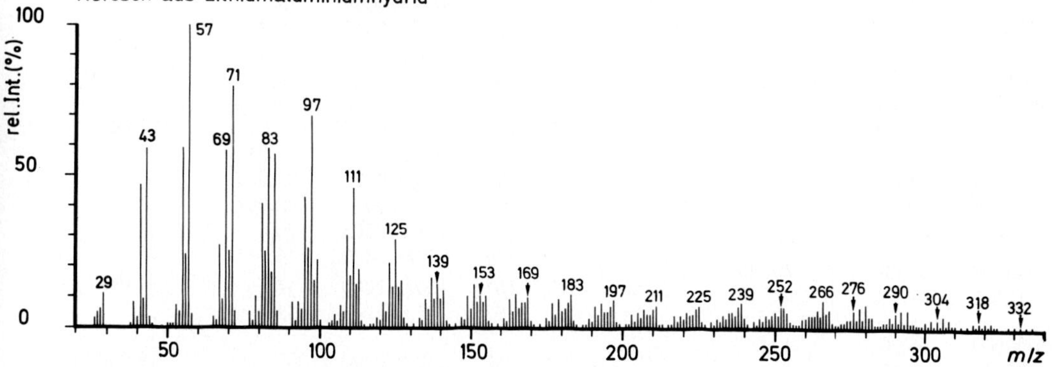

9.6 Massenzahlen und Häufigkeiten der Isotope natürlicher Elemente

Tab. 4.12 Massenzahlen (MZ), Ordnungszahlen (OZ), relative Häufigkeiten der Isotope natürlicher Elemente und Atommassen (alphabetisch geordnet nach dem Elementsymbol)

Element	OZ	MZ	Masse[41]	rel. Häufigkeit[42]	rel. Atommasse[43]
Ag	47	107	106,905095	51,839	107,8682
		109	108,904754	48,161	
Al	13	27	26,981541	100	26,981539
Ar	18	36	35,967546	0,337	39,948
		38	37,962732	0,063	
		40	39,962383	99,600	
As	33	75	74,921596	100	74,92159
Au	79	197	196,966560	100	196,96654
B	5	10	10,012938	19,9	10,811
		11	11,009305	80,1	
Ba	56	130	129,906277	0,106	137,327
		132	131,905042	0,101	
		134	133,904490	2,417	
		135	134,905668	6,592	
		136	135,904556	7,854	
		137	136,905816	11,23	
		138	137,905236	71,70	
Be	4	9	9,012183	100	9,012182
Bi	83	209	208,980388	100	208,98037
Br	35	79	78,918336	50,69	79,904
		81	80,916290	49,31	
C	6	12	12,000000	98,90	12,011
		13	13,003355	1,10	
Ca	20	40	39,962591	96,941	40,078
		42	41,958622	0,647	
		43	42,958770	0,135	
		44	43,955485	2,086	
		46	45,953689	0,004	
		48	47,952532	0,187	
Cd	48	106	105,906461	1,25	112,411
		108	107,904186	0,89	
		110	109,903007	12,49	
		111	110,904182	12,80	
		112	111,902761	24,13	
		113	112,904401	12,22	
		114	113,903361	28,73	
		116	115,904758	7,49	
Ce	58	136	135,90714	0,19	140,115
		138	137,905996	0,25	
		140	139,905442	88,48	
		142	141,909249	11,08	
Cl	17	35	34,968853	75,77	35,4527
		37	36,965903	24,23	
Co	27	59	58,933198	100	58,93320
Cr	24	50	49,946046	4,345	51,9961
		52	51,940510	83,789	
		53	52,940651	9,501	
		54	53,938882	2,365	
Cs	55	133	132,905433	100	132,90543
Cu	29	63	62,929599	69,17	63,546
		65	64,927792	30,83	
Dy	66	156	155,924287	0,06	162,50
		158	157,924412	0,10	
		160	159,925203	2,34	
		161	160,926939	18,9	
		162	161,926805	25,5	
		163	162,928737	24,9	
		164	163,929183	28,2	
Er	68	162	161,928787	0,14	167,26
		164	163,929211	1,61	
		166	165,930305	33,6	
		167	166,932061	22,95	
		168	167,932383	26,8	
		170	169,935476	14,9	
Eu	63	151	150,919860	47,8	151,965
		153	152,921243	52,2	
F	9	19	18,998403	100	18,9984032
Fe	26	54	53,939612	5,8	55,847
		56	55,934939	91,72	
		57	56,935396	2,2	
		58	57,933278	0,28	
Ga	31	69	68,925581	60,1	69,723
		71	70,924701	39,9	
Ge	32	70	69,924250	20,5	72,61
		72	71,922080	27,4	
		73	72,923464	7,8	
		74	73,921179	36,5	
		76	75,921403	7,8	
Gd	64	152	151,919803	0,20	157,25
		154	153,920876	2,18	
		155	154,922629	14,80	
		156	155,922130	20,47	
		157	156,923967	15,65	
		158	157,924111	24,84	
		160	159,927061	21,86	
H/D	1	1	1,007825	99,985	1,00794
		2	2,014102	0,015	
He	2	3	3,016029	0,000138	4,002602
		4	4,002603	99,999862	

Tab. 4.12 Fortsetzung

Element	OZ	MZ	Masse[41]	rel. Häufigkeit[42]	rel. Atommasse[43]
Hf	72	174	173,940065	0,162	178,49
		176	175,941420	5,206	
		177	176,943233	18,606	
		178	177,943710	27,297	
		179	178,945827	13,629	
		180	179,946561	35,100	
Hg	80	196	195,965812	0,14	200,59
		198	197,966760	10,02	
		199	198,968269	16,84	
		200	199,968316	23,13	
		201	200,970293	13,22	
		202	201,970632	29,80	
		204	203,973481	6,85	
Ho	67	165	164,930332	100	164,93032
I	53	127	126,904477	100	126,90447
In	49	113	112,904056	4,3	114,82
		115	114,903875	95,7	
Ir	77	191	190,960603	37,3	192,22
		193	192,962942	62,7	
K	19	39	38,963708	93,2581	39,0983
		40	39,963999	0,0117	
		41	40,961825	6,7302	
Kr	36	78	77,920397	0,35	83,80
		80	79,916375	2,25	
		82	81,913483	11,6	
		83	82,914134	11,5	
		84	83,911506	57,0	
		86	85,910614	17,3	
La	57	138	137,907114	0,09	138,9055
		139	138,906355	99,91	
Li	3	6	6,015123	7,5	6,941
		7	7,016005	92,5	
Lu	71	175	174,940785	97,441	174,967
		176	175,942694	2,59	
Mg	12	24	23,985045	78,99	24,3050
		25	24,985839	10,00	
		26	25,982595	11,01	
Mn	25	55	54,938046	100	54,93805
Mo	42	92	91,906809	14,84	95,94
		94	93,905086	9,25	
		95	94,905838	15,92	
		96	95,904676	16,68	
		97	96,906018	9,55	
		98	97,905405	24,13	
		100	99,907473	9,63	
N	7	14	14,003074	99,634	14,00674
		15	15,000109	0,366	

Tab. 4.12 Fortsetzung

Element	OZ	MZ	Masse[41]	rel. Häufigkeit[42]	rel. Atommasse[43]
Na	11	23	22,989770	100	22,989768
Nb	41	93	92,906378	100	92,90638
Nd	60	142	141,907731	27,13	144,24
		143	142,909823	12,18	
		144	143,910096	23,80	
		145	144,912582	8,30	
		146	145,913126	17,19	
		148	147,916901	5,76	
		150	149,920900	5,64	
Ne	10	20	19,992439	90,51	20,1797
		21	20,993845	0,27	
		22	21,991384	9,22	
Ni	28	58	57,935347	68,27	58,69
		60	59,930789	26,10	
		61	60,931059	1,13	
		62	61,928346	3,59	
		64	63,927968	0,91	
O	8	16	15,994915	99,762	15,9994
		17	16,999131	0,038	
		18	17,999159	0,200	
Os	76	184	183,952514	0,02	190,2
		186	185,953852	1,58	
		187	186,955762	1,6	
		188	187,955850	13,3	
		189	188,958156	16,1	
		190	189,958455	26,4	
		192	191,961487	41,0	
P	15	31	30,973763	100	30,973762
Pb	82	204	203,973037	1,4	207,2
		206	205,974455	24,1	
		207	206,975885	22,1	
		208	207,976641	52,4	
Pd	46	102	101,905609	1,020	106,42
		104	103,904026	11,14	
		105	104,905075	22,33	
		106	105,903475	27,33	
		108	107,903894	26,46	
		110	109,905169	11,72	
Pr	59	141	140,907657	100	140,90765
Pt	78	190	189,959937	0,01	195,08
		192	191,961049	0,79	
		194	193,962679	32,9	
		195	194,964785	33,8	
		196	195,964947	25,3	
		198	197,967879	7,2	
Rb	37	85	84,911800	72,165	85,4678
		87	86,909184	27,835	
Re	75	185	184,952977	37,40	186,207
		187	186,955765	62,60	

Tab. 4.12 Fortsetzung

Element	OZ	MZ	Masse[41]	rel. Häufigkeit[42]	rel. Atommasse[43]
Rh	45	103	102,905503	100	102,90550
Ru	44	96	95,907596	5,52	101,07
		98	97,905287	1,88	
		99	98,905937	12,7	
		100	99,904218	12,6	
		101	100,905581	17,0	
		102	101,904348	31,6	
		104	103,905422	18,7	
S	16	32	31,972072	95,02	32,066
		33	32,971459	0,75	
		34	33,967868	4,21	
		36	35,967079	0,02	
Sb	51	121	120,903824	57,3	121,75
		123	122,904222	42,7	
Sc	21	45	44,955914	100	44,955910
Se	34	74	73,922477	0,9	78,96
		76	75,919207	9,0	
		77	76,919908	7,6	
		78	77,917304	23,6	
		80	79,916521	49,7	
		82	81,916709	9,2	
Si	14	28	27,976928	92,23	28,0855
		29	28,976496	4,67	
		30	29,973772	3,10	
Sm	62	144	143,912009	3,1	150,36
	147	147	146,914907	15,0	
		148	147,914832	11,3	
		149	148,917193	13,8	
		150	149,917285	7,4	
		152	151,919741	26,7	
		154	153,922218	22,7	
Sn	50	112	111,904823	0,97	118,710
		114	113,902781	0,65	
		115	114,903344	0,36	
		116	115,901744	14,53	
		117	116,902954	7,68	
		118	117,901607	24,22	
		119	118,903310	8,58	
		120	119,902199	32,59	
		122	121,903440	4,63	
		124	123,905271	5,79	
Sr	38	84	83,913428	0,56	87,62
		86	85,909273	9,86	
		87	86,908890	7,00	
		88	87,905625	82,58	
Ta	73	180	179,947489	0,012	180,9479
		181	180,948014	99,988	
Tb	65	159	158,925350	100	158,92534

Tab. 4.12 Fortsetzung

Element	OZ	MZ	Masse[41]	rel. Häufigkeit[42]	rel. Atommasse[43]
Te	52	120	119,904021	0,096	127,60
		122	121,903055	2,60	
		123	122,904278	0,908	
		124	123,902825	4,816	
		125	124,904435	7,14	
		126	125,903310	18,95	
		128	127,904464	31,69	
		130	129,906229	33,80	
Th	90	232	232,038054	100	232,0381
Ti	22	46	45,952633	8,0	47,88
		47	46,951765	7,3	
		48	47,947947	73,8	
		49	48,947871	5,5	
		50	49,944786	5,4	
Tl	81	203	202,972336	29,524	204,3833
		205	204,974410	70,476	
Tm	69	169	168,934225	100	168,93421
U	92	234	234,040947	0,0055	238,0289
		235	235,043925	0,7200	
		238	238,050786	99,2745	
V	23	50	49,947161	0,250	50,9415
		51	50,943963	99,750	
W	74	180	179,946727	0,13	183,85
		182	181,948225	26,3	
		183	182,950245	14,3	
		184	183,950953	30,67	
		186	185,954377	28,6	
Xe	54	124	123,90612	0,10	131,29
		126	125,904281	0,09	
		128	127,903531	1,91	
		129	128,904780	26,4	
		130	129,903510	4,1	
		131	130,905076	21,2	
		132	131,904148	26,9	
		134	133,905395	10,4	
		136	135,907219	8,9	
Y	39	89	88,905856	100	88,90585
Yb	70	168	167,933908	0,13	173,04
		170	169,934774	3,05	
		171	170,936338	14,3	
		172	171,936393	21,9	
		173	172,938222	16,12	
		174	173,938873	31,8	
		176	175,942576	12,7	

Tab. 4.12 Fortsetzung

Element	OZ	MZ	Masse[41]	rel. Häufigkeit[42]	rel. Atommasse[43]
Zn	30	64	63,929145	48,6	65,39
		66	65,926035	27,9	
		67	66,927129	4,1	
		68	67,924846	18,8	
		70	69,925325	0,6	
Zr	40	90	89,904708	51,45	91,224
		91	90,905644	11,22	
		92	91,905039	17,15	
		94	93,906319	17,38	
		96	95,908272	2,80	

Literatur

Kombinierte Anwendung spektroskopischer Methoden in der organischen Chemie

Baker, A.J., Cairns, T., Eglinton, G., Preston, F.J. (1967, 1975), More Spectroscopic Problems in Organic Chemistry, Heyden, London.

Pretsch, E., Clerc, T., Seibl, J., Simon, W. (1986), Tabellen zur Strukturaufklärung organischer Verbindungen mit spektroskopischen Methoden, 3. Auflage, Springer-Verlag, Berlin, Heidelberg, New York.

Simon, W., Clerc, T. (1967), Strukturaufklärung organischer Verbindungen mit spektroskopischen Methoden, Akademische Verlagsgesellschaft, Frankfurt/M.

Sternhell, S., Kalman, J.R. (1986), Organic Structures from Spectra, John Wiley & Sons, Chichester.

Negative Ionen

Bowie, J.H. (1984), The Formation and Fragmentation of Negative Ions Derived from Organic Molecules, Mass Spectrom. Rev. **3**, 161.

Budzikiewicz, H. (1983), Selected Reviews on Mass Spectrometric Topics: Negative Ions, Mass Spectrom. Rev. **2**, 515.

Budzikiewicz, H. (1986), Negative Chemical Ionization (NCI) of Organic Compounds, Mass Spectrom. Rev. **5**, 345.

Gregor, I.K., Guilhaus, M. (1984), Mass Spectrometry of Metalorganic Negative Ions, Mass Spectrom. Rev. **3**, 39.

Weiterführende Literatur

Adams, F., Gijbels, R., Grieken, R. van (Herausgb.) (1988), Inorganic Mass Spectrometry, Wiley & Sons, Chichester.

Asamoto, B. (1988), Fourier Transform-Mass Spectrometry for Industrial Problem Solving, Spectroscopy **3**, 38.

Beynon, J.H. (1960), Mass Spectrometry and its Application to Organic Chemistry, Elsevier, Amsterdam.

Biemann, K. (1962), Mass Spectrometry – Organic Chemical Application, McGraw-Hill, Book Comp., New York.

Bremser, W., Neudert, R. (1987), Automation in the Spectroscopic Laboratory – Solutions and Perspectives, Europ. Spectr. News **75**, 10.

Chapman, J.R. (1978), Computers in Mass Spectrometry, Academic Press, New York, London.

Chapman, J.R. (1985), Practical Organic Mass Spectrometry, John Wiley & Sons, Chichester.

Dawson, P.H. (1986), Quadrupole Mass Analyzer: Performance, Design and Some Recent Application, Mass Spectrom. Rev. **5**, 1.

Drewery, C.J., Goode, G.C., Jennings, K.R. (1972), Ion Cyclotron Resonance Mass Spectrometry, in Mass Spectrometry, MTP International Review of Science, Physical Chemistry, Series one (Maccoll, A., Herausgeb.), Butterworth, London.

Field, F.H., Franklin, J.L. (1970), Electron Impact Phenomena, Academic Press, New York, London.

Hartmann, H., Wanczek, K.-P. (1978), Ion Cyclotron Resonance Spectrometry, Lecture Notes in Chemistry, Bd. 7, Springer Verlag, Berlin, Heidelberg, New York.

Howe, I., Williams, D.H., Bowen, R.D. (1981), Mass Spectrometry; Principles and Applications, 2. Ed., McGraw-Hill, Book Comp., New York.

Kiser, R.W. (1965), Introduction to Mass Spectrometry and its Applications, Prentice-Hall, Englewood Cliffs, N.J.

Lehmann, T.A., Bursey, M.M. (1976), Ion Cyclotron Resonance Spectrometry, Wiley-Interscience, New York.

Lehrle, R.S., Parker, J.E. (1972), Time-of-Flight Mass Spectrometry, in Mass Spectrometry, MTP International Review of Science, Physical Chemistry, Series one (Maccoll, A., Herausgeb.), Butterworth, London.

Levsen, K. (1978), Fundamental Aspects of Organic Mass Spectrometry, Bd. 4, Verlag Chemie, Weinheim.

Maccoll, A. (Herausgeb.) (1972), Mass Spectrometry, MTP International Review of Science Physical Chemistry, Series one, Butterworth, London.

March, R.E., Hughes, R.J. (1989), Quadrupole Storage Mass Spectrometry, Wiley & Sons, New York.

McFadden, W.H. (1973), Techniques of Combined Gas Chromatography/Mass Spectrometry: Applications in Organic Analysis, Wiley-Interscience, New York.

McLafferty, F.W. (Herausgeb.) (1963), Mass Spectrometry of Organic Ions, Academic Press, New York, London.

Merritt, Ch., McEwen, Ch. N. (Herausgeb.) (1980), Mass Spectrometry, Teile A + B, Marcel Dekker Inc., New York, Basel.

Millard, B.J. (1978), Quantitative Mass Spectrometry, Heyden & Son, London.

Schlunegger, U.P. (1975), Nachweis von Fragment-Genesen im Massenspektrometer: DADI-Massenspektrometrie als Hilfsmittel zur Strukturanalyse organischer Verbindungen, Angew. Chem. **87**, 731.

Wahrhaftig, A.L. (1972), Theory of Mass Spectra, in Mass Spectrometry, MTP International Review of Science, Physical Chemistry, Series one (Maccoll, A., Herausgeb.), Butterworth, London.

Spektrensammlungen

Cornu, A., Massot, R. (1976), Compilation of Mass Spectral Data, Heyden, London, Bd. I & II. (Enthält die Spektren von 10000 Verbindungen.)

Eight Peak Index of Mass Spectra (1975), Mass Spectrometry Data Center, Royal Society of Chemistry, Aldermaston (3. Auflage 1986: 67000 Spektren).

Stenhagen, E., Abrahamsson, S., McLafferty, F.W. (1969), Atlas of Mass Spectral Data, 3 Bde. Interscience Publ., New York. (Sammlung von Massenspektren einiger Tausend organischer Verbindungen.)

Wiley/NBS (1989), Registry of Mass Spectral Database, 7 Vols., John Wiley & Sons, New York, Chichester (Sammlung von über 150000 Spektren von mehr als 90000 Verbindungen).

Spezielle Substanzklassen

Alkaloide

Budzikiewicz, H. (1983), Selected Reviews on Mass Spectrometric Topics: Alkaloids, Mass Spectrom. Rev. **2**, 327.

Hesse, M. (1974), Indolalkaloide, in Progress in Mass Spectrometry, Bd. 1, Teil 1: Text, Teil 2: Spektren, Verlag Chemie, Weinheim.

Hesse, M., Bernhard, H. O. (1975), Alkaloide außer Indol-, Triterpen- und Steroidalkaloiden, in Progress in Mass Spectrometry, Bd. 3, Verlag Chemie, Weinheim.

Antibiotika

Borders, D. B., Carter, G. T., Hargreaves, R. T., Siegel, M. M. (1985), Recent Applications of Mass Spectrometry to Antibiotic Research, Mass Spectrom. Rev. **4**, 295.

Biochemie

Jackson, A. H. (1977), Mass Spectrometry of Biochemical Materials, Endeavour New Series **1**, 75.

Waller, G. R. (Herausgeb.) (1972), Biochemical Applications of Mass Spectrometry, Wiley-Interscience, New York; Waller, G. R., Dermer, O. C. (Herausgeb.) (1980), First supplementary volume, Wiley-Interscience, New York.

Carotinoide

Budzikiewicz, H. (1983), Selected Reviews on Mass Spectrometric Topics: Carotinoids, Mass Spectrom. Rev. **2**, 417.

Explosivstoffe

Yinon, J. (1982), Mass Spectrometry of Explosives: Nitro Compounds, Nitrate Esters, and Nitramines, Mass Spectrom. Rev. **1**, 257.

Yinon, J., Mass Spectrometry of Explosives, in Yinon, J. (Herausgeb.) (1987), Forensic Mass Spectrometry, CRC Press, Boca Raton.

Flavonoide

Budzikiewicz, H. (1985), Selected Reviews on Mass Spectrometric Topics: Flavones, Chromones, and Related Compounds, Mass Spectrom. Rev. **4**, 251.

Geochemie

Budzikiewicz, H. (1988), Selected Reviews on Mass Spectrometric Topics: Organic and Petroleum Geochemistry, Mass Spectrom. Rev. **7**, 463.

Teeter, R. M. (1985), High-resolution Mass Spectrometry for Type Analysis of Complex Hydrocarbon Mixtures, Mass Spectrom. Rev. **4**, 123.

Iridoide

Popov, S. S., Handjieva, N. V. (1983), Mass Spectrometry of Iridoids, Mass Spectrom. Rev. **2**, 481.

Kohlenhydrate

Borders, D. B., Carter, G. T., Hargreaves, R. T., Siegel, M. M. (1985), Recent Applications of Mass Spectrometry to Antibiotic Research, Mass Spectrom. Rev. **4**, 295.

Budzikiewicz, H. (1985), Selected Reviews on Mass Spectrometric Topics: Carbohydrates, Mass Spectrom. Rev. **4**, 491.

Komori, T., Kawasaki, T., Schulten, H.-R. (1985), Field Desorption and Fast Atom Bombardment Mass Spectrometry of Biologically Active Natural Oligoglycosides, Mass Spectrom. Rev. **4**, 255.

Reinhold, V. N., Carr, S. A. (1983), New Mass Spectral Approaches to Complex Carbohydrate Structure, Mass Spectrom. Rev. **2**, 153.

Lipide, Fettsäuren

Lin, Y. Y., Smith, L. L. (1984), Chemical Ionization Mass Spectrometry of Steroids and other Lipids, Mass Spectrom. Rev. **3**, 319.

Budzikiewicz, H. (1989), Selected Reviews on Mass Spectrometric Topics: Lipids, Mass Spectrom. Rev. **8**, 293.

Metallorganische Verbindungen

Budzikiewicz, H. (1984), Selected Reviews on Mass Spectrometric Topics: Organoelement Compounds, Mass Spectrom. Rev. **3**, 317.

Charalambous, J. (1975), Mass Spectrometry of Metal Compounds, Butterworth, London.

Gregor, I. K., Guilhaus, M. (1984), Mass Spectrometry of Metalorganic Negative Ions, Mass Spectrom. Rev. **3**, 39.

Litzow, M. R., Spalding, T. R. (1973), Mass Spectrometry of Inorganic and Organometallic Compounds, Elsevier, Amsterdam.

Müller, J. (1972), Zerfall von Organometallkomplexen im Massenspektrometer, Angew. Chem. **84**, 725.

Nucleoside, Nucleotide

Borders, D. B., Carter, G. T., Hargreaves, R. T., Siegel, M. M. (1985), Recent Applications of Mass Spectrometry to Antibiotic Research, Mass. Spectrom. Rev. **4**, 295.

Budzikiewicz, H. (1985), Selected Reviews on Mass Spectrometric Topics: Nucleosides and Nucleotides, Mass Spectrom. Rev. **4**, 145.

Peptide

Borders, D. B., Carter, G. T., Hargreaves, R. T., Siegel, M. M. (1985), Recent Applications of Mass Spectrometry to Antibiotic Research, Mass Spectrom. Rev. **4**, 295.

Budzikiewicz, H. (1987), Selected Reviews on Mass Spectrometric Topics: Amino Acids, Peptides, and Proteins, Mass Spectrom. Rev. **6**, 537.

McNeal, C. J. (Herausgeb.) (1988), The Analysis of Peptides and Proteins by Mass Spectrometry, Wiley & Sons, Chichester.

Pestizide

Rosen, J. (Herausgeb.) (1987), Applications of New Mass Spectrometry Techniques in Pesticide Chemistry, Wiley & Sons, Chichester.

Polymere

Budzikiewicz, H. (1984), Selected Reviews on Mass Spectrometric Topics: Synthetic Polymers, Mass Spectrom. Rev. **3**, 587.

Lattimer, R. P., Harris, R. E. (1985), Mass Spectrometry for Analysis of Additives in Polymers, Mass Spectrom. Rev. **4**, 369.

Schulten, H.-R., Lattimer, R. P. (1984), Applications of Mass Spectrometry to Polymers, Mass Spectrom. Rev. **3**, 231.
Smith, Ch. G., Mahle, N. H., Park, W. R. R., Smith, P. B., Matin, St. J. (1985), Analysis of High Polymers-Mass Spectrometry, Anal. Chem. (Reviews), 259 R.

Porphyrine

Gallegos, E. J., Sundararaman, P. (1985), Mass Spectrometry of Geoporphyrins, Mass Spectrom. Rev. **4**, 55.

Steroide

Budzikiewicz, H., Djerassi, C., Williams, D. H. (1964), Structural Elucidation of Natural Products by Mass Spectrometry, Bd. II, Steroids, Triterpenes and Related Classes, Holden-Day, San Francisco.
Grote, H., Spiteller, G. (1977), Location of Functional Groups with the Aid of Mass Spectrometry – Mass Spectra of Trimethylsilylated Androstan-3,16,17β-triols, Org. Mass Spectrom, **4**, 216; und darin zitierte Arbeiten.
Lin, Y. Y., Smith, L. L. (1984), Chemical Ionization Mass Spectrometry of Steroids and Other Lipids, Mass Spectrom. Rev. **3**, 319

Terpenoide (s. Carotinoide, Iridoide)

Budzikiewicz, H. (1986), Selected Reviews on Mass Spectrometric Topics: Terpenoids, Mass Spectrom. Rev. **5**, 213.
Enzell, C. R., Wahlberg, I., Ryhage, R. (1984 und 1986), Mass Spectra of Tobacco Isoprenoids, Mass Spectrom. Rev. **3**, 395; **5**, 39.

Im Text zitierte Literatur

[1] IUPAC (1973, 1976), Recommendations for Nomenclature of Mass Spectrometry, Butterworth, London.
[2] Morrison, J. D. (1972), Ionisation and Appearance Potentials, in Mass Spectrometry, MTP International Review of Science, Physical Chemistry, Series one (Maccoll, A., Herausgeb.), Butterworth, London.
[3] Biemann, K. (1970), High Resolution Mass Spectrometry, in Topics in Organic Mass Spectrometry (Burlingame, A. L., Herausgeb.), Wiley-Interscience, New York.
[4] Tureček, F., Hanuš, V. (1984), Retro-Diels-Alder-Reaction in Mass Spectrometry, Mass Spectrom. Rev. **3**, 85.
[5] Kühne, H., Hesse, M. (1982), The Mass Spectral Retro Diels Alder Reaction of 1,2,3,4-Tetrahydronaphthalene, its Derivatives and Related Heterocyclic Compounds, Mass Spectrom. Rev. **1**, 15.
[6] Budzikiewicz, H. (1969), Z. Anal. Chem. **244**, 1.
[7] Veith, H. J., Hesse, M. (1969), Helv. Chim. Acta **52**, 2004.
Anh, N. T. (1972), Die Woodward-Hofmann-Regeln und ihre Anwendung, Verlag Chemie, Weinheim.
[8] Gierlich, H. H., Röllgen, F. W., Borchers, F., Levsen, K. (1977), Org. Mass Spectrom. **12**, 387.
Weber, R., Borchers, F., Levsen, K., Röllgen, F. W. (1978), Z. Naturforsch. Teil A, **33**, 540.
Veith, H. J. (1983), Mass Spectrometry of Ammonium and Iminium Salts, Mass Spectrom. Rev. **2**, 419.
[9] Blau, K., King, G. (Herausgeb.) (1978), Handbook of Derivative for Chromatography, Heyden & Son, London.
[10] Spiteller, M., Spiteller, G. (1973), Massenspektrensammlung von Lösungsmitteln, Verunreinigungen, Säulenbelegmaterialien und einfachen aliphatischen Verbindungen, Springer-Verlag, Berlin.
Ende, M., Spiteller, G. (1982), Contaminants in Mass Spectrometry, Mass Spectrom. Rev. **1**, 29.
[11] Thomas, A. F. (1971), Deuterium Labeling in Organic Chemistry, Appleton-Century-Crofts, New York.
[12] Pretsch, E., Clerc, T., Seibl, J., Simon, W. (1986), Tabellen zur Strukturaufklärung organischer Verbindungen mit spektroskopischen Methoden, Springer-Verlag, Berlin, Heidelberg, New York.
Biemann, K. (1962), Mass Spectrometry – Organic Chemical Application, McGraw-Hill, Book Comp., New York.
Budzikiewicz, H. (1972), Massenspektrometrie – eine Einführung, Verlag Chemie, Weinheim.
Birkenfeld, H., Haase, G., Zahn, H. (1969), Massenspektrometrische Isotopenanalyse, VEB Deutscher Verlag der Wissenschaften, Berlin.
Seibl, J. (1970), Massenspektrometrie, Akademische Verlagsgesellschaft, Frankfurt/M.
Krueger, H. W., Reesman, R. H. (1982), Carbon Isotope Analyses in Food Technology, Mass Spectrom. Rev. **1**, 205.
Heumann, K. G. (1986), Selected Reviews on Mass Spectrometric Topics: Isotope Dilution Mass Spectrometry, Mass Spectrom. Rev. **5**, 343.
Fresenius, W., Lüderwald, I. (Herausgeb.) (1988), Element Trace Analysis by Mass Spectrometry, Fresenius Zeitschrift Analyt. Chemie, 103–222.
[13] Richter, W. J., Schwarz, H. (1978), Angew. Chem. **90**, 449.
[14] Cotter, R. J., Yergey, A. L. (1982), Spectra **8**, 33.
[15] Asselin, M. J. F., Paré, J. J. R. (1981), Org. Mass Spectrom. **16**, 275.
[16] Bruins, A. P., Corey, T. R., Hennion, J. D. (1987), Ion Spray Interface for Combined Liquid Chromatography/Atmospheric Pressure Ionization Mass Spectrometry, Anal. Chem. **59**, 2642.
[17] Fenn, J. B., Mann, M., Meng, C. K., Wong, S. F., Whitehouse, C. M. (1990), Electrospray Ionization – Principles and Practice, Mass Spectrom. Rev. **9**, 37.
[18] Barber, M., Bordoli, R. S., Sedgwick, R. D., Tyler, A. N. (1981), Nature (London) **293**, 270.
[19] Beckey, H. D., Schulten, H.-R. (1975), Angew. Chem. **87**, 425.
[20] Beckey, H. D. (1977), Principles of Field Ionization and Field Desorption Mass Spectrometry, Pergamon-Press, Oxford.
Wood, G. W. (1982), Field Desorption Mass Spectrometry: Applications, Mass Spectrom. Rev. **1**, 63.
Beckey, H. D., Comes, F. J. (1970), Techniques of Molecular Ionization, in Topics in Organic Mass Spectrometry (Burlingame, A. L., Herausgeb.), Wiley-Interscience, New York.
Beckey, H. D. (1971), Field Ionization Mass Spectrometry, Pergamon Press, Oxford.
Budzikiewicz, H. (1986), Selected Reviews on Mass Spectrometric Topics: Field Ionisation and Field Desorption, Mass Spectrom. Rev. **5**, 99.
[21] Schwarz, H., Levsen, K. (1978), Nachr. Chem. Tech. Lab. **26**, 136.
Nibbering, N. M. M. (1984), Mechanistic Studies by Field Ionization Kinetics, Mass Spectrom. Rev. **3**, 445.
[22] Dell, A., Taylor, G. W. (1984), High-Field-Magnet Mass Spectrometry of Biological Molecules, Mass Spectrom. Rev. **3**, 357.
Budzikiewicz, H. (1990), Masse Zehntausend – Hunderttausend – eine Million: Wo liegen heute die Grenzen der organischen Massenspektrometrie, in Instrumentalized Analytical Chemistry and Computer Technology (Günter, W., Matthes, J. P., Perkampus, H.-H., Herausgeb.), GIT-Verlag, Darmstadt.
Fenn, J. B., Mann, M., Meng, C. K., Wong, S. F., Whitehouse, C. M. (1989), Electrospray Ionization for Mass Spectrometry of Large Biomolecules, Science **246**, 64.

[23] Dobychin, S. L., Milman, B. L., Turkina, M. Y. (1978), Zh. Org. Khim. **14**, 2221; (1979), C. A. **90**, 86198.
[24] MacFarlane, R. D. (1980), ^{252}Cf-Plasma Desorption Mass Spectrometry (PDMS), in Biochemical Applications of Mass Spectrometry (Waller, G. R., Dermer, O. C., Herausgeb.), First supplementary volume, Wiley-Interscience, New York, S. 1209.
Sundqvist, B., MacFarlane, R. D. (1985), ^{252}Cf-Plasma Desorption Mass Spectrometry, Mass Spectrom. Rev. **4**, 421.
[25] Veith, H. J. (1976), Li^+-Anlagerung – eine schonende Methode zur Ionenbildung in der Felddesorptionsmassenspektrometrie, Angew. Chem. **88**, 762.
Veith, H. J. (1978), Org. Mass Spectrom. **13**, 280.
Röllgen, F. W., Schulten, H.-R. (1975), Org. Mass Spectrom. **10**, 660.
[26] Ställberg-Stenhagen, S., Stenhagen, E. (1970), Gas Liquid Chromatography – Mass Spectrometry Combination, in Topics in Organic Mass Spectrometry (Burlingame, A. L., Herausgeb.), Wiley-Interscience, New York.
Gudzinowicz, B. J., Gudzinowicz, M. J., Martin, H. F. (1976), Fundamentals of Integrated GC-MS, Marcel Dekker Inc., New York.
[27] Arpino, P. (1989), Combined Liquid Chromatography Mass Spectrometry. Part I. Coupling by Means of a Moving Belt Interface, Mass Spectrom. Rev. **8**, 35.
[28] Vestal, M. L. (1986), Eur. Spectros. News **63**, 22.
[29] Karas, M., Bahr, U., Ingendoh, A., Hillenkamp, F. (1989), Laser Desorption/Ionization Massenspektrometrie von Proteinen mit Massen 100000 bis 250000 Dalton, Angew. Chem. **101**, 805.
Karas, M., Bahr, U., Hillenkamp, F. (1989), UV Laser Matrix Desorption/Ionization Mass Spectrometry of Proteins in the 100000 Dalton Range, Int. J. Mass Spectrom. Ion Processes **92**, 231.
[30] Lubman, D. M. (Herausgeb.) (1990), Lasers and Mass Spectrometry, Oxford University Press, Oxford.
[31] Hesse, M., Bernhard, H. O. (1975), Alkaloide außer Indol-, Triterpen- und Steroidalkaloiden, in Progress in Mass Spectrometry, Bd. 3, Verlag Chemie, Weinheim.
[32] Bosshardt, H., Hesse, M. (1974), Massenspektrometrische Wechselwirkung zwischen den funktionellen Gruppen mehrfach substituierter Alkane, Angew. Chem. **86**, 256.
[33] Schwarz, H. (1978), Some Newer Aspects of Mass Spectrometric ortho Effects, Topics in Current Chemistry **73**, 231.
[34] Day, R. J., Unger, S. E., Cooks, R. G. (1980), Anal. Chem. **52**, 557A.
Scheifers, S. M., Hollar, R. C., Busch, K. L., Cooks, R. G. (1982), Intern. Lab. **5**, 12.
Vickerman, J. C., Brown, A., Reed, N. M. (Herausgeb.) (1989), Secondary Ion Mass Spectrometry – Principles and Applictions, Clarendon-Press, Oxford.
Wilson, R. G. (1989), Secondary Ion Mass Spectrometry, Depth Profiling and Bulk Impurity Analysis, Wiley & Sons, Chichester.
Benninghoven, A., Rudenauer, F. G., Werner, H. W. (1988), Secondary Ton Mass Spectrometry, Basic Concepts, Instrumental Aspects, Applications and Trends, Wiley & Sons, Chichester.
[35] Benoit, F., Holmes, J. L., Isaacs, N. S. (1969), Org. Mass Spectrom. **2**, 591.
Holmes, J. L. (1973), Org. Mass Spectrom. **7**, 335.
[36] Green, M. M. (1978), Pure Appl. Chem. **50**, 185.
Mandelbaum, A. (1977), Application of Mass Spectrometry to Stereochemical Problems, in Stereochemistry (Kagan, H. B., Herausgeb.), Bd. 1, Spectrometric Methods, Georg Thieme Verlag, Stuttgart, S. 137.
Mandelbaum, S. (1983), Stereochemical Effects in Mass Spectrometry, Mass Spectrom. Rev. **2**, 223.
Budzikiewicz, H. (1984), Selected Reviews on Mass Spectrometric Topics: Stereochemistry, Mass Spectrom. Rev. **3**, 439.
[37] Levsen, K., Schwarz, H. (1976), Stoßaktivierungsmassenspektrometrie – eine neue Sonde zur Strukturbestimmung von Ionen in der Gasphase, Angew. Chem. **88**, 589.
Levsen, K., Schwarz, H. (1983), Gas-phase Chemistry of Collisionally Activated Ions, Mass Spectrom. Rev. **2**, 77.
[38] Yost, R. A., Fetterolf, D. D. (1983), Tandem Mass Spectrometry (MS/MS) Instrumentation, Mass Spectrom. Rev. **2**, 1.
Crow, F. W., Tomer, K. B., Gross, M. L. (1983), Mass Resolution in Mass Spectrometry/Mass Spectrometry, Mass Spectrom. Rev. **2**, 47.
Richter, W. J., Raschdorf, F., Märki, W. (1985), in Mass Spectrometry in the Health and Life Sciences (Burlingame, A. L., Castagnoli, N., Herausgeb.), Elsevier, Amsterdam, S. 193.
Stoll, R., Röllgen, F. W. (1981), Org. Mass Spectrom. **16**, 72.
Terlouw, J. K., Schwarz, H. (1987), Erzeugung und Charakterisierung von Molekülen durch Neutralisations-Reionisations-Massenspektrometrie (NRMS), Angew. Chem. **99**, 829.
McLafferty, F. W. (Herausgeb.) (1983), Tandem Mass Spectrometry, Wiley-Interscience, New York.
Schwarz, H. (1989), Tandem-Massenspektrometrie (MS/MS), Analytiker-Handbuch, S. 199.
Bush, K. L., Glish, G. L., McLuckey, S. A. (1988), Mass Spectrometry/Mass Spectrometry-Techniques and Applications of Tandem Mass Spectrometry, Verlag Chemie, Weinheim.
[39] Cotter, R. J., Yergey, A. L. (1981), Anal. Chem. **53**, 1306.
[40] Cooks, R. G., Beynon, J. H., Caprioli, R. M., Lester, G. R. (1973), Metastable Ions, Elsevier, Amsterdam.
Fraefel, A., Seibl, J. (1985), Selective Analysis of Metastable Ions, Mass Spectrom. Rev. **4**, 151.
[41] Wapstra, A. H., Bos, K. (1977), The 1977 Atomic Mass Evaluation, Part I. Atomic Mass Table, Atomic Data and Nuclear Data Tables **19**, 177.
[42] Holden, N. E., Martin, R. L., Barnes, I. L. (1984), Isotopic Compositions of the Elements 1983, Pure Appl. Chem. **56**, 675.
[43] Commission on Atomic Weights and Isotopic Abundances (1988), Atomic Weights of the Elements 1987, Pure Appl. Chem. **60**, 841.

Zeitschriften und Periodica

Mass Spectrometry Bulletin (seit 1966), Mass Spectrometry Data Centre, Aldermaston, Royal Society of Chemistry; monatl. erscheinende Zeitschrift mit Titeln von Arbeiten massenspektrometrischen Inhalts.

Organic Mass Spectrometry (seit 1968), International Journal, monatlich, Wiley & Sons, Chichester.

Biomedical and Environmental Mass Spectrometry (seit 1973), Internationales Journal, monatlich, Wiley & Sons, Chichester.

Advances in Mass Spectrometry (seit 1958), The Institute of Petroleum, London; erscheint alle 3 Jahre. Es enthält die Berichte, Referate und Diskussionen, die an den alle 3 Jahre stattfindenden massenspektrometrischen Konferenzen gehalten wurden.

Specialists Periodical Report (seit 1970), Mass Spectrometry, The Chemical Society, London; gibt eine kritische Würdigung der im vergangenen Jahr erschienenen Arbeiten massenspektrometrischen Inhalts.

Mass Spectrometry Reviews (seit 1982), Internationales Journal, Wiley & Sons, New York; erscheint zweimonatlich mit Übersichtsartikeln zu aktuellen massenspektrometrischen Themen.

Rapid Communications in Mass Spectrometry (seit 1987), Heyden & Son Ltd., London; erscheint monatlich.

Journal of the American Society for Mass Spectrometry (seit 1990), Elsevier Science Publishers, Amsterdam; erscheint zweimonatlich, Originalmitteilungen massenspektrometrischen Inhalts.

Kombinierte Beispiele Kapitel 5

Beispiel 1

Aufgabenstellung

Es ist die Struktur der unbekannten Verbindung **1** aufgrund ihrer spektroskopischen Daten (Spektren 1 bis 4) zu ermitteln.

Aufnahmebedingungen der Spektren

1 UV:

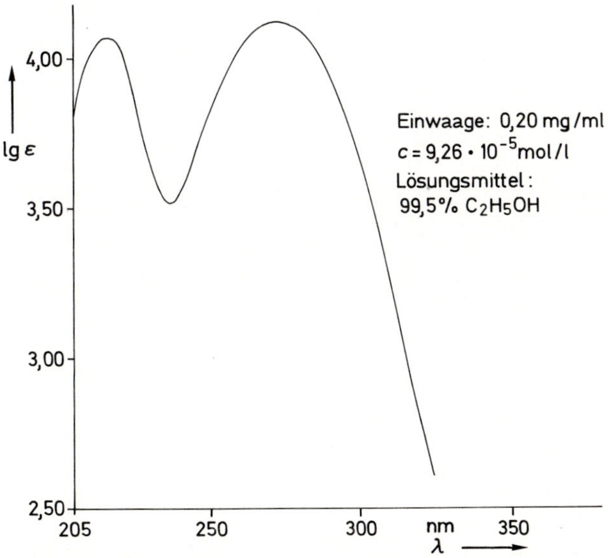

Antwort

Im Massenspektrum der unbekannten Verbindung wurden als Signale bei höchsten Massenzahlen $m/z = 215$ und 217 angezeigt. Beide Peaks sind annähernd gleich intensiv. Dies deutet auf die Anwesenheit von *einem* Br-Atom im Molekül hin (s. Tab. 4.8, S. 268). Dafür spricht auch, daß ein ähnliches Signaldublett bei $m/z = 169$ und 171 auftritt. Weitere bromhaltige Ionen scheinen zu fehlen. – Der massenspektrometrische Nachweis von Brom läßt sich nicht unbedingt durch das Dublett bei höchster Massenzahl beweisen (außer durch Hochauflösung); es ist auch der Fall denkbar, daß $M^{+\bullet}$ nicht angezeigt wird, sondern als Signale höchster Massenzahlen zwei um 2 Massenzahlen differierende Fragment-Ionen, die zufällig gleich intensiv sind, z. B. $[M-17]^+$ und $[M-15]^+$, registriert werden. Ferner ist $m/z = 136$, gleichzeitig Basispeak des Spektrums, ein „Singulett", welches also Brom nicht mehr enthält; das entsprechende Ion ist durch Abspaltung von Brom aus dem Molekül-Ion entstanden.

Wie an anderer Stelle erwähnt wurde, empfiehlt es sich (einfachere Berechnung), nur diejenigen Ionen, die das leichtere Brom-Isotop (^{79}Br) enthalten, zur Interpretation des Massenspektrums zu verwenden, d. h. z. B. $m/z = 215$ als $M^{+\bullet}$ anzunehmen.

Außer auf Brom weist die Masse des Molekül-Ions noch auf das Vorhandensein eines weiteren Heteroatoms hin, nämlich Stickstoff (ungerade rel. Molekülmasse, s. S. 206). Wie ist der Stickstoff eingebaut? Auch darüber gibt das Massenspektrum Auskunft: Signale bei $[M-16]^{+\bullet}$ ($m/z = 199$), $[M-46]^+$ ($m/z = 169$) sowie $[M-Br-16]^+$ ($m/z = 120$), $[M-Br-30]^+$ ($m/z = 106$) geben einen sehr starken Hinweis auf eine (C)-NO_2-Gruppe (s. S. 249). Diese Vermutung wird durch das IR-Spektrum bestätigt: Zwei intensive Banden bei $\nu = 1530$ und $1345\ cm^{-1}$ sind charakteristisch für Nitro-Gruppen. Aliphatische Nitro-Gruppen absorbieren bei $1560\ cm^{-1}$; sind sie konjugiert angeordnet, so beobachtet man die Absorption bei kleineren Wellenzahlen. Dieser Fall trifft für das vorliegende Beispiel zu. Die Absorption bei $1610\ cm^{-1}$ gibt einen Hinweis auf die Art der mit der Nitro-Gruppe konjugierten Doppelbindung: Aromat. Die anderen Aromaten-Banden bei

2 **IR:** KBr

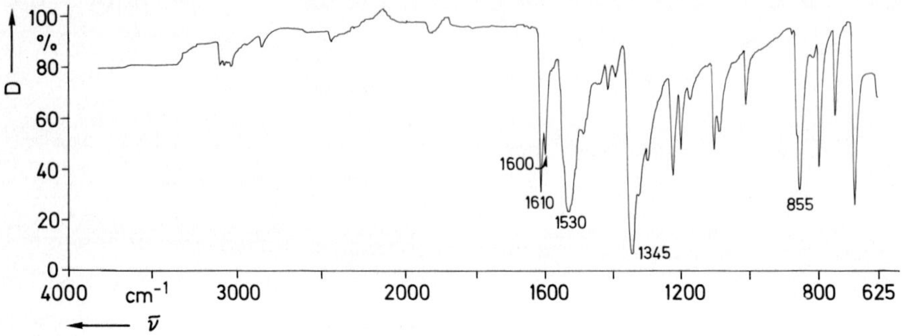

3 ^{1}**H-NMR:** $CDCl_3$, 90 MHz, TMS intern; gedehnter Bereich ist zu beachten

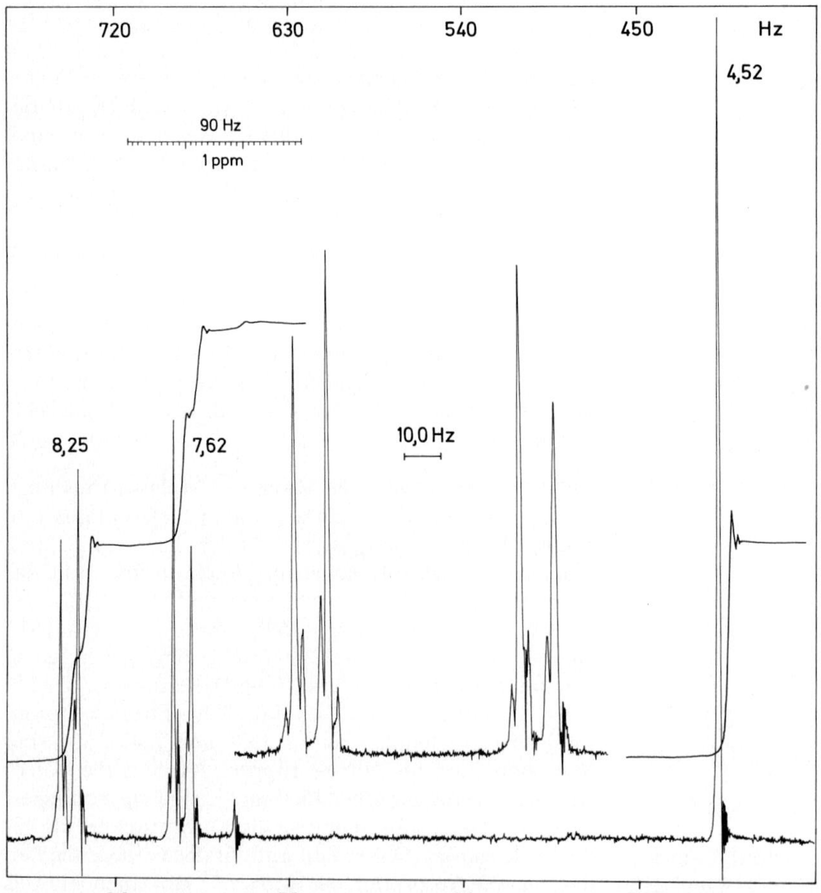

4 MS: 70 eV, Direkt-Einlaß

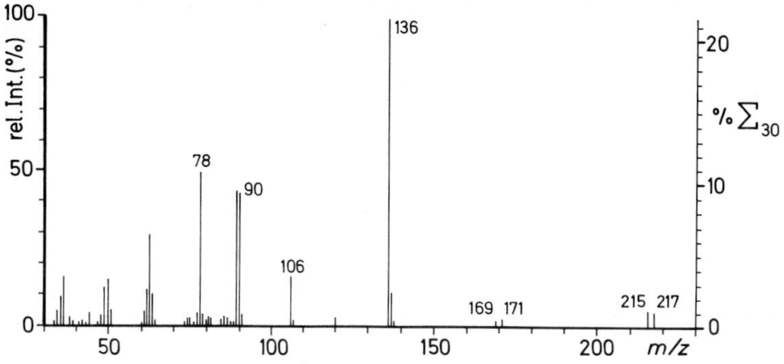

1600, 1450 und 1400 cm^{-1} fehlen oder sind zu intensitätsschwach, um als signifikant erachtet zu werden. Jedoch sind aromatische C—H Out-of-plane-Schwingungen zwischen 3300 bis 3100 cm^{-1} vorhanden. Dieser Aromat sollte *para*-disubstituiert sein: eine starke Bande bei 855 cm^{-1}. (Bei der Bestimmung des Substitutionsgrades des Aromaten ist darauf zu achten, daß dieser Bereich nicht durch die Eigenabsorption des Lösungsmittels verdeckt wird.) Die bisher erhaltenen Resultate lassen sich durch die folgende Partialformel **A** zusammenfassen:

A **B**

Wir wissen von R bereits, daß der Rest Br enthalten sein muß. Die abgebildete Formel mit R = ^{79}Br besitzt eine Masse von 201 und unterscheidet sich damit um 14 amu (d.h. in diesem Fall nur CH_2) vom gefundenen Wert ($m/z = 215$). Damit läßt sich nach dem Ausschlußverfahren teilweise spekulativ **B** aufschreiben. Spekulativ deshalb, weil die Strukturelemente CH_2 und 1,4-disubstituierter Aromat bisher nicht bewiesen, sondern nur wahrscheinlich gemacht wurden; die Anwesenheit von Br und NO_2 hingegen kann als gesichert angenommen werden. Wie läßt sich nun die Struktur **B** bestätigen oder korrigieren? Dazu sind das UV- und das ^{1}H-NMR-Spektrum sowie eine vollständige Interpretation des Massenspektrums geeignet.

Das abgebildete UV-Spektrum weist eine sehr große Ähnlichkeit mit demjenigen von *p*-Nitrotoluol [$\lambda_{max} = 272$ nm ($\log \varepsilon = 3{,}99$) in Ethanol] auf.

Auch das ^{1}H-NMR-Spektrum steht mit der Struktur **B** im Einklang: Man erkennt drei Signalgruppen: Ein Singulett bei $\delta = 4{,}52$ ppm, ein dublettartiges Signal bei 7.62 und sein Spiegelbild bei 8,25. Aufgrund der Integration stehen diese drei Absorptionen im Intensitätsverhältnis 1 : 1 : 1. Für die Protonen an der Methylen-Gruppe ist ein Singulett zu erwarten, für welches sich nach der Regel von Shoolery (Kap. 4, Lit. [15]) die chemische Verschiebung von 4,45 ppm berechnen läßt, also mit dem gefundenen Wert (4,52 ppm) korreliert. Für die aromatischen Protonen ist das hochsymmetrische AA'BB'-System mit maximal 24 Linien zu erwarten. Die chemische Verschiebung der zur Nitro-Gruppe *ortho*-ständigen Protonen beträgt 8,25 ppm (berechnet 8,21 ppm, Kap. 4, Lit. [15]), diejenigen der *meta*-ständigen Protonen 7,62 ppm (berechnet 7,52 ppm). Die korrekten Protonen-Verhältnisse betragen demnach 2 : 2 : 2H.

Der Vollständigkeit halber sollten als letzte Aufgabe bei dieser Strukturaufklärung die bis jetzt noch nicht gedeuteten Hauptsignale im Massenspektrum erklärt werden. Die hohe Intensität von $m/z = 136$ $[M - Br]^+$ ist auf die Benzyl-Stellung des Br-Atoms und die Bildung des Ions **a** zurückzuführen. Auch das Ion $m/z = 78$ (keine Verunreinigung von Benzol!) erklärt sich als CO-Verlust aus **b** ($m/z = 106$, s. S. 225). Die Struktur des Ions $m/z = 78$ kann ein Benzol-Ring oder **c** sein; hier soll jedoch diese Frage nicht diskutiert werden.

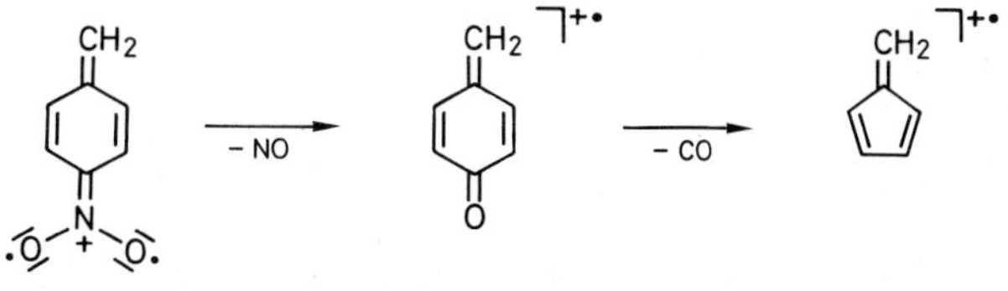

a ($m/z = 136$) **b** ($m/z = 106$) **c** ($m/z = 78$)

Dieses Beispiel zeigt deutlich, daß mit Hilfe der angegebenen Spektren das gestellte Strukturproblem eindeutig gelöst werden kann; sogar weniger spektrale Informationen hätten zur Lösung ausgereicht.

Beispiel 2

Aufgabenstellung

Um einen möglichst einfachen Fall für diese Demonstrationsbeispiele zu verwenden, haben wir „Methylpropylketon“ ausgewählt. Eine Flasche, beschriftet mit diesem Substanznamen, wurde aus dem Labor genommen, um die Spektren aufzunehmen. Diese sind nachfolgend abgebildet (Spektren 5 bis 7). Handelt es sich um die gewünschte Verbindung?

Aufnahmebedingungen der Spektren

UV: in Heptan; $\lambda_{max} = 280$ nm ($\log \varepsilon = 1{,}22$)

5 **IR:** CCl_4, Mikrozelle 0,2 mm

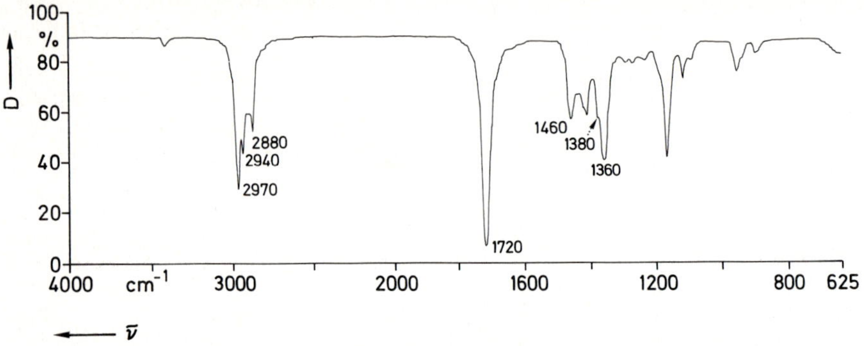

6 **NMR:** $CDCl_3$, 90 MHz, oberhalb von 4,3 ppm keine Signale. Man beachte die Dehnungsbereiche

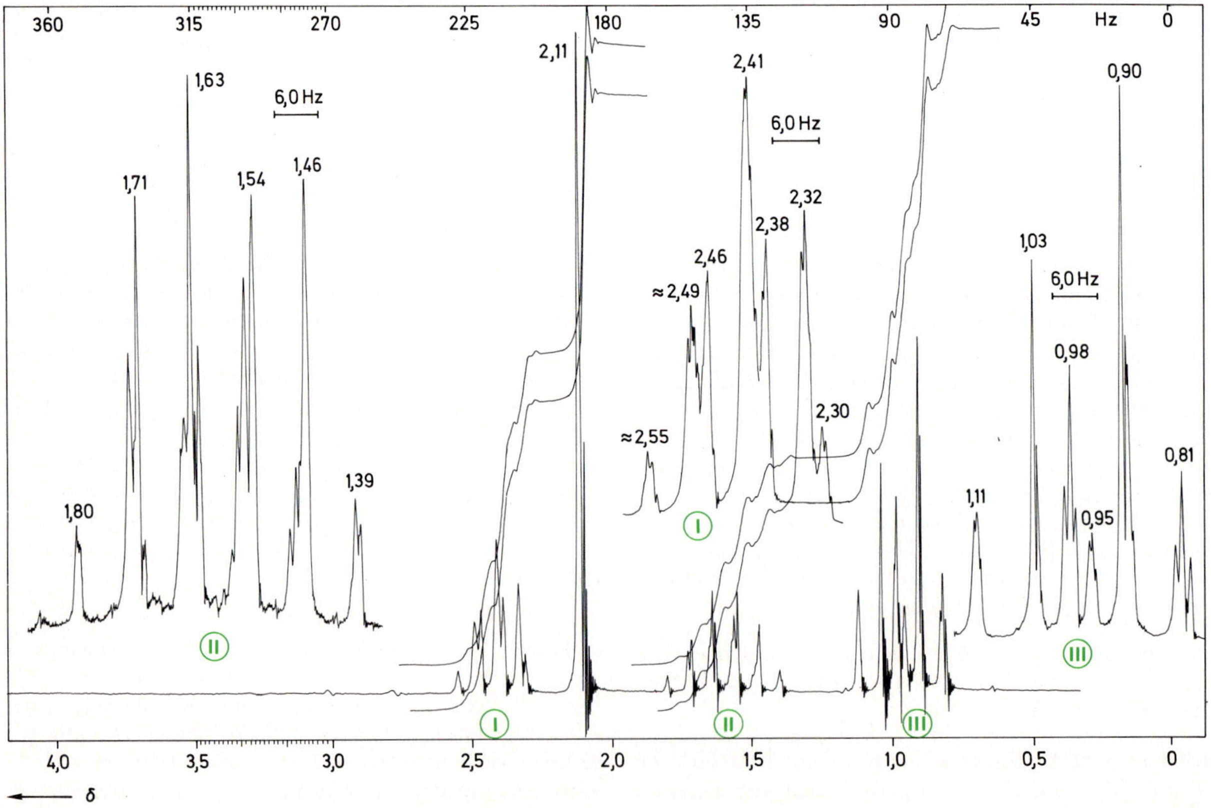

7 **MS:** 70 eV, Gas-Einlaß

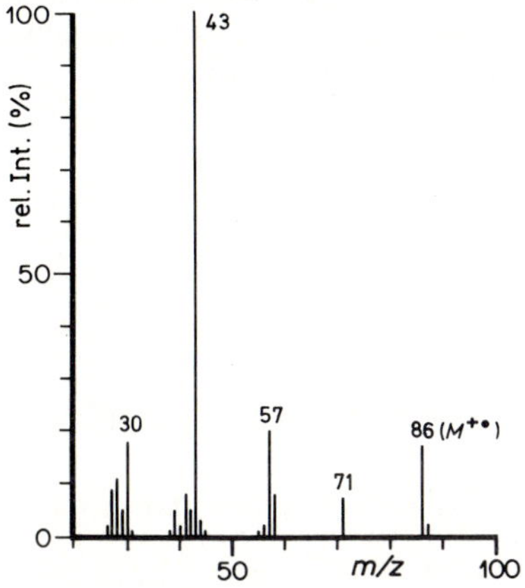

Antwort

Im IR-Spektrum erkennt man bei $\nu = 1720\ cm^{-1}$ eine Carbonyl-Absorption, die einem gesättigten Keton zugeschrieben werden kann. Ferner sind Methyl- und Methylen-Gerüstschwingungen vorhanden (1380 und 1360 cm^{-1}); das IR-Spektrum steht also mit der Struktur im Einklang.

Ebenfalls in Übereinstimmung mit der Struktur wird das Molekül-Ion bei $m/z = 86$ gefunden, und das intensivste Ion erscheint bei $m/z = 43$ ($H_3C{-}C{\equiv}O^+$). Hingegen ist die relativ hohe Intensität eines Ions bei $m/z = 57$ entsprechend $[M - C_2H_5]^+$ schwer verständlich. Das Ion $m/z = 58$ jedoch ist wieder in voller Übereinstimmung mit der für Methylpropylketon (2-Pentanon) zu erwartenden Fragmentierung (Abspaltung von Ethylen aus dem Molekül-Ion durch eine McLafferty-Umlagerung). Im großen und ganzen ist also das Massenspektrum in Ordnung und in Übereinstimmung mit der Struktur bis auf die nicht zu vernachlässigende und unerklärliche Abspaltung von $C_2H_5^{\bullet}$.

Diese ersten Zweifel werden durch die Analyse des ^{1}H-NMR-Spektrums bestätigt, und es kommt zur Gewißheit, daß an diesem Präparat „etwas faul" ist. Zunächst einmal werden die zu erwartenden vier Protonen-Arten auch gefunden:

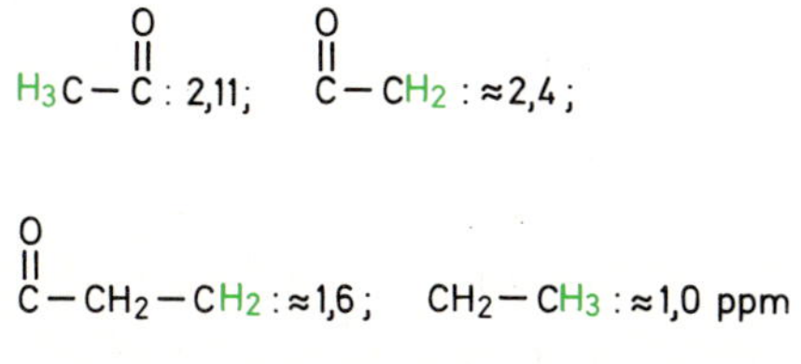

Merkwürdig jedoch sind einige Multiplizitäten, und vom Standpunkt der Struktur aus eindeutig falsch sind die Integrationsverhältnisse. Die oben angegebenen Signalschwerpunkte 2,4/2,11/1,6/1,0 ppm geben bei der Integration 3,04/3,00 (Standard)/2,01/4,65 H-Atome anstatt des zu erwartenden Verhältnisses von 2/3/2/3 H. Bei näherer Betrachtung erweist sich das Signal bei ≈ 1,0 ppm als zwei sich überlagernde Tripletts: Das erste Triplett besteht aus den Signalen bei 1,11; 1,03 und 0,95 ppm, das zweite Triplett aus den Signalen bei 0,98; 0,90 und 0,81 ppm. Beide Tripletts weisen eine Kopplungskonstante von ≈ 7 Hz auf. Auch das Signal bei 2,4 ppm läßt sich als ein Additionssignal, bestehend aus einem Triplett (2,49; 2,41; 2,32 ppm) und einem Quartett (2,55; 2,46; 2,38; 2,30 ppm) interpretieren. Andererseits scheinen das 6-Linien-Signal bei ≈ 1,6 ppm (vgl. Integrale der Einzelsignale; gefundene Verhältnisse ≈ 1 : 5 : 10 : 10 : 5 : 1) und das Singulett bei 2,11 ppm „sauber" zu sein.

Aufgrund der bisherigen Analyse scheint es sich um Methylpropylketon (**2**) zu handeln, welches jedoch mit einem Isomeren verunreinigt ist. Dieses Isomere besitzt neben der Carbonyl-Gruppe ebenfalls eine Methylen-Gruppe (Absorption bei ≈ 2,4 ppm), die jedoch direkt mit einer Methyl-Gruppe verbunden ist (Multiplizität des Signals bei ≈ 2,4 ppm und chemische Verschiebung der Methyl-Gruppe: 1,03 ppm). Da die rel. Molekülmasse gleich wie bei Methylpropylketon ist, muß es sich bei der Verunreinigung um Diethylketon (**3**; 3-Pentanon) handeln. Andere noch möglich scheinende Isomere wären Pentanal (**4**), Methylisopropylketon (**5**) und ein Kohlenwasserstoff, z. B. Heptan (**6**). Verbindung (**4**) kann durch das Fehlen eines Aldehyd-Protons im ^{1}H-NMR-Spektrum ausgeschlossen werden.

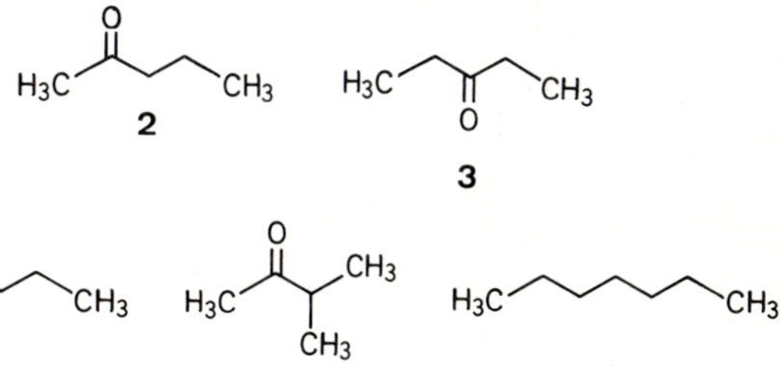

2 **3** **4** **5** **6**

Bei **6** wären Signale bei ≈ 1,6 und 1 ppm vermehrt. Dies wird jedoch nicht gefunden, sondern die Vermehrung der Signale bei 2,4 und 1,0 ppm steht im Verhältnis 2 : 3. Dieses Argument schließt auch **5** aus, bei dem das erwähnte Verhältnis 1 : 6 beträgt. Verbindung **3** erklärt auch den intensiven Peak bei $m/z = 57$ ($[M - C_2H_5]^+$) im Massenspektrum.

Auch über das Mengenverhältnis der beiden Substanzen gibt das ^{1}H-NMR-Spektrum Auskunft. Substrahiert man z. B. vom Integralwert 3,04 H (Standard: 2,11 ppm ≡ 3 H) des Signals bei ≈ 2,4 ppm zwei H-Atome, so verbleibt ein Rest von 1,04 H-Atomen. Dieser Wert entspricht den vier zur Carbonyl-Gruppe α-ständigen H-Atomen in 3-Pentanon (**3**). Daraus läßt sich das im Gemisch vorliegende

Mengenverhältnis der beiden Ketone berechnen: Das Protonen-Verhältnis beträgt 2 (**2**) zu 1,04 (**3**) bzw. 1 (**2**) zu 0,26 (**3**), wenn in den beiden Verbindungen die gleiche Anzahl von Protonen, nämlich 1, berücksichtigt wird. Daraus (1,26 = 100 %) ergibt sich der Gemischanteil von **2** zu **3** als 79 : 21 %. (78 % **2** und 22 % **3** erhält man unter Berücksichtigung des Signals bei ≈ 1,0 ppm).

In einem solchen Fall empfiehlt es sich, zur Sicherstellung des Befundes gaschromatographisch das Zwei-Komponenten-Gemisch nachzuweisen, die Mengenverhältnisse durch Integration zu bestimmen und die Strukturen der Reinkomponenten entweder durch massenspektrometrische Analyse (GC/MS-Kombination) oder durch Beimischung von authentischen Präparaten zu bestätigen.

Beispiel 3

Aufgabenstellung

Es ist die Struktur der unbekannten Verbindung **7** zu ermitteln (Spektren 8 bis 11).

Aufnahmebedingungen der Spektren

UV: in C_2H_5OH; $\lambda_{max} = 281$ nm ($\log \varepsilon = 1{,}2$)

8 IR: in CCl_4

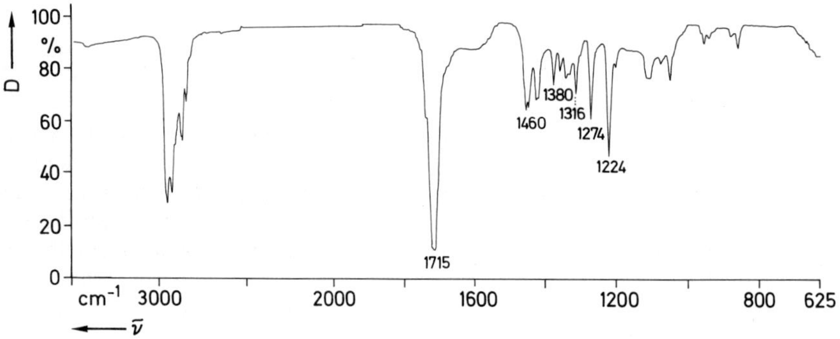

9 ^{1}H-NMR: 90 MHz, TMS intern, $CDCl_3$

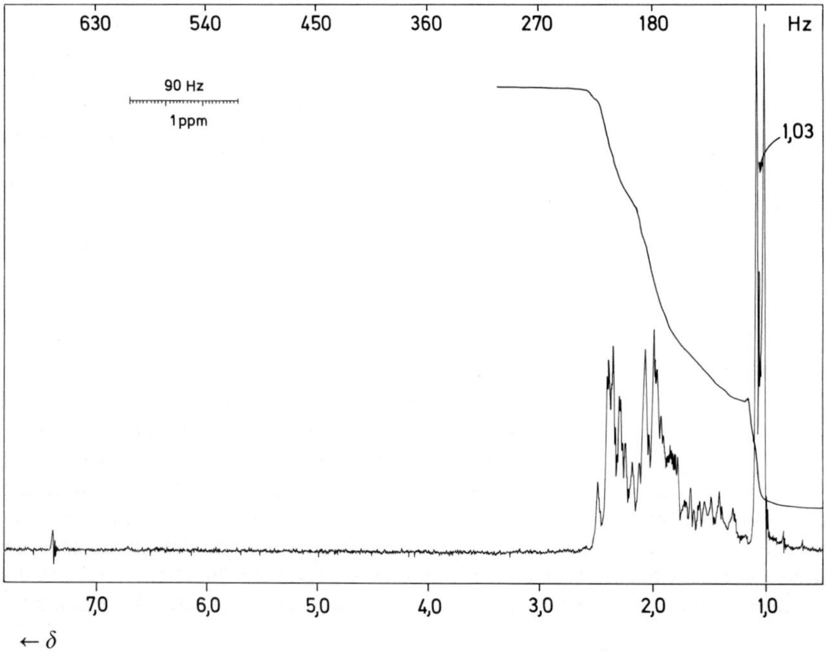

10 **^{13}C-NMR:** ^{1}H-breitband-entkoppelt, TMS intern, $CDCl_3$

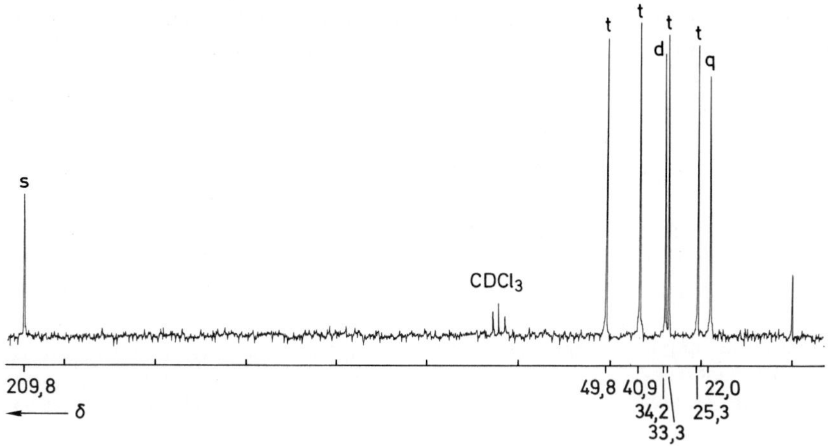

11 **MS:** Gas-Einlaß, 70 eV

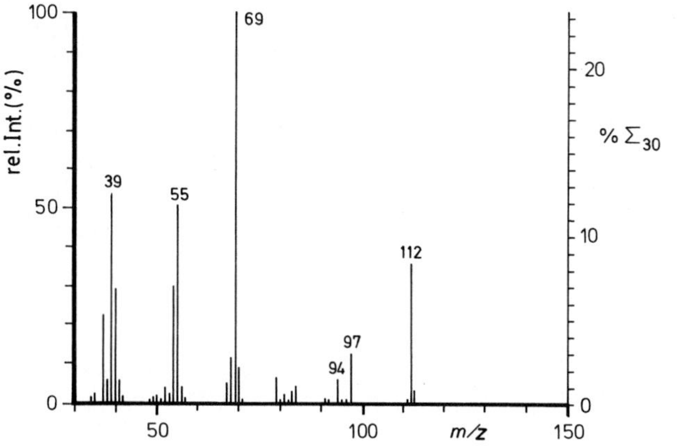

Antwort

Die Substanz besitzt bei $\lambda = 281$ nm eine schwache Absorption im UV-Spektrum, was für die Anwesenheit einer Carbonyl-Gruppe spricht.

Im Absorptionsbereich aromatischer und vinylischer Protonen des ^{1}H-NMR-Spektrums sind keine Signale anzutreffen. Es sind nur aliphatische Protonen-Absorptionen feststellbar. Ein Dublett bei $\delta = 1{,}03$ ist als einziges Signal mit übersichtlicher Multiplizität zu erkennen. Nimmt man diese Methyl-Absorption (CH—$\mathbf{CH_3}$) als ein Drei-Protonen-Signal an, so stammt das Multiplett von 9 (genau 9,22) H, so daß insgesamt n · 12 H-Atome vorhanden sind.

Im IR-Spektrum erkennt man bei 1715 cm^{-1} die Absorption eines gesättigten Ketons. (Es kann sich nicht um eine Ester-Gruppierung handeln, da starke Banden im Bereich 1000–1200 cm^{-1} und entsprechende ^{1}H-NMR-Absorption fehlen.) Das Signal bei 1380 cm^{-1} kann als Bande einer CH_3-Deformationsschwingung interpretiert werden.

Die massenspektrometrisch bestimmte rel. Molekülmasse liegt bei $m/z = 112$. Subtrahiert man davon die Massen der bereits bekannten Strukturelemente (C=O, 28 amu; CH—CH_3, 28 amu), so ergibt sich für die restlichen Strukturelemente zusammen eine Masse von 56 amu. Dieser Wert läßt sich ohne Rest durch 14 dividieren und ergibt die Zahl 4, d.h. 4CH_2-, 2CH_2- und eine weitere Carbonyl-Gruppe oder 2CH_2-Gruppen und 2N-Atome oder weitere ähnliche Kombinationen. Wie läßt sich das ohne Hochauflösungsspektren oder Bestimmung der Element-Zusammensetzung entscheiden? Gleichgültig, was vorliegt, in den genannten Fällen muß ein Doppelbindungsäquivalent (Doppelbindung oder Ring) vorhanden sein. (C=C)-Bindungen sind jedoch nicht vorhanden, wie aus den fehlenden Absorptionen im Vinyl-Bereich des ^{1}H-NMR-Spektrums ersichtlich ist. Eine weitere C=O-Gruppierung (z. B. **8**) oder eine (N=N)-Bindung (z. B. **9** oder **10**) ließen

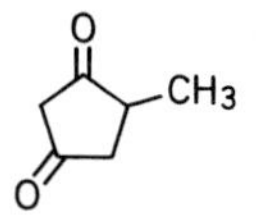

8

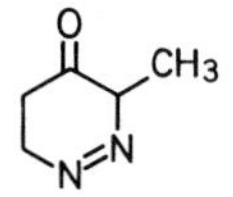

9

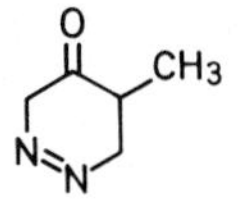

10

UV-Spektren erwarten, in denen die Enol-Form einer Keto-Gruppe deutlich erkennbar ist (Konjugation zweier Doppelbindungen). Auch wären bei **9** und **10** Massenspektren zu erwarten, die durch Retro-Diels-Alder-Reaktionen geprägt sind (bei **9**: $[M - 42]^{+\bullet}$; bei **10**: $[M - 56]^{+\bullet}$. Beides wird jedoch nicht gefunden (auch andere Gruppierungen wie —CO—CO—, —N=N—CO— sind aufgrund ähnlicher Argumente auszuschließen). Somit bleibt als aussichtsreichste Variante das Strukturelement mit vier CH_2-Gruppen übrig. Zusätzlich gestützt wird dies durch das Integral das ^{1}H-NMR-Spektrums (s. o.), welches gleichzeitig die Anwesenheit von zwei Methyl-Gruppen ausschließt. Daraus ergibt sich, daß die Verbindung **3** nur eines der drei Methylcyclohexanone **11**, **12** oder **13** sein kann.

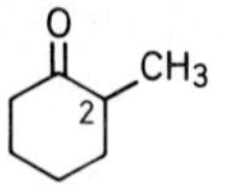

11

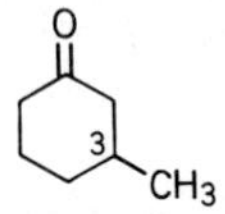

12

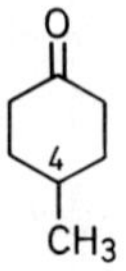

13

Leider läßt sich die Zahl der in α-Stellung zur Carbonyl-Gruppe befindlichen H-Atome im ^{1}H-NMR-Spektrum nicht exakt bestimmen, so daß zur Überprüfung dieser Hypothese nur noch das Massenspektrum in Frage kommt.

Das massenspektrometrische Verhalten von Cyclohexanon wurde bereits diskutiert (s. S. 210). Das Hauptfragment-Ion ist $m/z = 55$, für das die Struktur **d** abgeleitet wurde.

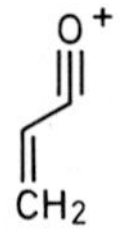

d
($m/z = 55$)

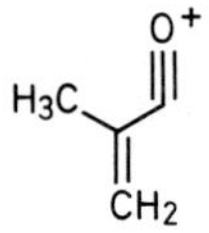

e
($m/z = 69$)

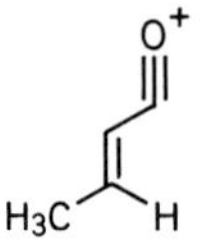

f
($m/z = 69$)

Dieses Ion muß auch in den Massenspektren der Verbindungen **11**, **12** oder **13** vorhanden sein. In demjenigen von **11** und **12** hingegen müssen die massenmäßig gleichen Ionen **e** bzw. **f** zusätzlich vorhanden sein. Da $m/z = 69$ Basispeak im Spektrum der Untersuchungssubstanz **7** ist, fällt demzufolge **13** als seine in Erwägung gezogene Struktur weg. Somit konzentriert sich die Auslese nur auf **11** oder **12**.

Aufgrund der angegebenen Spektren inklusive der chemischen Verschiebungen der Protonen in den ^{1}H-NMR-Spektren ist eine Entscheidung zwischen **11** und **12** nicht möglich. Hierzu sind zusätzliche Informationen notwendig. Geeignete Hinweise können erhalten werden durch:

- Spektrenvergleiche authentischer Proben.
  (Die IR-, ^{1}H-NMR- und Massenspektren von **11** und **12** sind verschieden und können zur eindeutigen Charakterisierung herangezogen werden. Sie eignen sich jedoch nicht dazu, sie zweifelsfrei einer der beiden Verbindungen zuzuordnen.)
- Als sicherste Methode erscheint der basen- oder säurekatalysierte D-Austausch (s. S. 236), der im Fall von **11** zum Einbau von 3 D und bei **12** zum Einbau von 4 D führen müßte (danach massenspektrometrischer Nachweis).

Zusätzlich aufgenommen wurde ein ^{13}C-NMR-Spektrum (Spektrum **10**). Darin sind 7 Signale (1 s, 1 d, 4 t und 1 q) sichtbar, was in Übereinstimmung mit der Struktur eines Methylcyclohexanons steht. In Tab. 5.1 sind die gefunde-

Tab. 5.1 Übungsbeispiel 3; ^{13}C-NMR-Spektrum, Angaben in ppm

gefunden		berechnet			berechnet		
		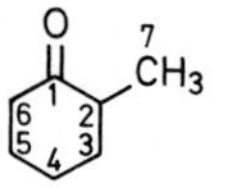 **11**			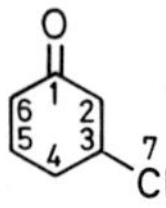 **12**		
δ_C	Multiplizität	C-Atom	Berechnung	δ_C	C-Atom	Berechnung	δ_C
209,8	s	1	208,5[a]	= 208,5	1	208,5[a]	= 208,5
49,8	t	6	40,4[a] + 0,0 (γ-äq)[c]	= 40,4	2	40,4 + 9,0	= 49,4
40,9	t	3	26,5[a] + 9,0 (β-äq)[c]	= 35,5	6	40,4 − 0,2	= 40,2
34,2	d	2	40,4[a] + 6,0 (α-äq)[c]	= 46,4	3	26,5 + 6,0	= 32,5
33,3	t	5	26,5[a] − 0,2 (δ-äq)[c]	= 26,3	4	23,8 + 9,0	= 32,8
25,3	t	4	23,8[a] + 0,0 (γ-äq)[c]	= 23,8	5	26,5 + 0,0	= 26,5
22,0	q	7	23,1[b] − 9,4 (β-CH_2) + 3,0 (β-CO)	= 16,7	7	23,1 + 2,5 (γ-CH_2) − 3,0 (γ-CO)	= 22,6

[a] Werte für Cyclohexanon, S.153
[b] Wert für Methylcyclohexanon (s. Kap. 4, Literatur [12])
[c] Inkremente für Dimethylcyclohexane (s. Kap. 4, Literatur [12])
[d] Verschiebung aus aliphatischen Ketonen (β-C) (s. Kap. 4, Literatur [12])

nen und die für **11** und **12** berechneten Resonanzpositionen aufgeführt. Die beste Übereinstimmung mit der Analysenprobe besteht mit 3-Methylcyclohexanon (**12**). Ein sehr schnell zu ermittelnder Unterschied ist das Dublett, welches im Fall von **11** 12 ppm ausmacht. Auch bei den anderen Werten handelt es sich um teilweise große Differenzen.

Tatsächlich ist **12** die Analysenprobe – gemessene Werte für **11**: C–1: 211,9 (s), C–2: 45,2 (d), C–3: 36,3 (t), C–4: 25,3 (t), C–5: 28,1 (t), C–6: 41.8 (t), C–7: 14,8 (q) ppm.

Beispiel 4

Aufgabenstellung

Beim Abdampfen von Indol-3-acetaldehyd (**14**) in Chloroform wird ein Produktgemisch erhalten, das neben **14** einen unbekannten Stoff **15** mit den angegebenen spektralen Eigenschaften enthält (Spektren 12 bis 14). Was ist seine Struktur? Wie kann man seine Bildung verhindern, um zu einer größeren Ausbeute an **14** zu gelangen?

Aufnahmebedingungen der Spektren

UV: C_2H_5OH; λ_{max} = 221 nm (log ε = 4,50), 278 (4,01); Schultern: 289 (3,93), 272 (4,00)

12 IR: $CHCl_3$

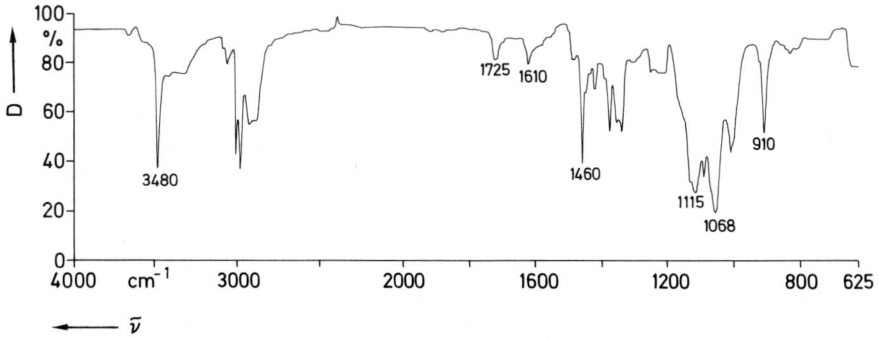

13 ¹H-NMR: 60 MHz, TMS intern, $CDCl_3$

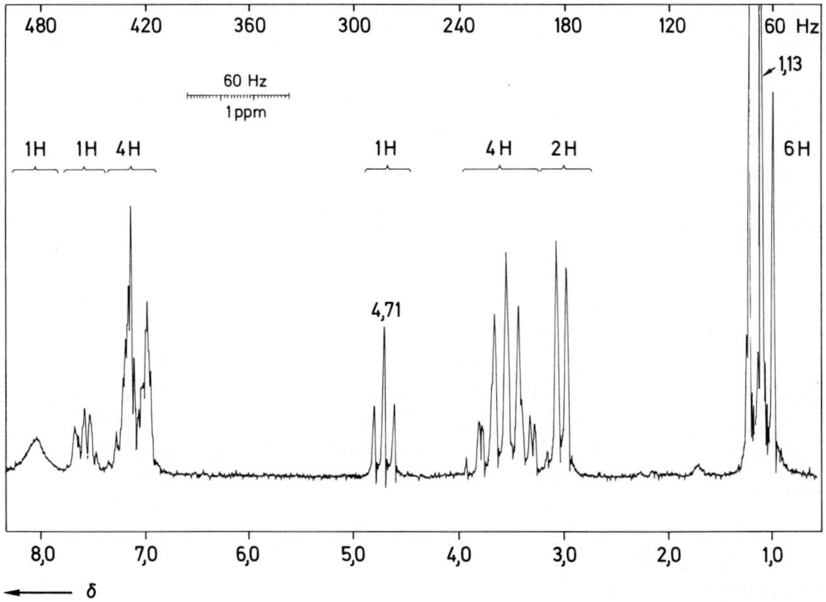

14 MS: 70 eV, Direkt-Einlaß

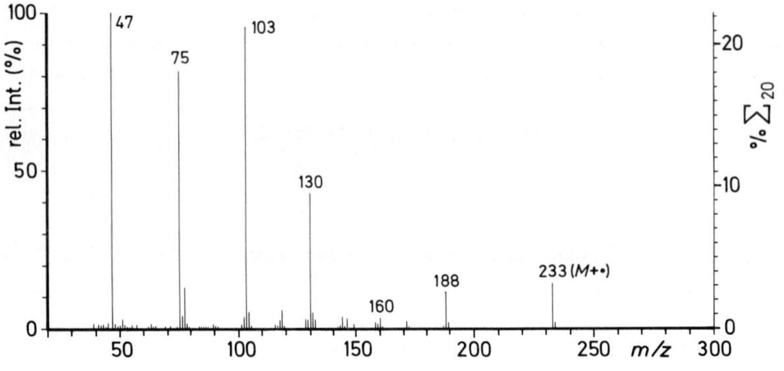

Antwort

Wie geht man eine solche Fragestellung am rationellsten an? Dabei sind in der angegebenen Reihenfolge Einzelfragen zu klären:

1. Ist eine Reaktion zwischen **14** und dem Lösungsmittel ($CHCl_3$) oder der Salzsäure eingetreten?
2. Fand eine Oxidation statt? Reaktion von **14** mit Luft, da diese nicht ausgeschlossen wurde.
3. Welche Strukturelemente der Ausgangsverbindung sind im Produkt noch erhalten, welche fehlen? Daraus sollte die Struktur ableitbar sein.

Die Antwort auf die erste Frage ergibt sich sehr rasch. Falls $CHCl_3$ oder HCl = mit **14** reagiert hätten, so sollte in der neuen Verbindung **15** Chlor enthalten sein. Das Massenspektrum gibt jedoch nicht den geringsten Hinweis auf die Anwesenheit von Chlor (s. Tab. 4.9, S. 270).

Die zweite Frage zielt auf eine Zunahme der rel. Molekülmasse ab, falls Sauerstoff eingetreten ist (M von **14** = 159; M + 14 [CH_2 → C=O], M + 16 [C—H → C—OH]), oder auf eine oxidative Dimerisierung (159 + 159 − 2 = 316). Beide Überlegungen führen jedoch nicht zum Ziel, auch wenn man verschiedene Prozesse dieser Typen kombiniert. Die rel. Molekülmasse von (**15**; M = 233) ist damit nicht ableitbar.

Somit sollte durch Beantwortung der Frage 3 das Problem gelöst werden.

Die UV-Spektren von **14** und **15** sind deckungsgleich. Damit in Übereinstimmung steht auch der massenspektrometrische Befund, daß das Signal bei $m/z = 130$ als intensiver Peak vorhanden ist; das entsprechende Ion **g** umfaßt den Indol-Teil.

Im IR-Spektrum fehlt im Carbonyl-Bereich eine starke Absorption, d.h., die Aldehyd-Gruppe von **14** fehlt in **15**. Anstelle dessen erkennt man im „fingerprint"-Bereich zwischen 1200 und 1000 cm^{-1} starke Absorptionen, die für Ether-Bindungen sprechen.

Im ^1H-NMR-Spektrum werden Signale für ein NH und fünf aromatische Protonen zwischen 8,3–6,9 ppm registriert. Auffallend ist ein für sechs Protonen integrierendes Triplett bei 1,13 ppm. Die zugehörigen Methylen-Protonen (4H) absorbieren zwischen 3,9 und 3,2 ppm, woraus hervorgeht, daß zwei $—O—CH_2—CH_3$-Reste im Molekül eingebaut sind. Bei tiefem Feld (4,71 ppm) erscheint ein Triplett (1H), welches von einem acetalischen H-Atom stammt. Diese Zuordnung läßt sich durch Hinzuziehung der Kopplungskonstanten und einer vollständigen Interpretation des Spektrums verifizieren. Unabhängig vom ^1H-NMR-Spektrum kommt man unter Verwendung des Massenspektrums zum gleichen Resultat (s. Formelschema). Dominierend bei der Fragmentierung ist die Acetal-Gruppierung (s. S. 212).

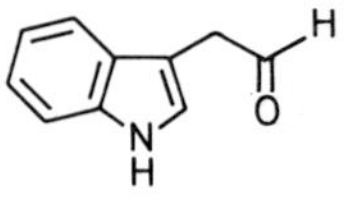

14

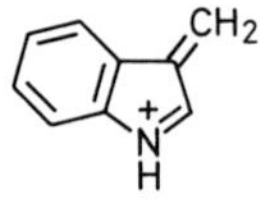

g

(m/z = 130)

Nachdem nun die Struktur des unbekannten Stoffes **15** geklärt ist, muß die Frage nach seiner Entstehung geprüft werden. Auch das bereitet keine Probleme: Chloroform enthält zu seiner Stabilisierung Ethanol. Dieses reagiert in Gegenwart von HCl mit einem Aldehyd zum Diethylacetal. Verhindern läßt sich eine solche Reaktion am besten durch vorheriges Entfernen des Ethanols aus Chloroform.

Fragmentierungsschema

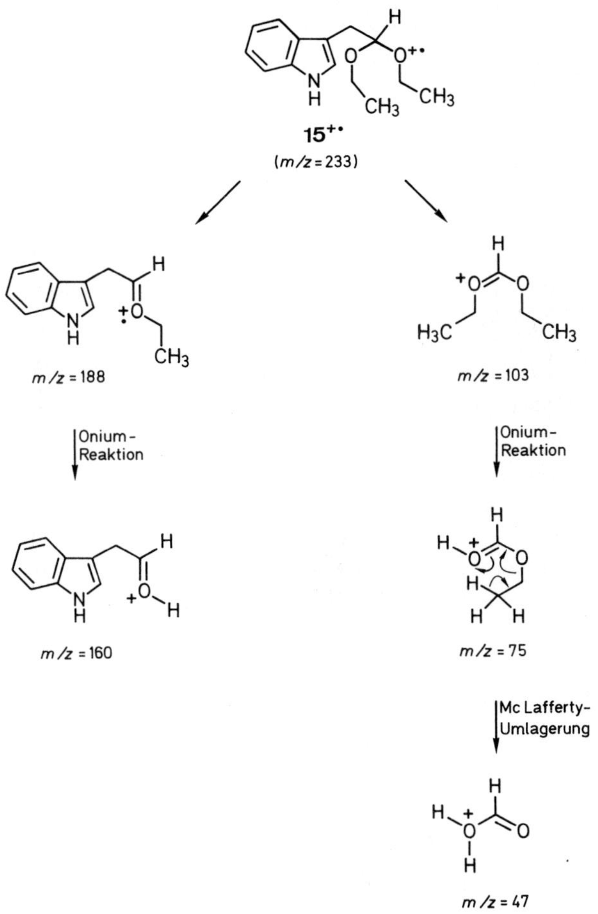

Beispiel 5

Aufgabenstellung

In diesem Fall ist die Struktur der unbekannten Verbindung **16** zu bestimmen (Spektren 15 bis 19).

Aufnahmebedingungen der Spektren

15 UV:

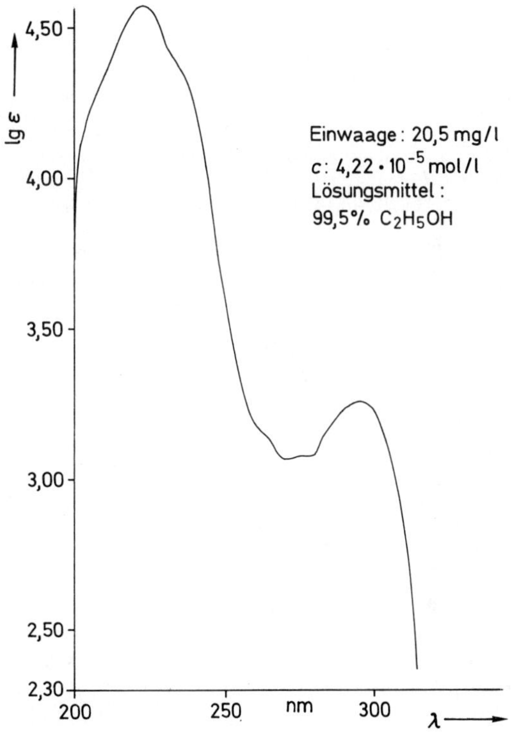

16 IR: $CHCl_3$ und Film (Ausschnitt)

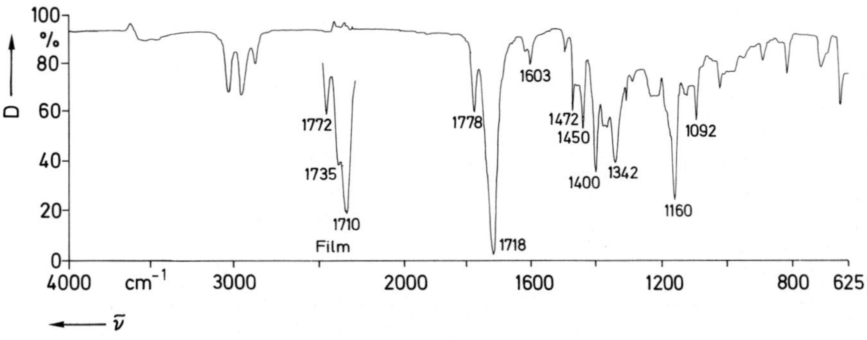

17 ¹H-NMR: 90 MHz, $CDCl_3$, TMS intern

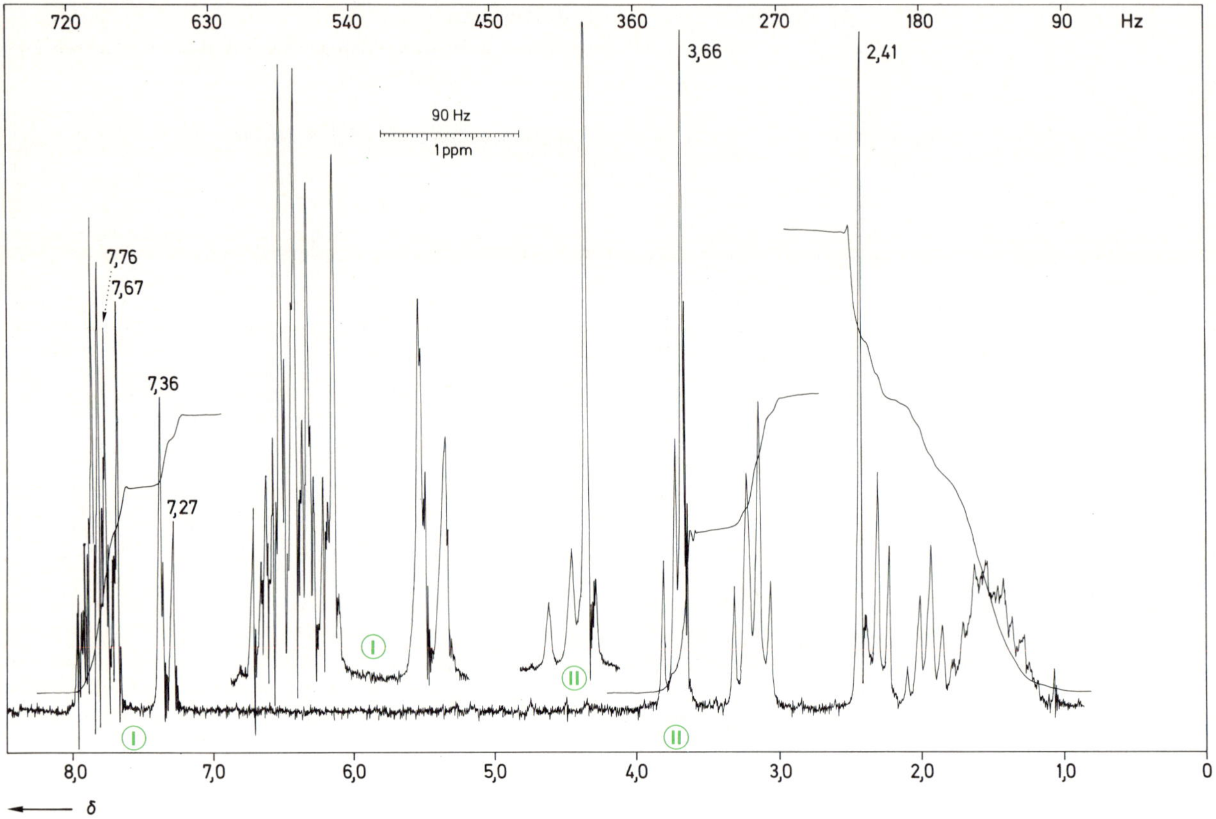

18 MS: Direkt-Einlaß, 70 eV

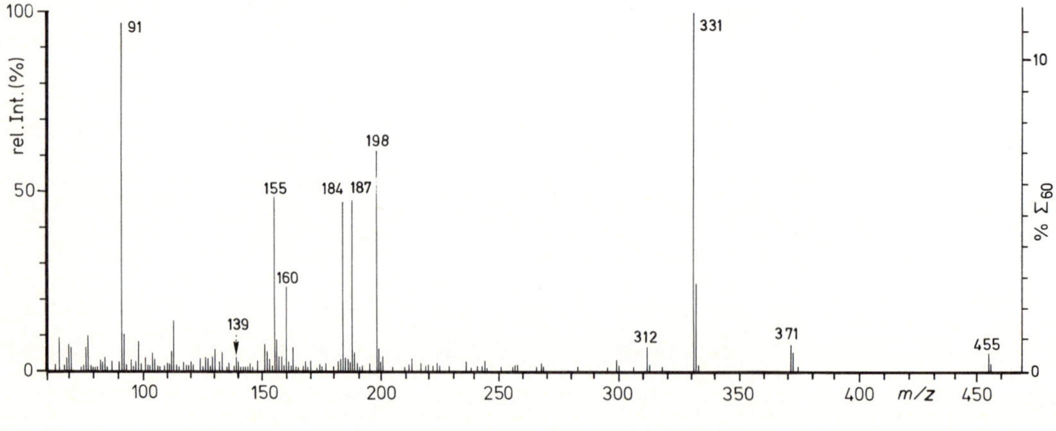

19 HR: M/ΔM: 20000

$M^{+\bullet}$ durch FD–MS: 486 ($C_{25}H_{30}N_2O_6S$)

Base Peak 10435/Mass 331

Peak	I/Base (%)	Mass	Diff	C	H	N	O	S
				12	1	14	16	32
28	97,14	91,0524	−2,4	7	7	0	0	0•
			1,6	2	7	2	2	0
29	10,11	92,0580	−0,5	2	8	2	2	0
36	8,23	98,0962	−0,7	6	12	1	0	0
42	5,31	104,0252	−0,9	7	4	0	1	0
50	5,41	111,9921	−2,1	0	4	2	3	1
51	13,74	112,9984	−0,3	3	1	2	3	0
			2,4	0	3	1	6	0
66	6,22	130,0294	0,2	8	4	1	1	0
			2,8	5	6	0	4	0
69	5,12	133,0073	0,1	3	5	2	2	1
87	7,45	150,9986	−0,5	2	3	2	6	0
			2,0	6	3	2	1	1
88	5,33	152,1069	−0,6	9	14	1	1	0
			2,1	6	16	0	4	0
91	48,63	155,0159	−0,8	7	7	0	2	1
92	5,31	155,0247	2,9	6	5	1	4	0
			−0,5	3	9	1	4	1•
94	8,87	156,1016	−0,8	8	14	1	2	0
100	23,81	160,0394	−0,4	9	6	1	2	0•
			2,3	6	8	0	5	0
103	6,81	162,9991	0,0	3	3	2	6	0
			2,5	7	3	2	1	1
120	46,01	184,1337	−0,0	10	10	1	2	0•
128	47,82	188,0703	−0,8	11	10	1	2	0•
			1,8	8	12	0	5	0
129	5,28	189,0752	−1,0	8	13	0	5	0
			1,4	12	13	0	0	1
135	61,43	198,0581	2,6	12	8	1	2	0
			−0,8	9	12	1	2	1•
			1,8	6	14	0	5	1
136	6,58	199,0606	−2,7	12	9	1	2	0
			−0,0	9	11	0	5	0
			2,4	13	11	0	0	1
165	6,92	312,1278	1,6	21	16	2	1	0
			−1,8	18	20	2	1	1
			0,8	15	22	1	4	1•
169	100,00	331,1665	0,7	18	23	2	4	0•
			−2,6	15	27	2	4	1
170	24,44	332,1708	−2,8	18	24	2	4	0
			2,3	19	26	1	2	1
172	7,65	371,1038	0,6	22	15	2	4	0
			−2,7	19	19	2	4	1•
173	5,15	372,1061	0,3	23	18	1	2	1
175	5,28	455,1647	0,7	24	27	2	5	1•

Anmerkung zur Elementliste (Computerausdruck)

1. Es wurden eingegeben die Elemente: ^{12}C, ^{1}H, ^{14}N, ^{16}O, ^{32}S (Spalten 5–9); ^{13}C fehlt.
2. Die ausgedruckten Massen müssen einen Schwellwert von 5% des Basispeaks aufweisen; kleinere Signale wurden nicht ausgedruckt.
3. Fehlerabweichungen von mehr als ±3 Millimassen zwischen der gefundenen Masse (Spalte 3) und der bei gegebener Element-Zusammensetzung berechneten Masse (selbst nicht angegeben, nur die Differenz (Spalte 4)), sind nicht aufgeführt.
4. Spalte 2 enthält die relative Intensität.
5. Spalte 1 gibt die Nummern fortlaufend für alle Peaks – auch der unter 2. nicht angegebenen – an.

Die Parameter der unter 1.–3. angeführten Größen sind vom Operateur frei wählbar, d. h. Art und Anzahl der Elemente, Schwellwert und Fehlerabweichung.

Hierbei handelt es sich, wie ein erster Blick auf die Spektren zeigt, ganz offensichtlich um eine kompliziertere Verbindung. Sie fiel als öliges Zwischenprodukt einer mehrstufigen Synthese an. Im Elektronenstoß-Ionisationsspektrum wird die rel. Molekülmasse nicht angezeigt. Durch das FD-Massenspektrum wurde $M^{+\bullet} = 486$ entsprechend $C_{25}H_{30}N_2O_6S$ ermittelt. Wie kann man nun vorgehen, um die komplexen Spektren zu interpretieren oder zumindest um wichtige Informationen über funktionelle Gruppen und Strukturelemente zu erhalten?

Auffallend ist zunächst die Anwesenheit eines S-Atoms im unbekannten Molekül. Eventuell läßt sich anhand der Fragment-Ionen-Signale, die Schwefel enthalten, seine Struktur ermitteln. S-haltige Ionen sind: $m/z = 455$, 371, 312, 198 und 155. Davon ist in Tab. 4.7 (s. S. 255) häufig auftretender Fragment-Ionen $m/z = 155$ verzeichnet. Es stammt von Toluolsulfonaten. Die Elementarzusammensetzung dieses Ions stimmt damit überein. Falls das zutrifft, müssen auch $m/z = 91$ (Tropylium-Ion) als intensives Fragment-Ionen-Signal und 139 vorhanden sein, was mit dem Spektrum übereinstimmt. Auch werden 155 amu aus dem Molekül-Ion abgespalten ($m/z = 331$; S-frei). Läßt sich diese Vermutung auch durch die anderen Spektren bestätigen? Ja. Im IR-Spektrum werden Absorptionen bei 1342 (asymmetrische SO_2-Spreizschwingung; Bereich: 1370–1330) und 1160 (Bereich: 1180–1160 cm^{-1}) registriert. Ferner werden bei 1603 cm^{-1} eine Aromaten-Bande und bei 1092 cm^{-1} aromatische CH-Schwingungen (in der Ebene) registriert; beide Banden sind typisch für einen Tosyl-Rest. Im ^1H-NMR–Spektrum wird bei 2,41 ppm das Singulett der Ar-CH_3-Gruppe registriert. Die aromatischen Protonen erscheinen als AA'BB'-System (s. vergrößerter Bereich) mit zwei dublettartigen Signalen bei ≈ 7,31 ppm (*meta*-ständig zur SO_2-Gruppe) und bei 7,71 ppm (*ortho*-ständig). Damit wäre das Strukturelement *p*-Toluolsulfonyl **C** abgeklärt.

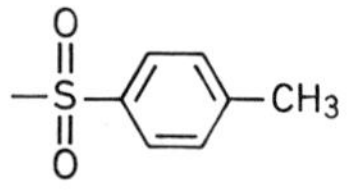

C

Wie ist es aber mit dem Molekülrest verknüpft, d. h., liegt eine (C—S)-, (O—S)- oder (N—S)-Bindung vor? Diese Frage bleibt nach der Analyse des IR-Spektrums offen. Im Massenspektrum müssen wir nach solchen Signalen suchen, die außer dem Rest **C** noch weitere, aber möglichst wenige Elemente enthalten. Dazu bietet sich nur $m/z = 198$ (**C** + C_2H_5N) an. Das Vorliegen eines *p*-Toluolsulfonsäure-esters [(O—S)-Bindung] kann also schon jetzt damit ausgeschlossen werden; es kommen nur noch ein Sulfon (C—S) oder ein Sulfonamid (N—S) in Frage. Dieses Problem müssen wir zunächst zurückstellen, weil eine eindeutige Entscheidung jetzt noch nicht möglich ist.

Wenden wir uns einer anderen funktionellen Gruppe zu. Das massenmäßig höchste Fragment-Ion im Massenspektrum ist $m/z = 455$, welches sich vom „Molekül-Ion" durch den Mindergehalt von OCH_3 unterscheidet. Eine an Sauerstoff gebundene Methyl-Gruppe erscheint bei $\delta = 3{,}66$ (Singulett), wobei entsprechend Tab. 3.12 das O-Atom seinerseits an C=O oder eine (C=C)-Bindung gebunden sein muß. Methoxy-Gruppen an (C=C)-Bindungen werden jedoch beim Elektronenbeschuß nicht oder sehr selten abgespalten, woraus man folgern kann, daß das Vorliegen eines Methylesters durchaus möglich ist. Dies wird unterstützt durch das Vorhandensein einer IR-Estercarbonyl-Bande bei 1735 cm^{-1} (Aufnahme als Film, gesättigter Ester). Mit diesen Informationen „gestärkt", läßt sich das Massenspektrum erneut unter die Lupe nehmen. Das Ion mit $m/z = 371$ entspricht dem Verlust von $C_6H_{11}O_2$ aus dem „Molekül-Ion". Nimmt man an, es handle sich um die Ester-Gruppe, die hier zusammen mit anderen Strukturelementen abgespalten wurde, so haften an ihr vier CH_2-Reste ($C_6H_{11}O_2$ minus $COOCH_3 = C_4H_8$). Da im ^1H-NMR-Spektrum (C—CH_3)- und (CH—CH_3)-Absorptionen fehlen (—CH_2—CH_3— oder ein Ring kommen aus chemischen Überlegungen nicht in Frage), muß das Strukturelement **D** im Molekül vorhanden sein. Bei dem triplettartigen Signal bei ≈ 2,3 ppm scheint es sich um die Methylen-Protonen in α-Stellung zur Methoxycarbonyl-Gruppe zu handeln.

$$-CH_2-CH_2-CH_2-CH_2-COOCH_3$$

D

Für die Abspaltung des Restes **D** aus dem Molekül-Ion muß eine speziell günstige Aktivierung bestehen (α-Spaltung zu Heteroatom, Doppelbindung usw., da kleinere Bruchstücke dieser Kette wie (**D**—CH_2) etc. nicht abgespalten werden.

Die Strukturelemente **C** und **D** enthalten zusammen $C_{13}H_{18}O_4S$ (270 amu); von der Element-Zusammensetzung des Molekül-Ions subtrahiert, ergibt das einen noch „unbekannten" Rest von $C_{12}H_{12}N_2O_2$ (216 amu).Daran fällt besonders auf, daß noch vier Heteroatome vorhanden sind und daß das C/H-Verhältnis auf einen stark ungesättigten Molekül-Teil hindeutet. Zweifellos gehören die kräftigen infraroten Absorptionen im Carbonyl-Bereich bei $\nu = 1778$ und 1718 cm^{-1} (als Film: 1772, 1710 cm^{-1}) zu diesem noch unbekannten Strukturelement. Die Identifizierung dieser Banden gelingt nach der Analyse der bisher im Massenspektrum noch nicht bestimmten Signale bei $m/z = 160$ ($C_9H_6NO_2$) und 188 ($C_{11}H_{10}NO_2$). Dem Ion der Masse 160 kann aufgrund von Tab. 4.7 die Struktur **h** zugeordnet werden, was besagt, daß in der unbekannten Verbindung das Strukturelement **E**, ein *N*-Alkylphthalimid-Rest, vorliegt.

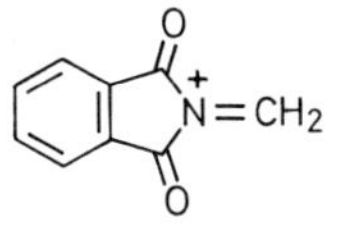

h

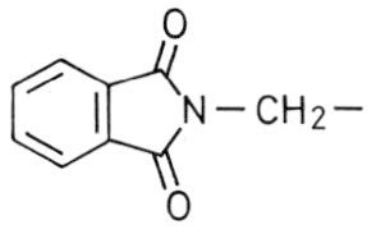

E

Im Absorptionsbereich für Fünfring-Imide (*sec*-Amide) ist je eine Bande zwischen 1790–1720 bzw. 1710–1670 cm^{-1} zu nennen.

Auch das ^{1}H-NMR-Spektrum bestätigt das Strukturelement **E**: „Dublettartiges“ Aromaten-Signal zwischen 8,0–7,7 ppm (4 H; der gesamte Aromaten-Bereich integriert für $6 + 2 = 8$ Protonen); die Methylen-Protonen neben dem Phthalimid-Stickstoff weisen eine chemische Verschiebung von $\approx 3{,}75$ ppm auf. Da es sich um ein Triplett ($J \approx 7$ Hz) handelt, muß eine weitere Methylen-Gruppe benachbart sein. Im Massenspektrum ist das Signal bei $m/z = 188$ eine Bestätigung für diese Vermutung. Das Ion der Masse 188 enthält zwei CH_2-Reste mehr als $m/z = 160$; ihm kommt damit die Struktur **i** und dem entsprechenden Strukturelement die Struktur **F** zu. Durch Addition der die Strukturelemente **C**, **D** und **F** aufbauenden Atome erhält man $C_{24}H_{28}NO_6S$, d. h., einzig über die Natur von CH_2N liegt noch keine Information vor, und ferner fehlt die Verknüpfung von **C**, **D** und **F**.

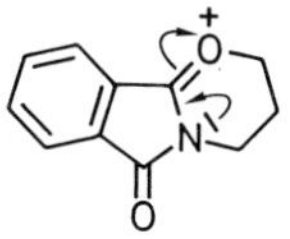

i

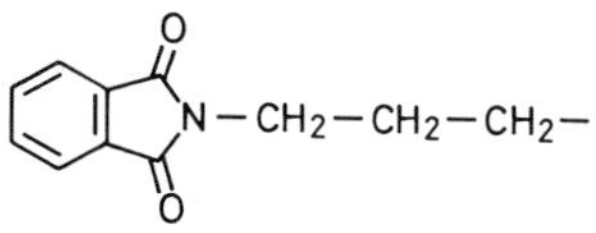

F

Nicht interpretiert wurde bisher das für vier Protonen integrierende quartettartige Signal bei $\approx 3{,}2$ ppm. Da die Methylen-Protonen neben $COOCH_3$ und Imid bereits zugeordnet sind, muß es sich um solche neben dem noch nicht definierten N oder SO_2 handeln. Um zu einer „beständigen Verbindung“ (d. h. keine nicht abgesättigten Valenzen) für **16** zu gelangen, bei der zwei Methyl-Gruppen nach tieferem Feld verschoben sind, ergibt sich als einzige Kombinationsmöglichkeit **G**. Bei dem quartettartigen ^{1}H-NMR-Signal muß es sich also um zwei sich überlagernde Tripletts handeln.

Faßt man die bisher erhaltenen Resultate zusammen, so ergeben sich nur zwei Strukturmöglichkeiten für **16**, nämlich **17** und **18**.

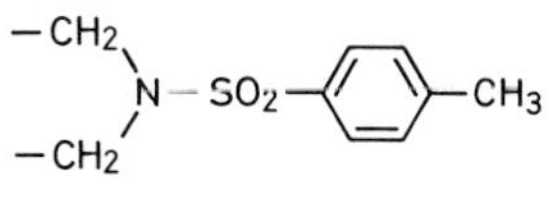

G

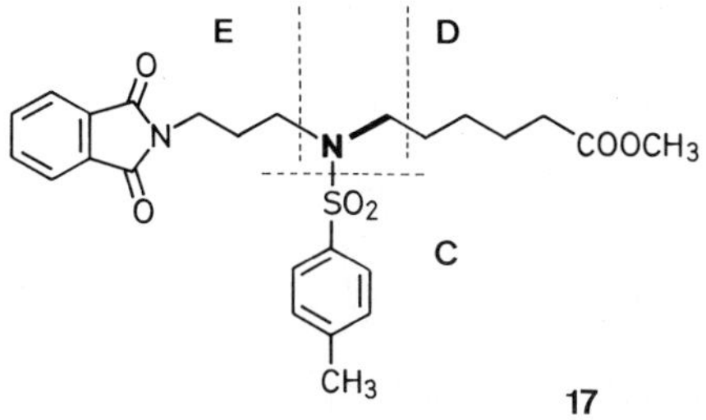

17

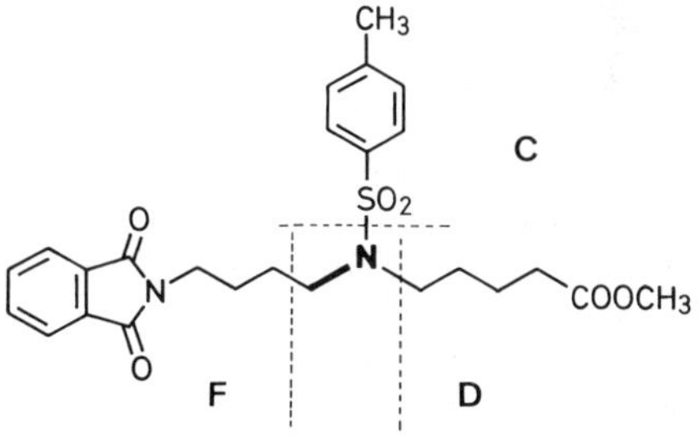

18

Die Unterscheidung zwischen **17** und **18** gelingt nicht mit IR- und UV-Spektren. Das IR-Spektrum steht mit beiden Isomeren im Einklang. Das UV-Spektrum stellt eine Addition der beiden substituierten Benzol-Chromophore dar. Auch die Informationen, die sich durch Analyse der Signale zwischen ≈ 2 und 1 ppm im ^{1}H-NMR-Spektrum ergeben können, reichen zur Unterscheidung der beiden Strukturmöglichkeiten nicht aus. Man muß also versuchen, durch eine weitergehende Interpretation des Massenspektrums das aufgeworfene Problem zu lösen.

Im Fragmentierungsschema ist der Zerfall von **17** dargestellt. Es werden zwei Wege festgestellt: $m/z = 486$ ($M^{+\bullet}$) $\rightarrow 371 \rightarrow 198$ und $m/z = 486$ ($M^{+\bullet}$) $\rightarrow 312 \rightarrow 198$. In beiden Fällen findet α-Spaltung zum Sulfonamid-N-Atom statt, die Produkt-Ionen zerfallen durch eine McLafferty-Umlagerung zu $m/z = 198$ weiter. Analoge Spaltungsreaktionen bei **18** würden zu Ionen mit den Massen 385 und 298 führen, beide fehlen jedoch im Spektrum von **16**. Aus $m/z = 385$ und 298 könnte das Folge-Ion $m/z = 198$ ebenfalls gebildet werden. Aufgrund des Fehlens der beiden homologen Ionen ist jedoch **17** die wahrscheinlichere Struktur für **16**.

Fragmentierungsschema

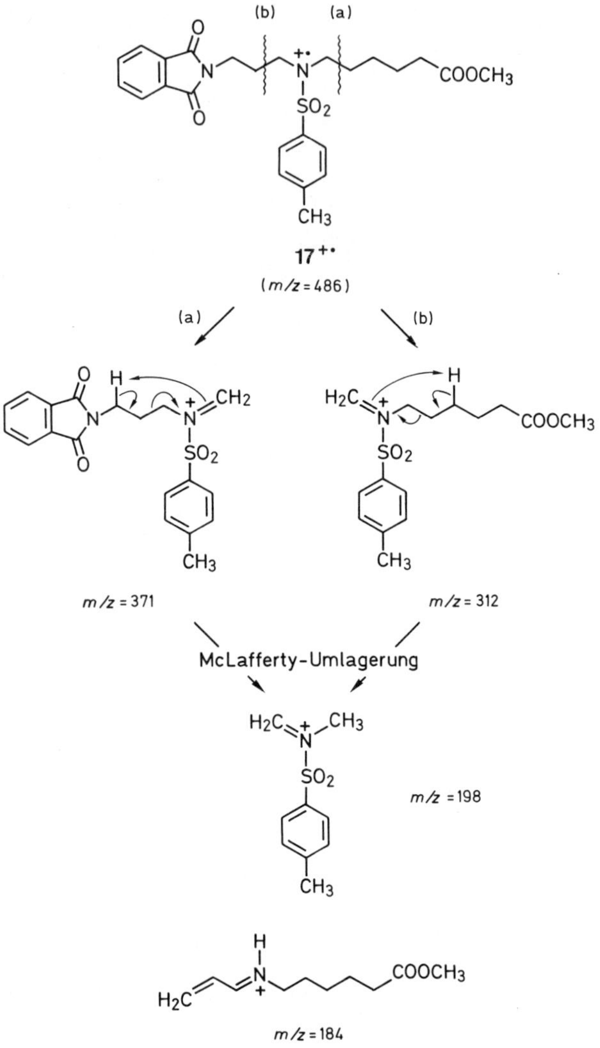

Das noch nicht erwähnte Ion m/z = 184 entsteht durch eine Fragmentierungsreaktion unter Nachbargruppen-Beteiligung, worauf in diesem Zusammenhang nicht näher eingegangen werden soll. In der Tat besitzt die unbekannte Verbindung die Struktur **17**.

Wie zu Beginn erwähnt wurde und wie aufgrund der Struktur ersichtlich ist, handelt es sich bei **16** um ein Syntheseprodukt. Es kommt sehr selten vor, daß die Struktur eines Syntheseproduktes vollständig unbekannt ist. Somit ist das angeführte Beispiel mehr als Übung und weniger als echte Strukturaufklärung zu betrachten. Es zeigt aber, wie das Zusammenspiel der spektroskopischen Methoden zu erfolgen hat, nämlich so, daß eine durch eine der verwendeten spektroskopischen Methoden vermutete Struktureinheit durch die anderen zu bestätigen und eventuell zu erweitern ist. Treten Gegenargumente auf, so sind diese in Betracht zu ziehen und deren Zuverlässigkeit abzuschätzen. Auf jeden Fall kann eine Struktur nur dann durch spektroskopische Methoden als gesichert gelten, wenn alle Widersprüche beseitigt sind.

Beispiel 6

Aufgabenstellung

Zur Umwandlung in das 1,4-Cyclotetradecandion (**20**) wurde 4-Nitrocyclotetradecanon (**19**) 3 Stunden mit einem Überschuß an $TiCl_3$ in methanolischer Natriummethylat-Lösung behandelt. Anschließend wurde mit wäßriger Säure angesäuert, mit CH_2Cl_2 ausgeschüttelt und der Extrakt weiterverarbeitet (1. K_2CO_3/H_2O; 2. gesättigte NaCl-H_2O-Lsg.; 3. Trocknen mit Na_2SO_4; Chromatographie an Kieselgel/CH_2Cl_2). Außer dem erwarteten Produkt **20** (ca. 85%) entstand ein weiteres, farbloses Produkt, **21**, unbekannter Struktur (ca. 7%; Smp. 150°). Leiten Sie aufgrund der Genese und der spektralen Daten (Spektren 20 bis 21) die Struktur von **21** ab.

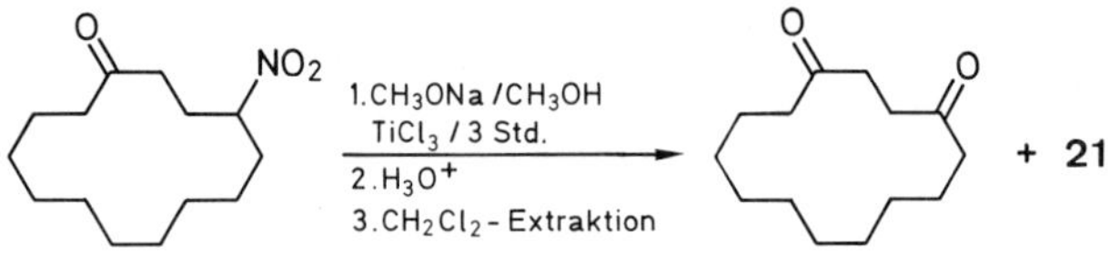

19 **20**

Aufnahmebedingungen der Spektren

20 IR: $CHCl_3$

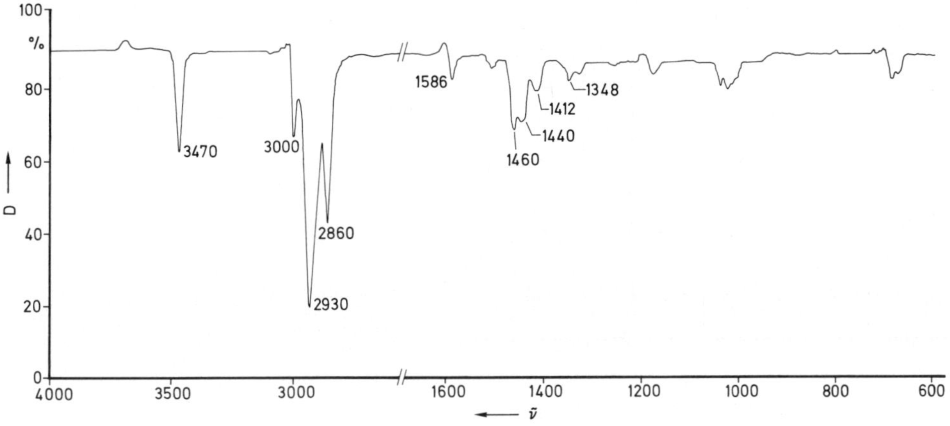

21 ^{1}H-NMR: (Bruker AC 300): TMS intern, D_6-DMSO

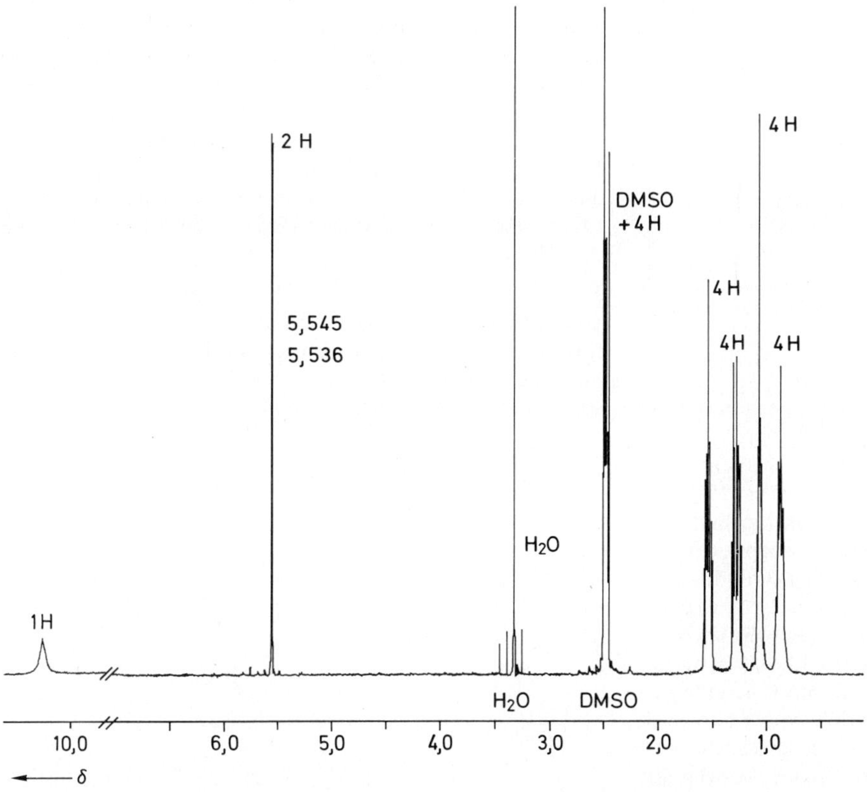

22 ^{13}C-NMR: (Varian XL-200): TMS intern, D_6-DMSO, ^1H-breitband-entkoppelt

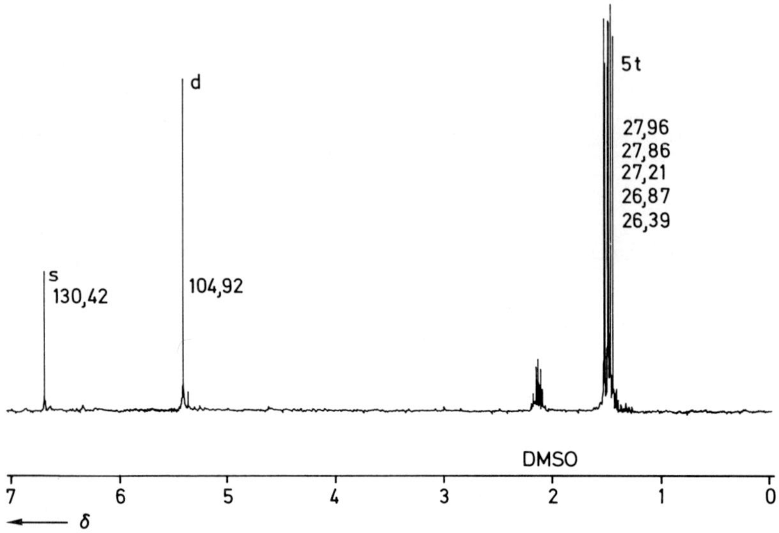

23 EI-MS: (MAT 90): 70 eV

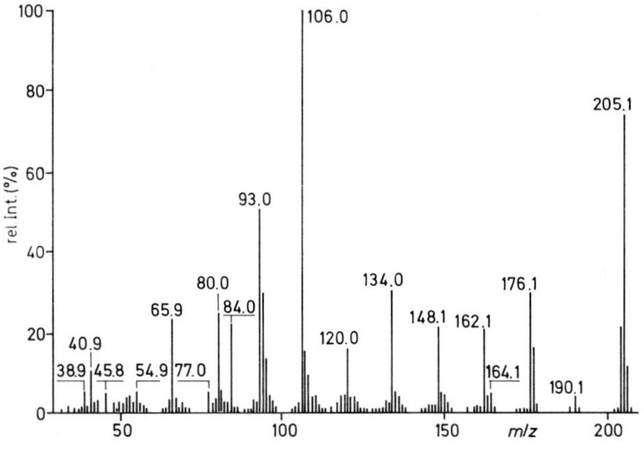

Antwort

Verbindung **21** enthält wie das Ausgangsmaterial **19** (M = 255) ein Stickstoff-Atom (ungerades Molekül-Ion bei $m/z = 205$). Die Nitro-Gruppe ist jedoch nicht mehr vorhanden (im IR fehlen intensive Banden bei ca. 1550 und 1350 cm^{-1}). Auffallend an den NMR-Spektren sind zwei Punkte: Im ^1H-NMR-Spektrum sind Absorptionen für zwei Vinyl-Protonen (5,54 ppm) vorhanden, und das ^{13}C-NMR-Spektrum weist nur sieben Signale (5 CH_2, je 1 CH und C) für 14 C-Atome im Ausgangsmaterial **19** auf. Nach (längerem) Überlegen kommt man zum Schluß, daß bei der (milden) chemischen Reaktion nicht sieben C-Atome (inklusive einiger Substituenten) abgespalten wurden und sich nicht auch noch gleichzeitig das Molekulargewicht um 50 amu (Übergang **19** → **21**) verringerte. Einen Ausweg aus dieser Lage bietet die Annahme, daß im ^{13}C-NMR-Spektrum die Signale alle verdoppelt sind, daß also paarweise magnetische Äquivalenz vorliegt. Dies steht im Einklang mit der Annahme einer Symmetrieebene in **21** und bedeutet, daß das Stickstoff-Atom symmetrisch in **21** angeordnet sein muß. Da die angewendeten Reduktionsbedingungen die Carbonyl-Gruppe unbeeinflußt lassen, andererseits aber das Vorhandensein der Carbonyl-Gruppe einer „symmetrischen" Anordnung des Stickstoff-Atoms im Wege steht, muß es sich bei der unbekannten Verbindung um das Pyrrol-Derivat **21** handeln (infrarote NH-Bande bei 3470 cm^{-1}). Die Interpretation der restlichen spektralen Daten (das sollte selbst erarbeitet werden) bestätigt diese Annahme.

Für die reaktionsmechanistische Erklärung der Bildung von **21** muß angenommen werden, daß das Ausgangsmaterial **19** bis zum Imin **19a** reduziert wird. Letzteres cyclisiert aus dessen Isomer **19b** und liefert unter Wasserverlust schließlich das Pyrrol-Derivat **21**.

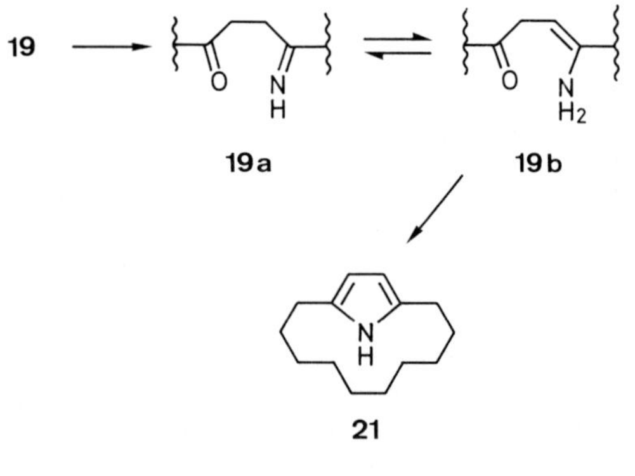

Beispiel 7

Aufgabenstellung

Die reine Substanz **22** wurde in C_2H_5OH/C_2H_5ONa 1 Stunde unter Rückfluß gekocht. Anschließend wurde abgekühlt, mit HCl/C_2H_5OH neutralisiert und das gesamte Gemisch destilliert, wobei zwei Fraktionen gesammelt wurden: Fraktion 1 bis ca. 100 °C, Fraktion 2 über 100 °C. Beide Fraktionen wurden getrennt mit GC/MS analysiert (vgl. Abschn. 4.8.11). Leiten Sie die Struktur von **22** und den Alkoholyse-Produkten ab.

Apparatives:

Fraktion 1 wurde von $m/z = 25-100$ mit 0,52 sec Zykluszeit gescant. Für den GC (Varian 3400) wurde eine 25 m Kapillarsäule (SE 54) benutzt, die isotherm bei 35 °C gehalten wurde. Das Reconstructed Ion Chromatogram (RIC) ist als Ausschnitt mit einer Zeitachse wiedergegeben. Die drei Koponenten mit den jeweils besten Massenspektren sind mit den Scan-Nummern (obere Zahl) und der Retentionszeit markiert.

Fraktion 2 wurde von $m/z = 35-180$ mit 0,6 sec Zykluszeit gescant. Die Kapillarsäule (vgl. Fraktion 1) wurde von 100 bis 200 °C mit 10 °C/Min. geheizt.

Aufnahme der Massenspektren mit Finnigan MAT 95, 70 eV, EI. (Für alle Aufnahmen sei Herrn Dr. R. Schubert, Finnigan MAT, Bremen, gedankt).

Antwort

Aufgrund der Reaktion und Aufarbeitung kann man davon ausgehen, daß das Reagenz Ethanol (M = 46) noch im Gemisch vorhanden ist. Durch Spektrenvergleich läßt sich Spektrum 25, Scan 209 (Fraktion 1) als dasjenige von Ethanol identifizieren. Ferner kann man davon ausgehen, daß Ethanol mit der Substanz **22** reagiert hat und in einer oder mehreren der anderen Substanzen OC_2H_5 vorhanden ist.

24 GC der Fraktion 1. Die drei Fraktionen sind durch Scan-Nummern und Retentionszeit charakterisiert.

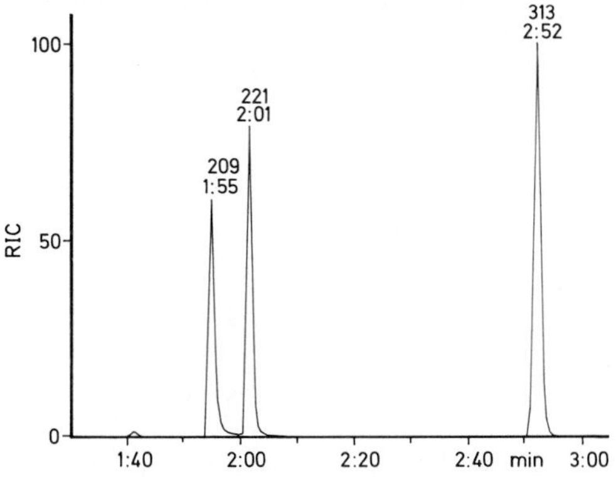

25 Fraktion 1 MS Scan 209

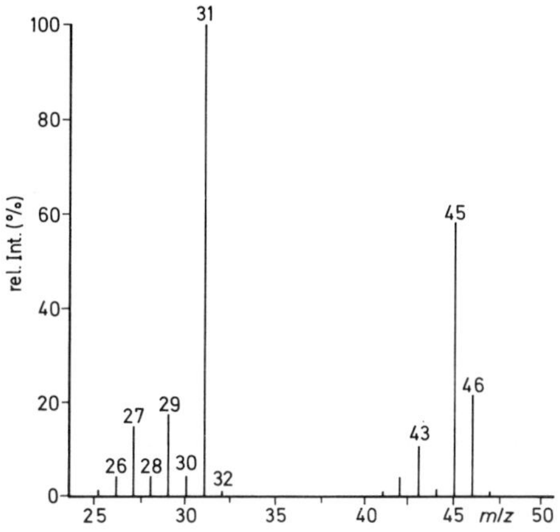

26 Fraktion 1 MS Scan 221

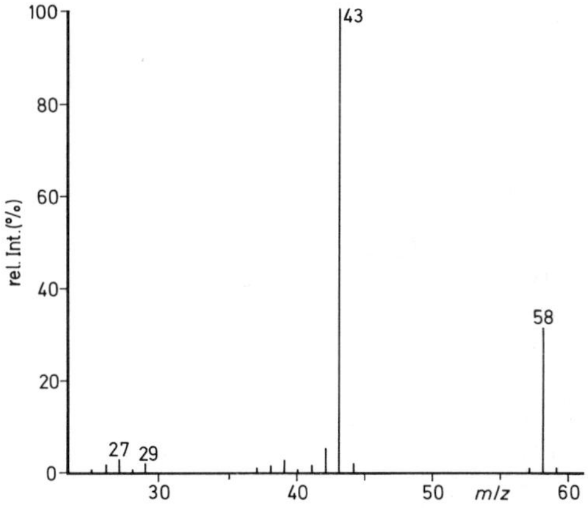

27 Fraktion 1 MS Scan 313

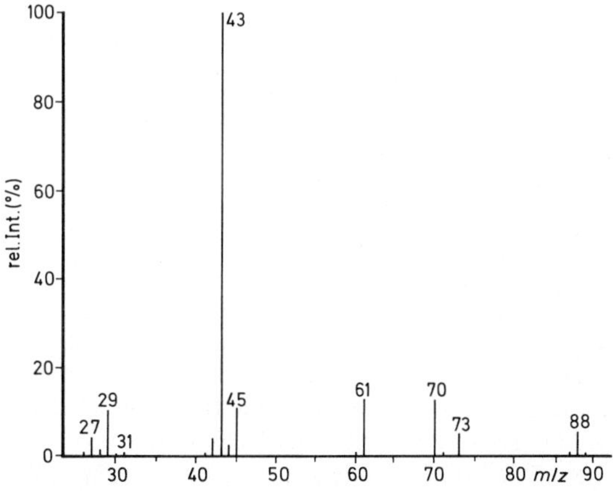

28 GC der Fraktion 2; siehe Text zu 24.

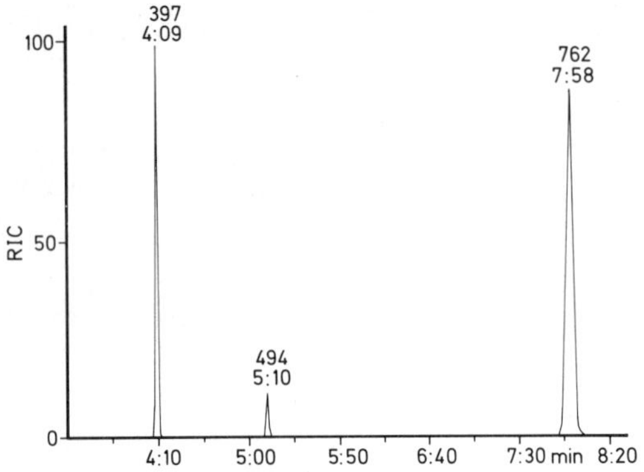

29 Fraktion 2 MS Scan 397

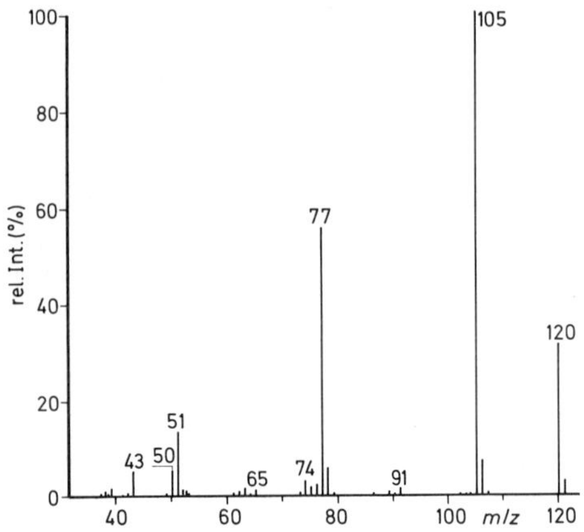

30 Fraktion 2 MS Scan 494

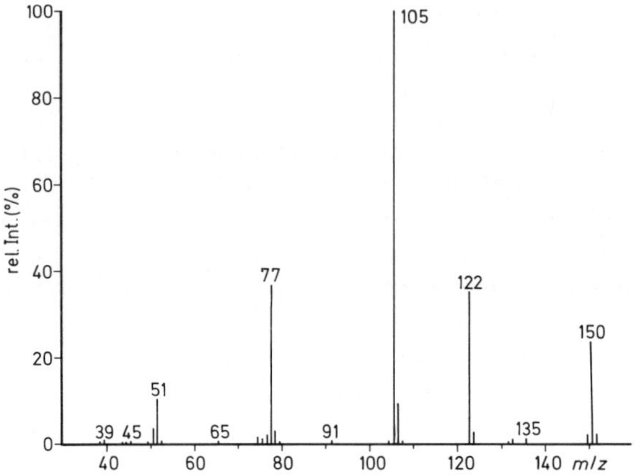

31 Fraktion 2 MS Scan 762

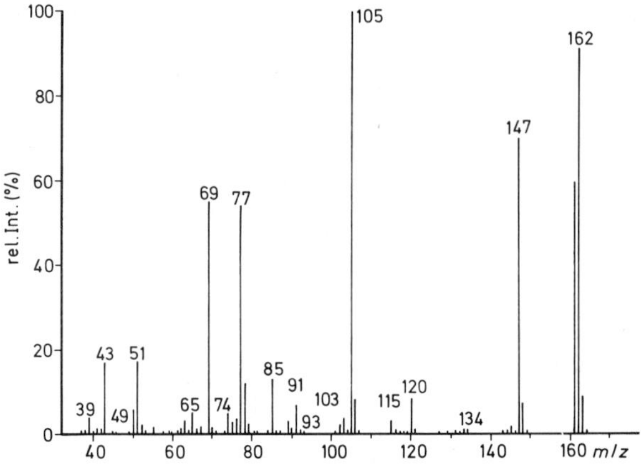

$[M-45]^+$-Signale werden in den Spektren 30, Scan 494 (Fraktion 2) und 27, Scan 313 (Fraktion 1) festgestellt. Unter Zuhilfenahme von Tab. 4.7 kann die Substanz, deren Spektrum 30, Scan 494 ist, mühelos als Benzoesäure-ethylester (**23**) identifiziert werden ($m/z = 105$ entspricht C_6H_5—C≡O+, was durch $m/z = 77$ und 51 bestätigt wird; $m/z = 120$ entspricht C_6H_5—$COOH^+$ durch McLafferty-Umlagerung des Esters).

Da $m/z = 105$ auch im Spektrum 29, Scan 397 (Fraktion 2) vorhanden ist, das Molekül-Ion der entsprechenden Verbindung jedoch nur um 15 amu schwerer ist, könnte es sich um Acetophenon (M = 120, **25**) handeln.

Wie erwähnt, enthält auch die Verbindung des Spektrums 27, Scan 313 (Fraktion 1) eine Ethoxy-Gruppe. Aus ähnlichen Überlegungen wie sie für die Ableitung von **23** angestellt wurden, handelt es sich bei der Verbindung, die Spektrum 27, Scan 313 gibt, um Essigsäure-ethylester (M = 88, **26**), vgl. Tab. 4.10. Das Spektrum 26 Scan 221 (Fraktion 1) stammt von Aceton (M = 58, **24**). Schließlich läßt sich die fehlende Struktur mit M = 162 – Spektrum 31, Scan 762 (Fraktion 2) – aufgrund der intensiven Fragment-Ionen-Signale bei $m/z = 105$ (162–105 = 57; entsprechend Verlust von $^\bullet CH_2$—CO—CH_3 aus dem Molekül-Ion), 147 ($[M-CH_3]^+$), und 120 ($M^{+\cdot}$ – Keten) als **22** vermuten.

Ein anderer Weg zur Ableitung von **22** besteht in der Massen-Analyse der chemischen Reaktion. Offensichtlich wurde **22** mit Alkohol in zwei Paare gespalten, was sich durch Addition der Molekülgewichte ergibt:

162 +	46	=	150 + 58	
(**22**)	(C_2H_5OH)		(**23**) (**24**)	
		=	120 + 88	
			(**25**) (**26**)	

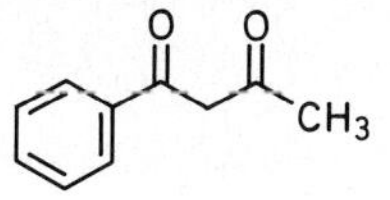

22
($m/z = 162$)

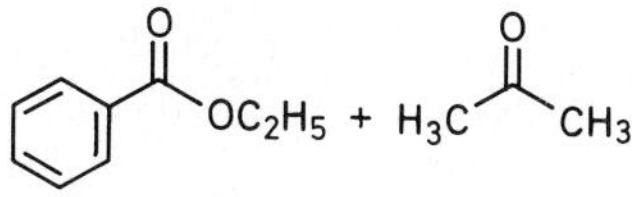

23 ($m/z = 150$) **24** ($m/z = 58$)

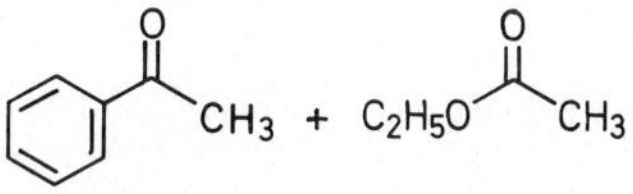

25 ($m/z = 120$) **26** ($m/z = 88$)

In chemischer Hinsicht handelt es sich bei der diskutierten Reaktion um eine (bewußt) unvollständig verlaufende Alkoholyse eines unsymmetrisch substituierten 1,3-Diketons.

Sachverzeichnis

Begriffe

Äthyl, Äther etc. siehe unter Ethyl, Ether etc.
Chir = Chiroptische Methoden, Ram = Raman-Spektroskopie

Verbindungstypen und funktionelle Gruppen

Intensivere Diskussionen sind durch **halbfett** gedruckte Seitenzahlen hervorgehoben. Die halbfetten Pfeile (**→**) beziehen sich auf Verbindungstypen und funktionelle Gruppen und die normalen Pfeile (→) auf die Spezifischen Verbindungen.

Spezifische Verbindungen

Hinweise auf abgebildete Spektren sind durch **halbfetten** Druck hervorgehoben.